환경직
식품위생직
환경연구사
시험
완벽대비

강두수
공무원
화학

KB003347

강두수 편저

이론

**최신
개정판**

**시험응시통한
최근출제경향
적극반영!**

> 시험을 준비하는데 있어 가장 중요한 과정!
> 공무원 화학 최신 기출경향을 반영한 교재!
> 원리 이해를 통한 응용력 향상에 최적!
> 많은 합격생들이 추천하는 강두수 교수!

| 머리말

21세기를 살아가는 현대인으로서, 의 · 식 · 주 그리고 환경문제에 자유로울 수 없다. 그리고 현대인은 아침에 눈을 뜨는 순간부터 잠이 들 때까지, 심지어 자면서 까지도 화학과 관련되지 않은 것을 찾아보기 어렵다. 이렇듯 화학은 현대인이 살아가는 데 많은 영향을 주고 있으며, 그에 수반되는 여러 문제점이 발생하기도 한다. 하지만 그 문제점의 해결에 대한 열쇠도 화학에서 찾을 수 있다고 확신한다. 먹거리에 관한, 특히 환경에 관한 여러 가지 문제점을 해결하고 교육받아야 하는 과정으로 인지하고 있다. 그럼에도 불구하고 화학에 대한 관심과 흥미가 그리 높지 않은 것이 현실이다.

이 책은 환경직, 식품위생직을 공부하고자 하는 수험생들이 화학 공부를 하며 느끼는 어려움을 수년간 현장강의와 온라인 질문게시판 등을 통해 다방면으로 수집하여, 그에 대한 확실한 해답을 얻을 수 있는 방향으로 제작되었음을 강조하고 싶다.

이 책의 특징

첫째, 화학 과목의 특성상 필수적인 이론 정리를 위하여 용어를 세심하게 정리하였고, 예시를 다량으로
　　　수록하여 자신감을 배양할 수 있는 토대를 마련하였다.
둘째, 실전에서 직접 활용할 수 있는 문제와 틀리기 쉬운 선택지를 균형 있게 수록하였다.
셋째, 상세한 해설로 부가적인 정보를 얻을 수 있도록 배려하였다.
넷째, 화학용어정리와 최근기출문제를 통하여 부족한 부분을 능률적으로 채울 수 있도록 구성하였다.

이 책을 쓰는 과정에서 용어는 '대한화학회'가 제정한 용어를 따르고자 노력하였으며, 공무원국가고시를 준비하는 수험생 외에도 대입 수험생 그리고 화학 상식을 얻고자 하는 일반인들이 화학에 친숙해 질 수 있도록 쉽게 설명하고 다양한 그림 자료를 첨부하였다.

끝으로 책을 만드는 데 힘써 주신 도서출판 마지원 관계자 분들과 대방열림고시학원 관계자 분들에게 감사 드린다.

강 득 수

| 공부하기 전에 잠시만

⊘ 이 글을 시작하며

어린 시절 우리는 훌륭한 과학자가 되고 싶다는 꿈을 꽤 오랫동안, 또는 잠시라도 가지고 있었던 기억이 있다. 하지만 어느 순간 그런 꿈은 사라지고 과학과 화학이란 나에게 어울리지 않는 영역이 되어 버리고는 한다. 필자 역시 다양한 사회관계 속에서 전공을 묻는 상황이 연출되는 경우에 과학을 전공한 사람들이 여러 사람에게 외계인 취급을 당하는 상황을 쉽게 경험하곤 한다. 왜 우리는 이렇게 과학분야를 학습할 때 막연한 두려움을 느끼는가? 여러분이 원인은 아니라는 것이 결론이다. 우리 한번 원인을 파악하고, 어떻게 하면 화학을 재미있고 야무지게 공부하면서 합격이라는 성과를 이룰 수 있는지 생각해 보자.

⊘ 주입식 교육의 폐해

20여 년 간 현장에서 다양한 학습자들을 교육한 필자는 다음과 같은 구조적이고 습관적인 문제점을 발견했다. 바로 주입식 교육의 폐단이다. 능동적으로 생각하고 고민하지 않는 현 교육의 폐단으로 인해 학습자의 무한한 문제 해결 능력은 아무런 역할을 하지 못한 채 암기로 이어지는 것이 현실이다. 물론 암기해야 할 부분도 반드시 있다. 하지만 문제까지 통째로 외워 풀어야 하는 불편한 진실이 있음에, 현장에서 강의하는 필자로서는 아쉬움을 느낀다. 이러한 방법은 60~65%까지는 해결책이 될 수도 있으나 그 이상의 고득점은 기대할 수 없다.

⊘ 다른 시각으로 생각하는 탄력적 사고를 함양하기

스스로 고민하고 문제를 다른 방향에서 바라보는 시선이 요구된다. 물론 필자가 제시한 방법이 막연하게 느껴진다는 것을 알고 있다. 이것 역시 주입식 교육에서 비롯된 탄력적 사고의 부재라 할 수 있겠다.

⊘ 이론의 반복적인 공부

좀 더 구체적인 방법을 제시한다면 이론 공부를 반복적으로 진행하여 내용에 대해 섬세하게 정리하는 것이 필수적이다. 화학은 이론에 대한 반석 없이는 문제풀이가 대단히 어렵기 때문이다. 평균적으로 3번 정도 완독한다면 궤도에 올랐다 할 수 있겠다.

⊘ 목차 보고 리마인딩 하기

자가 진단의 방법으로, 중단원 또는 소단원 제목을 보며 내용을 정리할 수 있다면 매우 양호하다. 만일 내용정리에서 완성도가 떨어진다고 느껴진다면 지금까지 정리한 노트를 반복적으로 공부하며 자신감을 갖도록 한다.

⊘ 객관식 문제를 대하는 자세 바꾸기

자! 이제 문제를 접해 보자. '서두르고 있지는 않은가? 용어에 대한 정의는 잘 숙지하였는가? 출제자의 의도는 파악하고 있는가? 함정은 어디에 있는가?' 이러한 방법으로 한 문항 한 문항 피드백(되먹이기)를 하여 잘 정리해 보자. 피드백이란 문제 하나를 철저하게 재구성하는 과정이다. 문제에서 주어진 조건 그리고 변인 등을 찾아내어 정리하는 동시에 정답으로 선택된 보기 외에 오답의 보기도 조건에 맞춰 고칠 수 있도록 연습한다. 처음엔 시간이 많이 걸리는 듯하지만 이것은 숙달의 문제다. 곧 극복할 수 있는 상황이니 너무 조급해 말자.

⊘ 화학 공부를 실생활과 연결시켜 보기

화학은 우리와 아주 밀접한 곳에서 끊임없이 진행되는 메커니즘이다. 위에서 정리한 내용과 문제를 실생활과 연결시킨다면 효율이 배가 된다. 화학 관련 학과를 졸업하여 관련 업종에 종사하고, 변리사, PEET, DEET · MEET를 합격했거나 준비하는 제자들이 한결같이 위의 방법을 소화해 냈음을 간과할 수 없겠다.

⊘ 나 자신과의 싸움에서 이겨 내기

마지막으로 수험기간은 자기와의 싸움이지 결코 다른 이와의 경쟁이 아니다. 실패하는 사람들의 공통점은 남에게는 정확한 잣대를, 자신에게는 관대한 잣대를 적용하는 경향이 있다는 것이다.

⊘ 글을 맺으며

모쪼록 목표를 갖고 준비하는 수험생들에게 많은 도움이 되도록 필자가 최선의 노력을 했으며, 그 결과 또한 좋기를 조심스럽게 기대해 본다.

| 시험안내

환경직 공무원 시험안내

(1) 지방직(각 지방자치단체별로 시행)

환경직 공무원이란?

각종 환경오염으로부터 우리 국토를 보전하여 국민들이 보다 쾌적한 자연, 맑은 물, 깨끗한 공기 속에서 생활할 수 있도록 함으로써 국민의 삶의 질을 향상하고, 나아가 지구환경 보전에 기여하여 하나뿐인 지구를 보전하는 것을 그 임무로 하고 있다.

응시자격	공통		해당 시험의 최종시험 시행예정일(면접시험 최종예정일) 현재를 기준으로 지방공무원법 제31조(결격사유), 제66조(정년), 지방공무원임용령 제65조(부정행위자 등에 대한 조치) 및 부패방지 및 국민권익위원회의 설치와 운영에 관한 법률 등 관계법령에 의하여 응시자격이 정지된 자는 응시할 수 없다.
	경력경쟁시험	수질	• 기술사 : 수자원개발, 상하수도, 산림, 농화학, 해양, 수산양식, 수질관리, 광해방지 • 기사 : 해양환경, 해양자원개발, 수산양식, 수질환경, 광해방지 • 산업기사 : 산림, 해양조사, 수산양식, 수질환경
		대기	• 기술사 : 산림, 대기관리, 소음진동, 지질 및 지반, 기상예보 • 기사 : 대기환경, 소음진동, 응용지질, 기상, 기상감정 • 산업기사 : 산림, 대기환경, 소음진동 등
		폐기물	• 기술사 : 화공, 상하수도, 산림, 농화학, 원자력발전, 방사선관리, 산업위생관리, 폐기물처리, 토양환경, 광해방지 • 기사 : 화공, 원자력, 에너지관리, 산업위생관리, 폐기물처리, 토양환경, 광해방지 • 산업기사 : 산림, 에너지관리, 산업위생관리, 폐기물처리
응시연령	7급		20세 이상
	9급		18세 이상
시험과목	7급	공개경쟁시험	국어 · 영어 · 한국사 · 화학개론 · 환경공학 · 환경계획 · 생태학
		경력경쟁시험	환경공학 · 환경보건학 · 환경화학
	9급	공개경쟁시험	국어 · 영어 · 한국사 · 화학 · 환경공학개론
		경력경쟁시험	환경공학개론 · 화학

시험방법		• 제1차 · 제2차 시험(병합 실시) : 선택형 필기시험(매 과목 20문제, 4지 택1형 - 서울은 5지 택1형) • 제3차 시험 : 면접시험
시험시기	공개경쟁시험	연 1회(응시지역 시험공고문 참고)
	경력경쟁시험	연 1회(응시지역 시험공고문 참고)

(2) 국가직(환경부)

응시자격		해당 시험의 최종시험 시행예정일(면접시험 최종예정일) 현재를 기준으로 국가공무원법 제33조의 결격사유에 해당하거나, 국가공무원법 제75조(정년)에 해당하는 자 또는 공무원임용시험령 등 관계법령에 따라 응시자격이 정지된 자는 응시할 수 없으며, 학력 제한이 없다.
	7급	• 환경 관련 기사 자격 이상 소지자(경력제한 없음) • 환경 관련 산업기사(3년) 자격 이상 소지자 ※ 산업기사의 경우 해당 자격증 소지 후 3년 이상 관련 분야에서 연구 또는 근무한 경력이 있어야 한다.
	9급	공개경쟁시험 • 환경 관련 산업기사 자격 이상 소지자(경력제한 없음)
		경력경쟁시험 • 해양환경기사 이상 자격증 소지자 • 수질환경 · 대기환경 · 폐기물처리산업기사 이상 자격증 소지자
응시연령	7급	20세 이상
	9급	18세 이상
시험과목	7급	• 환경공학, 환경화학, 환경보전(과목별 50문항, 5지선다형) • 1 · 2차 시험 병합 실시, 3차 면접시험
	9급	• 환경공학, 화학(일반화학), 환경보전(과목별 50문항, 5지선다형) • 1 · 2차 시험 병합 실시, 3차 면접시험
		영어시험은 영어능력시험[TEPS, TOEIC, TOEFL(PBT, CBT, IBT), G-TELP, FLEX]으로 대체한다.
시험시기	공개경쟁시험	연 1회(응시지역 시험공고문 참고)
	경력경쟁시험	연 1회(응시지역 시험공고문 참고)

9급 | 식품위생직 공무원 시험안내

식품위생직 공무원이란?

지방직 식품위생직의 경우 각 시·도·군·구에서 근무하고, 국가직의 경우는 식약청에 근무하는 공무원으로서 식품 관련 위생을 관리감독하고 국내 수입금지 식품단속 및 학교의 급식관리를 담당하는 공무원을 말한다.

응시자격	국가직		해당 시험의 최종시험 시행예정일(면접시험 최종예정일) 현재를 기준으로 국가공무원법 제33조의 결격사유에 해당하거나, 국가공무원법(정년)에 해당하는 자 또는 공무원임용시험령 등 관계법령에 따라 응시자격이 정지된 자는 응시할 수 없으며, 학력 제한이 없다.
	지방직	공통	해당 시험의 최종시험 시행예정일(면접시험 최종예정일) 현재를 기준으로 지방공무원법 제31조(결격사유), 제66조(정년), 지방공무원임용령 제65조(부정행위자등에 대한 조치) 및 부패방지 및 국민권익위원회의 설치와 운영에 관한 법률 등 관계법령에 의하여 응시자격이 정지된 자는 응시할 수 없다.
		경력경쟁시험	영양사·위생사·식품산업기사 이상 면허증 소지자
응시연령	18세 이상		
시험과목	공개경쟁시험		국어·영어·한국사·식품위생·식품화학
	제한경쟁시험		화학, 식품위생
시험방법	• 1·2차 시험(병합 실시) : 선택형 필기시험(각 과목 배점비율 100점 만점) • 3차 시험 : 면접시험		
시험시기	연 1회(지역별로 다름)		

목차

No sweat, no sweet

제 1 편

화학이론

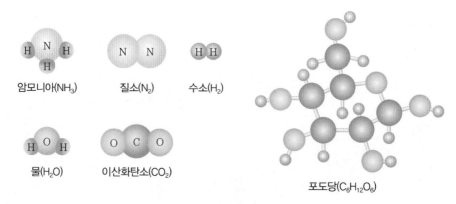

제 **1** 장   # 물질의 화학

---

01   원자와 분자

(1) 원소

① **원소** : 물질을 구성하는 기본 성분으로, 물리적·화학적 방법으로는 더 이상 단순한 물질로 나누어지지 않는다.

② 현재까지 110여 종의 원소가 발견되었다.

③ **홑원소 물질(or 원소)** : 산소(O_2), 질소(N_2), 철(Fe)과 같이 한 종류의 원소만으로 이루어진 순수한 물질을 말한다.

(2) 원자와 분자

① **원자** : 물질을 구성하는 가장 작은 입자 단위를 말한다.

    예 산소 원자(O), 수소 원자(H), 질소 원자(N), 철 원자(Fe)

② **분자** : 물질의 성질을 갖는 가장 작은 입자 단위를 말한다.

    예 산소 분자(O_2), 수소 분자(H_2), 물 분자(H_2O), 암모니아 분자(NH_3), 이산화탄소 분자(CO_2) 등

암모니아(NH_3)   질소(N_2)   수소(H_2)

물(H_2O)   이산화탄소(CO_2)   포도당($C_6H_{12}O_6$)

❖ **다양한 분자**

(3) 화합물

① 화합물은 두 가지 이상의 다른 종류의 원소들이 일정한 비율로 결합하여 만들어진 순수한 물질이다.

② 원소들이 다양한 방법으로 결합하여 만들어지기 때문에 수없이 많은 화합물이 존재한다.

③ 물, 이산화탄소, 포도당, 염화나트륨 등이 있다.

(4) 원소 기호

① 원소 기호는 라틴어와 그리스어 그리고 영어로 된 원소 이름에서 한 글자 또는 두 글자를 따서 표현한다.

② 원소 기호와 원소 이름은 다음과 같다.

예 H – Hydrogen(수소)   O – Oxygen(산소)
C – Carbon(탄소)   N – Nitrogen(질소)

(5) 화학식

① 원소 기호와 숫자를 사용하여 화합물 속에 들어 있는 원자의 종류와 개수를 나타낸 식이다.

② 원소 기호 뒤에 해당 원소의 개수(몰수)를 아래 첨자로 나타낸다.

예 CH_4 – 메테인 Fe_2O_3 – 산화철(III)

확인문제

01 연소 반응에 의해 일어나는 현상이 아닌 것은?

① 양초가 탄다.
② 자동차 엔진에서 연료가 폭발한다.
③ 냉동실에 넣어 두었던 물이 얼었다.
④ 뷰테인 가스가 든 버너를 켜면 불꽃이 올라온다.
⑤ 검은색 종이에 돋보기를 적절히 비추면 불이 붙는다.

02 철(Fe)과 관련된 설명 중 옳지 않은 것은?

① 다른 금속에 비해 강도가 낮다.
② 인체를 구성하는 성분 중 하나이다.
③ 송전탑, 하수관, 선박, 자동차 등에 이용된다.
④ 자연 상태에서 산소와 결합한 형태로 존재한다.
⑤ 철제 농기구의 발달은 농업 생산량을 향상시켰다.

03 과학사에서 인류의 삶에 영향을 준 사건들에는 어떤 것이 있을까?

04 광합성 반응과 관련이 없는 물질은?

① 물
② 탄소
③ 산소
④ 포도당
⑤ 이산화탄소

05 다음 그림에서 순물질과 혼합물은 각각 어느 것인가?

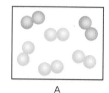

A   B

01 연소 반응은 탈 수 있는 물질이 산소와 결합하여 열과 빛을 내는 화학 반응이다. 물이 어는 것은 상태 변화이므로 대표적인 물리변화이다. ▶③

02 철은 강도가 높아 쉽게 부서지지 않고 그 형태를 자유롭게 변형할 수 있어 무기, 화폐, 농기구 등을 만드는 데 이용되었다. ▶①

03 ▶ 불의 발견, 철의 제련법 발견, 암모니아 합성, 화석 연료의 이용, 아스피린 합성, 나일론 합성, 알루미늄 제련법 발견, X선 발견 등 많은 사건들이 인류의 삶에 영향을 주었다.

04 2007년 개정 교육과정에 따르면 중학교 1학년 '식물의 영양' 단원에서 광합성에 대하여 학습한다. 광합성은 이산화탄소와 물이 빛에너지를 받아 포도당과 산소로 변하는 과정이다. ▶②

05 한 가지 성분으로만 이루어진 물질은 순물질, 두 가지 이상의 순물질로 이루어진 물질은 혼합물이다. ▶ 순물질 : B, 혼합물 : A

확인문제

해설

06 물질을 구성하는 가장 작은 입자 단위는 무엇인가?

( )

06 물질을 구성하는 가장 작은 입자 단위는 원자이다. H, C, O 등이 원자이다. ▶ 원자

07 물질의 고유한 성질을 가지는 가장 작은 입자 단위는 무엇인가?

( )

07 물질의 고유한 성질을 가지는 가장 작은 입자 단위는 분자이다. H_2, O_2, H_2O 등은 분자이며, 이들은 원자(들)로 이루어져 있다. ▶ 분자

08 다음을 물리 변화와 화학 변화로 구분해 보자.

(1) 물을 가열하였더니 기포가 발생하였다.

( )

(2) 탄산 음료의 병뚜껑을 열었더니 기체가 발생하였다.

( )

(3) 묽은 염산에 마그네슘을 넣었더니 기체가 발생하였다.

( )

08 물리 변화는 물질의 성질이 변하지 않으면서 겉모습이나 상태가 달라지는 변화이다. 화학 변화는 어떤 물질이 본래의 물질과는 다른 새로운 성질을 갖는 물질로 바뀌는 변화를 말한다. 물을 가열할 때 기포가 생기는 것과 탄산음료의 병뚜껑을 열었을 때 이산화탄소 기체가 생기는 것은 물질의 성질이 변하지 않았으므로 물리 변화이다. 묽은 염산에 마그네슘을 넣으면 본래의 물질에는 없었던 새로운 성질을 갖는 수소 기체가 생기므로 이는 화학 변화로 볼 수 있다.
▶ (1) 물리 변화
(2) 물리 변화
(3) 화학 변화

09 다음의 원소 기호가 나타내는 원소의 이름을 써 보자.

(1) H ( )

(2) N ( )

(3) Ca ( )

09 ▶ (1) 수소
(2) 질소
(3) 칼슘

10 다음 중 화합물인 것은?

① 철(Fe) ② 물(H_2O)

③ 수소(H_2) ④ 산소(O_2)

⑤ 구리(Cu)

10 ▶ ②

확인문제

해설

11 탄소(C) 1개, 수소(H) 2개, 산소(O) 1개로 이루어진 화합물의 화학식을 써 보자.

11 화합물을 화학식으로 나타낼 때에는 먼저 화합물을 구성하는 원자의 원소 기호를 쓰고, 원자의 개수를 원소 기호의 오른쪽 아래에 작은 숫자로 표시한다. ▶ CH_2O

12 염화칼륨과 질산칼륨 수용액의 불꽃색은 모두 보라색이다. 불꽃색이 보라색인 원소는 무엇인가?

(   )

12 염화칼륨과 질산칼륨 수용액에 공통적으로 들어 있는 원소가 칼륨이다. ▶ 칼륨

13 물 분자를 이루는 원소의 종류와 원자의 개수를 써 보자.

13 원소는 물질을 구성하는 기본 성분이고, 원자는 물질을 구성하는 가장 작은 입자 단위이다. 물은 2종류의 원소, 총 3개의 원자들로 이루어져 있다.
▶ 원소의 종류 : 산소(O), 수소(H)
  원자의 개수 : 산소 원자(O) 1개,
  수소 원자(H) 2개

02 화학식량과 몰(mole)

(1) 원자량

① ^{12}C 의 질량을 12.00으로 하여, 다른 원자들의 질량을 상대적으로 나타낸 값이다.

② 상대적인 질량을 나타내므로 단위는 없다.

◆ ^{16}O의 원자량

(2) 평균 원자량

① 동위 원소들의 존재비를 고려하여 동위 원소들의 원자량을 평균하여 나타낸 값이다.

② 탄소 원자의 평균 원자량 : 자연계에는 원자량이 12.00인 ^{12}C가 98.90%, 원자량이 13.00인 ^{13}C가 1.10% 존재한다.

$$\frac{12.00 \times 98.90 + 13.00 \times 1.10}{100} = 12.011$$

(3) 분자량

① 분자를 구성하는 모든 원자들의 원자량을 합한 값이다.

② 이산화탄소의 분자량은 다음과 같이 계산할 수 있다.

$$CO_2 \Rightarrow 12.00 \times 1 + 16.00 \times 2 = 44.00$$

(4) 화학식량

① 이온 결합 화합물과 같이 단위 입자가 존재하지 않을 때, 화학식을 구성하는 원자들의 원자량을 모두 합한 값이다.

② 염화나트륨의 화학식량은 다음과 같이 계산할 수 있다.

$$NaCl \Rightarrow 23 + 35.5 = 58.5$$

C + O O = O C O

12.00	16.00×2	44.00
탄소의 원자량	산소의 원자량×2	이산화탄소의 분자량

Na + Cl = Na Cl

23.00	35.50	58.50
나트륨의 원자량	염소의 원자량	염화나트륨의 화학식량

◉ 이산화탄소의 분자량과 염화나트륨의 화학식량

(5) 몰과 아보가드로수

① 몰(mol) : 원자나 분자와 같은 입자의 수를 나타내는 단위로, 1몰은 $6.02×10^{23}$개이다.

　예 탄소 1몰 : 탄소 원자 $6.02×10^{23}$개

② 아보가드로수 : 1몰에 해당하는 수이다.

③ 아보가드로수의 비교

　㉠ 빛의 속도로 여행한다 해도 $6.02×10^{23}$m를 가려면 6,000만년 이상 걸린다.

　㉡ 종이를 $6.02×10^{23}$장 쌓으면 지구에서 태양까지 100만 번 이상을 갈 수 있는 거리이다.

　㉢ 1초에 2억을 셀 수 있는 컴퓨터가 $6.02×10^{23}$을 세려면 약 1억 년이 걸린다.

(6) 몰 질량

① 어떤 물질의 화학식량에 g을 붙이면 그 물질 1몰의 질량이 된다.

② 물의 몰 질량은 18.00g이고, 이산화탄소의 몰 질량은 44.00g이다.

③ 어떤 원자의 몰 질량을 알면, 그 원자 1개의 실제 질량을 구할 수 있다.

　예 ^{12}C 원자 1개의 질량 $= \dfrac{12.00g}{6.02×10^{23}} = 1.99×10^{-23}g$

(7) 몰 부피

① 표준 상태(0℃, 1기압)에서 기체 1몰이 차지하는 부피이다.

② 아보가드로 법칙에 따르면 온도와 압력이 같을 때, 기체 1몰의 부피는 기체의 종류와 관계없이 서로 같다.

③ 수소 1몰의 몰 부피는 22.4L이고, 산소 1몰의 몰 부피도 22.4L이다.

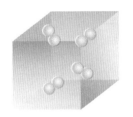 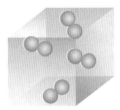 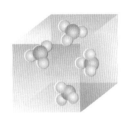

H_2의 몰 질량 2.00g N_2의 몰 질량 28.00g NH_3의 몰 질량 17.00g

H_2의 몰 부피 22.4L N_2의 몰 부피 22.4L NH_3의 몰 부피 22.4L

H_2의 분자 수 6.02×10^{23}개 H_2의 분자 수 6.02×10^{23}개 NH_3의 분자 수 6.02×10^{23}개

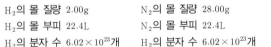

🔷 0℃, 1기압에서 기체 1몰의 질량, 부피, 분자 수

03 화합물의 조성 및 구조

(1) 불꽃 반응

① 화합물을 구성하는 원소를 알아내는 간단한 방법이다.

② 금속 원소가 포함된 화합물을 겉불꽃 속에 넣으면 각 금속 원소의 고유한 색이 나타난다.

물질	나트륨	칼륨	리튬	구리	바륨
불꽃색	노란색	보라색	빨강색	청록색	황록색

③ 적은 양의 원소가 있어도 불꽃 반응에서 원소 고유의 색이 잘 나타나므로 물질에 포함된 원소를 알아내는 데 효과적이다.

(2) 선 스펙트럼

① 분광기로 불꽃 반응에 나타난 금속 원소의 불꽃색을 분해할 때, 밝은 색의 선 모양으로 나타나는 스펙트럼이다.

② 리튬과 스트론튬은 불꽃색은 같지만 선 스펙트럼이 다르므로, 이를 통해 두 원소를 구별할 수 있다.

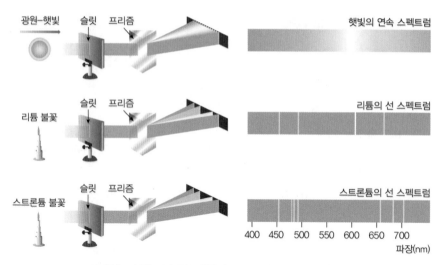

◆ 연속 스펙트럼 및 리튬과 스트론튬의 선 스펙트럼

(3) 앙금 생성 반응

① 수용액 속에 녹아 있는 특정 이온 검출(Ag^+, CO_3^{2-} 등 검출에 이용)

(4) 연소 분석과 실험식

① **연소 분석** : 미지 화합물을 연소시켜 화합물을 구성하는 원소들의 구성 비율을 확인하는 원소 분석 방법이다.

② **실험식** : 화합물을 구성하는 성분 원소의 원자 수를 가장 간단한 정수비로 나타낸 화학식이다.

③ **연소 분석 결과로 실험식 구하기**

　㉠ 탄소, 수소, 산소를 포함하는 시료를 연소 분석 장치에서 연소시켜 생성된 이산화탄소, 물의 질량을 이용 탄소, 산소, 수소의 질량비를 구한다.

　　예 포도당의 질량 ⇒ 탄소 : 수소 : 산소 = 40.00 : 6.73 : 53.27

　㉡ 화합물을 구성하는 원소의 질량비를 몰 질량(원자량)으로 나누어 몰수비를 얻는다.

　　예 포도당의 몰수비 ⇒ 탄소 : 수소 : 산소 = 1 : 2 : 1

　㉢ 몰수비를 간단한 정수비로 나타내면 실험식을 얻을 수 있다.

　　예 포도당의 실험식 ⇒ CH_2O

(5) 분자식

① 한 분자를 이루는 각 원자의 총 개수를 나타낸 화학식이다.

② 분자량을 실험식량으로 나누어 얻은 정수를 실험식에 곱하여 얻는다(정수배).

　예 포도당의 분자식 ⇒ $C_6H_{12}O_6$

③ 분자량을 결정하는 방법

  ㉠ 과거에는 끓는점 오름, 어는점 내림, 삼투압과 같은 묽은 용액의 총괄성으로 알 수
  있었다.

  ㉡ 현재는 질량 분석법(MS) 등을 사용하여 얻을 수 있다.

(6) 분광학

① 물질에 흡수, 물질에서 방출되는 스펙트럼을 이용하여 물질의 구조를 결정하는 방법
  이다.

② 가시광선, 자외선, 적외선, 라디오파 등 거의 모든 전자기파를 사용하여 성분 원소 및
  구조를 결정할 수 있다.

(7) 핵자기 공명법(NMR)

① 가시광선보다 파장이 긴 라디오파를 이용한다.

② 화합물이 라디오파를 흡수하는 형태를 관찰하여 화합물의 구조를 결정한다.

(8) X선 분광법

① X선은 자외선보다 파장이 짧고, 투과력이 강한 전자기파이다.

② X선을 사용한 구조 결정 방법

  ㉠ 구조를 알고 싶은 물질을 고체 결정으로 만든다.

  ㉡ 고체 결정에 X선을 쪼여 준다.

  ㉢ X선이 고체 결정을 통과하면 사진 필름에 일정한 무늬의 점이 찍힌다.

  ㉣ 일정한 무늬의 점을 통해 결정의 구조를 간접적으로 결정한다.

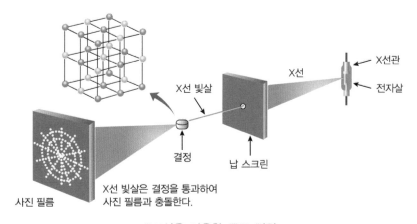

●X선을 이용한 구조 결정

확인문제

01 탄소와 수소, 산소로 이루어진 물질을 연소시켰더니 질량 백분율이 탄소 40.0%, 수소 6.73%, 산소 53.27%였다. 이 화합물의 실험식을 계산 과정을 포함하여 구하시오. (단, 원자량은 C = 12, O = 16, H = 1이다)

(   )

02 다음과 같은 연소 분석 장치에서 탄소와 수소로 이루어진 미지 시료 3.2g을 태웠더니, 물 7.2g, 이산화탄소 8.8g이 생성되었다.

건조한 O_2

미지 시료

흡수된 H_2O
7.2g

흡수된 CO_2
8.8g

이에 대한 〈보기〉의 설명 중 옳은 것을 모두 고른 것은?

〈 보 기 〉

ㄱ. 미지 시료와 반응한 산소의 질량은 12.8g이다.
ㄴ. 7.2g의 H_2O에 포함된 수소 원자의 질량은 1.6g이다.
ㄷ. 미지 시료의 실험식은 CH_2이다.

① ㄱ   ② ㄴ
③ ㄱ, ㄷ   ④ ㄴ, ㄷ
⑤ ㄱ, ㄴ, ㄷ

해설

01 이 물질 100g에는 탄소 40.0g, 수소 6.73g, 산소 53.27g이 포함된 것으로 볼 수 있다. 따라서
탄소의 몰수는
$$\frac{40.0g}{12g/mol} = 3.33mol$$
수소의 몰수는
$$\frac{6.73g}{1g/mol} = 6.73mol$$
산소의 몰수는
$$\frac{53.27g}{16g/mol} = 3.33mol$$
각 원소의 몰수의 비는
C : H : O = 3.33 : 6.73 : 3.33
= 1 : 2 : 1
▶ 실험식은 CH_2O

02 7.2g의 H_2O에 포함된 수소 원자의 질량은
$$7.2g \times \frac{2g/mol}{18g/mol} = 0.8g이다.$$
8.8g의 CO_2에 포함된 탄소 원자의 질량은
$$8.8g \times \frac{12g/mol}{44g/mol} = 2.4g이다.$$
수소와 탄소의 질량을 각각의 원자량으로 나누어 몰수비를 구하면
C : H = 1 : 4이다. 따라서 미지 시료의 실험식은 CH_4이다.
▶ ①

04 화학 반응식

(1) 화학 반응식

물질의 화학 변화를 화학식과 기호를 사용하여 나타낸 식이다.

(2) 화학 반응식 나타내는 방법

① 화학 반응을 반응물과 생성물의 화학식으로 나타낸다. 화살표를 기준으로 반응물의 화학식은 왼쪽에, 생성물의 화학식은 오른쪽에 쓴다.

　　예 $H_2 + O_2 \rightarrow H_2O$ (반응물 → 생성물)

② 반응 전후 원자의 종류와 개수가 같도록 화학식 앞에 계수를 맞춘다(어림법, 미정계수법을 이용 차후에 산화수법을 이용).

　　예 $H_2 + \dfrac{1}{2}O_2 \rightarrow H_2O$ 의 모든 개수에 ×2 ⇒ $2H_2 + O_2 \rightarrow 2H_2O$

③ 반응 전후 원자의 종류와 개수가 같은지 확인한다.

반응 전 H : 2×2 = 4　　　　반응 후 H : 2×2 = 4
　　　　 O : 2　　　　　　　　　　　 O : 2×1 = 2

④ 반응물과 생성물의 상태를 화학식 뒤의 괄호 속에 약자를 써서 표시하기도 한다.

(3) 화학 반응식에 사용되는 기호

기호	의미	기호	의미
g	기체	△	가열
l	액체	↑	기체 생성
s	고체	↓	앙금 생성
aq	수용액	촉매	촉매 사용

예 $N_2(g) + 3H_2(g) \xrightarrow[400 \sim 600℃,\ 300기압]{Fe_2O_3} 2NH_3(g)$

(4) 화학 반응식의 계수와 아래 첨자

① 화학식 앞의 계수 : 해당 화합물의 개수를 나타낸다.

예 $\underline{2}H$ – 수소 원자 2개

$\underline{3}H_2$ – 수소 분자 3개

② 아래 첨자 : 화합물을 구성하는 원자의 개수를 나타낸다.

예 H_2O – 수소 원자 2개, 산소 원자 1개

Fe_2O_3 – 철 원자 2개, 산소 원자 3개

(5) 화학 반응식에서 얻을 수 있는 정보

화학 반응식	반응물 $CH_4(g) + 2O_2(g)$ 메테인　　　산소		생성물 $\rightarrow CO_2(g) + 2H_2O(l)$ 이산화탄소　　물	
반응에 대한 분자 모형				
반응식의 계수	1	2	1	2
몰수(몰)	1	2	1	2
질량(g)	16.0	$2 \times 32.0 = 64.0$	44.0	$2 \times 18.0 = 36.0$
기체의 부피(L) (0℃, 1기압)	22.4	$2 \times 22.4 = 44.8$	22.4	–

① 반응물과 생성물의 종류 및 상태를 알 수 있다.

⇒ 종류 및 상태 – 기체 : CH_4, O_2, CO_2, 액체 : H_2O

② 반응하는 물질들의 몰수비를 알 수 있다.

⇒ 몰수비 – 1 : 2 : 1 : 2

③ 반응하는 물질들의 질량비와 부피비를 알 수 있다.

⇒ 질량비 – 4 : 16 : 11 : 9, 부피비 – 1 : 2 : 1(기체만 해당됨)

④ 관련 있는 과학 법칙을 이해할 수 있다.

⇒ 질량 보존 법칙, 기체 반응 법칙이 성립함을 알 수 있다.

(6) 화학양론

화학 반응에서 반응물과 생성물의 양적 관계에 대한 이론이다.

(7) 양적 관계 : 질량 관계

$$C(s) + O_2(g) \rightarrow CO_2(g)$$

① 화학 반응식의 계수비는 몰수비 이므로 탄소 : 이산화탄소 = 1 : 1이다.

　　예 탄소 24.0g에는 2몰의 탄소가 있으므로 생성되는 이산화탄소는 2몰이다.

　　　　이산화탄소의 몰 질량은 44.0g이므로 생성된 이산화탄소의 질량은 88.0g이다.

(8) **양적 관계** : 부피 관계

$$2H_2(g) + O_2(g) \rightarrow 2H_2O\,(l)$$

① 수소, 산소의 몰수비는 2 : 1이다.

② 4.48L의 수소는 0.2몰이므로 반응에 필요한 산소는 0.1몰이다.

③ 표

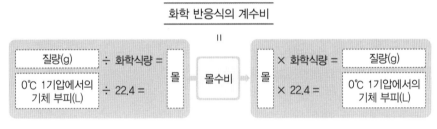

● 몰 지도

　예 산화철(III)의 질량으로부터 생성되는 철의 질량을 계산하는 과정

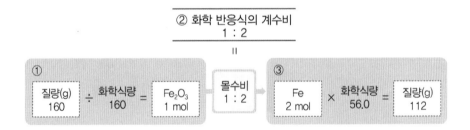

🔬 확인문제

01 탄소 6개, 수소 12개, 산소 6개로 이루어진 포도당의 화학식을 써 보자.

(   )

01 화합물을 화학식으로 나타낼 때에는 먼저 화합물을 구성하는 원자의 원소 기호를 쓰고, 원자의 개수를 원소 기호의 오른쪽 아래에 작은 숫자로 표시한다.
▶ $C_6H_{12}O_6$

02 다음 화학식의 의미를 바르게 설명한 것은?

$$2CH_4$$

① 탄소와 수소의 개수비는 1 : 2이다.
② 분자 내에 탄소 원자는 2개 있다.
③ '2'는 탄소 원자 수를 나타낸다.
④ '4'는 분자 내 수소 원자 수를 나타낸다.
⑤ 분자 1개에 탄소 원자, 수소 원자 각각 4개씩 있다.

02 화학식의 작은 숫자는 원자의 개수를 나타내고, 화학식 앞의 계수는 분자의 개수를 나타낸다. 따라서 '$2CH_4$'는 탄소 원자 1개, 수소 원자 4개로 이루어진 메테인 분자가 2개임을 의미한다. ▶④

03 다음은 원소 X (●)와 Y (■)로 이루어진 분자를 모형으로 나타낸 것이다. 이를 화학식으로 바르게 표현한 것은?

① X Y
② X_2Y
③ X_3Y
④ XY_3
⑤ 3X Y

03 X 3개, Y 1개로 이루어진 분자를 나타내는 화학식은 X_3Y 이다.
▶③

04 에탄올(C_2H_5OH)의 분자량을 구해 보자.

(   )

04 에탄올(C_2H_5OH)의 분자량은
$12.01 \times 2 + 1.01 \times 6 + 16.00 \times 1$
$= 46.08$이다. ▶ 46.08

확인문제

해설

05 1몰은 몇 개를 의미하는가?

( )

05 '몰(mol)'은 입자의 개수를 세는 단위로, 1몰은 6.02×10^{23}개다.
▶ 6.02×10^{23}개

06 물(H_2O) 3.60g은 몇 몰인가?

( )

06 물(H_2O)의 몰 질량은 18.02g/몰이다. 물 3.60g의 몰수는 다음과 같이 구할 수 있다.
$$\frac{3.60g}{18.02g/mol} = 0.200mol$$
▶ 0.200몰

07 0℃, 1기압에서 메테인(CH_4)의 16.05g의 부피는 몇 L인가?

( )

07 메테인(CH_4)의 몰 질량은 16.05g/몰이므로, 메테인 16.05g은 1몰이다. 0℃, 1기압에서 기체 1몰의 부피는 기체의 종류에 관계없이 22.4L이다. ▶ 22.4L

제 1 장 ㅣ 적중예상문제

01 다음 중 $0℃$, 1기압에서 $6.4g$, $8.96L$의 부피를 차지하고 있는 기체는 무엇인가?

   ① CH_4 ② C_2H_3

   ③ C_2H ④ C_3H_5

02 $16g$의 산소 분자에 포함된 산소 원자 수는?

   ① 3.10×10^{23} ② 4.10×10^{23}

   ③ 6.02×10^{23} ④ 12.01×10^{23}

03 $0℃$, 1기압에서 메테인을 완전 연소시키기 위해 필요한 공기의 부피가 $28L$일 때 연소된 메테인의 질량은 얼마인가? (단, C, H, O의 원자량은 각각 $12, 1, 16$이며, 공기의 20%가 산소로 구성되어 있다.)

$$CH_4(g) + 2O_2(g) \rightarrow CO_2(g) + 2H_2O(g)$$

   ① $1g$ ② $2g$

   ③ $3g$ ④ $4g$

04 탄화수소 0.25몰이 완전 연소되면 CO_2 $22.4L$와 6×10^{23}개의 수증기가 발생하였다. 실험식으로 옳은 것은?

   ① CH ② CH_2

   ③ C_2H_3 ④ C_3H_4

05 탄소와 수소 화합물의 질량을 분석한 결과가 탄소 원자 92.3%, 수소 원자 7.7%이었을 때 이 화합물의 분자식으로 옳은 것은? (단, 분자량 $= 78$)

   ① C_2H_2 ② C_2H_4

   ③ C_3H_8 ④ C_6H_6

06 원자량이 24인 어떤 원소 M의 산화물을 분석한 결과, 질량 백분율로 산소가 40% 들어 있었다면 이 산화물의 실험식으로 옳은 것은?

① MO
② M_2O
③ MO_2
④ M_2O_2

07 다음 중 어떤 탄화수소 속에 포함되어 있는 C의 질량비가 80.0%일 경우 이 탄화수소의 실험식은?

① CH
② C_2H
③ CH_3
④ C_3H_2

08 다음 중 원자나 분자 수가 나머지와 다른 것으로 옳은 것은? (단, 원자량은 $H = 1$, $N = 14$, $O = 16$)

① H_2 1g 중에 들어 있는 수소 분자 수
② O_2 16g 중에 들어 있는 산소 원자 수
③ H_2O 9g 중에 들어 있는 산소 원자 수
④ NH_3 8.5g 중에 들어 있는 암모니아 분자 수

09 부피가 일정하고 질량이 10g인 용기에 CH_4를 넣고 측정한 질량이 10.5g이었다. 같은 온도와 압력에서 용기에 분자량을 모르는 어떤 기체 XO_2를 넣고 측정한 질량이 12g이었다면 원소 X의 원자량은? (단, 원자량은 $C = 12$, $H = 1$, $O = 16$)

① 16
② 32
③ 40
④ 48

10 다음 설명 중 옳은 것은? (단, 아보가드로수 $= 6 \times 10^{23}$개)

① 11g의 CO_2의 산소 원자 수는 6×10^{23}개다.
② 0℃, 1기압의 CH_4 1몰의 수소 원자 수는 2.4×10^{24}개다.
③ 물 1몰에는 6×10^{23}개의 원자가 들어 있다.
④ 25℃, 1기압의 22.4L의 산소 분자 수는 6×10^{23}개다.

11 다음 중 어떤 기체 $0.2mol$의 질량이 $12.8g$일 때 이 기체의 분자량으로 옳은 것은?

① 12 ② 26
③ 48 ④ 64

12 다음 중 표준상태에서 밀도가 $1.25g/L$인 기체의 실험식이 CH_2라면 분자식으로 옳은 것은?

① C_3H_5 ② C_2H_2
③ C_2H_4 ④ CH_3

13 다음 중 $0℃$, 1기압에서 NH_3(암모니아) $34g$ 속에 존재하는 수소 원자 수로 옳은 것은? (단, $H=1$, $N=14$, 아보가드로수 $=6\times10^{23}$개)

① 1.4×10^{24}개 ② 3.6×10^{23}개
③ 3.6×10^{24}개 ④ 6×10^{23}개

14 C와 H만으로 이루어진 어떤 화합물 $30mg$을 완전히 연소시켰더니 CO_2가 $88mg$ 생성되었다. 이 물질의 실험식으로 옳은 것은?

① CH ② CH_2
③ CH_3 ④ CH_4

15 어떤 탄화수소를 분석한 결과 탄소가 90%임을 알았다. 이 탄화수소의 실험식은?

① CH_2 ② C_2H_6
③ CH_4 ④ C_3H_4

16 다음 중 $25℃$, 1기압에서 기체 X의 분자량은?

> ㉠ 진공의 플라스틱 용기의 질량 : $10g$
> ㉡ 메테인($CH_4=16$)을 채운 용기의 질량 : $11g$
> ㉢ 미지의 기체 X를 채운 용기의 질량 : $13.25g$

① 44 ② 48
③ 52 ④ 58
⑤ 64

17 CH_4 50%와 X_2 50%가 혼합된 혼합 기체의 평균 분자량이 28일 때 X의 원자량은?

① 10
② 20
③ 25
④ 30
⑤ 35

18 25℃, 1기압에서 산소기체와 X기체를 같은 부피씩 취해서 질량을 측정한 결과 각각 1.6g과 3.3g이었다. X기체의 분자량은? (단, 산소의 원자량 = 16)

① 32
② 44
③ 58
④ 66
⑤ 78

19 0℃, 1기압에서 프로판(C_3H_8) 5.6L이 있다. 이 기체의 질량으로 옳은 것은?

① 11g
② 22g
③ 28g
④ 34g
⑤ 42g

20 다음 중 아보가드로수에 해당하지 않는 것은?

① 물 18g 중의 물 분자 수이다.
② 표준상태의 수소기체 22.4L 중의 수소 분자이다.
③ $(NH_4)_2SO_4$ (화학식량 = 132) 66g에 들어 있는 NH_4^+ 수이다.
④ 표준상태의 암모니아 기체 5.6L 중의 수소 원자 수이다.

21 다음 중 몰의 개념으로 옳지 않은 것은?

① 전자 1몰 중에는 6.02×10^{23}개의 전자가 있다.
② 염화나트륨 1몰 중에는 Na^+와 Cl^-가 각각 3.01×10^{23}개씩 들어 있다.
③ 수소이온(H^+) 1몰 중에는 6.02×10^{23}개의 양성자가 있다.
④ 메탄올(CH_3OH) 1몰 중에는 산소 원자 6.02×10^{23}개가 있다.

22 다음 중 어떤 원소 X 80g과 산소 160g이 결합하여 XO_2의 화합물이 만들어졌다면 원자 X의 원자량은? (단, $O = 16$)

① 14
② 16
③ 18
④ 20
⑤ 24

23 0℃, 1기압에서 어떤 기체 224ml의 질량이 0.46g이었다. 이 기체의 분자량은?

① 23
② 46
③ 58
④ 72
⑤ 84

24 어떤 기체의 원소분석 결과 탄소와 수소 원자 수의 비가 1 : 2임을 알았다. 이 기체의 밀도가 1.25g/L라고 하면 그 분자식은?

① C_2H_2
② C_2H_4
③ C_4H_8
④ C_6H_{12}

25 13g의 원소 A를 완전연소시키는 데 산소 12g이 소모되며, A의 원자량은 52이다. 이때 생성된 산화물의 분자식을 A와 O로 나타낸 것은?

① AO
② A_2O
③ AO_3
④ A_3O_3

26 화학식이 M_2O_3인 화합물에서 M원소 1.03g을 공기 중에서 연소한 결과 1.94g의 산화물을 얻었다. 이 M원소의 원자량은?

① 23
② 27
③ 30
④ 33
⑤ 38

27 붕소(B)에는 질량수 10, 11의 두 가지 동위 원소가 있다. 붕소의 원자량을 10.8이라 할 때 ^{10}B, ^{11}B의 존재비는?

① 1 : 1
② 1 : 2
③ 1 : 3
④ 1 : 4
⑤ 2 : 3

28 어떤 탄화수소의 성분을 분석하였더니 탄소가 85.7%, 수소가 14.3%였다. 이 탄화수소의 실험식으로 옳은 것은?

① CH

② CH_2

③ C_2H_3

④ C_2H_{62}

29 다음 프로판의 연소 반응에서 계수 $x+y+z$의 값을 구한 것으로 옳은 것은?

$$C_3H_8 + xO_2 \rightarrow yCO_2 + zH_2O$$

① 9

② 11

③ 12

④ 15

⑤ 16

30 $25\,℃$, 1기압에서 그림 (가)와 같이 실린더에 탄화수소 X $7g$을 넣고 탄화수소 Y $7g$을 더 넣었더니, (나)와 같이 되었다. X와 Y는 서로 반응하지 않고, $25\,℃$, 1기압에서 기체 1몰의 부피는 $24L$이다.

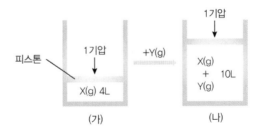

(가)　　　　(나)

이에 대한 설명으로 옳은 것만을 〈보기〉에서 모두 고른 것은? (단, 원자량은 $H=1$, $C=12$이고, 피스톤의 질량과 마찰은 무시한다)

――――〈 보 기 〉――――

ㄱ. 실린더에 넣어 준 Y의 몰수는 0.25몰이다.

ㄴ. 분자량은 X가 Y의 1.5배이다.

ㄷ. X와 Y의 실험식은 같다.

① ㄴ

② ㄷ

③ ㄱ, ㄴ

④ ㄱ, ㄷ

⑤ ㄱ, ㄴ, ㄷ

31 다음 중 첨가 반응이 아닌 것은?

① $C_2H_2 + HCl \rightarrow CH2-CHCl$

② $CH_4 + Cl_2 \rightarrow CH_3Cl + HCl$

③ $C_2H_2 + 2H_2 \rightarrow C_2H_6$

④ $C_2H_4 + H_2 \rightarrow C_2H_6$

32 다음 중 화학 반응의 이름이 옳지 않은 것은?

① $2KI + Cl_2 \rightarrow 2KCI + I_2$ (치환)

② $2KClO_3 \rightarrow 2KCl + 3O_2$ (분해)

③ $AgNO_3 + NaCl \rightarrow AgCl + NaNO_3$ (화합)

④ $Pb(NO_3)_2 + H_2SO_4 \rightarrow PbSO_4 + 2HNO_3$ (복분해)

33 다음은 기체 AB와 B_2가 반응하여 기체 AB_2가 생성되는 화학 반응식을 나타낸 것이다.

$$2AB(g) + B_2(g) \rightarrow 2AB_2(g)$$

그림은 기체 AB와 B_2를 각각 n몰씩 반응 용기에 넣고 완전히 반응시켰을 때, 반응 후 반응 용기에 들어 있는 기체의 질량을 나타낸 것이다. 이에 대한 설명으로 옳은 것만을 〈보기〉에서 모두 고른 것은? (단, A와 B는 임의의 원소 기호이다)

B_2 $4x$g
AB_2 $11x$g

〈 보기 〉

ㄱ. 반응 후 기체의 몰수는 $\frac{3}{2}$n몰이다.

ㄴ. 1g에 들어 있는 분자 수는 AB가 B_2보다 많다.

ㄷ. 반응 용기에 넣어 준 기체의 질량비는 $AB : B_2 = 7 : 8$이다.

① ㄱ

② ㄴ

③ ㄱ, ㄷ

④ ㄴ, ㄷ

⑤ ㄱ, ㄴ, ㄷ

34 다음은 기체 A와 B가 반응하여 기체 C와 D를 생성하는 화학 반응식이다.

$$A(g) + 2B_2(g) \rightarrow C(g) + 2D(g)$$

표는 일정한 온도와 압력에서 실린더에 기체 A와 B를 넣고 반응시켰을 때 반응 전후 A와 B의 질량과 반응 후 전체 기체의 부피를 나타낸 것이다. A와 D의 분자량은 각각 8과 9이다.

실 험	반응 전		반응 후		
	질량(g)		질량(g)		전체 기체의 부피(L)
	A	B	A	B	
I	8	48	0	x	100
II	16	32	y	0	100

이에 대한 설명으로 옳은 것만을 〈보기〉에서 모두 고른 것은? (단, 반응 전후의 온도와 압력은 일정하다)

―――〈 보기 〉―――

ㄱ. 분자량은 C가 B보다 크다.
ㄴ. $x = 2y$이다.
ㄷ. 실험 I과 II에서 C의 양은 서로 같다.

① ㄱ ② ㄴ
③ ㄷ ④ ㄱ, ㄴ
⑤ ㄱ, ㄴ, ㄷ

35 표는 A와 B 두 원소로 이루어진 분자 ㈎~㈐에 대한 자료이다.

분자	분자당 구성 원자 수	성분 원소의 질량비(A:B)
㈎	3	1 : 1
㈏	4	2 : 3
㈐	5	4 : 3

㈎~㈐에 대한 설명으로 옳은 것만을 〈보기〉에서 모두 고른 것은? (단, A와 B는 임의의 원소 기호이다)

―――〈 보기 〉―――

ㄱ. 분자량의 비는 ㈏ : ㈐ = 5 : 7이다.
ㄴ. 같은 질량의 B와 결합한 A의 질량은 ㈎가 ㈏의 1.5배이다.
ㄷ. 1g당 A 원자 수는 ㈐가 ㈎의 2배이다.

① ㄴ ② ㄷ
③ ㄱ, ㄴ ④ ㄱ, ㄷ
⑤ ㄱ, ㄴ, ㄷ

36 다음은 금속 M이 산소(O_2)와 반응하여 금속 산화물 X를 생성하는 화학 반응식과 $25℃$, 1기압에서 반응하는 금속 M의 질량과 O_2의 부피 관계를 나타낸 것이다. $25℃$, 1기압에서 기체 1몰의 부피는 24L이다.

$$aM(s) + bO_2(g) \rightarrow cX(s) \quad (a, b, c : 반응 계수)$$

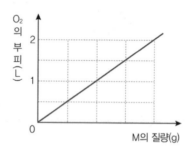

이에 대한 설명으로 옳은 것만을 〈보기〉에서 모두 고른 것은? (단, M은 임의의 원소 기호이고, O와 M의 원자량은 각각 16, 24이다)

〈 보기 〉

ㄱ. X의 화학식은 MO이다.
ㄴ. $a + b + c = 5$이다.
ㄷ. M 6g을 반응시키면 X 10g이 생성된다.

① ㄱ
② ㄷ
③ ㄱ, ㄴ
④ ㄴ, ㄷ
⑤ ㄱ, ㄴ, ㄷ

37 그림은 $25℃$에서 같은 부피의 용기에 들어 있는 세 가지 기체를 입자 모형으로 나타낸 것이다.

(가)   (나)   (다)

○ : A
● : B

(가)~(다)에 대한 설명으로 옳은 것만을 〈보기〉에서 모두 고른 것은? (단, A와 B는 임의의 원소 기호이다)

〈 보기 〉

ㄱ. (다)의 원소는 2가지이다.
ㄴ. 모두 이원자 분자이다.
ㄷ. (다)의 밀도는 (가)와 (나)의 밀도의 합과 같다.

① ㄱ   ② ㄴ

③ ㄱ, ㄴ   ④ ㄱ, ㄷ

⑤ ㄱ, ㄴ, ㄷ

38 그림은 $25℃$, 1기압에서 A_2, B_2, CB_2 기체의 부피와 질량을 나타낸 것이다.

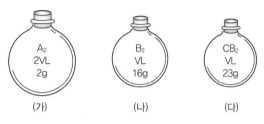

(가)   (나)   (다)

이에 대한 설명으로 옳은 것만을 〈보기〉에서 모두 고른 것은? (단, $A\sim C$는 임의의 원소 기호이다)

〈 보기 〉

ㄱ. 기체의 몰수비는 (가) : (나) : (다) $= 2 : 1 : 1$이다.

ㄴ. 1g 속에 들어 있는 원자 수는 (나) > (다)이다.

ㄷ. 원자량의 비는 $A : B : C = 1 : 16 : 7$이다.

① ㄱ   ② ㄴ

③ ㄱ, ㄷ   ④ ㄴ, ㄷ

⑤ ㄱ, ㄴ, ㄷ

39 표는 일정한 온도와 압력에서 기체 X_2와 Y_2를 서로 다른 부피로 반응시켰을 때, 반응 전후 기체의 부피를 나타낸 것이다.

실 험	반응 전 기체의 부피(mL)		반응 후 기체의 총 부피(mL)	남은 기체
	X_2	Y_2		
Ⅰ	30	20	30	Y_2
Ⅱ	40	(가)	30	X_2
Ⅲ	45	30	(나)	Y_2

이에 대한 설명으로 옳은 것만을 〈보기〉에서 모두 고른 것은? (단, X와 Y는 임의의 원소 기호이다)

―〈 보 기 〉―

ㄱ. ㈎는 10mL이다.　　　　　　　　ㄴ. ㈏는 45mL이다.

ㄷ. 생성된 기체의 분자식은 X_3Y 이다.

① ㄱ　　　　　　　　　　　　　② ㄴ

③ ㄱ, ㄷ　　　　　　　　　　　④ ㄴ, ㄷ

⑤ ㄱ, ㄴ, ㄷ

40 다음은 어떤 탄소 화합물($C_xH_yO_z$)의 실험식을 구하기 위해 실험한 결과이다.

[실험 과정]

(1) 그림과 같은 장치에 시료 45mg을 넣고 충분한 양의 산소를 공급하면서 반응시킨다.

(2) 반응이 끝난 후 장치 ㈎와 ㈏의 증가한 질량을 구한다.

(3) 시료 180mg을 사용하여 과정 (1)~(2)를 반복한다.

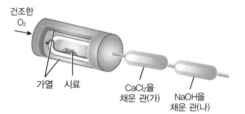

[실험 결과]

시료의 질량(mg)	증가한 질량(mg)	
	장치 ㈎	장치 ㈏
45	27	66
180	108	a

이에 대한 설명으로 옳은 것만을 〈보기〉에서 모두 고른 것은? (단, H, C, O의 원자량은 각각 1, 12, 16이다)

―〈 보 기 〉―

ㄱ. a는 264이다.

ㄴ. $x : y : z = 1 : 2 : 1$이다.

ㄷ. 시료 180mg으로 실험했을 때 반응한 산소의 질량은 192mg이다.

① ㄱ　　　　　　　　　　　　　② ㄷ

③ ㄱ, ㄴ　　　　　　　　　　　④ ㄴ, ㄷ

⑤ ㄱ, ㄴ, ㄷ

제 **1** 장 | **적중예상문제 해설**

01 |정답| ①

|해설| 0℃, 1기압에서 기체 1mol의 부피는 22.4L

0℃, 1기압 8.96L에는 0.4mol의 분자가 들어 있으므로

1mol : 0.4mol = xg : 6.4g에서 x = 16g

1mol의 질량이 16g인 것은 CH_4이다.

02 |정답| ③

|해설| 산소 분자 1mol = 32g이므로 16g의 산소 분자 = $\frac{1}{2}$ mol이다.

그러므로 산소 원자 수는 $\frac{1}{2} \times 2 \times 6.02 \times 10^{23} = 6.02 \times 10^{23}$

03 |정답| ②

|해설| 메테인이 16g 반응할 경우 공기는 $2 \times 22.4 \times \frac{100}{20} = 22.4$L

16 : 224 = x : 28

∴ x = 2g

04 |정답| ②

|해설| 생성된 CO_2가 1몰, H_2O가 1몰이므로 $0.25C_xH_y + XO_2 \rightarrow CO_2 + H_2O$

C_4H_8이므로 실험식은 CH_2가 된다. ∴ CH_2

05 |정답| ④

|해설| 질량 백분율을 각각의 원자량으로 나누어 간단한 정수비를 구한다.

C : H = $\frac{92.3}{12} : \frac{7.7}{1} \fallingdotseq 7.7 : 7.7 = 1 : 1$이므로 실험식은 CH가 된다.

'분자량 = $n \times$ 실험식'이므로 78 = $n \times$ 13에서 n = 6이 된다.

∴ 분자식 = C_6H_6

06 |정답| ①

|해설| 질량 백분율이 산소가 40%이면 M은 60%가 된다.

M : O = $\frac{60}{24} : \frac{40}{16} = 2.5 : 2.5 = 1 : 1$이므로 실험식은 MO가 된다.

07 |정답| ③

|해설| C : H = $\frac{80}{12} : \frac{20}{1} = 1 : 3$

CH의 실험식은 CH_3가 된다.

08 |정답| ②

|해설| ② $\dfrac{16}{32} = 0.5\,\mathrm{mol}$인데, 산소 원자가 2분자이므로 1mol이다.

① $\dfrac{1}{2} = 0.5\,\mathrm{mol}$ ③ $\dfrac{9}{18} = 0.5\,\mathrm{mol}$ ④ $\dfrac{8.5}{17} = 0.5\,\mathrm{mol}$

09 |정답| ②

|해설| 같은 온도, 같은 압력, 같은 부피 속의 모든 기체는 같은 수의 분자가 들어 있으므로 몰수가 같다.

CH_4의 분자량 $= 12 + 1 \times 4 = 16$

몰수 $= \dfrac{10.5 - 10}{16} = \dfrac{12 - 10}{3x + x}$

$\therefore\ x = 32$

10 |정답| ②

|해설| ② $6 \times 10^{23} \times 4 = 2.4 \times 10^{24}$

① $\dfrac{11}{44} \times 2 \times 6 \times 10^{23} = 3 \times 10^{23}$

③ 물 H_2O이므로 1몰 원자 수는 $3 \times 6 \times 10^{23} = 1.8 \times 10^{24}$

④ 25℃가 아니라 0℃이다.

11 |정답| ④

|해설| $0.1 : 12.8 = 1 : x$

$\therefore\ x = \dfrac{12.8}{0.2} = 64$

12 |정답| ③

|해설| 밀도 $= \dfrac{질량}{부피}$ 이므로, 질량 $=$ 밀도 $\times$ 부피

분자량 $= 1.25\,(\mathrm{g/L}) \times 22.4\,(\mathrm{L}) = 28$

분자식은 실험식의 n배이므로 CH_2(식량:14)는 2배가 되어 C_2H_4가 된다.

13 |정답| ③

|해설| NH_3의 분자량은 17이므로, 34g이 있는 경우 2몰이다.

1몰의 NH_3에는 수소 원자가 3몰 존재하므로 NH_3가 2몰이면 수소 원자 6몰이 존재한다.

수소 원자 수 $= 6 \times 6 \times 10^{23} = 3.6 \times 10^{24}$개

14 |정답| ③

|해설| CO_2의 분자량이 44, C의 분자량이 12이므로,

$C : 88 \times \dfrac{12}{44} = 24\mathrm{mg}$

$H :$ 전체 질량 $-$ C 의 질량 $= 30 - 24 = 6\mathrm{mg}$

$$C : H = \frac{24}{12} : \frac{6}{1} = 1 : 3$$

즉, 실험식은 CH_3이다.

15 |정답| ④

|해설| 탄화수소에서의 탄소와 수소의 비율은 $C : H = 90 : 10$이다.

$C = \frac{90}{12} = 7.5$, $H = \frac{10}{1} = 10$으로, 이를 간단한 정수비로 고치면 $C : H = 3 : 4$이다.

즉, 실험식은 C_3H_4가 된다.

16 |정답| ③

|해설| 같은 온도, 같은 압력에서 같은 부피 속에는 기체의 종류와 상관없이 같은 수의 분자가 들어 있으므로 몰수가 같다.

$$\frac{11-10}{16} = \frac{13.25-10}{M}$$

$$\therefore M = 52$$

17 |정답| ②

|해설| $28 = \frac{16 \times 50 + 50 \times 2x}{100}$

$2,800 = 800 + 100x$

$\therefore x = 20$

18 |정답| ④

|해설| 같은 조건에서 기체의 질량비는 분자량의 비와 일치한다.

O_2와 X의 질량비는 $1.6 : 3.3$이므로 분자량의 비도 같아야 한다.

$1.6 : 3.3 = 32 : x$

$\therefore x = 66$

19 |정답| ①

|해설| $3 \times 12 + 8 = 44$이므로 1몰(22.4L)의 질량은 44g, 5.6L는 0.25몰이므로, $0.25 \times 44 = 11g$

20 |정답| ④

|해설| 표준상태(0℃, 1기압)에서 22.4L의 부피 속에 아보가드로수만큼의 분자를 가진다.

① H_2O의 분자량은 18g이므로 1몰이다.

② 기체 1몰은 22.4L의 부피를 차지한다.

③ $(NH_4)_2SO_4$에는 NH_4^+가 2몰 들어 있는데, 66g은 0.5몰이므로 NH_4^+는 1몰 존재한다.

④ NH_3에는 수소 원자가 3몰 존재하는데, 수소 원자는 $\frac{3}{4}$몰 존재한다.

21 |정답| ②

|해설| ② NaCl 1몰 중에는 Na^+, Cl^-가 각각 6.02×10^{23}개씩 들어 있다.

22 |정답| ②

|해설| $X + O_2 \rightarrow XO_2$, $O_2 = 1 : 1$반응, O_2의 1몰 질량(분자량)은 32g이므로 160g은 5몰이다. X도 5몰이 반응해야 하므로 $\dfrac{80}{x} = 5$

$\therefore \ x = 16$

23 |정답| ②

|해설| 기체 1몰은 0℃, 1기압에서 22.4L이다.

$224 : 0.46 = 22{,}400 : M$

$\therefore \ M = 46$

24 |정답| ②

|해설| 탄소와 수소 원자 수의 비가 $1 : 2$이므로 실험식 $CH_2 = 14$가 된다. 밀도는 1.25g/L인데 22.4L 안에 있는 질량을 구해야 하므로 $1.25\text{g/L} \times 22.4\text{L} = 28\text{g}$이다. 부피 22.4L 속에 28g이 들어 있으므로 $n \times 14 = 28$

$\therefore \ n = 2$, 분자식은 C_2H_4가 된다.

25 |정답| ③

|해설| 1몰당 두 원소의 반응비를 구해 보면 원소 A $\dfrac{13}{52}$몰과 산소 $\dfrac{12}{16}$몰이 반응하여 완전연소하므로

반응비는 $\dfrac{13}{52} : \dfrac{12}{16}$, 간단히 하면 $0.25 : 0.75 = 1 : 3$이 된다.

$\therefore \ AO_3$

26 |정답| ②

|해설| 산화물이 1.94g이므로 $1.94 - 1.03 = 0.91\text{g}$의 산소가 반응한 것이다. 화학식이 M_2O_3이므로 1몰당 반응비가 $2 : 3$이 되어야 하므로, M의 원자량을 x라 하면 $\dfrac{1.03}{x} : \dfrac{0.91}{16} = 2 : 3$에서 $x = 27.16$

M의 원자량은 27이다.

27 |정답| ④

|해설| ^{10}B의 존재비를 x라 하면 ^{11}B는 $(100 - x)$이다.

$\dfrac{10x + 11(100 - x)}{100} = 10.8$에서 $x = 20$

$\therefore \ {}^{10}B : {}^{11}B = 20 : 80 = 1 : 4$

28 |정답| ②

|해설| $C : H = \dfrac{85.7}{12} : \dfrac{14.3}{1} \fallingdotseq 1 : 2$이므로 탄화수소의 실험식은 CH_2이다.

29 |정답| ③

|해설| 화학 반응에서 원자의 질량은 보존된다.

C가 3개이므로 $y = 3$, H가 8개이므로 $z = 4$,

O는 $2x = 3 \times 2 + 4 \times 1$이므로 $x = 5$

$C_3H_8 + 5O_2 \rightarrow 3CO_2 + 4H_2O$

$\therefore x + y + z = 12$

30 |정답| ⑤

|해설| ㄱ. 실린더에 넣어 준 Y의 부피는 6L이므로 Y의 몰수는 $\dfrac{6}{24} = 0.25$(몰)이다.

ㄴ. X와 Y의 질량은 같고, 부피비가 $2 : 3$이므로 분자량의 비는 $3 : 2$이다.

ㄷ. Y의 분자량은 $4 \times 7 = 28$이므로 분자식은 C_2H_4이고, X의 분자량은 42이므로 분자식은 C_3H_6이다. 그러므로 실험식은 CH_2로 동일하다.

31 |정답| ②

|해설| ② 치환 반응이다.

32 |정답| ③

|해설| ③ 복분해 반응이다.

33 |정답| ⑤

|해설| AB와 B_2를 n몰씩 반응시키면 B_2 $\dfrac{n}{2}$몰이 남고 AB_2 n몰이 생긴다.

따라서 n몰의 질량비는 $B_2 : AB_2 = 2 \times 4 : 11$이므로 원자량의 비는 $A : B = 3 : 4$이다. 분자량의 비가 $AB : B_2 = 7 : 8$이므로 1g에 들어 있는 분자 수 비는 $AB : B_2 = 8 : 7$이다.

34 |정답| ⑤

|해설| ㄱ. 반응식 좌우변의 계수 합이 서로 같으므로 반응 후 전체 기체 부피는 반응 전 전체 기체 부피와 같다. 따라서 실험 Ⅰ, Ⅱ의 반응 후 전체 기체의 부피가 같으므로 반응 전 전체 몰수의 합이 서로 같다. B의 분자량을 M_B라고 하면 반응 전 전체 기체의 몰수는 실험 Ⅰ에서 A 1몰, B $\dfrac{48}{M_B}$몰이고, 실험 Ⅱ에서 A 2몰, B $\dfrac{32}{M_B}$몰이므로 $1 + \dfrac{48}{M_B} = 2 + \dfrac{32}{M_B}$, $M_B = 16$이다. 또한 반응식 좌우변의 분자량 총합이 같음을 이용하면 C의 분자량은 22이다.

ㄴ, ㄷ. 실험 Ⅰ에서 A 1몰과 B 3몰을 반응시켰으므로 B가 1몰 남게 되어 $x = 16$이고, 실험 Ⅱ에서 A 2몰과 B 2몰을 반응시켰으므로 A가 1몰 남게 되어 $y = 8$이다. 실험 Ⅰ, Ⅱ에서 모두 A 1몰과 B 2몰이 반응하므로 C의 양은 서로 같다.

35 |정답| ③

|해설| ㈎의 화학식은 AB_2 또는 A_2B이고 질량비는 $1 : 1$이므로 AB_2이면 원자량의 비는 $A : B = 2 : 1$이고, A_2B이면 원자량의 비는 $A : B = 1 : 2$이다. ㈎가 AB_2라고 가정하고 ㈏와 ㈐의 자료에 적용해 보면 ㈏가 AB_3이고, ㈐는 A_2B_3로 질량비가 자료와 일치하게 나온다. 따라서 ㈎의 분자식은 AB_2이다.

ㄱ. A와 B의 원자량을 각각 $2x$, x로 정하면 화학식이 AB_3인 ㈏의 분자량은 $5x$이고, 화학식은

A_2B_3인 ㈐의 분자량은 $7x$이다.

ㄴ. ㈎와 ㈏의 화학식이 각각 AB_2, AB_3이므로 같은 수의 B 원자와 결합한 A의 원자 수의 비는 ㈎가 ㈏의 1.5배이다.

ㄷ. 1g당 A 원자 수는 1g당 몰수×1분자당 A 원자 수이고, ㈎의 분자량은 $4x$, ㈐의 분자량은 $7x$이므로 1g당 A 원자 수는 ㈎는 $\dfrac{1}{4x}$, ㈐는 $\dfrac{1}{7x}\times2$이다.

36 |정답| ⑤

|해설| ㄱ, ㄴ. M과 산소(O_2)는 2:1의 몰수비로 반응하므로 화학 반응식은 $2M+O_2{\rightarrow}2MO$이다.

ㄷ. M과 X의 몰수비는 1:1이므로 M 6g(=0.25몰)을 반응시키면 X 10g(0.25몰)이 생성된다.

37 |정답| ③

|해설| ㄱ. ㈎와 ㈏는 1가지 원소로 이루어진 홑원소 물질, ㈐는 2가지 원소로 이루어진 화합물이다.

ㄴ. ㈎~㈐ 모두 2개의 원자가 결합하여 생성된 이원자 분자로 이루어진 물질들이다.

ㄷ. ㈐는 A 1개와 B 1개가 결합되어 생성된 물질이고, ㈎~㈐의 부피가 같으므로 ㈐의 밀도는 ㈎와 ㈏의 밀도의 합의 절반이다.

38 |정답| ①

|해설| ㄱ. 같은 온도, 압력에서 기체의 몰수는 부피에 비례하므로 기체의 몰수비는 ㈎:㈏:㈐=2:1:1이다.

ㄴ. ㈏와 ㈐에 들어 있는 분자 수는 같다. 따라서 1g 속에 들어 있는 원자 수의 비는 $\dfrac{2}{16}:\dfrac{3}{23}$이므로 ㈏<㈐이다.

ㄷ. 같은 부피의 질량비는 분자량의 비와 같으므로 A_2, B_2, CB_2의 분자량의 비는 1:16:23이다. 따라서 원자량의 비는 A:B:C=1:16:14이다.

39 |정답| ⑤

|해설| 실험 I에서 X_2와 Y_2가 30:10으로 반응하여 새로운 기체 20을 생성하므로 화학 반응은 $3X_2(g)+Y_2(g){\rightarrow}2X_3Y(g)$이다. 실험 II에서는 실험 I보다 X_2 10mL를 더 넣어 주어도 반응 후 기체의 총 부피가 같으므로 X_2 10mL가 남고 반응한 Y_2는 10mL이다. 실험 III에서 Y_2 15mL가 남고 새로운 기체 30mL가 생성되므로 반응 후 기체의 총 부피는 45mL이다.

40 |정답| ⑤

|해설| ㄱ. 시료 180mg은 시료 66mg의 4배이므로 a는 $66\times4=264$(mg)이다.

ㄴ. x는 C, y는 H, z는 O 원자 수를 의미하므로,

$x=66\times\dfrac{12}{44}\times\dfrac{1}{12}=1.5$, $y=27\times\dfrac{2}{18}\times\dfrac{1}{1}=3$, $z=24\times\dfrac{1}{16}=1.5$이다.

ㄷ. 시료 180mg으로 실험했을 때 반응한 산소의 질량은 $108+264-180=192$(mg)이다.

제 2 장 물질의 상태와 용액

01 기체

(1) 기체의 압력

① 단위 면적당 누르는 힘

② 압력(Pa)$=\dfrac{\text{작용하는 힘}(N)}{\text{힘을 받는 면의 넓이}(m^2)}$

③ **기체의 압력(기압)** : 기체가 용기 벽면의 단위 면적에 충돌하면서 가하는 힘

④ 토리첼리의 대기압 측정 실험

$$1\,\text{기압}(atm)=760mmHg=101,325Pa$$

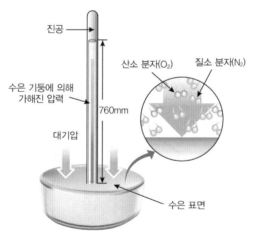

◆ 토리첼리의 실험

(2) 보일의 법칙

① **보일의 J자관 실험** : 한쪽 끝이 막힌 J자관을 만들어 일정한 온도에서 수은을 넣으며 기체의 압력과 부피의 관계를 조사한다.

② 일정한 온도에서 기체가 차지하는 부피는 압력에 반비례한다.

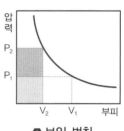

◆ 보일 법칙

③ 기체의 압력과 부피의 관계

$$PV = k(k는 \ 상수) \ 또는 \ P_1V_1 = P_2V_2$$

(3) 샤를의 법칙

① 압력이 일정할 때 일정량의 기체의 부피는 기체의 종류에 관계없이 온도가 1℃ 높아질 때마다 0℃일 때 부피가 $\dfrac{1}{273}$ 만큼씩 증가한다.

② $V_t = V_0 + V_0 \times \dfrac{1}{273} \times t = V_0\left(1 + \dfrac{1}{273} \times t\right) = V_0 + \dfrac{V_0}{273}t$ (V_0 : 0℃일 때의 기체의 부피, V_t : t℃일 때의 기체의 부피)

③ 절대 영도

ㄱ 샤를의 법칙에 의해 기체의 부피가 0이 될 수 있는 온도인 −273℃이다.

ㄴ 절대 온도(T)와 섭씨 온도(t) : 절대 온도는 −273℃이고 섭씨 온도와 같은 간격이므로, 절대 온도는 섭씨 온도에 273을 더하면 된다. 단위는 K(Kelvin)을 사용한다.

$$T(K) = t(℃) + 273$$

④ 기체의 부피와 절대 온도의 관계

$$V = \dfrac{V_0}{273}T = kT, \quad \dfrac{V_1}{T_1} = \dfrac{V_2}{T_2} = k$$

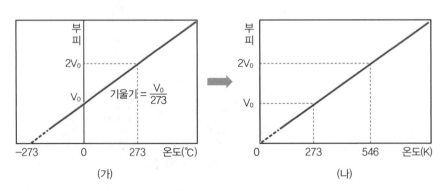

❂기체의 부피와 섭씨 온도 및 절대 온도의 관계

(4) 보일-샤를의 법칙

일정한 몰수에서 기체의 부피는 절대 온도에 비례하고, 압력에 반비례한다.

(5) 아보가드로의 법칙

① 일정한 온도와 압력에서 기체의 부피는 몰수에 정비례한다.

② 기체의 몰수와 부피의 관계

$$V = kn \,(k는 \ 상수, \ n은 \ 몰수, \ V는 \ 부피)$$

③ 기체 1몰은 0℃, 1기압에서 22.4L의 부피를 차지하며, 기체의 몰수가 많아지면 부피도 증가한다. 단, 기체의 종류에는 무관하다.

(6) 돌턴의 부분 압력 법칙

① 혼합 기체의 압력은 같은 온도와 부피에서 각 기체의 부분 압력의 합과 같다.

② 혼합 기체 A와 B의 전체 압력

$$P = P_A + P_B$$

③ 아보가드로의 법칙과 돌턴의 부분 압력 법칙을 함께 고려한 혼합 기체의 전체 압력, 각 기체의 부분 압력, 몰수와의 관계식

$$P_A = P \times \frac{n_A}{n_A + n_B}, \ P_B = P \times \frac{n_B}{n_A + n_B}$$

④ 몰 분율 : 혼합물에서 각 성분 물질의 몰수를 전체 몰수로 나눈 값

$$X_A = \frac{n_A}{n_A + n_B}, \ X_B = \frac{n_B}{n_A + n_B}$$

(7) 이상 기체 방정식

① 기체에 대한 상태 방정식이다.

② 기체의 압력(P), 부피(V), 절대 온도(T), 몰수(n)의 관계를 나타낸 식이다.

③ 기체 관련 법칙 정리 $(k_1, \ k_2, \ k_3은 \ 상수)$

법칙	설명	관계식	조건
보일의 법칙	기체의 부피는 압력에 반비례한다.	$V = \dfrac{k_1}{P}$	일정한 T, n
샤를의 법칙	기체의 부피는 절대 온도에 정비례한다.	$V = k_2 T$	일정한 P, n
아보가드로의 법칙	기체의 부피는 몰수에 정비례한다.	$V = k_3 n$	일정한 T, P

④ 위 법칙들을 조합하여 하나의 관계식으로 나타내면 다음과 같다.

$$V = k \, \frac{nT}{P} \,(k는 \ 상수)$$

⑤ 이상 기체 방정식 : 비례 상수 k를 기체 상수라 하고, 일반적으로 R로 표시한다. → 몰 수는 기체의 질량을 분자량으로 나눈 값이다.

$$PV = nRT = \frac{w}{M}RT\,(M : 기체의 분자량, \ w : 질량)$$

더 알아보기

이상 기체와 실제 기체

① 이상 기체는 기체 분자들 사이에 인력이 작용하지 않고 기체 분자 자체의 부피를 기체 전체의 부피에 비하여 무시할 수 있다고 가정한 것이다.

② 실제 기체는 이상 기체 방정식을 따르지 않지만, 낮은 압력과 높은 온도 조건에서는 이상 기체 방정식을 적용할 수 있다.

③ 실제 기체가 이상 기체처럼 행동하기 위한 조건
  ㉠ 분자량이 작은 기체일수록 : 기체 분자 자체의 부피와 분자 사이의 인력을 무시할 수 있다.
  ㉡ 압력이 낮을수록 : 기체 분자 사이의 거리가 멀어지므로 분자 사이의 인력을 무시할 수 있다.
  ㉢ 온도가 높을수록 : 분자의 운동 에너지가 커져 분자 사이의 인력을 극복할 수 있다.

④ 반 데르 발스 식 : 높은 압력(대기압)에서 이상 기체 방정식을 보정한 식

$$\left(P + \frac{n^2 a}{V^2}\right)(V - nb) = nRT \ (a, \ b : 반 \ 데르 \ 발스 \ 상수)$$

(8) 법칙(law)과 이론(theory, 또는 모형 : model)

① **법칙** : 많은 실험을 반복, 수행한 뒤 관찰되는 결과를 일반화시키는 것이다.

② **이론**(모형) : 법칙이 성립하는 이유를 설명하기 위한 것으로, 언제라도 수정되거나 폐기될 수 있다.

(9) 기체 분자 운동론

① 기체의 성질을 분자의 운동으로 설명하기 위해 정립된 이론
  ㉠ 기체 분자의 크기는 분자 사이의 거리에 비해 매우 작으므로 분자 자체의 부피는 무시한다. 즉, 기체의 부피는 빈 공간이다.
  ㉡ 기체의 압력이 생기는 이유는 기체 분자가 끊임없이 무질서하게 운동하면서 용기 벽에 충돌하기 때문이다.
  ㉢ 기체 분자와 용기 벽의 충돌은 완전 탄성 충돌이라서 충돌하더라도 에너지의 변화가 없다.

　　ⓔ 기체 분자들은 서로 독립적이다. 즉, 기체 분자 사이에는 인력이나 반발력이 작용하지 않는다.

　　ⓜ 기체 분자들의 평균 운동 에너지는 절대 온도에 비례한다.

② **보일의 법칙과 기체 분자 운동론** : 기체의 양(몰수)과 온도가 일정할 때, 용기의 부피가 감소하면 기체 분자가 용기 벽면에 더 자주 충돌하므로 압력이 증가하는 것이다.

③ **샤를의 법칙과 기체 분자 운동론** : 일정한 압력에서 기체의 온도가 증가하면 기체 분자가 더욱 빠르게 운동하면서 용기 벽에 더 자주, 더 강하게 충돌하게 되어 기체의 압력이 일시적으로 증가한다. 그러나 외부 압력의 변화가 없다면 처음 압력과 같아질 때까지 부피가 증가하게 된다.

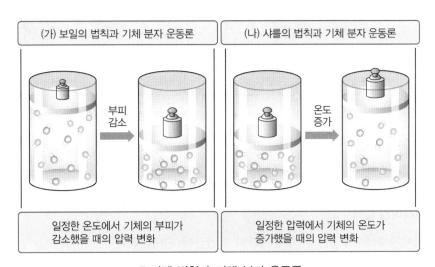

◆ 기체 법칙과 기체 분자 운동론

⑽ 기체 분자 운동론과 기체 분자의 평균 속력

① 기체 분자 운동론에서 분자들의 평균 운동 에너지는 절대 온도에 비례한다.

② 기체 분자 1몰의 전체 운동 에너지는 $\frac{3}{2}RT$이고, 분자당 평균 운동 에너지는 $\frac{3}{2}\frac{RT}{N_A}$이다. 어떤 기체 분자 하나의 질량을 m이라 하고, 평균 속력 v에 대한 식을 나타내면 다음과 같다.

$$\frac{3}{2}\frac{RT}{N_A} = \frac{1}{2}mv^2 \rightarrow v^2 = \frac{3RT}{mN_A} \rightarrow v = \sqrt{\frac{3RT}{mN_A}} = \sqrt{\frac{3RT}{M}}$$

③ 온도가 높을수록, 분자량이 작은 기체일수록 평균 속력이 더 빨라진다.

　　ⓔ 실온(278K)에서 헬륨 기체의 평균 속력 구하기 : 기체 상수 R와 헬륨의 분자량을 위 식에 대입하면, $v = 1.36 \times 10^3$m/s 즉, 실온에서 헬륨 분자의 평균 속력은 1.36km/s 정도로 크다.

(11) 기체의 확산과 분출

① 확산 : 어떤 기체 분자가 다른 분자들과 서로 충돌하면서 퍼져 나가는 현상

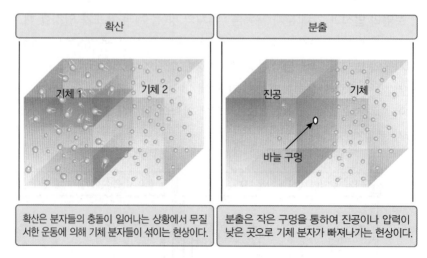

확산	분출
기체 1 기체 2	진공 기체 O 바늘 구멍
확산은 분자들의 충돌이 일어나는 상황에서 무질서한 운동에 의해 기체 분자들이 섞이는 현상이다.	분출은 작은 구멍을 통하여 진공이나 압력이 낮은 곳으로 기체 분자가 빠져나가는 현상이다.

❖ 기체의 확산과 분출

② 분출 : 기체 분자들이 용기의 작은 구멍을 통해 진공이나 압력이 낮은 곳으로 빠져나가는 현상

(12) 그레이엄 법칙

기체의 확산 속도는 기체 분자량의 제곱근에 반비례한다.

$$\frac{v_1}{v_2} = \sqrt{\frac{M_2}{M_1}} \quad (v_1,\ v_2 : \text{기체의 확산 속도},\ M_1,\ M_2 : \text{분자량})$$

확인문제

01 일정량의 기체에 대하여 기체의 부피를 증가시키기 위해서 온도와 압력을 어떻게 변화시켜야 하는지 쓰시오.

( )

02 찌그러진 탁구공을 뜨거운 물속에 넣으면 어떻게 되는지 쓰시오.

( )

03 이산화탄소(CO_2)의 분자량을 구하시오. (단, C의 원자량 $= 12$, O의 원자량 $= 16$)

( )

04 수소 기체와 질소 기체는 반응하여 암모니아 기체를 생성한다. 화학 반응식을 쓰고, 수소 3몰이 충분한 질소와 반응할 때 생성되는 암모니아의 몰수를 구하시오.

( )

05 이상기체 상태방정식을 실제기체에 맞게 보정한 반테르발스 방정식은 보정상수 a, b를 포함한다.

$$P = \frac{nRT}{(V - nb)} - a\left(\frac{n^2}{V^2}\right)$$

다음 분자들 중 b값이 가장 큰 것은?　　　2019. 4. 27 출제

① CO_2　　　　　　② H_2O
③ Cl_2　　　　　　④ CCl_4

해설

01 기체의 부피는 온도가 높아지면 증가하고, 압력이 커지면 감소한다.
▶ 온도를 올리거나, 압력을 감소시킨다.

02 찌그러진 탁구공을 뜨거운 물속에 넣으면 탁구공 속 공기 분자의 운동이 활발해지기 때문에 탁구공이 다시 펴진다.
▶ 탁구공이 다시 펴진다.

03 분자량은 분자를 구성하는 모든 원자들의 원자량을 합한 값이다. 이산화탄소는 탄소 1개, 산소 2개로 이루어진 물질이므로, 이들 원자량의 합은 44이다. ▶ 44

04 화학 반응식에서 계수비는 몰수비와 같다. 수소 : 암모니아의 몰수비는 3 : 2이므로 3몰의 수소가 완전히 반응하면 2몰의 암모니아가 생성된다.
▶ $3H_2(g) + N_2(g) \rightarrow 2NH_3(g)$, 2몰

05 b는 부피 보정인자로써 분자간의 반발력을 크기로 보정한 상수이므로 크기가 클수록 b값도 크다.
▶ ④

02 액체와 고체

(1) 액체의 성질

① 기체에 비해 분자 간 거리가 매우 가깝고 분자 사이에 작용하는 힘이 훨씬 크다.

② 액체 분자 사이에는 빈틈이 거의 없어 액체의 부피는 기체에 비해 훨씬 작고 온도나 압력에 의해 부피가 거의 변하지 않는다.

③ 고체에 비해서는 분자 간 힘이 약해 움직임이 많으므로, 담는 용기에 따라 모양이 변한다. 즉, 유동성을 지니고 있다.

(2) 물 분자의 구조와 수소 결합

① 2개의 수소 원자가 1개의 산소 원자의 양쪽에 결합하고 있는 공유 결합 물질이며, 전기 음성도가 차이 나는 원자들이 굽은 형의 분자 구조를 가지므로 극성 물질이다.

② 수소 원자와 산소 원자가 직접 결합하고 있으므로 물 분자들은 수소 결합을 한다.

③ 물은 분자 구조와 수소 결합 때문에 다양한 특성을 지닌다.

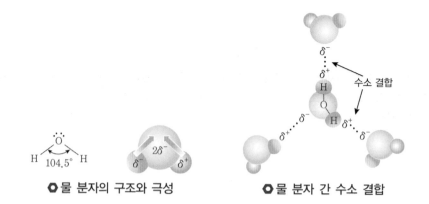

◉물 분자의 구조와 극성　　　　◉물 분자 간 수소 결합

(3) 물의 녹는점과 끓는점

물은 분자 사이에 수소 결합이 형성되므로 분자 간 힘이 다른 물질에 비해 크다.

→ 물은 분자 질량이 비슷한 다른 물질에 비해 녹는점과 끓는점이 높고 융해열과 기화열이 크다.

(4) 물의 밀도

① 물은 얼음으로 변할 때 밀도가 급격히 감소한다. → 얼음에서 굽은 형 구조를 이루는 물 분자가 수소 결합에 의해 육각 고리 모양으로 배열하므로 빈 공간이 많아 얼음이 물보다 밀도가 작아진다.

② 온도에 따른 물의 밀도 분포

온도	물의 밀도
0℃ 이하	온도가 계속 내려가면서 부피는 감소하고, 밀도는 증가한다.
0℃	온도 변화는 없지만 물에서 얼음으로의 상변화가 일어난다. 육각형 고리가 무한대로 형성되면서 부피는 증가하고, 밀도는 감소한다.
4℃~0℃	4℃에서 0℃까지 물을 냉각시킬 때 분자 간 평균 거리는 감소하고, 분자 간 수소 결합에 의한 부피는 증가한다. → 두 요인이 상충하지만 부피가 작게 증가하여 밀도는 감소한다.
4℃ 이상	물을 냉각시키면 4℃까지는 분자 간 평균 거리가 감소하여 물의 부피가 감소하므로 밀도는 증가한다.

(5) 물의 비열

① **비열** : 어떤 물질 1g의 온도를 1℃ 높이는 데 필요한 열에너지
② 물은 수소 결합으로 비열이 커서 온도를 높일 때 같은 질량의 다른 물질에 비해 많은 열에너지가 필요하다.

(6) 물의 표면 장력

① **표면 장력** : 어떤 액체가 서로 다른 상태의 물질과 접촉해 있을 때 그 경계면(표면)을 최소화하려는 경향
② 액체 내부에 있는 분자는 다른 분자와 사방으로 인력이 작용하나, 표면에 있는 분자는 액체 내부로 당겨지는 힘만이 작용하여 안쪽으로 끌리게 된다. 따라서 액체는 표면에 있는 분자의 수를 가능한 한 적게 하기 위해 표면적을 줄이려는 성질을 갖는다.

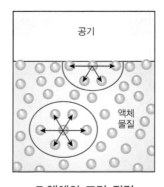

○ 액체의 표면 장력

(7) 물의 모세관 현상

① **모세관 현상** : 액체가 접촉면과의 부착력과 액체분자 사이의 응집력이 작용하면서 미세한 틈 사이로 올라가는 현상

② 물은 유리와의 부착력이 크기 때문에 수면이 오목하게 된다.

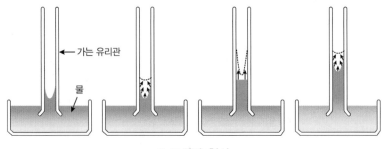

○ 모세관 현상

⑻ 고체의 성질

① 온도나 압력에 의해 부피가 거의 변하지 않는다.
② 입자들이 고정된 위치에서 진동 운동만 하여 유동성이 없고 일정한 모양을 가진다.

⑼ 결정성 고체와 비결정성 고체

① 결정성 고체 : 금속, 소금, 다이아몬드, 얼음 등과 같이 입자들이 규칙적으로 배열되어 있는 고체 → 입자 간 결합이 규칙적이어서 일정한 온도에서 녹는다.
② 비결정성 고체 : 유리, 고무, 엿 등과 같이 입자들이 불규칙하게 배열되어 있는 고체 → 열을 받으면 쉽게 변형이 일어나고 연해진다.

⑽ 결정성 고체(결정)

① 결정성 고체의 비교

결정성 고체	분자 결정	원자 공유 결정	이온 결정	금속 결정
구성 입자	분자	원자	양이온, 음이온	금속 양이온, 자유전자
결합력	쌍극자 – 쌍극자 힘 또는 분산력 또는 수소 결합	공유 결합	이온 결합	금속 결합
특성	녹는점이 낮고 승화성이 있음	녹는점이 높고, 매우 단단함	녹는점이 높고, 단단함	녹는점이 높음
예	얼음, 드라이아이스 등	다이아몬드, 흑연 등	염화나트륨 등	나트륨, 철, 금, 은 등

② 금속 결합에 대한 이론(모형)

㉠ 전자–바다 모형 : 금속 원자의 양이온이 규칙적으로 배열되어 있고, 각 금속 원자에서 나온 전자들이 어느 한 원자에만 구속되는 것이 아니라 금속 이온 사이의 공간을 자유롭게 이동할 수 있다.

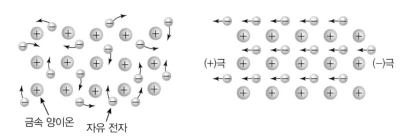

금속 양이온   자유 전자

◐ 금속 결정의 전자 – 바다 모형   ◐ 금속 결정의 전기 전도성

  ⓛ 금속의 독특한 성질

    ⓐ 자유 전자들이 자유롭게 이동할 수 있어 전기 전도성이 뛰어나다.

    ⓑ 전성과 연성이 뛰어나다.

    ⓒ 은백색의 광택을 띤다. (단, 구리, 금 예외)

⑾ 각 결정 구조에서의 단위격자

① 단순 입방 구조 : 단위격자의 꼭짓점에 위치하는 입자가 8개의 단위격자에 걸쳐 한 단위

격자 내에는 $\frac{1}{8}$ 이 속해 있으므로 단위격자 속 입자 수는 1이다.

② 체심 입방, 면심 입방, 육방 밀집 구조 : 단위격자의 꼭짓점뿐만 아니라 면이나 중앙에

위치하는 입자에 있어 이를 고려해야 한다.

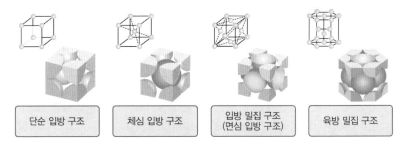

| 단순 입방 구조 | 체심 입방 구조 | 입방 밀집 구조
(면심 입방 구조) | 육방 밀집 구조 |

◐ 각 결정 구조에서의 단위격자

③ 배위수는 가장 가까운 거리에서 한 입자를 둘러싸고 있는 다른 입자 수를 의미한다.

④ 단위격자의 특성에 따라 고체 결정의 특성도 나타난다.

결정 구조	단위격자 속 입자 수	배위수	예
단순 입방 구조	1	6	Po
체심 입방 구조	2	8	Fe, K, Na, W, Li
면심 입방 구조(ABCABC…)	4	12	Al, Cu, Pb, Ag, Au
육방 밀집 구조(ABABAB…)	6	12	Cd, Mg, Ti, Zn

⑤ NaCl 구조 : 염화이온이 면심 입방 구조를 취하고 그 팔면체형 6배위의 위치에 나트륨 이온이 들어간다.

(12) 상변화

① 상변화 : 온도와 압력에 의해 물질의 상태가 변하는 것
② 물의 순환 : 태양 에너지에 의한 물의 상태 변화에 의해 이루어짐

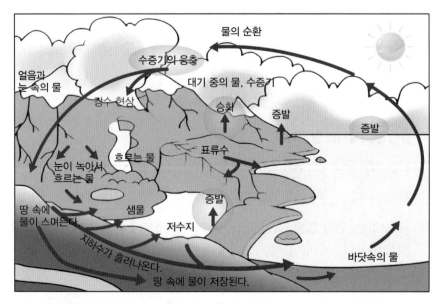

○ 물의 순환 과정

(13) 드라이아이스의 상변화

① 드라이아이스는 이산화탄소 분자가 분산력으로 결합되어 있는 것이다.
② 드라이아이스가 기체로 승화하기 위해서는 고체에서의 분자 간 인력을 끊을만한 열에 너지를 흡수해야 한다.
③ 드라이아이스가 승화할 때 열에너지를 흡수하여 주변의 온도가 낮아지므로 찬 음식의 보관이 가능하다.
④ 드라이아이스가 승화할 때 주변에 있던 공기 중의 수증기는 열에너지를 뺏기게 되어 액체 상태로 응결하면서 흰 연기처럼 보인다.

확인문제

해설

01 물 분자의 구조는 다음 그림 (가)와 같이 결합 각 $104.5°$의 굽은 형을 이루고 있다.

(가)   (나)

만일 물 분자의 구조가 위 그림 (나)와 같이 직선형이라고 한다면, 이때 예상할 수 있는 현상을 〈보기〉에서 모두 고른 것은?

─〈 보기 〉─
ㄱ. 염화나트륨의 용해도가 증가할 것이다.
ㄴ. 1기압에서 물의 끓는점은 100℃보다 더 높아질 것이다.
ㄷ. 물이 벤젠이나 사염화탄소에 잘 섞이게 될 것이다.

① ㄱ   ② ㄴ
③ ㄷ   ④ ㄴ, ㄷ
⑤ ㄱ, ㄴ, ㄷ

01 물 분자는 직선형 구조가 된다면 무극성 물질이 될 것이다. 물이 무극성 물질이라면 무극성 용매와 잘 섞이게 될 것이다. ▶③

02 다음 그림 (가)는 온도에 따른 물의 밀도를, 그림 (나)는 물 분자 사이의 결합 모형을 나타낸 것이다. 이에 대한 설명으로 옳은 것은?

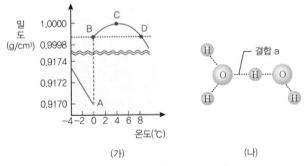

(가)   (나)

① A에서 B로 변하는 과정을 액화라고 한다.
② 한 분자당 결합 a의 평균 개수는 A에서 B로 될 때 증가한다.
③ 분자당 평균 거리는 B>A이다.
④ 같은 부피의 B와 D의 물을 혼합하면 밀도는 증가한다.
⑤ 표면 장력은 C>B이다.

02 ① A에서 B로 변하는 과정은 융해라고 한다.
② 결합 a는 수소 결합으로 한 분자당 결합 a의 평균 개수는 A에서 B로 될 때 감소한다.
③ 분자당 평균 거리는 B<A이다.
④ 같은 부피의 B와 D의 물을 혼합하면 온도가 4℃ 정도 되므로 물의 밀도는 증가한다.
⑤ 표면 장력은 온도가 높을수록 감소하므로 C<B이다. ▶④

확인문제

03 다음 그림은 물과 수은이 든 비커에 굵기가 같은 유리관을 각각 세웠을 때의 모습을 나타낸 것이다. 이에 대한 설명으로 옳은 것을 〈보기〉에서 모두 고른 것은?

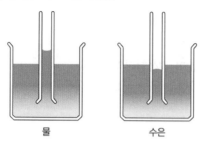

물   수은

〈 보 기 〉

ㄱ. 물은 유리관의 굵기가 가늘수록 더 높이 올라간다.
ㄴ. 수은의 입자 간 인력은 수은과 유리와의 인력보다 크다.
ㄷ. 액체의 밀도는 물 < 수은임을 알 수 있다.

① ㄱ   ② ㄱ, ㄴ
③ ㄱ, ㄷ   ④ ㄴ, ㄷ
⑤ ㄱ, ㄴ, ㄷ

03 ㄷ. 액체가 올라가고 내려가는 것은 액체 입자 간의 응집력과 유리와의 부착력 차이 때문이다. ▶②

04 다음 그림은 고체를 구성하는 입자의 배열을 모형으로 나타낸 것이다. 이에 대한 설명으로 옳지 않은 것은?

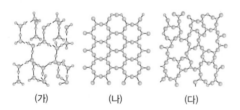

(가)   (나)   (다)

① (가)는 결정성 고체이다.
② (나)는 녹는점이 일정하다.
③ (다)는 구성 입자들 간의 결합력이 같다.
④ (나)와 (다)의 구성 원소의 종류가 같다.
⑤ (나)와 (다)의 구성 원자 사이의 결합의 종류는 같다.

04 ① (가)와 (나)는 규칙적인 구조의 결정성 고체이고, (다)는 비결정성 고체이다.
② 결정성 고체는 녹는점이 일정하다.
③ (다)는 비결정성 고체로 불규칙적인 구조를 이루고 있어 결합력이 일정하지 않다.
④ 석영과 석영 유리 모두 Si와 O로 구성된 화합물이다.
⑤ 구성 원자 사이의 결합은 모두 공유 결합으로 동일하다.
▶③

확인문제

05 다음 표는 물질 A ~ D 의 녹는점, 끓는점 및 전기 전도성을 나타낸 것이다.

물질	녹는점(℃)	끓는점(℃)	전기 전도성	
			고체	액체
A	1440	2355	없음	없음
B	800	1413	없음	있음
C	680	1120	있음	있음
D	114	183	없음	없음

물질 A ~ D 중에서 염화나트륨과 다이아몬드의 결정을 바르게 짝지은 것은?

	염화나트륨	다이아몬드
①	A	B
②	B	A
③	B	C
④	C	D
⑤	D	C

05 A는 원자 결정, B는 이온 결정, C는 금속 결정, D는 분자 결정이다. 염화나트륨은 이온 결정이므로 B, 다이아몬드는 원자 결정이므로 A이다. ▶ ②

03 용액

(1) 불균일 혼합물과 균일 혼합물

① 불균일 혼합물 : 주로 입자의 크기가 큰 편이어서 균일하게 혼합되지 않아 영역에 따라 성분의 비율이 다르게 나타나는 혼합물이다. **예** 흙탕물, 우유, 암석 등

② 균일 혼합물(용액) : 주로 입자의 크기가 분자만큼 작으므로 전 영역에 걸쳐 고르게 혼합되고 시간이 지나도 분리되지 않는 혼합물이다.

예 공기(기체 용액), 포도주(액체 용액), 황동(고체 용액), 합금, 수(용액) 등

(2) 용해 현상

① 용해 : 용질이 용매에 균일하게 섞이면서 용액이 만들어지는 과정이다.

② 용매와 용질이 섞이면 용매-용매, 용매-용질, 용질-용질의 세 가지 유형의 인력이 존재한다.

③ 서로 비슷한 것들끼리 녹는다 : 비슷한 성질을 가진 물질들이 서로 잘 섞여 용액을 만든다. → 용매의 성질은 서로 비슷한 종류와 크기의 인력을 가져야 잘 섞일 수 있다.

④ 이온 결합성 물질의 용해 : 이온 결합성 물질이 물에서 양이온과 음이온으로 이온화했을 때, 양이온은 물 분자의 부분적으로 음전하를 띠는 부분으로, 음이온은 물 분자의 부분적으로 양전하를 띠는 부분과 정전기적 인력이 작용하여 안정화된다.

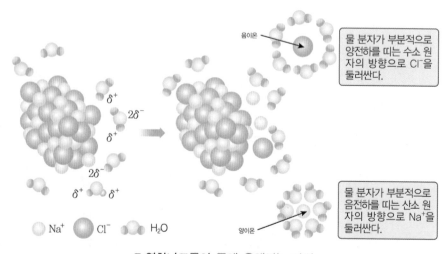

음이온

물 분자가 부분적으로 양전하를 띠는 수소 원자의 방향으로 Cl⁻을 둘러싼다.

$2\delta^-$

δ^+

δ^+

$2\delta^-$

δ^+ δ^+

Na^+ Cl^- H_2O

양이온

물 분자가 부분적으로 음전하를 띠는 산소 원자의 방향으로 Na⁺을 둘러싼다.

❍ **염화나트륨이 물에 용해되는 과정**

⑤ 용매화 : 용질 입자가 용매 분자에 둘러싸여 안정화되는 현상이다. 특히 물이 용매인 경우를 수화라고 한다.

(3) 질량 퍼센트 농도와 ppm

① 질량 퍼센트 농도 : 용액 100g에 녹아 있는 용질의 질량(g)

$$질량\ 퍼센트\ 농도(\%) = \frac{용질의\ 질량(g)}{용액의\ 질량(g)} \times 100$$

② ppm(parts per million : 백만분율)

   ㉠ 용액에 비해 용질의 양이 아주 적은 경우에 사용

   ㉡ 용액 1,000,000g 속에 들어 있는 용질의 질량(g)

③ 질량 퍼센트 농도와 ppm은 질량 기준으로 농도를 나타내기 때문에 온도에 무관하다.

(4) 몰 농도(M)

① 용액 1L(1000ml) 속에 녹아 있는 용질의 몰수

$$몰\ 농도(M) = \frac{용질의\ 몰수(mol)}{용액의\ 부피(L)}$$

② 단위 : M 또는 mol/L

③ 화학에서는 용액의 성질이 용질의 질량보다 용질의 입자 수에 의해 결정되는 경우가 많으므로, 몰 농도를 주로 사용한다.

(5) 몰랄 농도(m)

① 용매 1kg(1000g)에 녹인 용질의 몰수

$$몰랄\ 농도(m) = \frac{용질의\ 몰수(mol)}{용매의\ 질량(kg)}$$

② 단위 : m 또는 mol/kg

③ 몰 농도(M)는 용액의 부피를 이용하기 때문에 온도에 따라 변할 가능성이 있다. 그러나 몰랄 농도(m)는 온도에 관계없이 일정하다.

(6) 액체의 증기 압력과 용액의 증기 압력 내림

① **증기 압력** : 밀폐된 용기에서 증발 속도와 응축 속도가 같아지는 상태에서 증기가 나타내는 압력이다.

② 분자 사이에 작용하는 힘이 작은 물질일수록, 액체의 온도가 높을수록 증기 압력은 커진다.

③ **끓는점** : 액체의 증기 압력이 외부 압력과 같아질 때의 온도이다. 특히 외부 압력이 1기압일 때의 끓는점을 기준 끓는점이라 한다.

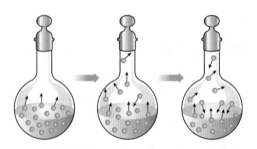

◆ 밀폐된 용기에서의 액체의 증발과 응축

(7) 라울의 법칙(Roult's Law)

① 증기 압력 내림(ΔP) : 용액의 증기 압력이 순수한 용매의 증기 압력보다 낮아지는 현상
→ 용액에서는 용매와 용질 입자 사이에 인력이 작용하고, 용액 표면의 일부를 용질이 차지해 표면에 있는 용매 입자 수가 줄어들기 때문이다.

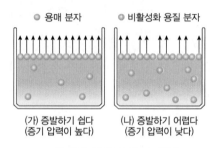

◦ 용매 분자　　◦ 비활성화 용질 분자

(가) 증발하기 쉽다
(증기 압력이 높다)　　(나) 증발하기 어렵다
(증기 압력이 낮다)

◆ 용매와 용액의 증기 압력

② 라울 법칙 : 용액의 증기 압력 내림(ΔP)은 용질의 몰분율($X_{용질}$)에 비례한다.

$$\Delta P = X_{용질} \times P^\circ \ (P^\circ : 순수한\ 용매의\ 증기\ 압력)$$

(8) 끓는점 오름(ΔT_b)과 어는점 내림(ΔT_f)

① 비휘발성 용질이 녹은 용액의 증기 압력은 낮아지므로, 용액의 끓는점은 순수한 용매보다 높고, 용액의 어는점은 순수한 용매보다 낮다.

② 끓는점 오름 : $\Delta T_b = K_b \times m$

(K_b : 몰랄 오름 상수)

③ 어는점 내림 : $\Delta T_f = K_f \times m$

(K_f : 몰랄 내림 상수)

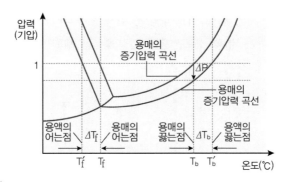

● 끓는점 오름과 어는점 내림

④ 몰랄 오름 상수와 몰랄 내림 상수는 용질의 종류와는 관계가 없으며 용매의 종류에 따라 달라진다.

⑤ 용액의 끓는점 오름이나 어는점 내림을 이용한, 용액 속 녹아 있는 용질의 분자량 계산

$$\Delta T = K \times m = \frac{K \times 1000 \times w}{W \times M}$$

$$M = \frac{K \times 1000 \times w}{W \times \Delta T}$$

⑼ 삼투압(π)

① 삼투 현상 : 반투막을 사이에 두고 농도가 다른 두 용액을 넣어 둘 때 반투막을 통하여 농도가 낮은 용액의 용매 입자가 농도가 높은 용액으로 이동하는 현상

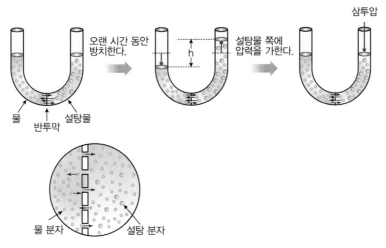

●삼투 현상과 삼투압

② **반투막** : 물 분자와 같이 비교적 작은 입자는 통과시키지만, 설탕과 같은 큰 입자는 통과시키지 못하는 막 **예** 셀로판 종이, 달걀 속껍질, 세포막, 방광막 등

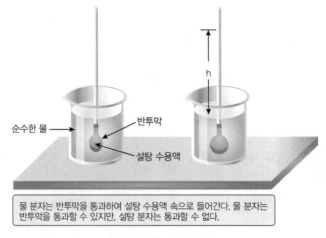

> 물 분자는 반투막을 통과하여 설탕 수용액 속으로 들어간다. 물 분자는 반투막을 통과할 수 있지만, 설탕 분자는 통과할 수 없다.

❖ **삼투압 측정 장치**

③ **삼투압(π)** : 삼투 현상을 막기 위하여 용액 쪽에 가해 주어야 하는 압력
④ **반트 호프식** : 묽은 용액에서 삼투압(π)은 용매나 용질의 종류에 관계없이 용액의 몰 농도(C)와 절대 온도(T)에 정비례한다.

$$\pi = CRT (\text{R는 기체 상수})$$

⑤ 삼투압을 측정하면 반트 호프식을 이용하여 용액에 녹아 있는 용질의 분자량을 구할 수 있다.

$$\pi = CRT \text{에서 } C = \frac{n}{V} \text{이므로 } \pi V = nRT = \frac{w}{M}RT$$
$$\Rightarrow M = \frac{wRT}{\pi V}$$

⑽ 묽은 용액의 총괄성

① 묽은 용액의 증기 압력 내림, 끓는점 오름, 어는점 내림, 삼투압 등의 성질은 용질의 종류와는 관계없이 공통적으로 나타나는 성질이다.
② 용매의 종류와 용액 속에 존재하는 용질의 입자 수에 비례한다. 전해질 수용액은 이온화된 입자의 총 농도를 고려하여 계산해야 한다.

확인문제

01 다음 중 물보다 벤젠에 잘 녹는 것은 어느 것인가?

① 에탄올　　　　　② 아세트산
③ 사염화탄소　　　④ 암모니아
⑤ 설탕

02 다음 중 용해와 용액에 대한 설명으로 옳지 않은 것은?

① 용해란 용질이 용매에 녹아 용액이 되는 현상이다.
② 용액은 어느 부분이나 혼합된 비율이 같다.
③ 용액의 질량은 용질과 용매 질량의 합과 같다.
④ 용액의 부피는 용질 부피와 용매 부피의 합과 같다.
⑤ 용액은 오랫동안 방치하여도 가라앉는 것이 없다.

03 메테인(CH_4) $32g$의 몰수를 계산하시오. (단, H의 원자량 $= 1$, C의 원자량 $= 12$이다)

(　　　　　　　　　　)

04 다음은 증발과 끓음에 대한 설명이다. 빈칸 안에 들어갈 말을 차례대로 쓰시오.

> 액체 표면으로부터 공기 중으로 입자가 튀어 나와 기체가 되는 과정을 (①)이라 하고, 증기의 기포가 액체의 표면뿐만 아니라 액체의 내부에서도 발생하는 과정을 (②)이라고 한다.

(　　　　　　　　　　)

확인문제

05 다음은 삼투 현상에 대한 설명이다. 빈칸 안에 들어갈 말을 아래 〈보기〉에서 찾아 기호로 쓰시오.

> 반투막을 사이에 두고 고농도 용액과 저농도 용액을 넣으면 (①) 용액의 (②) 분자가 반투막을 통해 (③) 용액 쪽으로 이동한다.

〈 보 기 〉
ㄱ. 고농도　　　　　　　ㄴ. 저농도
ㄷ. 용매　　　　　　　　ㄹ. 용질

(　　　　　　　　　　　　　　　　　　　　　　)

05 반투막은 물과 같이 입자 크기가 작은 용매 분자는 자유롭게 투과시키지만 단백질과 같이 입자 크기가 큰 용질 분자는 투과시키지 못하는 막이다.
▶① ㄴ ② ㄷ ③ ㄱ

06 다음 중 녹는점과 끓는점에 대한 설명으로 옳지 않은 것은?

① 녹는점은 고체 물질이 액체 상태로 변할 때 일정하게 유지되는 온도이다.
② 끓는점은 액체 물질이 기체 상태로 변할 때 일정하게 유지되는 온도이다.
③ 순수한 물질은 양에 관계없이 녹는점이 일정하다.
④ 외부 압력이 높아질수록 액체의 끓는점이 낮아진다.
⑤ 기준 끓는점은 외부 압력이 1기압일 때의 끓는점이다.

06 외부 압력이 높아질수록 액체의 끓는점은 높아진다. ▶④

07 삼투현상에 대한 설명으로 옳은 것은?　　　2019. 4. 27 출제

〈 보 기 〉
ㄱ. 반투막에 압력이 가해지는 현상이다.
ㄴ. 농도가 같아지려는 경향이다.
ㄷ. 용매는 이동하지 않고 용질만 이동한다.
ㄹ. 고농도에서 저농도로 용매가 이동한다.

① ㄱ, ㄴ　　　　　　　② ㄱ, ㄷ
③ ㄴ, ㄹ　　　　　　　④ ㄷ, ㄹ

07 ㄷ. 용매가 이동
ㄹ. 저농도→고농도로 용매 이동
▶①

01 일정한 온도의 밀폐된 용기에서 탄소 12g과 산소 2몰을 반응시켰을 때 반응용기의 전체 압력이 12기압이라면 CO_2가 나타내고 있는 부분압력으로 옳은 것은?

$$C(s) + O_2(g) \rightarrow CO_2(g)$$

① 1기압

② 2기압

③ 3기압

④ 6기압

02 27℃, 1atm에서의 부피가 1L인 이상 기체를 327℃, 2atm으로 바꾸었을 때의 부피는 얼마인가?

① 0.5L

② 0.75L

③ 1L

④ 2L

03 다음 기체의 운동론에 대한 설명으로 옳지 않은 것은?

① 기체 분자들은 끊임없이 빠른 속도로 직선운동을 한다.

② 기체 분자들 자체가 차지하는 부피는 무시한다.

③ 기체 분자 상호 간에는 반발력이 크게 작용한다.

④ 기체 분자들은 완전 탄성체로 가정한다.

04 27℃, 1기압에서 어떤 기체 12L의 부피에 16g의 질량을 차지하는 미지 기체는?

① O_2

② N_2

③ SO_4

④ He

⑤ H_2

05 같은 조건에서 어떤 기체 X와 H_2의 확산속도의 비가 $1:4$였을 때 X의 분자량으로 옳은 것은?

① 16

② 24

③ 32

④ 64

06 다음 중 77℃, 2기압에서 CO_2의 밀도는 얼마인가? (단, 소수 둘째 자리에서 반올림한다)

① 2.2
② 2.4
③ 2.6
④ 2.8
⑤ 3.1

07 다음 중 기체 분자의 운동에너지를 결정하는 조건으로 옳은 것은?

① 분자량
② 화학적 성질
③ 절대 온도
④ 분자가 갖는 총 전자 수
⑤ 물리적 성질

08 일정한 압력 하에서 10℃의 기체가 2배로 팽창되는 온도는?

① 213℃
② 240℃
③ 263℃
④ 283℃
⑤ 293℃

09 면심입방격자에서 단위격자 속에 존재하는 입자 수로 옳은 것은?

① 1개
② 2개
③ 4개
④ 6개
⑤ 8개

10 다음 중 이상 기체에 대한 설명으로 옳지 않은 것은?

① 보일-샤를의 법칙이 정확하게 적용된다.
② 분자 간의 인력은 없고 액화하지 않는다.
③ 절대 온도 0K에서 기체의 부피는 0이다.
④ 분자 간의 힘이 있고 분자가 자체 부피를 가진다.
⑤ 기체 분자들은 끊임없이 빠른 속도로 직선 운동을 한다.

11 다음 중 고체 상태이지만, 그 안의 원자나 분자의 배열이 불규칙하게 되어 있는 것은?

① 얼음
② 수정
③ 플라스틱
④ 다이아몬드

12 일정한 온도에서 0.5기압의 이산화탄소 2L와 2기압의 질소 1.5L를 밀폐된 용기에 넣었더니 전체 압력이 2기압이 되었다. 이 용기의 부피는?

① 2.5L   ② 2.2L

③ 2.0L   ④ 1.6L

⑤ 1.2L

13 다음 기체, 액체, 고체에 대한 설명 중 액체에 해당하는 것으로 옳은 것은?

① 구성입자가 진동운동만 하는 상태

② 분자 간의 거리가 가장 가까운 상태

③ 운동에너지가 가장 큰 상태

④ 분자가 가까이 접근해 있고 서로 자리바꿈을 할 수 있는 상태

14 27℃, 3기압에서 1L의 질량이 약 5.4g인 기체인 것은? (단, 소수 첫째 자리에서 반올림)

① O_2 ② CH_4

③ CO_2 ④ SO_2

15 다음 중 3기압의 O_2 4L와 2기압의 CO_2 3L를 5L의 용기에 넣었을 때 O_2의 부분압력은 얼마인가?

① 1.8기압   ② 2.0기압

③ 2.2기압   ④ 2.4기압

⑤ 2.6기압

16 일정한 부피를 갖는 용기에 헬륨 기체가 들어 있다. 다음 중 이 용기를 가열하면 일어나는 현상으로 옳은 것은?

① 용기의 압력이 감소한다.

② 기체의 밀도가 증가한다.

③ 헬륨 기체 분자의 평균 속력이 증가한다.

④ 헬륨 기체 분자의 평균 운동에너지는 변하지 않는다.

17 40℃의 수소 1몰이 들어 있는 용기 A와 50℃의 수소 1몰이 들어 있는 용기 B가 있다. 다음 중 이에 대한 설명으로 옳지 않은 것은?

① 용기 A 안 수소 분자의 평균 속력이 용기 B 안의 수소 분자의 평균 속력보다 작다.
② 용기 A 안의 수소 분자는 모두 용기 B 안의 어느 수소 분자 속력보다 크다.
③ 용기 A 또는 용기 B 안의 수소 분자는 작은 속력부터 큰 속력까지 고른 분포를 보인다.
④ 용기 A 보다 용기 B에 빨리 움직이는 수소 분자들이 많다.

18 다음 중 임계 온도의 정의로 옳은 것은?

① 물질이 기체로 존재할 수 있는 최저의 온도이다.
② 물질이 액체로 존재할 수 있는 최고의 온도이다.
③ 물질이 기체로 존재할 수 있는 최고의 온도이다.
④ 물질이 액체로 존재할 수 있는 최저의 온도이다.
⑤ 물질이 고체로 존재할 수 있는 최저의 온도이다.

19 다음 자료는 25℃ 조건하에 액체의 끓는점이다. 휘발성이 가장 큰 것은?

(단위 : ℃)

물질	다이에틸에테르	에탄올	벤젠	물
끓는점	34.5	7.5	80.3	100

① 다이에틸에테르 ② 에탄올
③ 벤젠 ④ 물

20 다음 중 이상 기체의 행동을 나타내는 것은? (단, P : 압력, V : 부피, T : 절대 온도)

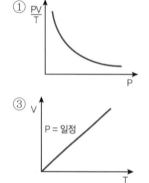
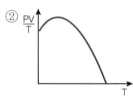
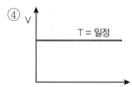

21 1기압, 400K에서 어떤 기체 3g이 49.2L의 부피를 차지하고 있다. 다음 중 이 기체로 옳은 것은? (단, 기체상수 $R = 0.082$ 기압 · L/mol·K)

① H_2
② CO_2
③ N_2
④ F_2

22 다음 CO_2의 상평형 그림에서 CO_2가 점 P에서 온도를 낮추면 승화할 수 있는 조건으로 옳은 것은?

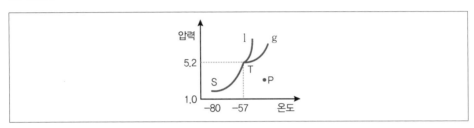

① s-T 구간
② l-T 구간
③ g-s 구간
④ s-l 구간

23 다음 중 이상 기체의 성질과 가장 거리가 먼 것은?

① H_2, 100℃, 1기압
② N_2, 90℃, 1기압
③ CO_2, 80℃, 1기압
④ H_2, 70℃, 1기압
⑤ CO_2, 60℃, 2기압

24 일정 온도에서 증기 압력이 작은 액체일수록 그 끓는점은 어떻게 되는가?

① 높아진다.
② 낮아진다.
③ 변화가 없다.
④ 기체에 따라 변화가 있다.
⑤ 몰 증발열이 낮다.

25 다음 중 체심입방 단위세포 속의 입자 수는?

① 1개
② 2개
③ 3개
④ 4개
⑤ 5개

26 다음 중 물의 증기 압력과 끓는점에 대한 설명으로 옳지 않은 것은?

① 100℃에서 증기 압력은 760mmHg이다.
② 외부 압력이 높아지면 끓는점은 낮아진다.
③ 온도가 높아지면 증기 압력은 증가한다.
④ 밀폐된 용기에서 물을 끓이면 끓는점은 점점 높아진다.

27 다음 중 기체의 운동론에 대한 설명으로 옳지 않은 것은?

① 기체 분자 상호 간에는 인력이나 반발력이 작용하지 않는다.
② 기체 분자들은 끊임없이 빠른 속도로 질서 있게 직선 운동을 한다.
③ 기체 분자들의 운동에너지는 변하지 않는다.
④ 기체 분자들은 완성 탄성체로 간주한다.
⑤ 기체 분자들 자체가 차지하는 부피는 너무 작다.

28 상온에서 두 액체 A, B의 증기 압력은 각각 80mmHg, 150mmHg이었다. 두 액체의 끓는점과 분자 간의 인력을 비교한 것 중 옳은 것은?

① 끓는점 – A<B, 인력 – A>B
② 끓는점 – A>B, 인력 – A<B
③ 끓는점 – A>B, 인력 – A>B
④ 끓는점 – A<B, 인력 – A<B

29 탄소와 수소 화합물 10g이 27℃, 1기압에서 8.2L의 부피를 차지할 때 이 기체의 분자식은?

① CH_4 ② C_2H_4
③ CH ④ C_2H_6
⑤ C_3H_8

30 다음 중 임계 온도와 임계 압력에 대한 설명으로 옳지 않은 것은?

① 한 기체를 액화시킬 때 임계 온도보다 높은 온도에서 가능하며 압력은 낮을수록 좋다.
② 임계 온도와 임계 압력은 기체의 종류에 따라 다르다.
③ 임계 온도란 어떤 기체를 액화시킬 수 있는 가장 높은 온도를 말한다.
④ 임계 온도에서 그 기체를 액화시킬 수 있는 최소 압력은 임계 압력이다.
⑤ 기체의 온도가 어떤 온도 이상이면 기체에 아무리 압력을 가해도 액화되지 않는다.

31 $0℃$, $1atm$에서 어떤 용기 속에 H_2 기체 2g과 CO_2 기체 44g을 함께 혼합시켜 놓았다. 용기 내의 H_2와 CO_2에 대한 설명으로 옳은 것은?

① CO_2의 분자 사이의 평균 거리가 더욱 가깝다.
② 두 기체의 분자 사이의 거리는 서로 같다.
③ 기체의 평균 운동 속도는 CO_2가 더 빠르다.
④ H_2의 평균 운동에너지가 더 크다.

32 공기 중에는 산소가 $\frac{1}{5}$, 질소가 $\frac{4}{5}$ 들어 있다. 이것을 4기압으로 압축했을 때 질소의 분압은?

① 2.4기압 ② 2.6기압
③ 2.8기압 ④ 3.0기압
⑤ 3.2기압

33 다음 중 실제 기체에 해당하지 않는 것은?

① 온도가 높고, 압력이 낮은 경우에 이상 기체처럼 행동한다.
② 분자 자체의 부피를 가지고 있다.
③ 분자 간의 힘이 작용하고 있다.
④ 분자 간의 반발력은 전혀 없다.

34 물의 상평형 곡선에서 얼음과 물이 동적 평형을 이루고 있는 곡선은?
① 융해곡선 ② 승화곡선
③ 상중점 ④ 증기압력곡선

35 다음 중 액체 상태의 성질이 아닌 것은?

① 점성도와 표면장력의 두 가지 성질을 가지고 있다.
② 액체 분자들 사이에서 비교적 큰 인력이 작용한다.
③ 액체 상태는 기체 상태에 비하여 분자 사이의 거리가 훨씬 가깝다.
④ 기체의 압력이 커지면 기체 분자들 사이의 평균 거리가 멀어진다.
⑤ 액체 상태에서 분자 사이에 작용하는 인력은 기체 상태에서보다 훨씬 크다.

36 다음 물질에 관한 성질 중 옳지 않은 것은?

① 기체는 외부에 압력을 나타낸다.

② 기체 분자는 불규칙하게 직선운동을 한다.

③ 실제 기체는 낮은 압력, 높은 온도에서 이상 기체처럼 행동한다.

④ 이상 기체 혼합물에서 기체의 부분압력은 각 기체의 몰분율에 반비례한다.

37 그림 (가)와 (나)는 대기압이 760mmHg일 때, J자관에 기체 A와 기체 B가 들어 있는 모습을, (다)는 (나)의 J자관을 대기압이 PmmHg인 곳으로 옮겼을 때의 모습을 나타낸 것이다. J자관에 들어 있는 기체 A와 기체 B의 질량은 같다고 한다.

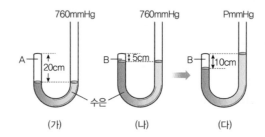

이에 대한 설명으로 옳은 것만을 〈보기〉에서 모두 고른 것은? (단, 온도와 J자관의 단면적은 일정하다)

〈 보기 〉

ㄱ. 분자 수는 A가 B의 4배이다.

ㄴ. 분자의 평균 운동 속력은 A가 B의 2배이다.

ㄷ. (다)에서 대기압은 P=380mmHg이다.

---

① ㄱ

② ㄷ

③ ㄱ, ㄴ

④ ㄴ, ㄷ

⑤ ㄱ, ㄴ, ㄷ

38 다음은 기체의 성질을 알아보기 위한 실험이다.

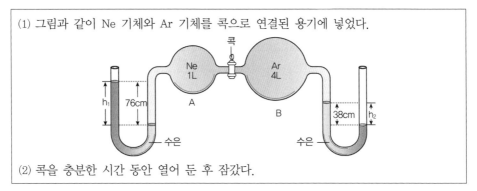

(1) 그림과 같이 Ne 기체와 Ar 기체를 콕으로 연결된 용기에 넣었다.

(2) 콕을 충분한 시간 동안 열어 둔 후 잠갔다.

이에 대한 설명으로 옳은 것만을 〈보기〉에서 모두 고른 것은? (단, 대기압은 76cmHg이고, 온도는 일정하며, 연결관의 부피는 무시한다)

〈 보기 〉

ㄱ. 과정 (1)에서 단위 부피당 분자 수는 Ne이 Ar의 4배이다.
ㄴ. 과정 (2)의 용기 B에서 Ar의 몰분율은 0.5이다.
ㄷ. 과정 (2)에서 수은 기둥의 높이 차 h_1과 h_2는 모두 60.8cm가 된다.

① ㄱ
② ㄷ
③ ㄱ, ㄴ
④ ㄴ, ㄷ
⑤ ㄱ, ㄴ, ㄷ

39 다음은 포도당 수용액 ⑺~⒟를 나타낸 것이다.

⑺ 1.8% 포도당 수용액
⑼ 0.1m 포도당 수용액
⒟ 0.1M 포도당 수용액(밀도=1.01g/mL)

포도당 수용액 ⑺~⒟의 어는점을 옳게 비교한 것은? (단, 포도당의 분자량은 180이다)

① ⑺>⑼>⒟
② ⑺>⒟>⑼
③ ⑼>⑺>⒟
④ ⑼>⒟>⑺
⑤ ⒟>⑺>⑼

40 표는 1기압에서 비휘발성, 비전해질인 용질 A와 B 9.0g씩을 각각 물 100g씩에 녹인 수용액에 어는점과 끓는점을 나타낸 것이다.

수용액	A 수용액	B 수용액
용질의 질량(g)	9.0	9.0
어는점(℃)	–	−0.93
끓는점(℃)	100.78	(가)

이에 대한 설명으로 옳은 것만을 〈보기〉에서 모두 고른 것은? (단, 물의 몰랄 내림 상수(K_f)는 1.86℃/m이고, 몰랄 오름 상수(K_b)는 0.52℃/m이다)

― 〈 보 기 〉 ―

ㄱ. (가)는 100.26이다.
ㄴ. 분자량은 A가 B의 3배이다.
ㄷ. 100℃에서 A 수용액의 증기 압력은 B 수용액보다 크다.

① ㄱ
② ㄷ
③ ㄱ, ㄴ
④ ㄱ, ㄷ
⑤ ㄱ, ㄴ, ㄷ

41 그림은 유리로 만든 모세관을 25℃ 물에 넣었을 때, 모세관을 따라 물이 올라간 높이(h)를 나타낸 것이다.

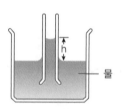

물이 올라간 높이(h)를 증가시킬 수 있는 실험 방법을 〈보기〉에서 모두 고른 것은?

― 〈 보 기 〉 ―

ㄱ. 더 가는 유리로 만든 모세관을 사용한다.
ㄴ. 25℃ 물 대신 50℃ 물을 사용한다.
ㄷ. 물에 에탄올(C_2H_5OH)을 떨어뜨린다.

① ㄱ
② ㄴ
③ ㄷ
④ ㄱ, ㄴ
⑤ ㄱ, ㄷ

42 표는 3가지 기체 A ~ C 에 대한 자료이다.

기체	분자량	온도(K)	부피(L)	압력(기압)
A	4	273	2	2
B	16	546	3	2
C	32	273	3	3

기체 A ~ C 에 대한 설명으로 옳은 것만을 〈보기〉에서 모두 고른 것은?

─────〈 보 기 〉─────

ㄱ. 분자의 평균 운동 속력은 A와 B가 같다.
ㄴ. 기체의 몰수는 C > A > B 순이다.
ㄷ. 기체의 밀도 비는 B : C = 1 : 6 이다.

① ㄱ
② ㄷ
③ ㄱ, ㄴ
④ ㄴ, ㄷ
⑤ ㄱ, ㄴ, ㄷ

43 일정한 온도에서 그림과 같은 장치에 반투막을 경계로 농도가 다른 두 수용액 A 와 B 를 넣었다.

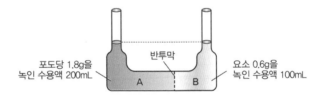

이 장치에서 일어나는 현상에 대한 설명으로 옳은 것만을 〈보기〉에서 모두 고른 것은? (단, 포도당과 요소의 분자량은 각각 180, 60 이다)

─────〈 보 기 〉─────

ㄱ. A쪽 유리관 수면이 더 높아진다.
ㄴ. B 수용액의 농도는 증가한다.
ㄷ. A와 B에 각각 0.01몰의 설탕을 넣으면 유리관 수면의 높이 차이는 증가한다.

① ㄱ
② ㄷ
③ ㄱ, ㄴ
④ ㄴ, ㄷ
⑤ ㄱ, ㄴ, ㄷ

44 그림은 25℃에서 두 용기에 6% 요소 수용액과 비휘발성, 비전해질인 용질 X를 녹인 수용액을 각각 100g씩 넣고, 충분한 시간이 지났을 때 수은 기둥의 높이 차(h)를 나타낸 것이다.

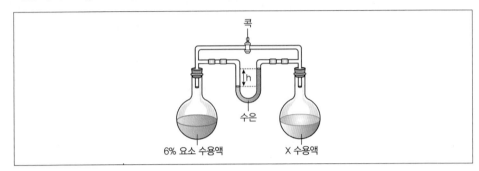

이에 대한 설명으로 옳은 것만을 〈보기〉에서 모두 고른 것은? (단, 요소의 분자량은 60이다)

―――〈 보 기 〉―――

ㄱ. X 수용액의 몰랄 농도는 1.0m보다 크다.
ㄴ. 두 수용액의 온도를 50℃로 높여 주면 h는 감소한다.
ㄷ. 콕을 오랫동안 열어 두면 두 수용액의 몰랄 농도는 같아진다.

① ㄱ   ② ㄷ
③ ㄱ, ㄴ   ④ ㄱ, ㄷ
⑤ ㄱ, ㄴ, ㄷ

45 그림은 3가지 고체의 결정 구조를 모형으로 나타낸 것이다.

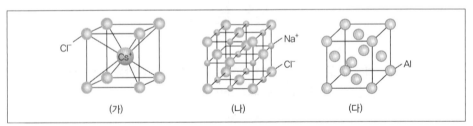

(개)~(대)에 대한 설명으로 옳은 것만을 〈보기〉에서 모두 고른 것은?

―――〈 보 기 〉―――

ㄱ. (개)는 면심 입방 구조이다.
ㄴ. (내)의 단위 세포 속에 포함된 총 이온 수는 8개이다.
ㄷ. 액체 상태에서 전기가 통하는 것은 1가지이다.

① ㄱ   ② ㄴ
③ ㄷ   ④ ㄱ, ㄴ
⑤ ㄴ, ㄷ

46 그림은 1기압에서 서로 다른 질량의 용매 A와 B에 각각 비휘발성, 비전해질인 용질 C의 질량을 달리 하면서 녹인 용액 (가)와 (나)의 끓는점을 나타낸 것이다. 용매의 끓는점 오름 상수 (K_b)는 B가 A보다 크다. 이에 대한 설명으로 옳은 것만을 〈보기〉에서 모두 고른 것은?

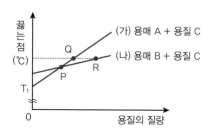

〈 보기 〉
ㄱ. T_1 ℃에서 용매의 증기 압력은 A가 B보다 크다.
ㄴ. P에서 몰랄 농도가 (가)가 (나)보다 크다.
ㄷ. 증기 압력은 P<Q=R이다.

① ㄱ   ② ㄴ
③ ㄷ   ④ ㄱ, ㄴ
⑤ ㄴ, ㄷ

47 그림은 고체 (가)의 결정 구조와 고체 (나)의 결합 모형을 나타낸 것이다.

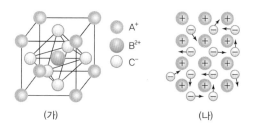

(가)   (나)

이에 대한 설명으로 옳은 것만을 〈보기〉에서 모두 고른 것은?

〈 보기 〉
ㄱ. (가)에서 B^{2+}과 가장 인접한 C^-의 개수는 6이다.
ㄴ. 고체 상태에서 전기 전도성은 (가)가 (나)보다 더 크다.
ㄷ. (가)의 단위 세포 내 A~C의 이온 수 비는 $A^+:B^{2+}:C^-=1:1:3$이다.

① ㄱ   ② ㄴ
③ ㄱ, ㄷ   ④ ㄴ, ㄷ
⑤ ㄱ, ㄴ, ㄷ

48 t℃에서 그림과 같이 용질 A와 B의 수용액과 물이 든 플라스크를 수은이 들어 있는 유리관으로 연결하였더니, 수은 기둥의 높이 차이가 생겼다. t℃에서 물의 증기 압력은 30mmHg이며, 물의 분자량은 18이라고 가정하자.

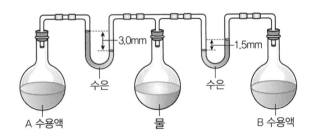

이에 대한 설명으로 옳은 것만을 〈보기〉에서 모두 고른 것은? (단, 용질 A와 B는 비휘발성이고 비전해질이다)

───────〈 보기 〉───────

ㄱ. 용질의 몰분율은 A 수용액이 B 수용액의 2배이다.

ㄴ. A 수용액의 몰랄 농도는 $\dfrac{500}{81}\text{m}$이다.

ㄷ. 기준 끓는점은 A 수용액이 B 수용액보다 높다.

① ㄱ   ② ㄴ
③ ㄱ, ㄷ   ④ ㄴ, ㄷ
⑤ ㄱ, ㄴ, ㄷ

49 그림은 4가지 고체 결정을 기준에 따라 분류하는 과정을 나타낸 것이다.

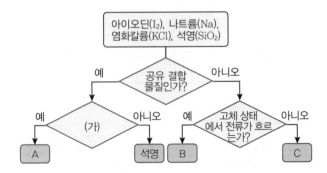

이에 대한 설명으로 옳은 것만을 〈보기〉에서 모두 고른 것은?

〈 보기 〉

ㄱ. ㈎에 들어갈 말은 "분자 결정인가?"이다.

ㄴ. B는 자유 전자를 가지고 있다.

ㄷ. C는 이온 결정이다.

① ㄱ   ② ㄴ

③ ㄱ, ㄴ   ④ ㄴ, ㄷ

⑤ ㄱ, ㄴ, ㄷ

50 그림은 1기압에서 wg의 비휘발성, 비전해질 용질 X, Y를 각각 물에 녹일 때, 물의 질량에 따른 수용액의 어는점을 나타낸 것이다.

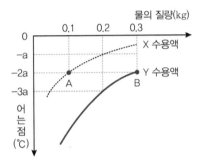

이에 대한 설명으로 옳은 것만을 〈보기〉에서 모두 고른 것은? (단, X, Y는 서로 반응하지 않고, 물의 몰랄 내림 상수는 $2a$℃/m이다)

〈 보기 〉

ㄱ. Y의 분자량은 $\dfrac{5w}{3}$이다.

ㄴ. 수용액의 끓는점은 A가 B보다 높다.

ㄷ. 1기압에서 물 0.1kg에 X와 Y를 각각 wg씩 녹인 혼합 용액의 어는점은 $-8a$℃이다.

① ㄱ   ② ㄴ

③ ㄷ   ④ ㄱ, ㄷ

⑤ ㄴ, ㄷ

제 2 장 | 적중예상문제 해설

01 |정답| ④

|해설| $C(s) + O_2(g) \rightarrow CO_2(g)$

전 12g(1몰) 2몰

중 −12g(1몰) −1몰 +1몰

후 0 1몰 1몰

CO_2의 몰분율 $= \dfrac{1몰(CO_2몰수)}{2몰(반응 후 전체 몰수)}$ 이므로

$\therefore CO_2$의 부분압력 $= 12 \times \dfrac{1}{2} = 6$기압

02 |정답| ③

|해설| $PT = nRT$에서 nR은 일정한 값을 가지므로

$\dfrac{P_1 V_1}{T_1} = \dfrac{P_2 V_2}{T_2}$ 이 된다.

$P_1 = 1atm$

$P_2 = 2atm$

$T_1 = 27 + 273 = 300K$

$T_2 = 327 + 273 = 600K$

$V_1 = 1L$

$V_2 = \dfrac{1 \times 600}{300 \times 2} = 1L$

03 |정답| ③

|해설| ③ 기체 분자 상호 간에는 반발력이나 인력이 작용하지 않는다.

04 |정답| ①

|해설| $PV = nRT \rightarrow PV = \dfrac{w}{M}RT$

$M(분자량) = \dfrac{w \times R \times T}{P \times V}$

$M = \dfrac{16 \times 0.082 \times 300}{1 \times 12} ≒ 32$

$\therefore$ 분자량 32에 해당하는 기체는 O_2이다.

① $16 \times 2 = 32$ ② $14 \times 2 = 28$ ③ $32 + 16 \times 2 = 64$

④ 4   ⑤ $1 \times 2 = 2$

05 |정답| ③

|해설| **그레이엄의 법칙** : 같은 온도와 압력에서 두 기체의 확산속도는 분자량이나 밀도의 제곱근에 반비례한다.

$\dfrac{v_1}{v_2} = \sqrt{\dfrac{M_2}{M_1}}$ 이므로 $\dfrac{1}{4} = \sqrt{\dfrac{2}{x}}$

$\therefore \; x = 32$

06 |정답| ⑤

|해설| $PV = \dfrac{w}{M}RT$, $\dfrac{w}{V}(밀도) = \dfrac{PM}{RT}$

$T = 273 + 77$, $P = 2$, $M = 44(CO_2$의 분자량$)$, $R = 0.082$

$\therefore \; \dfrac{2 \times 44}{0.082 \times 350} ≒ 3.1$

07 |정답| ③

|해설| 기체 분자의 운동에너지는 온도에만 의존한다.

08 |정답| ⑤

|해설| $\dfrac{PV}{T} = \dfrac{P'V'}{T'} = K$에서 압력이 일정하면 $\dfrac{V}{T} = \dfrac{V'}{T'}$ 이다.

$V' = 2V$, $T = 283K$를 대입하면 $\dfrac{V}{283K} = \dfrac{2V}{T'} \Rightarrow T' = 566K$

$566K = 273 + t$

$\therefore \; t = 293\,℃$

09 |정답| ③

|해설| 면심입방격자에서 입자 수는 $\dfrac{1}{8} \times 8 (모서리) + \dfrac{1}{2} \times 6 (면심) = 4$개

10 |정답| ④

|해설| ④ 실제 기체에 대한 설명으로, 실제 기체는 분자의 질량과 부피를 모두 가지며, 분자 간의 힘이 있다.

11 |정답| ③

|해설| **비결정성 고체** : 입자들 사이의 강한 인력 때문에 자유로이 이동할 수 없으며, 입자들의 배열이 불규칙하여 결정의 특성을 갖지 못한다. **예**유리, 아교, 엿, 플라스틱 등

12 |정답| ③

|해설| $PV = P_1V_1 + P_2V_2$

$2 \times V = 0.5 \times 2 + 2 \times 1.5$

$\therefore \; V = 2L$

13 |정답| ④

|해설| 액체 : 분자들 사이에 강한 인력이 작용하고 분자들의 위치가 고정되어 있지 않다.

① 고체　　　② 고체　　　③ 기체　　　④ 액체

14 |정답| ③

|해설| $PV = \dfrac{w}{M}RT$ 에서 M에 대해 정리하면 $M(분자량) = \dfrac{wRT}{PV}$

$\dfrac{5.4 \times 0.082 \times (273+27)}{3 \times 1} = 44$

∴ 분자량이 44인 기체는 CO_2이다.

① $16 \times 2 = 32$　　　　② $12 + 1 \times 4 = 16$

③ $12 \times 1 + 16 \times 2 = 44$　　　④ $32 + 16 \times 2 = 64$

15 |정답| ④

|해설| $PV(전체) = P'V'(산소)$

$P_{O_2}(산소의\ 부분압력) \times 5 = 3 \times 4$

$P_{O_2} = \dfrac{12}{5} = 2.4기압$

16 |정답| ③

|해설| 온도가 높아져도 부피나 질량이 일정하므로 밀도는 일정하다. 온도가 증가하면 속력이 증가하고, 운동에너지가 증가한다.

17 |정답| ②

|해설| ① 평균 속력은 각기 다른 속력을 가진 기체 분자들의 속력을 평균한 것이며, 온도가 상승하면 평균 속도가 증가하므로 B의 평균 속력이 더 크다.

② 낮은 온도에서도 작은 속력의 기체 분자로부터 큰 속력의 기체 분자끼리 분포되므로, A 안의 어떤 분자는 큰 속력을 가져 B 안의 작은 속력을 가진 분자보다 훨씬 큰 속력을 가진 분자들이 존재한다.

③ 기체 분자는 여러 속력을 갖는다.

④ B의 평균 속력이 더 크므로 큰 속력의 분자들이 더 많다.

18 |정답| ②

|해설| 임계 온도 : 기체의 액화가 가능한 한 가장 높은 온도(임계 온도에서 액화하는 데 필요한 최소의 압력을 임계 압력이라 한다)

※ 기체의 온도가 어떤 온도 이상이면 기체에 아무리 압력을 가하여도 액화가 되지 않고 그 온도 이하로 온도를 낮추어야 기체의 액화가 일어난다.

19 |정답| ②

|해설| 분자 간의 인력이 클수록 액체의 끓는점이 높고, 휘발성이 작다.

20 |정답| ③

|해설| P가 일정하면 $PV = nRT$에서 V는 T에 비례한다[n(몰수)은 일정, R은 상수].

ⓐ 보일의 법칙 : $PV = k$ ⓑ 샤를의 법칙 : $\dfrac{V}{T} = k$ ⓒ 보일-샤를의 법칙 : $\dfrac{PV}{T} = k$

21 |정답| ①

|해설| $PV = nRT \rightarrow PV = \dfrac{w}{M}RT$

$M = \dfrac{wRT}{PV}$

$M = \dfrac{3 \times 0.082 \times 400}{1 \times 49.2} = 2$

∴ 분자량이 2이므로 H_2이다.

① $1 \times 2 = 2$ ② $12 + 1 \times 4 = 16$

③ $14 \times 2 = 28$ ④ $16 \times 2 = 32$

22 |정답| ①

|해설| s-T는 고체의 증기 압력 곡선으로 고체와 기체가 평형을 이루는 온도와 압력을 나타낸다. 점 P에서 온도를 낮추면 승화가 일어난다.

23 |정답| ⑤

|해설| 실제 기체는 온도가 높고, 압력이 낮을 때와 분자 간 인력, 분자량이 작을수록 이상 기체에 접근한다.

⑤ CO_2는 온도가 낮고, 압력이 높으며, 분자량이 크므로 이상 기체의 성질과 거리가 가장 멀다.

24 |정답| ①

|해설| **증기 압력** : 기체와 액체가 동적 평형을 이루었을 때 증기가 나타내는 압력으로 분자 간 인력이 클수록 증기 압력이 작으며, 끓는점과 몰 증발열이 높아진다.

25 |정답| ②

|해설| 단위세포 속의 총 입자 수를 N, 정육면체의 체심·면심·모서리·꼭짓점에 있는 입자 수를 각각 $N_{체심}$, $N_{면심}$, $N_{모서리}$, $N_{꼭짓점}$이라고 하면

$N = N_{체심} + \dfrac{1}{2} \times N_{면심} + \dfrac{1}{4} \times N_{모서리} + \dfrac{1}{8} \times N_{꼭짓점}$

$N = 1 + \dfrac{1}{8} \times 8 = 2$개

26 |정답| ②

|해설| ② 외부 압력이 낮아지면 끓는점이 낮아진다.

27 |정답| ②

|해설| ② 기체 분자들은 운동에너지가 크기 때문에 무분별하게 매우 빠른 속도로 끊임없이 열운동을 하고 있다.

28 |정답| ③

|해설| 증기 압력이 큰 액체는 끓는점이 낮고, 인력이 작다.

29 |정답| ④

|해설| $PV = RT\left(N = \dfrac{w}{M}\right)$

$PV = \dfrac{w}{M}RT$ 에서 M을 구하면

$M(분자량) = \dfrac{wRT}{PV} = \dfrac{10 \times 0.082 \times (273+30)}{1 \times 8.2} = 30$

① $12 + 1 \times 4 = 16$ ② $12 \times 2 + 1 \times 4 = 28$ ③ $12 + 1 = 13$
④ $12 \times 2 + 1 \times 6 = 30$ ⑤ $12 \times 3 + 1 \times 8 = 44$

30 |정답| ①

|해설| ① 기체가 어떤 온도 이상이면 아무리 압력을 가해도 액화되지 않고, 그 온도 이하로 낮추어야 기체의 액화가 일어난다.

※ **임계 온도** : 기체의 액화가 가능한 가장 높은 온도를 말하며 임계 온도에서 액화하는 데 필요한 최소의 압력을 임계 압력이라 한다.

31 |정답| ②

|해설| 용기에 혼합시킨 H_2와 CO_2의 몰수가 같으므로 부분압력이 같고, 분자 사이의 거리도 같다. 또한, 기체 분자의 평균 운동에너지는 절대 온도에만 비례하므로 온도가 같으면 평균 운동에너지가 같다.

32 |정답| ⑤

|해설| 공기가 1기압이었다면 질소의 압력은 $\dfrac{4}{5} = 0.8$기압이므로 공기가 4기압일 때는 3.2기압이 된다.

질소의 분압 $= 4 \times \dfrac{4}{5} = 3.2$기압

33 |정답| ④

|해설| ④ 분자 간의 반발력이 전혀 없는 것은 이상 기체에 해당한다.

34 |정답| ①

|해설| ② 얼음과 수증기가 평형을 이루는 온도와 압력을 나타낸다.
③ 기체, 액체, 고체의 세 상태가 공존하는 점이다.
④ 곡선 상에서 물과 수증기가 평형을 이룬다.

35 |정답| ④

|해설| ④ 기체의 압력이 커지면 기체 분자들 사이의 평균 거리가 가까워져 서로 끌리면서 모이게 되는데 이러한 상태를 액체라고 한다.

36 |정답| ④

|해설| ④ 이상 기체 혼합물에서 기체의 부분압력은 각 기체의 몰분율에 비례한다.

37 |정답| ③

|해설| ㄱ, ㄴ. (가)와 (나)에서 기체 A와 기체 B의 온도와 압력이 같고, 부피는 A가 B의 4배이므로 분자 수의 비는 A : B = 4 : 1이다. 기체 A와 기체 B의 질량이 같으므로 분자량 비는 A : B = 1 : 4 이고, 분자의 평균 운동 속력은 A가 B의 2배이다.

ㄷ. (나)에서 기체 B의 압력은 760mmHg이고, (다)에서 기체 B의 부피가 (나)의 2배이므로 기체 B의 압력은 380mmHg이다. P + 100 = 380이므로 P = 280이다.

38 |정답| ③

|해설| ㄱ. Ne의 압력은 153cmHg이고, Ar의 압력은 38cmHg이므로 단위 부피당 분자 수는 Ne이 Ar의 4배이다.

ㄴ. 분자 수의 비가 Ne : Ar = 1 : 1이므로 과정 (2)의 용기 B에서 Ar의 몰분율은 0.5이다.

ㄷ. 과정 (2)에서 혼합 기체의 전체 압력$(x) \times 5 = 152 \times 1 + 38 \times 4$에서 $x = 60.8$cmHg이므로 수은 기둥의 높이 차는 모두 15.2cm이다.

39 |정답| ④

|해설| (가)는 물 982g에 포도당 18g(=0.1몰)이, (나)는 물 1,000g에 포도당 0.1몰이, (다)는 물 992g에 포도당 0.1몰이 녹아 있다. 따라서 수용액의 농도가 (가)>(다)>(나)이므로 어는점은 (나)>(다)>(가)이다.

40 |정답| ①

|해설| ㄱ. B 수용액이 어는점 내림이 0.93이므로 몰랄 농도는 0.5m이고, 끓는점은 100.26이다.

ㄴ. A 수용액의 끓는점 오름이 0.78이므로 몰랄 농도는 1.5m이다. A 수용액의 몰랄 농도가 B 수용액의 3배이므로 분자량은 B가 A의 3배이다.

ㄷ. 수용액의 증기 압력은 농도가 진한 A 수용액이 B 수용액보다 작다.

41 |정답| ①

|해설| 모세관의 굵기가 가늘수록 물이 더 높이 올라간다. 물의 온도가 높을수록 물 분자 사이의 응집력과 물과 모세관 사이의 부착력이 감소하여 물이 높이 올라가지 못하고, 에탄올에 의해 물 분자 사이의 응집력이 감소하므로 올라간 물의 높이가 감소한다.

42 |정답| ④

|해설| ㄱ. 분자의 평균 운동 속력 비는 A : B = $\sqrt{2}$: 1이다.

ㄴ. 기체의 몰수비는 A : B : C = 4 : 3 : 9이다.

ㄷ. 기체의 밀도 비는 B : C = $\dfrac{2 \times 16}{546} : \dfrac{3 \times 32}{273} = 1 : 6$이다.

43 |정답| ②

|해설| ㄱ, ㄴ. 포도당 수용액의 몰 농도는 0.05M이고, 요소 수용액의 몰 농도는 0.1M이므로 A쪽 유리관 수면이 낮아지고, B 수용액의 농도는 감소한다.

ㄷ. A와 B에 0.01몰의 설탕을 넣으면 A의 몰 농도는 0.1M, B는 0.2M이 되어 유리관 수면의 높이 차이는 증가한다.

44 |정답| ④

|해설| ㄱ. 6% 요소 수용액의 몰랄 농도는 $\dfrac{0.1}{0.094}$m > 1.0m이고, X 수용액의 증기 압력이 요소 수용액보다 작으므로 X 수용액의 몰랄 농도는 1.0m보다 크다.

ㄴ. 수용액의 온도를 높여 주면 용액의 증기 압력 차이가 더 커지므로 h는 증가한다.

ㄷ. 콕을 오랫동안 열어 두면 농도가 진한 X 수용액 쪽으로 물의 이동이 일어나 두 수용액의 몰랄 농도가 같아진다.

45 |정답| ②

|해설| ㄱ. (개)는 Cs^+과 Cl^-에 대해 각각 단순 입방 구조이다(전체적으로 체심 입방 구조).

ㄴ. (나)의 단위 세포 속에는 Na^+과 Cl^-이 각각 4개씩 총 8개 들어 있다.

ㄷ. (개)와 (나)는 이온 결정, (다)는 금속 결정으로 모두 액체 상태에서 전기가 통한다.

46 |정답| ④

|해설| ㄱ. T_1℃는 1기압에서 용매 A의 끓는점이므로 T_1℃에서 용매 A의 증기 압력은 1기압이고, 용매 B의 증기 압력은 1기압보다 낮다.

ㄴ. B는 A보다 용매의 끓는점 오름 상수(K_b)와 용매의 끓는점이 높으나 점 P에서는 두 용액의 끓는점이 같으므로 점 P에서 몰랄 농도는 (개)가 (나)보다 크다.

ㄷ. 점 P, Q, R는 모두 끓는점이므로 증기 압력은 모두 1기압이다.

47 |정답| ③

|해설| ㄱ. 단위 격자 중심(B^{2+})에 인접한 면의 중심에는 C^-이 6개 있다.

ㄴ. (개)는 이온 결정, (나)는 금속 결정이고, 이온 결정의 경우 고체에서는 전기를 통하지 않는다.

ㄷ. 단위 세포 내 입자 수는 꼭짓점(A^+) $\dfrac{1}{8}\times8=1$(개), 중심(B^{2+}) 1개, 면(C^-) $\dfrac{1}{2}\times6=3$(개)이므로 $A^+:B^{2+}:C^-=1:1:3$이다.

48 |정답| ⑤

|해설| ㄱ, ㄷ. 증기 압력 내림이 A 수용액이 B 수용액의 2배이므로 용질의 몰분율은 A 수용액이 B 수용액의 2배이고, 기준 끓는점은 A 수용액이 B 수용액보다 높다.

ㄴ. A 수용액의 증기 압력 내림이 3mmHg이므로 A의 몰분율(π_A)은 $3=x_A\times30$에서 $x_A=0.1$이다. 따라서 A 수용액은 물 9몰(=162g)에 A 1몰이 녹아 있는 경우이므로 A 수용액의 몰랄 농도는 $\dfrac{1000}{162}=\dfrac{500}{81}$(m)이다.

49 |정답| ⑤

|해설| ㄱ. 아이오딘(I_2)과 석영(SiO_2)은 공유 결합 물질로 아이오딘은 분산력에 의해 분자 결정을 이루며, 석영은 공유 결합력에 의해 원자 결정을 이루므로 A는 아이오딘이다.

ㄴ, ㄷ. B는 금속인 나트륨(Na)으로 자유 전자에 의해 고체에서 전기 전도성이 있고, C는 이온 결정인 염화칼륨(KCl)이다.

50 |정답| ③

|해설| ㄱ. Y의 분자량을 x라 하고 B점의 조건을 대입하면 $\Delta T_f = K_f \times m$에서 $2a = 2a \times \dfrac{\frac{W}{x}}{0.3}$, $0.3x = W$이다. 따라서 Y의 분자량은 $\dfrac{10W}{3}$이다.

ㄴ. A와 B는 어는점 내림이 같으므로 몰랄 농도가 같다. 따라서 끓는점 오름도 같아서 끓는점도 같다.

ㄷ. 각 용질은 독립적으로 어는점 내림에 기여하므로 X에 의해 $-2a\,°C$, Y에 의해 $-6a\,°C$가 내려간다. 따라서 혼합 용액의 어는점은 $-8a\,°C$이다.

제 3 장 원자 구조와 주기율

01 원자 구조

(1) 돌턴의 원자설

19세기 초, 존 돌턴이 질량 보존 법칙과 일정 성분비의 법칙을 설명하기 위해 원자설을 제시하고, 가설을 뒷받침하는 배수 비례의 법칙을 연이어 제시한다. 돌턴이 제시한 원자의 속성은 다음과 같다.

① 물질은 원자라고 부르는 더 분할할 수 없는 작은 입자로 구성되어 있다(후에 양성자, 중성자, 전자 등이 발견되어 파기).

② 같은 원소의 원자들은 동일하며, 같은 성질들을 갖고 있다(동위원소들과 이온 발견으로 파기).

③ 화합물은 다른 원소들의 원자들로 구성되어 있으며, 작은 정수비로 결합되어 있다.

④ 화학 반응은 단순히 원자들이 자리를 옮겨서 다른 조합을 이루는 것이다.

⑤ 원자는 새로 생성되거나 사라지거나 다른 원자로 바뀔 수 없다(핵융합, 핵분열의 발견으로 파기).

(2) 전자의 발견

① 톰슨의 음극선 실험

  ㉠ 음극선 : 진공 유리관의 양 끝에 전극을 설치하고 높은 전압을 걸어 주었을 때 (−)극에서 (+)극 쪽으로 빛을 내며 직진하는 선

  ㉡ 음극선의 성질

    ⓐ 음극선에 전기장을 걸어 주면 음극선이 (+)극 쪽으로 휜다. → 음극선은 (−)전하를 띤 입자의 흐름이다.

    ⓑ 음극선의 진행 경로에 바람개비를 두면 바람개비가 돈다. → 음극선은 질량을 가진 입자

    ⓒ 음극선에 자석을 대면 휜다. → 음극선은 전하를 띤 입자

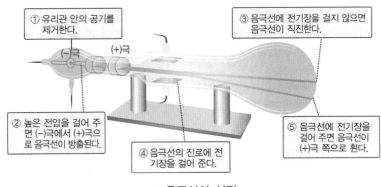

◆ 음극선의 성질

ⓒ 전자 : 원자를 구성하는 (−)전하를 띤 입자

② **톰슨의 원자 모형** : (+)전하를 띤 부드러운 공 모양의 물체에 (−)전하를 띤 전자가 박혀 있는 모형

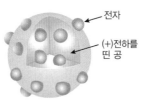

◆ 톰슨의 원자 모형

(3) 양극선의 발견

① 음극선관에 수소 기체를 넣고 높은 전압을 걸어 줄 때 (+)극에서 (−)극 쪽으로 이동하는 입자의 흐름이다.

② 수소 기체를 넣은 방전관에서 발견되는 양극선은 양성자의 흐름에서 밝혀졌다.

(4) 원자핵의 발견

① 톰슨 모형과 알파 입자 산란 실험 결과 예측

ⓐ 알파 입자 : 헬륨의 원자핵. (+)전하를 띠고 질량이 크며, 매우 빠른 속도로 움직인다.

ⓑ 톰슨 원자 모형이 옳을 경우 : 대부분의 알파 입자가 원자를 통과하며 경로가 거의 휘지 않는다.

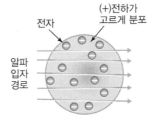

◆ 톰슨의 원자 모형에 근거한 알파 입자 산란 실험 결과 예측

② 알파 입자 산란 실험 결과

　　㉠ 대부분의 알파 입자가 금박을 통과한다. → 원자의 대부분은 빈 공간으로 이루어져 있거나 질량이 매우 작은 입자로 이루어져 있다.

　　㉡ 극소수의 알파 입자가 정반대 편으로 튕겨 나온다.

　　　　ⓐ 알파 입자가 튕겨 나오려면 (+)전하를 띠고 질량이 매우 큰 입자가 원자 내부에 존재해야 한다.

　　　　ⓑ 튕겨 나오는 알파 입자가 극소수이므로 원자 내부의 입자 크기는 매우 작다.

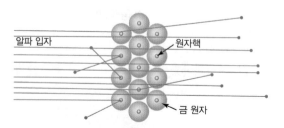

❖ 알파 입자 산란 실험 결과

③ 러더퍼드 원자 모형 : (+)전하를 띠는 원자핵이 중심에 있고, 그 주위를 (−)전하를 띠는 전자가 원운동하고 있다.

❖ 러더퍼드의 원자 모형

(5) 원자의 구조

① 원자의 구조

　　㉠ (+)전하를 띠는 원자핵이 중심에 있고, 그 주변에 (−)전하를 띠는 전자가 분포하고 있다.

　　㉡ 원자핵은 (+)전하를 띠는 양성자와 전하를 띠지 않는 중성자로 이루어져 있다.

　　㉢ 원자는 원자핵의 (+)전하량과 전자의 (−)전하량이 같으므로 전하를 띠지 않는다.

② 원자, 원자핵의 상대적 크기

　　㉠ 원자의 종류에 따라 원자의 크기가 다르며 가장 작은 수소 원자의 경우 지름이 약 10^{-10}m이다.

　　㉡ 원자핵은 원자의 $\dfrac{1}{100000}$ 정도밖에 되지 않는다.

(6) 원자 번호와 질량수

① 원자 번호 : 원자핵 속에 들어 있는 양성자 수

원자 번호 = 양성자 수 = 중성 원자의 전자 수

② 질량수 : 양성자 수와 중성자 수를 합한 수로 원자의 질량을 나타낸 것

질량수 = 양성자 수 + 중성자 수

③ 원소 기호의 왼쪽 위에 질량수를 쓰고, 왼쪽 아래에 원자 번호를 쓴다.

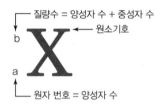

◆ 원소 기호의 상·하 첨자의 의미

(7) 동위 원소

① 동위 원소 : 양성자 수는 같지만, 중성자 수가 달라 질량수가 다른 원소

◆ 수소의 동위 원소

② 같은 원소의 동위 원소는 양성자 수와 전자 수가 같으므로 화학적 성질은 같고 질량이 다르므로 물리적 성질에는 약간의 차이가 있다.

③ 동위 원소의 존재 비를 고려한 평균 원자량으로 원자의 질량을 나타낸다.

(8) 원자핵과 전자들 사이에 작용하는 힘

① 원자핵과 전자 : 원자핵과 전자 사이에는 인력이 작용하며, 원자핵과 전자의 거리가 가까울수록, 원자핵의 (+)전하가 클수록 강한 인력이 작용한다.

② 전자와 전자 : 같은 (−)전하를 띠므로 반발력이 작용한다.

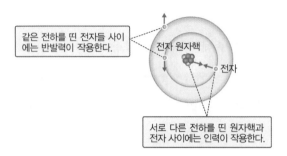

○ 원자핵과 전자들 사이에 작용하는 힘

(9) 원자핵을 이루는 양성자와 중성자 사이에 작용하는 힘

① 양성자와 양성자 : 같은 (+)전하를 띠므로 반발력이 작용한다. → 안정한 원자핵이 존재하는 것은 양성자 사이의 반발력보다 더 강한 인력이 작용하기 때문이다.

② 강한 핵력 : 양성자와 양성자, 양성자와 중성자, 중성자와 중성자 사이에 작용하는 힘이다. 전기력보다 훨씬 강하며 양성자, 중성자 크기 정도의 매우 짧은 거리에서만 작용한다.

(10) 중성자의 역할

무거운 원자핵이 만들어질 때 원자핵을 안정화시킨다.

(11) 방사성 동위 원소

① 원자핵이 불안정하여 스스로 방사선을 내며 다른 종류의 원자핵으로 변화하는 원소이다.

② 원자핵의 안정성은 원자핵을 구성하는 양성자, 중성자 수와 관계가 있다.

③ 중성자 수와 양성자 수의 비율이 적당하지 않은 경우 방사성 붕괴가 일어난다.

④ 방사성 붕괴는 원자핵의 변화가 일어나는 핵반응의 일종이다.

⑤ 무거운 원소는 헬륨의 원자핵인 알파 입자를 방출한다.

(12) 원소의 기원

① 기본 입자의 탄생 : 빅뱅에 의해 양성자와 중성자를 이루는 기본 입자와 전자 등이 대량으로 만들어졌다.

② 양성자와 중성자의 생성 : 기본 입자들이 조합을 이루어 양성자와 중성자가 생성되었다.

③ 수소와 헬륨 원자핵의 생성 : 중성자를 매개로 양성자들이 융합하여 무거운 원소를 만들 수 있다.

    ㉠ 양성자와 중성자가 충돌해서 강한 핵력이 작용하여 결합하면 중수소 원자핵이 생성된다.

    ㉡ 중수소 원자핵에 양성자가 하나 더 결합하면 헬륨 원자핵이 만들어진다.

④ **수소와 헬륨의 중성 원자의 탄생** : 우주의 온도가 낮아지자 수소와 헬륨 원자핵의 주위로 전자가 끌려와 중성 원자가 만들어졌다.

⑤ **별의 탄생과 별 내부에서 핵융합에 의한 무거운 원소의 생성**

    ㉠ 수소의 핵융합 반응으로 헬륨이 생성되고, 수소가 고갈되면 다시 헬륨의 핵융합 반응으로 탄소가 생성된다. 이후에 산소, 네온, 규소, 철이 생성되는 핵융합 반응이 진행된다.

    ㉡ 별의 중심으로 갈수록 무거운 원소가 모이게 된다.

⑥ **초신성 폭발**

    ㉠ 별 내부에 들어 있던 원소를 우주 공간으로 배출한다.

    ㉡ 폭발의 순간에 철보다 무거운 원소들이 생성된다.

⒀ **핵융합**

가벼운 원소의 핵이 융합하여 무거운 핵을 형성하는 핵반응

확인문제

01 다음 설명 중 옳은 것은 ○표, 옳지 않은 것은 ×표를 해 보자.

(1) 한 가지 성분으로만 이루어진 물질을 원자라고 한다.

( )

(2) 물은 2개의 원소로 이루어진 물질이다.

( )

(3) 모든 물질은 원소라는 작은 입자로 구성되어 있다.

( )

01 더 이상 다른 물질로 분해되지 않는 한 가지 성분으로 된 물질을 원소라고 하며 원소는 물질을 구성하는 기본 성분의 의미로도 쓰인다. 물질을 이루는 기본 입자는 원자라고 한다.
▶ (1) × (2) × (3) ×

02 다음 설명과 관련이 있는 입자를 〈보기〉에서 찾아 기호를 써 보자.

〈 보 기 〉
ㄱ. 원자핵   ㄴ. 전자
ㄷ. 양이온   ㄹ. 음이온

(1) 원자의 중심에 있으며 (+)전하를 띠고 있다.

( )

(2) 원자의 구성 입자로 (−)전하를 띠고 있다.

( )

(3) 원자가 전자를 얻어서 생성되는 입자이다.

( )

02 원자는 (+)전하를 띠는 원자핵과 (−)전하를 띠는 전자로 구성되며 원자핵의 (+)전하량과 전자의 (−)전하량이 같아서 전기적으로 중성이다.
▶ (1) ㄱ (2) ㄴ (3) ㄹ

03 오른쪽 그림은 탄소 원자의 구조를 나타낸 모형이다. A와 B에 해당하는 입자를 무엇이라고 하는가?

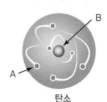

탄소

03 원자의 중심에는 원자핵이 있고 그 주변을 전자가 돌고 있다.
▶ A : 전자, B : 원자핵

확인문제

04 다음과 같이 묽은 염산과 탄산칼슘을 반응시키면 화학 변화 전후의 질량이 변하지 않는다. 돌턴의 원자설에 근거하여 그 이유를 설명해 보자.

묽은 염산

탄산칼슘

화학 변화 후의 물질

화학 변화

04 ▶ 화학 변화가 일어나도 물질을 이루는 기본 입자인 원자는 없어지거나 새로 생기지 않으며 다른 종류의 원자로 변하지 않는다.

※ 다음의 그림은 어떤 입자들을 모형으로 나타낸 것이다. 다음 설명의 ( ) 안에 알맞은 말을 써 보자. [5~6]

A

B

05 ( )는 원자 모형으로 원자핵의 (+)전하량과 전자의 (−)전하량이 같으므로 전기적으로 ( )이다.

05 원자는 원자핵의 (+)전하량과 전자의 (−)전하량이 같아서 전기적으로 중성이다. ▶ B, 중성

06 ( )는 원자가 전자 ( )개를 잃고 생성된 ( )의 모형이다.

06 중성 원자가 전자를 1개 잃으면 원자는 (+)전하를 띠게 된다.
▶ A, 1, 양이온

07 돌턴의 원자설에 대한 설명으로 옳지 않은 것은? 2019. 4. 27 출제

① 원자는 더이상 쪼개지지 않는다.
② 같은 원자는 질량, 크기, 모양이 같다.
③ 화학변화는 원자의 분리, 결합, 재배열 또는 원자의 변화를 포함한다.
④ 화합물은 실험식으로 나타낼 수 있다.

07 원자의 변화는 없다.
▶ ③

02 원자 모형과 전자배치

(1) 빛의 진동수(ν), 파장(λ), 에너지(E)의 관계

① 진동수(ν)와 파장(λ) : 파동의 파장과 진동수는 반비례한다.

② 빛의 진동수(ν), 파장(λ)과 에너지의 관계

ㄱ 진동수가 클수록 빛의 에너지가 크다(비례관계).

ㄴ 파장이 짧을수록 빛의 에너지가 크다(반비례관계).

$$E = h\nu = \frac{hc}{\lambda}$$

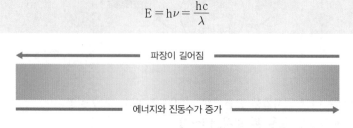

◎ 빛의 진동수, 파장, 에너지의 관계

(2) 보어의 수소원자 선 스펙트럼

① 수소 원자를 방전시키면 에너지를 흡수하여 들뜬 상태로 되었다가 다시 바닥 상태로 되돌아오면서 빛을 방출한다.

② 선 스펙트럼의 형태로 방출되므로 수소 원자의 전자가 가질 수 있는 에너지가 불연속적임을 의미한다.

(3) 보어의 가설

① 전자는 특정 에너지를 가진 원형 궤도를 따라 원운동하는데, 이 궤도를 전자껍질이라고 한다.

ㄱ 원자핵에서 가까운 전자껍질부터 K(n=1) 껍질, L(n=2) 껍질, M(n=3) 껍질, … 이라고 부르며, n은 주양자수라고 한다.

ㄴ 각 전자껍질의 에너지 준위

$$E_n = -\frac{1312}{n^2}(kJ/mol)(n = 1, 2, 3 \dots)$$

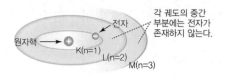

◎ 보어의 원자 모형

② 전자가 에너지 준위가 다른 궤도로 이동할 때 두 궤도의 에너지 준위 차이만큼 에너지를 흡수하거나 방출한다.

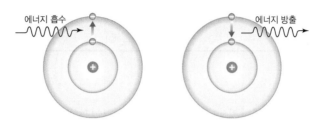

◉ 전자의 전이와 에너지 출입 관계

(4) 원자 모형

원자의 성질을 이해하고 예측하기 위해 만든 모형이다.

(5) 원자 모형의 변천

돌턴 모형	원자는 더 이상 쪼갤 수 없는 딱딱한 공과 같다.	
톰슨 모형	(+)전하가 골고루 분포되어 있는 공 속에 (−)전하를 띠는 전자가 박혀 있다.	
러더퍼드 모형	(+)전하를 띠는 원자핵이 중심에 있고, 그 주위를 (−)전하를 띠는 전자가 돌고 있다. ⇒ 수소의 선 스펙트럼은 설명할 수 없다.	
보어 모형	전자가 원자핵 주위의 일정한 궤도를 따라 원운동하고 있다. 궤도 사이에 전자 전이가 일어나면 궤도의 에너지 차이만큼의 에너지를 흡수 또는 방출한다. ⇒ 수소의 선 스펙트럼은 설명할 수 있지만 다전자 원자의 선 스펙트럼은 설명할 수 없다.	
현대 모형	원자핵 주위에 전자가 분포하는 확률을 구름과 같은 모양으로 나타낸다. → 전자구름 모형이라고도 한다.	

(6) 보어의 원자 모형과 현대 원자 모형의 비교

보어 모형	현대 모형
• 전자는 입자이다. • 전자는 원자핵 주위의 정해진 궤도를 원운동한다.	• 전자는 입자와 파동의 성질을 가지고 있다. • 전자의 위치와 속도를 동시에 정확히 알 수 없다. → 어느 위치에 전자가 존재할 확률만 나타낼 수 있다.

(7) 오비탈

① **오비탈** : 일정한 에너지의 전자가 원자핵 주위에서 발견될 확률 밀도를 나타내는 함수

② **오비탈의 표현** : 원자핵 주위에서 전자가 발견될 확률 밀도를 구름과 같은 모양으로 그려서 시각적으로 표현한다. → 전자가 발견될 확률 밀도가 큰 공간의 모양과 크기를 알 수 있다.

  ㉠ **점밀도 그림** : 점의 밀도가 높거나 진하게 표현되는 곳에서 전자가 발견될 확률 밀도가 크다. [그림 ㈎]

  ㉡ **경계면 그림** : 전자를 발견할 확률 밀도가 90%인 경계선을 나타낸 것이다. [그림 ㈏]

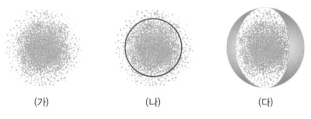

(가)　　　　(나)　　　　(다)

❖ **오비탈의 시각적 표현**

③ **오비탈의 종류** : 오비탈의 모양에 따라 s, p, d, f 등의 기호를 나타낸다.

  ㉠ **s 오비탈** : 구형이고, 전자를 발견할 확률 밀도가 방향과 관계없이 핵으로부터의 거리에만 의존한다.

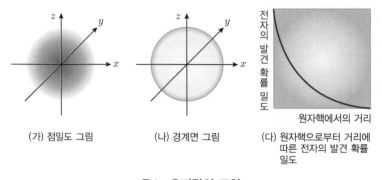

(가) 점밀도 그림　　　(나) 경계면 그림　　　(다) 원자핵으로부터 거리에 따른 전자의 발견 확률 밀도

❖ **1s 오비탈의 모양**

ⓛ p 오비탈 : 아령 모양이고, 핵으로부터의 방향에 따라 전자를 발견할 확률 밀도가 다르다.

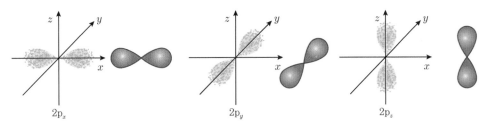

◯2p 오비탈의 모양

(8) 전자껍질에 따른 오비탈의 종류와 성질

① K(n = 1) 껍질
  ㉠ 1s 오비탈
    ⓐ 모양이 구형이다.
    ⓑ 전자를 발견할 확률 밀도가 방향과 관계없이 원자핵으로부터 멀어질수록 작아진다.
② L(n = 2) 껍질
  ㉠ 2s 오비탈
    ⓐ 모양이 구형이다.
    ⓑ 1s 오비탈보다 오비탈의 크기가 크고 에너지도 더 높다.
  ㉡ 2p 오비탈
    ⓐ 아령 모양
    ⓑ 방향성이 있다. → x축, y축, z축을 따라 전자를 발견할 확률 밀도가 높다. 방향에 따라 $2p_x$, $2p_y$, $2p_z$의 3개의 오비탈로 나누어진다.

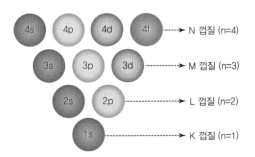

◯ 각 전자껍질에 허용되는 오비탈의 종류

(9) 오비탈의 에너지 준위

① 수소 원자의 에너지 준위 : 주양자수에 의해서만 결정된다.

$$1s < 2s = 2p < 3s = 3p = 3d < 4s = 4p = 4d \cdots$$

② 다전자 원자의 에너지 준위 : 주양자수와 오비탈의 모양에 의해 결정된다.

$$1s < 2s < 2p < 3s < 3p < \mathbf{4s < 3d} < 4p < 5s < \mathbf{5p < 4d} \cdots$$

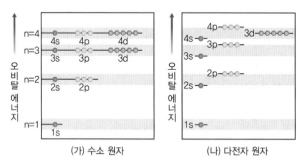

◉ 오비탈의 에너지 준위

(10) 스핀과 파울리 배타 원리

① 스핀 : 전자가 자체의 축을 중심으로 회전하는 것으로, 두 가지 스핀 방향을 화살표(↑, ↓)로 나타낸다.

◉ 전자 스핀

② 배타 원리 : 한 오비탈에는 최대 2개의 전자가 들어갈 수 있으며, 이때 두 전자의 스핀 방향은 반대여야 한다.

③ 전자껍질에 따른 오비탈의 종류와 수용할 수 있는 전자 수

전자껍질	K	L		M			N			
주양자수(n)	1	2		3			4			
오비탈의 종류(n)	1s	2s	2p	3s	3p	3d	4s	4p	4d	4f
오비탈의 수(n^2)	1	1	3	1	3	5	1	3	5	7
	1	4		9			16			
최대 수용 전자 수($2n^2$)	2	8		18			32			

(11) 원자의 바닥상태 전자배치의 원리

① 쌓음의 원리 : 바닥상태의 원자의 전자배치는 에너지가 낮은 오비탈부터 차례대로 채워진다.

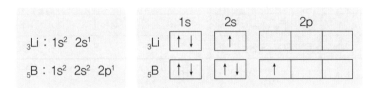

◎ 몇 가지 원자의 바닥상태 전자배치

② 파울리의 배타 원리 : 한 오비탈에는 최대 2개의 전자가 들어갈 수 있으며, 이때 두 전자의 스핀 방향은 반대여야 한다. (한 원자에 4개의 양자수가 같은 두 전자는 없다)

③ 훈트의 규칙 : 에너지 준위가 같은 오비탈에 전자가 채워질 때 가능한 한 전자가 쌍을 이루지 않게 배치된다. → 전자 사이의 반발력을 줄이기 위해

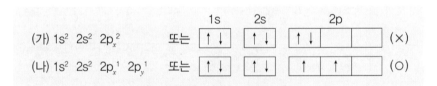

◎ 탄소 원자의 전자배치

(12) 원자가 이온이 될 때 전자배치의 변화

① 양이온의 생성 : 에너지가 가장 높은 오비탈의 전자를 잃는다.

② 음이온의 생성 : 채워지지 않은 오비탈 중 가장 에너지가 낮은 오비탈에 얻은 전자가 배치된다.

$$_{11}Na : 1s^2\ 2s^2\ 2p^6\ 3s^1 \qquad _9F : 1s^2\ 2s^2\ 2p^5$$

$$_{11}Na^+ : 1s^2\ 2s^2\ 2p^6 \qquad _9F^- : 1s^2\ 2s^2\ 2p^6$$

◎ 원자가 이온이 될 때의 전자배치

⒀ 보어의 원자 모형에 의한 원자의 전자배치와 원자가 전자

① 각 전자껍질에 채워지는 전자 수이다. ⇒ K 전자껍질부터 차례로 채워지며, 전자껍질에 들어갈 수 있는 최대 전자 수는 제한되어 있다.

주양자수(n)	1	2	3	4
전자껍질	K	L	M	N
최대 수용 전자 수($2n^2$)	2	8	18	32

> **예** $_3$Li : K(2) L(1), $_{11}$Na : K(2) L(8) M(1)

② 원자가 전자 : (주로) 최외각 전자껍질에 배치되는 전자로, 원자의 화학적 성질을 결정한다.

확인문제

※ 다음은 돌턴의 원자설을 나타낸 것이다. [1~2]

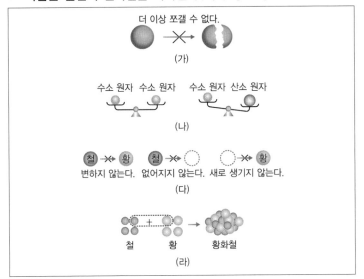

01 다음 〈보기〉의 현상 중 돌턴의 원자설로 설명할 수 있는 것을 모두 고르면?

――――〈 보기 〉――――

ㄱ. 화학 반응을 이용하여 구리를 금으로 만들 수 없다.
ㄴ. 산화마그네슘을 이루는 산소와 마그네슘의 질량비는 일정하다.
ㄷ. 밀폐된 용기 안에서 식초와 소다를 반응시키면 반응 후에도 질량이 같다.

02 다음과 같은 과학자들의 발견으로 돌턴의 원자설 중 수정되어야 할 것의 기호를 써 보자.

(1) 톰슨은 전자를 발견하였다.

(2) 러더퍼드는 원자핵을 발견하였다.

(3) 동위 원소가 발견되었다.

01 화학 반응이 일어나도 원자는 변하지 않으므로 구리로 금을 만들 수 없다. 화합물이 생성될 때 원자가 일정한 비율로 결합하므로 화합물을 구성하는 원소의 질량비는 일정하다. 또한 화학 반응이 일어나도 원자가 새로 배열될 뿐 원자가 변하거나 사라지거나 새로 생기지 않으므로 질량은 보존된다. ▶ ㄱ, ㄴ, ㄷ

02 전자와 원자핵의 발견으로 원자는 더 작은 입자로 구성되어 있음이 밝혀졌다. 또한 같은 종류의 원자도 질량이 조금씩 다른 동위 원소가 존재함이 밝혀졌다.
  ▶ (1) (가) (2) (가) (3) (나)

확인문제

※ 다음 그림은 원자를 구성하는 입자를 발견한 실험을 나타낸 것이다. [3~6]

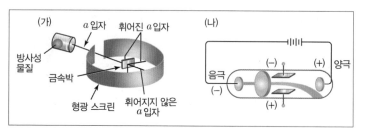

03 ㈎, ㈏의 실험에서 발견된 입자는 각각 무엇인가?

04 ㈏와 같이 음극선에 전기장을 걸어 주었을 때 음극선이 휘는 현상으로 알 수 있는 음극선의 성질은 무엇인가?

05 ㈎와 같이 얇은 금박에 알파 입자를 충돌시키면 대부분의 알파 입자는 금박을 통과하고 일부만이 크게 휘거나 튕겨져 나온다. 이 실험 결과로 알 수 있는 원자의 구조를 설명해 보자.

06 ㈎, ㈏의 실험 결과로 제안된 원자 모형을 설명해 보자.

07 보어의 원자모형에 따르면, 수소원자의 이온화에너지는 $E = 2.2 \times 10^{-18}$ J 이다. 이때 공급되는 에너지의 파장을 구하면?
(단, 빛의 속도 C : 3.0×10^8 m/s, 플랑크상수 h : 6.63×10^{-34} JS)

2019. 4. 27 출제

① 90nm ② 110nm
③ 130nm ④ 150nm

03 알파 입자 산란 실험으로 원자핵을, 음극선 실험으로 전자를 발견하였다. ▶ ㈎ 원자핵 ㈏ 전자

04 ▶ 전기장을 걸어 주었을 때 음극선이 (+)극 쪽으로 휘는 것으로부터 음극선이 (−)전하를 띤 입자의 흐름임을 알 수 있다.

05 ▶ 원자의 대부분은 빈 공간으로 이루어져 있고, 원자의 중심에는 (+)전하를 띠고 원자 질량의 대부분을 차지하는 원자핵이 존재한다.

06 ▶ ㈎ 러더퍼드의 원자 모형 : 중심에 밀도가 매우 크고 (+)전하를 띤 원자핵이 존재하며, 그 주위에 전자가 돌고 있다.
㈏ 톰슨의 원자 모형 : (+)전하가 고르게 분포된 공에 (−)전하를 띤 전자가 박혀 있다.

07 $E = \dfrac{hc}{\lambda}$
$\lambda = \dfrac{hc}{E}$
$= \dfrac{6.63 \times 10^{-34} \times 3.0 \times 10^8}{2.2 \times 10^{-8}}$
$= 9.0 \times 10^{-8}$ nm ▶ ①

실력다지기

분자 궤도 함수 모형

1. 개관

① 두 원자 궤도 함수가 혼합되면 항상 결합성과 반결합성인 2개의 분자 궤도 함수가 형성된다. 결합성 궤도 함수는 반결합성 궤도 함수보다 항상 더 낮은 에너지를 갖는다.

② 형성되는 분자 궤도 함수의 개수는 항상 결합하는 원자들에 의하여 공여되는 원자 궤도 함수들의 총 개수와 동일하다.

③ 결합 분자 궤도 함수는 분자 궤도 함수를 형성하는 데 사용한 모 궤도 함수보다 낮은 에너지를 가지며 반결합 분자 궤도 함수는 모 궤도 함수보다 높은 에너지를 가진다.

④ 분자 궤도 함수의 평균에너지는 모원자 궤도 함수의 평균에너지보다 약간 높다.

⑤ 각 궤도 함수는 최대로 2개의 전자를 가질 수 있는데, 그중 하나는 스핀이 +1/2, 나머지 하나는 −1/2 이다.

⑥ 분자의 전자배치는 Aufbau 원리(쌓음의 원리)에 따른다.

⑦ Pauli 원리와 Hund 규칙을 따른다.

2. 궤도 함수의 종류

(1) **결합 궤도 함수(bonding orbitals)**

① 핵 사이의 영역에서 전자 밀도가 높은 분자 궤도 함수를 결합 궤도 함수라 한다.

② 원자 궤도 함수보다 낮은 에너지 상태에 있다.

③ 이 궤도 함수에 전자가 들어가면 분자를 형성(결합을 만들려고)하려고 한다.

(2) **반결합 궤도 함수(antibonding orbitals)**

① 두 핵 사이보다 반대 영역에서 전자 밀도가 큰 분자 궤도 함수를 반결합 궤도 함수라 한다.

② 원자 궤도 함수보다 더 높은 에너지 상태에 있다.

3. 결합차수 : 결합하는 두 원자 사이의 결합수

① 결합의 세기를 나타낸다.

② 클수록 결합의 세기는 강해진다.

결합차수$=\frac{1}{2}(n_b-n_a)$: 결합 궤도 함수에 있는 전자 수

(n_a : 반결합 궤도 함수에 있는 전자 수, n_b : 결합 궤도 함수에 있는 전자 수)

4. 원자 궤도 함수는 s(핵에 마디면 없음), p(마디면 1개), d(마디면 2개) 등으로 표시한다.

분자 궤도 함수는 σ(마디면 없음), π(마디면 1개), δ(마디면 2개)

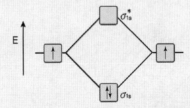

❖ H_2 분자 궤도 함수에 대한 에너지 준위 그림

예제

1. H_2^- 분자이온에 대한 바닥상태의 전자배치와 결합차수를 구하면?

$$(\sigma_{1s})^2(\sigma_{1s}^*)^1, \ 결합차수 = \frac{1}{2}(2-1) = \frac{1}{2}$$

2. H_2^{2-} 분자이온에 대한 바닥상태의 전자배치와 결합차수를 구하면?

$$(\sigma_{1s})^2(\sigma_{1s}^*)^2, \ 결합차수 = \frac{1}{2}(2-2) = 0$$

5. 2주기 원소들의 이원자 분자의 경우, 두 가지 방법의 에너지 순서가 적용된다.

① Li_2, Be_2, B_2, C_2, N_2 → 그림 1

② O_2, F_2, Ne_2 → 그림 2

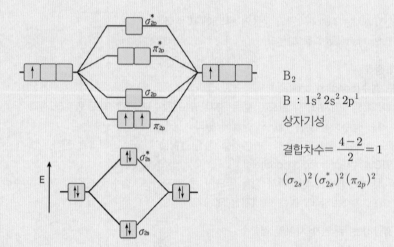

B_2

$B : 1s^2 2s^2 2p^1$

상자기성

결합차수 $= \dfrac{4-2}{2} = 1$

$(\sigma_{2s})^2(\sigma_{2s}^*)^2(\pi_{2p})^2$

◎ 에너지 준위 그림1 (여기서는 B_2)

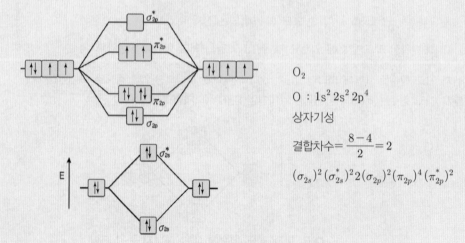

O_2

$O : 1s^2 2s^2 2p^4$

상자기성

결합차수 $= \dfrac{8-4}{2} = 2$

$(\sigma_{2s})^2(\sigma_{2s}^*)^2 2(\sigma_{2p})^2(\pi_{2p})^4(\pi_{2p}^*)^2$

◎ 에너지 준위 그림2 (여기서는 O_2)

6. 등핵 이원자 분자에 대한 분자 궤도 함수

	최외각 전자 수	전자배치	결합차수
H_2	2	$(\sigma_{1s})^2$	1
He_2	4	$(\sigma_{1s})^2(\sigma_{1s}^*)^2$	0
Li_2	2	$(\sigma_{2s})^2$	1
Be_2	4	$(\sigma_{2s})^2(\sigma_{2s}^*)^2$	0
B_2	6	$(\sigma_{2s})^2(\sigma_{2s}^*)^2(\pi_{2p})^2$	1
C_2	8	$(\sigma_{2s})^2(\sigma_{2s}^*)^2(\pi_{2p})^4$	2
N_2	10	$(\sigma_{2s})^2(\sigma_{2s}^*)^2(\pi_{2p})^4(\sigma_{2p})^2$	3
O_2	12	$(\sigma_{2s})^2(\sigma_{2s}^*)^2(\sigma_{2p})^2(\pi_{2p})^4(\pi_{2p}^*)^2$	2
F_2	14	$(\sigma_{2s})^2(\sigma_{2s}^*)^2(\sigma_{2p})^2(\pi_{2p})^4(\pi_{2p}^*)^4$	1
Ne_2	16	$(\sigma_{2s})^2(\sigma_{2s}^*)^2(\sigma_{2p})^2(\pi_{2p})^4(\pi_{2p}^*)^4(\sigma_{2p})2$	0

7. O_2, O_2^+, O_2^-, O_2^{2-} 중 가장 센 결합을 하고 있는 분자

	O_2	O_2^+	O_2^-	O_2^{2-}	
σ_{2p}^*	☐	☐	☐	☐	
π_{2p}^*	↑ ↑	↑	↑↓ ↑	↑↓ ↑↓	
π_{2p}	↑↓ ↑↓	↑↓ ↑↓	↑↓ ↑↓	↑↓ ↑↓	
σ_{2p}	↑↓	↑↓	↑↓	↑↓	
σ_{2s}^*	↑↓	↑↓	↑↓	↑↓	
σ_{2s}	↑↓	↑↓	↑↓	↑↓	
자기성	상자기성	상자기성	상자기성	반자기성	
결합차수	2.0	2.5	1.5	1	

8. 이핵 이원자 분자의 결합

이웃한 원자들로 이루어진 분자들은 분자에 있는 원자의 성질이 매우 비슷하므로 등핵 이원자 분자에 썼던 분자 궤도 함수 그림을 그대로 사용할 수 있다(그렇지 않은 경우에는 등핵 분자의 에너지 준위 그림을 사용 못함).

NO	
σ_{2p}^*	
π_{2p}^*	↑
σ_{2p}	↑↓
π_{2p}	↑↓ ↑↓
σ_{2s}^*	↑↓
σ_{2s}	↑↓
자기성	상자기성
결합차수	2.5

NO^+, CN^-	
σ_{2p}^*	
π_{2p}^*	
σ_{2p}	↑↓
π_{2p}	↑↓ ↑↓
σ_{2s}^*	↑↓
σ_{2s}	↑↓
자기성	반자기성
결합차수	3

> **더 알아보기**
>
> **상자기성과 반자기성**
>
> 1. 상자기성(paramagnetic)
>   ① 자기장에 물질이 끌려가는 현상이 나타난다.
>   ② 상자기성은 분자 내에 홀전자가 있는 경우에 나타난다.
> 2. 반자기성(diamagnetic)
>   ① 자기장에서 물질이 밀려나는 현상이 나타난다.
>   ② 반자기성은 짝진 전자와 관련이 있다.

03 주기율

(1) 주기율의 발견

① 되베라이너(1780~1849)
  ㉠ 화학적 성질이 비슷한 원소가 세 개씩 쌍을 지어 존재한다.
  ㉡ 세 원소를 원자량 순으로 나열하였을 때 중간 원소의 원자량은 나머지 원소의 원자량을 평균한 값과 같다.
② 뉼랜즈(1837~1898) : 원소들을 원자량 순서로 배열하면 8번째마다 성질이 비슷한 원소가 나타난다.
③ 멘델레예프(1834~1907)
  ㉠ 당시까지 발견된 63종의 원소들을 원자량 순서로 배열하면 비슷한 성질을 갖는 원소가 주기적으로 나타나는 것을 발견하였다. → 최초의 주기율표를 작성
  ㉡ 아직 발견되지 않은 원소의 자리는 비워 두고, 발견될 원소의 성질을 예측하여 원소 발견에 공헌하였다.
④ 모즐리(1887~1915)
  ㉠ 원소들의 성질이 원자량이 아니라 원자 번호에 따라 결정된다는 것을 알아냈다.
  ㉡ 현대의 주기율표는 원자들을 원자량 순서가 아닌 원자 번호 순으로 배열한다.

(2) 주기율과 주기율표

① 주기율 : 원소들을 원자 번호 순으로 배열할 때 일정한 간격을 두고 비슷한 성질을 갖는 원소가 주기적으로 나타나는 것
② 주기율표 : 원자 번호 순으로 원소를 배열하다가 화학적 성질이 비슷한 원소가 같은 세로줄에 오도록 배열한 것

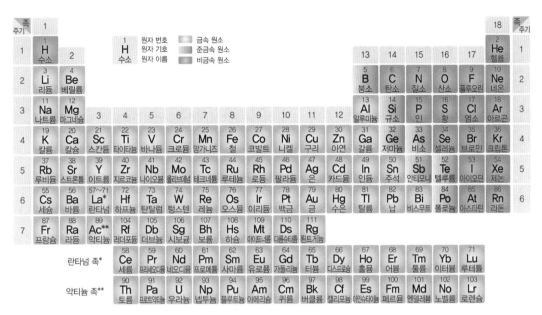

● 현대의 주기율표

(3) 족과 주기

① 족 : 주기율표의 세로줄로 1족에서 18족으로 분류한다.

㉠ 같은 족 원소들은 화학적 성질이 비슷하다.

ⓐ 1족(알칼리 금속) : H를 제외한 Li, Na, K 등

ⓑ 2족(알칼리 토금속) : Be, Mg, Ca 등

ⓒ 17족(할로젠 원소) : F, Cl, Br, I 등

ⓓ 18족(비활성 기체) : He, Ne, Ar 등

㉡ 같은 족에서는 원자 번호에 따라 물리적 성질이 규칙적으로 변한다.

② 주기 : 주기율표의 가로줄로 1주기에서 7주기까지 있다. 전자껍질을 의미한다.

(4) 원소의 분류

① 금속 원소

㉠ 주기율표의 왼쪽과 가운데 부분에 위치

㉡ 상온에서 대부분 고체로 존재하며 대부분 은백색 광택을 나타내고, 열과 전기 전도성이 좋다. 또한, 얇은 박이나 가는 선으로 만들 수 있으며, 전자를 잃고 양이온이 되기 쉽다.

② 비금속

　　㉠ 주기율표의 윗부분에 위치

　　㉡ 열과 전기의 전도성이 좋지 않으며 전자를 얻어 음이온이 되기 쉽다.

③ **준금속** : 금속과 비금속의 중간 성질로, 반도체의 재료이다.

④ **양쪽성 원소** : 산과 염기와 모두 반응하여 수소기체를 발생시킨다.

(5) 전자배치와 주기율

① 같은 족 원소의 원자들은 최외각 전자껍질의 전자배치가 유사하다.

　　㉠ 같은 족 원소들의 원자들은 원자가 전자 수가 같다. → 화학적 성질이 유사하다.

　　㉡ 족 번호의 끝자리 수는 원자가 전자 수와 같다. 단, 18족은 원자가 전자 수를 0으로 정한다.

② 주기율표의 주기는 전자껍질 수와 같다. → 주기가 커질수록 전자껍질 수가 증가하여 원자가 전자의 핵으로부터 멀리 떨어져 있다.

주기 \ 족	1	2	13	14	15	16	17	18
1	$1s^1$							$1s^1$
2	$2s^1$	$2s^2$	$2s^22p^1$	$2s^22p^2$	$2s^22p^3$	$2s^22p^4$	$2s^22p^5$	$2s^22p^6$
3	$3s^1$	$3s^2$	$3s^23p^1$	$3s^23p^2$	$3s^23p^3$	$3s^23p^4$	$3s^23p^5$	$3s^23p^6$
4	$4s^1$	$4s^2$	$4s^24p^1$	$4s^24p^2$	$4s^24p^3$	$4s^24p^4$	$4s^24p^5$	$4s^24p^6$
5	$5s^1$	$5s^2$	$5s^25p^1$	$5s^25p^2$	$5s^25p^3$	$5s^25p^4$	$5s^25p^5$	$5s^25p^6$
6	$6s^1$	$6s^2$	$6s^26p^1$	$6s^26p^2$	$6s^26p^3$	$6s^26p^4$	$6s^26p^5$	$6s^26p^6$
7	$7s^1$	$7s^2$						
최외각 전자 껍질의 전자배치	ns^1	ns^2	ns^2np^1	ns^2np^2	ns^2np^3	ns^2np^4	ns^2np^5	ns^2np^6
원자가 전자수	1	2	3	4	5	6	7	0

○ 최외각 전자껍질의 전자배치와 주기율표

(6) 유효 핵전하(실제 핵전하 - 전자 반발력)

① **유효 핵전하** : 핵전하에서 다른 전자가 가리는 정도를 뺀 것으로, 전자가 실제로 느끼는 핵전하

② 같은 주기에서 원자 번호가 커질수록 양성자 수가 증가하므로 유효 핵전하가 증가한다.

③ 유효 핵전하가 크면 전자와 원자핵 사이의 인력이 크다.

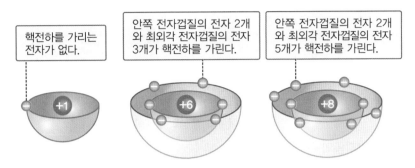

안쪽 전자껍질의 전자 2개
와 최외각 전자껍질의 전자
3개가 핵전하를 가린다.

핵전하를 가리는
전자가 없다.

안쪽 전자껍질의 전자 2개
와 최외각 전자껍질의 전자
5개가 핵전하를 가린다.

○ 수소, 탄소, 산소의 유효 핵전하

(7) 원자 반지름

① 원자 반지름 : 같은 종류의 두 원자가 결합되어 있을 때 두 원자핵 사이 거리의 반 $\left(\dfrac{1}{2}\right)$

② 전자껍질 수가 많을수록 커지고, 유효 핵전하가 증가할수록 작아진다.

③ 같은 족에서는 원자 번호가 증가할수록 원자 반지름이 크고, 같은 주기에서는 원자 번호가 증가할수록 원자 반지름이 감소한다.

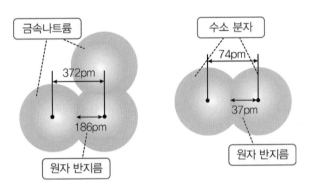

○ 원자 반지름

(8) 이온 반지름의 주기성

① 양이온과 음이온의 반지름

㉠ 양이온의 반지름 < 중성 원자의 반지름 : 안정한 이온이 될 때 전자껍질 수가 감소하므로 나타난다.

㉡ 음이온의 반지름 > 중성 원자의 반지름 : 전자 간 반발력이 증가하므로 나타난다.

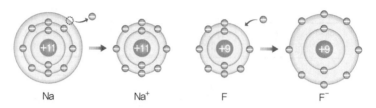

◎ 이온의 생성과 반지름의 변화

② 이온 반지름의 주기성

　　㉠ 같은 족 : 아래로 갈수록 이온 반지름 증가 → 전자껍질 수가 증가하므로 나타난다.

　　㉡ 같은 주기 : 양이온과 음이온은 각각 원자 번호가 클수록 이온 반지름이 감소
　　　→ 유효 핵전하가 증가하기 때문이다.

(9) 이온화 에너지

① 이온화 에너지 : 기체 상태의 원자 1개로부터 전자 1개를 떼어 내는 데 필요한 에너지

$$M(g)+E \rightarrow M^+(g)+e^-(E : 이온화 에너지)$$

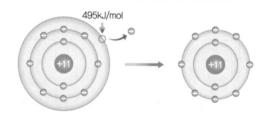

◎ 나트륨의 이온화 에너지

② 여러 가지 원자의 이온화 에너지

　　㉠ 알칼리 금속은 이온화 에너지가 작다. → 전자를 잃기 쉽다 → 양이온이 되기 쉽다.

　　㉡ 비활성 기체는 이온화 에너지가 매우 크다. → 전자를 잃기 어렵다.

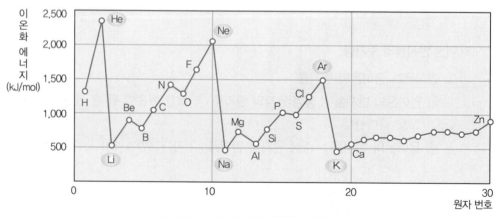

◎ 여러 가지 원자의 이온화 에너지

⑽ 순차적 이온화 에너지

기체 상태의 중성 원자에서 전자를 1개씩 차례로 떼어 낼 때 각 단계마다 필요한 에너지
→ 원자핵과 전자 사이의 인력이 강할수록 커진다.

- $M(g) + E_1 \rightarrow M^+(g) + e^-$ (E_1 : 제1이온화 에너지)
- $M^+(g) + E_2 \rightarrow M^{2+}(g) + e^-$ (E_2 : 제2이온화 에너지)
- $M^{2+}(g) + E_3 \rightarrow M^{3+}(g) + e^-$ (E_3 : 제3이온화 에너지)

⑾ 전자 친화도

기체상태의 중성원자가 전자를 1개 얻을 때 주로 방출하는 에너지

⑿ 전기 음성도

① 전기 음성도 : 분자에서 공유 전자쌍을 끌어당기는 능력을 상대적 수치로 나타낸 것
② 같은 주기 : 원자 번호가 커질수록 대체로 증가 → 원자 번호가 커질수록 원자 반지름은 작아지고 유효 핵전하는 커지기 때문
③ 같은 족 : 원자 번호가 커질수록 대체로 감소 → 원자 번호가 커질수록 원자 반지름이 증가하여 원자핵과 전자 간의 인력이 감소하기 때문

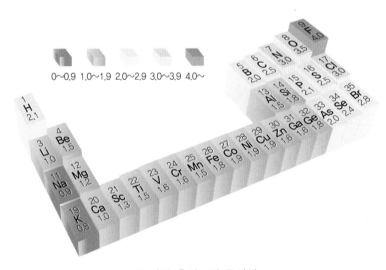

○전기 음성도의 주기성

⒀ 할로젠 원소의 성질과 반응성

① 할로젠 원소의 성질

ㄱ 같은 주기에서 원자 반지름이 가장 작고, 이온화 에너지가 크며, 전기 음성도가 크다.

ㄴ 전자를 얻어 음이온이 되기 쉽고 반응성이 매우 크다.

ㄷ 자연계에서 원자 상태로 존재하지 않고 대부분 이원자 분자나 화합물의 형태로 존재한다.

ㄹ 알칼리 금속이나 수소와 잘 반응한다.

② 할로젠 원소의 반응성 : 원자 번호가 감소할수록 원자 반지름이 작아 핵이 전자를 끌어 당기는 능력이 크므로 전자를 얻기 쉬워 반응성이 커진다.

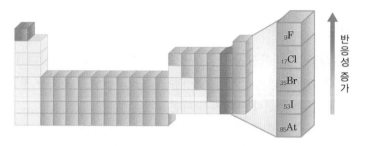

◎ 주기율표에서 할로젠 원소

확인문제

01 다음 원소들의 바닥상태 전자배치를 써 보자.

(1) $_4$Be (   )

(2) $_6$C (   )

(3) $_{11}$Na (   )

02 다음은 세 가지 원자 또는 이온 A, B, C의 보어 원자 모형에 따른 전자배치를 나타낸 것이다.

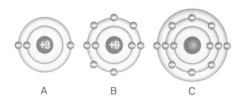

(1) 중성원자의 원자가 전자 수는 각각 몇 개인가?

(   )

(2) 화학적 성질이 비슷한 것은 어느 것인가?

(   )

(3) 음이온이 되기 쉬운 것은 어느 것인가?

(   )

03 다음은 몇 가지 원자의 전자배치를 나타낸 것이다.

A : $1s^2 2s^2$	B : $1s^2 2s^2 2p^2$
C : $1s^2 2s^2 2p^6 3s^2$	D : $1s^2 2s^2 2p^6 3s^2 3p^2$

(1) 전자껍질이 3개인 원소는 어느 것인가?

(   )

(2) 화학적 성질이 비슷한 원소들끼리 짝지어 보자.

(   )

확인문제

04 다음 이온들의 바닥상태 전자배치를 쓰시오

(1) $_{11}Na^+$

(2) $_8O^{2-}$

05 다음은 원자가 이온이 될 때 전자배치의 변화를 나타낸 것이다. 원자가 이온이 될 때 전자배치에 어떤 규칙성이 있는지 설명해 보자.

06 다음 표는 몇 가지 원자의 바닥상태 전자배치를 보어 원자 모형에 따라 나타낸 것이다. ㉠~㉤에 알맞은 수를 써 보자.

원자	원자 번호	K	L	M	N	원자가 전자 수
Li	3	2	1			㉠
S	16	2	㉡	㉢		6
K	㉣	2	8	㉤	1	1

07 주양자수가(n) 4이고, 자기양자수(m_l)가 0을 가질 수 있는 오비탈의 수는?

2019. 4. 27 출제

① 0   ② 4

③ 10   ④ 16

04 원자가 전자를 잃고 양이온이 될 때는 최외각 전자껍질에 있는 전자를 잃는다. 원자가 전자를 얻어 음이온이 될 때는 비어있는 오비탈 중 에너지 준위가 가장 낮은 오비탈에 전자가 채워진다.
▶ (1) $1s^2 2s^2 2p^6$
   (2) $1s^2 2s^2 2p^6$

05 ▶ 원자가 이온이 될 때는 비활성 기체와 같은 전자배치, 즉 최외각 전자가 8개(단, He는 2개)인 전자배치를 가지려고 한다.

06 M 껍질에는 최대 18개의 전자가 들어갈 수 있으나 한꺼번에 18개가 다 차지는 않는다. 오비탈의 에너지 준위 순서에 따라 전자를 배치하면 M 껍질에 전자 8개를 채운 후 N 껍질에 2개를 채우고, 다시 나머지 전자를 M 껍질에 채우게 된다.
▶ ㉠ : 1, ㉡ : 8, ㉢ : 6
   ㉣ : 19, ㉤ : 8

07 $n = 4$
$l = 0, 1, 2, 3$
$m_l = 0$
$m_l = -1, 0, 1$
$m_l = -2, -1, 0, 1, 2$
$m_l = -3, -2, -1, 0, 1, 2$
▶ ②

01 다음 보어의 수소 원자 모형에 대한 설명 중 옳지 않은 것은?

① 전자는 어떤 특정한 궤도에서만 움직인다.
② 에너지 크기의 순서는 K<L<M<N이다.
③ 정량적으로 화학 결합을 설명하는 것이 가능하다.
④ 전자가 2개 이상인 원자에서는 맞지 않는다.

02 다음 중 $_8O$ 의 바닥상태의 전자배치로 옳은 것은?

	1s	2s	2p		
①	••	••	••	••	
②	••	•••	••	•	
③	••	••	••	••	••
④	••	•	••	••	••

03 다음 중 돌턴의 원자 모형에 대한 설명으로 옳은 것은?

① 단단하고 쪼갤 수 없는 공과 같다.
② 핵 주위를 전자가 행성 모양으로 운동하고 있다.
③ 전자가 +전하를 띤 원자핵 주위의 궤도를 돌고 있다.
④ 전자가 원자핵 주위에 구름과 같이 퍼져 있다.

04 산소의 원자 번호는 8이다. O^{2-} 이온의 바닥상태인 전자배치를 바르게 나타낸 것은?

① $1s^2 2s^2 2p^1$
② $1s^2 2s^2 2p^3 3s^1$
③ $1s^2 2s^2 2p^4$
④ $1s^2 2s^2 2p^4 3s^2$
⑤ $1s^2 2s^2 2p^6$

05 다음 중 수소 원자에서 방출되는 선 스펙트럼으로 알 수 있는 것은?

① 수소 원자의 입자
② 수소 원자의 질량
③ 수소 원자의 반지름
④ 수소 원자의 전하량
⑤ 수소 원자의 에너지 준위

06 다음 중 $^{23}_{11}Na^+$ 의 양성자 수, 전자 수, 중성자 수의 합으로 옳은 것은?

① 33
② 34
③ 35
④ 36
⑤ 38

07 어떤 금속원소 M의 이온 상태는 M^{2+} 이다. 이 원소가 12번 원소라면 다음 중 원자 번호와 일치하는 것은?

① 중성자 수
② 양성자 수
③ 질량수
④ 전자 수

08 다음 중 보어의 원자 모형에 관한 설명으로 옳지 않은 것은?

① 전자는 양자화되어 있다.
② 전자껍질의 에너지 준위는 K < L < M < N이다.
③ 전자껍질은 특정한 에너지를 가진 몇 개의 원 궤도로 되어 있다.
④ 낮은 에너지 준위의 전자가 높은 에너지 준위의 전자로 될 때 빛을 방출한다.

09 $1s^2 2s^2 2p^4$의 전자배치를 갖는 원소에 대한 설명으로 옳지 않은 것은?

① 이 원소는 화학적으로 불안정하여 화합물을 만들기 쉽다.
② 원자가 전자는 6이고, 홀전자 수는 2이다.
③ 알칼리 금속(M)과 안정한 화합물을 만들면 M_2O 의 화학식을 갖는다.
④ 이 원소는 2주기 6족 원소이다.

10 다음 중 $^{235}_{92}U$ 원자의 양성자 수, 중성자 수로 옳은 것은?

① 양성자 수 = 143, 중성자 수 = 92
② 양성자 수 = 92, 중성자 수 = 143
③ 양성자 수 = 중성자 수 = 92
④ 양성자 수 = 중성자 수 = 143

11 다음 중 러더퍼드가 α 입자 산란실험을 통해 알아낸 사실로 옳은 것은?

① 원자의 대부분은 꽉 차 있다.

② 핵은 음전하를 띠고 있다.

③ 원자의 질량 대부분은 핵의 질량이다.

④ 중성자는 양성자보다 무겁다.

12 다음 중 오비탈에 대한 설명으로 옳은 것은?

① 전자의 운행 경로이다.

② 핵으로부터의 거리에만 관계가 있다.

③ 원자가 발견될 확률이다.

④ 전자껍질이다.

⑤ 전자구름이라고 부른다.

13 어떤 중성원자 원자핵의 전하량이 $3.2 \times 10^{-18} C$ 일 때 이 원자의 중성 상태의 전자배치로 옳은 것은? (단, 전자 1개의 입자전하량 $= 1.6 \times 10^{-19} C$)

① $1s^2 2s^2 2p^6 3s^2 3p^5$

② $1s^2 2s^2 2p^6 3s^2 3p^6 4s^2$

③ $1s^2 2s^2 2p^6 3s^2 3p^3$

④ $1s^2 2s^2 2p^6 3s^2 3p^6 4s^1$

⑤ $1s^2 2s^2 2p^6 3s^2 3p^6 3d^2$

14 어떤 금속원소 M의 순차적 이온화 에너지 값이 아래와 같을 때 이 원소의 산화물의 식으로 옳은 것은?

$\cdot E_1 = 175$	$\cdot E_2 = 345$
$\cdot E_3 = 1839$	$\cdot E_4 = 2526$

① MO

② M_2O

③ MO_3

④ M_2O_3

15 다음 중 전자 1개를 떼어 낼 때 에너지를 가장 많이 필요로 하는 원소는?

① O^{2-}

② F^-

③ Mg^{2+}

④ Na^+

⑤ Ne

16 다음 수소 원자의 스펙트럼에서 가장 많은 에너지를 방출하는 경우는?

① ㄱ

② ㄴ

③ ㄷ

④ ㄹ

17 다음 3주기에 속하는 어떤 원소 표의 순차적 이온화 에너지를 나타낸 것이다. 이 원소가 산화물을 형성할 때의 화학식으로 옳은 것은?

- $E_1 = 575kJ/mol$
- $E_2 = 1,810kJ/mol$
- $E_3 = 2,736kJ/mol$
- $E_4 = 10,578kJ/mol$

① XO

② XO_3

③ X_2O_2

④ X_2O_3

⑤ X_2O

18 다음 중 주기율표 왼쪽 아래로 갈 때 증가되는 항목으로 옳은 것은?

㉠ 이온화 에너지   ㉡ 전기 음성도
㉢ 원자 반지름   ㉣ 이온화 경향
㉤ 금속성

① ㉠, ㉡, ㉢

② ㉡, ㉢, ㉣

③ ㉠, ㉣, ㉤

④ ㉢, ㉣, ㉤

⑤ ㉠, ㉡, ㉤

19 다음 중 주기율표에서 같은 주기의 원자 번호가 증가될 때 증가하는 것은?

① 전기 음성도

② 염기성

③ 원자 반지름

④ 금속성

⑤ 환원성

20 다음 중 주기율표의 1족에 속하는 원소에 대한 설명으로 옳지 않은 것은?

① 알칼리 금속이다.
② 움직이기 쉬운 전자들을 가지고 있다.
③ 이 원소들은 비활성 기체보다 전자를 1개 덜 가지고 있다.
④ 원자 번호가 커질수록 용융점은 낮아진다.
⑤ 1족 원소들은 염소와 맹렬하게 반응한다.

21 알칼리 금속인 $_3Li$보다 $_{19}K$ 가 더 활성적인 이유로 옳은 것은?

① 원자 번호가 작기 때문이다.　② 전기 음성도가 크기 때문이다.
③ 원자량이 크기 때문이다.　④ 원자 반지름이 크기 때문이다.

22 다음과 같은 오비탈의 전자배치 중 제1이온화 에너지 값이 가장 큰 것은?

① $1s^2 2s^2 2p^6$　　② $1s^2 2s^2 2p^3$
③ $1s^2 2s^2 2p^4$　　④ $1s^2 2s^2 2p^6 3s^1$
⑤ $1s^2 2s^2 2p^6 3s^2$

23 다음 A~D에 대한 설명으로 옳은 것은?

• A : $1s^2 2s^1$　　　　　　• B : $1s^2 2s^2 2p^6 3s^1$ • C : $1s^2 2s^2 2p^6 3s^2 3p^1$　　• D : $1s^2 2s^2 2p^6 3s^2 3p^5$

① A가 B보다 반응성이 작다.　② C가 D보다 원자 반지름이 작다.
③ B의 홀전자 수가 가장 많다.　④ B와 C는 원자가 전자가 같다.

24 다음은 각 이온 결합 물질의 원자핵 간 거리를 지름으로 나타낸 것이다. KF의 원자핵 간 거리는?

• NaF : $0.25nm$　　　　　• NaCl : $0.285nm$ • KCl : $0.326nm$

① $0.225nm$　　② $0.279nm$
③ $0.291nm$　　④ $0.296nm$
⑤ $0.298nm$

25 다음 전자배치 중 전이 원소에 해당하는 원소로만 짝지어진 것은?

> ⊙ $1s^2 2s^2 2p^6$
>
> ⓒ $1s^2 2s^2 2p^6 3s^2 3p^6 3d^5 4s^2$
>
> ⓛ $1s^2 2s^2 2p^6 3s^2 3p^5$
>
> ⓓ $1s^2 2s^2 2p^6 3s^2 3p^6 3d^{10} 4s^2 4p^6$

① ⊙, ⓛ   ② ⓛ, ⓓ

③ ⓒ   ④ ⓓ

26 다음 중 주기율표에 대한 설명으로 옳은 것은?

① 가로줄을 족, 세로줄을 주기라고 한다.
② 오른쪽 위로 갈수록 금속성이 증가한다.
③ 같은 가로줄에 있는 원소들은 원자가 전자 수와 같다.
④ 같은 세로줄의 원소들은 원자가 전자 수가 같다.

27 현재 사용하는 주기율표는 7주기에 87번부터 103번까지 들어 있다. 7주기가 완성된다면 7주기 마지막 원소의 원자 번호는?

① 104   ② 105

③ 118   ④ 136

28 다음 설명 중 옳은 것은?

① 어떤 주기에 들어가는 원소 수는 그 주기에 해당하는 최외각 전자껍질에 들어가는 전자 수와 같다.
② 비활성 기체의 원자가 전자배치는 $ns^2 np^6$이다.
③ 아연족 원소는 마지막으로 채워지는 전자가 d오비탈의 전자이므로 전이 원소이다.
④ 주기율표를 원자 번호순으로 나열한 사람은 모즐리이다.

29 다음 중 주어진 원자나 이온 중 반지름이 가장 작은 것은?

종류	전자 수	양성자 수
A	10	8
B	10	11
C	10	9
D	10	12

① A   ② B

③ C   ④ D

30 다음 중 양쪽성 산화물은?

① CO_2　　　　　　　　② Na_2O

③ ZnO　　　　　　　　④ SO_2

31 그림은 수소 원자의 선 스펙트럼 중 가시광선 영역을, 그래프는 전자가 들뜬 상태에서 바닥 상태 n=1로 전이할 때 방출하는 에너지를 들뜬 상태 전자의 주양자수(n)에 따라 나타낸 것 이다.

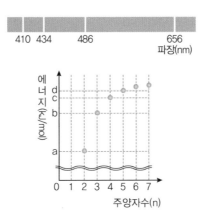

이에 대한 설명으로 옳은 것만을 〈보기〉에서 모두 고른 것은? (단, 수소 원자의 에너지 준위 는 $E_n = -\dfrac{1312}{n^2} kJ/mol$ 이다)

───────〈 보기 〉───────

ㄱ. 410nm 선의 에너지는 a(kJ/mol)보다 크다.

ㄴ. 486nm 선의 에너지는 c−a(kJ/mol)이다.

ㄷ. 수소 원자의 이온화 에너지는 d의 25배이다.

① ㄱ　　　　　　　　② ㄴ

③ ㄷ　　　　　　　　④ ㄱ, ㄴ

⑤ ㄴ, ㄷ

32 다음은 원자 번호가 연속적인 원소 A~D의 안정한 이온에 대해 조사한 자료이다.

- 이온 반지름의 크기는 다음과 같다.

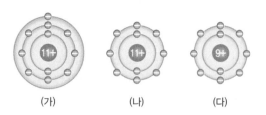

  A의 이온   B의 이온   C의 이온   D의 이온

- 이온의 전자배치는 모두 $1s^2 2s^2 2p^6 3s^2 3p^6$이다.
- A~D의 이온 중 양이온은 두 개이다.

이에 대한 설명으로 옳은 것만을 〈보기〉에서 모두 고른 것은? (단, A~D는 임의의 원소기호이고, 18족 원소는 제외한다)

―――――〈 보 기 〉―――――

ㄱ. 원자 번호가 가장 큰 원소는 A이다.
ㄴ. C의 원자 반지름은 B보다 크다.
ㄷ. A와 D로 이루어진 화합물은 B와 C로 이루어진 화합물보다 녹는점이 더 높다.

① ㄱ   ② ㄴ
③ ㄷ   ④ ㄱ, ㄷ
⑤ ㄴ, ㄷ

33 그림은 세 가지 입자 ㈎~㈐의 보어 모형을 나타낸 것이다.

(가)   (나)   (다)

㈎~㈐에 대한 설명으로 옳은 것만을 〈보기〉에서 모두 고른 것은?

―――――〈 보 기 〉―――――

ㄱ. 최외각 전자껍질에 있는 전자에 대한 가로막기 효과는 ㈎보다 ㈏에서 더 크다.
ㄴ. ㈏와 ㈐의 반지름이 다른 주된 이유는 핵의 전하량 차이 때문이다.
ㄷ. 최외각 전자껍질에 있는 전자가 느끼는 유효 핵전하의 크기는 ㈎<㈏<㈐ 순이다.

① ㄱ   ② ㄴ
③ ㄷ   ④ ㄱ, ㄴ
⑤ ㄴ, ㄷ

34 그림은 2, 3주기 15~17족 원소의 제1이온화 에너지를 나타낸 것이다.

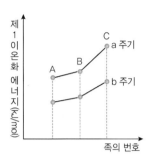

이에 대한 설명으로 옳은 것만을 〈보기〉에서 모두 고른 것은? (단, A~C는 임의의 원소기호이다)

─〈 보기 〉─

ㄱ. a는 b보다 크다.
ㄴ. 유효 핵전하가 A가 B보다 작다.
ㄷ. 제2이온화 에너지는 A가 C보다 크다.

① ㄱ   ② ㄷ
③ ㄱ, ㄴ   ④ ㄴ, ㄷ
⑤ ㄱ, ㄴ, ㄷ

35 표는 수소 원자의 전자 전이 A~D를 전이 전 주양자수($n_{전}$)와 전이 후 주양자수($n_{후}$)로 나타낸 것이다.

$n_{전}$ \ $n_{후}$	1	2	3
1	−	A	B
2	C	−	D

A~D에 대한 설명으로 옳은 것만을 〈보기〉에서 모두 고른 것은? (단, 수소 원자의 에너지 준위는 $E_n = -\dfrac{1312}{n^2}kJ/mol$이다)

─〈 보기 〉─

ㄱ. C에서는 자외선 영역에 해당하는 빛을 방출한다.
ㄴ. B에서 방출되는 빛의 파장은 A와 D에서 방출되는 빛의 파장의 합과 같다.
ㄷ. B에서 방출되는 빛의 파장은 D에서 방출되는 빛의 파장보다 길다.

① ㄱ   ② ㄴ
③ ㄷ   ④ ㄱ, ㄴ
⑤ ㄴ, ㄷ

36 그림은 원자 A~E의 질량수와 $\dfrac{\text{중성자 수(N)}}{\text{양성자 수(P)}}$ 의 값을 나타낸 것이다.

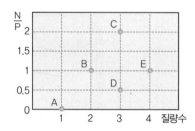

A~E에 대한 설명으로 옳은 것만을 〈보기〉에서 모두 고른 것은? (단, A~E는 임의의 원소 기호이다)

─〈 보기 〉─

ㄱ. 원자 번호는 D가 B보다 크다.
ㄴ. 빅뱅 이후 가장 늦게 만들어진 원자핵은 E이다.
ㄷ. A와 B의 원자핵이 융합하여 D의 원자핵이 형성될 수 있다.

① ㄴ
② ㄷ
③ ㄱ, ㄴ
④ ㄱ, ㄷ
⑤ ㄱ, ㄴ, ㄷ

37 그림은 바닥상태 전자배치를 가진 질소 원자의 몇 가지 오비탈을 모형으로 나타낸 것이다.

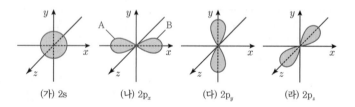

(가) 2s   (나) $2p_x$ (다) $2p_y$ (라) $2p_z$

이에 대한 설명으로 옳은 것만을 〈보기〉에서 모두 고른 것은?

─〈 보기 〉─

ㄱ. 채워진 전자 수는 (가)가 가장 많다.
ㄴ. (나)에서 전자는 A 또는 B 한쪽에만 채워져 있다.
ㄷ. 바닥상태의 N^+에서 (가)~(라)에 포함된 전자 수는 모두 1개씩이다.

① ㄱ
② ㄴ
③ ㄷ
④ ㄱ, ㄴ
⑤ ㄴ, ㄷ

38 표는 원자 번호가 연속인 2, 3주기 원소 A~E의 제2이온화 에너지(E_2)와 제3이온화 에너지(E_3)를 나타낸 것이다.

원소		A	B	C	D	E
순차적 이온화 에너지 ($E_n \times 10^3 kJ/mol$)	E_2	3.4	4.0	4.6	1.4	1.8
	E_3	6.0	6.1	6.9	7.7	2.7

A~E에 대한 설명으로 옳은 것만을 〈보기〉에서 모두 고른 것은?

〈 보기 〉

ㄱ. 원자가 전자에 대한 유효 핵전하는 B가 C보다 크다.

ㄴ. 제1이온화 에너지는 D가 E보다 크다.

ㄷ. $A^{2+}(g)$에서 $A^{3+}(g)$으로 될 때 필요한 에너지는 $6.0 \times 10^3 kJ/mol$이다.

① ㄱ   ② ㄷ

③ ㄱ, ㄴ   ④ ㄴ, ㄷ

⑤ ㄱ, ㄴ, ㄷ

39 다음은 원자 (가)~(마)에 대한 자료이다. (가)~(마)는 각각 N, O, F, Mg, Al 중 하나이다.

• 바닥상태에서 홀전자 수 : (다) = (마) < (나)

• 원자가 전자 수 : (가) < (나) < (다)

• 제1이온화 에너지 : (가) > (나)

(가)~(마)에 대한 설명으로 옳은 것만을 〈보기〉에서 모두 고른 것은?

〈 보기 〉

ㄱ. $\dfrac{\text{제2이온화 에너지}}{\text{제1이온화 에너지}}$ 의 값은 (나)가 (가)보다 크다.

ㄴ. (다)와 (라)로 이루어진 안정한 화합물에서 원자 수의 비는 (다) : (라) = 2 : 3이다.

ㄷ. 원자 반지름이 가장 큰 것은 (마)이다.

① ㄱ   ② ㄴ

③ ㄷ   ④ ㄱ, ㄷ

⑤ ㄴ, ㄷ

40 표는 원자 번호가 연속인 2주기 원자에 대하여 순차적 이온화 에너지(E_n)를 나타낸 것이다. A~C는 임의의 원소 기호이며, 원자 번호 순서가 아니다.

원자	순차적 이온화 에너지(kJ/mol)				
	E_1	E_2	E_3	E_4	E_5
A	1086	2353	4620	6223	37831
B	1314	3388	5300	7469	10989
C	1402	2856	4578	7475	9445

이에 대한 설명으로 옳은 것만을 〈보기〉에서 모두 고른 것은?

〈 보기 〉

ㄱ. 원자 A의 원자가 전자 수는 4개이다.

ㄴ. 바닥상태에서 홀전자 수는 원자 B가 C보다 많다.

ㄷ. 비공유 전자쌍 수는 B_2가 C_2의 2배이다.

① ㄱ
② ㄴ
③ ㄱ, ㄴ
④ ㄱ, ㄷ
⑤ ㄴ, ㄷ

41 그림은 수소 원자의 주양자수 n에 따른 에너지 준위(E_n)와 몇 가지 전자 전이를 나타낸 것이다.

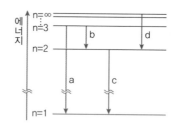

이에 대한 설명으로 옳은 것만을 〈보기〉에서 모두 고른 것은? (단, 수소 원자의 에너지 준위는 $E_n = -\dfrac{k}{n^2} (kJ/mol)$ 이고, k는 상수이다)

〈 보기 〉

ㄱ. 방출되는 빛의 파장은 b가 a의 7배보다 크다.

ㄴ. c에서 방출되는 빛의 에너지는 $\dfrac{3}{4} (kJ/mol)$이다.

ㄷ. 방출되는 빛의 진동수는 c가 d의 3배이다.

① ㄱ
② ㄴ
③ ㄱ, ㄷ
④ ㄴ, ㄷ
⑤ ㄱ, ㄴ, ㄷ

42 표는 2, 3주기 원소 A~D의 바닥상태 전자배치에서 홀전자 수와 전기 음성도를, 그림은 A~D의 안정한 이온에 대한 이온 반지름을 나타낸 것이다.

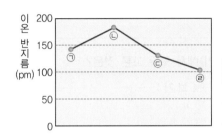

원소	A	B	C	D
홀전자 수	1	1	2	2
전기 음성도	0.9	4.0	2.5	3.5

이에 대한 설명으로 옳은 것만을 〈보기〉에서 모두 고른 것은? (단, A~D는 임의의 원소 기호이고, 2, 3주기 원소는 각각 2가지이다)

〈 보기 〉
ㄱ. 원자가 전자의 유효 핵전하는 A가 B보다 크다.
ㄴ. 원자 반지름은 C가 가장 크다.
ㄷ. D의 안정한 이온은 ㉠이다.

① ㄱ   ② ㄷ
③ ㄱ, ㄴ   ④ ㄴ, ㄷ
⑤ ㄱ, ㄴ, ㄷ

43 표는 X~Z 이온을 구성하는 입자 a~c의 수를 나타낸 것이다. 입자 a와 b는 원자핵을 구성한다.

	a의 수	b의 수	c의 수
X이온	1	0	0
Y이온	9	9	10
Z이온	9	10	10

이에 대한 설명으로 옳은 것은? (단, X~Z는 임의의 원소 기호이다)

〈 보기 〉
ㄱ. a는 양성자이다.
ㄴ. 원소 Y와 Z는 동위 원소 관계이다.
ㄷ. 화학식량은 XY와 XZ가 같다.

① ㄱ   ② ㄴ
③ ㄱ, ㄴ   ④ ㄴ, ㄷ
⑤ ㄱ, ㄴ, ㄷ

44 다음은 기체 상태에 있는 어떤 원소 A의 원자 또는 이온의 전자배치이다.

> • $A^+ : 1s^2 2s^2 2p^6$ • $A : 1s^2 2s^2 2p^6 3s^1$
> • $A^* : 1s^2 2s^2 2p^6 4s^1$

이에 대한 설명으로 옳은 것만을 〈보기〉에서 모두 고른 것은?

─────〈 보 기 〉─────
ㄱ. A^*은 들뜬상태이다.
ㄴ. 최외각 전자가 느끼는 유효 핵전하의 크기는 A가 A^+보다 작다.
ㄷ. 전자 1개를 떼어 내는 데 필요한 최소 에너지의 크기는 A^*이 A보다 크다.

① ㄱ   ② ㄷ
③ ㄱ, ㄴ   ④ ㄱ, ㄷ
⑤ ㄱ, ㄴ, ㄷ

45 그림은 수소 원자의 주양자수(n)에 따른 에너지 준위와 전자 전이 a~d를 나타낸 것이다.

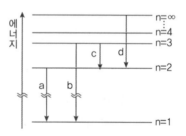

이에 대한 설명으로 옳은 것만을 〈보기〉에서 모두 고른 것은? (단, 수소 원자의 에너지 준위는 $E_n = -\dfrac{k}{n^2} kJ/mol$이고, k는 상수이다)

─────〈 보 기 〉─────
ㄱ. a와 c 모두 가시광선 영역의 빛을 방출한다.
ㄴ. 3p 오비탈에 전자가 있는 수소 원자가 이온화될 때 필요한 최소 에너지는 c에서 방출되는 빛에너지보다 작다.
ㄷ. 방출되는 빛의 진동수의 비 $\dfrac{b}{d}$의 값은 $\dfrac{32}{9}$이다.

① ㄱ   ② ㄴ
③ ㄱ, ㄴ   ④ ㄴ, ㄷ
⑤ ㄱ, ㄴ, ㄷ

46 표는 A~C 원자의 바닥상태에서의 전자배치에 대한 자료이다.

원자	s오비탈에 채워진 전자 수	p오비탈에 채워진 전자 수	홀전자 수
A	a	6	1
B	4	b	3
C	4	4	c

a+b+c의 값은? (단, A~C는 임의의 원소 기호이다)

① 7   ② 8

③ 9   ④ 10

⑤ 11

47 다음은 원소 X~Z에 대한 자료이다.

- 바닥상태에서 원자 X의 원자가 전자는 1s 오비탈에 채워져 있다.
- 화합물 YX와 YZ는 고체 상태에서는 전기 전도성이 없고 액체 상태에서는 전기 전도성이 있다.
- 바닥상태에서 전자가 들어 있는 p오비탈 수는 원자 Y와 Z가 같다.
- 바닥상태에서 X~Z의 s오비탈에 각각 들어 있는 전자 수의 합은 10이다.

이에 대한 설명으로 옳은 것만을 〈보기〉에서 모두 고른 것은? (단, X~Z는 임의의 원소 기호이고, 모든 원자는 바닥상태이다)

〈 보기 〉
- ㄱ. X는 He이다.
- ㄴ. Y는 3주기, Z는 2주기 원소이다.
- ㄷ. 원자 반지름은 Y가 가장 크다.

① ㄱ   ② ㄴ

③ ㄱ, ㄴ   ④ ㄴ, ㄷ

⑤ ㄱ, ㄴ, ㄷ

48 그림은 2주기 원소 (가)~(마)의 원자 반지름과 바닥상태에서 원자의 홀전자 수를 나타낸 것이다.

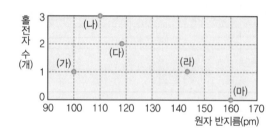

이에 대한 설명으로 옳은 것만을 〈보기〉에서 모두 고른 것은? (단, (가)~(마)는 임의의 원소 기호이다)

────〈 보기 〉────

ㄱ. 전기 음성도는 (가)가 가장 크다.
ㄴ. 바닥상태에서 전자가 들어 있는 오비탈의 수는 (나)와 (다)가 같다.
ㄷ. (라)는 (마)보다 제1이온화 에너지가 더 크다.

① ㄱ   ② ㄴ
③ ㄱ, ㄷ   ④ ㄴ, ㄷ
⑤ ㄱ, ㄴ, ㄷ

49 표는 원자 번호가 연속인 2주기 원소 A~C의 순차적 이온화 에너지(E_n)에 관한 자료이다.

원소	순차적 이온화 에너지($E_n \times 10^3$kJ 몰)						
	E_1	E_2	E_3	E_4	E_5	E_6	E_7
A	1.40	2.86	4.58	7.48	9.45	53.27	64.36
B	(가)	3.39	5.30	7.47	10.99	13.33	71.33
C	1.68	3.37	6.05	8.41	11.02	15.16	17.87

이에 대한 설명으로 옳은 것만을 〈보기〉에서 모두 고른 것은? (단, A~C는 임의의 원소 기호이다)

────〈 보기 〉────

ㄱ. A의 바닥상태의 전자배치는 $1s^2 2s^2 2p^5$이다.
ㄴ. (가)는 1.40보다 크다.
ㄷ. 바닥상태에서 홀전자 수는 C가 가장 작다.

① ㄱ   ② ㄷ
③ ㄱ, ㄴ   ④ ㄴ, ㄷ
⑤ ㄱ, ㄴ, ㄷ

50 다음은 2주기 원소 X~Z에 대한 자료이다.

- 전자가 들어 있는 p오비탈 수는 모두 같다.
- 원자 X~Z의 홀전자 수의 합은 6이다.
- 홀전자 수가 가장 작은 것은 Y이다.
- $\dfrac{\text{제2이온화 에너지}}{\text{제1이온화 에너지}}$ 의 값은 X가 Z보다 크다.

이에 대한 설명으로 옳은 것만을 〈보기〉에서 모두 고른 것은? (단, X~Z는 임의의 원소기호이다)

〈 보기 〉

ㄱ. Y는 플루오린(F)이다.
ㄴ. 원자 반지름이 가장 큰 것은 X이다.
ㄷ. 공유 전자쌍 수는 X_2가 Z_2보다 많다.

① ㄱ ② ㄴ
③ ㄱ, ㄷ ④ ㄴ, ㄷ
⑤ ㄱ, ㄴ, ㄷ

제 3 장 | 적중예상문제 해설

01 |정답| ③

|해설| 화학 결합을 정량적으로 설명하는 것은 불가능하다.

※ **보어의 수소 원자 모형**
- 원자핵 주위에 존재하는 전자는 불연속적인, 일정한 에너지 상태에 있다.
- 수소 원자의 전자가 위치할 수 있는 궤도는 띄엄띄엄 존재한다.
- 전자의 궤도를 이동할 때는 두 궤도 사이의 에너지 차이만큼 에너지를 흡수, 방출한다.

※ **보어이론의 결점** : 2개 이상의 전자를 가지는 원자에 대해서는 맞지 않으며 화학 결합을 정량적으로 설명할 수 없다.

02 |정답| ③

|해설| **전자배치 순서**
- 에너지 준위가 낮은 오비탈부터 차례로 채워진다.
- 각각의 오비탈에는 2개의 전자가 들어갈 수 있다.
- 에너지가 같은 오비탈에 여러 개의 전자가 채워질 때 한 개의 오비탈에 전자가 쌍을 이루어 한 번에 들어가지 않고 한 개씩 배치된 후 다시 2번째 전자가 배치되어 전자쌍을 이룬다.

03 |정답| ①

|해설| ① 돌턴의 원자 모형, ② 러더퍼드의 원자 모형, ③ 보어의 원자 모형, ④ 현대의 원자 모형

04 |정답| ⑤

|해설| $_8O(1s^22s^22p^4) \rightarrow {_8O}^{2-}(1s^22s^22p^6)$

8개의 전자가 2개를 얻어 음이온이 되면서 총 10개가 되어 네온의 전자배치를 갖는다.

05 |정답| ⑤

|해설| 수소 원자의 선 스펙트럼은 수소 원자핵 주변의 에너지가 불연속적으로 되어 있어 불연속 스펙트럼의 형태가 된다.

06 |정답| ①

|해설| 중성인 원자에서 원자 번호=양성자 수=전자 수, 원자번호 11이므로 양성자 수는 11, +1가 양이온이므로 중성에서 전자 1개를 내놓은 상태이다. 그러므로 전자 수는 11-1=10, 질량수=양성자 수+중성자 수에서 양성자 수 11, 전자 수 10, 중성자 수 12이므로 11+10+12=33

07 |정답| ②

|해설| 원소의 원자 번호와 항상 일치하는 것은 양성자 수이다.

08 |정답| ④

|해설| 바닥상태에서 빛에너지를 흡수하면 들뜬 상태가 되고, 들뜬 상태에서 빛에너지를 방출하면 바닥 상태가 된다. 즉, 낮은 에너지 준위의 전자가 높은 에너지 준위의 전자로 될 때 빛을 흡수한다.

09 |정답| ④

|해설| $_8O = 1s^2 2s^2 2p^4$

④ 2주기 16족 원소이다.

1s	2s		2p	
··	··	··	·	·

10 |정답| ②

|해설| 양성자 수, 중성자 수, 전자 수의 관계
- 원자 번호 = 양성자 수 = 전자 수
- 질량 수 = 양성자 수 + 중성자 수
- 중성자 수 = 질량 수 – 양성자 수

원자 번호 92이므로 양성자 수 92

질량수 235이므로 중성자 수 235-92=143

11 |정답| ③

|해설| 러더퍼드의 α 입자 산란실험 : 원자는 대부분 빈 공간이고 중앙에 양전하를 띠며 원자 질량의 대부분은 핵의 질량이라는 것을 발견하였다.

12 |정답| ⑤

|해설| 오비탈 : 전자구름이라고 하며, 전자가 발견될 확률 및 그 공간적 모형을 나타낸다.

13 |정답| ②

|해설| 중성원자에서 양성자 수=전자 수이므로 원자핵의 양성자 수 $= \dfrac{3.2 \times 10^{-18}\text{C}}{1.6 \times 10^{-19}\text{C}} = 20$

중성의 Ca은 20개의 전자를 갖는다.

14 |정답| ①

|해설| 제3이온화 에너지가 갑자기 증가하므로 금속 M은 2족 원소이다.

$M^{2+} + O^{2-} \rightarrow MO$

15 |정답| ③

|해설| 전자 수가 같은 입자들로부터 전자 1개를 때어 낼 때 필요한 에너지는 핵의 전하가 증가할수록 크다.

$Mg^{2+} > Na^+ > Ne > F^- > O^{2-}$

16 |정답| ③

|해설| 들뜬 상태의 전자가 에너지 준위가 낮은 상태로 전이할 때 두 에너지 준위의 차에 해당하는 에너지(ΔE)가 방출된다.

17 |정답| ④

|해설| X의 순차적 이온화 에너지 값이 E_3와 E_4에서 크게 증가하므로 원자가 전자 수가 3인 13족 원소이다. $\therefore 2X^{3+} + 3O^{2-} \rightarrow X_2O_3$

18 |정답| ④

|해설| 원소의 주기성
- 주기율표 왼쪽 아래로 갈수록 증가 : 금속성, 이온화 경향, 원자 반지름
- 주기율표 왼쪽 아래로 갈수록 감소 : 전기 음성도, 이온화 에너지, 전자 친화도

19 |정답| ①

|해설| 같은 주기에서 원자 번호가 증가될 때 전기 음성도, 이온화 에너지, 비금속성 등이 커진다.

20 |정답| ③

|해설| 비활성 기체보다 전자를 1개 덜 가지고 있는 원소는 7족 원소이다.
※ 1족 원소
- 알칼리 금속이며, 전자 1개를 잃고 양이온이 되려는 경향이 있다.
- 원자 번호가 클수록 원자 반지름이 커지고, 용융점이 낮아진다.
- 7족 염소와 맹렬하게 반응한다.

21 |정답| ④

|해설| 알칼리 금속(1A족)은 원자 번호가 증가하면 원자 반지름이 증가하여 반응성, 활성, 금속성이 커진다.

22 |정답| ①

|해설| 이온화 에너지는 같은 족에서 원자 번호가 증가하면 감소되며, 같은 주기에서 원자 번호가 증가하면 증가하는 경향이 있다.

23 |정답| ①

|해설| A는 Li, B는 Na, C는 Al, D는 Cl이다.
② 같은 주기의 원자 반지름은 원자 번호가 증가할수록 감소한다.
③ A는 1개, B는 1개, C는 1개, D는 1개이다.
④ B(Na)의 원자가 전자는 1, C(Al)의 원자가 전자는 3이다.

24 |정답| ③

|해설| $Na^+ + F^- + K^+ + Cl^- = KF + NaCl$

$\therefore KF = (Na^+ + F^-) + (K^+ + Cl^-) - NaCl = 0.25 + 0.326 - 0.285 = 0.291nm$

25 |정답| ③

|해설| ㉠ Ne ㉡ Cl ㉢ Mn ㉣ Kr

26 |정답| ④

|해설| 같은 족 원소들은 원자가 전자 수가 같아 화학적 성질이 비슷하다. 주기율표의 가로줄을 주기, 세로줄을 족이라 하며 같은 주기에 있는 원소는 같은 수의 전자껍질을 가지며 같은 족에 속하는 원소는 원자가 전자 수가 같아 화학적 성질이 비슷하다.

27 |정답| ③

|해설| 7주기에서 오비탈에 채워지는 전자 수는 $7s^2 5f^{14} 6d^{10} 7p^6$이 원소수는 32개가 되며, 마지막 원소의 원자 번호는 86+32=118, 118번이 된다.

28 |정답| ④

|해설| 같은 주기에 들어가는 원소 수는 그 주기에 해당되는 오비탈에 채워지는 전자 수와 같고, 원자 번호를 결정한 사람은 모즐리이며 헬륨은 $1s^2$이다.

29 |정답| ④

|해설| 주어진 A, B, C, D는 전자 수가 모두 10개로 K(2)L(8)의 전자배치를 하는 등전자이온이므로 원자 번호(양성자 수)가 클수록 반지름이 작아진다.

30 |정답| ③

|해설| 양쪽성 산화물 : 산과 염기가 모두 작용해서 염과 물을 생성한다(AlO, ZnO, SnO, PbO).
①, ④ 산성 산화물(비금속 산화물) ② 염기성 산화물(금속 산화물)

31 |정답| ②

|해설| a는 라이먼 계열의 빛에너지이고 410nm 선의 에너지는 발머계열이므로 410nm 선의 에너지는 a(kJ/mol)보다 작다. 486nm 선의 에너지는 전자가 n=4 → n=2로 전이될 때 방출되는 에너지이므로 c(n=4 → n=1)와 a(n=2 → n=1)로 인한 전자 전이의 에너지 차이와 같다. 수소 원자의 이온화 에너지는 전자가 n=∞ → n=1로 전이할 때 방출되는 에너지와 같으므로
d : 수소 원자의 이온화 에너지 $= (\frac{1}{1^2} - \frac{1}{5^2}) : (\frac{1}{1^2} - \frac{1}{\infty}) = 24 : 25$이다.

32 |정답| ④

|해설| 주어진 이온은 A가 Ca^{2+}, B가 K^+, C가 Cl^-, D가 S^{2-}이다. A와 D의 화합물은 CaS으로 B와 C의 화합물 KCl보다 구성 이온의 전하량이 크고 이온 간 거리가 더 짧으므로 녹는점이 더 높다. 원자 번호가 가장 큰 원소는 A이고 원자 반지름은 B가 C보다 크다.

33 |정답| ②

|해설| ㄱ. 최외각 전자껍질에 있는 전자에 대한 가로막기 효과는 전자껍질 수가 더 많은 (가)가 (나)보다 크다.
ㄴ. (나)와 (다)의 전자 수가 같은데 반지름이 (나)가 (다)보다 작은 이유는 핵의 전하량이 (나)가 (다)보다 크기 때문이다.
ㄷ. (가)와 (나) 핵의 전하량은 같은데 가로막기 효과가 (가)>(나)이므로 유효 핵전하는 (가)<(나)이다. (나)와 (다)의 가로막기 효과는 같은데 핵의 전하량이 (나)>(다)이므로 원자 반지름은 (나)<(다)이다.

34 |정답| ②

|해설| 같은 족 원소에서 원자 번호가 클수록 이온화 에너지가 작으므로 b는 3주기, a는 2주기이다. 같은 주기 원소에서 15족보다 16족 원소의 제1이온화 에너지가 작으므로 A는 16족, B는 15족, C는 17족 원소이다. 따라서 유효 핵전하는 A가 B보다 크고, 제2이온화 에너지는 A가 C보다 크다.

35 |정답| ①

|해설| ㄱ. n=2 → n=1인 전자 전이가 자외선의 빛을 방출하므로 반대 과정인 n=1 → n=2인 전자 전이는 에너지 크기가 같은 자외선에 해당하는 빛에너지를 흡수한다.
ㄴ. B에서 방출되는 빛에너지는 A와 D에서 방출되는 빛에너지의 합과 같다. 하지만 빛에너지는

파장의 역수에 비례하므로 B에서 방출하는 빛의 파장은 A와 D에서 방출하는 빛의 파장의 합과 다르다.

ㄷ. 방출하는 빛의 에너지는 B가 D보다 크므로 방출하는 빛의 파장은 B가 D보다 짧다.

36 |정답| ⑤

|해설| $A = {}_1^1H$, $B = {}_1^2H$, $C = {}_1^3H$, $D = {}_2^3He$, $E = {}_2^4He$ 이다.

ㄱ. 원자 번호는 D가 B보다 크다.

ㄴ. 질량 수가 가장 큰 헬륨이 가장 늦게 만들어졌다.

ㄷ. ${}_1^1H + {}_1^2H \rightarrow {}_2^3He$ 의 핵반응은 일어날 수 있다.

37 |정답| ①

|해설| ㄱ. (가)에 2, (나)~(라)는 각각 1개씩 포함된다.

ㄴ. 2p 오비탈에 전자가 1개 배치될 때 전자는 아령 모양 양쪽 영역에 모두 분포한다.

ㄷ. +1가 이온으로 될 때 에너지 준위가 가장 높은 오비탈의 전자가 떨어져 나가므로 (가)에는 2개의 전자가 들어 있다.

38 |정답| ⑤

|해설| 전자 1개가 떨어진 +1가 양이온에서 두 번째 전자를 떼어 내는 데 필요한 에너지인 E_2가 급격히 감소하는 C와 D에서 전자껍질이 변하고 있으므로 C는 Na, D는 Mg이고, A는 F, B는 Ne, E는 Al이다.

ㄱ. 전자껍질이 많아지면서 원자가 전자에 대한 가리움 효과가 매우 커져서 원자가 전자에 대한 유효 핵전하는 Ne > Na이다.

ㄴ. 제1이온화 에너지는 Mg > Al이다.

ㄷ. A의 제3이온화 에너지(E_3)는 $6.0 \times 10^3 kJ/mol$이다.

39 |정답| ①

|해설| 홀전자 수가 같은 (다)와 (마)는 F 또는 Al이다. (가)와 (나)의 원자가 전자 수와 제1이온화 에너지의 역전을 통해 (가)는 N, (나)는 O임을 알 수 있다. 또한 원자가 전자 수와 홀전자 수를 통해 (다)가 F, (마)가 Al임을 알 수 있고 (라)가 Mg임을 알 수 있다. (가) = N, (나) = O, (다) = F, (라) = Mg, (마) = Al이다.

ㄱ. E_1은 (가) > (나)이고, E_2는 (가) < (나)이므로 $\dfrac{E_2}{E_1}$는 (가) < (나)이다.

ㄴ. F과 Mg이 화합물을 만들 때는 2 : 1의 원자 수 비로 결합한다.

ㄷ. 원자 반지름이 가장 큰 것은 3주기에서 금속 원소인 Mg이다.

40 |정답| ④

|해설| A는 원자가 전자 수가 4개인 탄소(C)이고, E_1의 크기는 C > B이므로 B는 산소(O), C는 질소(N)이다.

ㄱ. A는 $E_4 \ll E_5$이므로 14족 원소이며, 원자가 전자 수가 4개이다.

ㄴ, ㄷ. 바닥상태에서 홀전자 수는 B(O)가 2개, C(N)가 3개이고, 비공유 전자쌍 수는 $B_2(O_2)$가 4개, $C_2(N_2)$가 2개이다.

41 |정답| ④

|해설| ㄱ. 에너지와 파장은 반비례하므로 a와 b에서 방출되는 빛의 파장의 비율은

$$\frac{\text{b의 파장}}{\text{a의 파장}} = \frac{\frac{36}{5k}}{\frac{9}{8k}} = \frac{32}{5}\ \text{이므로 7배보다 작다.}$$

ㄴ. c에서 방출되는 에너지는 $-\frac{1}{4}k - (-k) = \frac{3}{4}k\,(kJ/mol)$ 이다.

ㄷ. 방출되는 빛의 에너지는 c가 d의 3배이므로 진동수는 c가 d의 3배이다.

42 |정답| ②

|해설| A는 나트륨(Na), B는 플루오린(F), C는 황(S), D는 산소(O)이다.

ㄱ. 원자가 전자의 유효 핵전하는 3주기 1족 원소인 A가 2주기 17족 원소인 B보다 작다.

ㄴ. 원자 반지름은 A>C>D>B이다.

ㄷ. 이온 반지름이 ⓒ>㉠>ⓒ>㉣이므로 ⓒ은 C의 이온(S^{2-}), ㉠은 D의 이온(O^{2-}), ⓒ은 B의 이온(F^-), ㉣은 A의 이온(Na^+)이다.

43 |정답| ③

|해설| ㄱ. 원자핵을 구성하는 입자에서 양성자의 수는 0이 될 수 없으므로 b는 중성자이다. 따라서 a는 양성자이다.

ㄴ. 원소 Y와 Z는 양성자 수가 같고 질량수가 다른 동위 원소 관계이다.

ㄷ. 동위 원소는 중성자 수가 달라 원자량이 다르므로 XY와 XZ의 화학식량도 다르다.

44 |정답| ③

|해설| ㄱ. A^*은 A의 3s의 전자가 4p로 전이된 들뜬상태를 나타낸 것이다.

ㄴ. A와 A^+의 핵전하의 크기가 같으나 A^+은 A보다 전자 수가 적기 때문에 최외각 전자가 느끼는 유효 핵전하는 증가한다.

ㄷ. A^*은 들뜬상태이므로 전자 1개를 떼어 내는 데 필요한 최소 에너지의 크기가 A보다 작다.

45 |정답| ④

|해설| ㄱ. a는 자외선, c는 가시광선 영역의 빛을 방출한다.

ㄴ. 3p 오비탈에 전자가 있는 수소 원자가 이온화될 때 필요한 최소 에너지는 $E = \frac{k}{9}$ 이고, c에 해당하는 빛 에너지는 $\frac{k}{4} - \frac{k}{9} = \frac{5k}{36}$ 이다.

ㄷ. b에 해당하는 빛에너지는 $k - \frac{k}{9} = \frac{8k}{9}$, d에 해당하는 빛에너지는 $\frac{k}{4}$ 이다. 빛에너지는 진동수에 비례하므로 $\frac{b}{d}$ 값은 $\frac{\frac{8k}{9}}{\frac{k}{4}} = \frac{32}{9}$ 이다.

46 |정답| ④

|해설| A~C 원자의 바닥상태의 전자배치는 다음과 같다.

A : $1s^2 2s^2 2p^6 3s^1$, B : $1s^2 2s^2 2p_x^1 2p_y^1 2p_z^1$, C : $1s^2 2s^2 2p_x^2 2p_y^1 2p_z^1$

따라서 a는 5, b는 3, c는 2이다.

47 |정답| ④

|해설| ㄱ. X는 H 또는 He이 될 수 있는데, He은 Y, Z와 화합물을 형성하지 않기 때문에 X는 H이다.

ㄴ, ㄷ. 화합물 YX와 YZ는 이온 결합 화합물이고 YZ의 경우 Y^+과 Z^-으로 구성되어 있다. 그런데 전자가 들어 있는 p오비탈 수는 원자 Y와 Z가 같으므로, Y는 Z 다음 주기의 1족 원소이다. 또한 원자 X의 s오비탈에 들어 있는 전자는 1개이므로 Y와 Z의 s오비탈에 각각 들어 있는 총 전자 수는 9이다. 이런 모든 조건을 만족하는 원소는 Y는 Na, Z는 F이다. 따라서 Y는 3주기, Z는 2주기 원소이며 원자 반지름은 Y가 가장 크다.

48 |정답| ①

|해설| 2주기 원소는 원자 번호가 커질수록 유효 핵전하가 증가하여 원자 반지름이 작아지고 각 원소의 홀전자 수는 표와 같아서 (가)~(마)는 각각 F, N, C, B, Be이다.

원소	Li	Be	B	C	N	O	F	Ne
홀전자 수	1	0	1	2	3	2	1	0

ㄱ. 전기 음성도는 F가 가장 크다.

ㄴ. 바닥상태 원자의 전자배치에서 N은 3개의 2p 오비탈에 모두 전자가 들어 있고, C는 2개만 채워져 있다.

ㄷ. B의 원자가 전자의 전자배치는 $2s^2 2p^1$이므로 제1이온화 에너지는 Be보다 작다.

49 |정답| ②

|해설| 2주기 원소의 순차적 이온화 에너지 값을 보면 원소의 원자가 전자 수를 알 수 있다. A는 제6이온화 에너지 값이 제5이온화 에너지 값보다 크게 증가하였으므로 원자가 전자 수는 5로 N임을 알 수 있다. 같은 원리로 B는 O이고, 연속인 2주기 원소이므로 C는 F이다. 따라서 A~C는 각각 N, O, F에 해당한다.

ㄱ. N의 바닥상태의 전자배치는 $1s^2 2s^2 2p^3$이다.

ㄴ. O는 전자 간의 반발에 의해 N보다 제1이온화 에너지 값이 작다. 따라서 (가)는 1.40보다 작다.

ㄷ. 바닥상태에서 N, O, F의 홀전자의 수는 각각 3, 2, 1이므로 F가 가장 작다.

50 |정답| ①

|해설| 2주기 원소 중 전자가 들어 있는 p오비탈 수가 모두 같은 조건을 만족하는 것은 N, O, F, Ne인데, 이 중 홀전자 수의 합이 6인 조건을 만족하는 원소는 N(3), O(2), F(1)이다. 따라서 홀전자 수가 가장 적은 것은 F이므로 Y는 F이고, $\dfrac{\text{제2이온화 에너지}}{\text{제1이온화 에너지}}$ 의 값은 O>N이므로 X는 O, Z는 N이다.

ㄱ. Y는 플루오린(F)이다.

ㄴ. 원자 반지름이 가장 큰 것은 원자 번호가 가장 작은 Z이다.

ㄷ. $X_2(O_2)$는 이중 결합, $Z_2(N_2)$는 삼중 결합을 하고 있으므로 공유 전자쌍 수는 X_2가 Z_2보다 작다.

제 4 장 화학 결합과 분자 간 힘

01 분자 구조의 다양성

(1) 동소체

① 성분 원소는 같지만 서로 다른 특징을 가지는 홑원소 물질이다.

② 흑연과 다이아몬드는 탄소의 동소체이며, 결정 구조가 달라서 서로 다른 성질을 나타낸다.

　　㉠ 흑연 : 매우 무르고 연하며 전기 전도성이 있다.

　　㉡ 다이아몬드 : 매우 단단하고 아름다운 광택이 있다.

③ 동소체의 또 다른 예 : 인(흰인과 붉은인), 황(사방황과 단사황), 산소와 오존

(2) 흑연과 다이아몬드의 구조

① 흑연 : 정육각형의 그물 구조를 이룬 탄소가 여러 층으로 쌓인 층상 구조를 이루고 있고, 전기 전도성이 있다.

② 다이아몬드 : 탄소가 정사면체의 꼭짓점에 배치되어 무한히 연결된 입체 구조를 이루고 있고, 거대한 결정 구조를 가지며, 전기 전도성이 없다.

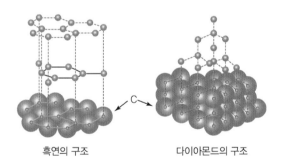

흑연의 구조　　　　　　　　다이아몬드의 구조

◆ 흑연과 다이아몬드의 구조

(3) 풀러렌

① 크로토와 스몰리, 컬이 최초로 발견한 탄소의 동소체이다.

② 풀러렌은 무극성 분자이며 지름이 1nm이다.

③ 풀러렌 분자들이 분자 결정을 형성하여 상온에서 고체 상태이다.

④ 무극성 용매에 잘 용해되며 전기 전도성을 거의 갖지 않는다.

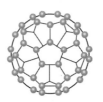

◆ 풀러렌 구조

(4) 탄소 나노 튜브(CNT)

① 평균 지름이 1.2nm이고 길이가 1mm 정도인 작은 원통형 모양의 분자로서 그래핀을 원통형으로 말아 놓은 형태이며, 전기 전도성을 갖는다.

② 탄소 나노 튜브는 풀러렌을 합성하는 과정에서 발견된 새로운 탄소의 동소체로서 강도가 크고 질기며 미래의 신소재로 주목을 받고 있다.

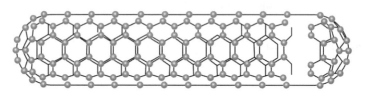

◆ 탄소 나노 튜브 모형

(5) DNA의 구조

① 뉴클레오타이드의 반복 구조로 이루어졌다.

ㄱ 뉴클레오타이드 : 당, 인산, 질소를 포함한 염기가 1:1:1로 구성된 DNA의 기본 구조이다.

ㄴ 염기 : A, T, G, C 4종류의 염기가 있으며 두 개가 한 쌍을 형성하여 서로 다른 두 나선 사이를 잇는 역할을 한다.

② 2개의 분자가 대칭적인 이중 나선 구조를 이루고 있다.

ㄱ 왓슨, 크릭, 윌킨스, 프랭클린의 연구 결과로 밝혀졌다.

ㄴ 당과 인산이 교대로 결합한 당-인산 골격은 바깥쪽에 있고, 유전 정보가 저장된 염기쌍이 안쪽에 위치한다.

③ DNA를 구성하는 당인 디옥시리보오스에서 탄소 원자는 정사면체의 중심에 위치하여 입체 구조를 이루므로 나선 구조가 가능해진다.

④ 염기쌍은 당-인산 골격 사이에 평면 구조를 이루며 위치한다.

(6) DNA의 기능 및 역할과 분자 구조의 관련성

① DNA의 염기 배열이 유전 암호에 해당된다. → 염기쌍이 안쪽에 존재하므로 외부 환경으로 보호될 수 있다.

② 유전 정보가 복제될 때 이중 나선의 분자 사슬이 풀리면서 유전 정보를 복사한 새로운 분자 사슬이 만들어진다. → A-T, G-C의 염기쌍이 상보적 관계를 유지하며 복제가 이루어진다.

확인문제

01 다음은 탄소의 동소체의 분자 구조를 나타낸 것이다. 이에 대한 설명으로 옳은 것은?

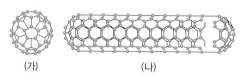

(가)   (나)

① (가)는 물에 잘 녹지 않는다.
② (가)는 결합각이 120°보다 크다.
③ (가)보다 (나)가 먼저 발견되었다.
④ (가)와 (나)는 모두 전기 전도성이 없다.
⑤ (가)와 (나)에서 탄소 원자 사이는 모두 단일 결합이다.

01 (가)는 풀러렌이고, (나)는 탄소 나노 튜브이다. 풀러렌과 탄소 나노 튜브는 모두 무극성 분자로 이루어졌으며 물보다는 유기 용매에 용해된다. ▶①

02 그림은 DNA의 이중 나선 구조를 나타낸 것이다. 이에 대한 설명으로 옳은 것만을 〈보기〉에서 모두 고른 것은?

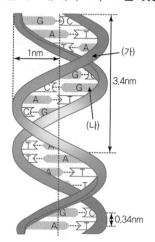

1nm, 3.4nm, 0.34nm, (가), (나)

〈 보기 〉
ㄱ. (가)는 실타래처럼 엉켜서 유전 정보를 보호한다.
ㄴ. (가)는 당과 인산이 교대로 결합하고 있다.
ㄷ. (나)는 평면 구조를 이루고 있는 염기이다.

① ㄱ   ② ㄴ
③ ㄱ, ㄴ   ④ ㄴ, ㄷ
⑤ ㄱ, ㄴ, ㄷ

02 DNA는 2가닥의 분자가 이중 나선 구조를 이루며 꽈배기 모양으로 꼬여 있고, 당과 인산의 골격 구조가 바깥쪽에 위치하며 평면 구조의 4개 염기가 안쪽에서 수소 결합을 이루고 있다. ▶④

02   화학 결합

(1) 화학 결합의 종류

① 이온 결합 : 전자의 이동에 의해 이루어지는 화학 결합

② 공유 결합 : 원자들 사이에 전자를 공유하여 이루어지는 화학 결합

③ 금속 결합 : 금속의 양이온과 자유 전자 사이의 정전기적 인력으로 이루어지는 화학 결합

(2) 도체 : 고체상태에서 전기 전도성을 갖는 물질

구리, 니켈과 같은 금속과 흑연은 도체로써 자유 전자가 이동하며 전하를 운반하므로 전기 전도성을 갖는다.

(3) 염화나트륨의 전기 전도성과 화학 결합의 전기적 성질

① 염화나트륨의 전기 전도성 : 고체에서는 전기 전도성이 없고, 용융시켜 액체 상태가 되면 전기 전도성을 갖는다.

  ㉠ 고체 : 반대 전하의 이온들이 단단히 결합하고 있어서 이동할 수 없다.

  ㉡ 액체 : 이온 사이의 결합력이 약해져서 자유롭게 움직일 수 있다.

② 염화나트륨 용융액에 전류를 흘려주었을 때 전자를 잃거나 얻는 반응이 일어나서 화합물이 분해된다.

※ 이온 결합이 형성될 때 전자가 관여한다는 것을 알 수 있다.

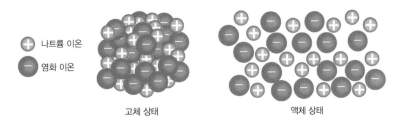

나트륨 이온
염화 이온

고체 상태   액체 상태

❂ 고체와 액체 상태의 염화나트륨

(4) 물의 전기 분해

① 순수한 물은 전기적으로 중성이며, 전해질을 녹여 전류를 흘려주면 분해가 일어나서 수소와 산소가 생성된다.

② 물이 전기 분해될 때 (+)극에서는 산소 기체, (−)극에서는 수소 기체가 발생한다.

  → (+)극에서는 물 분자가 전자를 잃고, (−)극에서는 물 분자가 전자를 얻는 반응이 일어나기 때문이다.

③ 공유 결합 화합물인 물(약간의 전해질 첨가)에 전류를 흘려줄 때 전기 분해가 일어난다.

※ 공유 결합이 형성될 때 전자가 관여한다는 것을 알 수 있다.

(5) 비활성 기체

① 주기율표 18족의 원소(단원자 분자)들로 반응성이 작고 화학적으로 안정하다.

② 비활성 기체는 최외각 전자 껍질에 전자들이 모두 채워져서 안정한 전자 배치를 하고 있다.

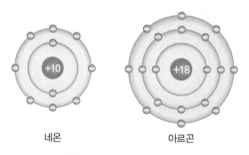

네온   아르곤

❂ 네온과 아르곤의 전자 배치

(6) 옥텟 규칙(팔 전자 규칙)

① 18족 원소 이외의 원자들은 전자를 잃거나 얻어서 비활성 기체와 같은 전자 배치를 이루며 최외각 전자 껍질에 8개의 전자를 채우려는 경향을 갖고 있다.

🔘 전기적으로 중성인 나트륨 원자가 전자 1개를 잃고 비활성 기체 네온(Ne)과 같은 전자 배치를 이루어 +1가의 양이온이 된다. → $[Na^+]=1s^2\,2s^2\,2p^6=[Ne]$

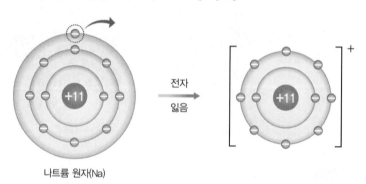

나트륨 원자(Na)

❂ 나트륨 원자와 나트륨 이온의 전자 배치

② 옥텟 규칙은 예외가 존재하지만, 이온의 형성이나 공유 결합의 형성을 설명하는 데 꽤 유용하다.

(7) 이온 결합

① 전자의 이동으로 형성되는 양이온과 음이온 사이의 정전기적 인력에 의한 화학 결합이다.

② 나트륨 원자와 염소 원자가 서로 가까이 접근하면 나트륨 원자의 전자 1개가 염소 원자로 옮겨가 나트륨 이온(Na^+)과 염화 이온(Cl^-)이 된다.

→ 나트륨 이온과 염화 이온 사이에 인력이 작용하여 염화나트륨을 생성한다.

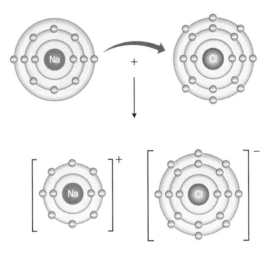

○ 염화나트륨의 형성

(8) 쿨롱 법칙

전하를 띤 입자 사이에 작용하는 정전기적인 힘이다.

$$F = k \frac{q_1 \, q_2}{r^2}$$

① 같은 전하를 띤 입자 사이에는 척력, 반대 전하를 띤 입자 사이에는 인력이 작용한다.

② 쿨롱 법칙이 적용될 때 힘의 크기는 두 전하량의 곱에 비례하고, 두 전하 사이 거리의 제곱에 반비례한다.

(9) 염화나트륨에서 이온 결합의 형성과 에너지

① 나트륨 원자가 나트륨 이온이 되는 데 $496kJ/mol$의 에너지가 필요하다.

② 염소 원자가 염화 이온이 되는 데 $349kJ/mol$의 에너지를 방출한다. → 나트륨과 염소 원자에서 나트륨 이온과 염화 이온이 생성되는 과정은 에너지 면에서 불리한 변화이다.

③ 나트륨 이온과 염화 이온 사이에 이온 결합이 형성되는 과정에서 큰 에너지가 방출되므로 전체 반응은 에너지 면에서 안정화되는 과정이다. → 양이온과 음이온 사이에 쿨롱 힘이라는 정전기적 인력이 작용하기 때문이다.

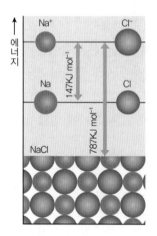

◎ 이온 결합의 형성과 에너지

(10) 이온의 명명

① 간단한 양이온은 원소 이름을 이용하여 부르고, 간단한 음이온은 '화'를 붙여서 나타낸다.

② 다원자 이온 : 여러 개의 원자들이 모여서 전하를 띤 입자이다. 반드시 암기 할 것!

(11) 이온 결합 화합물의 이름과 화학식

① **명명법** : 이온의 이름에서 '이온'을 떼고 음이온을 먼저 부른 다음에, 양이온의 이름을 부른다.

> ⑩ 나트륨 이온(Na^+)과 염화 이온(Cl^-)으로 이루어진 이온 결합 화합물 → 염화나트륨

② **화학식** : 전체 양전하와 음전하의 양이 같아서 전기적으로 중성인 상태가 되도록 양이온과 음이온의 개수를 맞춘다.

$$A^{n+} + B^{m-} \rightarrow A_m B_n$$

> ⑩ 나트륨 이온과 염화 이온의 전하가 각각 +1과 −1이다. → 양이온과 음이온이 1:1의 개수비로 결합하므로 화학식은 NaCl이다.

③ **다원자 이온을 포함하는 화합물의 화학식** : 다원자 이온이 여러 개인 경우 괄호를 이용한다.

> ⑩ 황산알루미늄($Al_2(SO_4)_3$) : 알루미늄 이온(Al^{3+}) 2개와 황산 이온(SO_4^{2-}) 3개의 비율로 결합한다.

(12) 이온 결합 화합물의 성질

① **물에 대한 용해성** : 극성 용매인 물에 잘 용해되며 양이온과 음이온이 수화되어 안정한 상태로 존재한다.

② **녹는점과 끓는점** : 상온에서 고체 상태이며 녹는점과 끓는점이 높다. → 이온 간 거리가 작고, 이온의 전하량이 클수록 녹는점이 높다.

③ **쪼개짐과 부스러짐** : 힘을 가하면 이온층이 밀리면서 같은 전하를 띤 이온들이 만나게 되어 반발력이 작용하므로 쉽게 쪼개지거나 부스러진다.

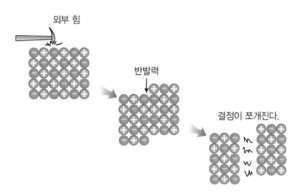

○ **이온 결합 화합물의 쪼개짐과 부스러짐**

④ **수용액의 전기 전도성** : 용액 속의 수화된 이온들이 물속에서 자유롭게 이동할 수 있으므로 전기 전도성을 갖는다.

○ **염화나트륨 수용액의 전기 전도성**

⑤ **이온 결합력의 세기** : $F = k \dfrac{q_1 q_2}{r^2}$

이온 사이의 거리가 가까울수록, 이온의 전하량이 클수록 이온 결합력이 크다.

⑥ **이온 결합력과 녹는점** : 이온 결합력이 클수록 녹는점이 높다.

※ 이온 결합력이 크면 결합을 끊고 이온들이 자유롭게 움직일 수 있는 상태가 되기 어렵다.

(13) 공유 결합

① **공유 결합** : 2개 이상의 비금속 원자들이 전자쌍을 공유하여 형성되는 화학 결합이다.

② 비금속 원자들이 서로 홀 전자를 내놓아 전자쌍을 이루고, 이 전자쌍을 공유함으로써 옥텟 규칙을 만족시킨다.

> **예** **물 분자의 형성** : 산소 원자가 2개의 수소 원자와 각각 1쌍의 전자쌍을 공유하여 2개의 공유 결합이 존재하며, 수소는 헬륨, 산소는 네온과 같은 전자 배치를 갖는다.

수소 원자   산소 원자   수소 원자

○ 물 분자의 형성

⒁ 공유 전자쌍과 비공유 전자쌍

① 공유 전자쌍 : 결합에 참여한 두 원자가 공유하고 있는 전자쌍이다.

② 비공유 전자쌍 : 공유 결합에 참여하지 않아 한 원자에만 속해 있는 전자쌍이다.

⒂ 단일 결합과 다중 결합

① 단일 결합 : 전자쌍 1쌍을 공유하는 결합이다.

② 이중 결합 : 전자쌍 2쌍을 공유하는 결합이다.

③ 삼중 결합 : 전자쌍 3쌍을 공유하는 결합이다.

⒃ 공유 결합 화합물

공유 결합에 의해 만들어지는 화합물로서 분자로 구성된다.

① 간단한 분자 : 메테인(CH_4), 암모니아(NH_3), 에탄올(C_2H_5OH), 포도당($C_6H_{12}O_6$) 등

② 고분자 : 플라스틱, 고무, 녹말, 단백질, DNA 등

⒄ 공유 결합의 표시

① 루이스 전자점식 : 공유 결합을 형성하고 있는 원자들의 원자가 전자를 점으로 나타내는 방법이다.

② 루이스 구조식 : 공유 전자쌍을 결합선(—)으로 나타내며, 비공유 전자쌍은 생략할 수도 있다.

이중 결합

$$:\ddot{O}\cdot \ + \ \cdot\ddot{O}: \ \longrightarrow \ :\ddot{O}::\ddot{O}: \quad :\ddot{O} = \ddot{O}:$$

└ 비공유 전자쌍

삼중 결합

$$:\dot{N}\cdot \ + \ \cdot\dot{N}: \ \longrightarrow \ :N \vdots\vdots N: \quad :N \equiv N:$$

○ 산소와 질소 분자의 형성과 루이스 전자점식 및 루이스 구조식

⒅ 옥텟 규칙의 예외

원자가 전자 수가 홀수이거나 3주기 이상의 원자로서 8개 이상의 전자를 갖는 원자는 옥텟 규칙이 적용되지 않는다.

⒆ 배위 결합

① 비공유 전자쌍을 가지고 있는 원자나 분자가 다른 이온이나 분자에 비공유 전자쌍을 일방적으로 제공하여 이루어지는 공유 결합이다.

② 배위 결합이 형성되는 경우의 예

㉠ 수소 이온과 비공유 전자쌍을 가진 분자 사이의 배위 결합

$$H:\overset{\overset{\displaystyle H}{|}}{\underset{\underset{\displaystyle H}{|}}{N}}: \ + \ H^+ \ \longrightarrow \ \left[H:\overset{\overset{\displaystyle H}{|}}{\underset{\underset{\displaystyle H}{|}}{N}}:H \right]^+ \ \text{또는} \ \left[H-\overset{\overset{\displaystyle H}{|}}{\underset{\underset{\displaystyle H}{|}}{N}}-H \right]^+$$

❍ 암모늄 이온의 생성 과정

㉡ 비공유 전자쌍을 가진 분자와 옥텟 규칙을 이루지 못한 분자 간의 배위 결합

$$H:\overset{\overset{\displaystyle H}{}}{\underset{\underset{\displaystyle H}{}}{N}}: \ + \ :\overset{\overset{\displaystyle :F:}{}}{\underset{\underset{\displaystyle :F:}{}}{B}}:F: \ \longrightarrow \ H:\overset{\overset{\displaystyle H:F:}{}}{\underset{\underset{\displaystyle H:F:}{}}{N}}:B:F:$$

암모니아   삼플루오린화 붕소   삼플루오린화 붕소암모늄

❍ 배위 결합으로 형성된 삼플루오린화 붕소암모늄

⒇ 배위 결합과 공유 결합

배위 결합은 넓은 의미의 공유 결합이며, 배위 결합이 포함된 분자에서 배위 결합과 공유 결합은 동등하다.

⑩ 암모늄 이온(NH_4^+) : 3개의 공유 결합과 1개의 배위 결합을 포함하고 있지만 4개의 결합은 모두 동등하다.

㉑ 공유 결합 에너지

① 공유 결합 에너지 : 두 원자가 공유 결합을 형성할 때 방출하는 에너지이다.

⑩ $H(g)+H(g) \longrightarrow H_2(g)+436kJ$

② 기체 상태의 분자 1몰에서 공유 결합을 끊어 기체 상태의 원자를 만드는 데 필요한 에너지이다.

③ 공유 결합력이 셀수록 공유 결합 에너지는 증가한다.

⑵ 공유 결합 길이

① 공유 결합 길이 : 공유 결합을 형성하고 있는 두 원자핵 사이의 거리

② 공유 결합 반지름 : 같은 종류의 원자가 공유 결합을 이루고 있을 때 결합 길이의 $\frac{1}{2}$ 인 거리이다.

결합 길이(pm)	공유 결합 반지름(pm)	결합 길이(pm)	공유 결합 반지름(pm)
142 F_2	71	229 Br_2	115
199 Cl_2	100	267 I_2	134

❖ 결합 길이와 공유 결합 반지름

⑵³ 이온 결합 화합물과 공유 결합 화합물의 구분

① 결합 화합물의 구분

　㉠ 이온 결합 화합물 : 금속과 비금속 원소로 구성되어 있다.

　㉡ 공유 결합 화합물 : 비금속 원소만으로 구성되어 있다.

② 이온 결합 화합물은 일반적으로 물에 잘 용해되지만, 공유 결합 화합물은 극성이 큰 물질만 물에 잘 용해된다.

③ 공유 결합 화합물의 성질

　㉠ 이온 결합 화합물보다 녹는점과 끓는점이 낮고, 상온에서 기체나 액체 상태로 존재

　㉡ 액체 상태에서 전기 전도성을 갖지 않는다.

　㉢ 약한 힘에 의해서도 부스러지기 쉽고, 상태가 변화되어도 공유 결합이 끊어지지 않고 분자 유지

　㉣ 상온에서 고체인 경우 승화성을 갖는 것이 많다.

　　예 드라이아이스, 나프탈렌, 아이오딘 등

확인문제

해설

01 다음과 같은 전자 배치를 갖는 원소 중 음이온이 되기 쉬운 것은?

① K(1)
② K(2)L(1)
③ K(2)L(8)
④ K(2)L(8)M(3)
⑤ K(2)L(8)M(7)

01 전자 1개를 얻으면 18족 원소와 같은 전자 배치를 갖는 원소는 음이온이 되기 쉽다. ▶ ⑤

02 그림은 서로 다른 두 원자 A와 B의 전자 배치를 나타낸 것이다. A와 B가 반응할 때 이루어지는 화학 종류를 써 보자.

 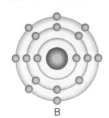

A   B

02 A는 전자를 잃기 쉬운 금속이고, B는 전자를 얻기 쉬운 비금속이다. 금속과 비금속 원소의 원자 사이에는 이온 결합이 형성된다. ▶ 이온 결합

03 다음 화합물 중에서 이온으로 구성된 것을 모두 골라 보자.

ㄱ. 염화나트륨($NaCl$)   ㄴ. 포도당($C_6H_{12}O_6$)
ㄷ. 염화구리($CuCl_2$)   ㄹ. 암모니아(NH_3)
ㅁ. 과산화수소(H_2O_2)   ㅂ. 산화마그네슘(MgO)

(   )

03 이온으로 구성된 화합물은 금속과 비금속 원소가 결합하여 이루어진 화합물이다. ▶ ㄱ, ㄷ, ㅂ

04 그림은 몇 가지 물질의 분자 모형이다. 이 화합물의 분자식을 써 보자.

(1) 염소 (   )   (2) 이산화탄소 (   )

(3) 삼산화황 (   )

04 분자식은 분자를 구성하는 원자의 종류를 나타내는 원소 기호의 오른쪽 아래에 작은 첨자로 1분자를 구성하는 원자의 개수를 나타내어 표시한다.
▶ (1) Cl_2 (2) CO_2 (3) SO_3

확인문제

05 다음 중 공유 결합으로 이루어진 화합물로만 짝지은 것은?

① HCl, KCl

② H_2O, NaF

③ CH_4, SO_2

④ NaCl, MgO

해설

05 KCl, NaF, NaCl, MgO는 이온 결합 화합물이다. ▶③

06 다음 중 공유 결합 화합물에 대한 설명으로 옳은 것은?

① 비금속 원자들 사이에서 일어나는 결합이다.

② 고체 상태에서 전기 전도성이 있다.

③ 주로 금속 원소 사이에서 형성된다.

④ 상온에서 대부분 고체 상태로 존재한다.

06 원자들이 공유 결합을 형성하여 분자를 만든다. 대부분의 공유 결합 화합물은 고체와 액체 상태에서 모두 전기 전도성을 갖지 않는다. ▶①

03 분자의 모양 및 구조

(1) 결합각과 결합 길이

① 결합각 : 공유 결합을 이루고 있는 3개의 원자에서 중심 원자와 다른 두 원자가 이루는 각이다.

② 결합 길이 : 공유 결합된 두 원자의 원자핵 사이의 거리이다.

(2) 전자쌍 반발 이론(VSEPR)

① 전자쌍 반발 이론 : 중심 원자 주위의 전자쌍들은 정전기적 반발력을 최소화하기 위해 가능한 한 멀리 떨어지려는 방향으로 배치된다.

② 중심 원자 주위에 있는 공유 전자쌍의 수에 따른 분자 구조의 변화

공유 전자쌍의 수	2쌍	3쌍	4쌍
전자쌍의 배열 구조			
결합각	$180°$	$120°$	$109.5°$
분자 구조	직선형	평면 (정)삼각형	(정)사면체형
화합물의 예	$BeCl_2$	BF_3	CH_4

③ 비공유 전자쌍의 존재 유무에 따른 공간 배치

㉠ 공유 전자쌍만 존재하는 경우 : 공유 전자쌍은 다른 원자와 공유되어 있으므로 중심 원자의 핵에서 가능한 한 멀리 떨어져 반발력을 최소화하며, 좁은 공간을 차지한다.

㉡ 비공유 전자쌍이 존재하는 경우 : 비공유 전자쌍은 중심 원자에만 속해 있으므로 중심 원자의 핵에 가깝게 있고, 넓은 공간을 차지한다.

④ 전자쌍 간의 반발력의 크기 비교 : 공유 전자쌍 간의 반발력<공유 전자쌍과 비공유 전자쌍 간의 반발력<비공유 전자쌍 간의 반발력

⑤ 다중 결합이 존재하는 경우의 전자쌍 반발 이론 : 다중 결합은 1개의 전자쌍으로 취급한다.

(3) 분자의 구조

① 중심 원자에 존재하는 전자쌍의 총수와 비공유 전자쌍의 개수에 의해 판단할 수 있다.

② 2원자 분자의 경우 : 2개의 원자가 결합하므로 항상 직선형 모양이다.

예 H_2, HF, HCl 등

③ 중심 원자에 비공유 전자쌍이 없는 경우 : 전체 공유 전자쌍의 배치에 의해 분자 구조가 결정된다.

분자 모형	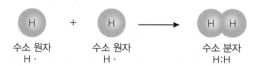 180°	120°	109.5°	90° 120°	90° 90°
전자쌍 수	2	3	4	5	6
전자쌍의 배열 구조	선형	평면 (정)삼각형	(정)사면체형	삼각쌍뿔형	정팔면체형
분자 구조	선형	평면 삼각형	정사면체형	삼각쌍뿔형	정팔면체형
결합각	180°	120°	109.5°	90°, 120°	90°
화합물의 예	BeF_2	BF_3	CH_4	PCl_5	SF_6

④ 중심 원자에 비공유 전자쌍이 있는 경우 : 전체 전자쌍의 배치에서 비공유 전자쌍을 뺀 공유 전자쌍들의 모양으로 분자 구조를 결정한다.

전자쌍 총 개수	3		4		
비공유 전자쌍 개수	0	1	0	1	2
분자 모형	120°		109.5°		
전자쌍 기하 구조	평면 삼각형	평면 삼각형	정사면체형	정사면체형	정사면체형
분자 구조	평면 삼각형	굽은형	정사면체형	삼각뿔형	굽은형
예	BCl_3	NO_2^-	CCl_4	NH_3	H_2O

(4) 전자쌍 반발 이론을 이용한 분자의 구조 결정 순서

루이스 구조 결정 → 중심 원자의 전자쌍 총 개수 결정 → 전자쌍의 공간 배치 결정 → 비공유 전의 존재 여부를 감안하여 분자 구조 결정

(5) 결합의 극성

① 무극성 공유 결합 : 같은 종류의 원자들 사이의 공유 결합으로, 전하가 균일하게 분포한다.

H 수소 원자 H· + H 수소 원자 H· → H H 수소 분자 H:H

◆ 수소 분자의 무극성 공유 결합

② 극성 공유 결합 : 전기 음성도가 다른 원자들 사이의 공유 결합으로, 전하가 불균일하게 분포한다.

❀ 염화수소의 극성 공유 결합

(6) 전기 음성도와 화학 결합

① 전기 음성도 : 공유 결합에서 두 원자 사이에 공유 전자쌍을 끌어당기는 힘의 크기를 상대적인 값으로 나타낸 것

② 전기 음성도의 차이에 따른 화학 결합의 구분 : 전기 음성도의 차이에 따라 이온 결합, 극성 공유 결합, 무극성 공유 결합으로 구분할 수 있다.

③ 전기 음성도의 차이에 의해 결합의 극성과 결합의 세기가 달라진다. → 전기 음성도 차이가 클수록 공유 결합의 극성은 증가하며, 더 강한 결합을 한다.

(7) 분자의 극성

① 무극성 분자 : 분자 내에 전하가 고르게 분포하여 전하를 띠지 않는 분자이다.

　　예 H_2, O_2, CH_4, CO_2 등

② 극성 분자 : 분자 내에 전하가 고르게 분포하지 않아서 부분 전하를 띠고 있는 분자이다.

　　예 HF, HCl, H_2O, NH_3 등

③ 무극성 분자와 극성 분자의 전기적 성질

　ㄱ 무극성 분자의 전기적 성질 : 대전체에 끌리지 않으며, 전기장의 영향을 받지 않는다.

　ㄴ 극성 분자의 전기적 성질 : 대전체에 끌려가며, 전기장 안에서 일정한 방향으로 배열된다. → 전기장을 걸어 주기 전에는 불규칙한 배열을 하고 있지만, 전기장을 걸어주면 부분적인 (−)전하를 띤 부분이 (+)극을 향해 배열된다.

(8) 쌍극자 모멘트

극성 분자는 전하가 분리되어 있으므로 쌍극자 모멘트라고 부르는 벡터값을 갖는다.

$$\delta^+ \quad \delta^-$$
$$H - Cl$$
$$\longrightarrow$$

❀ 쌍극자 모멘트의 표시

① 쌍극자 모멘트의 방향 : (+)전하에서 (−)전하로 향하며, 화살표가 (+)전하에서 (−)전하를 향하도록 표시한다.

② 쌍극자 모멘트와 극성의 크기 : 쌍극자 모멘트는 결합의 극성을 나타내는 척도이며, 극성이 강할수록 쌍극자 모멘트가 크다.

(9) 쌍극자 모멘트와 분자의 극성 결정

① 무극성 분자 : 쌍극자 모멘트는 0이다.

    ㉠ 이원자 분자 : 무극성 공유 결합을 갖는 분자는 쌍극자 모멘트가 0이고 무극성 분자이다. 예 H_2, O_2, Cl_2

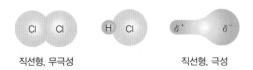

○ 이원자 분자의 극성

    ㉡ 다원자 분자 : 대칭 구조를 이루어 쌍극자 모멘트가 0이 되면 무극성 분자이다.
       예 BF_3, CH_4, CCl_4

② 극성 분자 : 비대칭 구조를 가진 분자나 쌍극자 모멘트가 0이 아닌 분자는 극성 분자이다. 예 H_2O, NH_3, CH_3Cl

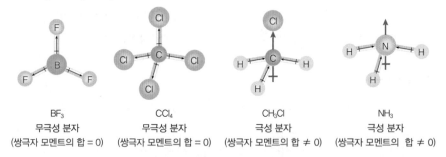

○ 무극성 분자와 극성 분자

(10) 분자의 극성을 결정하는 방법

분자의 루이스 구조와 분자의 구조를 결정한다.

    → 두 결합 원자의 전기 음성도 차를 고려하여 극성 결합의 쌍극자 모멘트를 나타낸다.

    → 분자의 대칭성을 고려하여 쌍극자 모멘트의 합이 0이 될 것인가를 판단한다.

    → 무극성 분자는 대칭 구조이며 쌍극자 모멘트가 0이고, 극성 분자는 비대칭 구조이며 쌍극자 모멘트가 0이 아니다.

(11) 극성 분자와 무극성 분자의 성질

① 물질의 성질은 분자의 극성에 의해 영향을 받는다.

② 녹는점과 끓는점 : 분자량이 비슷한 물질에서 극성이 클수록 녹는점이나 끓는점이 높다.

③ 용해성 : 무극성 분자는 무극성 용매, 극성 분자는 극성 용매에 잘 용해된다.

    예 물은 극성이 큰 물질이고, 극성 물질인 에탄올과는 잘 섞이지만 무극성 물질인 기름은 물과 잘 섞이지 않는다.

확인문제

해설

01 그림은 드라이아이스와 이산화탄소의 분자 배열을 나타낸 모형이다. 이에 대한 설명으로 옳지 않은 것은?

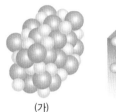 

(가)   (나)

① (가)와 (나)는 같은 분자로 이루어졌다.

② 분자 사이의 인력은 (가) > (나)이다.

③ (가)보다 (나)에서 분자 운동이 활발하다.

④ (가) → (나)의 변화가 일어날 때 승화라고 한다.

⑤ (가)와 (나)의 입자는 원자 사이에 전자가 이동하여 형성된다.

02 그림은 물(H_2O) 분자와 암모니아(NH_3) 분자의 모형을 나타낸 것이다. 물 분자와 암모니아 분자의 구조를 비교해 보자.

물 분자   암모니아 분자

(   )

01 드라이아이스는 고체 상태의 이산화탄소이며, 이산화탄소 분자는 탄소 원자 1개와 산소 원자 2개가 공유 결합을 형성하여 이루어진다.
▶ ⑤

02 물 분자는 산소 원자 1개에 수소 원자 2개가 결합하고 있으며 굽은형 구조를 지닌 극성 물질이고, 암모니아 분자는 질소 원자 1개에 수소 원자 3개가 결합하고 있으며 삼각뿔형의 입체 구조를 하고 있는 극성 분자이다.
▶ 물 분자 – 굽은형
암모니아 분자 – 삼각뿔형

확인문제

해설

※ 그림은 몇 가지 분자의 모형을 나타낸 것이다. [3~5]

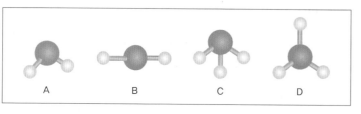

A   B   C   D

03 A, B, C, D 분자에서 결합각을 비교해 보자.

(   )

03 A는 굽은형, B는 직선형, C는 삼각뿔형, D는 평면 삼각형 구조를 갖는 분자이다.
▶ A<C<D<B

04 A~D 중에서 분자가 입체 구조를 갖는 것을 모두 골라 보자.

(   )

04 A, B, D는 모든 원자가 동일 평면에 존재하며, C는 입체 구조를 이루고 있다. ▶ C

05 A와 B의 분자 구조를 갖는 화합물의 예를 1가지씩 써 보자.

(   )

05 물 분자는 굽은형, 이산화탄소는 직선형의 분자 구조를 이루고 있다. ▶ A : 물, B : 이산화탄소

06 다음 중 물과 잘 섞이는 물질을 모두 골라 보자.

ㄱ. 에탄올	ㄴ. 식용유
ㄷ. 아세트산	ㄹ. 사염화탄소
ㅁ. 암모니아	ㅂ. 염화수소

06 물은 극성 물질로서 극성 물질인 에탄올, 암모니아, 염화수소, 아세트산 등의 물질과 잘 섞인다. 물에 잘 섞이지 않는 식용유, 사염화탄소는 무극성 물질이다.
▶ ㄱ, ㄷ, ㅁ, ㅂ

07 전자쌍 반발원리(VSEPR)에 대한 설명 중 옳지 않은 것은?

2019. 4. 27 출제

① 결합각이 클수록 전자쌍간의 반발력은 감소한다.
② 공명구조 각각은 옥텟규칙을 만족하여야 한다.
③ 공명구조는 둘중 하나로 VSEPR을 결정할 수 있다.
④ SF_4는 사면체 구조이다.

07 SF_4는 시소형이다. ▶ ④

04 분자 간 힘

(1) 분자 간 힘과 끓는점

① 분자 간 힘 : 분자로 이루어진 기체 물질들이 액체를 형성할 때 존재하게 되는 약한 상호 작용이다.

② 액체에서 기체로 상태 변화하는 온도인 끓는점이 물질마다 다른 것은 각 물질을 이루는 분자 간 힘의 크기가 다르기 때문이다.

(2) 쌍극자-쌍극자 힘

① 극성 분자들이 서로 접근할 때 한 분자의 δ^+ 와 이웃한 분자의 δ^- 사이에 작용하는 정전기적 인력이다.

② 쌍극자 모멘트가 큰 극성 분자일수록 쌍극자-쌍극자 힘이 증가한다.

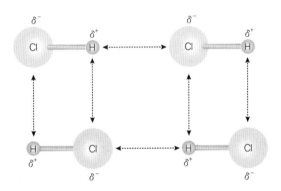

◎ 쌍극자 – 쌍극자 힘

(3) 쌍극자-유발쌍극자 힘

① 극성 분자가 무극성 분자에 접근할 때, 극성 분자의 부분전하가 인접 무극성 분자의 편극을 유도하여, 유발쌍극자를 형성한다.

② 한 분자의 δ^+ 와 이웃한 분자의 δ^- 사이에 작용하는 정전기적 인력이다.

(4) 분산력(반 데르 발스 힘)

① 분자 내 전자의 움직임으로 형성된 순간 쌍극자와 유발쌍극자 간에 작용하는 비교적 약한 분자 간 힘이다.

② 모든 분자 사이에 작용하는 힘이다.

③ 분자량이 클수록 분산력이 크다.

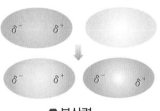

◎ 분산력

(5) 수소 결합

① 질소(N), 산소(O), 플루오린(F)과 같이 전기 음성도가 매우 큰 원자와 수소(H)가 결합하고 있는 분자에서 나타나는 인력 → 전기 음성도가 매우 큰 원자에 결합한 수소 원자와 또 다른 전기적 음성 원자의 비공유 전자쌍 사이에 작용하는 강한 분자 간 힘

② 수소 결합이 가능한 분자들은 끓는점이 높은 편이다.

(가) 플루오린화 수소의 수소 결합

(나) 아세트산의 수소 결합   (다) 에탄올의 수소 결합

○ 수소 결합을 하는 분자

(6) 쌍극자 모멘트 및 분자량과 분자 간 힘의 관계

① 분자량이 비슷한 경우

수소 결합 > 쌍극자 – 쌍극자 힘 > 쌍극자 – 유발쌍극자 힘 > 분산력

② 쌍극자 모멘트가 비슷한 경우 : 분자량이 큰 물질일수록 분산력 증가

③ 물, 플루오린화수소, 암모니아 : 분자량은 작으나 수소 결합 때문에 끓는점이 높은 경향성을 나타냄

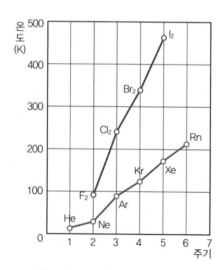

○ 할로젠 원소와 비활성 기체의 끓는점

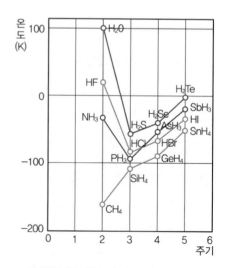

○ 같은 족 원소의 수소화물의 끓는점

확인문제

01 〈보기〉의 분자들을 극성 분자와 무극성 분자로 구분하시오.

─〈 보기 〉─

ㄱ. HF   ㄴ. CH_4

ㄷ. NH_3 ㄹ. O_2

(1) 극성 분자 (   )

(2) 무극성 분자 (   )

01 극성 분자는 분자 내에 전하가 고르게 분포하지 않아서 부분 전하를 띠고 있는 분자이고, 무극성 분자는 분자 내에 전하가 고르게 분포하여 부분 전하를 띠지 않는 분자이다.
▶ (1) ㄱ, ㄷ (2) ㄴ, ㄹ

02 전기 음성도에 대한 설명으로 옳지 않은 것은?

① 공유 결합에서 원자가 공유 전자쌍을 끌어당기는 정도이다.
② 금속성이 클수록 작아진다.
③ 같은 주기에서는 원자 번호가 증가할수록 커진다.
④ 같은 족에서는 원자 번호가 증가할수록 증가한다.
⑤ 전기 음성도의 차이가 클수록 결합의 극성이 증가한다.

02 주기율표상의 같은 족에서는 원자 번호가 증가할수록 전기 음성도가 작아지는 경향이 있다. ▶ ④

03 수소결합에 대한 설명으로 옳지 않은 것은?   2019. 4. 27 출제

① F, O, N와 H가 공유결합 한 분자에서 형성된다.
② 수소결합은 쌍극자 힘의 일종이다.
③ F가 가장 강한 수소결합을 한다.
④ 이온결합이나 공유결합 만큼 강한 결합이다.

03 수소결합은 분자간 힘이다. ▶ ④

제 4 장 | 적중예상문제

01 다음과 같은 성질을 갖고 있는 물질로 옳은 것은?

> • 녹는점 및 끓는점이 비교적 높다.
> • 액체일 때에는 전기를 잘 전도하나 고체일 때에는 전기부도체이다.
> • 일반적으로 극성 용매에 잘 녹는다.

① Zn   ② SiO_2

③ I_2 ④ KCl

02 다음 중 MgO이 NaCl보다 녹는점이 높은 이유와 관계 깊은 것으로 옳은 것은?

① MgO의 쿨롱의 힘이 NaCl의 힘보다 크다.
② NaCl의 밀도보다 MgO의 밀도가 크다.
③ MgO의 화학식량이 NaCl의 화학식량보다 작다.
④ NaCl의 총 전자 수보다 MgO의 총 전자 수가 작다.

03 다음 중 비공유 전자쌍을 가장 많이 갖고 있는 분자는?

① BF_3 ② CH_4

③ O_2 ④ HF

04 다음 중 이온 결합의 일반적인 성질로 옳은 것은?

① 전기 전도성이 있다.   ② 단단해서 잘 부서지지 않는다.
③ 끓는점이 높다.   ④ 결정성 고체로 휘발성이 있다.

05 다음 중 염화나트륨(NaCl)에 대한 설명으로 옳지 않은 것은?

① Na^+와 Cl^-는 모두 Ne와 같은 전자 배치를 한다.
② Na^+는 6개의 Cl^-와 결합하고 있는 구조이다.
③ Na^+와 Cl^-의 결합 비율은 1 : 1이다.
④ Na^+를 둘러싸고 있는 Cl^-는 정육면체 모양이다.

06 다음 중 분자 결정으로만 묶인 것은?

① NaCl, MgO　　　　　　② CO_2, CH_4

③ C, SiO_2　　　　　　④ Cu, Fe

07 이온 결합 물질이 고체 상태에서는 전기가 통하지 않으나 수용액 상태에서는 전기가 통하는 이유로 옳은 것은?

① 수용액 상태에서는 자유 전자가 생기기 때문에
② 수용액 상태에서는 분자 간의 결합이 끊어지기 때문에
③ 수용액 상태에서는 원자 간의 결합이 끊어지기 때문에
④ 수용액 상태에서는 이온으로 되기 때문에

08 다음 중 금속 결합과 관련 있는 것은?

① 자유 전자의 비공유　　　② 자기적 인력
③ 핵 간의 인력　　　　　　④ 금속 이온 간의 결합
⑤ 은백색 광택과 연성, 전성

09 다음 중 녹는점이 가장 높은 것은?

① Na　　　　　　② Al
③ Mg　　　　　　④ K
⑤ Ca

10 다음 수소 원자가 결합하여 수소 분자가 형성되는 과정을 나타낸 그래프에서 공유 결합이 형성되는 곳은?

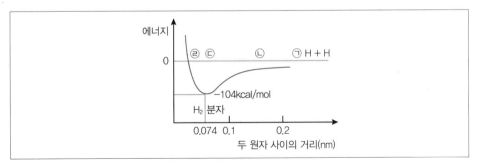

① ㉣　　　　　　② ㉢
③ ㉡　　　　　　④ ㉠

11 다음 중 이온 결합과 공유 결합만으로 이루어진 물질은?

① LiF

② CH_3COONa

③ NH_3

④ NH_4Cl

12 다음 중 NH_4Cl에 관여하고 있는 화학 결합이 아닌 것은?

① 금속 결합

② 공유 결합

③ 배위 결합

④ 이온 결합

13 다음 중 염화나트륨 결정구조에 대한 설명으로 옳지 않은 것은?

① Na^+과 Cl^-의 수의 비는 1:1이다.

② 염화세슘의 결정과 같은 구조를 갖고 있다.

③ 인접한 Na^+과 Cl^-의 이온 간 거리는 두 이온들의 반지름의 합과 같다.

④ 각 Na^+은 6개의 Cl^-에 둘러싸여 있다.

14 다음 중 화학 결합 방식에 대한 설명으로 옳지 않은 것은?

① H_2O는 공유 결합으로 되어 있다.

② 고체 형태의 Ag은 금속 결합을 하고 있다.

③ 산화마그네슘은 이온 결합으로 되어 있다.

④ 다이아몬드는 금속 결합으로 되어 있다.

15 원자 사이의 결합이 모두 이온 결합으로 이루어진 화합물로만 짝지어진 것은?

① $MgCl_2$, KCl

② CO, H_2SO_4

③ H_2O, HF

④ CH_4, NH_4Cl

16 다음 중 화학 결합 방식을 설명한 것으로 옳지 않은 것은?

① H_2O는 공유 결합으로 되어 있다.

② 고체상태의 Ag은 금속 결합을 하고 있다.

③ NH_4^+에는 배위 결합이 있다.

④ 수정은 금속 결합으로 되어 있다.

17 다음 중 14족 원소의 산화물인 CO_2보다 SiO_2가 끓는점이 높은 이유로 옳은 것은?

① CO_2는 극성 공유 결합, SiO_2는 이온 결합 구조이다.

② CO_2는 무극성 공유 결합, SiO_2는 극성 공유 결합 구조이다.

③ CO_2는 직선 구조, SiO_2는 굽은형의 구조이다.

④ CO_2는 분자 결정, SiO_2는 원자 결정이다.

18 다음 중 녹는점이 가장 높은 물질은?

① NaCl 결정   ② 다이아몬드

③ Zn 결정   ④ CO_2 결정

19 다음 분자 중 쌍극자 힘이 없으며, 분자 모양이 대칭 분자가 되는 무극성 분자는?

① HCl   ② H_2O

③ $CHCl_3$ ④ CO_2

20 다음 중 분자 결합 각도의 비교로 옳은 것은?

① $BF_3 > H_2O > CCl_4$ ② $H_2O > CCl_4 > BF_3$

③ $CCl_4 > H_2O > BF_3$ ④ $BF_3 > CCl_4 > H_2O$

21 다음 중 전기 음성도의 차이가 없는 무극성 공유 결합으로 옳은 것은?

① HF   ② KCl

③ NO   ④ F_2

22 다음 중 비공유 전자쌍을 가지고 있지 않은 분자는?

① BF_3 ② H_2O

③ NH_3 ④ CH_4

⑤ CO_2

23 다음의 분자들이 전자쌍 반발 원리에 의해 분자 모양이 결정된다고 할 때, 평면 삼각형의 구조를 갖는 것은?

① BF_3

② CF_4

③ NF_3

④ H_3O^+

24 다음 중 분자 모양과 결합각의 연결로 옳지 않은 것은?

① BeH_2 − 직선 대칭형 − $180°$

② CH_4 − 정사면체 − $109.5°$

③ NH_3 − 평면 정삼각형 − $130°$

④ H_2O − 굽은형 − $104.5°$

⑤ HCl − 직선형 − $180°$

25 다음 설명 중 옳지 않은 것은?

① 전기 음성도가 가장 큰 족은 18족이다.

② 같은 족에서 원자 번호가 증가할수록 전기 음성도는 대체적으로 감소한다.

③ 같은 주기에서 왼쪽으로 갈수록 전기 음성도는 대체적으로 감소한다.

④ 전기 음성도가 클수록 전자를 잡아당기는 성질이 크다.

26 공유 결합 물질의 분자모형, 결합각, 화학식, 분자 구조 및 극성과 무극성 관계를 나타낸 것으로 옳지 않은 것은?

①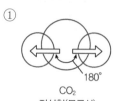

$180°$
CO_2
직선형(무극성)

②

$109.5°$
H_2O
굽은형(극성)

③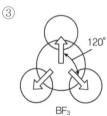

$120°$
BF_3
삼각 평면형(무극성)

④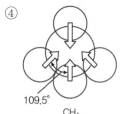

$109.5°$
CH_4
사면체(무극성)

27 다음은 원소 A, B, C, D의 전기 음성도이다. 이온 결합성이 가장 큰 것은?

원소의 종류	A	B	C	D
전기 음성도	0.9	1.0	3.0	4.0

① A와 D
② A와 C
③ B와 C
④ B와 D

28 다음 중 분자 모양으로 보아 무극성 분자라고 생각되는 것은?

①
```
      B
      |
  B—A—C
      |
      B
```

②
```
      B
      |
      A
     / \
    B   B
```

③ A—B—C

④
```
      A
     / \
    B   B
```

29 다음은 메탄올의 구조식이다. 분자의 실제 구조에서 HCH 사이의 각(결합각) α에 가장 가까운 값은?

① 90°
② 100°
③ 105°
④ 109°

30 다음 중 극성 분자로 옳지 않은 것은?

①
```
H      Cl
 \    /
  C=C
 /    \
H      Cl
```

②
```
H      Cl
 \    /
  C=C
 /    \
Cl     H
```

③
```
H      H
 \    /
  C=C
 /    \
Cl     Cl
```

④
```
    O
   / \
  H   H
```

31 H_2O 가 액체 상태보다 고체 상태일 때 부피가 더 늘어나는 이유로 옳은 것은?

① 수소 결합 ② 반데르발스 결합
③ 이온 결합 ④ 공유 결합
⑤ 배위 결합

32 다음 중 분산력을 결정하는 데 가장 중요한 요소는?

① 이중 극자 모멘트 ② 전기 음성도
③ 분자량 ④ 온도

33 분자 내에서 원자 간에는 공유 결합, 분자들 간에는 약한 반데르발스의 힘을 갖고 있는 것은?

① $Li(g)$ ② $NaCl(s)$
③ $CH_4(s)$ ④ $Ag(s)$

34 그림은 $M^+(g)$과 $X^-(g)$이 이온 결합을 형성할 때, 이온 간 거리에 따른 에너지 변화(E)를 나타낸 것이다. 이에 대한 설명으로 옳은 것만을 〈보기〉에서 모두 고른 것은?

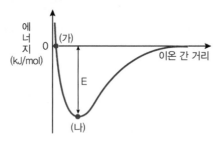

---〈 보기 〉---

ㄱ. (가)에서 이온 사이의 반발력은 인력보다 크다.
ㄴ. (나)에서 안정한 이온 결합 물질이 형성된다.
ㄷ. E의 크기는 NaF이 KI보다 크다.

---

① ㄱ ② ㄴ
③ ㄱ, ㄷ ④ ㄴ, ㄷ
⑤ ㄱ, ㄴ, ㄷ

35 다음 중 끓는점이 가장 낮은 물질로 옳은 것은?

① CH_3OCH_3　　　　　　　　② CH_3COOH

③ C_2H_5OH　　　　　　　　　④ CH_3CHO

36 다음 중 분산력에 대한 설명으로 옳은 것은?

① 분자 간의 힘이 가장 강하다.

② 전자가 많을수록 분산력이 작아진다.

③ 무극성 분자 사이에 작용하는 힘이다.

④ 분자량이 커질수록 분산력이 작아진다.

37 그림은 뉴클레오타이드의 구조를 나타낸 것이다. 이에 대한 설명으로 옳은 것만을 〈보기〉에서 모두 고른 것은?

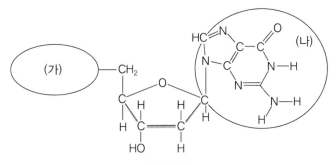

────〈 보 기 〉────

ㄱ. (가)는 수용액에서 음전하를 띤다.

ㄴ. (가)의 중심 원자에는 비공유 전자쌍이 존재한다.

ㄷ. DNA 나선형 구조를 만들 때 (나)는 상보적 염기와 수소 결합을 한다.

① ㄱ　　　　　　　　　　　　② ㄴ

③ ㄱ, ㄷ　　　　　　　　　　④ ㄴ, ㄷ

⑤ ㄱ, ㄴ, ㄷ

38 그림은 염화나트륨 용융액을 전기 분해할 때 입자의 이동을 모형으로 나타낸 것이다.

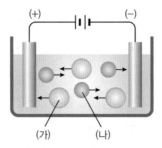

(가)   (나)

이에 대한 설명으로 옳은 것만을 〈보기〉에서 모두 고른 것은?

〈 보기 〉

ㄱ. (가)는 전자이다.
ㄴ. (−)극에서 (나)는 환원된다.
ㄷ. 일정한 시간 동안 생성된 물질의 몰수는 (−)극과 (+)극에서 같다.

① ㄱ   ② ㄴ
③ ㄱ, ㄷ   ④ ㄴ, ㄷ
⑤ ㄱ, ㄴ, ㄷ

39 그림 (가)는 원소 A와 B로 이루어진 화합물을, (나)는 원소 B와 C로 이루어진 화합물을 모형으로 나타낸 것이다.

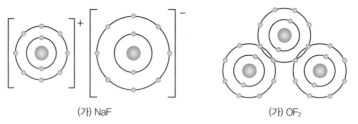

(가) NaF   (가) OF_2

이에 대한 설명으로 옳은 것만을 〈보기〉에서 모두 고른 것은? (단, A~C는 임의의 원소기호이다)

〈 보기 〉

ㄱ. 전기 음성도는 A<C<B이다.
ㄴ. 원자 A, B, C에서 원자가 전자가 들어 있는 오비탈의 주 양자수(n)는 모두 같다.
ㄷ. (가)는 고체 상태에서 전기 전도성이 있다.

① ㄱ   ② ㄷ
③ ㄱ, ㄴ   ④ ㄴ, ㄷ
⑤ ㄱ, ㄴ, ㄷ

40 표는 몇 가지 분자와 이를 분류하기 위한 기준 (가)~(다)를 나타낸 것이다.

분자	분류 기준
HCN, PH_3, BF_3 N_2H_4, CH_2Cl_2	(가) 입체 구조이다. (나) 결합의 쌍극자 모멘트 합이 0이다. (다) 중심 원자에 비공유 전자쌍이 존재한다.

(가)~(다)에 해당하는 화합물 수의 합은?

① 4
② 5
③ 6
④ 7
⑤ 8

41 그림은 몇 가지 물질을 실험으로 분류하는 과정을 나타낸 것이다.

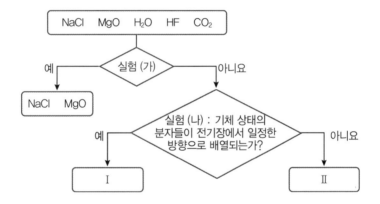

이에 대한 설명으로 옳은 것만을 〈보기〉에서 모두 고른 것은?

―〈 보기 〉―

ㄱ. 실험 (가)는 "액체 상태에서 전류가 흐르는가?"가 될 수 있다.

ㄴ. I에 포함된 물질의 수는 2가지이다.

ㄷ. II에 포함된 분자에는 비공유 전자쌍이 없다.

① ㄱ
② ㄴ
③ ㄱ, ㄴ
④ ㄴ, ㄷ
⑤ ㄱ, ㄴ, ㄷ

42 그림은 3가지 분자 (가)~(다)의 구조식을 나타낸 것이다.

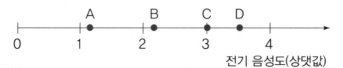

이에 대한 설명으로 옳은 것만을 〈보기〉에서 모두 고른 것은?

〈 보기 〉

ㄱ. 결합각은 $\alpha = \beta = \gamma$이다.
ㄴ. (가)~(다)에서 산소의 산화수는 모두 같다.
ㄷ. (가)~(다) 중 쌍극자 모멘트의 합은 (다)가 가장 작다.

① ㄴ   ② ㄷ

③ ㄱ, ㄴ   ④ ㄱ, ㄷ

⑤ ㄴ, ㄷ

43 그림은 4가지 원소의 전기 음성도를 나타낸 것이다.

전기 음성도(상댓값)

이에 대한 설명으로 옳지 않은 것은? (단, A~D는 각각 H, O, Mg, Cl 중 하나이다)

① BC의 수용액은 전류가 흐른다.
② DC_2분자의 모양은 굽은형이다.
③ A와 D로 이루어진 화합물의 화학식은 AD이다.
④ B와 D로 이루어진 화합물은 이온 결합 화합물이다.
⑤ A와 C로 이루어진 화합물은 B와 C의 화합물보다 녹는점이 높다.

44 다음은 물의 특성과 관련된 3가지 현상 ㈎~㈐를 나타낸 것이다.

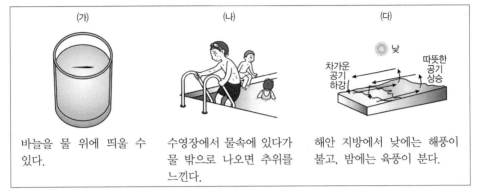

	㈎	㈏	㈐
바늘을 물 위에 띄울 수 있다.		수영장에서 물속에 있다가 물 밖으로 나오면 추위를 느낀다.	해안 지방에서 낮에는 해풍이 불고, 밤에는 육풍이 분다.

㈎~㈐의 원인이 되는 물의 특성을 옳게 나열한 것은?

	(가)	(나)	(다)
①	밀도	비열	표면 장력
②	밀도	기화열	비열
③	밀도	기화열	표면 장력
④	표면 장력	비열	밀도
⑤	표면 장력	기화열	비열

45 그림 ㈎는 물 분자의 결합 모형을, ㈏는 온도에 따른 물의 밀도를 나타낸 것이다.

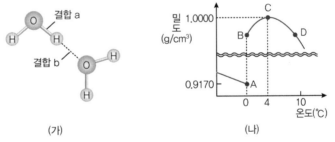

(가)   (나)

이에 대한 설명으로 옳은 것만을 〈보기〉에서 모두 고른 것은?

─〈 보기 〉─

ㄱ. 한 분자당 평균 결합 b의 수는 B보다 C에서 많다.
ㄴ. 단위 부피당 결합 a의 총 수는 A보다 B에서 많다.
ㄷ. 물 분자 사이의 평균 거리는 C보다 D에서 크다.

① ㄱ   ② ㄴ
③ ㄷ   ④ ㄱ, ㄴ
⑤ ㄴ, ㄷ

46 그림은 14족과 17족 원소의 수소 화합물의 끓는점을 원소의 주기에 따라 나타낸 것이다. 이에 대한 설명으로 옳은 것만을 〈보기〉에서 모두 고른 것은?

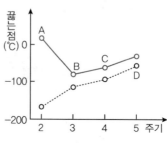

〈 보기 〉

ㄱ. A의 끓는점이 가장 높은 이유는 수소 결합 때문이다.

ㄴ. D는 분산력만 작용한다.

ㄷ. C가 B보다 끓는점이 높은 이유는 쌍극자–쌍극자 힘 때문이다.

① ㄱ

② ㄱ, ㄴ

③ ㄱ, ㄷ

④ ㄴ, ㄷ

⑤ ㄱ, ㄴ, ㄷ

47 표는 두 가지 탄소 동소체 (가)와 (나)에 관한 자료이다.

동소체	(가)	(나)
전기 전도성	없다	크다
밀도(g/cm^3)	3.5	1.3~1.4
열전도도(상댓값)	2	3
용도	유리칼	초강력 섬유

(가)와 (나)에 해당하는 탄소 동소체의 모형을 〈보기〉에서 골라 옳게 짝지은 것은?

〈 보기 〉

ㄱ.   ㄴ.   ㄷ.

	(가)	(나)			(가)	(나)
①	ㄱ	ㄴ		②	ㄱ	ㄷ
③	ㄴ	ㄱ		④	ㄴ	ㄷ
⑤	ㄷ	ㄱ				

48 그림은 할로젠화 수소 HA~HD의 끓는점을 나타낸 것이다.

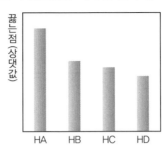

이에 대한 설명으로 옳은 것만을 〈보기〉에서 모두 고른 것은? (단, A~D는 각각 F, Cl, Br, I 중 하나이다)

〈 보기 〉
ㄱ. HA는 수소 결합을 이루고 있다.
ㄴ. 분산력은 HD가 가장 작다.
ㄷ. 분자량은 B_2가 D_2보다 크다.

① ㄱ ② ㄷ
③ ㄱ, ㄴ ④ ㄱ, ㄷ
⑤ ㄴ, ㄷ

49 그림 (가)와 (나)는 Si와 O로 이루어진 2가지 물질의 구조를 모형으로 나타낸 것이다.

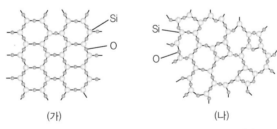

(가)   (나)

(가)와 (나)에 대한 설명으로 옳은 것만을 〈보기〉에서 모두 고른 것은?

〈 보기 〉
ㄱ. (가)와 (나)에서 Si와 O 사이의 결합은 모두 공유 결합이다.
ㄴ. (가)는 원자 결정이다.
ㄷ. (나)는 녹는점이 일정하지 않다.

① ㄱ ② ㄷ
③ ㄱ, ㄴ ④ ㄴ, ㄷ
⑤ ㄱ, ㄴ, ㄷ

50 그림 (가)는 10g의 얼음을 일정한 열량으로 가열할 때 가열 시간에 따른 온도를, (나)는 물 분자의 결합 모형을 나타낸 것이다.

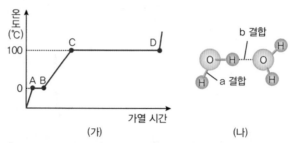

이에 대한 설명으로 옳은 것만을 〈보기〉에서 모두 고른 것은?

─────〈 보기 〉─────

ㄱ. A와 B에서 b 결합 수는 같다.

ㄴ. 비열은 물이 얼음보다 크다.

ㄷ. CD 구간에서 a 결합 수가 감소한다.

① ㄴ   ② ㄷ
③ ㄱ, ㄴ   ④ ㄱ, ㄷ
⑤ ㄴ, ㄷ

제 **4** 장 | 적중예상문제 해설

01 |정답| ④

|해설| 이온 결정은 고체 상태에서 전기를 전도하지 않지만, 용액에서나 액체 상태에서는 전기를 잘 통한다. 이온 결정에 해당하는 물질에는 $NaCl$, KCl, $MgCl_2$ 등이 있다.

02 |정답| ①

|해설| 이온 결합력(쿨롱의 힘)
- 두 이온의 전하량에 비례한다.
- 이온 사이의 거리가 짧을수록 크다.
- 결합력이 클수록 녹는점, 끓는점이 높아진다.

03 |정답| ①

|해설| ①

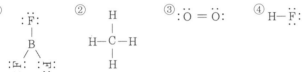

04 |정답| ③

|해설| ① 이온 결합 물질은 고체 상태일 때는 전기 전도성이 없다.
② 이온 결합 물질은 단단하지만, 부서지기 쉽다.
④ 결정성 고체로 휘발성이 있는 것은 분자결정이다.

05 |정답| ①

|해설| ① Cl^-의 전자 수는 18개이며, Ar의 전자 배치와 같다.
　　※ $NaCl$의 결정 구조
　　　• 입방체의 각 면 중심에 이온이 위치하는 면심 입방 구조이다.
　　　• Na^+ 6개를 Cl^-이 둘러싸고, 각 Cl^-은 6개의 Na^+로 둘러싸여 있다(Na^+:Cl^-=1:1).

06 |정답| ②

|해설| ① 이온 결정 ② 분자 결정 ③ 원자 결정 ④ 금속 결정

07 |정답| ④

|해설| 이온 결합 물질은 수용액이나 용융상태에서 양이온과 음이온으로 이온화된다.

08 |정답| ⑤

|해설| 금속 결합
　　㉠ 금속의 양이온(원자핵)이 고정되어 있고, 그 주위를 자유 전자가 움직인다. 금속 결합은 금속 양이온과 자유전자 사이의 정전기적 인력에 의해 형성된 결합이다.

    ⓛ 결정은 단단하거나 무르다.

    ⓒ 은백색 광택, 연성, 전성의 특성을 갖는다.

09 |정답| ②

|해설| 금속 결합력이 클수록 녹는점이 높아지는데 금속 결합력은 자유 전자가 많을수록, 원자 반지름이 작을수록 커진다.

10 |정답| ②

|해설| 가장 안정한 분자는 에너지가 낮아지는 지점에서 형성된다.

11 |정답| ②

|해설| $CH_3COONa \rightarrow CH_3COO^- + Na^+$

    ① 이온 결합 $Li^+ + F^-$

    ② 이온 결합, 공유 결합 $CH_3COO^- + Na^+$

    ③ 공유 결합

    ④ 공유 결합, 배위 결합, 이온 결합 $NH_4^+ + Cl^-$

12 |정답| ①

|해설| 금속 결합은 금속 양이온과 자유 전자 사이의 정전기적 인력에 의해 형성된 결합인데, NH_4Cl에는 금속 양이온이 없다.

13 |정답| ②

|해설| ② 염화나트륨의 결정에서는 6개의 음이온이 양이온을 둘러싸고 있고, 염화세슘의 결정에서는 6개의 양이온이 음이온을 둘러싸고 있다.

14 |정답| ④

|해설| ④ 다이아몬드는 그물 구조 형태의 공유 결정이다.

15 |정답| ①

|해설| ② CO(공유 결합), H_2SO_4(공유 · 배위 결합)

    ③ 모두 공유 결합

    ④ CH_4(공유 결합), NH_4Cl(이온 · 공유 · 배위 결합)

16 |정답| ④

|해설| ④ 다이아몬드, 흑연, 수정은 그물처럼 연결된 공유 결합을 이루고 있다.

17 |정답| ④

|해설| CO_2는 승화성이 있는 분자 결정이고, SiO_2는 공유 결합으로 이루어진 원자 결정이므로 SiO_2의 끓는점이 높다.

※ **공유 결합 물질**
- 분자 결정 : 분자 간의 약한 인력으로 이루어진 결정으로 녹는점 및 승화열이 낮고, 승화성 물질이 많다(드라이아이스-CO_2, 아이오딘, 나프탈렌).
- 원자 결정 : 모든 원자들이 공유 결합에 의하여 그물처럼 연결된 결정이다. 매우 단단하며 녹는점, 끓는점이 높다(다이아몬드, 수정-SiO_2).

18 |정답| ②

|해설| 결정을 이루는 단위 입자 간의 인력이 클수록 녹는점이 높다.

인력의 크기는 다이아몬드>$NaCl$ 결정>Zn 결정>CO_2 결정 순이다.

※ 결정의 결합력 세기(녹는점, 끓는점) : 원자 결정(다이아몬드)>이온 결정($NaCl$)>금속 결정(Zn)>분자 결정(CO_2)

19 |정답| ④

|해설| **대칭 분자와 비대칭 분자**
- 대칭 분자 : 쌍극자 힘이 없는 무극성 분자를 말한다. 예 CO_2
- 비대칭 분자 : 쌍극자 힘이 있는 극성 분자를 말한다. 예 H_2O, HCl, $CHCl_3$

20 |정답| ④

|해설| **결합각도**

㉠ BF_3 : $120°$, ㉡ CCl_4 : $109.5°$, ㉢ H_2O : $104.5°$

21 |정답| ④

|해설| 같은 원소 간의 결합은 무극성 공유 결합이다.

22 |정답| ④

|해설| ① 9개 ② 2개 ③ 1개 ⑤ 4개

23 |정답| ①

|해설| 중심 원자에 공유 전자쌍만 3쌍인 분자는 평면 삼각형의 구조를 이루고, 공유 전자쌍 3쌍과 비공유 전자쌍 1쌍인 분자는 입체적인 피라미드형 구조를 이룬다.

① 평면 삼각형 ② 정사면체 ③·④ 피라미드(삼각뿔)

24 |정답| ③

|해설| ③ NH_3는 피라미드형으로 결합각은 $107°$이다.

25 |정답| ①

|해설| ① 전기 음성도가 가장 큰 족은 17(할로젠)족이다. 18족은 전기 음성도를 나타내지 않는다.

※ **전기 음성도**
- 같은 주기 : 원자 번호가 증가할수록 커짐(18족 제외)
- 같은 족 : 원자 번호가 증가할수록 작아짐

26 |정답| ②

|해설| H_2O의 결합각은 $104.5°$이다.

27 |정답| ①

|해설| 전기 음성도 차가 클수록 이온 결합성이 크다.

28 |정답| ②

|해설| 무극성 분자는 쌍극자 모멘트의 합이 0이다.

29 |정답| ④

|해설| 메탄올은 정사면체구조이며, 결합각은 $109°$이다.

30 |정답| ②

|해설| ② 원자들의 전기 음성도는 서로 다르나 대칭 구조를 가지고 있어 이중 극자 모멘트의 합이 0이다.

※ **극성 결합** : 전기 음성도가 서로 다른 원자들이 전자쌍을 공유하여 형성된 결합이며 구조가 비대칭이다.

31 |정답| ①

|해설| 일반적으로 물질은 액체 상태보다 고체 상태일 때 부피가 줄어들지만, H_2O는 고체일 때 수소 결합에 의한 빈 공간이 많이 형성되므로 부피가 늘어난다.

32 |정답| ③

|해설| 분자량이 클수록 전자 수가 많아져 편극이 잘 일어나므로 분자 사이에 분산력이 크다.

33 |정답| ③

|해설| $CH_4(s)$: 원자 간에는 공유 결합으로, 분자들 간에는 유발 쌍극자에 의한 분산력으로 이루어져 있다.

34 |정답| ⑤

|해설| 이온 간 거리가 가까울수록 인력과 반발력이 증가하고, (나)에서 인력과 반발력이 균형을 이루어 이온 결합이 형성된다. NaF과 KI에서 이온의 전하량은 같으나 이온 간 거리가 NaF이 KI보다 짧으므로 E의 크기는 NaF이 KI보다 크다.

35 |정답| ①

|해설| ① 수소 결합이 아니다.

②, ③, ④ 분자 간의 수소 결합으로 이루어져 있어 끓는점이 높다.

36 |정답| ③

|해설| ① 분자 간의 힘이 가장 약하다.

② 분산량이 커질수록 분산력이 커진다.

④ 전자가 많을수록 편극이 잘 일어나므로 분산력이 커진다.

37 |정답| ③

|해설| ㄱ. (가)는 수용액에서 인산(H_3PO_4)의 수소가 떨어져 나간 상태로 음전하를 띠고 있다.

ㄴ. (가)의 중심 원자인 P은 확장된 옥텟 규칙을 만족하므로 비공유 전자쌍이 존재하지 않는다.

ㄷ. (나)는 구아닌(G)으로 DNA 나선형 구조를 만들 때 사이토신(C)과 3개의 수소 결합을 한다.

38 |정답| ②

|해설| ㄱ. ⑦는 Cl^-이다.

ㄴ, ㄷ. 두 전극에서 일어나는 반응식은 다음과 같다.

(−)극 : $Na^+ + e^- \rightarrow Na$ (환원)

(+)극 : $2Cl^- \rightarrow Cl_2 + 2e^-$ (산화)

따라서 일정 시간 동안 Na과 Cl_2는 2 : 1의 몰수 비로 생성된다.

39 |정답| ①

|해설| ㄱ. ⑦는 NaF이고, ⑭는 OF_2이다. A는 Na, B는 F, C는 O이다. 전기 음성도는 Na<O<F이다.

ㄴ. Na은 3주기 원소(n=3)이고, O와 F은 2주기 원소(n=2)이므로 원자가 전자가 들어 있는 오비탈의 주양자수(n)는 Na이 O와 F보다 크다.

ㄷ. 이온 결합 물질인 NaF은 고체 상태에서 전기를 통하지 않는다.

40 |정답| ③

|해설| H−C+N은 직선형의 분자이고 극성이다. PH_3은 삼각뿔형 구조를 가지는 극성 분자이다. BF_3는 평면 정삼각형이고 무극성이다. N_2H_4는 질소의 비공유 전자쌍으로 인해서 질소 중심의 입체 구조이고 극성 분자이다. CH_2Cl_2는 사면체 구조를 가지는 극성 분자이다. 따라서 ⑦~⑭에 해당하는 분자는 다음과 같아 합은 6(=3+1+2)이다.

⑦ PH_3, N_2H_4, CH_2Cl_2

⑭ BF_3

⑭ PH_3, N_2H_4

41 |정답| ③

|해설| ㄱ. 5가지의 물질 중 실험 ⑦에 '예'인 물질은 NaCl과 MgO으로 이온 결합 물질이며, 나머지는 공유 결합 물질이다. 따라서 ⑦는 이온 결합 물질을 찾기 위한 실험이 될 수 있다. 즉, "액체 상태에서 전류가 흐르는가?"가 될 수 있다.

ㄴ. 실험 ⑭는 극성 분자를 확인하는 실험이다. H_2O은 굽은형으로 극성 분자이며, HF는 서로 다른 원자로 이루어진 2원자 분자로 극성이다. CO_2는 극성 결합을 하고 있으나 대칭을 이루는 직선형 분자로 무극성이다. 따라서 I에 포함된 물질은 H_2O, HF 2가지이다.

ㄷ. II에 포함된 분자는 CO_2로 중심 원자인 C에는 비공유 전자쌍이 없지만 O에는 비공유 전자쌍이 각각 2개씩 있다.

42 |정답| ②

|해설| ㄱ. ⑦와 ⑭에서 굽은형 구조의 분자이지만 구성 원소가 다르므로 α와 β는 다르다. $\gamma = 180°$이다.

ㄴ. 산소의 산화수는 ⑦와 ⑭에서 −2이고, ⑭에서 +2이다.

ㄷ. ⑭만 무극성 분자로 쌍극자 모멘트의 합은 0이고, ⑦와 ⑭는 극성 분자로 쌍극자 모멘트의 합은 0보다 크다.

43 |정답| ④

|해설| A는 Mg, B는 H, C는 Cl, D는 O이다.

① BC는 HCl로 산이다. HCl는 전해질로 수용액은 전기 전도성이 있다.

② DC_2 분자에서 D는 산소이며, 중심 원자인 O에는 비공유 전자쌍이 2개이므로 분자 모양은 굽은형이다.

③ A와 D의 화합물은 산화마그네슘으로 MgO이다.

④ 비금속 원소인 B와 D의 화합물은 H_2O 또는 H_2O_2로 공유 결합 화합물이다.

⑤ A와 C의 화합물은 이온 결합 화합물이며, B와 C의 화합물은 공유 결합 화합물이다. 이온 결합 화합물인 A와 C의 화합물의 녹는점이 높다.

44 |정답| ⑤

|해설| (가) 물보다 밀도가 큰 바늘을 물 위에 띄울 수 있는 것은 물의 표면 장력 때문이다. (나) 물은 기화열이 커서 물 밖으로 나오면 추위를 느끼게 되고, (다) 바다는 육지보다 비열이 크므로 해안에서는 육풍과 해풍이 분다.

45 |정답| ⑤

|해설| ㄱ. 결합 b는 수소 결합으로, 물 분자 간 수소 결합은 C보다 온도가 낮은 B에서 더 많다.

ㄴ. 결합 a는 공유 결합으로, 같은 부피일 때 물의 질량은 A보다 밀도가 큰 B에서 더 크므로 결합 a의 총 수는 A보다 B에서 많다.

ㄷ. 밀도가 작을수록 부피가 커지므로 C보다 밀도가 작은 D에서 물 분자 간 평균 거리가 더 크다.

46 |정답| ②

|해설| ㄱ. A는 HF로 분자량이 가장 작지만 수소 결합 때문에 17족 원소의 수소 화합물 중 끓는점이 가장 높다.

ㄴ. 14족 원소의 수소 화합물은 모두 무극성 분자이므로 D는 분산력만 작용한다.

ㄷ. 극성의 크기는 B가 C보다 크지만 C는 B보다 분산력이 커서 끓는점이 높다.

47 |정답| ②

|해설| (가)는 밀도가 크고 단단하여 유리칼의 제조에 이용되는 다이아몬드(ㄱ)이다. (나)는 전기 전도성이 크고 초강력 섬유의 제조에 이용되는 탄소 나노 튜브(ㄷ)이다.

48 |정답| ④

|해설| ㄱ. HA는 HF, HB는 HI, HC는 HBr, HD는 HCl이므로 HA는 수소 결합을 이룬다.

ㄴ. 분자량이 가장 작은 HA가 분산력이 가장 작다.

ㄷ. 원자량이 B>D이므로 분자량은 $B_2 > D_2$이다.

49 |정답| ⑤

|해설| ㄱ. (가)와 (나)는 모두 Si와 O 사이에 공유 결합을 이루고 있다.

ㄴ. (가)는 규칙적인 배열을 이루는 원자 결정이다.

ㄷ. (나)는 불규칙적인 배열을 이루므로 녹는점이 일정하지 않다.

50 |정답| ①

|해설| ㄱ. AB 구간은 얼음이 융해되는 구간이므로 b 결합(수소 결합)의 일부가 끊어진다.

ㄴ. 그래프의 기울기가 작을수록 비열이 크므로 비열은 물이 얼음보다 크다.

ㄷ. CD 구간은 물이 기화하는 구간이며 a 결합(공유 결합)은 끊어지지 않는다.

제 5 장 탄소 화합물과 착화합물

01 탄소 화합물

(1) 탄소 화합물

탄소(C)를 기본 골격으로 하여 수소(H), 산소(O), 질소(N), 황(S), 인(P) 등이 결합하여 만들어진 화합물

(2) 탄소 화합물의 구조적 특징

① 단일 결합을 할 때, 원자들은 탄소를 중심으로 정사면체 형태의 기하학적 배열을 한다.
② 단일 결합을 할 때, 탄소 원자를 중심으로 한 결합각은 109.5°이다.

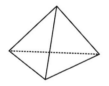
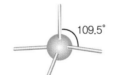

| (가) 정사면체 | (나) 탄소의 4개 공유 결합 위치 | (다) 정사면체 내의 탄소 원자 |

◐ 탄소의 사면체 구조

(3) 탄소 화합물이 다양한 이유

① 같은 족의 다른 원소들보다 크기가 작아 공유 결합 길이가 짧기 때문에 안정한 탄소-탄소 결합이 가능하여 다양한 길이의 탄소 사슬을 만들 수 있다.
② 수소, 산소, 질소, 플루오린 등의 여러 원자들과 공유 결합을 한다.

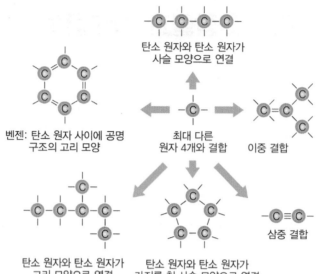

벤젠: 탄소 원자 사이에 공명
구조의 고리 모양

탄소 원자와 탄소 원자가
사슬 모양으로 연결

최대 다른
원자 4개와 결합

이중 결합

탄소 원자와 탄소 원자가
고리 모양으로 연결

탄소 원자와 탄소 원자가
가지를 친 사슬 모양으로 연결

삼중 결합

(4) 탄화수소

① 탄소 화합물 중에서 탄소와 수소로만 이루어진 화합물이다.

② 탄화수소의 분류

　㉠ 모양에 따라 사슬 모양의 탄화수소와 고리 모양의 탄화수소로 분류한다.

　㉡ 탄소 원자들 사이의 결합 형태에 따라 포화 탄화수소와 불포화 탄화수소로 분류한다.

(5) 알케인(C_nH_{2n+2})

① 탄소 원자 사이의 결합이 모두 단일 결합으로 이루어진 사슬 모양의 탄화수소이다.

② 구조적 특징

　㉠ 가장 간단한 알케인인 메테인(CH_4)은 정사면체 구조이다.

　㉡ 모두 단일 결합을 하므로 각 원자들의 회전이 자유롭다.

③ 이용 : 무극성 용매, 연료

④ 탄소수가 4개 이상이면 가지가 달린 사슬 모양의 탄화수소가 만들어진다. → 구조 이성
질체는 분자식이 같으나 구조가 달라 성질이 다른 화합물이다.

(가) 노말–뷰테인   (나) 아이소–뷰테인

❖ 뷰테인의 구조 이성질체

(6) 알켄(C_nH_{2n})

① 탄소 원자 사이에 이중 결합이 1개 있는 불포화 탄화수소이다.

② 구조적 특징과 물리적 성질

    ㉠ 이중 결합을 사이에 둔 2개의 탄소는 회전하기 어렵다.

    ㉡ 탄소수가 같은 알케인에 비해 녹는점이 낮다.

③ 에텐(에틸렌, C_2H_4)

    ㉠ 구조 : 탄소 원자 2개와 수소 원자 4개가 한 평면에 존재한다.

    ㉡ 이용 : 과일의 숙성 및 고분자 화합물을 만드는 데 사용한다.

❖ 에텐의 구조식과
분자 모형

(7) 알카인(C_nH_{2n-2})

① 탄소 원자 사이에 삼중 결합이 1개 있는 불포화 탄화수소이다.

② 에타인(아세틸렌, C_2H_2)

    ㉠ 구조 : 탄소 원자 2개와 수소 원자 2개가 같은 직선 위에 존재한다.

    ㉡ 이용 : 금속의 절단이나 용접 등에 사용한다.

❖ 에타인의 구조식과
분자 모형

(8) 고리 모양 탄화수소

고리 모양의 구조를 갖는 탄화수소이다.

① 사이클로알케인(C_nH_{2n}) : 고리 모양의 구조를 갖는 포화 탄화수소이다.

② 사이클로알켄(C_nH_{2n-2}) : 고리 내에 이중 결합이 있는 불포화 탄화수소이다.

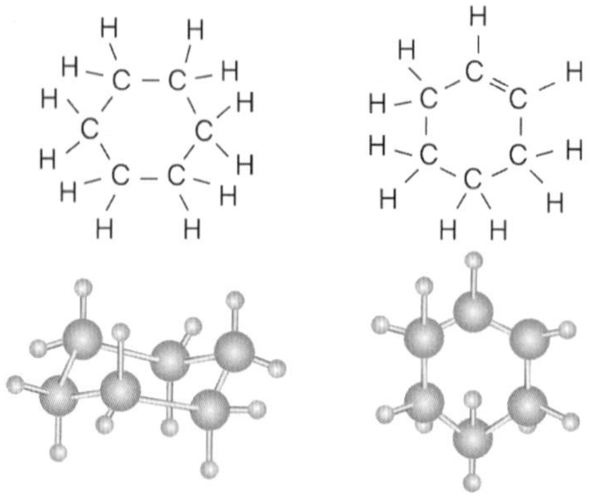

(가) 사이클로알케인　　　(나) 사이클로알켄

사이클로알케인과 사이클로알켄의 구조식과 분자 모형

(9) 벤젠(C_6H_6)

① 구조적 특징

㉠ 육각형 고리 모양으로 모든 원자가 한 평면에 존재한다.

㉡ 탄소 원자들 사이의 결합각이 모두 120°이다.

㉢ 탄소 원자 사이의 결합 길이는 모두 같으며, 이는 단일 결합과 이중 결합의 중간 정도이다.

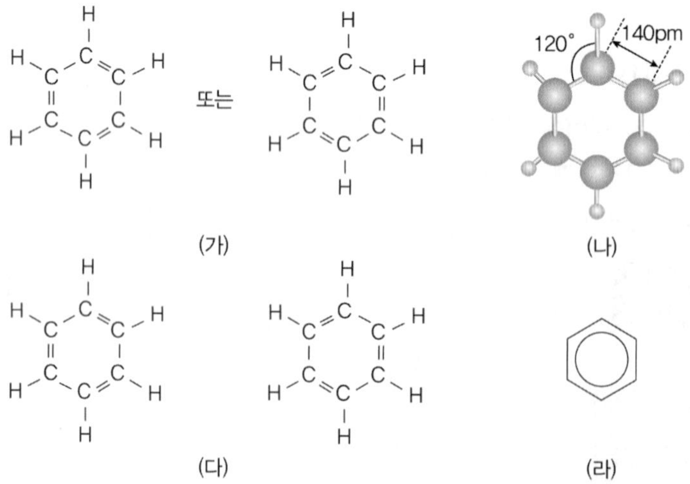

벤젠의 분자 모형과 구조식

② 공명 구조

㉠ 1개의 분자가 2개 이상의 결합 구조를 갖는 분자 구조이다.

㉡ 공명 구조 각각은 어느 것도 실제 구조를 정확히 묘사하지 못하므로 구조의 혼성으로 나타내는 것이 정확하다.

㉢ 공명 구조를 가진 화합물은 안정하다.

(10) 방향족 탄화수소

① 벤젠을 포함한 탄화수소로 독특한 향이 난다.

② 몇 가지 방향족 탄화수소의 성질과 용도

㉠ 나프탈렌 : 승화성이 있는 흰색 고체로, 방충제, 염료의 원료 등에 사용한다.

㉡ 안트라센 : 살충제, 코팅 재료 등에 사용한다.

확인문제

해설

01 2개 이상의 원자들이 전자쌍을 공유하여 형성된 화학 결합은 무엇인가?

(   )

01 다른 원자들과 전자를 공유하여 비활성 기체와 같이 안정된 전자 배치를 이루는 화학 결합을 공유 결합이라고 한다. ▶ 공유 결합

02 수소 원자와 탄소 원자의 원자가 전자 수를 각각 써 보자.

(   )

02 수소 원자는 주기율표의 1족 원소로 원자가 전자 수가 1이다. 탄소 원자는 14족 원소로 원자가 전자 수가 4이다.
▶ 수소 원자 : 1, 탄소 원자 : 4

03 다음 중 공유 결합 화합물이 아닌 것은?

① N_2　　　　② CH_4
③ KCl　　　　④ C_2H_5OH
⑤ $C_6H_{12}O_6$

03 KCl은 양이온인 K^+과 음이온인 Cl^- 사이의 정전기적 인력에 의해 만들어진 이온 결합 화합물이다. ▶ ③

확인문제

해설

04 메테인 분자의 루이스 전자점식에 대한 설명으로 옳은 것은?

$$H$$
$$H : \overset{\cdot\cdot}{\underset{\cdot\cdot}{C}} : H$$
$$H$$

① 탄소 원자의 홀전자 수는 4개이다.
② 수소 원자의 홀전자 수는 2개이다.
③ 메테인 분자는 이중 결합을 포함한다.
④ 메테인 분자에서 공유 전자쌍은 2개이다.
⑤ 메테인 분자에서 비공유 전자쌍은 2개이다.

04 원자가 전자 중 쌍을 이루지 않은 전자를 홀전자라 한다. 탄소 원자의 홀전자 수는 4개, 수소 원자의 홀전자 수는 1개이다. 탄소 원자 1개와 수소 원자 4개로 이루어진 암모니아 분자에는 공유 전자쌍이 4개, 비공유 전자쌍이 1개 있다. 수소와 탄소 원자 사이의 결합은 모두 1개의 공유 전자쌍, 즉, 단일 결합으로 되어 있다. ▶①

05 다음 빈칸에 알맞은 용어를 써 보자.

> 분자의 구조는 분자를 이루는 원자의 종류와 수에 따라 달라진다. 3개의 원자가 결합한 분자에서 중심 원자의 원자핵과 중심 원자와 결합한 두 원자의 핵을 연결했을 때 두 원자핵 사이의 거리를 ㉠ (   )(이)라고 하고, 중심 원자와 다른 두 원자가 이루는 각을 ㉡ (   )(이)라고 한다.

05 ▶㉠ : 결합 길이, ㉡ : 결합각

06 다음 물질을 극성 분자와 무극성 분자로 나누어 보자.

$$CO_2, \ CH_4, \ H_2O, \ H_2$$

06 분자 내에 전하가 고르게 분포하여 전하를 띠지 않는 분자를 무극성 분자라 하고, 전하가 한쪽으로 치우쳐 있어서 전하를 띠는 분자를 극성 분자라고 한다. H_2는 무극성 공유 결합을 하므로 무극성 분자이다. CO_2와 CH_4는 원자 사이의 결합이 극성 공유 결합이지만 분자 내에서 극성이 서로 상쇄되어 극성을 띠지 않는다. 반면, H_2O는 수소 원자가 부분적인 (+)전하, 산소 원자가 부분적인 (−)전하를 띠는 극성 분자이다.
▶무극성 분자 : CO_2, CH_4, H_2
극성 분자 : H_2O

07 벤젠에 대한 설명으로 옳은 것은?

───〈 보기 〉───

ㄱ. 결합각이 $109.5°$이다.
ㄴ. 첨가반응이 우세하다.
ㄷ. 평면구조이다.
ㄹ. 무극성이고 상온에서 액체이다.

07 ㄱ : $120°$
ㄴ : 치환반응우세 ▶ㄷ, ㄹ

02 탄화수소 유도체

(1) 지방족 탄화수소의 유도체

작용기	작용기 이름	일반식	일반명	화합물
$-OH$	하이드록시기	ROH	알코올	CH_3OH
$-O-$	에테르기	ROR'	에테르	CH_3OCH_3
$-CHO$	폼기	$RCHO$	알데하이드	$HCHO$
$-CO-$	카보닐기	$RCOR'$	케톤	CH_3COCH_3
$-COOH$	카복시기	$RCOOH$	카복시산	$HCOOH$
$-COO-$	에스터기	$RCOOR'$	에스터	$HCOOCH_3$

① 알코올

　㉠ $C_nH_{2n+1}OH$, $R-OH$, 탄소수의 어미에 $-n$올로 명명

　㉡ 제법

　　ⓐ 포도당을 효소로 발효시킴($C_6H_{12}O_6 \rightarrow 2C_2H_5OH + 2CO_2$)

　　ⓑ 에텐과 물의 첨가 반응

　㉢ 분류

　　ⓐ 하이드록시기에 따라 1가, 2가, 3가 알코올

분류	구조식과 시성식	이름	성질 및 용도
1가 알코올	$H-\overset{\overset{H}{\mid}}{\underset{\underset{H}{\mid}}{C}}-\overset{\overset{H}{\mid}}{\underset{\underset{H}{\mid}}{C}}-OH$, C_2H_5OH	에탄올	에탄올 무색의 향기 있는 액체로, 주정이라고 한다.
2가 알코올	$H-\overset{\overset{H}{\mid}}{\underset{\underset{OH}{\mid}}{C}}-\overset{\overset{H}{\mid}}{\underset{\underset{OH}{\mid}}{C}}-H$, $C_2H_4(OH)_2$	에틸렌 글리콜	점성이 있는 액체로, 자동차의 부동액으로 쓰인다.
3가 알코올	$H-\overset{\overset{H}{\mid}}{\underset{\underset{OH}{\mid}}{C}}-\overset{\overset{H}{\mid}}{\underset{\underset{OH}{\mid}}{C}}-\overset{\overset{H}{\mid}}{\underset{\underset{OH}{\mid}}{C}}-H$, $C_3H_5(OH)_3$	글리세롤	유지의 성분으로, 의약품이나 화장품의 원료

ⓑ -OH가 붙은 탄소에 결합하는 알킬기의 수에 따라 1차, 2차, 3차 알코올

분류	일반식	구조식	이름
1차 알코올	$R-CH_2OH$	$\begin{matrix} & H & H & H \\ & \| & \| & \| \\ H- & C- & C- & C-OH \\ & \| & \| & \| \\ & H & H & H \end{matrix}$	n-프로페인올
2차 알코올	$\begin{matrix} R \\ R' \end{matrix}\rangle CHOH$	$\begin{matrix} & H & H & H \\ & \| & \| & \| \\ H- & C- & C- & C-H \\ & \| & \| & \| \\ & H & OH & H \end{matrix}$	iso-프로페인올
3차 알코올	$\begin{matrix} R \\ \| \\ R'-C-OH \\ \| \\ R' \end{matrix}$	$\begin{matrix} & CH_3 \\ & \| \\ H_3C- & C-OH \\ & \| \\ & CH_3 \end{matrix}$	tert-뷰테인올

ⓒ 성질

ⓐ -OH는 이온화하지 않으므로 비전해질, 중성

ⓑ 탄소수와 하이드록시기가 많을수록 끓는점 높아짐

ⓒ 수소 결합 : 분자량이 비슷한 다른 탄화수소에 비해 끓는점 높음

ⓓ 탄소수가 적을수록, 하이드록시기는 많을수록 물에 잘 녹음

알콜	시성식	탄소수	끓는점(℃)	용해도(g)
메탄올	CH_3OH	1	65	∞
에탄올	CH_3CH_2OH	2	78	∞
프로페인올	$CH_3CH_2CH_2OH$	3	97	∞
뷰테인올	$CH_3CH_2CH_2CH_2OH$	4	117	8.0
펜테인올	$CH_3CH_2CH_2CH_2CH_2OH$	5	138	2.7

ⓜ 반응성

ⓐ 알칼리 금속과 반응하여 수소 기체 발생

$$2C_2H_5OH + 2Na \rightarrow 2C_2H_5ONa + H_2$$

ⓑ 카복시산과 반응하여 에스터 생성

$$CH_3COOH + CH_3OH \rightarrow CH_3COOCH_3 + H_2O$$

ⓒ 진한 황산을 넣고 가열(탈수 반응, 온도에 따라 다른 생성물 발생)

• 분자 내의 탈수

$$C_2H_5OH \xrightarrow[160 \sim 180℃]{진한 H_2SO_4} C_2H_4(에텐) + H_2O$$

- 분자 사이의 탈수

$$2C_2H_5OH \xrightarrow[130 \sim 140℃]{진한 H_2SO_4} C_2H_5OC_2H_5(다이에틸에테르) + H_2O$$

ⓓ 산화 반응

- 1차 알코올 → 알데하이드 → 카복시산
- 2차 알코올 → 케톤
- 3차 알코올은 산화 안 됨

1. 1차 알코올 : 1차 알코올 $\xrightarrow{산화}$ 알데하이드 $\xrightarrow{산화}$ 카복시산

$$RCH_2OH \xrightarrow{-H_2} RCHO \xrightarrow{+O} RCOOH$$

예 CH_3OH (메탄올) $\xrightarrow{산화}$ $HCHO$ (폼알데하이드) $\xrightarrow{산화}$ $HCOOH$ (폼산)

C_2H_5OH (에탄올) $\xrightarrow{산화}$ CH_3CHO (아세트알데하이드) $\xrightarrow{산화}$ CH_3COOH (아세트산)

2. 2차 알코올 : 2차 알코올 $\xrightarrow{산화}$ 케톤

$$R-\underset{\underset{OH}{|}}{C}H-R' \xrightarrow{-H_2} R-\underset{\underset{O}{\|}}{C}-R'$$

예 $CH_3-\underset{\underset{OH}{|}}{C}H-CH_3 \xrightarrow{산화} CH_3-\underset{\underset{O}{\|}}{C}-CH_3$

(아이소프로필알코올)   (아세톤)

② 에테르

㉠ $C_nH_{2n+1}OC_mH_{2m+1}(m, n \geq 1), R-O-R'$

㉡ 제법 : 두 알코올 분자를 탈수시킴

㉢ 성질

ⓐ 휘발성, 마취성, 인화성이 큰 액체

ⓑ 물과 섞이지 않으며 유기물질을 추출하는 용매로 쓰임

ⓒ 금속과 반응하지 않음

ⓓ 탄소수가 같은 알코올과 작용기 이성질체 관계

($C_2H_6O \rightarrow C_2H_5OH, CH_3OCH_3$)

③ 알데하이드

㉠ $C_nH_{2n+1}CHO, R-CHO$, 탄소수의 어미에 -n알로 명명

㉡ 제법 : 1차 알코올 산화

㉢ 성질

ⓐ 탄소수가 적은 알데하이드는 물에 잘 녹음

ⓑ 산화시키면 카복시산, 환원시키면 알코올이 됨

ⓒ 환원력이 있어 은거울 반응과 펠링 반응을 함

은거울 반응	$2RCHO + 2Ag(NH_3)OH \rightarrow$ $2RCOOH + 2Ag \downarrow + 4NH_3 + H_2$
펠링 반응	$RCHO + 2CuSO_4 + 4NaOH \rightarrow$ $RCOOH + 2Na_2SO_4 + Cu_2O \downarrow + 2H_2O$

ⓔ 이용

　ⓐ **폼알데하이드**($HCHO$) : 30~40% 수용액(포르말린), 동물 부패 방지, 요소·페놀 수지 원료

　ⓑ **아세트알데하이드**(CH_3CHO) : 접착제의 원료

④ **케톤**

　㉠ $C_nH_{2n+1}COC_mH_{2m+1}$, $R - CO - R'$, 탄소수의 어미에 -온을 붙여 명명

　㉡ **제법** : 2차 알코올 산화

　㉢ **성질**

　　ⓐ 특유의 향기, 무색 액체, 물과 잘 섞임

　　ⓑ 탄소수가 같은 알데하이드와 이성질체

　　　[$C_3H_6O \rightarrow C_2H_5CHO$(프로페인알), CH_3COCH_3(프로페인온)]

　　ⓒ 아이오딘화 폼 반응

　　　• 염기성 용액 속에서 아이오딘과 반응하여 CHI_3(노란색) 앙금 생성

　　　• CH_3COCH_3(아세톤), C_2H_5OH(에탄올), CH_3CHO(아세트알데하이드), $C_2H_5CH(OH)CH_3$(아이소뷰테인올)

　㉣ **아세톤** : 고무나 수지를 녹이는 유기 용매, 매니큐어 지우는 용매

⑤ **카복시산**

　㉠ $C_nH_{2n+1}COOH$, $R - COOH$, R이 사슬 모양일 때 지방산, 탄소수의 어미에 -산을 붙여 명명

　㉡ **제법** : 1차 알코올을 계속 산화, 알데하이드 산화

　㉢ **성질**

　　ⓐ 물에 잘 녹아 약산성인 무색의 액체, 염기와 중화 반응

　　ⓑ 알칼리 금속과 반응하여 수소 기체 발생

　　ⓒ 카복시산 두 분자는 수소 결합(이합체)

　　ⓓ 알코올과 반응하여 에스터 생성

　　ⓔ 폼산은 폼기(-CHO)가 있어 은거울 반응, 펠링 반응을 함

ㄹ 여러 가지 카복시산

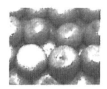

귤(시트르산)　　　　사과(말산)　　　　포도(타르타르산)　　　　김치(젖산)

⑥ 에스터

　ㄱ $C_nH_{2n+1}COOC_mH_{2m+1}$, $R-COO-R'$

　ㄴ 제법 : 카복시산과 알코올의 에스터화 반응

　ㄷ 성질

　　ⓐ 탄소수가 적은 것은 과일향이 남

사과(아세트산에틸)　배(부티르산이소아밀)　바나나(아세트산이소아밀)　파인애플(부티르산아밀)

　　ⓑ 물에 녹지 않으나 묽은 산에 가수 분해 됨

$$RCOOR' + H_2O \xrightarrow{\ H^+\ } RCOOH + R'OH$$

　　ⓒ 폼산의 에스터는 분자 내 폼기 소유(은거울 반응, 펠링 반응)

　　ⓓ 탄소수가 같은 카복시산과 이성질체

　　　[$C_2H_4O_2$ → CH_3COOH(에테인산), $HCOOCH_3$(메테인산메틸)]

　ㄹ 탄소수가 많은 고급 지방산과 3가 알코올인 글리세롤의 에스터를 유지라 함

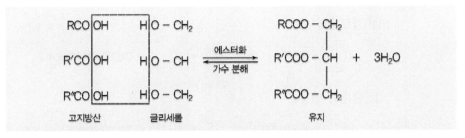

고지방산　　　　글리세롤　　　　　　　　유지

　ㅁ 비누화 : 염기에 의해 쉽게 분해되는 현상, 염과 알코올 생성

　　$(R-COO)_3C_3H_5 + 3NaOH$ → $3RCOONa$(비누) $+ C_3H_5(OH)_3$

　ㅂ 도료의 원료, 청량음료나 아이스크림의 향료

(2) 방향족 탄화수소

① 벤젠의 구조

　㉠ 케쿨레(1865년)가 제안

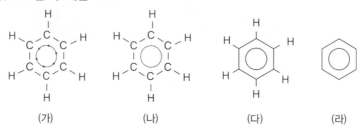

(가)　　　　　(나)　　　　　(다)　　　　　(라)

◉ 벤젠핵의 공명과 표시 방법

　㉡ 공명 혼성체 : X선 연구 결과 탄소 원자 간 길이가 단일 결합보다는 짧고 이중 결합
　　보다는 길어 1.5중 결합의 형태를 띰

② 벤젠의 제법 및 성질

　㉠ 제법

　　ⓐ 콜타르(석탄을 건류할 때 생성)를 분별 증류

　　ⓑ $3C_2H_2$(아세틸렌, 가열된 철관에 통과시킴) → C_6H_6

　㉡ 성질

　　ⓐ 독특한 냄새, 무색의 액체, 인화성 큼, 인체 유해

　　ⓑ 물과 안 섞임, 알코올·에테르 등 유기물질과 잘 섞임

　　ⓒ H에 비해 상대적으로 C가 많으므로 연소 때 그을음 생성

　　ⓓ 첨가 반응보다 치환 반응이 더 활발

③ 벤젠의 반응

　㉠ 벤젠의 치환 반응

　　ⓐ 할로젠화 반응

$$\bigcirc\!\!\!\!\hexagon - H + Cl-Cl \xrightarrow[300℃]{Ni\ 촉매} \bigcirc\!\!\!\!\hexagon - Cl(클로로벤젠) + HCl$$

　　ⓑ 술폰화 반응

$$\bigcirc\!\!\!\!\hexagon - H + H_2SO_4 \xrightarrow[가열]{SO_3} \bigcirc\!\!\!\!\hexagon - SO_3H(벤젠술폰산) + H_2O$$

　　ⓒ 나이트로화 반응

$$\bigcirc\!\!\!\!\hexagon - H + HNO_3 \xrightarrow[가열]{진한\ 황산} \bigcirc\!\!\!\!\hexagon - NO_2(나이트로벤젠) + H_2O$$

ⓓ 알킬화 반응(프리델-크래프트 반응)

$$\text{C}_6\text{H}_5-\text{H} + \text{CH}_3\text{Cl} \xrightarrow[\text{가열}]{\text{AlCl}_3} \text{C}_6\text{H}_5-\text{CH}_3(\text{톨루엔}) + \text{HCl}$$

ⓛ 벤젠의 첨가 반응(이중 결합이 모두 끊어짐)

　　ⓐ 수소 첨가 반응(사이클로헥세인)

　　ⓑ 염소 첨가 반응

벤젠헥사클로라이드(BHC)

(3) 방향족 탄화수소의 동족체

① 톨루엔

　ⓛ 제법 : 벤젠의 알킬화 반응

　ⓛ 성질

　　ⓐ 무색의 향기 있는 액체, 인화성, 산화하면 벤조산이 됨

벤즈알데하이드　　　　벤조산

　　ⓑ 나이트로화 시키면 TNT가 만들어짐

TNT(trinitrotoluene)

ⓒ 톨루엔의 치환 반응

② 크실렌(자일렌) : 무색의 방향성 액체, 세 종류의 이성질체 존재, 산화하면 프탈산

(4) 방향족 탄화수소의 유도체

① 페놀류

㉠ 탄소 원자에 직접 하이드록시기가 결합한 화합물

㉡ 공통적으로 물에 조금 녹아 약산성 나타냄

㉢ 카복시산과 반응하여 에스터 생성

㉣ 염화철 수용액에 의해 보라색 계통의 정색 반응(페놀류의 검출)

② 페놀

㉠ 콜타르의 분류와 벤젠의 합성으로 얻음

㉡ 무색의 바늘 모양 결정, 독성, 살균력

㉢ 물에 조금 녹아 약산성

㉣ 수산화나트륨과 중화 반응

㉤ 염화철과 적자색의 정색 반응

  ⓑ 카복시산과 에스터 생성

  ⓢ 의약, 염료, 페놀 수지 등의 원료, 살균 및 소독제

③ **크레졸** : 살균력이 있어 소독약으로 쓰임, 염화철과 보라색의 정색 반응

④ **살리실산** : 백색의 바늘 모양 결정, 염화철에 의해 보라색 정색 반응, 카복시산이나 알코올과 에스터 생성

아세틸살리실산(아스피린)

살리실산메틸(근육진통제)

⑤ **방향족 카복시산**

  ㉠ 벤젠 고리에 $-COOH$가 붙어 있는 화합물

  ㉡ 수용액은 약한 산성이며 알코올과 에스터화 반응을 함

  ㉢ **벤조산** : 염료, 화장품·의약품 및 식품 방부제 등의 원료

⑥ **방향족 아민**

  ㉠ 벤젠 고리에 $-NH_2$가 붙어 있는 화합물

  ㉡ 약한 염기성, 산과 반응하여 염산아닐린 생성

  ㉢ 표백분과 반응하여 보라색을 띰

  ㉣ **아닐린**

   ⓐ 나이트로벤젠을 환원시켜 얻음

나이트로벤젠   아닐린

   ⓑ 아세트산과 반응하여 아세트아닐리드(진통제, 아마이드 결합)

03 **고분자 화합물**

(1) 고분자 화합물

① 고분자 화합물의 일반적인 성질

  ㉠ 거대 분자, 분자량 일정하지 않음, 녹는점 · 끓는점 일정하지 않음

  ㉡ 고체나 액체로만 존재, 결정을 이루기 어려움

  ㉢ 가열하면 기화하기 전에 분해됨

  ㉣ 열, 전기, 화학 약품 등에 대해 안전성이 크고 물이나 유기 용매에 녹기 어려움

② 중합 반응의 종류

  ㉠ 첨가 중합

  ⓐ 단위체들이 중합할 때 어느 원자도 제거되지 않고 이중 결합이 끊어지면서 중합되는 반응

  ⓑ 첨가 중합에 의한 고분자 화합물

$$n\mathrm{CH_2} = \mathrm{CH} \xrightarrow{\text{첨가 중합}} \left\{ \begin{array}{c} \mathrm{CH_2} - \mathrm{CH} \\ | \\ \mathrm{X} \end{array} \right\}_n$$

X	단위체 이름	고분자 화합물 이름	용도
H	에틸렌	폴리에틸렌	플라스틱, 필름
Cl	염화바이닐	폴리염화바이닐	PVC관, 레코드판
CH_3COO	아세트산바이닐	폴리아세트산바이닐	접착제, 도료
CH_3	프로필렌	폴리프로필렌	섬유, 상자, 밧줄
CN	아크릴로나이트릴	폴리아크릴로나이트릴	옷감, 양탄자
⬡	스타이렌	폴리스타이렌	스티로폼, 투명용기

  ㉡ 축합 중합

  ⓐ 단위체 분자 내 두 개 이상의 작용기(보통 $-COOH$, $-NH_2$, $-OH$ 등) 존재

  ⓑ 결합 시 물 분자나 할로젠화수소 같은 간단한 분자가 빠져 나옴

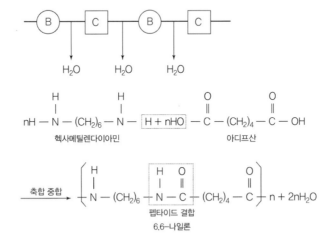

ⓒ 펩타이드 결합(아마이드 결합)을 가진 화합물을 폴리펩타이드(폴리아마이드)라 함

ⓒ **공중합**(혼성 중합) : 종류가 다른 두 가지 이상의 단위체를 중합시킬 때 교대로 첨가 중합되는 것

$$nCH_2 = CH - CH = CH_2 + nCH_2 = CH - CN$$
부타다이엔　　　　　아크릴로나이트릴

$$\longrightarrow \left[CH_2 - CH = CH - CH_2 - CH_2 - \underset{\underset{CN}{|}}{CH} \right] n$$
부나 – N(NBR 고무)

③ 합성 고분자 화합물의 종류

　㉠ 합성수지(플라스틱)

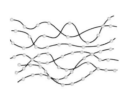
열가소성 수지

열경화성 수지

　ⓐ **열경화성 수지**

　　• 가열하면 분자의 그물 구조에 변화가 일어나 굳어져 열에 의해 다시 녹일 수 없음

- 대부분 HCHO가 관여
- 페놀 수지, 요소 수지, 멜라민 수지 등

ⓑ **열가소성 수지**
- 가열하면 부드러워지고 냉각하면 다시 굳어짐, 원하는 모양 성형 가능
- 폴리염화바이닐, 폴리에틸렌, 폴리스타이렌 등

ⓛ **합성 섬유**

ⓐ 석유나 천연자원으로부터 화학적으로 합성한 섬유

ⓑ **폴리바이닐계 섬유**
- 바이닐기($CH_2 = CH-$)의 첨가 중합으로 생성, 올론, 바이닐론 등
- 바이닐론은 불에 타지 않고 마찰에 잘 견딤, 옷감 · 어망 등에 쓰임

ⓒ **폴리아마이드계 섬유**

$$nH-\underset{H}{N}-(CH_2)_6-\underset{H}{N}-\boxed{H+nHO}-\underset{O}{C}-(CH_2)_4-\underset{O}{C}-OH$$

헥사메틸렌다이아민   아디프산

$$\xrightarrow{\text{축합 중합}} \left[-\underset{H}{N}-(CH_2)_6-\boxed{\underset{H}{N}-\underset{O}{C}}-(CH_2)_4-\underset{O}{C} \right]_n + 2nH_2O$$

펩타이드 결합
6,6-나일론

- 축합 중합으로 생성된 아마이드 결합을 소유, 6,6-나일론
- 질기지만 땀 흡수 못 함, 정전기 자주 발생, 열에 약함
- 카펫, 밧줄, 그물, 전선

ⓓ **폴리에스터계 섬유**
- 테레프탈산과 에틸렌 글리콜의 축합 중합, 테릴렌
- 물세탁 가능, 햇빛 · 약품에 강함, 구김이 잘 생기지 않음
- 의류 소재, 사진 필름, 녹음 테이프

$$nHOOC-\bigcirc-CO\boxed{OH+nH}O-CH_2-CH_2-OH$$

$$\longrightarrow \left[\underset{O}{C}-\bigcirc-\underset{O}{C}-O-CH_2-CH_2-O \right]_n + 2H_2O$$

ⓒ **합성 고무**

ⓐ **천연고무** : 아이소프렌의 첨가 중합체

ⓑ **네오프렌 고무** : 클로로프렌의 첨가 중합체, 호스, 테이프

$$nCH_2 = CH - \underset{\underset{Cl}{|}}{C} = CH_2 \longrightarrow \left[CH_2 - CH = \underset{\underset{Cl}{|}}{C} - CH_2 \right]_n$$

ⓒ 부나-N(NBR)고무 : 부타다이엔과 아크릴로나이트릴의 혼성 중합체, 타이어에 쓰임

$$nCH_2 = CH - CH = CH_2 + nCH = CH_2 \longrightarrow \left[CH_2 - CH = CH - CH_2 - \underset{\underset{CN}{|}}{CH} - CH_2 \right]_n$$
$$\underset{\underset{CN}{|}}{}$$

부타다이엔   아크릴로나이트릴   부나 - N

ⓓ 부나-S(SBR)고무 : 부타다이엔과 스타이렌의 혼성 중합체

④ 천연고분자 화합물

㉠ 탄수화물

ⓐ 포도당($C_6H_{12}O_6$)

• 사슬 모양과 α - 포도당 및 β - 포도당으로 존재, 평형을 이룸

◎포도당의 세 가지 이성질체의 구조

• 물에 녹음, 환원성 있음(은거울 반응, 펠링 반응)

• 치마아제에 의해 알코올 발효됨(무기 호흡)

$$(C_6H_{12}O_6 \longrightarrow 2C_2H_5OH + 2CO_2 + 에너지)$$

ⓑ 다당류$[(C_6H_{10}O_5)_n]$

• 녹말

◎α-포도당의 축합중합

- α-포도당의 중합체
- 아밀로오스(용해되기 쉬운 부분)와 아밀로펙틴(용해되기 어려운 부분)으로 구성
- 찬물에 잘 녹지 않으나 더운물에서는 콜로이드 용액이 됨
- 광합성에 의해 생성

• 셀룰로오스

◐ β-포도당의 축합중합

- β-포도당의 중합체
- 찬물이나 뜨거운 물에 녹지 않음
- 식물의 세포막 형성, 종이·펄프의 주성분

ⓒ 단백질

ⓐ 동물체 조직(근육, 피부, 뼈)을 구성, 생명 현상의 근원

ⓑ α-아미노산의 축합 중합에 의해 생성

ⓒ 아미노산

• 산성의 카복시산과 염기성을 띠는 아미노기를 모두 갖는 양쪽성 물질

• 액성에 따라 다른 형태로 존재

• 광학 이성질체

◐ 비대칭 탄소

• 비대칭 탄소(부재 탄소) : 젖산과 같이 중심 탄소 원자에 4개의 각각 다른 원자나 원자단이 결합되어 있는 탄소

• 비대칭 탄소 원자를 소유한 화합물은 거울 상의 겹칠 수 없는 이성질체를 소유

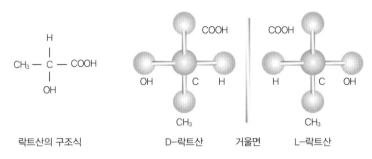

락트산의 구조식   D-락트산   거울면   L-락트산

◎ **락트산의 구조식과 광학 이성질체**

- 폴리펩타이드 : 펩타이드 결합에 의해 아미노산 분자들이 긴 사슬 모양을 이루는 것

◎ **단백질의 폴리펩타이드 결합의 생성**

- 나선구조 : 수소 결합

- 단백질 검출 반응

단백질 검출 반응	시약	색 변화
뷰렛 반응	$NaOH + CuSO_4$ 용액	보라색–붉은색
크산토프로테인 반응	진한 질산	노란색
닌히드린 반응	닌히드린 용액	청자색
황 반응	아세트산납	PbS 검은색 앙금

04 착화합물

(1) 전이 원소의 특징

① **물리적 성질** : 모두 금속으로 녹는점·끓는점이 높음, 열과 전기의 양도체, 단단하고 밀도가 큼

② **화학적 활성**
    ㉠ 이온화 에너지의 크기는 알칼리 금속과 비활성 기체의 중간 정도로, 전체적으로 비슷하다.
    ㉡ 공기 중에서는 큰 변화를 나타내지 않는다(화학적 활성이 작음).

③ **원자 반지름** : 같은 주기에서 원자 번호가 증가해도 그 크기는 비슷하다(4주기에서 핵전하가 증가해도 3d 전자가 늘어남으로써 최외각 전자 4s는 변함없기 때문).

④ **산화 상태의 다양성** : d 또는 f 오비탈의 전자도 가전자 역할을 할 수 있기 때문이다.

⑤ **이온의 색깔** : s 오비탈은 d, f 오비탈과의 에너지 준위의 차이가 작아서 이들 오비탈 간에 전자가 이동할 때 가시광선을 흡수, 방출할 수 있다.

⑥ **착이온의 형성** : 최외각 안쪽에 불완전한 d, f 오비탈을 가지고 있어 배위할 수 있는 전자쌍을 더 받을 수 있기 때문에 여러 가지 착이온의 중심 원소가 될 수 있다.

⑦ **다양한 촉매로 이용된다.**

⑧ **같은 주기의 전이 원소의 성질** : 서로 비슷한 성질

⑨ **자기성** : 많은 전이금속 화합물은 홀 전자를 갖고 있어 상자기성을 나타낸다.

⑩ **전이 원소의 전자배치** : 전이 원소가 이온이 될 때는 s 오비탈의 전자가 먼저 떨어져 나가고 다음으로 안쪽 전자껍질의 d 오비탈에 있는 전자가 떨어져 나간다(중성 원자에서는 4s 오비탈이 3d 오비탈보다 에너지가 낮으며 이온에서는 반대로 3d 오비탈이 에너지가 더 낮기 때문이다).

(2) 배위 화합물(착화합물)

① **배위 화합물** : 착이온(리간드가 붙어 있는 전이 금속) + 반대 이온으로 구성된 이온 결합 화합물

② **리간드** : 금속 이온과 결합하는 데 쓸 수 있는 비공유 전자쌍이 있는 중성 분자나 이온

③ **착이온(complexion)** : 리간드가 어떤 중심 금속 이온에 배위 결합하여 이루어진 새로운 이온

④ **배위수** : 리간드와 중심 이온 간에 이루어진 배위 결합의 수

⑤ **킬레이트 리간드** : 금속 이온과 결합할 수 있는 고립 전자쌍을 가진 원자가 2개 이상 들어 있는 리간드 **예** 에틸렌다이아민, 에틸렌다이아민테트라아세트산(EDTA)

⑥ **킬레이트 고리** : 두 자리 이상의 리간드는 중심 이온을 일원으로 하는 원자 고리가 생기는데 이것을 킬레이트 고리라 함

⑦ **킬레이트** : 킬레이트 고리를 가진 착이온을 말함

⑧ **킬레이트 화합물** : 킬레이트와 반대 전하를 띤 이온과의 화합물

(3) 착이온의 구조

① **선형 구조**

㉠ 배위수가 2인 착이온이나 착화합물은 모두 선형

㉡ 2개의 리간드가 sp 혼성화로 결합된 착이온

㉢ 금속 이온 : Ag^+, Au^+

　　예 $[Ag(CN)_2]^-$, $[Ag(NH_3)_2]^+$

② **평면 사각형**

㉠ 4개의 리간드가 sp^2d 혼성화로 결합된 착이온

㉡ 배위수가 4인 착이온이나 착화합물 중에서 중심 금속 이온이 Cu^{2+}, Ni^{2+}, Pt^{2+}의 착화합물이나 착이온은 평면 사각형 구조로 되어 있다(Cu^{2+}, Ni^{2+}은 가끔, Pt^{2+}은 현저하게 평면 사각형 구조).

　　예 $[Cu(NH_3)_4]^{2+}$, $[Ni(CN)_4]^{2-}$, $[Pt(NH_3)_2Cl_2]$

③ **사면체형**

㉠ 4개의 리간드가 sp^3 혼성화로 결합된 착이온

㉡ 배위수가 4인 착이온이나 착화합물 중에서 금속 이온이 전형 원소인 Zn^{2+}, Cd^{2+} 등은 정사면체 구조로 되어 있다.

　　예 $[Zn(NH_3)_4]^{2+}$, $[Cd(NH_3)_4]^{2+}$

④ **팔면체형**

㉠ 6개의 리간드가 sp^3d^2 혼성화로 결합된 착이온

　　예 $[Fe(CN)_6]^{3-}$, $[Fe(CN)_6]^{4-}$, $[Co(NH_3)_6]^{3+}$

확인문제

01 다음 착화합물에 대하여 바르게 설명된 것은 어느 것인가?

① 착화합물을 형성하는 데 금속 이온은 Lewis의 염기로 작용한다.

② 배위자(ligand)는 금속 이온으로부터 전자를 제공받는다.

③ Chelate란 여러 자리 배위자와 금속 이온이 결합한 고리 구조의 착화합물이다.

④ EDTA는 대표적인 한자리 배위자이다.

01 EDTA는 6자리 배위자이다.
▶ ③

02 CN^-, Cl^-, NH_3, H_2O 등은 리간드로 사용된다. 이들의 공통점은 무엇인가?

① 모두 비공유 전자쌍이 있다.

② 모두 이온을 형성한다.

③ 용해도가 매우 크다.

④ 단지 상자기성(paramagnetic) 금속과 착염을 형성한다.

02 리간드는 모두 비공유 전자쌍이 있다. ▶ ①

03 $[Co(NH_3)_4Br_2]^+$에 대한 설명으로 옳지 않은 것은?

① 팔면체 구조이다.

② 중심 원자의 산화수는 +2이다.

③ 리간드는 모두 염기이다.

④ 기하 이성질체를 가진다.

03 Co^{3+}
▶ ②

제 5 장 | 적중예상문제

01 에탄올(C_2H_5OH)에 진한 황산을 넣고 160℃ 정도 가열하면 발생하는 것으로, 브롬수에 통과시켰을 때 적갈색의 브롬수 색깔을 탈색시키는 기체는?

① CH_4 ② C_2H_4

③ C_2H_2 ④ C_2H_6

02 다음 중 고분자 화합물에 대한 설명으로 옳은 것은?

① 설탕은 환원성이 있어서 펠링 반응을 한다.
② 녹말은 β-포도당의 축합 중합체이다.
③ 포도당 발효 시에는 3몰의 에탄올이 생성된다.
④ 설탕을 가수 분해하면 포도당과 과당이 생성된다.

03 다음 반응에 대한 설명으로 옳지 않은 것은?

살리실산 + 아세트산 → 아세틸살리실산

① 에스터화 반응이다.
② 아세트산은 무수화물일 때 더 잘 녹는다.
③ 아세틸살리실산은 메탄올과 반응할 수 있다.
④ 아세틸살리실산은 염화철과 정색 반응을 한다.

04 다음 중 환원성이 커서 은거울 반응을 하는 것은?

① C_2H_5OH ② CH_3COCH_3

③ CH_3OCH_3 ④ CH_3CHO

⑤ CH_3COOH

05 다음 화합물 중 산화되었을 때 아이오딘포름 반응을 하며, 동시에 암모니아성 질산은 용액을 환원시킬 수 있는 것은?

① $CH_3CH(OH)CH_3$ ② CH_3OH

③ $C_2H_5OC_2H_5$ ④ C_2H_5OH

06 1차 알코올을 산화시키면 다음과 같이 화합물 [A]를 거쳐 최종적으로 카복시산이 얻어진다. 다음 중 화합물 [A]에 대한 설명으로 옳지 않은 것은? (단, R−는 알킬기이다)

$$R-CH_2OH \rightarrow [A] \rightarrow R-COOH$$

① 환원성을 가지고 있다.
② CH_3COCH_3(아세톤)은 [A]에 속하는 화합물이다.
③ 펠링 용액을 변색시킨다.
④ 폼기(−CHO)를 가지고 있다.

07 다음은 어떤 폴리펩티드의 구조를 나타낸 것이다. 이 폴리펩티드가 가수 분해될 때 생성되는 아미노산은 몇 종류인가?

① 4종류
② 3종류
③ 2종류
④ 1종류

08 다음 중 에탄올의 1차 산화 시 생성되는 물질로 옳은 것은?

① HCOOH
② CH_3CHO
③ CH_3OCH_3
④ CH_3COCH_3
⑤ CH_3COOH

09 다음 중 C_2H_5OH(에탄올)이 갖는 성질로 옳은 것은?

① KOH와 I_2를 반응시키면 노란색 침전이 생성된다.
② 탄소수가 같은 케톤류와 작용기 이성질체 관계에 있다.
③ 환원성이 커서 은거울 반응을 한다.
④ 분자 내에 카보닐기(CO)를 포함한다.

10 다음 탄화수소 중 알케인의 동족체는?

① C_3H_6

② C_5H_8

③ C_6H_{14}

④ C_7H_{14}

⑤ C_4H_8

11 다음 화합물 중 지방족 탄화수소로 옳지 않은 것은?

① C_3H_8

② C_3H_4

③ C_6H_{12}

④ C_6H_6

12 다음 중 탄소 화합물의 수가 대단히 많은 이유로 옳은 것은?

① 동족체가 있기 때문이다.

② 동위 원소를 가지고 있기 때문이다.

③ 다른 탄소 원자와 전자를 공유하는 성질 때문이다.

④ 동소체를 갖기 때문이다.

13 불포화 탄화수소 1몰을 포화시키는 데 수소 2몰을 필요로 하는 물질은?

① CH_3

② CH_4

③ C_2H_2

④ C_2H_4

14 다음 중 포화 탄화수소인 것은?

① 아세틸렌

② 에틸렌(에텐)

③ 벤젠

④ 프로페인

15 다음 중 화학반응식의 종류가 나머지 셋과 다른 것은?

① $C_2H_2 + H_2O \rightarrow CH_3CHO$

② $C_2H_2 + HCl \rightarrow CH_2 = CHCl$

③ $CH_4 + Cl_2 \rightarrow CH_3Cl + HCl$

④ $C_2H_4 + H_2 \rightarrow C_2H_6$

16 CH_3OCH_3와 C_2H_5OH가 있다. 이 두 화합물을 혼합시켰을 때 구별할 수 있는 방법은?

> ㉠ 에스터화 반응을 시킨다.　　　　㉡ 연소 생성물을 확인한다.
>
> ㉢ 분자량을 측정한다.　　　　　　㉣ 금속나트륨과 반응시켜 본다.
>
> ㉤ 끓는점을 조사한다.

① ㉠, ㉡, ㉢　　　　　　　　　　② ㉠, ㉣, ㉤

③ ㉡, ㉢, ㉣　　　　　　　　　　④ ㉢, ㉣, ㉤

⑤ ㉠, ㉢, ㉤

17 에탄올을 진한 황산과 같이 넣고 170℃로 가열할 때 발생하는 기체에 브롬을 반응시켜 상온에서 액체인 화합물을 얻었다. 이 액체는 무엇인가?

① $CHBr - CHBr$　　　　　　　② $CH_2Br - CH_2Br$

③ $CH_3 - CH_2Br$　　　　　　　④ $CHBr - CH_3$

18 다음 벤젠에 대한 설명 중 옳은 것은?

① 벤젠고리가 포함된 화합물은 지방족 탄화수소라고 한다.

② 사이클로헥세인과 같은 입체 구조이다.

③ 불포화 탄화수소이며, 첨가 반응을 잘한다.

④ 독특한 냄새가 나는 무색, 휘발성 액체이다.

19 다음 중 $FeCl_3$ 수용액을 가할 때 적자색의 정색 반응이 일어나지 않는 것은?

①　OH

②　CH₂OH

③　CH₃ OH

④　OH COOH

20 다음 중 아세틸렌으로부터 만들 수 있는 것은?

① 지방산　　　　　　　　　② 폼알데하이드

③ 아닐린　　　　　　　　　④ 아미노산

⑤ 아세트산

21 다음 중 고급 지방산과 글리세롤의 에스터로 옳은 것은?

① 유지   ② 녹말

③ 알데하이드류   ④ 갈락토오스

22 다음 중 축합 중합체이며 열경화성인 고분자 화합물질은?

① 페놀 수지   ② 6.6 나일론

③ 폴리스타이렌   ④ 폴리에틸렌

23 다음 중 은거울 반응을 형성하는 물질로 옳은 것은?

① C_6H_5OH ② C_2H_5OH

③ $HCHO$ ④ CH_3COCH_3

24 부제 탄소 원자가 1개인 화합물에는 광학 이성질체가 몇 개 존재하는가?

① 1개   ② 2개

③ 3개   ④ 4개

⑤ 5개

25 다음 중 엿을 만들 때 완성도를 알아내는 반응은?

① 뷰렛 반응   ② 할로젠화 반응

③ 아이오딘 녹말 반응   ④ 나이트로화 반응

⑤ 에스터화 반응

26 알케인족 탄화수소의 성질로서 탄소수가 많아지면 나타나는 변화로 옳지 않은 것은?

① 구조 이성질체 수가 많아진다.   ② 첨가 반응을 한다.

③ 녹는점과 끓는점이 높아진다.   ④ 분자 간의 힘이 커진다.

27 다음 중 탄소 화합물의 특성으로 옳지 않은 것은?

① 주로 비금속으로 구성되어 있다.

② 주로 물에 녹는다.

③ 분자 내 구성 원자 간의 결합은 공유 결합이다.

④ 전기부도체이다.

28 다음 중 유기 화합물의 반응이 느리게 일어나는 이유는?

① 공유 결합 화합물이다.　② 분자량이 작다.

③ 녹는점이 높다.　④ 이온 결합 화합물이다.

29 다음 중 프로페인(C_3H_8)의 수소 원자 1개가 염소 원자로 치환되는 물질의 구조 이성질체수는?

① 5개　② 4개

③ 3개　④ 2개

30 다음 중 알케인 탄화수소끼리 짝지어진 것은?

① CH_4, C_2H_6, C_3H_8　② C_2H_2, C_3H_4, C_4H_6

③ C_2H_2, C_2H_4, C_3H_4　④ C_2H_2, C_6H_6, C_6H_{12}

⑤ C_4H_8, C_2H_2, CH_4

31 다음 중 탄화수소의 이름이 잘못 짝지어진 것은?

① CH_4 – 메테인　② C_2H_2 – 아세틸렌

③ C_2H_4 – 에틸렌　④ C_4H_{10} – 프로페인

⑤ C_6H_6 – 벤젠

32 다음 중 알켄족 탄화수소에 해당되지 않는 것은?

① C_2H_4　② C_3H_6

③ C_4H_6　④ C_4H_8

⑤ C_5H_{10}

33 다음 중 에테인과 에틸렌을 구별하는 방법으로 옳은 것은?

① 마그네슘과 반응시킨다.　② 브롬수와 반응시킨다.

③ 색깔을 비교한다.　④ 염소 치환 반응을 해 본다.

34 다음 에틸렌(C_2H_4)의 반응 중 가장 일어나기 어려운 반응은?

① 수소 첨가 반응
② 중합 반응
③ 염소 치환 반응
④ 브롬수 첨가 반응

35 다음 중 아이오딘폼 반응을 하지 않는 것은?

① CH_3COCH_3
② C_2H_5OH
③ CH_3OH
④ CH_3CHO

36 다음 화합물 중 물에 잘 녹지 않는 물질은?

① $HCHO$
② $HCOOH$
③ CH_3OCH_3
④ CH_3CHO

37 다음 고분자 화합물 중 축합 중합 반응에 의해 얻어진 것이 아닌 것은?

① 6.6-나일론
② 폴리염화바이닐
③ 페놀 수지
④ 폴리에스터

38 다음 중 한 종류의 단위체만으로 이루어진 고분자 화합물은?

① 폴리에스터
② 폴리스타이렌
③ 6.6-나일론
④ 부나-S 고무

39 다음 중 첨가 중합 반응으로 만들어진 화합물은?

① 폴리에스터
② 에탄올
③ 페놀 수지
④ 폴리스타이렌

40 다음 중 열가소성 수지가 아닌 것은?

① 6.6-나일론
② 폴리에스터
③ 요소 수지
④ 폴리스타이렌

41 다음 탄수화물 중 이당류에 해당하지 않는 것은?

① 포도당　　　　　　　　　② 설탕

③ 젖당　　　　　　　　　　④ 엿당

42 다음 중 고분자 화합물의 특성으로 옳지 않은 것은?

① 분자량이 일정치 않다.

② 일반적으로 결정화되기 쉽고, 녹는점이 일정하다.

③ 열·전기 및 공기 등에 화학적으로 안정한 성질을 갖는다.

④ 일반적으로 용매에 녹으면 콜로이드 용액이 된다.

43 다음은 메탄올의 구조식이다. 분자의 실제 구조에서 HCH 사이의 결합각 A는 대략 몇 도인가?

$$H-\overset{\overset{\textstyle H}{|}}{\underset{\underset{\textstyle H}{|}}{C}}-O-H$$

① $90°$　　　　　　　　　　② $104.5°$

③ $109°$　　　　　　　　　　④ $120°$

⑤ $135°$

44 다음 중 펜테인의 이성질체수로 옳은 것은?

① 1개　　　　　　　　　　② 2개

③ 3개　　　　　　　　　　④ 4개

⑤ 5개

45 다음 중 알코올의 성질로 옳지 않은 것은?

① 2차 알코올을 산화시키면 케톤이 된다.

② OH에 의해 극성을 나타낸다.

③ 암모니아성 질산은 용액과 반응하여 은이 석출된다.

④ 1차 알코올을 산화시키면 알데하이드를 거쳐 카복시산이 된다.

46 다음 중 산화하여 케톤이 되는 물질은?

① C_2H_5OH

② $CH_3CH(OH)CH_3$

③ $CH_3COC_2H_5$

④ $(CH_3)_3COH$

47 다음 중 NaOH 수용액과 비누화 반응을 하는 물질로 옳은 것은?

① $CH_3COC_2H_5$

② CH_3COOH

③ C_2H_5OH

④ $CH_3COOC_2H_5$

48 다음 반응에서 생성되는 물질의 이성질체 관계로 옳은 것은?

$$H-C \equiv C-H + Cl_2 \rightarrow (\quad)$$

① 기하 이성질체

② 위치 이성질체

③ 광학 이성질체

④ 구조 이성질체

49 25℃, 1기압의 C_2H_2와 C_2H_4의 혼합기체 1L를 모두 에테인으로 만들 때 같은 상태의 수소 기체 1.2L가 소모되었다면 다음 중 이 혼합 기체에서 C_2H_2와 C_2H_4의 몰수의 비로 옳은 것은?

① 1:1

② 1:3

③ 1:4

④ 1:6

⑤ 1:9

50 다음 알코올과 카복시산 중 어느 것과도 에스터화 반응을 할 수 있는 것은?

①

② COOH COOH

③

④ NO₂ OH

51 다음 중 펠링 용액을 넣을 때, 붉은색의 침전이 생기는 물질을 모두 고르면?

① C_2H_5OH 　　　　　　　② CH_3OCH_3

③ CH_3COOH 　　　　　　 ④ $HCOOH$

⑤ $HCHO$

52 다음 중 벤젠에 진한 질산과 진한 황산의 혼합액을 가할 때 생성되는 물질은?

① NH_2

② NO_2

③ CH_3

④ SO_3

53 고분자 화합물인 6.6 나일론의 주사슬은 아마이드 결합 $\left(\begin{smallmatrix} O \\ \| \\ -C-NH- \end{smallmatrix} \right)$ 으로 연결되어 있다.
주사슬에 이와 비슷한 결합을 가지고 있는 고분자물질은?

① 알코올 　　　　　　　② 폴리에스터

③ 셀룰로오스 　　　　　④ 단백질

54 다음 중 녹말, 셀룰로오스, 단백질의 공통점으로 옳지 않은 것은?

① 분자 내에 수소 결합 작용기가 있다.

② 천연 고분자물질이다.

③ C, H, O, N을 모두 포함하고 있다.

④ 가수 분해하면 단위체로 분해된다.

55 다음 중 아세틸렌(C_2H_2) 분자 하나가 가진 π 결합 궤도함수의 개수로 옳은 것은?

① 1개 　　　　　　　② 2개

③ 3개 　　　　　　　④ 4개

⑤ 5개

56 다음 중 펩타이드 결합과 관계가 없는 것은?

①
$$\begin{array}{c} O \\ \parallel \\ -C-OH \end{array}$$

②
$$\begin{array}{c} H-N- \\ | \\ H \end{array}$$

③
$$\begin{array}{c} O \\ \parallel \\ -C-N- \\ | \\ H \end{array}$$

④
$$\begin{array}{c} O \\ \parallel \\ -C-O \end{array}$$

57 다음 화합물의 관계 중 이성질체가 아닌 것은?

① $CH_3CH(OH)CH_3$, $CH_3CH_2CH_2OH$

② CH_3OCH_3, C_2H_5OH

③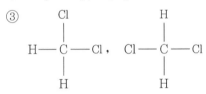

④

58 다음 중 광학 이성질체의 화합물로 옳은 것은?

① CH_3CH_2COOH

② CH_3CH_2OH

③ $CH_3CH(OH)CH_3$

④ $CH_3CH(OH)COOH$

59 다음 중 화합물에서 탄소 원자 간 공유 결합 길이의 비교로 옳은 것은?

① $C_2H_4 > C_6H_6 > C_2H_2 > C_2H_6$

② $C_2H_6 > C_2H_4 > C_6H_6 > C_2H_2$

③ $C_2H_2 > C_2H_6 > C_2H_4 > C_6H_6$

④ $C_2H_6 > C_6H_6 > C_2H_4 > C_2H_2$

60 다음의 ( ) 안에 들어갈 말로 옳은 것은?

> 유기 화합물 간의 반응이 무기 화합물 간의 반응에 비하여 일반적으로 반응이 더
> 디게 일어나는 이유는 유기 화합물이 대개 ( ) 화합물이기 때문이다.

① 이온 결합   ② 큰 분자량을 가진

③ 높은 끓는점을 가진   ④ 공유 결합

⑤ 금속 결합

61 다음 중 톨루엔의 수소 원자 1개를 메틸기로 치환시킬 때 가능한 이성질체의 수는?

① 1개   ② 2개

③ 3개   ④ 4개

⑤ 5개

제 5 장 | 적중예상문제 해설

01 |정답| ②

|해설| $C_2H_5OH \xrightarrow[160 \sim 170℃]{H_2SO_4} C_2H_4\uparrow + H_2O$ (탈수)

$$\underset{\text{에틸렌}}{\overset{H}{\underset{H}{\diagup}}C = C\overset{H}{\underset{H}{\diagdown}}} + \underset{\text{(적갈색)}}{Br_2} \longrightarrow \underset{\text{(무색)}}{H-\overset{\overset{\displaystyle H}{|}}{\underset{\underset{\displaystyle Br}{|}}{C}}-\overset{\overset{\displaystyle H}{|}}{\underset{\underset{\displaystyle Br}{|}}{C}}-H}$$

02 |정답| ④

|해설| ① 설탕은 환원성이 없다.

② 녹말은 α-포도당의 축합 중합체이다(β-포도당의 축합 중합체는 셀룰로오스이다).

③ 포도당을 발효시키면 $2C_2H_5OH$, $2CO_2$, 2ATP를 생성한다.

03 |정답| ④

|해설| ④ 아세틸살리실산은 페놀성 하이드록시기가 없으므로 염화철과 정색 반응을 하지 않는다.

$$\underset{\text{살리실산}}{\overset{OH}{\underset{COOH}{\bigcirc}}} + HOOCCH_3 \xrightarrow{\text{에스터화}} \overset{OCOCH_3}{\underset{COOH}{\bigcirc}} + H_2O$$

04 |정답| ④

|해설| 알데하이드(R-CHO) : 쉽게 산화되어 카복시산이 되므로 환원성이 커서 은거울 반응을 하고, 펠링 용액을 환원시켜 붉은색의 Cu_2O 침전이 생성된다.

05 |정답| ④

|해설| 에탄올(C_2H_5OH)을 산화시키면 아세트알데하이드(CH_3CHO)가 된다.

※ 아세트알데하이드의 특징
- 분자 내에 CH_3CO-가 들어 있는 분자는 아이오딘포름 반응을 한다.
- 폼기($-CHO$)를 가지고 있어 은거울 반응을 한다.

06 |정답| ②

|해설| 아세톤(CH_3COCH_3)은 케톤($RCOR'$)으로 2차 알코올을 산화시켜서 얻는다.

1차 알코올 $\xrightarrow{\text{산화}}$ 알데하이드 $\xrightarrow{\text{산화}}$ 카복시산

[A]에 해당하는 화합물은 알데하이드(R-CHO)로 강한 환원성을 가지고 있어 은거울 반응을 나타내고 펠링 용액을 환원한다.

07 |정답| ②

|해설| 폴리펩티드는 한 아미노산의 -COOH와 다른 아미노산의 $-NH_2$가 결합하여 H_2O가 빠지면서 축합 반응으로 결합한 것인데 가수 분해가 되면 다시 분리된다. 네 군데에서 분해되나 두 종류가 중첩되므로 3종류의 아미노산이 생성된다.

$$-\overset{\overset{\textstyle O}{\|}}{C} - \underset{\underset{\textstyle H}{|}}{N} - \quad \xrightarrow{+H_2O} \quad -\overset{\overset{\textstyle O}{\|}}{C} - OH + H - \underset{\underset{\textstyle H}{|}}{N} -$$

08 |정답| ②

|해설| $C_2H_5OH \xrightarrow{\text{산화}} CH_3CHO \xrightarrow{\text{산화}} CH_3COOH$

09 |정답| ①

|해설| 에탄올은 CO기가 없으며, 에테르와 이성질체 관계에 있을 수 있고, 환원성은 없는 물질이다.

※ 에탄올 : 탄소수가 같은 에테르와 작용기 이성질체 관계에 있으며, 에탄올에 아이오딘과 KOH 수용액의 혼합액을 가하면 아이오딘포름의 노란색 앙금을 생성하는 아이오딘포름 반응을 한다.

10 |정답| ③

|해설| 알케인의 일반식은 C_nH_{2n+2}이다.

①, ④, ⑤ C_nH_{2n} : 알켄

② C_nH_{2n-2} : 알킨

11 |정답| ④

|해설| ④ C_6H_6 : 벤젠, 방향족 탄화수소이다.

12 |정답| ③

|해설| 탄소 화합물은 탄소 원자가 다른 탄소 원자와 전자를 공유하는 성질 때문에 그 수가 많다.

13 |정답| ③

|해설| $C_2H_2(H-C \equiv C-H)$ 1몰이 포화되려면 H_2 2몰이 필요하다.

14 |정답| ④

|해설| ① C_6H_6 ② C_2H_2

③ C_2H_4 ④ C_3H_8

• 단일 결합으로만 이루어진 탄화수소이다.

• 일반식 : C_nH_{2n+2}

• 동족체 : CH_4, C_2H_6, C_3H_8, C_4H_{10} 등

• 명명법 : -안(-ane)으로 끝난다.

15 |정답| ③

|해설| ①, ②, ④ 불포화 탄화수소의 첨가 반응이다.

③ 포화 탄화수소인 메테인의 수소 원자가 염소 원자로 치환되는 반응이다.

16 |정답| ②

|해설| ② CH_3OCH_3와 C_2H_5OH는 작용기 이성질체로 분자량이 서로 같으며 모두 C, H, O로 구성되어 있으므로 연소 생성물은 $CO-2$와 H_2O로 같다. C_2H_5OH는 금속나트륨과 반응하여 수소를 발생시키며, $-OH$기는 카복시산의 $-COOH$와 에스터화 반응을 하며, 수소 결합을 하기 때문에 같은 탄소수의 탄화수소에 비해 끓는점이 높다.

ⓛ 연소 생성물은 CO_2와 H_2O로 같다.

ⓒ 서로 작용기 이성질체 관계에 있으므로 분자량이 같다(C_2H_6O).

17 |정답| ②

|해설| $C_2H_5OH \xrightarrow[170℃]{C-H_2SO} C_2H_4+H_2O$

18 |정답| ④

|해설| ① 분자 내에 벤젠고리를 포함한 화합물은 대부분 냄새가 있으므로 방향족 탄화수소라고 한다.

② 정육각형 평면 구조를 형성한다.

③ 불포화 탄화수소이나 공명혼성 구조로 안정하므로, 첨가 반응보다는 치환 반응이 잘 일어난다.

19 |정답| ②

|해설| 정색 반응은 벤젠고리에 직접 $-OH$가 붙어 있을 때 일어난다.

20 |정답| ⑤

|해설| $C_2H_2(아세틸렌)+H_2O \rightarrow CH_2CHOH \rightarrow \left(C=C \atop OH \right) \rightarrow CH_3CHO \xrightarrow{산화} CH_3COOH$

21 |정답| ①

|해설| 유지란 고급 지방산과 글리세롤의 에스터를 말한다.

22 |정답| ①

|해설| **축합 중합** : 단위체의 결합 시 H_2O 같은 간단한 분자가 빠져나오면서 축합 반응을 일으키는 것이다.

① 축합 중합체(열경화성)　② 축합 중합체(열가소성)

③, ④ 첨가중합체(열가소성)

※ **열경화성 수지**

• 한번 가열해서 굳어지면 다시 열을 가해도 물러지지 않는 수지

• 축합 중합체 중 그물 구조 모양을 가진 고분자 화합물이 해당

• 요소 수지, 페놀 수지

23 |정답| ③

|해설| 암모니아성 질산은 용액에 환원성 물질(알데하이드)을 가하면, Ag^+이 유리면에 붙어 은거울을 형성한다.

$$RCHO(알데하이드) + 2Ag(NH_3)_2OH \rightarrow RCOOH + 4NH_3 + H_2O + 2Ag$$

은거울 반응을 하는 물질은 알데하이드(R-CHO)와 폼산(HCOOH)이 있다.

24 |정답| ②

|해설| 부제 탄소(비대칭 탄소)
- 탄소 원자에 다른 종류의 원자나 원자단이 결합하고 있는 탄소를 말한다.
- 부제 탄소 원자를 가지고 있는 화합물은 서로 겹쳐질 수 없는 2개의 광학 이성질체를 갖는다.

25 |정답| ③

|해설| 아이오딘 녹말 반응 : 녹말 수용액에 아이오딘을 가하면 보라색이 나타나는 반응으로, 녹말 검출에 이용된다.

26 |정답| ②

|해설| ② 알케인족 탄화수소는 단일 결합으로 이루어져 있어 치환 반응을 할 뿐 첨가 반응을 하지는 않는다.

27 |정답| ②

|해설| ② 주로 비극성 용매에 녹는다. 물은 극성 용매이다.

※ 탄소 화합물의 특성
- 탄소를 주축으로 이루어진 공유 결합 물질이다.
- 대부분 무극성 분자들이고 분자 사이의 인력이 약해 녹는점, 끓는점이 낮고 벤젠이나 에테르 같은 유기 용매에 잘 녹는다.
- 화학적으로 안정하여 반응이 약하고 반응 속도가 느리다.
- 용해되어도 이온화가 잘 일어나지 않으므로 대부분 비전해질이며 전기 전도성이 없다.

28 |정답| ①

|해설| 유기 화합물은 구성 원자 간에 강한 공유 결합으로 이루어져 있어 반응이 느리게 일어난다.

29 |정답| ④

|해설| C_3H_8에서 8개의 H원자 중 1개를 Cl로 치환하면 구조식이 다른 2개의 이성질체가 존재하게 된다.

30 |정답| ①

|해설| 알케인의 일반식은 $C_nH_{2n+2}(n = 1,\ 2,\ 3,\ 4,\ \cdots)$이다.

31 |정답| ④

|해설| ④ C_4H_{10}은 뷰테인이다. 프로페인은 C_3H_8이다.

32 |정답| ③

|해설| ③ 알카인족 탄화수소인 에틸아세틸렌이다.

　　※ 알켄의 일반식 : C_nH_{2n}

33 |정답| ②

|해설| 에테인(C_2H_6)과 에틸렌(C_2H_4) 구별방법

- 에테인은 포화 탄화수소, 에틸렌은 불포화 탄화수소이다.
- 불포화 탄화수소에 Br_2를 반응시키면, 첨가 반응을 일으키면서 브롬수가 탈색된다.

34 |정답| ③

|해설| 에틸렌은 불포화 탄화수소이므로 수소·브롬·물 첨가 반응과 중합 반응이 일어난다.

35 |정답| ③

|해설| 아이오딘폼 반응 물질에는 C_2H_5OH(에탄올), CH_3COCH_3(아세톤), $CH_3CH(OH)CH_3$(iso-프로페인올), CH_3CHO(아세트알데하이드) 등이 있다.

36 |정답| ③

|해설| 에테르, 에스터, 벤젠, 아닐린 등은 물에 잘 녹지 않는다.

① 폼알데하이드　　　　② 폼산

③ 아세톤　　　　　　　④ 아세트알데하이드

37 |정답| ②

|해설| ② 첨가 중합체이다.

　　※ 축합 중합 : 단위체가 결합할 때 H_2O와 같은 간단한 분자가 빠져나오면서 일으키는 중합 반응을 의미한다.

38 |정답| ②

|해설| 폴리스타이렌은 첨가중합체로 한 종류의 단위체로만 이루어진 고분자 화합물이다.

39 |정답| ④

|해설| 첨가 중합 반응을 할 수 있는 물질은 이중 결합을 한다.

40 |정답| ③

|해설| ③ 열경화성 수지에 해당된다.

　　※ 열가소성 수지 : 가열하면 부드러워지며 유체 형태가 되고 온도가 낮아지면 다시 굳어지는 수지, 첨가 중합에 의해 얻어지는 수지(폴리스타이렌, 폴리에틸렌 등)나 축합 중합체 중 사슬 모양의 고분자 화합물(폴리 에스터, 6.6-나일론) 등이 해당된다.

41 |정답| ①

|해설| ① 단당류에 해당한다.

42 |정답| ②

|해설| ② 일반적으로 고분자 화합물은 녹는점이 일정하지 않아 분리하거나 정제하기 쉽다.

※ 고분자 화합물의 특성
• 결정을 형성하기 어렵다.
• 분자량이 일정하지 않아 녹는점이 일정하지 않다.
• 열을 가하면 기화하기 전에 분해된다.
• 열, 전기, 공기 등에 대하여 화학적으로 안정된다.
• 일반적으로 용매에 녹기 어려우며, 녹는다 하더라도 콜로이드로 된다.

43 |정답| ③
|해설| 가운데 탄소와 4개의 원자는 사면체를 이룬다.

44 |정답| ③
|해설| 이성질체수
• 뷰테인(C_4H_{10}) : 2개 • 펜테인(C_5H_{12}) : 3개
• 핵세인(C_6H_{12}) : 5개

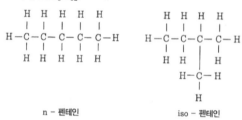

n – 펜테인   iso – 펜테인

45 |정답| ③
|해설| ③ 은거울 반응은 알데하이드의 환원성 때문에 일어난다.

46 |정답| ②
|해설| 2차 알코올이 산화하면 케톤이 된다.

$$R - \underset{\underset{OH}{|}}{CH} - R' \xrightarrow[-H_2]{\text{산화}} R - \underset{\underset{O}{\|}}{C} - R'$$

47 |정답| ④
|해설| 비누화 반응 : 에스터에 강하며 염기(NaOH, KOH)를 가하고 가열하면 알코올과 염이 생성된다.
$$RCOOR' + NaOH \longrightarrow RCOONa + R'OH$$

48 |정답| ①
|해설| 이성질체 관계
• 기하 이성질체 : 분자 내의 원자나 원자단의 상대적인 위치 차이로 생기는 이성질체이다.
• 광학 이성질체 : 비대칭 탄소 원자를 가지고 있는 화합물이 서로 거울 상은 되나 겹칠 수 없는 이성질체이다.

• 구조 이성질체 : 구조가 달라 성질이 다른 화합물이다.

cis형   trans형

49 |정답| ③

|해설| $AC_2H_2 + 2AH_2 \rightarrow AC_2H_6$, $BC_2H_4 + BH_2 \rightarrow BC_2H_6$

$A + B = 1L$, $2A + B = 1.2L$

$\therefore A = 0.2$, $B = 0.8$

H_2의 A, B를 비교하면 A : B = 1 : 4

50 |정답| ①

|해설| 알코올과 에스터화 → -COOH

카복시산과 에스터화 반응 → -OH

① 살리실산 : -COOH와 -OH기가 함께 존재하기 때문에 알코올, 카복시산과 모두 에스터화 반응을 한다.

51 |정답| ④, ⑤

|해설| 폼산(HCOOH), 폼알데하이드(HCHO)

㉠ 카복시산 중 가장 강한 산이다.

㉡ 분자 내에 -CHO기와 -COOH기를 동시에 가지고 있어 은거울 반응과 펠링 반응을 한다.

※ 펠링 반응을 하는 물질 : 알데하이드(R-CHO), 폼산(HCOOH)

52 |정답| ②

|해설| 벤젠의 치환 반응 : 할로젠화, 나이트로화, 술폰화, 알킬화

나이트로화 : 벤젠에 진한 황산과 함께 진한 질산을 작용시키면 나이트로벤젠을 얻을 수 있다.

53 |정답| ④

|해설| 단백질은 아미노기($-NH_2$)와 카복시기($-COOH$)가 축합하여 펩타이드 결합이 생성되어 이루어진다.

54 |정답| ③

|해설| ③ 녹말과 셀룰로오스의 구성원소는 C, H, O이다.

55 |정답| ②

|해설| 아세틸렌 $H-C \equiv C-H$에서 C-H 결합 2개와 $C \equiv C$ 결합 중 1개는 σ결합이고, $C \equiv C$ 결합 중 2개는 π결합이다.

※ σ결합은 결합력이 강하여 끊어지기 어렵고, π결합은 결합력이 약하여 끊어지기 쉽다.

56 |정답| ④

|해설| 펩타이드 결합

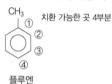

H_2O가 빠져 축합 반응이 일어나면서

펩타이드 결합 형성

57 |정답| ③

|해설| ③ 사면체 구조를 갖는 서로 같은 물질이다.

※ 이성질체 : 화학식은 같으나 구조가 다른 화합물

58 |정답| ④

|해설| 광학 이성질체는 비대칭 탄소를 포함하는 유기 화합물에서 나타난다.

$$H_3C - \overset{\overset{\displaystyle H}{|}}{\underset{\underset{\displaystyle COOH}{|}}{C}} - OH$$

59 |정답| ④

|해설| 결합 길이의 대소 : $C-C > C_6H_6 > C=C > C\equiv C$

- C_2H_6 (알케인) : $C-C$ 단일 결합
- C_2H_4 (알켄) : $C=C$ 이중 결합
- C_6H_6 (벤젠) : 1.5 결합
- C_2H_2 (알킨) : $C\equiv C$ 삼중 결합

60 |정답| ④

|해설| 반응이 일어나기 위해서는 원자 간의 결합이 끊어져야 하는데, 유기 화합물은 결합 중 가장 강한 공유 결합이므로 반응이 더디게 일어난다.

61 |정답| ④

|해설| 메틸기로 치환시킬 수 있는 곳이 4부분 있으므로 4개의 이성질체가 생긴다.

치환 가능한 곳 4부분

①
②
③
④

톨루엔

제 **6** 장 **열화학**

01 화학 반응과 열의 출입

(1) 반응열(Q)

화학 반응이 일어날 때 반드시 수반되는 열

(2) 발열 반응

① 열이 발생하는 화학 반응, 주위의 온도가 올라간다.

② 생성물들의 에너지 합이 반응물들의 에너지 합보다 낮은 화학 반응

③ 열(Q)을 반응물에 포함시키는 경우에는 '$-$' 부호, 생성물에 포함시키는 경우에는 '$+$' 부호 사용

$$A+B-열 \rightarrow C+D$$
$$A+B \rightarrow C+D+열$$

> **예** 연소 반응, 철의 산화 반응, 아연과 염산의 반응, 산과 염기의 중화 반응, 진한 황산의 용해, 주머니 난로 등

(3) 흡열 반응

① 열을 흡수하는 화학 반응, 주위의 온도가 내려간다.

② 생성물들의 에너지 합이 반응물들의 에너지 합보다 높은 화학 반응

> **예** 열분해 반응, 냉각 팩, 수산화바륨과 염화암모늄의 반응, 질산암모늄의 용해

$$Ba(OH)_2 \cdot 8H_2O(s) + 2NH_4Cl(s)$$
$$\rightarrow BaCl_2(s) + 2NH_3(g) + 10H_2O(l) - 80.3kJ$$

(4) 열화학 반응식

① 화학 반응이 일어날 때 출입하는 반응열을 화학 반응식과 함께 나타낸 것

② 반응이 진행될 때의 열의 출입과 그 양을 정확히 알 수 있어 유용하다.

(5) 에너지 변화 그래프

① 반응물과 생성물이 갖는 에너지를 그림으로 나타낸 것

② 열이 수반되는 화학 반응을 쉽게 이해할 수 있다.

③ 가로축은 반응의 진행 방향, 세로축은 에너지를 나타낸다.

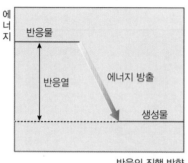

○ 발열 반응의 에너지 변화

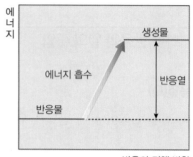

○ 흡열 반응의 에너지 변화

---

02 반응열과 엔탈피

(1) 열량계

① **열량계** : 화학 반응에 수반되는 열의 양을 측정하는 장치

② **정적 열량계**(통 열량계)

   ⊙ 열량계의 부피가 일정한 열량계

   ○ 연소 반응에 의해 방출되는 열 측정

   ⓒ 음식물의 연소에 의한 열은 통 열량계의 온도를 높이므로 다음과 같이 열량을 계산할 수 있다.

$$Q = C_{열량계} \times \Delta T \quad (C : 열용량)$$

③ **정압 열량계**(간이 열량계)

   ⊙ 열량계의 내부 압력이 일정(보통 대기압)하게 유지되는 열량계

   ○ 일반적으로 기체가 발생하지 않는 액체 반응의 반응열을 측정하는 데 사용

   ⓒ 액체 반응을 통해 발생한 열은 간이 열량계의 온도를 높이므로 다음과 같이 열량을 계산할 수 있다.

$$Q = c_{용액} \times m_{용액} \times \Delta T \quad (c : 용액의 비열, \ m : 용액의 질량)$$

(2) 엔탈피(H)

어떤 물질이 가지고 있는 열 함량

(3) 반응 엔탈피(ΔH)

생성물의 엔탈피의 합에서 반응물의 엔탈피의 합을 뺀 것

$$\Delta H = \sum H_{생성물} - \sum H_{반응물}$$

① 발열 반응 : $\Delta H < 0$

② 흡열 반응 : $\Delta H > 0$

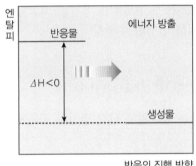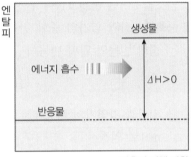

○ 발열 반응과 흡열 반응에서의 반응 엔탈피(ΔH)

(4) 반응열(Q)과 반응 엔탈피(ΔH)의 관계

반응열과 반응 엔탈피는 크기는 같으나 부호는 반대(부호는 방향을 의미함)

$$Q = \sum H_{반응물} - \sum H_{생성물}$$

(5) 열화학 반응식에서 엔탈피의 표현

① 일반적으로 열화학 반응식에서 반응열은 생성물 쪽에 표시하며, 반응 엔탈피는 화학 반응식을 완결하고 쉼표를 찍은 후 표시한다.

② 엔탈피는 물질의 상태, 온도, 압력 등에 따라 달라지므로 다음 사항에 유의해야 한다.

　㉠ 물질의 상태 표시 : 기체(g), 액체(l), 고체(s), 수용액(aq)

　㉡ 온도와 압력 표시 : 보통 25℃, 1기압

　㉢ 반응하는 물질의 양 고려 : 반응열은 반응하는 물질의 양에 비례(대표적인 크기성질)

(6) 화학 반응의 종류에 따른 반응열

① **생성열** : 어떤 물질 1몰이 25℃, 1기압에서 그 물질을 이루는 성분 홑원소 물질로부터 생성될 때의 열량

　㉠ **표준 생성 엔탈피, 표준 생성열**($\Delta H_f{}^\circ$) : 25℃, 1기압에 있는 성분 원소로부터 1몰 물질이 생성될 때의 엔탈피 변화이다.

　㉡ 25℃, 1기압에서 어떤 원소의 가장 안정한 형태의 표준 생성열은 '0'이다.

　㉢ 같은 원소들로 이루어진 물질의 경우 표준 생성 엔탈피가 작을수록 안정한 경우가 대부분이다.

② **분해열** : 어떤 물질 1몰이 성분 원소의 홑원소 물질로 분해될 때 출입하는 열량으로 생성열과 크기는 같고 부호는 반대임

③ **연소열** : 어떤 물질 1몰이 완전 연소할 때의 열량

④ **중화열** : 산과 염기의 중화 반응에 의해 발생하는 열량

　㉠ 중화 반응의 알짜 반응식

$$H^+(aq) + OH^-(aq) \rightarrow H_2O(l)$$

　㉡ 강산과 강염기의 반응에서 발생하는 중화열은 산과 염기의 종류에 관계없이 -57kJ/mol로 일정

⑤ **용해열** : 어떤 물질 1몰이 많은 양의 물에 용해될 때 생성되는 열량

　㉠ 상온에서 기체 또는 액체인 물질 : 대부분 용해될 때 열 방출

　㉡ 상온에서 고체인 물질 : 용해될 때 열을 방출하기도 하고 흡수하기도 함

(7) 총열량 불변 법칙(헤스 법칙)

물질이 반응할 때 반응물의 종류와 상태, 생성물의 종류와 상태가 같으면 반응 경로에 관계 없이 반응열의 총합은 일정

(8) 헤스 법칙의 이용

① **측정하기 어려운 반응의 반응열** : 반응열을 직접 측정하기 어려운 화학 반응에서는 헤스 법칙을 이용하면 비교적 쉽게 반응열을 구할 수 있다.

　예 일산화탄소의 생성열을 탄소의 완전 연소 반응과 일산화탄소의 연소 반응을 이용하여 구할 수 있다.

　㉠ $C(s) + O_2(g) \rightarrow CO_2(g)$,　$\Delta H_1{}^\circ = -393.5kJ$

　㉡ $C(s) + \dfrac{1}{2}O_2(g) \rightarrow CO(g)$,　$\Delta H_2{}^\circ = ?$

　㉢ $CO(g) + \dfrac{1}{2}O_2(g) \rightarrow CO_2(g)$,　$\Delta H_3{}^\circ = -283.0kJ$

　∴　$\Delta H_2{}^\circ = \Delta H_1{}^\circ - \Delta H_3{}^\circ$

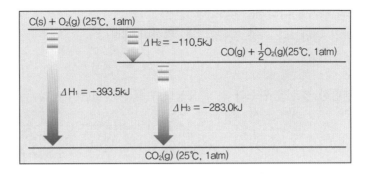

○ 탄소의 연소 반응에 대한 에너지 변화

② 표준 반응 엔탈피($\Delta H^{\circ}_{반응}$)

  ㉠ 25℃, 1기압에서 엔탈피 변화

  ㉡ 모든 반응의 반응 엔탈피를 직접 측정하는 것은 불가능하다.

  ㉢ 반응물과 생성물의 표준 생성 엔탈피로부터 표준 반응 엔탈피를 구할 수 있다.

$$\Delta H^{\circ}_{반응} = \Delta H^{\circ} = \sum \Delta H^{\circ}_{f\,생성물} - \sum \Delta H^{\circ}_{f\,반응물}$$

(9) 결합 엔탈피(에너지)

결합이 형성되거나 끊어질 때 수반되는 에너지

① 1몰의 공유 결합 분자에서 원자 사이의 결합을 끊는 데 필요한 에너지

② 동일한 결합이 형성되거나 분해될 때 출입하는 에너지의 양은 같고, 부호는 반대

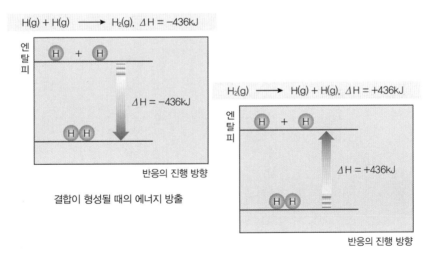

○ 결합이 형성될 때와 분해될 때의 에너지 출입

③ 결합의 세기를 나타내는 척도

　㉠ 단일 결합보다 다중 결합일수록 결합이 세다.

$$C-C < C=C < C \equiv C$$

　㉡ 결합한 할로젠 원소의 전기 음성도가 클수록 결합이 세다.

$$H-I < H-Br < H-Cl < H-F$$
$$C-I < C-Br < C-Cl < C-F$$

④ 반응 엔탈피의 근사치를 구할 수 있다.

$$\Delta H = \sum D_{\text{반응물 결합}} - \sum D_{\text{생성물 결합}}$$

　예 결합 엔탈피를 이용한 메테인 연소 반응의 반응열 근사치

$$CH_4(g) + 2O_2(g) \rightarrow CO_2(g) + 2H_2O(l)$$
$$\Delta H = (4D_{C-H} + 2D_{O=O}) - (2D_{C=O} + 4D_{H-O})$$

확인문제

해설

01 다음 반응 중 흡열 반응인 것은?

① $H_2(g) + I_2(g) \rightarrow 2HI(g) + 49.6kJ$

② $2H(g) \rightarrow H_2(g)$, $\Delta H = -436.8kJ$

③ $N_2(g) + O_2(g) \rightarrow 2NO(g)$, $\Delta H = +181.4kJ$

④ $2CO(g) + O_2(g) \rightarrow 2CO_2(g)$, $\Delta H = -567.8kJ$

⑤ $N_2O_5(g) + H_2O(l) \rightarrow 2HNO_3(l) + 73.7kJ$

02 다음은 암모니아가 생성되는 열화학 반응식이다.

$N_2(g) + 3H_2(g) \rightarrow 2NH_3(g)$, $\Delta H = -92.0kJ$

수소 6몰이 질소와 완전히 반응할 때 발생하는 열량(Q)은 몇 kJ인가?

(   )

03 다음 열화학 반응식을 이용하여 CO_2의 생성열을 구하시오.

(1) $2C(s) + O_2(g) \rightarrow 2CO(g)$,

$\Delta H = -221.8kJ$

(2) $2CO(g) + O_2(g) \rightarrow 2CO_2(g)$,

$\Delta H = -564.8kJ$

01 ③ $N_2(g) + O_2(g) \rightarrow 2NO(g)$, $\Delta H = +181.4$ $\Delta H > 0$ 이므로 흡열 반응에 해당한다.   ▶ ③

02 −92.0kJ은 수소 3몰이 반응할 때의 엔탈피 변화이므로 3몰이 반응할 때는

3몰 : −92.0kJ=6몰 : x kJ

즉, 수소 6몰이 질소와 완전히 반응할 때 발생하는 열량(Q)은 184kJ이다.   ▶ 184kJ

03 CO_2의 생성 반응은 다음과 같다.
$C(s) + O_2(g) \rightarrow CO_2(g)$,
$\Delta H_f^\circ = x kJ$
따라서 CO_2의 생성열은 다음과 같이 구한다.

$$\Delta H_f^\circ = \frac{식(1) + 식(2)}{2}$$
$$= \frac{-221.8 - 564.8}{2}$$
$$= -393.3(kJ)$$

즉, CO_2의 생성열
$\Delta H_f^\circ = -393.3kJ$ 이다.
▶ −393.3kJ

확인문제

해설

04 수소와 염소는 햇빛 하에서 다음과 같이 반응한다.

$$H_2(g) + Cl_2(g) \rightarrow 2HCl(g) + 184.8kJ$$

(1) 이 반응은 발열 반응인가, 흡열 반응인가?

(2) $HCl(g)$의 생성열(ΔH_f°)은 몇 kJ/mol인가?

05 다음 중 반응열에 대한 설명으로 옳지 않은 것은?

① 반응열(ΔH)이 음수로 나타나는 반응은 발열 반응이다.

② 흡열 반응에서는 열을 흡수하기 때문에 주위의 온도가 내려간다.

③ 발열 반응은 반응물의 에너지가 생성물의 에너지보다 많을 때 일어난다.

④ 열화학 반응식에는 반드시 반응에 참여하는 물질의 상태와 반응열을 표시한다.

⑤ 물질마다 지닌 고유한 화학 에너지를 엔탈피 혹은 열 함량이라고 하며 봄베 열량계를 이용하여 측정한다.

06 다음은 우리 주변에서 에너지 변화를 이용한 예이다. 발열 반응은 '발', 흡열 반응은 '흡'을 써서 분류하시오.

(1) 더운 여름에는 마당에 물을 뿌린다.

( )

(2) 주머니 난로는 철가루의 산화 반응을 이용한 것이다.

( )

(3) 쓰레기 매립장에서 발생하는 가스를 난방에 이용한다.

( )

(4) 냉찜질 주머니는 질산암모늄의 용해 반응을 이용한 것이다.

( )

04 $H_2(g) + Cl_2(g) \rightarrow 2HCl(g) + 184.8kJ$에서 열이 발생하므로 발열 반응이다. 이때 $HCl(g)$의 생성열(ΔH_f°)은 1몰에 관한 것이므로

$$\frac{184.8}{2} = 92.4kJ/mol$$

▶(1) 발열 반응
(2) $-92.4kJ/mol$

05 ⑤ 물질이 지닌 절대적인 에너지는 측정할 수 없고 반응을 통해 상대적인 반응 에너지를 측정할 수 있다. ▶⑤

06 (1) 더운 여름에 마당에 물을 뿌리는 것은 물이 열을 흡수하므로 흡열 반응에 해당한다.
(2) 주머니 난로는 철가루의 산화 반응을 이용하여 열을 발생하므로 발열 반응에 해당한다.
(3) 쓰레기 매립장에서 발생하는 가스를 연소시키면 열이 발생하므로 발열 반응에 해당한다.
(4) 냉찜질 주머니는 질산암모늄의 용해 반응을 이용하여 열을 흡수하므로 흡열 반응에 해당한다.
▶(1) 흡 (2) 발 (3) 발 (4) 흡

03 열역학

(1) 에너지 보존 법칙(열역학 1법칙)

① 화학 반응에서 발생한 열은 다른 형태의 에너지로 변환되지만 전체 에너지는 소멸되거나 생성되지 않고 보존된다.

② 에너지 보존 여부를 알기 위해서는 초기 에너지와 최종 에너지의 형태를 먼저 알아야 한다.

③ 질산암모늄의 용해 : 흡열 반응으로 물과 공기의 분자 운동이 느려지면서 나오는 에너지 등이 생성물의 에너지로 변환

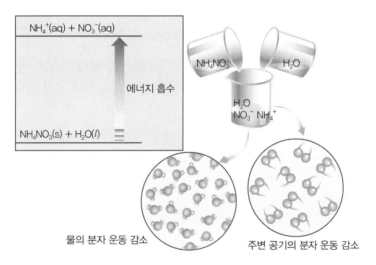

❖ 열 반응인 질산암모늄의 용해와 에너지의 변환

(2) 계와 주위

① 계 : 우리가 관심을 갖는 대상인 우주의 일부분으로 화학 반응에서 반응물과 생성물을 말한다.

② 주위 : 계를 제외한 모든 부분으로 반응물과 생성물을 제외한 모든 것, 반응 용기, 주변 공기와 공간

　　⑩ 초의 연소에서 촛농과 심지, 촛불 등이 계가 되고 나머지는 주위

(3) 계의 종류

① **고립계** : 주위와 물질, 에너지 모두를 교환하지 않는 계 ⑩ 뚜껑을 닫고 단열재로 감싼 컵

② **닫힌계** : 주위와 에너지를 교환하지만 물질은 교환하지 않는 계 ⑩ 뚜껑만 닫아 밀봉한 컵

③ **열린계** : 주위와 물질, 에너지 모두를 교환하는 계 **예** 뚜껑이 닫히지 않은 컵

(가) 고립계	(나) 닫힌계	(다) 열린계
계 주위	계 주위 에너지	물질 계 주위 에너지

○ **고립계, 닫힌계, 열린계**

(4) 내부 에너지

① 계가 갖는 전체 에너지

ㄱ 개개의 원자에서 일어나는 핵과 전자의 운동, 핵-전자의 상호 작용, 전자-전자의 반발에 따른 에너지, 계를 구성하고 있는 분자의 운동과 분자 간 상호 작용에 따른 에너지

ㄴ 화학 변화 및 물리 변화에 수반되는 내부 에너지의 변화는 측정 가능

② 계의 내부 에너지 : 계의 현재 상태에만 의존, 반응 경로와는 무관

$$\Delta E = E_{최종} - E_{초기}$$

ㄱ **흡열 반응** : 계의 최종 내부 에너지가 초기 상태보다 크다.

$$E_{초기} < E_{최종} \rightarrow \Delta E > 0$$

ㄴ **발열 반응** : 계의 최종 내부 에너지가 초기 상태보다 작다.

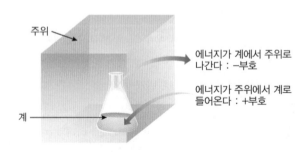

주위

에너지가 계에서 주위로 나간다 : −부호

에너지가 주위에서 계로 들어온다 : +부호

계

○ **내부 에너지 변화로 나타낸 흡열 반응과 발열 반응**

③ 계는 열과 일을 통해 주위와 에너지 교환 : 자동차에서 휘발유는 열에너지 이외에 엔진을 움직이는 일로도 사용

(5) 자발적 과정

화학 반응을 포함한 어떤 변화가 외부의 간섭 없이 일어나는 과정

예 공기 중에서 방향제의 확산, 물속에서 잉크의 확산, 뜨거운 물질에서 차가운 물질로의 열의 이동, 연료에 불이 붙으면 연소 후 이산화탄소와 물이 생성

(6) 비자발적 과정

자발적 변화가 한쪽 방향으로만 일어나는 현상일 경우의 역반응

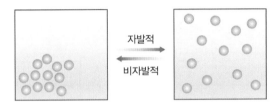

○ 자발적 과정과 비자발적 과정

(7) 엔트로피(S)

① 무질서도를 나타내는 척도

② 무질서도가 클수록 엔트로피가 큼

③ $S_{고체} < S_{액체} \ll S_{기체}$: 고체 상태에는 차지할 수 있는 위치의 수가 상대적으로 적은 반면, 기체 상태에서는 멀리 떨어져 있어 차지할 수 있는 위치의 수가 상대적으로 많다.

④ **엔트로피와 자발성** : 질서 있는 상태에서 무질서한 상태로, 즉 낮은 엔트로피 상태에서 높은 엔트로피 상태로 되는 과정

(8) 엔트로피 변화

① 분자 수준에서의 엔트로피 변화는 최종 상태의 엔트로피에서 초기 상태의 엔트로피를 뺀 값

$$\Delta S = S_{최종} - S_{초기}$$

② 물질의 상태 변화에 따른 엔트로피 변화

    ⊙ 물질이 고체에서 액체, 기체로 될 때 엔트로피 증가 → $\Delta S > 0$

    ⓛ 반대 과정에서는 엔트로피 감소 → $\Delta S < 0$

◉ 물질의 상태 변화에 따른 엔트로피 변화

(9) 화학 반응에서 엔트로피 변화

① 반응물과 생성물의 입자 수 비교 : 입자 수가 증가할수록 엔트로피는 증가

   예 암모니아 합성 반응에서 반응물보다 생성물의 분자 수가 적으므로 엔트로피(ΔS)는 감소한다.

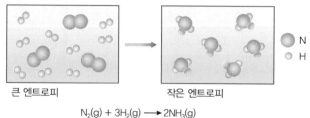

큰 엔트로피   작은 엔트로피

$$N_2(g) + 3H_2(g) \longrightarrow 2NH_3(g)$$

◉ 암모니아 합성과 엔트로피 변화

② 고립계 : 주위와 물질, 에너지를 교환하지 않으므로 엔트로피가 증가하는 과정은 자발적

③ 열린계, 닫힌계 : 엔트로피가 감소하여도 자발적으로 반응 진행 가능, 계의 엔트로피는 감소하지만 주위의 엔트로피가 증가하기 때문

④ 반응의 자발성 여부 : 계의 엔트로피와 주위의 엔트로피를 합한 전체 엔트로피 변화로 결정

(10) 엔트로피 변화와 자발성

① 화학 반응의 자발성 여부는 계의 엔트로피 변화만으로는 판단할 수 없으며, 계의 엔트로피 변화와 주위의 엔트로피 변화의 합, 즉 전체 엔트로피 변화로 판단해야 한다.

② 화학 반응은 계의 엔트로피 변화와 주위의 엔트로피 변화의 합이 증가하는 방향으로 자발적으로 진행된다.

$$\Delta S_{전체} = \Delta S_{계} + \Delta S_{주위}$$

$\Delta S_{전체} > 0$: 자발적, $\Delta S_{전체} < 0$: 비자발적, $\Delta S_{전체} = 0$: 평형 상태

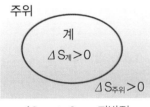

$\Delta S_{전체} > 0 \rightarrow$ 자발적

(가) $\Delta S_{계} > 0$, $\Delta S_{주위} > 0$

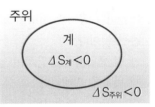

$\Delta S_{전체} < 0 \rightarrow$ 비자발적

(나) $\Delta S_{계} < 0$, $\Delta S_{주위} < 0$

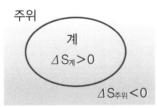

$|\Delta S_{계}| > |\Delta S_{주위}| \rightarrow \Delta S_{전체} > 0 \rightarrow$ 자발적

$|\Delta S_{계}| < |\Delta S_{주위}| \rightarrow \Delta S_{전체} < 0 \rightarrow$ 비자발적

(다) $\Delta S_{계} > 0$, $\Delta S_{주위} < 0$

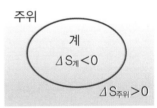

$|\Delta S_{계}| > |\Delta S_{주위}| \rightarrow \Delta S_{전체} < 0 \rightarrow$ 비자발적

$|\Delta S_{계}| < |\Delta S_{주위}| \rightarrow \Delta S_{전체} > 0 \rightarrow$ 자발적

(라) $\Delta S_{계} < 0$, $\Delta S_{주위} > 0$

❖ 계와 주위의 엔트로피 변화와 반응의 자발성 관계

③ 역반응에 대한 전체 엔트로피 변화는 정반응에 대한 전체 엔트로피 변화와 그 크기는 같으나 부호는 반대이다.

④ **고립계** : 계의 엔트로피가 증가하면 자발적 과정

⑤ **고립계가 아닌 경우** : 계의 엔트로피 증가량이 주위의 엔트로피 감소량보다 작으면 비자발적 과정

⑥ **탄산칼슘의 열분해**

$$CaCO_3(s) \rightarrow CaO(s) + CO_2(g)$$

㉠ 계의 엔트로피 변화 : 계의 분자 수 증가 $\rightarrow \Delta S_{계} > 0$

㉡ 자발적으로 일어나지 않고 고온이 필요 $\rightarrow \Delta S_{전체} < 0$

확인문제

해설

01 다음 에너지 보존에 대한 설명으로 옳지 않은 것은?

① 에너지가 전환될 때 전환되기 전과 후의 에너지 총량은 서로 같다.

② 마찰이나 공기의 저항이 없다면 역학적 에너지는 항상 보존될 것이다.

③ 한 번 에너지를 공급하여 영원히 일을 하는 기관은 열역학 제1법칙에 위배된다.

④ 에너지는 소멸되거나 새로 생겨나지 않는다.

⑤ 에너지 자원을 사용하면 최종적으로는 사용 가능한 형태의 열에너지로 전환된다.

01 에너지 자원을 사용하면 최종적으로는 사용 불가능한 형태의 열에너지로 전환된다. ▶⑤

02 다음 빈칸에 들어갈 알맞은 말을 쓰시오.

우리가 관심을 갖는 대상을 ( )라 하고, 이를 제외한 모든 부분을 ( )라고 한다. 물이 들어 있는 컵과 같이 주위와 물질, 에너지 모두를 교환하는 것을 ( )라고 부른다.

02 우리가 관심을 갖는 대상을 '계'라 하고, 이를 제외한 모든 부분을 '주위'라고 한다. 물이 들어 있는 컵과 같이 주위와 물질, 에너지 모두를 교환하는 것을 '열린계'라고 부른다. ▶ 계, 주위, 열린계

03 자동차 엔진에서 에너지가 어떤 형태로 변환하고, 이때 에너지가 보존이 되는지 설명하시오.

( )

03 자동차 엔진에서 화학 에너지가 역학적 에너지 형태로 변환된다. 화학 에너지(100%)=엔진의 역학적 에너지(26%)+다양한 형태의 열에너지(74%) 즉, 에너지의 총량은 같으므로 에너지는 보존된다. ▶ 화학 에너지 → 역학적 에너지, 에너지는 보존된다.

확인문제

해설

04 다음 글에서 설명하는 것은 무엇인가?

> 무질서도를 나타내는 척도로 기호 S로 나타낸다. 모든 자발적인 과정에서 공통적으로 이 성질이 증가하는 특징을 가지고 있다. 즉, 낮은 값의 상태에서 높은 값의 상태로 되는 과정은 자발적으로 일어난다.

① 응열 　　　　② 엔탈피
③ 엔트로피 　　④ 자유 에너지
⑤ 일

05 다음 중 엔트로피가 증가하는 경우에 '↑'표, 엔트로피가 감소하는 경우에 '↓'표를 하시오.

(1) $N_2(g) + 3H_2(g) \rightarrow 2NH_3(g)$ 　　　(　　)

(2) 드라이아이스의 승화 　　　　　　　(　　)

(3) $CaCO_3(s) \rightarrow CaO(s) + CO_2(g)$ 　　(　　)

04 엔트로피는 무질서도를 나타내는 척도로 기호 S로 나타낸다. 모든 자발적인 과정에서 공통적으로 엔트로피가 증가하는 특징을 가지고 있다. 즉, 낮은 엔트로피 값에서 높은 값의 엔트로피 상태로 되는 과정은 자발적으로 일어난다.
▶ ③

05 (1) 암모니아가 합성되는 반응은 $N_2(g) + 3H_2(g) \rightarrow 2NH_3(g)$으로 반응물은 질소 분자 1개와 수소 분자 3개로 총 4개이고, 생성물은 암모니아 분자 2개이다. 반응 결과, 계에 있는 분자 수는 줄어들고 무질서도가 감소하였으므로 엔트로피는 감소한다.
(2) 드라이아이스의 승화의 경우 반응은 $CO_2(s) \rightarrow CO_2(g)$으로 고체 상태 보다 기체 상태에서 분자가 움직일 수 있는 공간이 훨씬 넓으므로 무질서도가 증가하여 엔트로피는 증가한다.
(3) 탄산칼슘이 열분해하는 반응은 $CaCO_3(s) \rightarrow CaO(s) + CO_2(g)$으로 한 분자를 분해하면 산화칼슘 한 분자와 이산화탄소 한 분자를 얻는다. 반응물과 생성물의 분자 수를 비교하면 계에 있는 분자 수가 증가하여 무질서도가 증가한다. 또한 반응물은 고체이지만 생성물이 고체와 기체이므로 계의 무질서도는 크게 증가한다. 즉, 엔트로피는 증가한다.
▶ (1) ↓ (2) ↑ (3) ↑

04 자유 에너지

(1) 주위의 엔트로피 변화

① 주위의 엔트로피 변화는 화학 반응에 수반되는 에너지 출입에 의해 영향을 받는다.

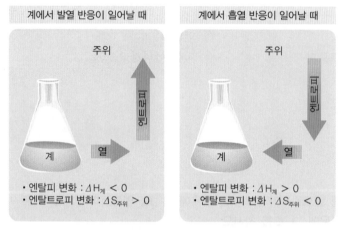

◆ 계의 엔탈피 변화와 주위의 엔트로피 변화의 관계

② 계의 엔탈피 변화에 정비례하고, 부호는 반대이며 절대 온도에는 반비례한다.

$$\Delta S_{주위} = -\frac{\Delta H}{T}$$

㉠ 발열 반응 : $\Delta H < 0$ 이므로 $\Delta S_{주위} > 0$

㉡ 흡열 반응 : $\Delta H > 0$ 이므로 $\Delta S_{주위} < 0$

(2) $\Delta S_{주위}$가 절대 온도에 반비례하는 이유

① 주위의 온도가 낮아 무질서도가 작은 경우에 계로부터 열이 방출되어 주위에 열이 가해지면 무질서도가 크게 증가한다.

② 주위의 온도가 높아 무질서도가 높은 경우에 계로부터 주위에 동일한 열이 방출되면 무질서도는 작게 증가한다.

(3) 반응의 자발성

① 어떤 반응이 자발적으로 일어나는지 예측하기 위해서는 계의 엔트로피 변화뿐만 아니라 엔탈피 변화도 고려해야 한다.

② 계의 엔탈피 변화와 계의 엔트로피 변화의 합이 증가하였을 때 반응이 자발적으로 진행된다.

$$\Delta S_{전체} = \Delta S_{계} + \Delta S_{주위} = \Delta S_{계} - \frac{\Delta H}{T}$$

③ 일반적으로 계에서 일어나는 반응을 관찰하기 때문에 반응의 자발성 여부를 주위와 관계없는 계의 열역학적 성질로 설명하는 것이 편하다.

(4) 자유 에너지(G)

① 자유 에너지 : 엔탈피와 엔트로피로 구성되어 있으며, 깁스 자유 에너지라고도 한다.

$$G = H - TS \text{ (H : 계의 엔탈피, T : 절대 온도, S : 계의 엔트로피)}$$
$$\Delta G = \Delta H - T\Delta S$$

② 자유 에너지와 자발성 여부

$$\Delta G < 0 : 자발적, \quad \Delta G > 0 : 비자발적, \quad \Delta G = 0 : 평형 상태$$

③ $\Delta S_{전체}$와 ΔG의 관계

$$\Delta S_{전체} = \Delta S_{계} + \Delta S_{주위} = \Delta S_{계} - \frac{\Delta H}{T}$$
$$- T\Delta S_{전체} = \Delta H - T\Delta S = \Delta G$$
$$\therefore \Delta G = - T\Delta S_{전체}$$

㉠ 발열 반응 : 주위의 엔트로피를 증가시키므로 자발적일 가능성이 높다.
㉡ 흡열 반응 : 주위의 엔트로피를 감소시키므로 자발적 과정이 되기 위해서는 계의 엔트로피가 크게 증가해야 한다. 하지만 계의 엔트로피가 비교적 크게 증가하였더라도 반응 엔탈피를 극복하지 못하면 흡열 반응은 자발적으로 일어날 수 없다.

(5) 자유 에너지의 엔트로피 항(TΔS)

① 온도에 의존하므로 온도에 따라 자발적일 수도 있고 비자발적일 수도 있다.
② 물이 어는 것 : 발열 과정($\Delta H < 0$)이지만 액체가 고체로 되는 과정이므로 엔트로피는 감소($\Delta S < 0$)한다. → 어떤 온도 이하에서는 $|T\Delta S| < |\Delta H|$이므로 자발적으로 물이 얼지만 특정 온도 이상에서는 $|T\Delta S| > |\Delta H|$이므로 얼지 않는다.

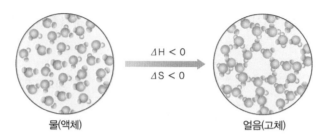

물(액체)　　　　　　　　얼음(고체)

◆ 물이 어는 과정에 대한 엔탈피 변화와 엔트로피 변화

③ 얼음이 녹는 것 : 흡열 과정($\Delta H > 0$)이지만 고체가 액체로 되는 과정이므로 엔트로피
는 증가($\Delta S > 0$)한다. → 어떤 온도 이하에서는 $|T\Delta S| < |\Delta H|$이므로 비자발적이지
만 특정 온도 이상에서는 $|T\Delta S| > |\Delta H|$이므로 자발적으로 녹는다.

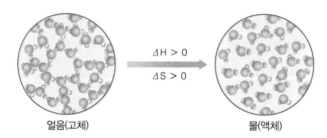

얼음(고체)　　　　　　　　물(액체)

◆ 얼음이 녹는 과정에 대한 엔탈피 변화와 엔트로피 변화

(6) 염화나트륨의 용해

① 상온에서 물에 녹기 때문에 자발적인 과정 : NaCl이 물에 녹아 Na^+과 Cl^-으로 되는
과정은 엔트로피를 증가시키지만 Na^+과 Cl^-이 물 분자에 둘러싸여 수화되는 과정은
엔트로피를 감소시킨다. 증가되는 엔트로피 양이 감소되는 엔트로피 양보다 크다.

② 염화나트륨의 용해가 흡열 과정이지만 엔트로피가 크게 증가하여 $\Delta G < 0$이 되므로
자발적이다.

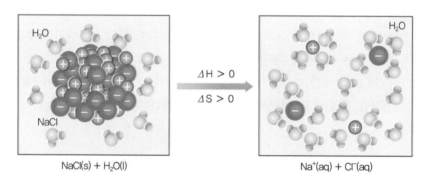

$NaCl(s) + H_2O(l)$　　　　　　　　$Na^+(aq) + Cl^-(aq)$

◆ 염화나트륨의 용해와 엔탈피 변화 및 엔트로피 변화

(7) 수소에 의한 산화철의 환원 반응

흡열 반응이면서 엔트로피가 증가하는 반응은 특정 온도 이하에서는 비자발적이지만 그 온도를 넘어서면 자발적 과정이 된다.

(8) 반응이 자발적으로 일어날 수 있는 온도

$\Delta G = 0$을 만족하는 온도($T = \dfrac{\Delta H}{\Delta S}$)를 구하면 된다.

(9) 열역학 법칙

열역학 에너지, 열, 일, 엔트로피와 과정의 자발성을 다루는 분야

① **열역학 제0법칙**(열적 평형 상태)

    ㉠ 열적 평형 상태를 설명하는 법칙이다.

    ㉡ 어떤 계의 A와 B, B와 C가 열적 평형 상태에 있으면 A와 C도 열적 평형 상태에 있다.

② **열역학 제1법칙**(에너지 보존)

    ㉠ "어떤 계의 내부 에너지의 증가량은 계에 더해진 열 에너지에서 계가 외부에 해준 일을 뺀 양과 같다."

    ㉡ 에너지의 형태는 변하나 생성되거나 소멸되지 않고 보존된다.

③ **열역학 제2법칙**(엔트로피의 증가)

    ㉠ 열적으로 고립된 계의 총 엔트로피가 감소하지 않는다는 법칙이다.

    ㉡ 고립계에서 무질서도가 증가하는 과정이 자발적으로 일어난다.

④ **열역학 제3법칙**(절대 0도의 불가능성) : 양자역학에 따르면 절대 영도에서 계는 반드시 최소의 에너지를 가지는 상태, 즉 바닥 상태에만 존재할 수 있다. 이러한 최소의 에너지를 가질 수 있는 상태가 한가지 뿐이라면 엔트로피는 0이 된다. 즉, 절대 온도 0K에서 완전한 결정 상태의 엔트로피는 0이다.

확인문제

01 홑원소 물질의 표준 생성 자유 에너지 값은 얼마인가?

① ΔH　　　　　　② $T\Delta S$

③ 0　　　　　　　　④ $-\Delta H$

⑤ 물질에 따라 다르다.

해설

01 홑원소 물질의 표준 생성 자유 에너지 값은 '0'이다.　▶③

02 다음은 용광로에서 일어나는 철의 환원 반응이다. 이 반응에서 표준 생성 자유 에너지를 구하는 식으로 옳은 것은?

$$Fe_2O_3(s) + 3CO(g) \rightarrow 2Fe(s) + 3CO_2(g)$$

① $\Delta G° = 3 \times \Delta G_f°(CO_2(g)) - 3 \times \Delta G_f°(CO(g)) - \Delta G_f°(Fe_2O_3(s))$

② $\Delta G° = \Delta G_f°(CO_2(g)) - \Delta G_f°(CO(g))$

③ $\Delta G° = \Delta G_f°(CO(g)) - \Delta G_f°(CO_2(g))$

④ $G° = 3 \times \Delta G_f°(CO(g)) - 3 \times \Delta G_f°(CO_2(g))$

⑤ $\Delta G° = 3 \times \Delta G_f°(CO_2(g)) + \Delta G_f°(Fe(s)) - 3 \times \Delta G_f°(CO_2(g))$

02 다음은 용광로에서 일어나는 철의 환원 반응이다. 이 반응에서 표준 생성 자유 에너지를 구하는 식은 $\Delta G° = 3 \times \Delta G_f°(CO_2(g)) - 3 \times \Delta G_f°(CO(g)) - \Delta G_f°(Fe_2O_3(s))$ 와 같다. 홑원소 물질의 표준 생성 자유 에너지 값은 '0'이기 때문이다.　▶①

확인문제

해설

03 다음 중 비자발적인 과정은 어느 것인가?

① 0℃에서 물이 어는 현상
② 상온에서 물이 증발하는 현상
③ 물에 잉크가 퍼져나가는 현상
④ 향수 냄새가 방에서 퍼지는 현상
⑤ 이산화탄소가 드라이아이스로 승화하는 현상

03 이산화탄소가 드라이아이스로 승화하는 현상은 비자발적이나 드라이아이스가 이산화탄소로 승화하는 현상은 자발적이다. ▶⑤

04 일정한 T와 P에서 만약 $\Delta G < 0$이면 과정은 자발적이고, $\Delta G > 0$이면 비자발적이라고 말할 수 있다. 황산 제조 과정의 한 단계인 $SO_2(g)$로부터 $SO_3(g)$의 제조하는 과정이 자발적으로 일어나는 온도의 범위를 쓰시오. (단, 모든 기체의 압력은 1기압이라 한다)

$$SO_2(g) + \frac{1}{2}O_2(g) \rightarrow SO_3(g)$$

	$SO_2(g)$	$O_2(g)$	$SO_3(g)$
$\Delta H(kJmol^{-1})$	−296.83	0	−395.72
$\Delta S(JK^{-1}mol^{-1})$	248.11	205.03	256.65

(   )

04 $\Delta G = \Delta H - T\Delta S = 0$을 만족하는 온도는 $T = \dfrac{\Delta H}{\Delta S}$로 구할 수 있다. $T = 1050K$ 이므로 온도 범위는 $0 < T < 1050K$ 이다.
▶ $0 < T < 1050K$

01 다음 $2SO_2(g) + O_2(g) \rightarrow 2SO_3(g)$의 반응에너지 변화곡선에 대한 설명 중 옳지 않은 것은?

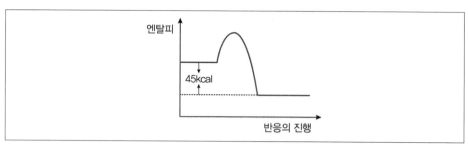

① 흡열 반응을 한다.　　　　　　　② 생성물이 반응물보다 안정하다.
③ $\Delta H < 0$이다.　　　　　　　④ SO_2의 연소열은 -22.5kcal이다.

02 다음 중 18g의 수증기가 물로 변할 때의 반응열로 옳은 것은?

㉠ $H_2O(g) = -241.8$kcal　　　　㉡ $H_2O(l) = -285.8kcal$

① $\Delta H = +44$　　　　　　　② $\Delta H = -44$
③ $\Delta H = +88$　　　　　　　④ $\Delta H = -88$

03 25℃, 1기압에서 수증기와 과산화수소의 생성에 관한 열화학 반응식이 다음과 같을 때 과산화수소의 생성열을 구하면? [$H_2O(g) + \frac{1}{2}O_2(g) \rightarrow H_2O_2(l)$]

• $H_2(g) + \frac{1}{2}O_2(g) \rightarrow H_2O(g)$, $\Delta H = -241.8$kJ　　㉠
• $H_2(g) + O_2(g) \rightarrow H_2O_2(l)$, $\Delta H = -187.7$kJ　　㉡

① 54.1kJ　　　　　　　② -54.1kJ
③ -187.7kJ　　　　　　④ 187.7kJ

04 다음 Na(s)와 $Cl_2(g)$로부터 NaCl(s)이 생성될 때의 에너지 관계를 나타낸 그림에서 NaCl(s)의 생성열에 해당하는 것은?

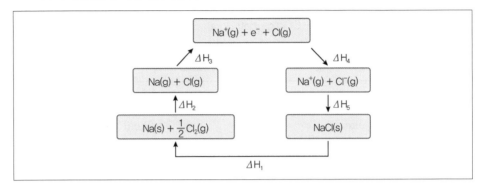

① ΔH_1

② $-\Delta H_1$

③ ΔH_5

④ $\Delta H_1 + \Delta H_2 + \Delta H_3$

⑤ $\Delta H_4 + \Delta H_5 + \Delta H_1$

05 다음 화학 반응식에서 설명될 수 있는 법칙으로 옳지 않은 것은?

$$N_2(g) + 3H_2(g) \rightleftarrows 2NH_3(g) + 22kcal$$

① 기체반응의 법칙

② 질량보존의 법칙

③ 배수비례의 법칙

④ 일정성분비의 법칙

06 C_3H_8(프로판)이 연소되는 반응이 다음과 같을 때, 일정 온도와 압력에서 C_3H_8 11g이 반응했을 때의 열량은?

$$C_3H_8 + 5O_2 \rightarrow 3CO_2 + 4H_2O + 503.2kcal$$

① 125.8kcal

② 242.3kcal

③ 335.7kcal

④ 425.3kcal

⑤ 511.6kcal

07 다음 열화학 반응식을 이용하여 $C(s) + H_2O(g) \rightarrow CO(g) + H_2(g)$의 반응열($\Delta H$)을 구하면?

> • $C(s) + O_2(g) \rightarrow CO_2(g) + 80.2kcal$ ·················· ㉠
> • $2H_2(g) + O_2(g) \rightarrow 2H_2O(g) + 107.4kcal$ ·················· ㉡
> • $2CO(g) + O_2(g) \rightarrow 2CO_2(g) + 126.8kcal$ ·················· ㉢

① $-73.8kcal$ ② $36.9kcal$

③ $-36.9kcal$ ④ $73.8kcal$

⑤ $110.7kcal$

08 다음의 반응식으로 $SO_3(g)$의 생성열(ΔH)을 결정하면?

> • $S(s) + O_2(g) \rightarrow SO_2(g)$, $\Delta H = -71kcal$ ·················· ㉠
> • $SO_2(g) + \dfrac{1}{2}O_2(g) \rightarrow SO_3(g)$, $\Delta H = -150kcal$ ·················· ㉡

① $-221kcal$ ② $221kcal$

③ $-54kcal$ ④ $54kcal$

09 다음 두 반응식을 이용하여 $Fe_2O_3(s) + 2Al(s) \rightarrow Al_2O_3(s) + 2Fe(s)$ 반응의 엔탈피 변화(ΔH)를 계산한 것으로 옳은 것은?

> • $2Al(s) + \dfrac{3}{2}O_2(g) \rightarrow Al_2O_3(s) + 440kcal$ ·················· ㉠
> • $2Fe(s) + \dfrac{3}{2}O_2(g) \rightarrow Fe_2O_3(s) + 196kcal$ ·················· ㉡

① $-244kcal$ ② $+244kcal$

③ $-596kcal$ ④ $+596kcal$

10 다음과 같은 열화학 반응식에서 메테인(CH_4) 4g이 연소할 때 발생하는 열량은?

> $CH_4(g) + 2O_2(g) \rightarrow CO_2(g) + 2H_2O(g) + 212kcal$

① $53kcal$ ② $106kcal$

③ $159kcal$ ④ $212kcal$

⑤ $265kcal$

11 $N_2(g) + 3H_2(g) \rightleftharpoons 2NH_3(g)$, $\Delta H = -22kcal$에서 NH_3의 생성엔탈피로 옳은 것은?

① 11kcal

② -11kcal

③ 22kcal

④ -22kcal

12 반응물질이 가지는 엔탈피의 총합을 H_R, 생성물질이 가지는 엔탈피의 총합을 H_P라고 하면, 이 반응의 엔탈피 변화 ΔH로 옳은 것은?

① $\Delta H = 2H_P$

② $\Delta H = 2H_R$

③ $\Delta H = H_P - H_R$

④ $\Delta H = H_P + H_R$

13 다음 중 엔탈피 변화(ΔH)에 대한 설명으로 옳지 않은 것은?

① $\Delta H > 0$일 때 흡열 반응이다.

② 열화학 반응식에 나타낸다.

③ $\Delta H < 0$이면 열에너지가 발생한다.

④ 촉매를 사용하면 ΔH가 증가한다.

14 0℃, 1기압에서 5.6L의 CH_4이 연소하여 CO_2와 H_2O이 생기고, 53.2kcal의 열이 발생할 때의 열화학 반응식으로 옳은 것은?

① $CH_4 + 2O_2 \rightarrow CO_2 + 2H_2O$, $\Delta H = 212.8kcal$

② $CH_4 + 2O_2 \rightarrow CO_2 + 2H_2O$, $\Delta H = 53.2kcal$

③ $CH_4(g) + 2O_2(g) \rightarrow CO_2(g) + 2H_2O(l)$, $\Delta H = -212.8kcal$

④ $CH_4(g) + 2O_2(g) \rightarrow CO_2(g) + 2H_2O(l)$, $\Delta H = +212.8kcal$

15 다음 주어진 결합에너지를 이용하여 엔탈피 변화(ΔH)를 계산하면?

$$H_2(g) + Cl_2(g) \rightarrow 2HCl(g)$$
$$(H-H : 116.8kcal/mol, \ Cl-Cl : 49.6kcal/mol, \ H-Cl : 102.8kcal/mol)$$

① -39.2kcal

② 39.2kcal

③ -78.4kcal

④ 78.4kcal

16 발열반응인 A → B인 반응열을 ΔH, 활성화에너지를 E_α라고 할 때, 다음 중 이 반응의 역반응에 의한 활성화에너지는?

① $E_\alpha - \Delta H$

② $\Delta H - E_\alpha$

③ $\Delta H + E_\alpha$

④ $-(\Delta H + E_\alpha)$

17 다음 주어진 반응식을 이용하여 $CH_4(g) + 2O_2(g) \rightarrow CO_2(g) + 2H_2O(l)$의 엔탈피 변화($\Delta H$)를 계산하면 얼마인가?

- $C(s) + O_2(g) \rightarrow CO_2(g)$, $\Delta H = -94kcal$ ·············· ㉠
- $H_2(g) + \dfrac{1}{2}O_2(g) \rightarrow H_2O(l)$, $\Delta H = -68kcal$ ·········· ㉡
- $C(s) + 2H_2(g) \rightarrow CH_4(g)$, $\Delta H = -18kcal$ ·············· ㉢

① $-94kcal$

② $-162kcal$

③ $-180kcal$

④ $-212kcal$

⑤ $-246kcal$

18 다음 반응식을 이용하여 $C(s) + O_2(g) \rightarrow CO_2(g)$의 ΔH를 구하면?

- $2C(s) + O_2(g) \rightarrow 2CO(g)$, $\Delta H = -35kcal$ ·············· ㉠
- $2CO(g) + O_2(g) \rightarrow 2CO_2(g)$, $\Delta H = -153kcal$ ······ ㉡

① $-94kcal$

② $94kcal$

③ $-188kcal$

④ $188kcal$

19 다음 열화학 반응식에 대한 설명으로 옳지 않은 것은?

$$C(s) + O_2(g) \rightarrow CO_2(g), \quad \Delta H = -94.1kcal$$

① CO_2의 생성열(ΔH)은 $-94.1kcal$이다.

② $C(s)$의 연소열(ΔH)은 $94.1kcal$이다.

③ $\Delta H < 0$이므로 발열 반응이다.

④ $C(s)$와 $O_2(g)$가 $CO_2(g)$보다 에너지 함량이 크다.

20 다음 중 모든 화학 반응에서 발생하는 현상으로 옳은 것은?

① 열의 발생　　　　　　　　② 속도의 변화

③ 질량의 변화　　　　　　　④ 에너지의 변화

21 다음 열화학 반응식을 이용하여 O–H 간의 결합에너지를 구하면?

> • $H_2(g) + \dfrac{1}{2}O_2(g) \rightarrow H_2O(g),\ \Delta H = -58\text{kcal}$ ……… ㉠
>
> • $H_2(g) \rightarrow 2H(g),\ \Delta H = 104.2\text{kcal}$ ………………………… ㉡
>
> • $O_2(g) \rightarrow 2O(g),\ \Delta H = 117\text{kcal}$ ……………………… ㉢

① 163.2kcal　　　　　　　② 116kcal

③ 110.4kcal　　　　　　　④ 55.2kcal

22 그림은 25℃, 1기압에서 몇 가지 반응의 엔탈피 변화(ΔH)를 나타낸 것이다.

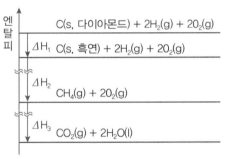

이에 대한 설명으로 옳은 것만을 〈보기〉에서 모두 고른 것은?

> ─────〈 보기 〉─────
>
> ㄱ. C(다이아몬드)의 생성 엔탈피는 ΔH_1이다.
>
> ㄴ. C–H의 결합에너지는 $-\dfrac{\Delta H_2}{4}$이다.
>
> ㄷ. $CH_4(g)$의 연소 엔탈피는 ΔH_3이다.

① ㄱ　　　　　　　　　　　② ㄷ

③ ㄱ, ㄴ　　　　　　　　　④ ㄴ, ㄷ

⑤ ㄱ, ㄴ, ㄷ

23 그림은 1기압에서 반응 ㈎, ㈏의 절대 온도에 따른 자유 에너지 변화(ΔG)를 나타낸 것이다.

> ㈎ $A(s) + B(g) \rightarrow 2C(g)$, $\Delta H = a\,kJ$
>
> ㈏ $2D(g) \rightarrow E(g)$, $\Delta H = b\,kJ$

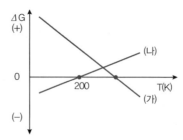

이에 대한 설명으로 옳은 것만을 〈보기〉에서 모두 고른 것은?

> ─〈 보기 〉─
>
> ㄱ. $a < 0$이다.
>
> ㄴ. $|a| > |b|$이다.
>
> ㄷ. 1기압, 200K에서 ㈏ 반응의 엔트로피 변화(ΔS)는 $\dfrac{b}{200}$(kJ/K)이다.

① ㄱ 　　　　　　　　　② ㄴ

③ ㄱ, ㄷ 　　　　　　　④ ㄴ, ㄷ

⑤ ㄱ, ㄴ, ㄷ

24 다음은 일산화탄소(CO)와 수소(H_2)로 이루어진 수성가스가 생성되는 반응의 화학 반응식과 엔탈피와 엔트로피 변화를 나타낸 것이다.

> • 화학 반응식 : $C(s) + H_2O(g) \rightarrow CO(g) + H_2(g)$
>
> • 엔탈피 변화(ΔH) = 131kJ
>
> • 엔트로피 변화(ΔS) = 134J/K

이 반응에 대한 설명으로 옳은 것만을 〈보기〉에서 모두 고른 것은?

> ─〈 보기 〉─
>
> ㄱ. 500℃에서 $\Delta G < 0$이다.
>
> ㄴ. 반응이 일어날 때 주위의 온도는 낮아진다.
>
> ㄷ. 반응 물질의 엔트로피는 생성 물질보다 크다.

① ㄱ 　　　　　　　　　② ㄴ

③ ㄱ, ㄷ 　　　　　　　④ ㄴ, ㄷ

⑤ ㄱ, ㄴ, ㄷ

25 그림은 상온에서 소량의 질산암모늄을 물에 넣어 녹였을 때 엔탈피 변화를 나타낸 것이다.

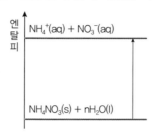

상온에서 질산암모늄이 물에 녹는 반응에 대한 설명으로 옳은 것만을 〈보기〉에서 모두 고른 것은?

─〈 보기 〉─

ㄱ. 흡열 반응이다.

ㄴ. 자유 에너지가 감소한다.

ㄷ. 주위의 엔트로피 변화($\Delta S_{주위}$)는 (−)의 값이다.

① ㄱ   ② ㄱ, ㄴ

③ ㄱ, ㄷ   ④ ㄴ, ㄷ

⑤ ㄱ, ㄴ, ㄷ

26 그림은 25℃에서 실린더에 기체 X와 Y를 넣었을 때, 자발적으로 일어나는 반응을 분자 모형으로 나타낸 것이다.

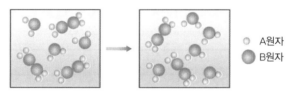

A원자
B원자

이 반응에 대한 설명으로 옳은 것만을 〈보기〉에서 모두 고른 것은?

─〈 보기 〉─

ㄱ. 50℃에서 자발적이다.

ㄴ. 엔트로피가 증가한다.

ㄷ. $T\Delta S > \Delta H$일 때 반응이 자발적으로 일어난다.

① ㄱ   ② ㄱ, ㄴ

③ ㄱ, ㄷ   ④ ㄴ, ㄷ

⑤ ㄱ, ㄴ, ㄷ

27 그림은 염화나트륨이 물에 녹는 과정을 나타낸 것이다. 염화나트륨의 용해도는 온도가 높을수록 증가한다.

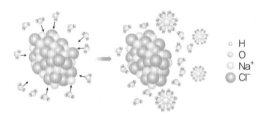

	H
	O
	Na$^+$
	Cl$^-$

염화나트륨이 물에 자발적으로 녹을 때 반응 엔탈피(ΔH), 물의 엔트로피 변화(ΔS$_{물}$), 이온의 엔트로피 변화(ΔS$_{이온}$)로 옳은 것은?

	반응 엔탈피	물의 엔트로피 변화	이온의 엔트로피 변화
①	ΔH > 0	ΔS$_{물}$ > 0	ΔS$_{이온}$ > 0
②	ΔH > 0	ΔS$_{물}$ < 0	ΔS$_{이온}$ > 0
③	ΔH > 0	ΔS$_{물}$ < 0	ΔS$_{이온}$ < 0
④	ΔH < 0	ΔS$_{물}$ > 0	ΔS$_{이온}$ < 0
⑤	ΔH < 0	ΔS$_{물}$ < 0	ΔS$_{이온}$ > 0

28 다음은 일산화탄소가 연소하는 반응의 열화학 반응식과 이와 관련된 몇 가지 물질의 생성열(ΔH) 및 결합에너지를 나타낸 것이다.

$$CO(g) + \frac{1}{2}O_2(g) \rightarrow CO_2(g), \quad \Delta H = \text{(가)}kJ$$

화합물	CO(g)	CO$_2$(g)
생성열(ΔH)	akJ	bkJ

결합	O=O	C=O	C≡O
결합에너지(kJ/mol)	c	d	(나)

위 자료의 (가)와 (나)의 값으로 옳은 것은?

	(가)	(나)		(가)	(나)
①	$a-b$	$a-b+\frac{1}{2}c-2d$	②	$b-a$	$b-a+\frac{1}{2}c+2d$
③	$b-a$	$b-a-\frac{1}{2}c+2d$	④	$a-b+\frac{1}{2}c$	$a-b+\frac{1}{2}c-2d$
⑤	$b-a-\frac{1}{2}c$	$b-a-\frac{1}{2}c+2d$			

29 다음은 에텐(C_2H_4) 기체의 연소와 관련된 엔탈피 변화와 에텐의 구조식과 몇 가지 결합에너지를 나타낸 것이다.

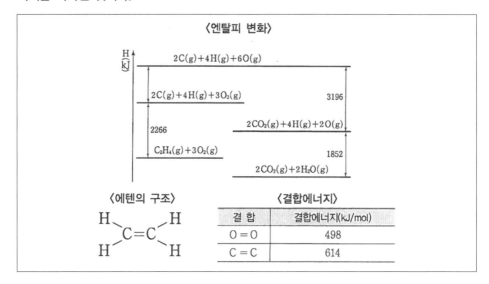

이에 대한 설명으로 옳은 것만을 〈보기〉에서 모두 고른 것은?

―――――〈 보기 〉―――――

ㄱ. C = O의 결합에너지는 780kJ이다.

ㄴ. O － H 결합이 C － H 결합보다 강하다.

ㄷ. $C_2H_4(g)+3O_2(g) \rightarrow 2CO_2(g)+2H_2O(g)$의 반응열($\Delta H$)은 －1248kJ이다.

① ㄱ
② ㄴ
③ ㄱ, ㄷ
④ ㄴ, ㄷ
⑤ ㄱ, ㄴ, ㄷ

30 다음은 T_1K, 1기압에서 질소와 수소가 반응하여 암모니아가 생성되는 반응의 열화학 반응식을 나타낸 것이다.

$$N_2(g)+3H_2(g) \rightleftharpoons 2NH_3(g), \ \Delta G < 0$$

그림은 온도 T_1K, 1기압에서 반응 (개)~(대)의 ΔH와 $T\Delta S$를 나타낸 것이다.

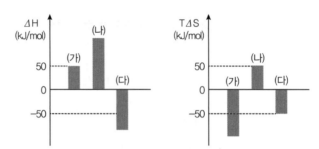

반응 (가)~(다)에 대한 설명으로 옳은 것만을 〈보기〉에서 고른 것은?

〈 보 기 〉

ㄱ. (가)는 온도와 무관하게 항상 비자발적이다.

ㄴ. (나)는 온도와 무관하게 항상 자발적이다.

ㄷ. 암모니아 생성 반응과 가장 유사한 반응은 (다)이다.

① ㄱ   ② ㄴ

③ ㄷ   ④ ㄱ, ㄷ

⑤ ㄱ, ㄴ, ㄷ

31 그림 (가)~(다)는 대기 중에서 물과 얼음을 비커에 담아 서로 다른 온도 조건에 놓아 둔 모습을 나타낸 것이다.

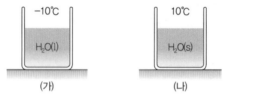

이에 대한 설명으로 옳은 것만을 〈보기〉에서 모두 고른 것은? (단, 대기압은 1기압이고, 1기압에서 얼음의 녹는점은 0℃이다.)

〈 보 기 〉

ㄱ. (가)에서 발열 반응이 자발적으로 일어난다.

ㄴ. (나)에서 $H_2O(s) \rightarrow H_2O(l)$ 반응의 $\Delta G < 0$이다.

ㄷ. (다)에서 대기가 건조 공기라면 계의 엔트로피가 감소하는 반응이 자발적으로 일어난다.

① ㄱ   ② ㄷ

③ ㄱ, ㄴ   ④ ㄴ, ㄷ

⑤ ㄱ, ㄴ, ㄷ

01 |정답| ①

|해설| ① 반응물의 에너지>생성물의 에너지이므로 반응 시 에너지 방출 ⇒ 발열 반응
② 반응물의 에너지>생성물의 에너지이므로 에너지가 낮은 생성물이 반응물보다 안정하다.
③ ΔH = 생성물의 엔탈피-반응물의 엔탈피=-45
④ 연소열 : 물질 1몰의 연소할 때 반응열

$$2SO_2(g)+O_2(g) \rightarrow 2SO_3, \ \Delta H = -45\text{kcal}$$

$$SO_2(g)+\frac{1}{2}O_2(g) \rightarrow SO_3(g), \ \Delta H = -22.5\text{kcal}$$

02 |정답| ②

|해설| 수증기에서 물로 변하는 것이므로 (ΔH =생성물의 엔탈피-반응물의 엔탈피)

$$-285.8\text{kcal}-(-241.8\text{kcal})=-44\text{kcal}$$

03 |정답| ①

|해설| ⓒ-㉠을 하면 $O_2(g) - \frac{1}{2}O_2(g) \rightarrow H_2O_2(l) - H_2O(g)$

반응식을 정리하면

$$H_2O(g)+\frac{1}{2}O_2(g) \rightarrow H_2O_2(l)$$가 되므로

ΔH도 ⓒ-㉠을 하면 $-187.7-(-241.8)= 54.1\text{kJ}$

04 |정답| ②

|해설| 생성열과 분해열
- 생성열 : 물질 1몰이 성분 홑원소 물질로부터 생성될 때의 반응열이다. 화합물의 상대적 안정성을 나타낸다.
- 분해열 : 물질 1몰이 홑원소 물질로 분해될 때의 반응열이다. 생성열과 에너지는 같으나 그 부호는 반대이다.

$$NaCl(s) \rightarrow Na(s)+\frac{1}{2}Cl_2(g), \ \Delta H_1$$이므로

$$Na(s)+\frac{1}{2}Cl_2 \rightarrow NaCl, \ -\Delta H_1$$

05 |정답| ③

|해설| ① 기체반응의 법칙 : 화학 반응에 관여하는 기체들의 부피 사이에는 간단한 정수비가 성립한다는 법칙
② 질량보존의 법칙 : 모든 화학 반응에서 반응 전과 후의 물질의 질량은 동일하다는 법칙
③ 배수비례의 법칙 : 두 종류 원소가 결합해서 두 종류 이상의 물질을 만들 때 배수비례의 법칙이 성립

④ 일정성분비의 법칙 : 어느 한 화합물을 구성하고 있는 성분원소의 질량비는 항상 일정하다는 법칙

06 |정답| ①

|해설| C_3H_8의 분자량은 44g

$$44 : 11 = 503.2 : x$$

$$\therefore \ x = 125.8 kcal$$

07 |정답| ②

|해설| 화학 반응에서 처음과 마지막 상태가 같다면, 반응경로와 무관하게 방출 또는 흡수되는 열량은 같다(헤스의 법칙). 보기의 열화학 반응식을 이용하여 $C(s) + H_2O(g) \rightarrow CO(g) + H_2(g)$의 반응열을 구한다.

$$Q = ㉠ - (㉡ \times \frac{1}{2} + ㉢ \times \frac{1}{2}) = -36.9$$

$Q = -36.9 kcal$ 흡열 반응이므로

$$\therefore \ \Delta H = 36.9 kcal$$

08 |정답| ①

|해설| 생성열(ΔH) : 화합물 1몰이 그 성분 홑원소 물질로부터 만들어질 때의 반응열

$$\Delta H = ㉠ + ㉡ = -221 kcal$$

$$S(s) + O_2(g) \rightarrow SO_2(g) \ \cdots ㉠$$

$$SO_2(g) + \frac{1}{2}O_2(g) \rightarrow SO_3(g) \ \cdots ㉡$$

$$㉠ + ㉡ = S(s) + \frac{3}{2}O_2(g) \rightarrow SO_3(g)$$

09 |정답| ①

|해설| $㉠ - ㉡ = 2Al(s) - 2Fe(s) \rightarrow Al_2O_3(s) - Fe_2O_3(s) + 440 - 196$

반응식을 정리하면 $Fe_2O_3(s) + 2Al(s) \rightarrow Al_2O_3(s) + 2Fe(s) + 244 kcal$

발열 반응이므로 ΔH = 생성물 엔탈피-반응물의 엔탈피

$$\therefore \ \Delta H = -244 kcal$$

10 |정답| ①

|해설| CH_4 1몰은 16g이므로 $16 : 4 = 212 : x$

$$\therefore \ x = 53 kcal$$

11 |정답| ②

|해설| 물질의 생성열은 물질 1몰이 생성될 때의 엔탈피 변화이므로 $\frac{-22 kcal}{2} = -11 kcal$

12 |정답| ③

|해설| ΔH = 생성물의 엔탈피-반응물의 엔탈피

13 |정답| ④

|해설| ④ 촉매는 엔탈피 변화(ΔH)에는 영향을 주지 않는다.

※ ΔH=생성물의 엔탈피-반응물의 엔탈피
- 발열 반응 : 생성물의 엔탈피<반응물의 엔탈피, ΔH<0
- 흡열 반응 : 생성물의 엔탈피>반응물의 엔탈피, ΔH>0

14 |정답| ③

|해설| 열화학 반응식의 계수는 몰수를 나타내며, 반드시 반응의 상태를 표시해야 한다.

5.6L의 CH_4는 0.25몰이고, $0.25:1=53.2:x$에서 $x=212.8$kcal 인데, 발열 반응이므로 ΔH<0

∴ ΔH$=-212.8$kcal

15 |정답| ①

|해설| 엔탈피 변화(ΔH)=반응물의 결합에너지의 총합-생성물의 결합에너지의 총합

=116.8+49.6$-2\times$102.8=-39.2kcal

※ 결합에너지 : 공유 결합 분자에서 그 결합을 끊어 각각의 원자로 분리하는 데 필요한 에너지

16 |정답| ①

|해설| 역반응의 활성화에너지를 $E_\alpha{'}$ 이라 하면,

ΔH=정반응의 활성화에너지-역반응의 활성화에너지

ΔH$=E_\alpha-E_\alpha{'}$이므로 $E_\alpha{'}=E_\alpha-\Delta$H

17 |정답| ④

|해설| ㉠+2×㉡-㉢

$C(s)+O_2(g) \rightarrow CO_2(g)$ … ㉠

$2H_2(g)+O_2(g) \rightarrow 2H_2O(l)$ … 2×㉡

$C(s)+2H_2(g) \rightarrow CH_4(g)$ … ㉢

$2O_2(g) \rightarrow CO_2(g)+2H_2O(l)-CH_4(g)$

정리하면 $CH_4(g)+2O_2(g) \rightarrow CO_2(g)+2H_2O(l)$

ΔH$=-94+2\times(-68)-(-18)=-212$kcal

18 |정답| ①

|해설| $(㉠+㉡)\times\dfrac{1}{2}$

$2C(s)+2O_2(g) \rightarrow 2CO_2(g)$

∴ ΔH$=-94$kcal

19 |정답| ②

|해설| 연소열은 물질 1몰이 완전연소할 때의 반응열이다.

20 |정답| ④

|해설| 화학 반응 시 반응물질과 생성물질의 함량이 다르기 때문에 항상 에너지의 변화가 발생한다.

21 |정답| ③

|해설| ㉡$+\frac{1}{2}$㉢

$$H_2 + \frac{1}{2}O_2 \rightarrow 2H + O = (104.2 + \frac{1}{2} \times 117)kcal 가 되는데$$

㉠과 비교하면 $-58 = (104.2 + \frac{1}{2} \times 117) - x$ (x는 결합에너지)라 쓸 수 있다.

$\therefore x = 220.7$

H_2O에는 2개의 $O-H$ 결합이 있으므로

$O-H$ 간의 결합에너지는 $\frac{1}{2} \times x = \frac{1}{2} \times 220.7 \fallingdotseq 110.4kcal$

22 |정답| ②

|해설| ㄱ. C(다이아몬드)의 생성 엔탈피는 C(흑연) → C(다이아몬드) 반응의 반응열이므로 $-\Delta H_1$이다.

ㄴ. $\Delta H_2 =$ (C(흑연)의 승화에너지 $+ 2 \times H_2$의 결합에너지) $- (4 \times C-H$의 결합에너지)이다.

ㄷ. $CH_4(g)$의 연소 엔탈피는 $CH_4(g) + 2O_2(g) \rightarrow CO_2(g) + 2H_2O(l)$ 반응의 엔탈피 변화이므로 ΔH_3이다.

23 |정답| ④

|해설| ㄱ. ㈎는 기체 분자 수가 증가하므로 $\Delta S > 0$인데, 낮은 온도에서 $\Delta G > 0$이므로 $\Delta H > 0$이다. 따라서 a > 0이다.

ㄴ. $\Delta G = \Delta H - T\Delta S$에서 $T = 0$일 때 $\Delta G = \Delta H$이므로 $|a| > |b|$이다.

ㄷ. 200K에서 ㈏ 반응의 $\Delta G = 0$이므로 $\Delta H - 200\Delta S = 0$이다. 따라서 $\Delta S = \frac{b}{200}(kJ/K)$이다.

24 |정답| ②

|해설| 자유 에너지(ΔG) $= \Delta H - T\Delta S$이다. 500℃에서 $\Delta G = 1000 \times 131J - 773 \times 134J > 0$이다. 반응열($\Delta H$) > 0이므로 흡열 반응이고, 반응이 일어날 때 주위의 온도는 낮아진다. 기체가 더 많이 생성되므로 엔트로피는 반응 물질보다 생성 물질이 크다.

25 |정답| ⑤

|해설| 질산암모늄이 물에 녹는 반응은 물질의 엔탈피가 증가하는 반응이므로 흡열 반응이다. 흡열 반응이 일어나면 주위의 엔트로피는 감소한다. 또한 상온에서 질산암모늄이 저절로 녹으므로 자유 에너지는 감소한다.

26 |정답| ⑤

|해설| 25℃에서 $B_2A_4 \rightarrow 2BA_2$반응이 일어난다. 이 반응이 일어날 때 결합이 끊어져야 하므로 $\Delta H > 0$이다. 반응이 일어날 때 기체 분자 수가 증가하므로 엔트로피가 증가하고, $\Delta H > 0$이므로 $T\Delta S > \Delta H$일 때 $\Delta G < 0$이므로 반응이 자발적으로 일어난다.

27 |정답| ②

|해설| 염화나트륨의 용해도는 온도가 높을수록 증가하므로 염화나트륨의 용해 반응은 흡열 반응 ($\Delta H > 0$)이다. 염화나트륨이 물에 녹을 때 물은 이온을 둘러싸므로 엔트로피가 감소한다. 그러나 수화된 이온은 쉽게 이동할 수 있으므로 엔트로피가 증가한다.

28 |정답| ③

|해설| 반응열(ΔH)=생성 물질의 총 생성열−반응 물질의 총 생성열=반응 물질의 결합에너지 총합−생성 물질의 결합에너지 총합이다. 따라서 (가)= $b - a$ =(나)$+ \frac{1}{2}c - 2d$이므로 (나)= $b - a - \frac{1}{2}c + 2d$이다.

29 |정답| ②

|해설| ㄱ. C=O의 결합에너지는 $\frac{3196}{4} = 700kJ$ 이다.

ㄴ. O−H의 결합에너지는 $\frac{1852}{4} = 463kJ$ 이고, C−H의 결합에너지는 $\frac{2266-614}{4} = 413kJ$ 이다. 따라서 O−H의 결합이 C−H 결합보다 강하다.

ㄷ. $C_2H_4 + 3O_2(g) \rightarrow 2CO_2(g) + 2H_2O(g)$의 반응열($\Delta H$)은 $(498 \times 3 + 2266) - (3196 + 1852) = -1288kJ$

30 |정답| ④

|해설| ㄱ. (가)는 흡열 반응에 엔트로피가 감소하므로 온도와 무관하게 항상 $\Delta G > 0$이다.

ㄴ. (나)는 $\Delta H > 0$, $\Delta S > 0$이므로 온도가 낮을 때 $\Delta G > 0$이면 비자발적이다. 온도가 높을 때 $\Delta G < 0$이면 자발적이 되므로 온도에 따라 자발성 유무가 달라진다.

ㄷ. 암모니아 생성 반응은 엔트로피가 감소하는 반응이다. 그런데 $\Delta G < 0$이므로 $|T\Delta S| < |\Delta H|$이 성립된다. 따라서 가장 유사한 반응은 (다)이다.

31 |정답| ③

|해설| ㄱ. (가)에서 물이 얼어 얼음이 되는 반응이 자발적으로 일어나므로 발열 반응이 자발적으로 일어난다.

ㄴ. (나)의 온도는 녹는점보다 높으므로 $H_2O(s) \rightarrow H_2O(l)$ 반응이 자발적으로 일어난다.

ㄷ. (다)에서 물이 자발적으로 증발하므로 엔트로피가 증가하는 반응이 일어난다.

제 7 장 화학평형

01 화학평형과 평형이동

(1) 가역 반응과 비가역 반응

① 가역 반응 : 정반응과 역반응이 모두 일어날 수 있는 반응

② 비가역 반응 : 한쪽 방향으로만 진행되는 반응

(2) 정반응과 역반응

① 정반응 : 반응물이 생성물로 되는 반응(오른쪽으로 진행)

② 역반응 : 생성물이 반응물로 되는 반응(왼쪽으로 진행)

(3) 화학 평형

① 반응물의 농도와 생성물의 농도가 일정하게 유지되는 상태를 말한다.

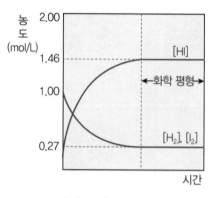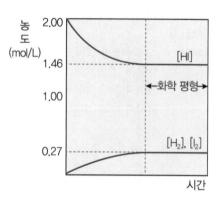

❖ $H_2(g) + I_2(g) \leftrightarrows 2HI(g)$의 생성 반응에서 시간에 따른 물질의 농도

② 평형 상태는 정반응과 역반응에 의한 자유 에너지의 변화가 없는 상태이며, 반응물과 생성물의 자유 에너지가 같은 상태이다.

㉠ $\Delta G < 0$: 정반응 쪽으로 자발적 반응이 일어난다.

㉡ $\Delta G > 0$: 역반응 쪽으로 자발적 반응이 일어난다.

③ 평형 상태에서는 반응이 정지된 것처럼 보이지만 실제로는 정반응과 역반응이 끊임없이 일어나고 있다. 이때 반응물과 생성물이 함께 존재하고, 정반응 속도와 역반응 속도가 같으며, 반응이 정지된 것이 아닌 동적 평형 상태를 의미한다.

$$aA + bB \xrightleftharpoons[V_2]{V_1} cC + dD$$

$$V_1(정반응\ 속도) = V_2(역반응\ 속도)$$

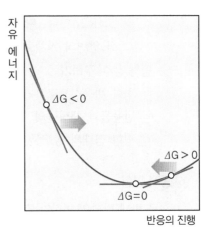

○ 반응의 진행에 따른 자유 에너지 변화

(4) 반응의 자발성

평형은 에너지가 낮아지는 상태로 이동하려고 한다. 또 한 가지 요인은 엔트로피이다. 평형은 엔트로피가 커지는 쪽으로 이동하려고 한다. 즉, 평형은 에너지와 엔트로피라는 두 요인의 타협으로 이루어진다.

(5) 화학 평형 법칙

① 평형 상수(K) : 반응물의 농도곱에 대한 생성물의 농도곱의 비
② 화학 평형 법칙 : 어떤 온도에서 평형 상태에 있을 때, 평형 상수 또는 일정한 값을 나타낸다.

$$aA + bB \rightleftharpoons cC + dD \qquad \frac{[C]^c[D]^d}{[A]^a[B]^b} = K = 일정\ (T일정)$$

③ 압력 평형 상수(K_p)

㉠ 농도 대신 부분 압력으로 나타낸 평형 상수

$$K_p = \frac{P_C^c \times P_D^d}{P_A^a \times P_B^b}$$

㉡ 압력 평형 상수는 온도가 달라지면 그 값이 달라진다. 즉,

$$N_2O_4 \Leftrightarrow 2NO_2 에서 \ K_p = K_c(RT)^{\Delta n} \ (\Delta n = c+d-(a+b))$$

→ 이상 기체 상태 방정식 $PV = nRT$에서 기체의 압력 $P = \dfrac{nRT}{V}$이므로 몰 농도를 C라 하면 P=CRT이다. 따라서 $K_p = \dfrac{(P_{NO_2})^2}{P_{N_2O_4}} = \dfrac{([NO_2]RT)^2}{[N_2O_4]RT}$ 이므로 $K_p =$

$K_c(RT)$이다. 따라서 온도가 달라지면 평형 상수 값이 변한다. 만약 화학 반응식 양변의 기체들의 몰수의 합이 같으면 ($\Delta n = 0$) $K_p = K_c$가 성립한다.

④ 평형 상수 구하기

　　㉠ 화학 반응식으로부터 평형 상수식을 쓴다.

　　㉡ 반응물과 생성물의 평형 상태에서의 농도를 구한다.

　　㉢ 평형 상태의 농도를 평형 상수식에 대입한다.

(6) 동적 평형

서로 반대 방향의 변화가 같은 속도로 일어나서 겉보기에 마치 변화가 일어나지 않는 것처럼 보이는 상태를 말한다.

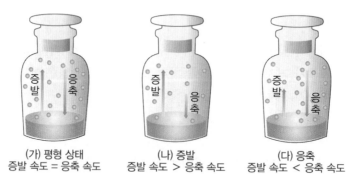

(가) 평형 상태	(나) 증발	(다) 응축
증발 속도 = 응축 속도	증발 속도 > 응축 속도	증발 속도 < 응축 속도

❍ 닫힌 그릇에서의 물의 증발과 수증기의 응축

(7) 화학 평형의 특성

① 평형 상태에서는 반응물과 생성물의 농도가 일정하게 유지된다.

② 자발적인 과정을 통하여 화학 평형에 도달한다.

③ 화학 평형은 정반응 속도와 역반응 속도가 같은 동적 평형이다.

④ 반응물에서 시작하거나 또는 생성물에서 시작하거나 동일한 평형 상태에 도달한다.

(8) 반응 지수(Q)

① 어떤 반응에 관여하는 물질의 현재 농도를 평형 상수식에 대입하여 얻은 값

$$aA + bB \rightleftharpoons cC + dD, \quad Q = \frac{[C]^c[D]^d}{[A]^a[B]^b}$$

② 평형 상수와 반응의 예측

　　㉠ $Q < K$: 생성물의 농도는 평형 상태가 현재 상태의 농도보다 크다. → 이때 정반응 속도가 역반응 속도보다 크다.

      ⓛ Q＝K : 생성물의 농도는 평형 상태와 현재 상태의 농도가 같다. → 이때 정반응 속
         도와 역반응 속도는 같다.

      ⓒ Q＞K : 생성물의 농도는 평형 상태일 때보다 현재 상태의 농도가 더 크다. → 이때
         정반응 속도보다 역반응의 속도가 더 크다.

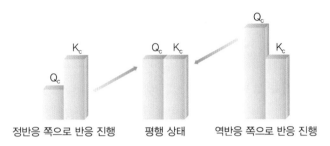

◎ 반응 지수(Q)와 평형 상수(K)의 관계

(9) 평형 이동

가역 반응이 평형 상태에 있을 때 온도, 압력, 농도 등과 같은 조건을 변화시키면 그 조건
의 변화를 감소시키는 쪽으로 평형이 이동한다.

◎ 평형 이동

(10) 농도와 평형 이동

① 평형 상태의 반응에서 반응물의 농도를 증가시키거나 생성물의 농도를 감소시키면 생
성물이 증가하는 쪽(정반응)으로 반응이 진행된다.

② 생성물의 농도를 증가시키거나 반응물의 농도를 감소시키면 반응물이 증가하는 쪽(역
반응)으로 반응이 진행된다.

(11) 압력과 평형 이동

$$aA + bB \rightleftarrows cC + dD \text{의 반응에서}$$

① a＋b＞c＋d : 압력을 높이면 정반응으로 진행하여 수득률이 증가한다.

② a＋b＜c＋d : 압력을 높이면 역반응으로 진행하여 수득률이 감소한다.

③ a+b=c+d : 압력에 의해 평형이 이동하지 않으므로 수득률이 일정하다.

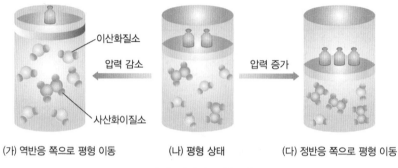

(가) 역반응 쪽으로 평형 이동   (나) 평형 상태   (다) 정반응 쪽으로 평형 이동

⬡ 압력 변화와 평형 이동

⑿ 온도와 평형 이동

① 발열 반응 : 온도가 높아지면 온도가 낮아지는 쪽인 흡열 반응 쪽(역반응)으로 평형이 이동하게 되므로 평형 상수 K는 점점 작아지게 된다. → 이때 온도가 낮아지면 온도가 높아지는 쪽인 발열 반응 쪽(정반응)으로 평형이 이동하게 되므로 평형 상수 K는 점점 커지게 된다.

② 흡열 반응 : 온도가 높아지면 온도가 낮아지는 쪽인 흡열 반응 쪽(정반응)으로 평형이 이동하게 되므로 평형 상수 K는 점점 커지게 된다. → 이때 온도가 낮아지면 온도가 높아지는 쪽인 발열 반응 쪽(역반응)으로 평형이 이동하게 되므로 평형 상수 K는 점점 작아지게 된다.

⒀ 르 샤틀리에 원리(평형 이동 법칙)

가역 반응이 평형 상태에 있을 때 온도, 압력, 농도 등과 같은 조건을 변화시키면 그 조건의 변화를 감소(상쇄)시키는 쪽으로 평형이 이동하여 새로운 평형에 도달한다.

⒁ 암모니아의 생성(하버법)

암모니아의 수득률을 높이기 위해서는 압력은 높이고 온도는 낮추어야 하나 실제로는 적당한 범위를 지니고 있다(200기압, 4~500℃).

확인문제

해설

01 다음 보기의 화학 반응 중에서 역반응이 일어나기 어려운 비가역 반응을 모두 고르시오.

〈 보기 〉

ㄱ. $H_2O(l) \rightleftarrows H_2O(g)$

ㄴ. $NaOH(aq) + HCl(aq) \rightarrow NaCl(aq) + H_2O(l)$

ㄷ. $Cu(s) + 4HNO_3(aq) \rightarrow$
$\qquad Cu(NO_3)_2(aq) + 2NO_2(g) + 2H_2O(l)$

ㄹ. $2NH_3(g) \rightarrow N_2(g) + 3H_2(g)$

01 비가역 반응은 역반응이 거의 무시할 정도로 적게 일어나는 반응으로 기체 발생 반응, 앙금 생성 반응, 산·염기 중화 반응, 연소 반응 등이 있다. ㄴ의 반응은 중화 반응이고, ㄷ의 반응은 기체 발생 반응이므로 비가역 반응이다.
▶ ㄴ, ㄷ

02 어떤 온도에서 1L들이 용기에 0.4몰의 O_2와 0.8몰의 NO를 넣고 반응시켰더니 NO_2가 0.4몰이 생성되면서 평형에 도달하였다. 이 온도에서 평형 상수(K) 값을 구하시오.

$$2NO(g) + O_2(g) \rightleftarrows 2NO_2(g)$$

02 $2NO(g) + O_2(g) \rightleftarrows 2NO_2(g)$
처음농도 $\quad$ 0.8 $\quad$ 0.4
반응농도 $\quad$ − 0.4 $\quad$ − 0.2 $\quad$ + 0.4
평형농도 $\quad$ + 0.4 $\quad$ + 0.2 $\quad$ + 0.4
$K = \dfrac{[NO_2]^2}{[NO]^2[O_2]}$
$\quad = \dfrac{0.4^2}{0.4^2 \times 0.2} = 5$ $\quad$ ▶ 5

03 다음 반응은 어떤 온도에서 평형 상수 K=8이다. 같은 온도에서 10L들이 용기에 H_2 3몰, I_2 2몰, HI 2몰을 넣었다면 반응의 진행 방향은 어떻게 되겠는가?

$$H_2(g) + I_2(g) \rightleftarrows 2HI(g)$$

03 주어진 농도를 평형 상수식에 대입하여 얻는 값을 Q라고 하면 다음과 같다.
$$Q = \dfrac{\left(\dfrac{2}{10}\right)^2}{\left(\dfrac{3}{10}\right) \times \left(\dfrac{2}{10}\right)} = \dfrac{2}{3}$$
Q가 8이 되기 위해서는 생성 물질의 농도가 커야 하므로 정반응 쪽으로 평형이 이동할 것이다.
▶ 정반응

⚗ 확인문제

04 다음 반응이 평형을 이루고 있을 때 (1)~(3) 조건에 의해 평형은 어떻게 이동하는지 각각 쓰시오.

$$2SO_3(g) \rightleftharpoons 2SO_2(g) + O_2(g) - 45kJ$$

(1) 온도를 높인다.   (   )

(2) 촉매를 가한다.   (   )

(3) 압력을 가한다.   (   )

04 (1) 온도를 높이면 온도를 낮추어 주는 방향으로 평형이 이동하는데, 흡열 반응이므로 정반응으로 평형이 이동한다.
(2) 촉매는 반응의 빠르기를 변하게 하지만, 평형을 이동시키지는 않으므로 이동하지 않는다.
(3) 압력을 가하면 압력을 낮추어 주는 방향으로 이동하므로 역반응으로 평형이 이동한다.
▶(1) 정반응
(2) 이동하지 않는다.
(3) 역반응

05 다음 반응이 평형 상태에 있을 때 (1), (2)와 같은 변화에 의해 반응은 어느 쪽으로 진행되는지 쓰시오.

$$C(s) + CO_2 \rightleftharpoons 2CO(g), \quad \Delta H = +119.1kJ$$

(1) C(s)를 가한다.   (   )

(2) 반응 용기의 부피를 감소시킨다.   (   )

05 (1) 고체는 평형에 영향을 주지 않는다. 따라서 C(s)를 가해도 평형은 이동하지 않는다.
(2) 부피를 감소시키면 압력이 증가하는 것과 같은 효과가 나타나므로 기체 분자 수가 작아지는 쪽으로 평형이 이동한다. 따라서 반응은 역반응 쪽으로 평형 이동한다.
▶(1) 변하지 않는다. (2) 역반응

06 25℃에서 다음 화학 평형에 대한 설명 중 옳지 않은 것은?

2019. 4. 27 출제

$$2NO(g) + O_2(g) \rightleftharpoons 2NO_2(g), \quad \Delta H < 0 \quad kP = 1 \times 10^{12}$$

① 온도가 증가하면 평형상수가 감소한다.
② 정반응이 진행되면 반응의 엔탈피는 감소한다.
③ 정반응이 진행되면 반응의 엔트로피는 감소한다.
④ 25℃에서 각 기체의 부분압력이 1기압일 때 역반응이 자발점이다.

06 $Q_p = \dfrac{(P_{NO_2})^2}{(P_{NO})^2 P_{O_2}} = 1$

$kp = 1 \times 10^{12}$
$Q_p < kP$
이므로 정반응이 자발적 ▶④

02 상평형과 용해평형

(1) 증기 압력

액체의 증발 속도는 일정하고 응축 속도는 시간이 지날수록 빨라지는데, 증발하는 분자 수와 응축하는 분자 수가 같으므로 더 이상 증발과 응축이 일어나지 않는 것처럼 보이는 동적 평형에서 증기가 나타내는 압력이다.

(2) 증기 압력 곡선

몇 가지 액체의 온도에 따른 증기 압력을 나타낸 것

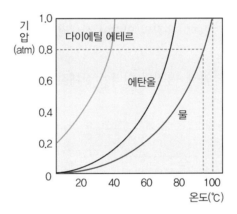

(3) 상평형 그림

① 온도와 압력에 따른 물질의 상태를 그래프로 나타낸 것

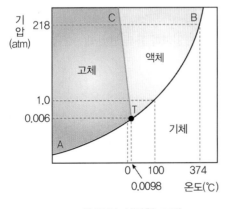

❖ 물의 상평형 그림

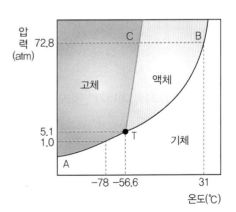

❖ 이산화탄소의 상평형 그림

② 물의 상평형 그림

ㄱ 선 AT(승화 곡선) : 얼음과 수증기가 공존하여 평형을 이루고 있는 곡선

ㄴ 선 BT(증기 압력 곡선) : 수증기와 물이 공존하여 평형을 이루는 곡선

ㄷ 선 CT(융해 곡선) : 물과 얼음이 공존하여 평형을 이루고 있는 곡선

ㄹ 점 T(삼중점) : 고체, 액체, 기체의 세 가지 상이 평형을 이루며 함께 존재할 수 있는 점

(4) 용해 현상

① 용해가 일어나기 위해서는 용매-용매 인력과 용질-용질 인력을 극복해야 한다. 한편, 용매 분자들이 용질 입자를 둘러싸서 용매화할 때에는 에너지가 방출된다.

② 용해 엔탈피($\Delta H_{용해}$)

ㄱ $\Delta H_{용해} < 0$: 용매-용질의 인력이 상대적으로 세다. 용해가 일어날 때 열이 방출된다.

ㄴ $\Delta H_{용해} > 0$: 용매-용질의 인력이 상대적으로 약하다. 용해가 일어날 때 열이 흡수된다.

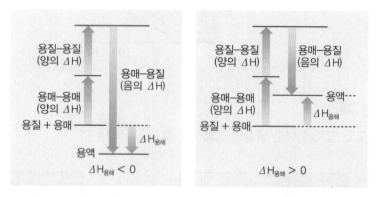

❖ 용매-용매, 용질-용질, 용질-용매 인력과 용해 엔탈피($\Delta H_{용해}$)

(5) 용해와 자유 에너지 변화의 자발성 여부

① 자유 에너지 변화에 의해 자발성 여부가 결정된다.

$$\Delta G = \Delta H - T\Delta S$$

② ΔH가 (+) 값을 갖는 경우에도 ΔS의 크기에 의해 용해 과정은 자발적으로 일어날 수 있다. 예 염화나트륨을 물에 용해시키는 과정은 흡열 과정이지만 용해 과정에서 엔트로피가 증가하므로 염화나트륨의 용해는 자발적으로 일어난다.

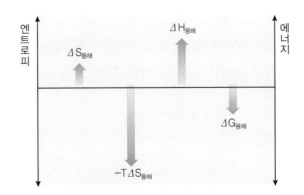

◎ 염화나트륨 용해 과정에서의 엔탈피, 엔트로피, 자유 에너지 변화

(6) 고체의 용해도

① **용해 평형** : 용질 입자들이 용해되는 속도와 결정으로 되돌아가는 속도가 같아지면 결정이 더 이상 용해되지 않는 것처럼 보이는 동적 평형 상태

② **불포화 용액** : 포화 용액보다 용질이 적게 녹아 있어서 용질을 더 녹일 수 있는 용액

③ **과포화 용액** : 포화 용액보다 용질이 비정상적으로 많이 녹아 있는 불안정한 상태의 용액으로, 흔들어 주거나 충격을 가하면 용질이 석출된다.

④ **용해도**

　㉠ 일정한 온도에서 포화 용액의 형성에 필요한 용매 단위값당 용질의 양

　㉡ 고체의 용해도를 나타낼 때는 반드시 용매의 종류와 온도를 함께 표시해야 한다. 온도가 높아질수록 고체의 용해도가 커지는 경향을 일반적으로 보이는데, 이것은 고체의 용해 과정이 대부분 열을 흡수하는 흡열 과정이라는 것을 의미한다.

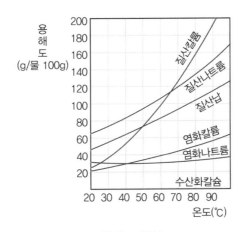

◎ 용해도 곡선

(7) 기체의 용해도

① 일정한 압력에서 온도가 높아질수록 용해도가 감소한다. → 기체의 용해 과정은 발열 과정이고, 온도를 높이면 열을 흡수하는 쪽으로 반응이 진행되므로 기체의 용해도가 감소하게 된다.

② **헌리 법칙** : 일정한 온도에서 일정량의 용매에 용해되는 기체의 질량은 그 기체의 부분 압력에 비례한다.

$$c = kp \, (c : 농도, \, k : 농도위아력상수, \, p : 부분압력)$$

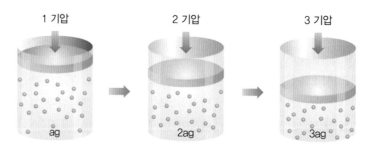

● 기체의 압력과 용해도

확인문제

해설

※ 다음 그림은 CO_2의 상평형 그림을 나타낸 것이다. 다음 물음에 답하시오. [1~2]

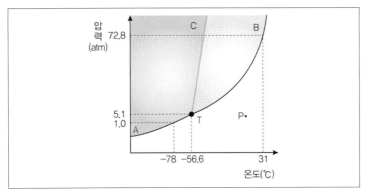

01 −80℃, 6기압에서 CO_2는 어떤 상태로 존재하는지 쓰시오.

02 다음 중 점 P에 있는 조건에서 온도를 일정하게 하고, 압력만 증가시킬 때 일어나는 상태 변화는 어느 것인가?

① 기화 ② 액화
③ 승화 ④ 응고
⑤ 용융

03 다음 중 헨리 법칙이 가장 잘 적용되는 기체는 어느 것인가?
(단, 용액은 물이다)

① O_2 ② HF
③ HCl ④ SO_2
⑤ NH_3

04 40℃의 질산칼륨 포화 용액 100g을 15℃로 냉각시키면 몇 g의 질산칼륨이 석출되는가? (단, 질산칼륨의 용해도는 15℃에서 20.0, 40℃에서 60.0이다)

① 20.0g ② 25.0g
③ 30.0g ④ 35.0g
⑤ 40.0g

05 20℃에서 NaCl의 용해도는 30이다. 20℃에서 20% NaCl 수용액 100g에 더 녹아 들어 갈 수 있는 NaCl의 질량은 몇 g인가?

① 1g ② 2g
③ 3g ④ 4g
⑤ 5g

01 −80℃, 6기압에서 CO_2는 고체 상태로 존재한다. ▶ 고체 상태

02 P점의 상태는 기체 상태이고, 압력을 증가시키면 액체 상태로 변한다. 기체 상태가 액체 상태로 상태 변화하는 것을 액화라고 한다. ▶ ②

03 헨리 법칙은 물에 대한 용해도가 매우 작은 기체에서 잘 성립한다. ▶ ②

04 40℃에서 용해도가 60.0이므로 포화 용액 160g 속에 용질 60g이 녹아 있다. 이 수용액을 15℃로 낮추면 용해도가 20이므로 40.0g이 석출된다.
따라서 $160 : 40.0 = 100 : x$,
$x = 25.0$g이다. ▶ ②

05 20℃, 20% NaCl 수용액=물 80g + NaCl 20g, 20℃에서 물 80g에 녹을 수 있는 NaCl의 질량은 $100 : 30 = 80 : x$, $x = 24$g, 즉 $24 - 20 = 4$g이다. ▶ ④

01 다음 반응이 평형 상태에 있을 때 평형을 오른쪽으로 이동시킬 수 없는 방법은 무엇인가?

$$N_2(g) + 3H_2(g) \rightleftharpoons 2NH_3(g) + 22kcal$$

① 반응계의 압력을 증가시킨다.
② 반응계의 온도를 낮춘다.
③ 반응계에 정촉매를 첨가한다.
④ 발생된 암모니아 기체를 수화시킨다.

02 어떤 온도에서 1L들이 용기에 N_2 4몰, H_2 4몰이 있을 때 NH_3 2몰이 생성되면서 평형에 도달했을 경우 평형 상수 K의 값은?

$$N_2(g) + 3H_2(g) \rightleftharpoons 2NH_3(g)$$

① $\dfrac{2}{3}$

② $\dfrac{4}{3}$

③ $\dfrac{1}{3}$

④ 1

03 다음 아래 반응이 평형 상태에 있을 때, C의 농도와 온도 및 압력과의 관계를 나타낸 그래프에서 A, B, C가 모두 기체일 때 이에 대한 설명으로 옳은 것은?

$$aA + bB \rightleftharpoons cC + QkJ$$

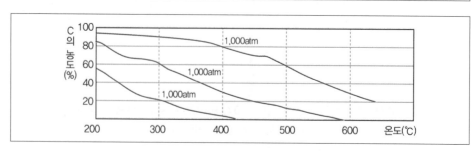

① a+b=c, Q<0

② a+b>c, Q<0

③ a+b>c, Q>0

④ a+b<c, Q>0

04 다음 암모니아의 합성반응식에서 NH_3의 수득률을 높이는 조건으로 옳은 것은?

$$N_2(g) + 3H_2(g) \rightleftharpoons 2NH_3(g) + 92kJ$$

① 온도와 압력을 모두 낮춘다.
② 온도와 압력을 모두 높인다.
③ 온도를 높이고, 압력을 낮춘다.
④ 온도를 낮추고, 압력을 높인다.

05 다음 아래 반응이 평형 상태에 있고, 단일 과정일 때의 평형 상수를 나타낸 것으로 옳은 것은?

$$2SO_2(g) + O_2(g) \rightleftharpoons 2SO_3(g)$$

① $K = \dfrac{[SO_3]^2}{[SO_2]^2 \cdot [O_2]}$ ② $K = \dfrac{2 \cdot [SO]_2 \cdot [O_2]}{2[SO_3]}$

③ $K = \dfrac{2 \cdot [SO_3]}{2 \cdot [SO_2] \cdot [O_2]}$ ④ $K = \dfrac{[SO_3]}{[SO_2] \cdot [O_2]}$

06 다음 중 $aA(g) + bB(g) \rightleftharpoons cC(g) + Qkcal$의 반응이 평형에 도달했을 때 온도를 높여주고, 압력을 높여 줄수록 C의 농도가 증가한다면 반응식에 대한 설명으로 옳은 것은?

① a+b>c, Q>0   ② a+b>c, Q<0
③ a+b<c, Q<0   ④ a+b<c, Q>0
⑤ a+b=c, Q=0

07 다음 반응이 평형 상태에 있을 때, ( ) 속에 다음 조건이 주어진다면 평형이 오른쪽(정반응)으로 이동하는 것으로 옳은 것은?

① $CH_3COOH(l) + C_2H_5OH(l) \leftrightarrow CH_3COOC_2H_5(l) + H_2O(l)$ (C_2H_5OH를 넣어 준다)
② $N_2(g) + 2H_2 \leftrightarrow 2NH_3(g) + 23.8kcal$ (온도를 올려 준다)
③ $CaCO_3(s) \leftrightarrow CaO(s) + CO_2(g)$ (CO_2를 넣어 준다)
④ $H_2(g) + I_2(g) \leftrightarrow 2HI(g)$ (압력을 높여 준다)

08 다음 화학 반응이 평형에 있을 때 평형을 오른쪽으로 이동시킬 수 있는 방법으로 옳은 것은?

$$N_2(g) + O_2(g) \rightleftharpoons 2NO(g) - 43.2kcal$$

① 온도를 올린다.   ② 촉매를 첨가한다.

③ 압력을 올린다.   ④ 온도를 낮춘다.

⑤ 압력을 낮춘다.

09 25℃의 반응용기 1L에 N_2O_4 2몰을 넣어 반응시켰더니 NO_2가 2몰 생기면서 반응이 평형 상태에 도달하였을 경우, 이 온도에서 평형 상수로 옳은 것은?

① 2   ② 3

③ 4   ④ 6

⑤ 8

10 다음 중 $H_2(g) + I_2(g) \rightleftharpoons 2HI(g)$의 반응식에서 농도 $[H_2] = 0.2$, $[I_2] = 0.1$, $[HI] = 0.4$일 때 평형 상수 K는 얼마인가?

① 0.1   ② 0.2

③ 0.4   ④ 4

⑤ 8

11 어떤 온도와 압력에서 다음 반응이 평형 상태에 있다. 이 반응을 오른쪽 방향으로 이동시킬 때 사용하는 방법은? (단, g는 기체 상태를 의미한다)

$$2NO_2(g) \rightleftharpoons N_2O_4(g) + 13kcal$$

① 압력을 높여 준다.   ② 온도를 높여 준다.

③ 촉매를 가해 준다.   ④ N_2O_4를 가해 준다.

12 다음 중 화학 평형 반응에서 평형 상수 값을 변화시키는 인자는?

① 온도   ② 농도

③ 압력   ④ 촉매

⑤ 부피

13 1L의 반응용기에 N_2 3몰, H_2 4몰을 넣어 반응시켰을 때 NH_3 2몰이 생성되면서 평형 상태에 도달하였다면, 이 온도에서 평형 상수 값은?

$$N_2(g) + 3H_2(g) \rightleftharpoons 2NH_3(g)$$

① 1 　　　　　　　　　　　　② 2

③ 4 　　　　　　　　　　　　④ 6

⑤ 10

14 다음 중 화학 평형 상태에 대한 설명으로 옳지 않은 것은?

① 반응물과 생성물 농도의 비는 온도와 무관하다.

② 반드시 닫힌계에서만 평형이 이루어진다.

③ 동적 평형 상태로서 겉보기에는 반응이 정지된 것처럼 보인다.

④ 반응물질과 생성물질이 함께 존재한다.

15 $N_2(g) + 3H_2(g) \rightleftharpoons 2NH_3(g)$의 반응이 평형 상태일 때 평형 상수 K로 옳은 것은?

① $K = \dfrac{[NH_3]^2}{[N_2][H_2]}$ 　　　　　　② $K = \dfrac{[NH_3]^2}{[N_2][H_2]^3}$

③ $K = \dfrac{[NH_3]}{[N_2][H_2]^3}$ 　　　　　　④ $K = \dfrac{[NH_3]}{[N_2][H_2]}$

16 어떤 온도에서 $N_2(g) + O_2(g) \rightleftharpoons 2NO(g)$ 반응이 평형 상수 K=100일 때, 같은 온도에서 다음 반응의 평형 상수 값은?

$$NO(g) \rightleftharpoons \frac{1}{2}N_2(g) + \frac{1}{2}O_2(g)$$

① $\dfrac{1}{100}$ 　　　　　　　　　② $\dfrac{1}{10}$

③ 1 　　　　　　　　　　　　④ 2

⑤ 10

17 다음 반응의 평형 상태에 대한 설명으로 옳지 않은 것은?

$$2NO_2 \rightleftarrows N_2O_4(g)$$

① 평형 상태에서 NO_2와 N_2O_4는 함께 존재한다.
② 평형 상태에서 NO_2와 N_2O_4의 농도의 비는 2 : 1이다.
③ N_2O_4의 생성속도와 분해속도는 같다.
④ 평형 상태에서 NO_2와 N_2O_4의 농도는 온도가 일정하면 일정하게 유지된다.

18 $N_2 + 3H_2 \rightleftarrows 2NH_3$의 평형 상수가 4일 때, $2NH_3 \rightleftarrows N_2 + 3H_2$의 평형 상수 K의 값은?

① $\frac{1}{4}$　　　　② $\frac{1}{16}$

③ 4　　　　④ 16

19 다음 같은 아세트산이 이온화하여 이온화 평형 상태에서 역반응 쪽으로 평형을 이동시키기 위한 조건은?

$$CH_3COOH \rightleftarrows CH_3COO^- + H^+$$

① 온도를 높인다.　　② 압력을 낮춘다.
③ CH_3COOH를 가한다.　　④ CH_3COONa를 가한다.

20 다음 반응이 평형 상태일 때, 정반응을 일으키기 위한 조건은?

$$3H_2 + N_2 \rightleftarrows 2NH_3 + 31kcal$$

① 압력을 낮춘다.　　② NH_3의 농도를 높인다.
③ 온도를 낮춘다.　　④ 촉매를 첨가한다.

21 다음 반응이 평형 상태에 있을 때, 정반응 쪽으로 평형을 이동시키기 위한 조건은?

$$N_2 + O_2 \rightleftarrows 2NO - 37kcal$$

① 압력을 높여 준다.　　② 온도를 높여 준다.
③ N_2의 농도를 감소시킨다.　　④ 정촉매를 첨가한다.

22 어떤 온도에서 1L들이 용기에 0.8몰의 H_2와 0.4몰의 N_2를 넣고 반응시켰더니 NH_3 0.4 몰이 생성되면서 평형에 도달하였다. 이 온도에서 평형 상수 K값을 구하면?

① 1
② 10
③ 100
④ 140
⑤ 160

23 어떤 온도에서 $2NO(g) + O_2(g) \rightleftharpoons 2NO_2(g)$ 반응의 평형 상수는 2이다. 같은 온도에 서 평형 상태에 있을 때 $\dfrac{[NO]^4[O_2]^2}{[NO_2]^4}$ 의 값으로 옳은 것은?

① $\dfrac{1}{4}$
② $\dfrac{1}{2}$
③ 2
④ 4
⑤ 6

24 일정한 온도에서 아래 반응이 평형일 때 다음 설명 중 옳은 것은?

$$H_2(g) + I_2(g) \overset{v_1}{\underset{v_2}{\rightleftharpoons}} 2HI(g)$$

① 용기의 부피를 증가시키면 평형 상수는 작아진다.
② 아이오딘화수소 기체를 첨가하면 평형 상수가 작아진다.
③ 평형 상수는 일정하나 반응속도 v_1과 v_2는 다르다.
④ 평형 상수는 일정하고 반응속도 v_1과 v_2는 같다.

25 $H_2(g) + I_2(g) \rightleftharpoons 2HI(g) + 4kcal$ 반응이 평형 상태에 있을 때, 다른 조건은 일정하게 유지하고 온도를 높이면 어떤 변화가 발생하는가?

① H_2의 농도는 감소하고, 평형 상수는 감소한다.
② H_2의 농도는 증가하고, 평형 상수는 감소한다.
③ H_2의 농도는 감소하고, 평형 상수는 증가한다.
④ H_2의 농도는 증가하고, 평형 상수는 증가한다.

26 공장에서 암모니아를 합성할 때에는 촉매를 사용한다. 400℃, 300기압에서 암모니아를 합성할 때, 촉매를 사용하는 경우와 사용하지 않는 경우의 반응시간에 따른 수득률의 변화로 옳은 것은?

①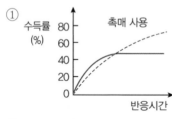

②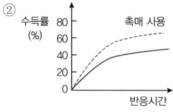

③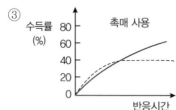

④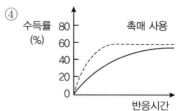

27 아래 반응의 평형 상태에 관한 설명으로 옳은 것은?

$$2SO_3(g) \rightleftharpoons 2SO_2(g) + O_2(g) - 45kcal$$

① 온도를 내리면 평형은 왼쪽으로 이동한다.
② $O_2(g)$를 제거하면 평형은 왼쪽으로 이동한다.
③ 압력을 가하면 평형은 오른쪽으로 이동한다.
④ $SO_2(g)$를 첨가하면 평형은 오른쪽으로 이동한다.

28 과량의 고체 탄소가 들어 있는 1L의 용기에 4.4g의 이산화탄소를 넣었더니 아래와 같이 평형 상태에 도달하였다. 반응용기에 들어 있는 기체의 평균 분자량이 36일 때, 생성된 CO의 몰수로 옳은 것은? (단, 원자량은 C=12, O=16)

$$CO_2(g) + C(s) \rightleftharpoons 2CO(g)$$

① $\dfrac{1}{10}$ 몰

② $\dfrac{3}{10}$ 몰

③ $\dfrac{1}{30}$ 몰

④ $\dfrac{2}{30}$ 몰

⑤ $\dfrac{4}{30}$ 몰

29 다음 중 반응물질과 생성물질의 농도가 그림 B의 상태로 되기 위한 방법으로 옳은 것은?

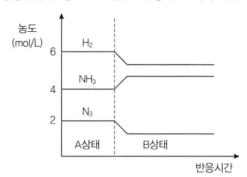

$$N_2(g) + 3H_2(g) \rightleftharpoons 2NH_3(g), \ \Delta H = -22.0 kcal$$

① 온도를 높인다.　　　　　② NH_3를 첨가한다.
③ 촉매를 가한다.　　　　　④ 용기의 부피를 작게 한다.

30 다음 반응의 평형 상수 식으로 옳은 것은?

$$N_2(g) + O_2(g) \rightleftharpoons 2NO(g)$$

① $K = \dfrac{[NO]^2}{[N]^2[O]^2}$ 　　　　② $K = \dfrac{[NO]^2}{[N_2][O_2]}$

③ $K = \dfrac{2[NO]}{2[N][O]}$ 　　　　④ $K = \dfrac{2[NO]}{2[N_2][O_2]}$

31 밀폐된 반응용기에서 N_2 1몰과 H_2 3몰을 넣고 t℃로 유지하였더니 잠시 후 아래 반응식과 같이 평형 상태에 도달하였다. 이에 대한 다음 〈보기〉의 설명 중 옳은 것은?

$$N_2(g) + 3H_2(g) \rightleftharpoons 2NH_3(g)$$

〈 보기 〉

㉠ NH_3의 농도는 시간이 흘러도 변화가 없다.
㉡ 분자 사이에 반응은 모두 끝났다.
㉢ 용기 속에는 N_2, H_2, NH_3가 전부 존재한다.

① ㉠　　　　　　　　② ㉠, ㉢
③ ㉡, ㉢　　　　　　④ ㉠, ㉡, ㉢

32 다음은 기체 A와 B가 반응하여 기체 C가 생성되는 화학 반응식이다.

$$A(g) + 2B(g) \rightleftarrows 2C(g)$$

그림 (가)와 같이 1L 강철 용기에 기체 A 0.4몰과 기체 B 0.6몰을 넣고 반응시켰더니 (나)와 같이 평형 상태에 도달하였고, 이때 기체 C의 몰수는 0.2몰이었다.

A(g) 0.4몰
B(g) 0.6몰
1L

(가)

A(g), B(g)
C(g) 0.2몰
1L

(나)

이에 대한 설명으로 옳은 것만을 〈보기〉에서 모두 고른 것은? (단, 온도는 일정하다)

───── 〈 보기 〉 ─────

ㄱ. 평형 상수(K)는 1보다 크다.
ㄴ. 기체 B의 부분 압력 비는 (가) : (나) = 3 : 2이다.
ㄷ. 1L 강철 용기에 기체 A, B, C를 각각 0.4몰씩 넣었을 때 ΔG는 0보다 크다.

① ㄱ   ② ㄷ
③ ㄱ, ㄴ   ④ ㄴ, ㄷ
⑤ ㄱ, ㄴ, ㄷ

33 그림은 일정한 온도와 압력에서 물이 들어 있는 실린더에 질소(N_2) 기체를 넣고 오랫동안 놓아두었을 때의 상태를 나타낸 것이다. 질소 기체의 용해도(g/물 100g)를 증가시킬 수 있는 방법만을 〈보기〉에서 모두 고른 것은? (단, 피스톤의 무게와 마찰은 무시한다)

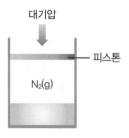

대기압

피스톤

$N_2(g)$

───── 〈 보기 〉 ─────

ㄱ. 물을 더 넣는다.   ㄴ. 질소 기체를 더 넣어 준다.
ㄷ. 피스톤 위에 추를 올려놓는다.

① ㄱ   ② ㄷ
③ ㄱ, ㄴ   ④ ㄴ, ㄷ
⑤ ㄱ, ㄴ, ㄷ

34 그림 (가)~(다)는 5L 밀폐 용기에 서로 다른 조건으로 물을 넣고 충분한 시간이 지났을 때의 상태를 나타낸 것이다.

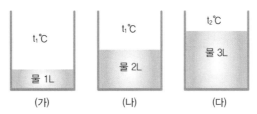

이에 대한 설명으로 옳은 것만을 〈보기〉에서 모두 고른 것은? (단, t_2℃ 에서 물의 증기 압력은 t_1℃ 의 2배이다)

─〈 보기 〉─

ㄱ. 수증기 분자의 평균 운동 속력은 (가) = (나) < (다)이다.
ㄴ. 물의 증발 속도는 (가) = (나)이다.
ㄷ. 수증기의 몰수는 (가) > (다)이다.

① ㄱ   ② ㄷ
③ ㄱ, ㄴ   ④ ㄴ, ㄷ
⑤ ㄱ, ㄴ, ㄷ

35 그림은 물질 X의 용해도 곡선을 나타낸 것이다.

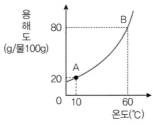

이에 대한 설명으로 옳은 것만을 〈보기〉에서 모두 고른 것은? (단, X 수용액은 라울의 법칙에 따른다)

─〈 보기 〉─

ㄱ. 퍼센트 농도는 B 용액이 A 용액의 4배이다.
ㄴ. 끓는점 오름(ΔT_b)은 B 용액이 A 용액의 4배이다.
ㄷ. A 용액에 고체 X를 첨가하면 $X(s) \rightarrow X(aq)$ 반응의 $\Delta G < 0$이다.

① ㄱ   ② ㄴ
③ ㄱ, ㄷ   ④ ㄴ, ㄷ
⑤ ㄱ, ㄴ, ㄷ

36 다음은 기체 N_2와 H_2가 반응하여 기체 NH_3를 생성하는 화학 반응식이다.

$$N_2(g) + 3H_2(g) \rightarrow 2NH_3(g), \ \Delta H = -92kJ$$

그림 (가)와 같이 0.5L의 강철 용기에 N_2와 H_2를 넣고 반응시켰더니, 평형 상태인 (나)가 되었다.

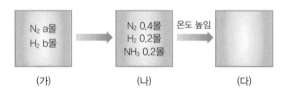

(가)   (나)   (다)

이에 대한 설명으로 옳은 것만을 〈보기〉에서 모두 고른 것은? (단, (가)와 (나)의 온도는 같다)

―――――――〈 보기 〉―――――――

ㄱ. (가)에서 $a : b = 1 : 1$이다.

ㄴ. (나)의 평형 상수(K)는 $\dfrac{25}{2}$이다.

ㄷ. (다)의 기체 몰수는 (나)보다 증가한다.

① ㄴ   ② ㄷ

③ ㄱ, ㄴ   ④ ㄱ, ㄷ

⑤ ㄱ, ㄴ, ㄷ

37 그림 (가)는 일정한 온도에서 압력에 따른 H_2O의 부피의 변화를 나타낸 것이고, (나)는 H_2O의 상평형 그림이다.

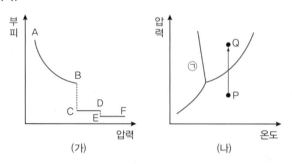

(가)   (나)

이에 대한 설명으로 옳은 것만을 〈보기〉에서 모두 고른 것은?

―――――――〈 보기 〉―――――――

ㄱ. A–B 구간은 ㉠ 영역에 속한다.

ㄴ. A→D 상태 변화와 P→Q 상태 변화는 같다.

ㄷ. B–C 구간에서의 압력은 그 온도에서 얼음의 증기압이다.

① ㄱ

② ㄷ

③ ㄱ, ㄴ

④ ㄴ, ㄷ

⑤ ㄱ, ㄴ, ㄷ

38 다음은 A와 B가 반응하여 C를 생성하는 화학 반응식이다.

$$A(g) + B(g) \rightleftharpoons 2C(g)$$

㈎는 강철 용기에 기체 A~C를 넣은 상태를, ㈏는 ㈎의 상태(t_1)에서 반응이 일어날 때 시간에 따른 반응 지수(Q)를 나타낸 것이다. 시간 t_2일 때 기체 C의 몰수에 변화를 주었다.

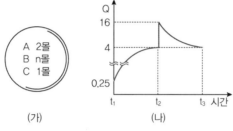

(가)   (나)

이에 대한 설명으로 옳은 것만을 〈보기〉에서 모두 고른 것은? (단, 온도는 일정하다)

〈 보기 〉

ㄱ. n=2이다.

ㄴ. t_2에서 C(g) 2.5몰을 넣었다.

ㄷ. t_3에서 용기 내 기체의 압력은 t_1에서 압력의 1.25배이다.

① ㄱ

② ㄷ

③ ㄱ, ㄴ

④ ㄴ, ㄷ

⑤ ㄱ, ㄴ, ㄷ

39 그림 ㈎는 20℃, 물 1L에 5n몰의 산소(O_2) 기체를 넣어 평형 상태에 도달한 계(실린더 내부)를, ㈏는 압력에 따른 O_2(g)의 용해도를 나타낸 것이다.

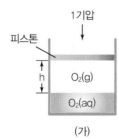

(가)

압력	20℃에서 용해도	
(기압)	몰/물 1L	mL/물 1L
1	n	31
3	3n	—

(나)

이에 대한 설명으로 옳은 것만을 〈보기〉에서 모두 고른 것은? (단, O_2는 헨리의 법칙을 따르고 물의 증발은 무시한다.)

〈 보기 〉

ㄱ. ㈎에서 압력을 0.5기압으로 낮추면 계의 자유 에너지(G)는 작아진다.

ㄴ. ㈎에서 압력을 2기압으로 높이면 $O_2(g)$ 31mL가 물에 더 녹아들어 간다.

ㄷ. ㈎에서 압력을 3기압으로 높이면 h는 $\frac{h}{6}$가 된다.

① ㄴ   ② ㄷ

③ ㄱ, ㄴ   ④ ㄱ, ㄷ

⑤ ㄱ, ㄴ, ㄷ

40 그림 ㈎는 1기압, 250K에서 얼음과 He을 실린더에 넣은 모습을 나타낸 것이다. h는 실린더 바닥에서 피스톤까지의 높이이다. ㈏는 이 얼음을 일정한 열량으로 서서히 가열하면서 시간에 따라 x의 높이를 측정한 것이다. 시간 t_3에서 온도는 320K이 되었다.

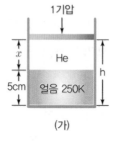

(가)

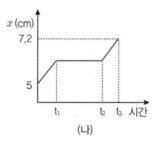

(나)

이에 대한 설명으로 옳은 것만을 〈보기〉에서 모두 고른 것은? (단, 얼음과 물의 밀도는 각각 0.9g/mL, 1g/mL로 일정하고 얼음의 증기 압력과 증발에 의한 물의 부피 변화, He의 용해, 피스톤의 질량과 마찰은 무시한다)

〈 보기 〉

ㄱ. h는 t_1일 때와 t_2일 때가 같다.

ㄴ. t_3일 때 h=11.7cm이다.

ㄷ. 320K에서 물의 증기 압력은 $\frac{1}{9}$기압이다.

① ㄴ   ② ㄱ, ㄴ

③ ㄱ, ㄷ   ④ ㄴ, ㄷ

⑤ ㄱ, ㄴ, ㄷ

01 |정답| ③

|해설| ① 반응계의 압력을 증가시키면 압력이 감소하는 방향(기체 몰수가 감소하는 방향)으로 이동
② 발열 반응이므로 반응계의 온도를 낮추면 평형이 오른쪽으로 진행
③ 촉매는 평형 이동에 영향을 미치지 못한다.
④ 생성물을 제거하면 생성물질의 농도를 증가시키려는 방향으로 이동

02 |정답| ②

|해설| $N_2 + 3H_2 \rightarrow 2NH_3$

반응 전	4몰	4몰	0
반응 후	1몰	3몰	2몰
평형 상태	3몰	1몰	2몰

$$\therefore \ K = \frac{[NH_3]^2}{[N_2][H_2]^3} = \frac{2^2}{3 \times (1)^3} = \frac{4}{3}$$

03 |정답| ④

|해설| 반응식의 평형 이동
- 압력이 증가하면 기체 몰수의 합이 작은 쪽으로 이동 : 주어진 그래프에서 일정 온도일 때 압력이 증가하면 C의 농도가 낮아지므로(생성물의 농도 감소) a+b<c가 된다.
- 온도가 감소하면 발열 반응 쪽으로 이동 : 주어진 그래프에서 일정 기압일 때 온도가 감소하면 C의 농도가 높아지므로 발열 반응이고, Q>0이다.

04 |정답| ④

|해설| 평형 이동
- 반응물의 농도가 증가하거나 생성물의 농도가 감소 : 정반응 쪽으로 평형 이동
- 압력의 증가(부피 감소) : 기체의 몰수의 합이 작은 쪽으로 이동
- 온도의 감소 : 발열 반응 쪽으로 평형 이동

05 |정답| ①

|해설| 단일 과정은 계수가 반응몰의 차수이다.

$$K = \frac{[SO_3]^2}{[SO_2]^2 \cdot [O_2]}$$

06 |정답| ②

|해설| 온도를 높일 때 C의 온도가 증가했으므로 흡열 반응이고, 압력을 증가시킬 때 C의 농도가 증가했으므로 a+b>c가 된다.

07 |정답| ①

|해설| 반응물질의 농도를 증가시킬 경우 생성계 쪽으로 반응이 진행된다(정반응).
② 발열 반응이므로 온도를 낮춰 주어야 함
③ 반응물질의 농도를 증가시켜 주어야 함
④ 기체 몰수의 합이 서로 같으므로 압력은 평형을 이동시키지 않음

08 |정답| ①

|해설| 평형 상태에 있는 화학 반응에서 반응계의 온도를 높이면 흡열 반응 쪽으로 반응이 진행된다.
• 반응물과 생성물의 기체 몰수의 합이 서로 같으므로 압력에 의해 평형은 이동되지 않는다.
• 흡열 반응이므로 반응계의 온도를 높이면 평형이 오른쪽으로 이동된다.
• 촉매는 화학 반응의 평형을 이동시키지 않는다.

09 |정답| ③

|해설| $N_2O_4 \rightleftarrows 2NO_2$

반응 전 　 2몰
반응 중 　 −1몰 　　 2몰
평형 상태 1몰 　　 2몰

$$\therefore \ K = \frac{[NO_2]^2}{[N_2O_4]} = \frac{[2]^2}{[1]} = 4$$

10 |정답| ⑤

|해설| $K = \dfrac{[HI]^2}{[H_2][I_2]} = \dfrac{[0.4]^2}{[0.2][0.1]} = 8$

11 |정답| ①

|해설| ① 압력을 높이면 압력이 감소하는 방향으로 반응이 진행된다.
② 온도를 높이면 온도가 낮아지는 방향으로 반응이 진행된다(발열 반응이므로 왼쪽으로 진행).
③ 촉매는 평형 이동에 영향을 주지 않는다.
④ N_2O_4의 농도를 증가시키면 N_2O_4의 농도가 감소하는 방향으로 반응이 진행된다.

12 |정답| ①

|해설| 평형 상수는 온도에 의해 변하는 상수이다.
※ 온도와 평형 상수의 관계

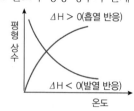

13 |정답| ②

|해설| NH_3 2몰이 생성되기 위해서는 N_2 1몰, H_2 3몰의 양으로 반응해야 한다. 평형 상태의 농도는
$[N_2] = 2$몰, $[H_2] = 1$몰, $[NH_3] = 2$몰이므로

$N_2 + 3H_2 \rightarrow 2NH_3$

반응 전   3몰 4몰 0

반응 후   1몰 3몰 2몰

평형 상태 2몰 1몰 2몰

$$\therefore\ K = \frac{[NH_3]^2}{[N_2][H_2]^3} = \frac{[2^2]}{[2][1]^3} = 2$$

14 |정답| ①
|해설| ① 반응물과 생성물 농도의 비는 온도에 따라 달라진다.

15 |정답| ②
|해설| $aA + bB \rightleftarrows cC + dD$의 평형 상수

$$K = \frac{[C]^c[D]^d}{[A]^a[B]^b}$$

16 |정답| ②
|해설| $K = \dfrac{[NO]^2}{[N_2][O_2]} = 100$

$$K' = \frac{[N_2]^{\frac{1}{2}}[O_2]^{\frac{1}{2}}}{[NO]} = \sqrt{\frac{1}{K}} = \sqrt{\frac{1}{100}} = \frac{1}{10}$$

17 |정답| ②
|해설| ② 평형 상태에서 화학 반응식의 계수의 비는 반응물과 생성물의 존재비와는 관계가 없다.

18 |정답| ①
|해설| $K' = \dfrac{[NH_3]^2}{[N_2][H_2]^3} = 4$이므로, $K = \dfrac{[N_2]^1[H_2]^3}{[NH_3]^2} = \left(\dfrac{1}{K'}\right)^1 = \dfrac{1}{4}$

19 |정답| ④
|해설| CH_3COONa를 가하면 CH_3COO^-의 농도가 증가하기 때문에 CH_3COO^-의 농도가 감소하는 방향으로 반응이 진행된다.

20 |정답| ③
|해설| 온도를 낮추면 정반응 쪽으로 반응이 진행된다.
   ※ 정반응을 일으키기 위한 조건
     • 발열 반응이므로 온도를 낮춘다.
     • 반응물의 농도를 증대시키거나 생성물의 농도를 감소시킨다.
     • 압력을 높인다.

21 |정답| ②

|해설| 온도를 높이면 온도가 감소하는 방향으로 반응이 진행된다.

22 |정답| ③

|해설| $N_2 + 3H_2 \longrightarrow 2NH_3$

반응 전   0.4mol   0.8mol   0

반응 후   0.2mol   0.6mol   0.4mol

평형 상태 0.2mol   0.2mol   0.4mol

$$\therefore \ K = \frac{[NH_3]^2}{[N_2][H_2]^3} = \frac{(0.4)^2}{0.2 \times (0.2)^3} = 100$$

23 |정답| ①

|해설| $K = \dfrac{[NO_2]^2}{[NO]^2[O_2]} = 2$

$$\frac{[NO]^4[O_2]^2}{[NO_2]^4} = \left(\frac{1}{K}\right)^2 = \frac{1}{4}$$

24 |정답| ④

|해설| 평형 상수는 온도에 의해 변하는 상수이므로 온도가 일정하면 평형 상수는 일정하고, 평형 상태에서 정반응과 역반응의 속도는 같다.

25 |정답| ②

|해설| 온도를 높이면 흡열 반응 쪽으로 반응이 진행되어 H_2, I_2 농도는 증가하고, 따라서 평형 상수 값은 감소한다.

26 |정답| ④

|해설| 촉매는 반응속도만 빠르게 해 주며, 반응물과 생성물의 평형에 관여하지 않으므로 최종적으로 수득률의 변화는 없다.

27 |정답| ①

|해설| 평형 상태에 있는 화학 반응에서 온도를 낮추면 발열 반응 쪽으로 반응이 진행된다. 주어진 식은 생성물 쪽이 기체 몰수가 증가하는 방향이고 흡열 반응이므로, 압력을 낮추고 온도를 높이면 평형이 오른쪽으로 이동한다.

28 |정답| ④

|해설| CO_2의 몰수 $= \dfrac{\text{질량}}{\text{분자량}} = \dfrac{4.4g}{44} = \dfrac{1}{10}$ 몰

CO의 몰분율을 x라 할 때 평균 분자량으로부터 CO_2와 CO의 몰분율을 구하면

$44(1-x) + 28x = 36$에서 $x = 0.5$이므로 CO의 몰분율은 0.5가 된다.

$$C(s) + CO_2(g) \rightleftarrows 2CO(g)$$

	$C(s)$ + $CO_2(g)$	$\rightleftarrows$ $2CO(g)$
반응 전	0.1몰	0
반응 후	y몰	$2y$몰
평형 상태	$(0.1-y)$몰	$2y$몰

그러므로 전체 몰수는 $(0.1-y)+2y = 0.1+y$이며, CO의 몰분율은 $\dfrac{2y}{0.1+y} = 0.5$

$\therefore \ y = \dfrac{1}{30}$

$CO_2(g) + C(s) \rightleftarrows 2CO(g)$에서 CO는 2몰이 생성되므로 구해진 몰분율을 구하면

$\dfrac{1}{30} \times 2 = \dfrac{2}{30}$ 몰 즉, 주어진 조건에서 평형 상태에 도달했을 때 존재하는 CO의 몰수는 $\dfrac{2}{30}$ 몰이

된다(평형 상태에서는 CO_2와 CO의 비율이 1:2로 존재하지 않는다).

29 |정답| ④

|해설| B상태 : 정반응 진행

주어진 식은 생성물 쪽이 기체 몰수가 감소하는 방향이고 발열 반응이므로, 온도를 내리거나 압력을 증가시키면 평형은 정반응 쪽으로 진행된다.

30 |정답| ②

|해설| $aA + bB \rightleftarrows cC + dD$ 반응식에서

평형 상수 $K = \dfrac{[C]^c [D]^d}{[A]^a [B]^b}$ (일정 온도) $= \dfrac{[NO]^2}{[N_2][O_2]}$

31 |정답| ②

|해설| 평형 상태 : 가역반응에서 정반응의 속도와 역반응의 속도가 서로 같은 동적 평형상태이며, 정반응과 역반응이 계속 일어난다.

32 |정답| ④

|해설| ㄱ. 평형 상태에서 A, B, C의 농도가 각각 0.3M, 0.4M, 0.2M이므로

평형 상수 $K = \dfrac{[C]^2}{[A][B]^2} = \dfrac{(0.2)^2}{(0.3)(0.4)^2} = \dfrac{1}{1.2}$ 이다.

ㄴ. (가)에서 전체 압력을 1기압이라고 가정하면 B의 부분 압력은 0.6기압이다. (나)에서 전체 기체의 몰수는 0.9몰이므로 전체 압력은 0.9기압이고, B의 부분 압력은 0.4기압이다. 따라서 B의 부분 압력 비는 (가) : (나) = 0.6 : 0.4 = 3 : 2이다.

ㄷ. 반응 지수 $Q = \dfrac{(0.4)^2}{(0.4)(0.4^2)} = \dfrac{1}{0.4}$ 이므로 Q>K가 되어 역반응 쪽으로 평형이 이동한다. 따라서 ΔG는 0보다 크다.

33 |정답| ②

ㄱ. 물을 더 넣으면 용해되는 질소의 양은 증가하지만 용해도(g/물 100g)는 변하지 않는다.

ㄴ. 질소 기체를 더 넣어도 부피가 증가하여 압력이 일정하기 때문에 용해도는 변하지 않는다.

ㄷ. 질소 기체의 압력이 증가하므로 용해도가 증가한다.

34 |정답| ⑤

|해설| ㄱ, ㄴ. 분자의 평균 운동 에너지는 절대 온도(T)에 비례하므로 (가)=(나)<(다)이고, (가)와 (나)는 온도가 같으므로 증발 속도가 같다.

ㄷ. 수증기의 몰수는 $n = \dfrac{PV}{RT}$ 에서 (가)와 (다)의 PV 값은 같으나 온도가 (다)가 높으므로 몰수는 (다)가 (가)보다 작다.

35 |정답| ②

|해설| ㄱ. 퍼센트 농도는 A 용액이 $\dfrac{20}{120} \times 100\%$ 이고, B 용액이 $\dfrac{80}{180} \times 100\%$ 이다.

ㄴ. B 용액의 몰랄 농도는 A 용액의 4배이므로 끓는점 오름도 4배이다.

ㄷ. A 용액은 포화 용액으로 X를 더 넣으면 X가 용해되는 반응인 X(s) → X(aq)의 자유 에너지 변화(ΔG)가 0보다 커진다.

36 |정답| ④

|해설| 이 반응에서 물질의 몰수 변화는 다음과 같다.

$$N_2(g) \ + \ 3H_2(g) \ \rightarrow \ 2NH_3(g)$$

(가) 반응 전(몰)　a　　　b　　　0

반응(몰)　　−0.1　　−0.3　　+0.2

(나) 평형(몰)　0.4　　　0.2　　　0.2

따라서 a=b=0.5(몰)로 같다.

ㄴ. 용기의 부피는 0.5L이므로 몰 농도=몰수×2이다.

$$\therefore \ K = \dfrac{[NH_3]^2}{[N_2][H_2]^3} = \dfrac{0.4^2}{0.8 \times 0.4^3} = \dfrac{1}{0.32} = \dfrac{25}{8} \ 이다.$$

ㄷ. 발열 반응이므로 가열하면 평형 이동은 역반응 쪽으로 진행되므로 기체의 몰수는 증가한다.

37 |정답| ②

|해설| ㄱ. A−B 구간은 부피와 압력이 반비례하는 기체이다.

ㄴ. A→F는 압력이 높아질 때 상태 변화가 2번에 걸쳐 나타나므로 기체 → 고체 → 액체로 변한다. 즉, A → D는 삼중점보다 온도가 낮은 상태의 수증기 압력을 높여 얼음으로 승화하는 변화이다.

ㄷ. B→C 변화는 기체에서 고체로의 상태 변화이다. 따라서 B−C 구간은 수증기와 얼음이 공존하므로 압력은 얼음의 증기압이다.

38 |정답| ③

|해설| t_1에서 $Q = 0.25 = \dfrac{1^2}{2 \times n}$ 이므로 n=2이다. 평형 상태에서 기체의 몰수는 A=1.25, B=1.25, C=2.5이고, t_2에서 C(g) 2.5몰을 넣었을 때 Q=16이 된다. 기체의 압력은 전체 몰수에 비례하므로 t_1=5몰, t_3=7.5몰로부터 압력은 1.5배 차이가 남을 알 수 있다.

39 |정답| ④

ㄱ. 압력을 낮추어 새로운 평형에 도달하는 과정에서 평형계의 자유 에너지는 작아진다.

ㄴ. 2기압으로 높이면 n몰이 더 녹아들어 가고, n몰은 2기압, 20℃에서 15.5mL이다.

ㄷ. $h = \dfrac{4n}{1기압}$ 이므로 새로운 높이 $h' = \dfrac{2n}{3기압} = \dfrac{h}{6}$ 이다.

40 |정답| ④

ㄱ. $t_1 \sim t_2$는 얼음의 융해 구간이다. 온도가 일정하여 He의 부피(x)는 변하지 않으나 얼음이 물로 변하면서 부피가 감소하므로 h는 $t_1 > t_2$이다.

ㄴ. t_3에서 물과 He의 높이를 더하면 4.5+7.2=11.7(cm)이다.

ㄷ. t_3에서 He의 분압$= \dfrac{nR320}{7.2}$ 이고, nR은 ㈎에서 $\dfrac{1}{50}$ 이므로

물의 증기 압력$= 1 - \dfrac{8}{9} = \dfrac{1}{9}$ (기압)이다.

제 **8** 장 **산과 염기**

01 산과 염기(acid & base)

(1) 산의 공통적인 성질(산성)

① 푸른 리트머스 종이를 붉게 변화

② 수용액 상태에서 전류가 흐름(전해질)

③ 금속과 반응하여 수소 기체 발생

(2) 산성이 나타나는 이유

① 리트머스 종이의 붉은색이 (−)극 쪽으로 퍼져 간다.

② 산성은 산에 공통적으로 들어 있는 양이온인 수소 이온(H^+)에 의해 나타난다.

(3) 산의 이온화

① 수용액에서 양이온인 수소 이온(H^+)과 음이온으로 나누어진다.

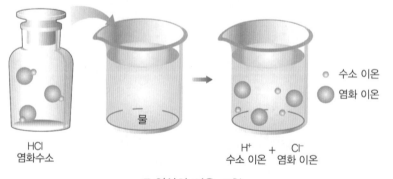

HCl
염화수소

H^+ + Cl^-
수소 이온 염화 이온

수소 이온
염화 이온

물

◆ 염산의 이온 모형

② 내어 놓는 수소 이온의 수는 산의 종류에 따라 다름 → 염화수소나 아세트산은 물에 녹아 한 분자당 수소 이온을 하나씩 내어 놓고, 황산은 한 분자당 2개의 수소 이온을 내어 놓는다.

$$HCl \rightarrow H^+ + Cl^-$$
염산 → 수소 이온 + 염화 이온

$$CH_3COOH \rightarrow H^+ + CH_3COO^-$$
아세트산 → 수소 이온 + 아세트산 이온

$$H_2SO_4 \rightarrow 2H^+ + SO_4^{2-}$$
황산 → 수소 이온 + 황산 이온

(4) 강산과 약산

① 강산 : 수용액에서 대부분 이온화하여 수소 이온을 많이 내어 놓는 산
② 약산 : 수용액에서 일부만 이온화하여 수소 이온을 적게 내어 놓는 산

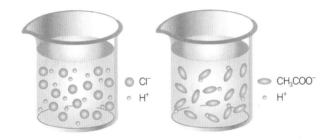

(5) 여러 가지 산

① 음식 속의 산 : 시트르산, 아스코르브산
② 우리 몸속의 산 : 염산, 젖산
③ 산업에 이용되는 산

 ㉠ 염산 : 염화수소가 물에 녹은 것 → 합성 고무, 플라스틱, 의약품 제조에 사용
 ㉡ 황산 : 황을 산화시켜 이산화황을 만들고, 이산화황을 다시 산화시켜 삼산화황을 만든 뒤 물에 녹여서 만듦 → 비료, 자동차의 배터리, 페인트, 의약품 제조에 사용
 ㉢ 질산 : 이산화질소가 물과 산화-환원 반응을 하면 생성 → 비료, 물감, 화약을 만드는 데 사용

(6) 염기의 공통적인 성질(염기성)

① 쓴맛이 나고 미끈거린다.
② 수용액이 붉은색 리트머스 종이를 푸르게 변화시킨다.

③ 페놀프탈레인 용액을 붉게 변화시키며, 전류를 흐르게 한다(전해질).

(7) 염기성이 나타나는 이유

① 리트머스 종이의 푸른색이 (+)극 쪽으로 퍼져 간다.

② 염기성은 염기에 공통적으로 들어 있는 음이온인 수산화 이온(OH^-)에 의해 나타난다.

(8) 염기의 이온화

① 수용액에서 음이온인 수산화 이온과 양이온으로 나누어진다.

② 내어 놓는 수산화 이온의 수는 염기의 종류에 따라 다르다.

NaOH
수산화나트륨

Na^+ OH^-
나트륨 이온   수산화 이온

❂ 수산화나트륨의 이온 모형

(9) 강염기와 약염기

① 강염기 : 수용액에서 대부분 이온화하여 수산화 이온을 많이 내어 놓는 염기

② 약염기 : 수용액에서 일부만 이온화하여 수산화 이온을 적게 내어 놓는 염기

(10) 여러 가지 염기

① 가정에서의 염기 : 비누, 하수구 세척제

② 산업에 사용되는 염기

   ㉠ 수산화나트륨(NaOH) : 조해성, 공기 중의 이산화탄소와 반응하여 탄산나트륨으로 변한다.

   ㉡ 수산화칼슘($Ca(OH)_2$) : 물에 잘 녹지 않음. 물에 녹인 용액인 석회수는 이산화탄소와 반응하여 뿌옇게 흐려진다.

   ㉢ 암모니아(NH_3) : 자극적 냄새, 물에 잘 녹음. 암모니아를 물에 녹인 용액을 암모니아수라고 한다.

확인문제

01 다음 중 산의 공통적인 성질은?

① 쓴맛이 있다.
② 전해질이다.
③ BTB 용액을 푸른색으로 변화시킨다.
④ 금속과 반응하여 산소 기체를 발생시킨다.
⑤ 붉은 리트머스 종이를 푸르게 변화시킨다.

02 다음 중 염기의 성질에 해당하는 것을 모두 고르면?

① 쓴맛이 나고 촉감이 미끈거린다.
② 푸른 리트머스 종이를 붉게 변화시킨다.
③ 페놀프탈레인 용액을 붉게 변화시킨다.
④ 메틸오렌지 용액을 붉은색으로 변화시킨다.
⑤ 아연 조각을 넣으면 수소 기체가 발생한다.

03 실험실에 있는 여러 가지 물질들을 다음과 같이 분류하였다. 분류 기준은 무엇일까?

A	B
HCl, H_2SO_4, $NaOH$, KOH	CH_3COOH, H_2CO_3, NH_3

① 산과 염기   ② 물에 대한 용해도
③ 금속과의 반응 정도   ④ 지시약의 색깔 변화
⑤ 수용액에서 이온화하는 정도

🔵 확인문제

04 다음 물질들을 붉은색 리트머스 종이에 묻혔을 때 나타나는 변화는?

(1) 수산화나트륨 수용액   (   )

(2) 황산   (   )

(3) 암모니아수   (   )

04 산성 물질인 황산은 푸른 리트머스 종이를 붉게 변화시키고, 염기성 물질인 수산화나트륨 수용액과 암모니아수는 붉은 리트머스 종이를 푸르게 변화시킨다.

▶(1) 푸른색 (2) 변화 없음 (3) 푸른색

05 아연을 묽은 황산에 넣으면 기포가 발생한다. 이 반응을 화학 반응식으로 나타내면 아래와 같다. 반응식의 ( )에 알맞은 화학식이 순서대로 짝지어진 것은?

$$Zn + (\quad) + SO_4^{2-} \rightarrow (\quad) + H_2 \uparrow + SO_4^{2-}$$

① H^+, Zn^{2+}

② H^+, Zn^+

③ $2H^+$, Zn^+

④ $2H^+$, Zn^{2+}

⑤ $2H^+$, Zn

05 황산은 한 분자당 수소 이온을 2개씩 내놓는 산이다. 아연은 황산과 반응하여 아연 이온(Zn^{2+})이 된다.   ▶④

06 암모니아(NH_3)를 루이스 구조식으로 표현해 보자.

06 암모니아는 3쌍의 공유 전자쌍과 1쌍의 비공유 전자쌍을 가지는 구조이다.

▶ H:N:H
     H

02 산-염기 정의의 확장

(1) 아레니우스 정의의 문제점

① 수용액에서 일어나는 반응에만 적용할 수 있다(좁은 의미의 정의).

② 수소 이온은 수용액에서 하이드로늄 이온(H_3O^+)으로 존재한다.

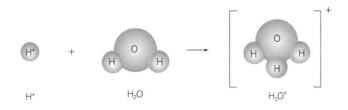

③ 수용액에서 수소 이온이나 수산화 이온을 내놓지 않는 물질에는 적용하지 못한다. →
암모니아가 염기성 물질인 이유 설명하지 못함

(2) 브뢴스테드-로우리의 산-염기 정의

① 산 : 다른 물질에게 수소 이온 H^+(양성자)을 내놓는 물질(양성자 주개)

② 염기 : 다른 물질로부터 수소 이온 H^+(양성자)을 받아들일 수 있는 물질(양성자 받개)

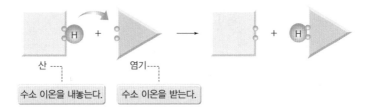

산 ---- 염기----

수소 이온을 내놓는다. 수소 이온을 받는다.

(3) 브뢴스테드-로우리 정의의 장점

① 수용액에서 일어나지 않는 기체가 관여하는 반응에도 적용

$$HCl + NH_3 \rightarrow NH_4^+ + Cl^-$$
산   염기

HCl   NH₃   NH₄⁺   Cl⁻
산   염기

H^+

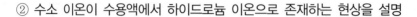

② 수소 이온이 수용액에서 하이드로늄 이온으로 존재하는 현상을 설명

$$HCl + H_2O \rightarrow H_3O^+ + Cl^-$$
$$\text{산} \qquad \text{염기}$$

Cl H + (H O H) → [H O H]⁺ + Cl⁻

HCl   H₂O   H₃O⁺   Cl⁻
산   염기

③ 암모니아가 염기인 이유 : 암모니아가 물에 용해되는 반응에서 물은 수소 이온을 내놓으므로 산이며, 암모니아는 수소 이온을 받으므로 염기이다.

$$H_2O + NH_3 \rightarrow NH_4^+ + OH^-$$
$$\text{산} \qquad \text{염기}$$

H₂O   NH₃   NH₄⁺   OH⁻
산   염기

④ 양쪽성 물질 : 산으로 작용할 수도 있고 염기로도 작용할 수 있는 물질

예 다양성자산의 수소를 포함한 음이온

$$HCl(aq) + H_2O(l) \rightarrow H_3O^+(aq) + Cl^-(aq)$$
$$\text{염기}$$
$$NH_3(aq) + H_2O(l) \rightarrow NH_4^+(aq) + OH^-(aq)$$
$$\text{산}$$

(4) 루이스의 정의

① 산 : 다른 물질로부터 비공유 전자쌍을 받는 물질 (비공유 전자쌍 받개)
② 염기 : 다른 물질에 비공유 전자쌍을 주는 물질 (비공유 전자쌍 주개)

H-N: + B-F ⟶ H-N-B-F

03 중화 반응

(1) 지시약(HIn)

용액의 성질(액성)에 따라 색깔이 변하는 물질

(2) 지시약의 종류

	리트머스 용액	BTB 용액	메틸 오렌지 용액	페놀프탈레인 용액
산성	빨강	노랑	빨강	무색
중성	보라	녹색	오렌지	무색
염기성	파랑	파랑	노랑	빨강

(3) 농도와 산성의 세기

① 같은 산 또는 염기라도 농도가 진하면 수소 이온 또는 수산화 이온이 많이 존재

② 같은 종류의 산이라도 농도가 진하면 산성이 더 강함

(4) pH

① 수용액 속에 수소 이온이 얼마나 많이 들어 있는가를 나타내는 척도

② pH < 7 : 산성, pH = 7 : 중성, pH > 7 : 염기성

(5) pH의 측정

① 만능 pH 시험지 : 몇 가지 지시약을 섞어서 제작

② pH 미터 : 비교적 정확한 측정을 할 수 있다.

◎ 여러 가지 물질의 pH와 만능 지시약의 색 변화

(6) 중화 반응

① 산과 염기를 반응시키면 염과 물이 생성되면서 중화열이 발생하는 반응이다.

② 알짜 이온 반응식 : $H^+ + OH^- \rightarrow H_2O$

(7) 구경꾼 이온

① 반응에 참여하지 않고 용액 속에 그대로 남아 있는 이온

② 염산과 수산화나트륨 수용액의 반응에서 Na^+와 Cl^-

(8) 염(salt)

① 중화 반응 등에서 산의 음이온과 염기의 양이온이 만나서 이루어진 물질

② 산 + 염기 → 물 + 염 + 열

(9) 염(salt)의 분류

① 용해도에 따른 분류

　㉠ 수용성 염 : 물에 잘 용해되는 염

　㉡ 불용성 염(앙금) : 물에 거의 용해되지 않는 염

② 액성에 따른 분류

　㉠ 산성염 : 수소의 일부가 금속으로 치환되어 있고 금속으로 치환할 수 있는 수소가 남아 있는 염

　㉡ 정염 : 염 중에서 수소 이온(H^+)이나 수산화 이온(OH^-), 산소 이온(O^{2-})을 포함하지 않은 염을 의미한다.

　㉢ 염기성염 : 산화물 염과 수산화물 염을 통틀어서 말하는 것. 염기성 염이지만 반드시 그 수용액도 염기성인 것은 아니다.

(10) 염의 생성

① 산과 염기의 중화 반응

$$HCl + KOH \rightarrow H_2O + KCl(염)$$

② 산과 금속의 반응

$$Mg + 2HCl \rightarrow MgCl_2(염) + H_2$$

③ 염과 염의 반응

$$NaCl + AgNO_3 \rightarrow NaNO_3(염) + AgCl(염)$$

(가) 산성	(나) 중성	(다) 염기성

◎ 산과 염기의 중화 반응 모형

⑾ 중화 반응의 정량적 계산

일반적으로 1몰당 n몰의 H^+을 내는 산과 1몰당 n'몰의 OH^-을 내는 염기가 반응하여 완전히 중화되려면 다음과 같은 관계가 성립해야 한다.

$2H^+ + SO_4^{2-}$	$2Na^+ + 2OH^-$	$2Na^+ + SO_4^{2-} + 2H_2O$
황산	수산화나트륨 수용액	황산나트륨 수용액

◎ 황산과 수산화나트륨의 중화 반응 모형

$$nMV = n'M'V'$$

예문

표는 수산화나트륨($NaOH$) 수용액과 묽은 염산(HCl)을 여러 부피비로 혼합한 용액 (가)~(라)를, 그림은 각 혼합 용액에서 중화 반응에 의해 생성된 물 분자 수를 상댓값으로 나타낸 것이다.

혼합 용액	NaOH(aq) (mL)	HCl(aq) (mL)
(가)	50	10
(나)	50	30
(다)	10	50
(라)	30	50

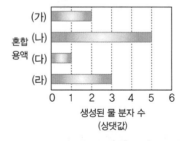

해설 중화 반응의 결과물이 생성되는 것을 이용하여 물분자의 상대값으로 염기와 산의 농도 비율을 알아내는 대표적인 방법이다.

1. 각각의 실험에서 한계반응물을 결정해 본다. 만일 (가)에서 $NaOH$가 모두 반응한 결과가 물분자 상대값이 2라면, (나)에서도 물분자 상대값이 2이어야 한다. 해서 (가)의 물분자 상대값은 HCl이 한계반응물로 작용한 것임을 알 수 있다.

2. HCl의 10ml의 물분자 상대값의 H^+가 2라면 (나)의 30ml는 6이다. 그러나 물분자가 5만 생성되었으니, $NaOH$의 50ml의 물분자 상대값의 OH^-는 5이다.

3. 이렇게 농도와 부피의 곱에 해당하는 상대적인 OH^-와 H^+값을 결정한다면 (가)에서 5,2 (나)에서 5,6 (다)에서 1,10 (라)에서 3,10이 된다.

4. 혼합용액의 액성은 각각 염기성, 산성, 산성, 산성이 된다.

확인문제

해설

01 다음 물질 중 페놀프탈레인 용액을 떨어뜨렸을 때 붉은색이 나타나는 것은?

> 식초, 암모니아수, 사이다, 유리 세정액, 증류수

02 다음 중 중화 반응을 이용한 예를 모두 골라 보자.

> ① 신 김치찌개에 소다를 조금 넣으면 신맛이 줄어든다.
> ② 염소로 수돗물을 소독한다.
> ③ 위산 과다로 속이 쓰릴 때 제산제를 먹는다.
> ④ 한 해 농사가 끝난 후, 논에 나무나 풀을 태운 재를 뿌려 준다.
> ⑤ 사과의 갈변을 방지하기 위하여 비타민 C 용액을 뿌린다.

03 어떤 물질을 녹인 수용액의 성분을 조사하기 위한 실험 결과가 다음과 같았다. 이 물질은 무엇인가?

> • 물질을 증류수에 녹인 후 불꽃 반응 실험을 한 결과 보라색이 나타났다.
> • 물질의 수용액에 질산은 용액을 떨어뜨렸더니 흰색 앙금이 생겼다.

04 묽은 암모니아수에 붉은 양배추 용액을 넣었더니 녹색이 되었다. 이 용액의 색깔이 빨간색을 띠게 하려면 어떤 물질을 넣어야 하는가?

① 수산화나트륨 수용액　　② 증류수
③ 염산　　④ 암모니아수
⑤ 질산은 수용액

05 생선 요리에는 레몬이 곁들여 나오는 경우가 많다. 생선 요리에 레몬이 같이 나오는 이유를 설명해 보자.

06 석회수에 날숨을 불어넣으면 석회수가 뿌옇게 흐려진다. 이 반응의 화학 반응식을 쓰고, 석회수가 뿌옇게 흐려지는 이유를 설명해 보자.

---

01 페놀프탈레인 용액을 붉게 변화시키는 물질은 염기성 물질이다. 식초와 사이다는 산성 물질이고, 증류수는 중성 물질이다.
▶ 암모니아수, 유리 세정액

02 ①, ③, ④는 산과 염기가 반응하여 물이 생성되는 중화 반응을 이용한 예이다. 염소로 수돗물을 소독하는 것은 염소 기체가 물과 반응하여 하이포염소산(HClO)을 형성하는 산화-환원 반응을 이용한 것이고, 비타민 C 용액을 뿌려 사과의 갈변을 방지하는 것도 비타민 C와 산소의 산화-환원 반응을 이용한 것이다. ▶ ①, ③, ④

03 증류수에 녹인 후 불꽃 반응 실험을 한 결과 보라색이 나타났으므로, 칼륨 이온이 포함되어 있음을 알 수 있다. 그리고 수용액에 질산은 용액을 떨어뜨렸더니 흰색 앙금이 생겼으므로, 염화 이온이 포함되어 있음을 알 수 있다. 따라서 수용액 속에 녹인 물질은 염화칼륨(KCl)이다. ▶ 염화칼륨(KCl)

04 붉은 양배추 용액은 산성에서 빨간색을 띠고 염기성에서 녹색을 띤다. 붉은 양배추 용액이 들어 있는 용액이 빨간색을 띠기 위해서는 강한 산성이 되어야 하므로, 염산과 같은 산성 물질을 넣어 주어야 한다. ▶ ③

05 ▶ 비린내의 주성분은 트리메틸아민이라는 염기성 물질이다. 레몬에는 산성을 띠는 물질이 들어 있다. 따라서 레몬즙을 생선에 뿌려 주면 트리메틸아민이 중화되기 때문에 냄새를 줄일 수 있다.

06 ▶ $Ca(OH)_2(aq) + CO_2(g) \rightarrow CaCO_3(s) + H_2O(l)$
이산화탄소는 수산화칼슘 수용액과 반응하여 흰색의 탄산칼슘 앙금을 형성하므로 뿌옇게 흐려진다.

04 산과 염기의 평형

(1) 강산과 약산

① 강산 : 염산과 같이 수용액에서 대부분 이온화하는 산 @ 묽은 황산, 질산 등
② 약산 : 아세트산과 같이 수용액에서 일부분만 이온화하는 산 @ 탄산 등

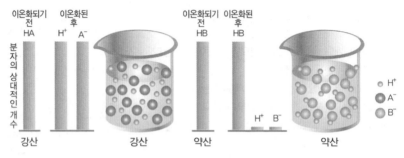

◎ 강산과 약산의 이온화도

(2) 강염기와 약염기

① 강염기 : 수산화나트륨과 같이 수용액에서 대부분 이온화하는 염기 @ 수산화칼륨, 수산화
칼슘 등
② 약염기 : 암모니아와 같이 일부만 이온화하는 염기 @ 수산화마그네슘 등

(3) 이온화도(α)

수용액에서 용해된 전해질의 몰수에 대한 이온화된 전해질의 몰수의 비

$$\text{이온화도}(\alpha) = \frac{\text{이온화된 전해질의 몰수}}{\text{용해된 전해질의 몰수}}$$

(4) 짝산-짝염기 쌍

수소 이온(H^+)의 이동에 의해 산과 염기로 되는 한 쌍의 물질, 양성자를 주고 받으며 생
성물 관계에 있는 두 물질

$$\underset{\text{산1}}{HCl(aq)} + \underset{\text{염기2}}{H_2O(l)} \rightleftarrows \underset{\text{산2}}{H_3O^+(aq)} + \underset{\text{염기1}}{Cl^-(aq)}$$

(5) 산의 이온화 상수

$$HA(aq) + H_2O(l) \rightleftarrows H_3O^+(aq) + A^-(aq)$$

① 반응의 평형 상수는 다음과 같이 나타낼 수 있다.

$$K = \frac{[H_3O^+][A^-]}{[HA][H_2O]}$$

② 산의 이온화 상수(K_a) : 물은 용매로 사용되었기 때문에 농도가 거의 변하지 않는 상수이므로 $[H_2O] = 55.6\,mol/L$이다. 따라서 $K_a = K \times [H_2O] = \dfrac{[H_3O^+][A^-]}{[HA]}$ 이다. 이는 다른 평형 상수와 마찬가지로 온도에 의존한다.

③ 염기의 이온화 상수(K_b) : 산과 마찬가지로 물의 농도는 거의 일정하므로 염기의 이온화 상수는 $K_b = \dfrac{[BH^+][OH^-]}{[B]}$ 이다.

(6) 이온화 상수와 이온화도 사이의 관계

	HA	$\rightleftharpoons$	H^+	$+$	A^-
처음 농도(M)	C		0		0
이온화된 농도(M)	$-C\alpha$		$+C\alpha$		$+C\alpha$
평형 농도(M)	$C - C\alpha$		$C\alpha$		$C\alpha$

$$\therefore\ \text{이온화 상수}\ K_a = \frac{[H_3O^+][A^-]}{[HA]} = \frac{(C\alpha)^2}{C(1-\alpha)}$$

약한 산의 경우에는 α 값이 매우 작으므로 $1 - \alpha \fallingdotseq 1$이다.

$$\rightarrow K_a = \frac{C\alpha^2}{1-\alpha} \fallingdotseq C\alpha^2,\ \alpha = \sqrt{\frac{K_a}{C}}$$ 이고, 약한 산인 HA 수용액의 평형 상태에서 H^+의 농도는 다음과 같다.

$$[H^+] = C\alpha = C \times \sqrt{\frac{K_a}{C}} = \sqrt{K_a C}$$

(7) 오스트발트 희석률

$K_a = C\alpha^2$ 이용하면, 이온화도는 같은 온도에서는 농도가 작을수록 커지고, 같은 농도에서는 온도가 높을수록 커진다. → 여기에 물을 가하면 농도가 묽어지고 평형이 정반응 쪽으로 이동하여 이온화도가 커진다.

$$HA + H_2O \rightleftharpoons H_3O^+ + A^-$$

(8) 물의 자동 이온화 반응

① 물은 물 분자끼리 H^+을 주고받아 다음과 같이 이온화한다.

$$H_2O(l) + H_2O(l) \rightleftharpoons H_3O^+(aq) + OH^-(aq)$$

$$K_c = \frac{[H_3O^+][OH^-]}{[H_2O]^2}$$

② 물의 이온곱 상수(K_w)

　㉠ 물의 자동 이온화 반응에 대한 평형 상수로, 물의 농도는 일정하게 유지되므로 $K_w = [H_3O^+][OH^-]$이다.

　㉡ 온도가 높을수록 커지는데, 25℃에서 1.0×10^{-14}이다.

(9) pH

① $pH = \log\dfrac{1}{[H_3O^+]} = -\log[H_3O^+]$, $[H_3O^+] = 10^{-pH}$

② 25℃에서 수용액의 액성과 pH 및 pOH의 관계

　㉠ 산성 : pH < 7, pOH > 7, pH+pOH=14

　㉡ 중성 : pH=7, pOH=7, pH+pOH=14

　㉢ 염기성 : pH > 7, pOH < 7, pH+pOH=14

(10) 공통 이온 효과

평형 반응에 이미 포함된 이온을 추가함으로써 평형의 위치가 이동하는 것

(11) 염의 가수 분해

① 염 : 산의 음이온과 염기의 양이온이 결합한 물질

② 염의 분류 : 정염, 산성염, 염기성염

　㉠ 강산과 약염기가 반응하여 생성된 염 : 가수 분해하여 산성을 나타낸다.

$$Cu^{2+} + 2H_2O \rightarrow Cu(OH)_2 + 2H^+$$

　㉡ 약산과 강염기가 반응하여 생성된 염 : 가수 분해하여 염기성을 나타낸다.

$$HCO_3^- + H_2O \rightarrow H_2CO_3 + OH^-$$

　㉢ 약산과 약염기가 반응하여 생성된 염 : 가수 분해되어 중성에 가까운 용액이 된다.

$$CH_3COO^- + H_2O \rightarrow CH_3COOH + OH^-,$$
$$NH_4^+ + H_2O \rightarrow NH_3 + H_3O^+$$

⑿ 중화 적정

① **표준 용액** : 중화 적정에 사용되는 농도를 알고 있는 산 또는 염기 용액

② **중화 적정** : 산-염기 중화 반응을 이용하여 농도를 모르는 산 또는 염기의 농도를 알아내는 방법

③ **중화점과 종말점**

　㉠ **중화점** : 산 또는 염기의 농도를 구하기 위해 염기 또는 산의 표준 용액을 조금씩 가하면 어느 순간 산의 H^+ 몰수와 염기의 OH^- 몰수가 같아지게 되는 점이다.

　㉡ **종말점** : 중화 적정에서 중화점에 도달했다고 판단하여 표준 용액의 첨가를 중지하는 지점이다.

④ **산-염기 적정 곡선**

　㉠ 중화 적정에서 가해 주는 표준 용액의 부피에 따른 pH의 변화를 그래프로 나타낸 것

　㉡ **약산을 강염기로 적정할 때** : 중화점에서의 pH가 7보다 크다. 따라서 지시약은 변색 범위가 염기성 쪽에 있는 페놀프탈레인이 사용된다. 이때 메틸오렌지는 사용할 수 없다.

　㉢ **강산을 약염기로 적정할 때** : 중화점에서 pH가 7보다 낮다. 이 경우에는 지시약의 변색 범위가 산성 쪽에 있는 메틸오렌지는 사용할 수 있으나 페놀프탈레인은 사용할 수 없다.

　㉣ **약산을 약염기로 적정할 때** : 중화점에서 pH 변화가 작기 때문에 적당한 지시약이 없다. 따라서 지시약을 이용해서 중화점을 찾는 것은 불가능하며, 중화점에서의 pH는 거의 7이다. 그리고 강산과 강염기의 중화 반응이더라도 그 농도가 너무 묽으면 역시 중화점에서의 pH 변화가 크지 않으므로 중화점을 찾기 어렵다.

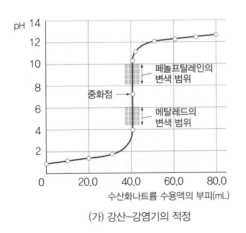

(가) 강산-강염기의 적정

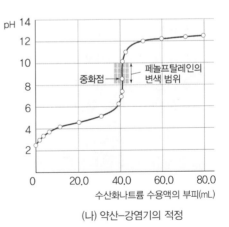

(나) 약산-강염기의 적정

◉ **적정 곡선**

ⓓ **완충 용액(완충액)** : 적은 양의 산이나 염기를 첨가하거나 묽힐 때 pH 변화가 잘 일어나지 않는 용액이다.

ⓗ **완충용량** : 약산(약염기)과 그 짝염기(그 짝산)의 몰수 비율이 1:1이거나 약산(약염기)과 강염기(강산)의 몰수 비율이 2:1인 경우에 최대 완충용량을 나타낸다.

ⓢ **핸더슨 – 하셀바흐 방정식**

$$pH = pK_a + \log\frac{[A^-]}{[HA]}$$

05 중화 반응의 이용

(1) 제산제

① 위산의 주성분은 염산
② 위산이 지나치게 분비되면 위벽 세포가 상함
③ 제산제의 주성분은 약염기성 물질 : 위산을 중화시킴

(2) 치약

① 입속의 박테리아가 음식물의 당을 분해하여 산으로 변화
② 산이 치아의 표면을 덮고 있는 에나멜 층을 벗겨 냄
③ 치약 속의 염기성 물질이 입속의 산을 중화

(3) 산성비

① 공기 중의 이산화탄소가 빗물에 녹아서 pH 5.6 정도의 약한 산성(산성비가 아님)
② 산성비 : pH 5.6 이하인 비. 황산비, 질산비
③ 산성비의 원인 물질 : 이산화황(화석연료의 연소), 질소 산화물(자동차 배기가스)

$$2SO_2 + O_2 \rightarrow 2SO_3 \qquad SO_3 + H_2O \rightarrow H_2SO_4$$
$$2NO + O_2 \rightarrow 2NO_2 \qquad 3NO_2 + H_2O \rightarrow 2HNO_3 + NO$$

④ 산성비의 피해 : 토양, 식물, 호수, 건축물에 피해를 줌
⑤ 산성비 문제의 해결
  ㉠ 석회로 중화 : 근본적인 해결책이 아님
  ㉡ 원인 물질의 배출 억제

확인문제

해설

01 0.1M 산 HA 수용액 중에 존재하는 $[H^+]$의 농도는 0.02M이다. 이 산의 이온화도(α)를 쓰시오.

01 0.1M 산 HA 수용액 중에 존재하는 $[H^+]$의 농도는 0.02M이므로 $[H^+] = C\alpha$에서 이온화도 α는

$$\alpha = \frac{[H^+]}{C} \text{이다.}$$

$$\alpha = \frac{[H^+]}{C} = \frac{0.02}{0.1} = \frac{1}{5} = 0.2 \text{이}$$
다. ▸ 0.2

02 아세트산의 K_a는 1.0×10^{-5}이다. 0.1M 아세트산 수용액의 이온화도(α)를 쓰시오.

02
$$\alpha = \sqrt{\frac{K_a}{C}} = \sqrt{\frac{1.0 \times 10^{-5}}{0.1}}$$
$$= \sqrt{10^{-4}} = 10^{-2}$$
$$\therefore \alpha = 0.01$$
▸ 0.01

03 약한 산 HA의 이온화 상수 K_a는 1.0×10^{-5}이다. 0.1M HA 수용액에서 $\dfrac{[A^-]}{[HA]}$의 값은 얼마인가?

03 $[H^+] = C\alpha = \sqrt{K_a C}$
$$= \sqrt{0.1 \times 10^{-5}} = 1.0 \times 10^{-3}$$
$$K_a = \frac{[A^-] \times 1.0 \times 10^{-3}}{[HA]}$$
$$= 1.0 \times 10^{-5}$$
$$\frac{[A^-]}{[HA]} = \frac{1.0 \times 10^{-5}}{1.0 \times 10^{-3}}$$
$$\therefore \frac{[A^-]}{[HA]} = \frac{1}{100}$$
▸ 0.01

04 0.06M HCl 수용액 70mL와 0.03M $Ba(OH)_2$ 수용액 50mL를 혼합시킨 용액이 있다. 이 혼합 용액의 pH는 얼마인가?

04 $nMV - n'M'V' = n''M''V''$에서 HCl의 nMV 값이 크므로 다음과 같은 식으로 쓸 수 있다.
$1 \times 0.06 \times 70 - 2 \times 0.03 \times 50$
$= 1 \times M'' \times 120$ 따라서 혼합 용액은 0.01M HCl이 된다.
$$\therefore pH = -\log[H^+]$$
$$= -\log(0.01) = 2$$
▸ pH=2

05 다음 이온 중에서 가수 분해되면 용액이 산성을 띠는 것은?

① NH_4^+

② Na^+

③ SO_4^{2-}

④ HCO_3^-

⑤ CH_3COO^-

05 약한 염기의 짝산은 가수 분해하여 산성을 나타낸다. NH_4^+은 약한 염기인 NH_3의 짝산이다.
$$NH_4^+ + H_2O \rightleftharpoons NH_3 + H_3O$$
▸ ①

제 8 장 | 적중예상문제

01 0.1몰 CH_3COOH의 이온화 상수가 20℃에서 1×10^{-3}일 때 이 용액의 pH로 옳은 것은?

① 1   ② 2

③ 3   ④ 4

02 다음 중 0.1M 75ml 암모니아 중화시험에서 0.1M의 염산 25ml를 넣었을 때의 변화로 옳은 것은?

① pH는 7 이하가 된다.

② 염산을 몇 방울 떨어뜨리면 pH가 급격히 감소한다.

③ 암모니아와 염산이 1:1로 반응하면서 염의 이온화, 가수 분해를 통해 약산성의 용액이 된다.

④ KOH를 넣으면 NH_3 분자 수가 증가한다.

03 일정한 온도에서 농도가 0.1M이고 이온화도가 0.01인 물질의 농도가 0.01M로 묽어졌을 때의 변화로 옳은 것은?

① 이온화도 감소, 이온화 상수 불변

② 이온화도 감소, 이온화 상수 증가

③ 이온화도 증가, 이온화 상수 불변

④ 이온화도 증가, 이온화 상수 증가

04 상온에서 0.01몰 NH_4OH 용액의 pH=10일 때 이 온도에서 염기이온화 상수(K_b)로 옳은 것은?

① 1.0×10^{-3} ② 1.0×10^{-5}

③ 1.0×10^{-6} ④ 1.0×10^{-8}

05 다음 중 농도를 모르는 HCl 수용액 450ml를 중화하는 데 3.0M NaOH 수용액 300ml가 소모되었을 경우 HCl의 농도로 옳은 것은?

① 1.0M   ② 1.3M

③ 2.0M   ④ 2.5M

06 다음 중 묽은 황산 20ml를 완전중화하는 데 0.1M NaOH 수용액 60ml가 소모되었을 경우 묽은 황산의 농도로 옳은 것은?

① 0.05M
② 0.1M
③ 0.15M
④ 0.3M

07 비커에 농도를 알 수 없는 NaOH 수용액 50ml를 넣고 0.1M HCl을 조금씩 떨어뜨리며 적정하였을 때, 비커 안에 있는 수용액 변화를 설명한 것으로 옳지 않은 것은?

① 적정이 진행되면 수용액 중에서 H_2O가 생성된다.
② 적정이 진행되면 용액의 pH는 감소한다.
③ 수용액 중의 OH^-는 적정이 진행되면 감소한다.
④ 적정이 진행되면 수용액 중의 Na^+와 Cl^-가 증가한다.
⑤ 적정이 진행되면 용액의 온도가 변한다.

08 다음 중 용액의 산성이 가장 강한 것은?

① $[H^+] = 1.0 \times 10^{-8}$인 혈액
② pH=3.0인 산성비
③ pH=2.0인 식초
④ $[OH^-] = 1.0 \times 10^{-13}$인 위액

09 다음 중 페놀프탈레인 용액을 붉게 변화시킬 수 있는 것은?

① NH_4Cl
② $NaCl$
③ K_2CO_3
④ $CuSO_4$

10 다음 물질 중 수용액이 염기성인 것으로 옳은 것은?

① SO_2
② CO_2
③ P_4O_{10}
④ Na_2O
⑤ NH_4Cl

11 다음 중 실온에서 0.03몰 NaOH 용액 500ml와 pH=2인 HCl 용액 500ml를 혼합한 용액의 pH로 옳은 것은?

① 8
② 9
③ 11
④ 12
⑤ 14

12 다음 반응식에서 아세트산에 대하여 바르게 나타낸 것은?

$$CH_3COOH + H_2O \rightarrow CH_3COO^- + H_3O^+$$

① CH_3COOH는 H_3O^+보다 강한 산이다.
② 이온화 상수는 큰 값이다.
③ 짝염기는 CH_3COO^-이다.
④ pH는 0에 가깝다.

13 다음 반응에서 짝산·짝염기 관계에 있는 물질을 찾은 것으로 옳은 것은?

$$NH_4^+ + CO_3^{2-} \rightleftarrows NH_3 + HCO_3^-$$

① NH_4^+, CO_3^{2-} ② NH_3, HCO_3^-
③ NH_4^+, NH_3 ④ NH_4^+, NH_3/HCO_3^-, CO_3^{2-}

14 0.01M 산 HA의 이온화도가 0.1이면 이 산 수용액에서 [H^+]로 옳은 것은?

① 1.0×10^{-1}mol/L   ② 1.0×10^{-2}mol/L
③ 1.0×10^{-3}mol/L   ④ 1.0×10^{-4}mol/L

15 0.01M-KOH 용액의 이온화도가 1일 때 이 용액의 pH는? (단, $K_w = 1.0 \times 10^{-14}$)

① 2   ② 3
③ 7   ④ 12
⑤ 15

16 농도가 0.1M인 어떤 산 HA는 다음과 같이 이온화한다. HA의 이온화도가 1.0×10^{-3}이면, 이 산 HA의 이온화 상수 K_a로 옳은 것은?

$$HA + H_2O \rightleftarrows H_2O^+ + A^-$$

① 1.0×10^{-6} ② 1.0×10^{-7}
③ 1.0×10^{-8} ④ 1.0×10^{-9}
⑤ 1.0×10^{-10}

17 다음 중 가장 강한 산성을 띠는 것은?

① $HSO_4^-(K_a = 1.3 \times 10^{-2})$

② $CH_3COOH^-(K_a = 1.8 \times 10^{-5})$

③ $H_3PO_4^-(K_a = 7.1 \times 10^{-3})$

④ $HSO_3^-(K_a = 4.7 \times 10^{-11})$

⑤ $H_2CO_3^-(K_a = 4.4 \times 10^{-7})$

18 농도가 0.01M인 어떤 약한 염기 BOH의 이온화도 α=0.001일 때, 이 용액에서 $[H^+]$의 값은?

① $1.0 \times 10^{-7}M$

② $1.0 \times 10^{-8}M$

③ $1.0 \times 10^{-9}M$

④ $1.0 \times 10^{-10}M$

19 다음 중 0.1mol/L, H_2SO_4 수용액 30ml를 중화시키는 데 필요한 NaOH의 질량은?

① 0.08g

② 0.16g

③ 0.24g

④ 0.36g

⑤ 0.44g

20 다음 중 가수 분해되지 않는 이온은?

① CH_3COO^-

② HCO_3^-

③ NH_4^+

④ SO_4^{2-}

21 다음 중 수용액이 산성인 것끼리 짝지어진 것은?

① CO_2, NaCl

② Na_2O, CH_3COONa

③ SO_2, NH_4Cl

④ CaO, $NaHSO_4$

22 강한 산과 약한 염기의 중화 적정 시 중화점을 찾는 데 필요한 지시약으로 옳은 것은?

① 메틸레드

② 페놀프탈레인

③ 메틸옐로

④ 페놀프탈레인+메틸오렌지

⑤ BTB 브로모티몰 블루 용액

23 다음 반응에서 브뢴스테드의 산만을 고른 것은?

$$CO_3^{2-} + H_2O \rightleftharpoons OH^- + HCO_3^-$$

① CO_3^{2-}, OH^-　　　　　② CO_3^{2-}, HCO_3^-

③ CO_3^{2-}, H_2O　　　　　④ H_2O, HCO_3^-

24 다음 화합물들의 수용액의 액성이 모두 염기성을 나타내는 것은?

① $NaCl$, CO_2, KCN　　　　② Na_2O, CH_3COONa, KCN

③ SO_2, NH_4Cl, CO_2　　　　④ CaO, CH_3COONa, Cl_2O_2

⑤ Na_2O, NH_4Cl, SO_2

25 100℃에서 물의 이온곱 상수가 $K_W = 1.0 \times 10^{-10}$이라면 100℃ 순수한 물의 $[H_3O^+]$ 값은?

① 1.0×10^{-3}　　　　　② 1.0×10^{-5}

③ 1.0×10^{-8}　　　　　④ 1.0×10^{-10}

⑤ 1.0×10^{-7}

26 다음 중 산 HA 0.01M 수용액의 이온화도 α가 0.6일 경우 이온화 상수 K_a로 옳은 것은?

$$HA(aq) + H_2O \rightleftharpoons H_3O^+ + A$$

① 6.0×10^{-2}　　　　　② 6.0×10^{-3}

③ 9.0×10^{-2}　　　　　④ 9.0×10^{-3}

⑤ 7.0×10^{-3}

27 $CH_3COOH + H_2O \rightleftharpoons H_3O^+ + CH_3COO^-$ 반응에 CH_3COONa를 넣었을 경우의 변화는?

① pH가 급격히 하강한다.　　② pH의 변화가 거의 없다.

③ pH가 급격히 상승한다.　　④ CH_3COO^- 이온의 양이 줄어든다.

28 그림은 25℃에서 약산 HA와 HB 수용액 10mL씩을 0.1M NaOH 수용액으로 각각 적정할 때의 중화 적정 곡선을 나타낸 것이다. 25℃에서 물의 이온화 상수(K_W)는 1.0×10^{-14}이다.

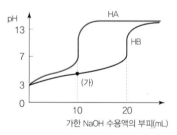

이에 대한 설명으로 옳은 것만을 〈보기〉에서 모두 고른 것은?

〈 보기 〉

ㄱ. HA의 이온화도(α)는 HB의 2배이다.

ㄴ. (가)에서 H^+의 농도는 $5.0 \times 10^{-6}M$이다.

ㄷ. HB의 중화 적정 곡선에서 중화점의 pH는 9보다 크다.

① ㄱ 　　　　　　　② ㄷ

③ ㄱ, ㄴ 　　　　　④ ㄴ, ㄷ

⑤ ㄱ, ㄴ, ㄷ

29 그림 (가)와 (나)는 같은 부피의 HX 수용액과 HY 수용액에 존재하는 이온이나 분자를 모형으로 나타낸 것이다. 물 분자는 표시하지 않았다.

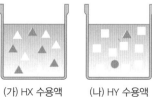

(가) HX 수용액　　　　(나) HY 수용액

이에 대한 설명으로 옳은 것만을 〈보기〉에서 모두 고른 것은? (단, HX와 HY는 모두 일양성자산이다)

〈 보기 〉

ㄱ. pH는 (가)가 (나)보다 작다.

ㄴ. 산을 모두 중화시키는 데 필요한 NaOH의 몰수는 (가)가 더 크다.

ㄷ. NaY(aq)은 중성이다.

① ㄱ 　　　　　　　② ㄴ

③ ㄱ, ㄴ 　　　　　④ ㄱ, ㄷ

⑤ ㄱ, ㄴ, ㄷ

30 그림은 25℃에서 약산 HA 수용액의 pH에 따른 이온화도(α)를 나타낸 것이다. 이에 대한 설명으로 옳은 것만을 〈보기〉에서 모두 고른 것은? (단, 온도는 일정하다)

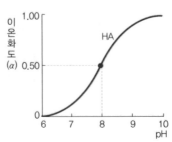

〈 보기 〉

ㄱ. pH가 증가할수록 HA의 이온화 상수(K_a) 값은 커진다.

ㄴ. pH $= 8$일 때 HA 수용액에서 [HA]는 [A$^-$]와 같다.

ㄷ. HA의 K_a값은 10^{-8}이다.

① ㄱ
② ㄴ
③ ㄱ, ㄷ
④ ㄴ, ㄷ
⑤ ㄱ, ㄴ, ㄷ

31 그림 (가)는 25℃, xM 100mL 암모니아(NH_3) 수용액을, (나)는 (가)에 $NH_4Cl(s)$ 0.005몰을 넣은 혼합 용액을, (다)는 (가)에 증류수를 넣어 100배 희석한 용액을 나타낸 것이다. 물의 이온 곱 상수(K_w)는 1.0×10^{-14}이다.

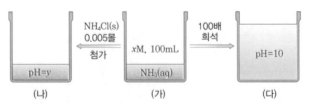

이에 대한 설명으로 옳은 것만을 〈보기〉에서 모두 고른 것은? (단, $\log 2 = 0.3$, $\log 5 = 0.7$이고, 이온화 상수 $K_b = Ca$이다)

〈 보기 〉

ㄱ. (가)의 pH $= 11$이다.

ㄴ. (나)의 $y = 9.3$이다.

ㄷ. (다)에서 $NH_4Cl(s)$ 0.5몰을 넣으면 혼합 용액의 pH는 7.3이다.

① ㄴ
② ㄷ
③ ㄱ, ㄴ
④ ㄱ, ㄷ
⑤ ㄱ, ㄴ, ㄷ

32 그림은 25℃에서 HA(aq) 50mL를 0.05M NaOH(aq)으로 적정할 때의 중화 적정 곡선을 나타낸 것이다. 이에 대한 설명으로 옳은 것만을 〈보기〉에서 모두 고른 것은? (단, 25℃에서 물의 이온곱 상수 $K_w = 1.0 \times 10^{-14}$이다)

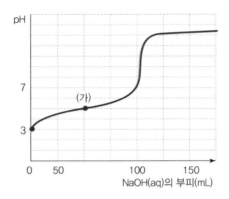

〈 보기 〉

ㄱ. (가)에서 $[HA] = [A^-]$이다.

ㄴ. $pH = 9$일 때 $\dfrac{[OH^-]}{[H_3O^+]} = 1.0 \times 10^{-4}$이다.

ㄷ. $A^-(aq) + H_2O(l) \rightleftarrows HA(aq) + OH^-(aq)$에서 $K_b = 1.0 \times 10^{-9}$이다.

① ㄱ   ② ㄴ

③ ㄱ, ㄷ   ④ ㄴ, ㄷ

⑤ ㄱ, ㄴ, ㄷ

33 표는 25℃에서 산 HA, HY, 염기 NaOH, 염 NaX 수용액의 부피, 몰 농도 그리고 pH를 나타낸 것이다. 25℃에서 물의 이온곱 상수(K_w)는 1×10^{-14}이다.

수용액	HX(aq)	HY(aq)	NaOH(aq)	NaX(aq)
부피(mL)	100	100	100	200
몰 농도(M)	0.1	1	0.01	0.1
pH	3	3	x	y

이에 대한 설명으로 옳은 것만을 〈보기〉에서 모두 고른 것은? (단, NaOH의 이온화도(α)는 1이다)

───〈 보기 〉───

ㄱ. 산의 이온화도(α)는 HX(aq)가 HY(aq)의 10배이다.

ㄴ. HX의 이온화 상수(K_a)는 1×10^{-5}이다.

ㄷ. $x + y = 21$이다.

① ㄱ   ② ㄴ

③ ㄱ, ㄷ   ④ ㄴ, ㄷ

⑤ ㄱ, ㄴ, ㄷ

---

34 그림은 25℃에서 HCl(aq)과 약산 HA(aq)의 혼합 수용액 100mL에 1M NaOH(aq)을 넣을 때, 넣은 NaOH(aq)의 부피에 따른 A^-의 몰수를 나타낸 것이다. P점에서 pH는 5.7이다.

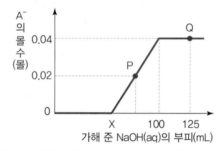

이에 대한 설명으로 옳은 것만을 〈보기〉에서 모두 고른 것은? (단, 25℃에서 물의 이온곱 상수는 $K_w = 1.0 \times 10^{-14}$이고, $\log 2 = 0.3$이다)

───〈 보기 〉───

ㄱ. X는 60이다.

ㄴ. A^-의 이온화 상수(K_b)는 5×10^{-8}이다.

ㄷ. Q에서 $\dfrac{[Cl^-]}{[OH^-]} = 3$이다.

① ㄱ   ② ㄱ, ㄴ

③ ㄱ, ㄷ   ④ ㄴ, ㄷ

⑤ ㄱ, ㄴ, ㄷ

35 표는 0.1M 산 HA(aq) 50mL를 0.1M 염기 BOH(aq)로 중화 적정했을 때, BOH(aq)의 부피에 따른 혼합 용액의 pH를 나타낸 것이다.

실험	0.1M HA(aq)의 부피(mL)	0.1M BOH(aq)의 부피(ml)	혼합 용액의 pH
1	50.0	0.0	3
2	50.0	25.0	a
3	50.0	50.0	b
4	50.0	50.1	10

이에 대한 설명으로 옳은 것만을 〈보기〉에서 모두 고른 것은?

〈 보기 〉

ㄱ. a = 5이다.

ㄴ. b는 7보다 크다.

ㄷ. HA의 이온화 상수(K_a)는 1.0×10^{-5}이다.

① ㄱ   ② ㄴ

③ ㄷ   ④ ㄱ, ㄴ

⑤ ㄱ, ㄴ, ㄷ

01 |정답| ②

|해설| $K_a = C\alpha^2$이므로 $1 \times 10^{-3} = 0.1 \times \alpha^2$, $\alpha = 10^{-1}$

1가산, 농도 0.1몰, 이온화도가 10^{-1}이므로,

$[H^+] = n \times C \times \alpha = 1 \times 0.1 \times 0.1 = 1.0 \times 10^{-2}$

$pH = -\log[H^+]$에서 $pH = 2$

02 |정답| ④

|해설| KOH를 넣으면 공통 이온 효과로 역반응이 진행되어 NH_3 분자 수가 이동한다.

03 |정답| ③

|해설| 이온화 상수는 일정한 온도에서 그 물질의 농도와 관계없이 일정하며, 같은 물질인 경우 농도가 묽을수록 이온화도는 커진다.

04 |정답| ③

|해설| $pH = 10$, $pOH = 4$ → $[OH^-] = 1.0 \times 10^{-4}$

$[OH^-] = n \times C \times \alpha$에서 $\alpha = 0.01$

α값이 작으므로 $K_b = C\alpha^2$

∴ $K_b = 0.01 \times (10^{-2})^2 = 1.0 \times 10^{-6}$

05 |정답| ③

|해설| $nMV = n'M'V'$

$1 \times M \times 450 = 1 \times 3 \times 300$

∴ $M = 2.0M$

06 |정답| ③

|해설| H_2SO_4이므로 2가 산, 20mL이고 NaOH는 1가 염기, 0.1몰 농도, 60mL이므로 공식에 대입하면

$nMV = n'M'V'$

$2 \times M \times 20 = 1 \times 0.1 \times 60$

∴ $M = 0.15M$

07 |정답| ④

|해설| ④ Na^+와 Cl^-은 반응하여 NaCl을 만든다.

※ 중화반응 : 산과 염기의 반응으로 염과 물이 생성된다.

$NaOH + HCl → NaCl + H_2O$

염기를 산으로 적정하므로 pH 감소, $[Na^+]$ 일정, $[Cl^-]$ 증가, $[OH^-]$는 물이 생성되므로 감소한다.

08 |정답| ④

|해설| ① $pH = -\log[H^+] = \log(1.0 \times 10^{-8}) = 8$

② $pH = 3.0$

③ $pH = 2.0$

④ $pH + pOH = 14$, $pH = 14 - \log[OH] = 14 - 13 = 1$

pH가 작을수록 강한 산이다.

09 |정답| ③

|해설| 페놀프탈레인 지시약은 산성에서 무색이며, 염기성에서 붉은색이다.

①, ④ 가수 분해 시 액성은 산성이다.

② 중성이다.

③ 가수 분해 시 액성은 염기성이다.

※ 염의 가수 분해와 수용액의 액성

• 강한 산과 강한 염기로 된 염 : 가수 분해되지 않으며 수용액의 액성이 염의 종류와 일치

• 강한 산과 약한 염기로 된 염 : 가수 분해되고 염의 종류에 관계없이 수용액의 액성이 산성 ($CuSO_4$, NH_4Cl)

• 약한 산과 강한 염기로 된 염 : 가수 분해되고 수용액의 액성이 염의 종류와 관계없이 염기성(K_2CO_3, Na_2CO_3, CH_3COONa)

10 |정답| ④

|해설| $Na_2O + H_2O \rightarrow 2NaOH$

금속 산화물은 대부분 염기성 산화물이다.

11 |정답| ④

|해설| $nMV(산) = 1 \times 0.01 \times 500(pH = 2, [H^+] = 10^{-2} = 0.01)$

$n'M'V'(염기) = 1 \times 0.03 \times 500$

염기의 nMV값이 더 크므로 x는 OH^-의 농도이다.

$15 - 5 = x \times 1,000$, $x = [OH^-] = 10^{-2}$몰

$pOH = 2$이므로 $pH + pOH = 14$, $pH = 12$이다.

12 |정답| ③

|해설| CH_3COOH는 산으로 작용하며 CH_3COOH의 짝염기는 CH_3COO^-이다.

13 |정답| ④

|해설| H^+의 이동에 의해 산·염기로 바뀌어야 한다.

$NH_4^+ + CO_3^{2-} \rightleftarrows NH_3 + HCO_3^-$

산 염기 염기 산

14 |정답| ③

|해설| $HA \rightleftarrows H^+ + A^-$

$[H^+] = n \times C \times \alpha = 1 \times 0.01 \times 0.1 = 1.0 \times 10^{-3} mol/L$

15 |정답| ④

|해설| $KOH \rightleftarrows K^+ + OH$, 이온화도가 1이므로 완전히 이온화되어 $[OH^-] = 0.01M$

$pOH = -\log[OH^-] = 2$

$\therefore pH = 14 - pOH = 14 - 2 = 12$

16 |정답| ②

|해설| $C\alpha^2$에서 α가 매우 작으므로 $K_a = C\alpha^2$

$K_a = 0.1 \times (1.0 \times 10^{-3})^2 = 1.0 \times 10^{-7}$

17 |정답| ①

|해설| 이온화 상수 K_a가 클수록 강한 산성을 띤다.

18 |정답| ③

|해설| 약한 염기이므로 OH^-의 농도 $[OH^-] = 0.01 \times 0.001 = 1 \times 10^{-5}$

$K_W = [H^+][OH] = 1.0 \times 10^{-14}$이므로 $[H^+] = \dfrac{K_W}{[OH^-]} = \dfrac{1.0 \times 10^{-14}}{1.0 \times 10^{-5}}M = 1.0 \times 10^{-9}M$

19 |정답| ③

|해설| H_2SO_4는 2가 H^+를 생성하고 부피가 단위가 mL이므로

H^+의 몰수 $= nM \times \dfrac{V}{1,000} = 2 \times 0.1 \times \dfrac{30}{1,000} = \dfrac{6}{1,000}$

$NaOH$에서 OH^-의 몰수 $= \dfrac{n' \times w}{\text{화학식량}} = \dfrac{1 \times w}{40}$

$\dfrac{6}{1,000} = \dfrac{w}{40}$

$\therefore w = 0.24g$

20 |정답| ④

|해설| 강한 산의 음이온과 강한 염기의 양이온은 가수 분해하지 않는다.

21 |정답| ③

|해설| ① CO_2(산성), $NaCl$(중성)

② Na_2O(염기성), CH_2COONa(염기성)

④ CaO(염기성), $NaHSO_4$(산성)

22 |정답| ①

|해설| 지시약

• 강한 산과 강한 염기의 적정 : 페놀프탈레인 또는 메틸오렌지

• 강한 산과 약한 염기의 적정 : 메틸오렌지 또는 메틸레드

• 약한 산과 강한 염기의 적정 : 페놀프탈레인

23 |정답| ④

|해설| 브뢴스테드의 산 : H+를 내어놓는 물질

$$\underset{\text{염기}}{CO_3^{2-}} + \underset{\text{산}}{H_2O} \overset{H^+}{\underset{}{\rightleftharpoons}} \underset{\text{염기}}{OH^-} + \underset{\text{산}}{HCO_3^-}$$

24 |정답| ②

|해설| 염기성을 나타내는 물질
- 강한 염기+약한 산으로 된 염
- 염기성 산화물

① $NaCl$(중성), CO_2(산성), KCN(염기성)

③ 모두 산성

④ CaO(염기성), CH_3COONa(염기성), Cl_2O_2(산성)

⑤ Na_2O(염기성), NH_4Cl(산성), SO_2(산성)

25 |정답| ②

|해설| $K_W = [H_2O^+][OH^-] = 1.0 \times 10^{-10}$

순수한 물에서는 $[H_3O^+] = [OH^-]$이어서 중성을 나타내므로 K_W의 절반값이 된다.

∴ 1.0×10^{-5}

26 |정답| ④

|해설| $K_a = \dfrac{C\alpha^2}{1-\alpha}$, α가 상당히 크므로 $K_a = \dfrac{C\alpha^2}{1-\alpha} = 0.01 \times \dfrac{(0.6)^2}{1-0.6} = 9.0 \times 10^{-3}$

27 |정답| ②

|해설| CH_3COOH 등과 같은 완충용액에는 약간의 산이나 알칼리를 첨가해도 그 혼합용액의 pH가 거의 일정하다.

28 |정답| ⑤

|해설| HA 수용액의 농도는 0.1M, HB 수용액의 농도는 0.2M이다.

ㄱ. $[H^+] = C\alpha$이고 두 수용액의 반응 전 pH가 3이므로 $[H^+] = 10^{-3}$이다. 따라서 수용액의 이온화도는 HA 0.01, HB 0.005이다.

ㄴ. (가)는 HB 수용액의 반이 중화된 지점이므로 $[H^+]$의 값은 K_a 값과 같다. $K_a = C\alpha^2$이므로 $0.2 \times (0.005)^2 = 5.0 \times 10^{-6}$이다.

ㄷ. HB의 경우 중화점에서 $B^- H_2O \rightleftharpoons HB + OH^-$ 평형을 이룬다. $K_a \times K_b = K_w = 1.0 \times 10^{-14}$의 관계가 성립하므로 HB의 K_a는 5.0×10^{-6}이고, B^-의 K_b는 2.0×10^{-9}이다.

따라서 중화점의 $[OH^-]$는 $\sqrt{K_b C}$이고, $[B^-]$는 $\dfrac{0.2}{3}$M이므로

$[OH^-] = \sqrt{2.0 \times 10^{-19} \times \dfrac{02}{3}} = \sqrt{\dfrac{4}{3}} \times 10^{-5}$이다.

따라서 pOH가 5보다 작으므로 pH는 9보다 크다.

29 |정답| ①

|해설| ㄱ. ▲가 H^+이므로 pH는 ⑺〈⑷이다.

ㄴ. 중화시키는 데 필요한 NaOH의 몰수비는 ⑺ : ⑷ = 5 : 10이므로 ⑷가 더 크다.

ㄷ. HY는 약산이므로 약산의 짝염기인 Y^-은 물과 가수 분해하여 OH^-을 내놓으므로 NaY(aq)은 염기성이다.

30 |정답| ④

|해설| ㄱ. 이온화 상수(K_a)는 평형 상수이므로 농도에 의해서 변하지 않는다. 따라서 pH가 증가해도 값이 변하지 않는다.

ㄴ. pH = 8일 때 이온화도가 0.5이므로 $[HA] = [A^-]$이다.

ㄷ. $K_a = \dfrac{[H^+][A^-]}{[HA]}$인데, pH = 8일 때 $[HA] = [A^-]$이므로 $K_a = [H^+]$가 되어 HA의 K_a는 10^{-8}이다.

31 |정답| ⑤

|해설| ㄱ. ⑷에서 $[OH^-] = 10^{-4} = \sqrt{K_b \dfrac{x}{100}}$ 이므로 $K_b = x10^{-6}$이다.

따라서 ⑺의 $pOH = -\log\sqrt{K_b x} = 3$이므로 pH = 11이다.

ㄴ. ⑷에서 $[NH_3] = x$M, $[NH_4^+] = 0.05$M이므로

$K_b = -\dfrac{0.05 \times [OH^-]}{x}$, $[OH^-] = \dfrac{K_b x}{0.05} = 2 \times 10^{-5}$

따라서 $pH = y = 9.3$이다.

ㄷ. ⑷에 $NH_4Cl(s)$ 0.5몰을 넣으면 $[NH_4^+] = 0.05$M이므로 $K_b = -\dfrac{0.05 \times [OH^-]}{\dfrac{x}{100}}$,

$[OH^-] = \dfrac{K_b x}{5} = 2 \times 10^{-7}$, 따라서 pH = 7.3이다.

32 |정답| ③

|해설| ㄱ. ⑺에서는 약산 HA(aq)의 절반이 중화되고 나머지는 분자 상태로 존재하며 $[HA] = [A^-]$이다.

ㄴ. pH = 9이면 $[H_3O^+] = 1.0 \times 10^{-9}$M이다.

25℃에서 물의 이온곱 상수 $K_w = [H_3O^+][OH^-] = 1.0 \times 10^{-14}$이므로 $[OH^-] = 1.0 \times 10^{-5}$M이다.

따라서 $\dfrac{[OH^-]}{[H_3O^+]} = 1.0 \times 10^{+4}$이다.

ㄷ. ⑺에서 $[HA] = [A^-]$이므로 $K_a = \dfrac{[H_3O^+][A^-]}{[HA]} = [H_3O^+] = 1.0 \times 10^{-5}$M이다. 약산 HA(aq)의 K_a와 짝염기 A^-(aq)의 K_b 사이에 $K_a \times K_b = K_W$가 성립하므로 $K_b = \dfrac{1.0 \times 10^{-14}}{1.0 \times 10^{-5}} = 1.0 \times 10^{-9}$이다.

33 |정답| ⑤

|해설| ㄱ. HX(aq)의 $[H^+] = 10^{-3}M$이고, $[H^+] = C\alpha$이므로 $\alpha = 0.01$이다. HY(aq)의 $[H^+] = 10^{-3}M$이고, $[H^+] = C\alpha$이므로 $\alpha = 0.001$이다. 따라서 산 HX의 이온화도(α)는 HY의 10배이다.

ㄴ. HX의 이온화 상수(K_a)는 $C\alpha^2$이므로 $0.1 \times (0.01)^2 = 1 \times 10^{-5}$이다.

ㄷ. NaOH의 이온화도(α)는 1이므로, pH는 12이다. HX의 산의 이온화 상수(K_a)가 10^{-5}이므로 NaX에서 X^-의 염기의 이온화 상수(K_b)는 1×10^{-9}이다. X^-의 농도가 0.1M이므로 $[OH^-] = 10^{-5}M$이고, pOH $= 5$, pH $= 9$이다. 따라서 $x + y = 21$이다.

34 |정답| ①

|해설| ㄱ. P점에서 Cl^-은 0.06몰이므로 혼합 용액 속의 HCl을 모두 중화시키는 데 필요한 NaOH(aq)의 부피(X)는 60mL이다.

ㄴ. P점에서 pH $= 5.7$이므로 $[H_3O^+] = 2 \times 10^{-6}$이고, HA의 $K_a = [H_3O^+] = 2 \times 10^{-6}$이다. 따라서 A^-의 이온화 상수(K_b)는 5×10^{-9}이다.

ㄷ. Q에서 $\dfrac{[Cl^-]}{[OH^-]} = \dfrac{0.06}{0.025} = 2.4$이다.

35 |정답| ⑤

|해설| 실험 1에서 $[H_3O^+] = 0.1 \times$ 이온화도(α) $= 10^{-3}$이다. $\alpha = 0.01$이고, HA→$H^+ + A^-$에서 $K_a = \dfrac{[H^+][A^-]}{[HA]} = \dfrac{10^{-3} \times 10^{-3}}{0.1}$이므로 HA는 약산이다. 실험 2에서 $[HA] = [A^-]$이므로 $D_a = \dfrac{[H^+][A^-]}{[HA]} = [H^+] = 10^{-5}$이고, $a = 5$이다. 실험 3은 중화점이며 약산과 강염기의 중화 반응이므로, 약한 염기성을 나타낸다.

제 **9** 장 **산화와 환원**

01 산화-환원 반응

(1) 산화

① 반응과정에서 물질이 산소와 결합하는 반응

② 연소 : 물질이 타면서 빛과 열을 내는 가장 대표적인 산화 반응

  ㉠ 숯의 연소 : 숯의 주성분인 탄소가 산소와 결합하여 이산화탄소로 산화

$$C(s) + O_2(g) \rightarrow CO_2(g)$$

  ㉡ 천연가스의 연소 : 천연가스의 주성분인 메테인이 산소와 결합하여 이산화탄소로 산화

$$CH_4(g) + 2O_2(g) \rightarrow CO_2(g) + 2H_2O(l)$$

③ 과일의 갈변 : 과일 껍질을 깎으면 과일 속에 들어 있는 물질이 공기 중의 산소와 결합하여 갈색의 화합물 형성

④ 부식 : 철과 같은 금속이 산소와 결합하여 서서히 산화되는 반응

⑤ 연소와 부식

  ㉠ 공통점 : 산소와 결합하는 산화 반응

  ㉡ 연소는 빠르게 진행되는 빠른 산화 반응, 부식은 느리게 진행되는 느린 산화 반응

(2) 환원

① 반응 과정에서 물질이 산소를 잃는 반응

② 철의 제련 : 산화철(Fe_2O_3)의 환원 반응이 일어나 철(Fe)을 얻을 수 있다.

$$2Fe_2O_3(s) + 3C(s) \rightarrow 4Fe(l) + 3CO_2(g)$$

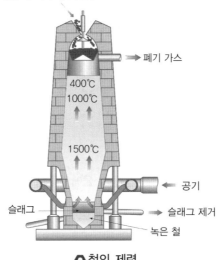

철광석, 석회석, 코크스

폐기 가스

400℃
1000℃

1500℃

공기

슬래그

슬래그 제거

녹은 철

● 철의 제련

③ 산화구리(Ⅱ)의 환원

$$CuO(s) + H_2(g) \rightarrow Cu(s) + H_2O(g)$$

(3) 전자의 이동과 산화와 환원

① 산화 : 화학 반응에서 전자를 잃는 것
② 환원 : 화학 반응에서 전자를 얻는 것

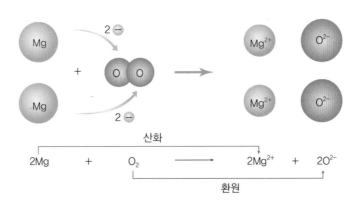

● 전자의 이동과 산화와 환원

③ 산화-환원 반응의 동시성 : 산화와 환원은 항상 동시에 일어난다.

(4) 공유 결합 화합물에서의 산화와 환원

① 전기 음성도 차이에 의하여 공유 전자쌍이 이동하여 치우치게 된다.

> **예** 물이 생성될 때 전자가 전기 음성도가 더 큰 산소 쪽으로 치우치게 된다.

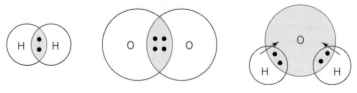

❖ 수소, 산소, 물에서 공유 전자의 위치

② 공유 결합이 형성되는 반응도 전자의 이동에 의한 산화-환원 반응으로 볼 수 있다. → 암모니아가 생성되는 반응도 전자의 이동에 의한 산화-환원 반응이라 할 수 있다.

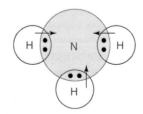

❖ 암모니아에서 공유 전자의 위치

(5) 산화수

어떤 물질 속에서 원자가 어느 정도로 산화되었는지를 나타내는 가상적인 전하량을 말한다.

(6) 산화수 규칙

① 홑원소 물질을 구성하는 원자의 산화수는 0이다.

② 화합물에서 모든 원자의 산화수의 합은 0이다.

③ 단원자 이온의 산화수는 그 이온의 전하와 같다.

④ 다원자 이온에서 원자들의 산화수의 합은 그 이온의 전체 전하와 같다.

⑤ 화합물 내에서 1족은 +1, 2족은 +2, 13족은 +3의 산화수를 갖는다.

⑥ F(플루오린)은 화합물 내에서 절대 -1

⑦ 일반적으로 화합물에서 수소의 산화수는 보통 +1이다(단, NaH와 같은 금속의 수소 화합물에서는 -1이다).

⑧ 일반적으로 화합물에서 산소의 산화수는 보통 -2이다(단, 과산화물에서는 -1, 전기 음성도가 더 큰 플루오린과 결합했을 때는 +2이다).

(7) 산화수를 이용한 산화-환원의 정의

① 가장 넓게 정의하는 방법

○ 산화와 환원

② 화학 반응 전후에 어떤 원자의 산화수가 증가한다면 그 원자가 포함된 물질은 산화, 산화수가 감소한 원자가 들어 있는 물질은 환원된 것

$$\overset{\text{산화수 감소 → 환원}}{\underset{}{\overset{0}{N_2}(g) + 3\overset{0}{H_2}(g) \longrightarrow 2\overset{-3+1}{NH_3}(g)}}$$
산화수 증가 → 산화

(8) 산화제와 환원제

① 산화제 : 산화-환원 반응에서 자기 자신은 환원되면서, 다른 물질을 산화시키는 물질
② 환원제 : 산화-환원 반응에서 자기 자신은 산화되면서, 다른 물질을 환원시키는 물질

(9) 금속과 금속염 수용액의 산화-환원 반응

예 구리와 질산은 수용액의 반응 : 구리는 전자를 잃어(산화되어) 구리 이온이 되고, 은 이온은 전자를 얻어(환원되어) 은으로 석출된다.

$$\overset{\text{환원}}{2\overset{+1}{Ag^+}(aq) + \overset{0}{Cu}(s) \longrightarrow 2\overset{0}{Ag}(s) + \overset{+2}{Cu^{2+}}(aq)}$$
산화

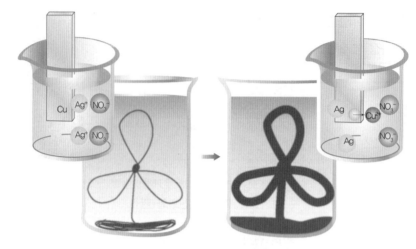

❖ 구리와 질산은 수용액의 반응

⑽ 할로젠 족 원소의 산화–환원 반응

例 염소와 브로민화 이온의 반응 : 브로민화 이온은 산화되어 브로민 분자가 되고 염소 분자는 환원되어 염화 이온이 된다.

$$\overset{\text{산화}}{\overbrace{2\overset{-1}{Br^-}(aq) + \overset{0}{Cl_2}(l) \longrightarrow 2\overset{-1}{Cl^-}(aq) + \overset{0}{Br_2}(l)}}$$
$$\underset{\text{환원}}{}$$

🔵 확인문제

해설

01 철을 이용하기 위해서는 철광석의 제련 과정을 거쳐야 한다. 그 이유는 무엇인가?

01 ▶ 철은 자연 상태에서는 철광석 속에서 주로 산소와 결합한 산화철(Ⅲ)로 존재한다. 따라서 철을 이용하기 위해서는 산화철(Ⅲ)에서 산소를 제거하여 순수한 철을 얻는 제련 과정을 거쳐야 한다.

02 가스레인지를 켜면 LPG의 주성분인 메테인이 연소한다. 이 반응을 화학 반응식으로 나타내고, 연소 반응의 특징을 설명해 보자.

02 ▶ 메테인이 연소할 때의 화학 반응식은 다음과 같다.
$CH_4(g) + 2O_2(g) \rightarrow$
$\qquad 2H_2O(g) + CO_2(g)$
연소 반응은 산소와 결합하는 반응으로서 빛과 많은 열을 방출하는 빠른 화학 반응이다.

확인문제

해설

03 그림은 원소 A(▮)와 원소 B(◯)의 반응을 나타낸 것이다. 이 반응의 화학 반응식을 써 보자.

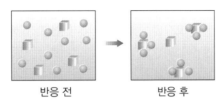

반응 전   반응 후

04 아래 그림은 이온 결합과 공유 결합을 모형으로 나타낸 것이다. 이 모형을 바탕으로 이온 결합과 공유 결합의 공통점과 차이점을 설명해 보자.

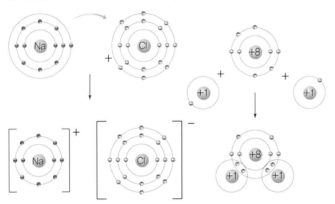

05 다음 화합물에서 원자들 사이의 결합을 극성 공유 결합과 무극성 공유 결합으로 구분하고, 그 이유를 전기 음성도로 설명해 보자.

$$O_2 \quad HCl \quad Cl_2 \quad H_2O$$

06 염화나트륨(NaCl) 수용액에 질산은($AgNO_3$) 수용액을 떨어뜨리면 흰색 앙금이 생긴다. 이 반응의 화학 반응식을 써 보자.

03 A와 B 원자는 모두 원자 상태로 존재하고, A 원자 1개와 B 원자 3개의 비율로 결합하여 AB_3을 형성한다.
   ▶ $A + 3B \rightarrow AB_3$

04 ▶ 이온 결합은 전자의 이동으로 형성되는 양이온과 음이온 사이의 정전기적 인력에 의한 화학 결합이고, 공유 결합은 원자 사이에 전자쌍을 공유하여 이루어지는 화학 결합이다.

05 전기 음성도 차이가 없는 원자 사이의 공유 결합은 무극성 공유 결합이다. 염소나 산소와 같이 수소보다 전기 음성도가 큰 원소는 공유 전자쌍을 끌어당기므로 HCl과 H_2O는 극성 공유 결합을 형성한다.
   ▶ 무극성 공유 결합 : O_2, Cl_2
   극성 공유 결합 : HCl, H_2O

06 염소 이온과 은 이온이 결합하여 염화은 고체를 형성한다.
   ▶ $NaCl(aq) + AgNO_3(aq) \rightarrow$
   $Na^+(aq) + NO_3^-(aq) + AgCl(s)$

02 화학전지와 전기분해

(1) 금속의 이온화 경향

① 금속의 이온화 경향 : 금속이 전자를 내놓고 양이온으로 되려는 경향이다.

② 이온화 경향이 클수록 전자를 잘 내놓으므로 양이온이 되기 쉽고, 산화가 잘 되므로 환원력이 크며, 산이나 물과의 반응성이 커진다.

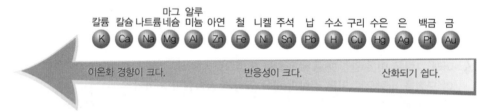

○ 여러 가지 금속의 이온화 경향

예 아연은 철이나 구리보다 반응성이 더 크다. → 황산철(Ⅱ) 수용액에서 아연은 산화되어 녹고 철이 환원되어 석출된다.

$$\overset{\text{산화}}{\underset{\text{환원}}{\overset{0}{Zn}(s) + \overset{+2}{Fe}SO_4(aq) \longrightarrow \overset{0}{Fe}(s) + \overset{+2}{Zn}SO_4(aq)}}$$

(2) 산화와 환원

① 산소가 다른 원소 또는 화합물과 결합하는 반응을 산화라고 하며, 산화물이 산소를 잃는 반응을 환원이라고 한다.

② 원소 또는 화합물이 수소를 잃는 반응을 산화라고 하며, 원소 또는 화합물이 수소와 결합하는 반응을 환원이라고 한다.

③ 화학 반응에서 어떤 원자나 이온이 전자를 잃는 반응을 산화라고 하며, 원자, 분자, 이온 등이 전자를 얻는 반응을 환원이라고 한다.

(3) 볼타 전지

① 아연판에서 산화 반응이 일어나고 구리판에서 환원 반응이 일어나므로 아연판은 (−)극, 구리판은 (+)극으로 작용한다.

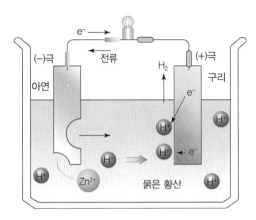

◎ 볼타 전지

② 반응식 : 아연의 산화수는 0에서 +2로 증가, 수소이온의 산화수는 +1에서 0으로 감소한다.

$$(-)극 : Zn(s) \rightarrow Zn^{2+}(aq) + 2e^- \quad (산화)$$
$$(+)극 : 2H^+(aq) + 2e^- \rightarrow H_2(g) \quad (환원)$$
$$\overline{전체\ 반응 : Zn(s) + 2H^+(aq) \rightarrow Zn^{2+}(aq) + H_2(g)}$$

⑷ 분극 현상

① 전류가 흐른 뒤에 전압이 떨어지는 현상

② (+)극인 구리판 표면에서 발생한 수소 기체가 구리판에 달라붙어 구리판과 황산을 격리시킴으로써 H^+이 전자를 받는 것을 방해하기 때문에 발생한다.

③ **소극제(감극제)** : 수소 기체를 산화시켜 물로 만들면 감소하게 되는데, 이때 사용되는 산화제

⑸ 다니엘 전지

① $ZnSO_4$가 들어 있는 용액에 아연 전극을 담근 반쪽 전지와 $CuSO_4$가 들어 있는 용액에 구리 전극을 담근 반쪽 전지를 도선과 염다리로 연결하여 만든다.

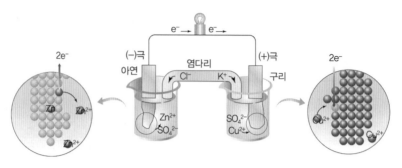

❖ **다니엘 전지**

② 반응식

$$(-)극 : Zn(s) \rightarrow Zn^{2+}(aq) + 2e^- \quad (산화)$$
$$(+)극 : Cu^{2+}(aq) + 2e^- \rightarrow Cu(s) \quad (환원)$$
$$전체 반응 : Zn(s) + Cu^{2+}(aq) \rightarrow Zn^{2+}(aq) + Cu(s)$$

③ **염다리의 역할** : 전지의 폐회로 완성, 두 반쪽 전지의 전하의 균형을 이룬다.

(6) 건전지

① 가격이 저렴하고 안전하다.

② 다양한 크기 제작 가능

③ 사용하지 않아도 전압이 감소한다.

④ 아연 부식으로 내부 물질이 흐를 수 있다.

⑤ 반응식

❖ **건전지**

$$(-)극 : Zn(s) \rightarrow Zn^{2+}(aq) + 2e^-$$
$$(+)극 : 2MnO_2(s) + 2NH_4^+(aq) + 2e^- \rightarrow Mn_2O_3(s) + 2NH_3(aq) + H_2O(l)$$
$$전체 반응 : Zn(s) + 2MnO_2(s) + 2NH_4^+(aq) \rightarrow$$
$$Zn^{2+}(aq) + Mn_2O_3(s) + 2NH_3(aq) + H_2O(l)$$

(7) 납축전지

① 2차 전지로서 충전 가능 → 역방향으로 전류를 흘려주면 전극 물질이 재생

② 자동차 배터리로 사용

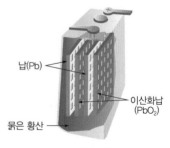

❖ **납축전지**

③ 반응식

$$
\begin{aligned}
(-)극 &: Pb(s) + SO_4^{2-}(aq) \rightarrow PbSO_4(s) + 2e^- \\
(+)극 &: PbO_2(s) + 4H^+(aq) + SO_4^{2-}(aq) + 2e^- \rightarrow PbSO_4(s) + 2H_2O(l)
\end{aligned}
$$
$$
\overline{전체\ 반응 : Pb(s) + PbO_2(s) + 2H_2SO_4(aq) \rightarrow 2PbSO_4(s) + 2H_2O(l)}
$$

(8) 연료 전지

① 반응물이 전지 내부에 저장되어 있지 않고 외부로부터 지속적으로 공급되어 작동되는 전지

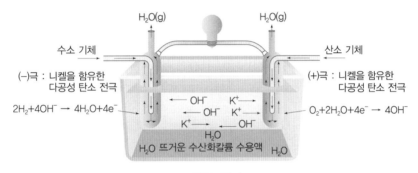

◉ 연료 전지

② 우주선에 전력 공급원으로 사용
③ 수소와 산소를 연료로 하여 화학 에너지를 직접 전기 에너지로 전환
④ 공해가 거의 없고, 에너지 효율이 매우 높다.
⑤ 반응식

$$
\begin{aligned}
(-)극 &: 2H_2(g) + 4OH^-(aq) \rightarrow 4H_2O(l) + 4e^- \qquad (산화) \\
(+)극 &: O_2(g) + 2H_2O(l) + 4e^- \rightarrow 4OH^-(aq) \qquad (환원)
\end{aligned}
$$
$$
\overline{전체\ 반응 : 2H_2(g) + O_2(g) \rightarrow 2H_2O(l)}
$$

(9) 염화구리(II) 용융액의 전기 분해

$$(-)극 : Cu^{2+}(aq) + 2e^- \rightarrow Cu(s) \qquad (환원)$$
$$(+)극 : 2Cl^-(aq) \rightarrow Cl_2(g) + 2e^- \qquad (산화)$$

$$전체\ 반응 : Cu^{2+}(aq) + 2Cl^-(aq) \xrightarrow{전기\ 분해} Cu(s) + Cl_2(g)$$

(10) 물의 전기 분해

① 소량의 황산나트륨이나 질산칼륨 같은 전해질 사용
② 순수한 물에는 이온이 거의 없어 전류가 흐르지 않는다.
③ 반응식

$$(-)극 : 4H_2O(l) + 4e^- \rightarrow 2H_2(g) + 4OH^-(aq) \qquad (환원)$$
$$(+)극 : 2H_2O(l) \rightarrow O_2(g) + 4H^+(aq) + 4e^- \qquad (산화)$$

$$전체\ 반응 : 6H_2O(l) \rightarrow 2H_2(g) + O_2(g) + 4[H^+(aq) + OH^-(aq)]$$
$$4H_2O(l)$$

$$2H_2O(l) \xrightarrow{전기\ 분해} 2H_2(g) + O_2(g)$$

(11) 염화나트륨 수용액의 전기 분해

$$(-)극 : 2H_2O(l) + 2e^- \rightarrow H_2(g) + 2OH^-(aq) \qquad (환원)$$
$$(+)극 : 2Cl^-(aq) \rightarrow Cl_2(g) + 2e^- \qquad (산화)$$

(12) 전기 분해에서의 양적 관계 – 패러데이 법칙

① 전기 분해에서 생성되거나 소모되는 물질의 양은 흘려준 전하량에 비례한다.

② 일정한 전하량에 의해 생성되거나 소모되는 물질의 질량은 각 물질의 $\dfrac{원자량}{이온의\ 전하수}$에 비례한다.

$$전하량(C) = 전류의\ 세기(A) \times 시간(초)$$

(13) 전지 전위($\Delta E_{전지}$)

전지를 구성하는 두 전극 사이의 전위차

⑭ 전극 전위(E)

전지를 구성하는 전극 중 반쪽 전지의 전위

⑮ 환원 전위

전극 전위를 환원 반응의 형태로 나타낸 것

⑯ 표준 환원 전위($E_{환원}^{\circ}$)

반쪽 전지의 이온 농도가 1M, 기체는 1기압, 온도는 25℃일 때 반쪽 전지의 반응을 환원 반응의 형태로 나타내어 환원되려는 경향의 크기를 나타내는 전극 전위

⑰ 표준 전지 전위($E_{전지}^{\circ}$)

두 반쪽 전지 각각 25℃, 1기압, 1M일 때, 두 반쪽 전지를 연결한 화학 전지의 전지 전위

$$표준\ 전지\ 전위 = \left(\begin{array}{c}환원\ 반응이\ 일어나는\\반쪽\ 전지의\ 표준\ 환원\ 전위\end{array}\right) - \left(\begin{array}{c}산화\ 반응이\ 일어나는\\반쪽\ 전지의\ 표준\ 환원\ 전위\end{array}\right)$$

$$E_{전지}^{\circ} = E_{환원}^{\circ} - E_{산화}^{\circ}$$

⑱ 표준 수소 전극

① 반쪽 전지의 기준 역할

② 25℃에서 1M의 H^+과 1기압의 수소 기체가 백금 전극과 접촉하고 있는 구조를 가진다.

$H^+(aq)\,|\,H_2(g)\,|\,Pt(s)$

$2H^+(aq,\ 1M) + 2e^- \rightarrow H_2(g,\ 1atm)$

$E^{\circ} = 0.00V$

❍ 표준 수소 전극

⑲ 기전력(전압, 전위차)

① 두 반쪽 전지의 전극 전위값의 차

② 두 반쪽 전지의 표준 전극 전위값을 알면 전지의 기전력을 계산할 수 있다.

$$E_{전지}^{\circ} = E_{환원}^{\circ} - E_{산화}^{\circ}$$

⒇ 전지 전위와 자유 에너지의 변화

변화가 자발적으로 일어나기 위해서는 자유 에너지 변화가 (−)값이어야 한다.

$$\Delta G^{\circ} = -nFE^{\circ}_{전지}$$

[n : 전지 반응에서 이동하는 전자의 몰수, F : 패러데이 상수(96,500C/mol)]

⒇ 화학 전지와 전기 분해

자발적으로 반응이 일어나지 않는데, 외부에서 전압을 가해 주면 전체적으로 (+)값의 전위를 가진다. → 자유 에너지 변화가 (−)값으로 되어 자발적으로 전지 반응이 일어난다.

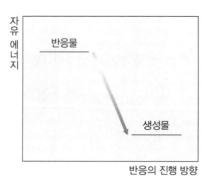

◉ 화학 전지와 자유 에너지 변화

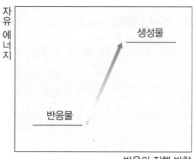

◉ 전기 분해와 자유 에너지 변화

🔵 확인문제

해설

01 다음 표준 환원 전위값을 이용하여 $Pb + Zn^{2+} \rightarrow Pb^{2+} + Zn$ 반응의 진행 방향을 예측하시오.

01 두 식을 더하면
$Pb + Zn^{2+} \rightarrow Pb^{2+}Zn$,
$E^{\circ} = -0.63V$ 이므로 값이 (−)이므로 역반응이 일어난다.
▶ 역반향으로 진행된다.

02 Pt 전극을 사용하여 다음 염의 수용액을 전기 분해할 때 생성되는 물질을 쓰시오.

(1) $NaCl(aq)$

(2) $CuCl_2(aq)$

(3) $AgF(aq)$

02 ▶ (1) $NaCl$ ▶ (+)극 : Cl_2
(−)극 : H_2
(2) $CuCl_2$ ▶ (+)극 : Cl_2
(−)극 : Cu
(3) AgF ▶ (+)극 : O_2
(−)극 : Ag

확인문제

해설

03 납축전지에 대한 옳은 설명을 다음 〈보기〉에서 모두 고른 것은?

〈 보 기 〉

ㄱ. 자동차의 배터리에 이용된다.
ㄴ. 실용 전지로 1차 전지에 속한다.
ㄷ. 방전될수록 두 전극의 질량은 증가한다.
ㄹ. 방전될수록 전해질의 황산 농도가 증가한다.

① ㄱ, ㄷ
② ㄴ, ㄹ
③ ㄱ, ㄴ, ㄹ
④ ㄱ, ㄷ, ㄹ
⑤ ㄴ, ㄷ, ㄹ

04 염화구리(Ⅱ) 수용액이 들어 있는 전기 분해 장치에 9.65A의 전류를 1시간 동안 흘렸을 때 (−)극과 (+)극에서 생성되는 물질의 양을 쓰시오. (단, $1F = 96500C$ 이다)

05 다음 전지에 대한 설명으로 옳지 않은 것은?

$$Zn \,|\, ZnSO_4 \,\|\, CuSO_4 \,|\, Cu$$

① Zn 전극에서 산화 반응이 일어난다.
② 전자는 Cu극에서 Zn극으로 이동한다.
③ (−)이온은 염다리를 통해 Zn극으로 이동한다.
④ Zn극의 질량은 감소하고, Cu극의 질량은 증가한다.
⑤ Zn^{2+} 의 농도는 증가하고, Cu^{2+} 의 농도는 감소한다.

---

03 납축전지 1개의 전압은 2V로, 자동차의 배터리에는 납축전지 3개 또는 6개를 직렬로 연결해서 사용한다. 납축전지는 충전이 가능한 2차 전지이고, 방전되면 두 전극에서 모두 황산납($PbSO_4$)이 생성되므로 전극의 질량이 증가하며 황산의 농도가 묽어진다.

▶ ①

04 $CuCl_2(s) \rightleftharpoons Cu^{2+}(aq)$
$\qquad\qquad + 2Cl^-(aq)$

(+)극 :
$\quad 2Cl^-(aq) \rightarrow Cl_2(g) + 2e^-$
(−)극 :
$\quad Cu^{2+}(aq) + 2e^- \rightarrow Cu(s)$
흘려준 전기량은
$Q = 9.65A \times 3600s = 34740C$
이다.
$1F = 96500C$ 이므로,
$\dfrac{34740C}{96500C/F} = 0.36F$ 이다. 2F의 전하량으로 1몰의 염소 기체가 발생하므로 (+)극에서 발생하는 염소는 $2F : 1mol = 0.36F : x$, $x = 0.18mol$ 이다. 또 2F의 전하량으로 1몰의 구리가 생성되므로 (−)극에서 발생하는 구리의 몰수는 $2F : 1mol = 0.36F : x$, $x = 0.18mol$ 이다.

▶ (−)극 : 구리 0.18몰
(+)극 : 염소 0.18몰

05 전자는 Zn극에서 Cu로 이동한다. 각 전극에서 일어나는 반응은 다음과 같다.
Zn극 : $Zn \rightarrow Zn^{2+} + 2e^-$
Cu극 : $Cu^{2+} + 2e^- \rightarrow Cu$

▶ ②

03 산화–환원 반응의 이용

(1) 비타민 C와 아이오딘(I_2)–녹말 용액의 반응

① 아이오딘(I_2)과 녹말이 결합하면 보라색을 띤다.

② 비타민 C와 아이오딘이 산화–환원 반응을 한다($I_2 \rightarrow 2I^-$).

③ 아이오딘은 아이오딘화 이온(환원)이 되고, 비타민 C는 산화가 된다.

(2) 항산화제(산화가 잘되는 물질)

① 산화가 일어나지 못하도록 만드는 물질

② 다른 물질보다 더 빨리 산화 반응을 일으켜 다른 물질의 산화를 막는다.

③ 호흡 과정에서 생긴 활성 산소를 제거하는 역할

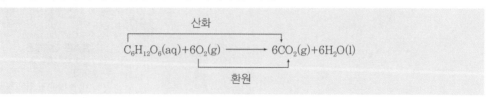

$$C_6H_{12}O_6(aq)+6O_2(g) \longrightarrow 6CO_2(g)+6H_2O(l)$$

산화 / 환원

(3) 광합성과 호흡

① 광합성 : 태양 에너지를 이용하여 포도당을 생성하는 반응

② 호흡 : 포도당으로부터 에너지(ATP)를 얻는 과정

③ 광합성과 호흡은 모두 산화–환원 반응

(4) 철의 부식

① 녹은 철이 산소와 결합한 산화철(Ⅲ)이다.

② 습기가 많을 때는 녹이 더 잘 슨다. → 철이 산소와 직접 반응하는 것이 아니라 물이 반응에 관계가 있다.

③ 물속에 이온이 있을 때는 녹이 더 빨리 슨다. → 바닷가에 세워져 있던 차나 제설제가 뿌려진 눈길을 달린 차는 곧바로 세차하는 것이 좋다.

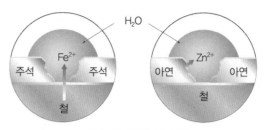

● 철의 부식 방지법

(5) 기름칠과 페인트칠(차단법)

① 산소와 물의 접촉을 차단
② 주기적으로 칠해 주어야 하는 단점

(6) 주석 도금(차단법)

철보다 반응성이 작으므로 철의 산화를 방지

(7) 음극화 보호(희생적부식)

① 철보다 반응성이 큰 아연은 산화되어 표면에 산화아연 피막을 형성
② 산화아연 피막은 철이 산소나 물과 접촉하는 것을 차단
③ 아연이 먼저 산화되어 철의 부식을 방지

확인문제

01 다음 중에서 산화-환원 반응인 것을 모두 골라 보자.

> (가) 세포 내에서 포도당과 산소가 반응하여 이산화탄소와 물이 생성된다.
> (나) 아이오딘–녹말 용액에 비타민 C 용액을 떨어뜨리면 보라색이 사라진다.
> (다) 높은 온도와 압력에서 질소와 수소를 반응시키면 암모니아가 생성된다.
> (라) 수돗물에 질산은 수용액을 떨어뜨리면 뿌옇게 흐려진다.
> (마) 진한 염산과 암모니아수가 담긴 병을 나란히 놓고 뚜껑을 열면 흰색 연기가 생긴다.

02 우주 왕복선이 사용하는 연료 중에 고체 로켓 연료가 있다. 고체 로켓 연료는 알루미늄(Al)과 과염소산암모늄(NH_4ClO_4)이 다음과 같은 반응을 일으킨다. 이 반응에서 산화된 물질과 산화제를 말해 보자.

$$Al(s) + NH_4ClO_4(s) \rightarrow Al_2O_3(s) + NH_4Cl(s)$$

해설

01 염화 이온과 은 이온이 반응하여 흰색 앙금이 생성되는 반응과 염산과 암모니아가 반응하여 염화암모늄 고체가 생성되는 반응에서는 반응 전후에 산화수의 변화가 없다.
▶ (가), (나), (다)

02 알루미늄의 산화수가 0에서 +3으로 증가하였으므로 산화된 물질이다. 염소의 산화수는 +7에서 –1로 감소하였으므로 환원된 물질, 즉 산화제이다.
▶ 산화된 물질 : Al
산화제 : NH_4ClO_4

01 다음 납축전지의 반응식에서 일어나는 현상 중 방전 시의 설명으로 옳은 것은?

$$2H_2SO_4 + Pb + PbO_2 \rightarrow 2PbSO_4 + 2H_2O$$

① Pb는 점차 $PbSO_4$로 변하지만 PbO_2는 변하지 않는다.
② 점점 용액의 밀도가 증가한다.
③ Pb 0.5몰을 반응 시에 H_2SO_4은 1몰 반응한다.
④ 점차 양쪽 극의 질량이 감소한다.

02 $CuSO_4$ 수용액을 전기 분해하여 2A의 전류를 96,500초 동안 흘렸을 때 구리가 석출되는 극과 석출량으로 옳은 것은? (단, Cu의 원자량=63.5)

① (+)극, 6.35g
② (−)극, 6.35g
③ (+)극, 63.5g
④ (−)극, 63.5g

03 1M의 $Zn(NO_3)_2$ 수용액에 Zn 전극을, 1M의 $AgNO_3$ 수용액에 Ag 전극을 각각 담그고 염다리로 연결하여 회로를 완성하였다. 전지의 각 전극 반응과 반쪽 전위가 다음과 같을 때 전지의 기전력으로 옳은 것은?

- (−)극 : $Zn \rightarrow Zn^{2+} + 2e^-$, $E° = -0.63V$
- (+)극 : $Ag^+ + e^- \rightarrow Ag$, $E° = +0.75V$

① 0.17V
② 0.76V
③ 1.38V
④ 2.36V
⑤ 0.08V

04 질산은($AgNO_3$) 수용액을 전기 분해하여 (−)극에서 은(Ag) 108g을 얻었을 때, (+)극에서 발생하는 기체의 종류와 0℃, 1기압에서 부피로 옳은 것은? (단, 은의 원자량=108)

① O_2, 5.6L
② NO_2, 5.6L
③ O_2, 21.4L
④ NO_2, 21.4L

05 다음 다니엘 전지를 나타낸 그림에 대한 설명 중 옳지 않은 것은?

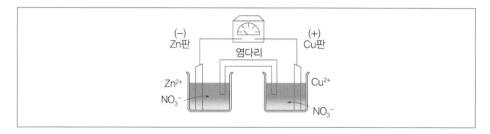

① 염다리는 이온의 이동통로가 된다.
② (−)극판은 환원, (+)극판은 산화가 일어난다.
③ 점차 (+)극판의 질량이 증가한다.
④ 점차 (−)극판의 질량이 감소한다.

06 다음 반응에서 환원제로 작용한 것은?

$$4HBr + MnO_2 \rightarrow MnBr_2 + Br_2 + 2H_2O$$

① Br_2 ② HBr
③ $MnBr_2$ ④ MnO_2

07 다음 중 $AgNO_3$ 수용액을 일정한 세기의 전류로 전기 분해하였을 때의 설명으로 옳은 것은? (단, 전극은 백금 전극을 사용하였다)

① 수소기체가 음극에서 발생하였다.
② 은이 반응용기의 바닥에 석출되었다.
③ 수용액의 H_3O^+ 농도가 증가하였다.
④ 수용액의 액성이 중성에서 염기성으로 변한다.

08 다음 반응 중 산화·환원 반응과 관련이 없는 것은?

① $4HCl + O_2 \rightarrow 2H_2O + 2Cl_2$
② $KCl + NaNO_3 \rightarrow KNO_3 + NaCl$
③ $2H_2 + O_2 \rightarrow 2H_2O$
④ $MnO_2 + 4HCl \rightarrow MnCl_2 + 2H_2O + Cl_2$
⑤ $2Fe_2O_3 + 3C \rightarrow 4Fe + 3CO_2$

09 다음 중 밑줄 친 물질이 산화제로 쓰인 것은?

① $\underline{2KI} + H_2O_2 \rightarrow 2KOH + I_2$

② $\underline{SO_2} + Cl_2 + 2H_2O \rightarrow H_2SO_4 + 2HCl$

③ $2\underline{H_2S} + SO_2 \rightarrow 2H_2O + 3S$

④ $3Cu + \underline{8HNO_3} \rightarrow 3Cu(NO_3) + 2NO + 4H_2O$

10 다음 밑줄 친 원소 중 산화수가 가장 작은 것은?

① $K\underline{Mn}O_4$　　　　　　　　② $\underline{C}O_2$

③ $\underline{S}O_4^{2-}$　　　　　　　　　④ $\underline{N}_2O_5$

⑤ $K_2\underline{Cr}_2O_7$

11 Ag^+, Cu^{2+}, Al^{3+}의 이온이 각각 1몰씩 있다. 이것을 Ag, Cu, Al로 완전히 변화시키는데 필요한 전기량은 각각 몇 F인가?

① 1F, 2F, 3F　　　　　　　② 3F, 2F, 1F

③ 1F, $\frac{1}{2}$F, $\frac{1}{3}$F　　　　　④ $\frac{1}{3}$F, $\frac{1}{2}$F, 1F

⑤ 1F, 1F, 1F

12 다음 중 $Na\underline{Cl}O_3$에서 밑줄 친 원자의 산화수로 옳은 것은?

① $+1$　　　　　　　　　② $+3$

③ $+5$　　　　　　　　　④ $+6$

⑤ $+7$

13 다음 중 전지의 감극제로서 사용될 수 없는 것은?

① MnO_2　　　　　　　　② PbO_2

③ $K_2Cr_2O_7$　　　　　　　④ NH_4Cl

⑤ HNO_3

14 다음 중 $(\ )Cr_2O_7^{2-} + (\ )Fe^{2+} + (\ )H^+ \rightarrow (\ )Cr^{3+} + (\ )Fe^{3+} + (\ )H_2O$ 의 계수가 옳은 반응식은?

① $Cr_2O_7^{2-} + 6Fe^{2+} + 10H^+ \rightarrow 2Cr^{3+} + 6Fe^{3+} + 3H_2O$

② $Cr_2O_7^{2-} + 4Fe^{2+} + 14H^+ \rightarrow 2Cr^{3+} + 5Fe^{3+} + 7H_2O$

③ $Cr_2O_7^{2-} + 6Fe^{2+} + 14H^+ \rightarrow 4Cr^{3+} + 6Fe^{3+} + 6H_2O$

④ $Cr_2O_7^{2-} + 6Fe^{2+} + 14H^+ \rightarrow 2Cr^{3+} + 6Fe^{3+} + 7H_2O$

15 백금 전극을 사용하여 NaCl 수용액을 전기 분해할 때 일어나는 변화에 대한 설명으로 옳지 않은 것은?

① 양극에서 Cl_2가 발생한다.   ② 음극에서 Na가 생성된다.

③ 음극에서는 H_2가 발생한다.   ④ 양극에서는 산화가 일어난다.

⑤ 용액의 pH는 증가한다.

16 다음 반응에서 Cu^{2+} 1몰을 환원시키는 데 필요한 Al의 몰수로 옳은 것은?

$$Cu^{2+} + Al \rightarrow Cu + Al^{3+}$$

① $\dfrac{1}{3}$ 몰   ② $\dfrac{2}{3}$ 몰

③ 1몰   ④ 2몰

⑤ 3몰

17 Pt 전극을 사용하여 다음 물질들의 수용액을 전기 분해할 때, 두 극의 생성물이 서로 같은 것으로만 짝지어진 것은?

| ㉠ $NaOH$ | ㉡ Na_2SO_4 |
| ㉢ $NaCl$ | ㉣ $AgNO_3$ |

① ㉠, ㉡   ② ㉠, ㉢

③ ㉡, ㉣   ④ ㉢, ㉣

⑤ ㉡, ㉢

18 질산은($AgNO_3$) 용액을 전기 분해하여 0.04몰의 은을 석출시키는 전기량으로 황산구리 수용액을 전기 분해했을 때 발생되는 구리는 몇 몰인가?

① 0.01몰   ② 0.02몰

③ 0.03몰   ④ 0.04몰

⑤ 1몰

19 황산구리($CuSO_4$) 수용액을 10A의 전류로 16분 5초 동안 전기 분해시켰다. (+)극에서 발생하는 기체의 부피를 표준상태에서 구하면 몇 L인가?

① 0.56L   ② 1.12L

③ 5.6L   ④ 8.4L

⑤ 11.2L

20 다음 반응에서 밑줄 친 질소의 산화수를 순서대로 나열한 것은?

$$\underline{N}H_4\underline{N}O_2 \rightarrow \underline{N}_2 + 2H_2O$$

① -4, $+5$, 1   ② -3, $+5$, 2

③ -3, $+3$, 2   ④ -3, $+3$, 0

⑤ -4, $+4$, 0

21 다음 중 산화·환원에 대한 설명으로 옳지 않은 것은?

① 산화·환원 반응은 동시에 일어난다.

② 환원성이 크면 전자를 잃기 쉽다.

③ 산화수가 증가하면 산화 반응이다.

④ 전자를 얻으면 산화 반응이다.

22 다음 중 산화수에 대한 설명으로 옳지 않은 것은?

① 홑원소 물질을 구성하는 원자의 산화수는 0이다.

② 중성 분자 내의 모든 원소의 총합은 0이다.

③ 화합물에서 1족 원소는 +1, 2족 원소는 +2의 산화수를 갖는다.

④ 같은 원소는 한 가지 산화수만을 갖는다.

⑤ 다원자 이온에서 원자들의 산화수의 합은 그 이온 전체 전하와 같다.

23 다음 질소화합물 중 질소의 산화수가 가장 큰 것은?

① NH_2

② NH_4^+

③ NO_2

④ NO_3^-

⑤ NF_3

24 다음 중 산화·환원 반응에서 Fe_2O_3 2몰이 환원될 때 관여한 전자의 몰수로 옳은 것은?

① 3mol

② 4mol

③ 7mol

④ 9mol

⑤ 12mol

25 다음 ㉠, ㉡의 산화·환원 반응에서 각각의 산화제로 옳은 것은?

㉠ $SO_2 + H_2O_2 \rightarrow H_2SO_4$	㉡ $CuSO_4 + Zn \rightarrow Cu + ZnSO_4$

① ㉠ SO_2, ㉡ Cu^{2+}

② ㉠ H_2O_2, ㉡ Cu^{2+}

③ ㉠ SO_2, ㉡ Zn

④ ㉠ H_2O_2, ㉡ Zn

26 다음 중 표준 환원 전위 $E°$ 값에 대한 설명으로 옳은 것은?

① $E°$ 값이 크면 이온화 영향이 크다.

② $E°$ 값이 크면 전자를 잘 잃는다.

③ $E°$ 값이 크면 환원되기 쉽다.

④ $E°$ 값이 크면 전지의 (−)극이 된다.

27 다음 중 전지에 대한 설명으로 옳지 않은 것은?

① (−)극에서는 산화 반응이 일어난다.

② 전류는 (−)극에서 (+)극으로 이동한다.

③ (−)극은 전자를 주는 극이다.

④ (+)극은 이온화 경향이 작은 금속이 된다.

28 표는 염화나트륨(NaCl) 수용액과 황산구리($CuSO_4$) 수용액을 각각 전기 분해할 때, 두 전극에서 일어나는 반응의 화학 반응식을 나타낸 것이다.

NaCl(aq)	(가) $2H_2O(l) + 2e^- \rightarrow \boxed{\ ㉠\ } + 2OH^-(aq)$ (나) $2Cl^-(aq) \rightarrow Cl_2(g) + 2e^-$
$CuSO_4$(aq)	(다) ( ) (라) $2H_2O(l) \rightarrow \boxed{\ ㉡\ } + 4H^+(aq) + 4e^-$

이에 대한 설명으로 옳은 것만을 〈보기〉에서 모두 고른 것은?

〈 보기 〉
ㄱ. (가)와 (다)는 (−)극이다.
ㄴ. 흘려준 전하량이 같을 때, 생성된 ㉠의 몰수는 ㉡의 2배이다.
ㄷ. (다)에서는 $Cu^{2+}(aq) + 2e^- \rightarrow Cu(s)$ 반응이 일어난다.

① ㄱ   ② ㄷ
③ ㄱ, ㄴ   ④ ㄴ, ㄷ
⑤ ㄱ, ㄴ, ㄷ

29 표는 4가지 금속 A~D의 표준 환원 전위($E°$)를 나타낸 것이다.

환원 반쪽 반응식	표준 환원 전위($E°$, V)
$A^{2+} + 2e^- \rightarrow A$	-0.76
$B^{2+} + 2e^- \rightarrow B$	-0.44
$C^{2+} + 2e^- \rightarrow C$	$+0.34$
$D^+ + e^- \rightarrow D$	$+0.80$

이에 대한 설명으로 옳은 것만을 〈보기〉에서 모두 고른 것은? (단, A~D는 임의의 원소 기호이다)

〈 보기 〉
ㄱ. A~D 중 환원력이 가장 큰 금속은 A이다.
ㄴ. $A + C^{2+} \rightarrow A^{2+} + C$ 의 반응은 자발적으로 일어난다.
ㄷ. $A + 2D^+ \rightarrow A^{2+} + 2D$ 의 전지 반응에서 표준 전위 $E°$ 는 2.36V이다.

① ㄱ   ② ㄷ
③ ㄱ, ㄴ   ④ ㄴ, ㄷ
⑤ ㄱ, ㄴ, ㄷ

30 그림은 25℃, 1기압에서 염화나트륨(NaCl) 수용액의 전기 분해 장치를 나타낸 것이다. 전류를 흘려주었을 때 양쪽 전극에서 기체가 발생하였고, 전극 주위에서 용액의 색 변화는 표와 같았다.

전극	(+)	(−)
용액의 색 변화	무색	붉은색

이에 대한 설명으로 옳은 것만을 〈보기〉에서 모두 고른 것은?

───〈 보 기 〉───

ㄱ. (−)전극 주변에서 OH^-이 생성된다.
ㄴ. (+)전극에서 산화 반응이 일어난다.
ㄷ. 0.1F의 전하량을 흘려주면, 양쪽에서 각각 0.05몰의 기체가 발생한다.

① ㄱ   ② ㄷ
③ ㄱ, ㄴ   ④ ㄴ, ㄷ
⑤ ㄱ, ㄴ, ㄷ

31 그림은 25℃에서 금속 A와 B를 전극으로 하는 화학 전지와 전지에서 일어나는 전체 반응식 및 자유 에너지 변화($\Delta G°$)를 나타낸 것이다.

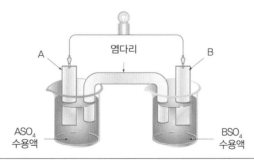

$$A^{2+}(aq) + B(s) \rightarrow A(s) + B^{2+}(aq), \quad \Delta G° = -212kJ$$

이에 대한 설명으로 옳은 것만을 〈보기〉에서 모두 고른 것은?

〈 보기 〉

ㄱ. A는 (−)극이다.

ㄴ. 25℃에서 표준 환원 전위(E°)는 $A^{2+}+2e^- \rightarrow A$ 반응에서가 $B^{2+}+2e^- \rightarrow B$ 반응에서보다 크다.

ㄷ. 25℃에서 $A^{2+}(aq)+B(s) \rightarrow A(s)+B^{2+}(aq)$ 반응의 표준 전지 전위($E^\circ_{전지}$)는 0보다 크다.

① ㄱ   ② ㄴ

③ ㄱ, ㄷ   ④ ㄴ, ㄷ

⑤ ㄱ, ㄴ, ㄷ

32 다음은 $XCl_2(aq)$와 $YNO_3(aq)$의 전기 분해 장치에 0.2A의 전류를 일정 시간 동안 흘려주었을 때의 결과이다. 기체의 부피는 0℃, 1기압에서의 값이다.

전극	결과
(가)	Cl_2 x mL 생성
(나)	금속 X 0.32g 석출
(다)	O_2 56mL 생성
(라)	금속 Y 1.08g 석출

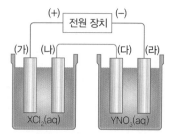

이에 대한 설명으로 옳지 않은 것은? (단, X와 Y는 임의의 금속 원소 기호이고, 1F는 96500C이며, 0℃, 1기압에서 기체 1몰의 부피는 22.4L이다)

① x는 112이다.

② 금속 X의 원자량은 64이다.

③ H_2O는 NO_3^-보다 산화되기 쉽다.

④ 전류를 흘려준 시간은 4825초이다.

⑤ 반응이 진행되면서 YNO_3 수용액의 pH는 증가한다.

33 그림은 $ACl_m(aq)$과 $BCl_n(aq)$의 혼합 용액을 965A의 전류로 전기 분해할 때, 시간에 따라 석출되는 금속의 몰수를 나타낸 것이다. 금속의 양이온이 금속이 되는 반응의 표준 환원 전위(E°)는 A^{m+}이 B^{n+}보다 크고, (나)에서 혼합 용액에 소량의 $NaNO_3(s)$를 첨가하였다.

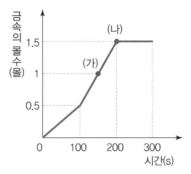

이에 대한 설명으로 옳은 것만을 〈보기〉에서 모두 고른 것은? (단, A와 B는 임의의 원소 기호이고, 1F=96500C이다)

---〈 보기 〉---

ㄱ. m은 2이다.
ㄴ. (가)의 수용액 속의 양이온과 음이온 수는 같다.
ㄷ. 300초까지 발생한 기체의 몰수는 (+)극:(−)극 = 3 : 1이다.

---

① ㄴ
② ㄷ
③ ㄱ, ㄴ
④ ㄱ, ㄷ
⑤ ㄱ, ㄴ, ㄷ

34 그림 (가)와 (나)는 황산구리($CuSO_4$) 수용액을 각각 백금 전극과 구리 전극을 이용하여 전기 분해하는 장치를 나타낸 것이다.

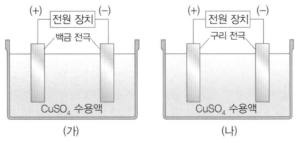

이에 대한 설명으로 옳은 것만을 〈보기〉에서 모두 고른 것은?

〈 보기 〉

ㄱ. ㈎와 ㈏ 모두 (+)극의 질량이 감소한다.

ㄴ. 일정 시간 전기 분해가 진행되었을 때 수용액의 pH는 ㈎가 ㈏보다 작다.

ㄷ. 1F의 전하량을 흘려줄 때 (−)극에서 석출되는 금속의 몰수는 ㈎가 ㈏보다 크다.

① ㄱ   ② ㄴ

③ ㄷ   ④ ㄱ, ㄴ

⑤ ㄱ, ㄷ

35 그림은 일정한 온도에서 XCl_2 수용액과 YNO_3 수용액을 백금 전극을 이용하여 전기 분해하는 장치를 나타낸 것이다. 전류를 흘려주었을 때 전극 B에서는 기체가 발생되었고, 전극 D에서는 금속 Y가 석출되었다.

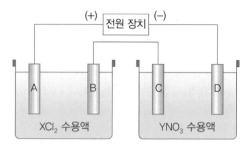

이에 대한 설명으로 옳은 것만을 〈보기〉에서 모두 고른 것은? (단, X와 Y는 임의의 금속 원소 기호이다)

〈 보기 〉

ㄱ. 전극 C에서는 $2H_2O \rightarrow 4H^+ + O_2 + 4e^-$ 반응이 일어난다.

ㄴ. 전극 B에서 발생하는 기체와 전극 D에서 석출되는 금속의 몰수비는 $1:2$이다.

ㄷ. $X + 2Y^+ \rightarrow X^{2+} + 2Y$ 반응의 자유 에너지 변화(ΔG)는 0보다 크다.

① ㄱ   ② ㄴ

③ ㄷ   ④ ㄱ, ㄴ

⑤ ㄱ, ㄷ

제 9 장 ｜ 적중예상문제 해설

01 |정답| ③

|해설| ①, ④ (−)극인 Pb와 (+)극인 PbO_2가 되어 두 극의 질량이 증가한다.

② 전해질 H_2SO_4는 H_2O로 되면서 묽어져 밀도가 감소한다.

02 |정답| ④

|해설| $CuSO_4$의 전극에서의 반응은 다음과 같다.

(+)극 : $H_2O(l) \rightarrow \frac{1}{2}O_2 + H^+ + 2e^-$

(−)극 : $Cu^{2+} + 2e^- \rightarrow Cu$

2F일 때 1몰(63.5g)이 생성된다. 전자 1몰의 전기량은 1F이며, 그 양은 96,500C/mol이다.

'전기량 = 전류 × 시간'이므로 $2 \times 96,500 : 63.5 = 2 \times 96,500 : x$, $x = 63.5g$

∴ 구리는 (−)극에서 63.5g 석출된다.

03 |정답| ③

|해설| 기전력은 두 극 간의 전위차이므로 $0.75 - (-0.63) = 1.38V$

04 |정답| ①

|해설| (−)극 : $2Ag^+ + 2e^- \rightarrow 2Ag$

(+)극 : $2OH^- \rightarrow H_2O + \frac{1}{2}O_2\uparrow + 2e^-$

O_2가 1몰 생성되면 Ag이 4몰 생성된다.

Ag 108g은 1몰이므로 몰수비 $O_2 : Ag = 1 : 4 = x : 1$에서 $x = 0.25$몰

0℃, 1기압일 때 1몰은 22.4L의 부피를 가지므로 0.25몰일 때는 $22.4 \times 0.25 = 5.6L$의 부피를 갖는다.

05 |정답| ②

|해설| ② (−)극판에서는 $Zn \rightarrow Zn^{2+} + 2e^-$의 산화 반응이, (+)극판에서는 $Cu^{2+} + 2e^- \rightarrow Cu$의 환원 반응이 일어난다.

06 |정답| ②

|해설| 환원제 : 자신은 산화되어 다른 것을 환원시키는 물질이다.

⇒ HBr : 환원제

MnO₂ : 산화제

07 |정답| ③

|해설| $AgNO_3$ 수용액의 전기 분해 시 각 전극 반응은

(−)극 : $Ag^+ + e^- \rightarrow Ag$

(+)극 : $2OH^- \rightarrow H_2O + \dfrac{1}{2}O_2\uparrow + 2e^-$

액성은 중성에서 산성으로 바뀐다.

08 |정답| ②

|해설| 산화·환원 반응 : 산소, 수소, 전자 등이 이동하는 산화수 변동 반응이다. 산화수 변화가 반응 전후에 일어나지 않는 것은 산화·환원과 관계가 없다.

09 |정답| ④

|해설| 산화제는 자신이 환원되며, 다른 물질을 산화시킨다.

① $2\underline{KI} + H_2O_2 \longrightarrow 2KOH + \underline{I_2}$
$\quad\quad\, -1 \qquad\qquad\qquad\qquad\quad\; 0$
$\qquad\qquad\qquad 산화$

② $\underline{S}O_2 + Cl_2 + 2H_2O \longrightarrow H_2\underline{S}O_4 + 2HCl$
$\quad\; +4 \qquad\qquad\qquad\qquad\quad +6$
$\qquad\qquad\qquad\quad 산화$

③ $2H_2\underline{S} + SO_2 \longrightarrow 2H_2O + 3\underline{S}$
$\quad\quad\; -2 \qquad\qquad\qquad\qquad\quad\; 0$
$\qquad\qquad\qquad 산화$

④ $3Cu + 8H\underline{N}O_3 \longrightarrow 3Cu(NO_3)_2 + 2\underline{N}O + 4H_2O$
$\qquad\qquad +5 \qquad\qquad\qquad\qquad\qquad +2$
$\qquad\qquad\qquad\qquad 환원$

10 |정답| ②

|해설| ① $+7$, ② $+4$, ③ $+6$, ④ $+5$, ⑤ $+6$

11 |정답| ①

|해설| 1F의 전기량을 통했을 때 얻어지는 양은 전자 1몰이 이동한 만큼의 물질이 석출된다.

$Ag \rightarrow Ag^+ + e^-$, $Cu \rightarrow Cu^{2+} + 2e^-$, $Al \rightarrow Al^{3+} + 3e^-$ 이므로 1F, 2F, 3F의 전기량이 가해지면 Ag, Cu, Al로 석출된다.

12 |정답| ③

|해설| $(+1) + Cl + 3 \times (-2) = 0$

∴ Cl의 산화수는 $+5$이다.

13 |정답| ④

|해설| 감극제란 H_2를 산화시켜 분극현상을 막는 물질로서 MnO_2, PbO_2, $K_2Cr_2O_7$ 등과 같은 산화제를 말한다.

14 |정답| ④

|해설| $Fe^{2+} \rightarrow Fe^{3+} + e^-$ (산화) … ㉠

$Cr_2O_7^{2-} + 14H^+ + 6e^- \rightarrow 2Cr^{3+} + 7H_2O$ (환원) … ㉡

전자의 몰수가 같아지도록 조정하면 산화제가 얻은 전자의 몰수 = 환원제가 잃은 전자의 몰수

㉠×6을 한 후 ㉠+㉡을 하면

$Cr_2O_7^{2-} + 6Fe^{2+} + 14H^+ \rightarrow 2Cr^{3+} + 6Fe^{3+} + 7H_2O$

15 |정답| ②

|해설| NaCl 수용액 $\rightarrow$ Na^+, Cl^-, H^+, OH^-

(−)극 : $2H^+ + 2e^- \rightarrow H_2$(환원)

(+)극 : $2Cl^- \rightarrow Cl_2 + 2e^-$(산화)

∴ Na는 H보다 이온화 경향이 커서 Na^+로 남아 있다.

16 |정답| ②

|해설|

산화수 3 감소

$Cu^{2+} + Al \longrightarrow Cu + Al^{3+}$

산화수 2 감소

∴ Al $\dfrac{2}{3}$ 몰은 Cu^{2+}를 Cu로 환원시킨다.

17 |정답| ①

|해설| ㉠ NaOH $\rightarrow O_2$, H_2 ㉡ $Na_2SO_4 \rightarrow O_2$, H_2

㉢ NaCl $\rightarrow Cl_2$, H_2 ㉣ $AgNO_3 \rightarrow O_2$, Ag

㉠, ㉡ Na가 H보다 이온화 경향이 크므로 Na 대신 수용액 중의 H^+가 H_2로 환원된다.

18 |정답| ②

|해설| $AgNO_3$ 용액의 전기 분해 시 (−)극 : $Ag^+ + e^- \rightarrow Ag$

$CuSO_4$ 용액의 전기 분해 시 (−)극 : $Cu^{2+} + 2e^- \rightarrow Cu$

0.04몰의 Ag를 석출시키려면 0.04F의 전기량이 필요하며, 0.04F의 전기량으로 $CuSO_4$를 전기 분해하면 0.02몰의 Cu가 석출된다.

19 |정답| ①

|해설| (−)극 : $Cu^{2+} + 2e^- \rightarrow Cu$

(+)극 : $2OH^- \rightarrow H_2O + \dfrac{1}{2}O_2 + 2e^-$에서

전자 2몰이므로 2F의 전자량이 필요하다. O_2가 $\dfrac{1}{2}$몰 발생하여 11.2L의 부피를 갖는다.

'전기량 = 전류의 세기 × 시간'이므로 $10A \times (16 \times 60 + 5) = 9,650C = 0.1F$

0.1F일 때의 부피를 구하면 2F : 11.2L = 0.1F : x

∴ $x = 0.56L$

20 |정답| ④

|해설| $NH_4NO_2 \rightarrow \underline{N}H_4^+ + \underline{N}O_2^- \rightarrow \underline{N}_2 + 2H_2O$

                      (−3)   (+3)   (0)

21 |정답| ④

|해설| ④ 전자를 얻는 것은 환원 반응이다.

※ 산화와 환원
- 산화 : 산소를 얻거나 수소를 잃는 반응, 전자를 잃어 산화수가 증가하는 반응
- 환원 : 산소를 잃거나 수소를 얻는 반응, 전자를 얻어 산화수가 감소하는 반응

22 |정답| ④

|해설| 같은 원소라도 여러 가지 산화수를 갖는다.

23 |정답| ④

|해설| ① $N+2\times(+1)=0$, $N=-2$

② $N+4\times(+1)=+1$, $N=-3$

③ $N+2\times(-2)=0$, $N=+4$

④ $N+3\times(-2)=-1$, $N=+5$

⑤ $N+3\times(-1)=0$, $N=+3$

24 |정답| ⑤

|해설| $Fe^{3+}+3e^-\to Fe$

Fe가 2개, 2mol이고 전자가 3mol 이동하였으므로 $3\times2\times2=12\,mol$이다.

25 |정답| ②

|해설| 산화수와 알짜이온 반응식 비교
- 산화수 비교

$$\underset{(+4)}{SO_2}+\underset{(산화제)}{H_2O_2}\quad\underset{(+6)}{H_2SO_4}$$

산화
- 알짜이온 반응식 비교

$$CuSO_4+Zn\longrightarrow Cu+ZnSO_4$$
$$Cu^{2+}+Zn\longrightarrow Cu+Zn^{2+}$$

환원   산화

26 |정답| ③

|해설| 표준 환원 전위($E°$)
- $E°$ 값이 클 때 : 전지의 (+)극, 환원 반응
- $E°$ 값이 작을 때 : 전지의 (-)극, 산화 반응

27 |정답| ②

|해설| ② 전자는 (-)극에서 (+)극으로 이동하며, 전류는 (+)극에서 (-)극으로 이동한다.

28 |정답| ⑤

|해설| ㄱ. ㈎와 ㈐에서는 전자를 얻는 환원 반응이 일어나므로 (-)극이다.

ㄴ. ㈎와 ㈑의 반응식은 다음과 같다.

㈎ $2H_2O(l)+2e^-\to H_2(g)+2OH^-(aq)$

㈑ $2H_2O(l)\to O_2(g)+4H^+(aq)+4e^-$

같은 양의 전하를 흘려주면 생성되는 물질의 몰수비는 $H_2 : O_2 = 2 : 1$이다.

ㄷ. (다)에서는 Cu^{2+}의 환원이 일어난다.

29 |정답| ③

|해설| ㄱ. A~D 중 A의 환원 전위가 가장 낮다. 따라서 A는 산화 반응을 가장 잘 하는 금속으로 환원력이 크다.

ㄴ. 이 반응이 실제로 일어난다고 가정하고 전압을 계산하면 $E_{전지}$ = A의 산화 전위 +C의 환원 전위=$+0.76 + 0.34 = 1.1(V)$이다. 전압이 0보다 크므로 이 반응은 자발적으로 일어난다.

ㄷ. 전지 전위는 세기 성질로 단순히 두 금속의 환원 전위 차이로만 계산된다. 따라서 $+0.80 - (-0.76) = 1.56(V)$이다.

30 |정답| ⑤

|해설| $NaCl(aq)$를 전기 분해할 때, (−)극은 $2H_2O + 2e^- \rightarrow H_2 + 2OH^-$ 반응으로 환원되고, (+)극은 $2Cl^- \rightarrow Cl_2 + 2e^-$ 반응으로 산화된다. 반쪽 반응식에서 전자 2몰당 기체 1몰이 생성된다.

31 |정답| ④

|해설| ㄱ. A^{2+}이 환원되고, B가 산화되는 반응이 자발적이므로 A는 (+)이다.

ㄴ. A^{2+}이 환원되므로 표준 환원 전위는 A^{2+}의 환원 반응에서 더 크다.

ㄷ. $\Delta G° = -nFE_{전지}$ 이므로 자발적인 반응($\Delta G° < 0$)에서 표준 전지 전위($E_{전지}$)는 0보다 크다.

32 |정답| ⑤

|해설| (+)극인 (가)와 (다)에서는 산화, (−)극인 (나)와 (라)에서는 환원 반응이 일어난다.

① (가)에서 일어나는 반응은 $2Cl^- \rightarrow Cl_2 + 2e^-$로, 생성되는 Cl_2의 부피는 O_2의 2배인 112mL이다.

② (나)에서 일어나는 반응은 $X^{2+} + 2e^- \rightarrow X$ 로, 0.01F의 전하로 생성되는 X의 몰수는 0.005몰이다. 따라서 X의 원자량은 $64(= \dfrac{0.32}{0.005})$이다.

③, ④ (다)에서 H_2O이 $2H_2O \rightarrow O_2 + 4H^+ + 4e^-$의 산화 반응을 통해 O_2 기체 56mL가 생성되었다. 0℃, 1기압에서 기체 1몰의 부피가 22.4L이므로 56mL의 O_2의 몰수는 0.0025몰이고, 전자(e^-)는 0.01몰이므로 흘려준 전하량은 0.01F = 965C 이다. 따라서 H_2O이 NO_3^-보다 산화되기 쉽고, 전류를 흘려준 시간은 $4825(= \dfrac{965C}{0.2A})$초이다.

⑤ H_2O의 산화 반응을 통해 H^+이 생성되므로 수용액의 pH는 감소한다.

33 |정답| ③

|해설| ㄱ, ㄴ. (−)극에서 먼저 반응하는 이온은 A^{m+}이다. 100초(1F) 동안 0.5몰의 A가 석출되었으므로 e^-와 A의 반응 몰수비가 2 : 1이고, m = 2이다. 100~200초에 1몰의 B가 석출되었으므로 e^-와 B의 반응 몰수비가 1 : 1이고, n = 1이다. 0~100초에 A^{m+}이 모두 반응하여 (가)에는 B^{n+}과 Cl^-만 남는다. n = 1이므로 B^+과 Cl^-의 개수는 같다.

ㄷ. (+)극에서는 200초(2F) 동안 $2Cl^- \rightarrow Cl_2 + 2e^-$ 의 반응이, 200~300초(1F) 동안 $2H_2O \rightarrow O_2 + 4H^+ + 4e^-$ 의 반응이 일어나므로 발생한 기체의 몰수는 $1.25(=1+0.25)$ 몰이다. (−)극에서는 0~200초 동안 금속이 석출되고, 200~300초(1F) 동안 $2H_2O + 2e^- \rightarrow H_2 + 2OH^-$ 의 반응이 일어나 0.5몰의 H_2가 발생한다. 따라서 $1 : 25 : 0.5 = 5 : 2$ 이다.

34 |정답| ②

|해설| ㄱ. (가)의 (+)극에서는 물이 산화되므로 질량이 변하지 않는다. (나)의 (+)극에서는 구리 전극이 산화되어 질량이 감소한다.

ㄴ. (가)의 (+)극에서는 물이 산화될 때 다음과 같이 수소 이온이 생성되므로 (가)의 수용액은 pH가 감소한다[(+)극 : $2H_2O(l) \rightarrow O_2(g) + 4H^+(aq) + 4e^-$]. (나)에서는 수소 이온이 생성되지 않으므로 pH가 일정하다. 따라서 수용액의 pH는 (나)>(가)이다.

ㄷ. (가), (나) 모두 (−)극에서의 반응은 $Cu^{2+}(aq) + 2e^- \rightarrow Cu(s)$ 이므로 구리 이온이 환원된다. 1F는 전자 1몰의 전하량이므로 (가), (나) 모두 (−)극에서 0.5몰의 구리가 석출된다.

35 |정답| ④

|해설| ㄱ, ㄴ. 전극 C는 (+)극이고, 물이 산화되어 O_2 기체가 발생하므로 $2H_2O \rightarrow 4H^+ + O_2 + 4e^-$ 반응이 일어난다. 전극 B는 (−)극이고, 물이 환원되어 H_2 기체가 발생하므로 $2H_2O + 2e^- \rightarrow H_2 + 2OH^-$ 의 반응이 일어난다. 전극 D에서는 $Y^+ + e^- \rightarrow Y$ 의 반응이 일어나므로 전극 B에서 발생하는 기체와 D에서 석출되는 금속의 몰수비는 $1 : 2$ 이다.

ㄷ. Y^+ 는 X^{2+} 보다 환원되기 쉬우므로 X는 Y보다 산화되기 쉽다. 따라서 $X + 2Y^+ \rightarrow X^{2+} + 2Y$ 는 $\Delta G < 0$ 인 자발적 반응이다.

제10장 반응 속도

---

01 반응 속도의 정의

(1) 빠른 반응

변화가 급격하게 일어나는 반응

- 예 연소반응, 중화반응, 이온 간의 반응, 금속과 산의 반응, 폭발반응

(2) 느린 반응

매우 천천히 변화가 일어나서 변화가 일어나는지조차 알기 어려운 반응

- 예 석회 동굴의 생성 : 공기 중의 이산화탄소가 녹은 빗물이 석회암 지대에 흘러가면서 오랜 시간에 걸쳐 석회암을 조금씩 녹여서 석회 동굴이 생성

(3) 일상생활에서 화학 반응의 빠르기의 중요성

어떤 변화가 왜 빠르게 일어나는지 또는 천천히 일어나는지를 알면 그 빠르기를 조절하여 일상생활에 편리하게 이용할 수 있기 때문이다.

(4) 반응의 빠르기

① 탄산칼슘과 충분한 양의 묽은 염산이 반응할 때

　　㉠ 발생하는 이산화탄소 기체는 공기보다 밀도가 크다.

　　㉡ 화학 반응식

$$CaCO_3(s) + 2HCl(aq) \rightarrow CaCl_2(aq) + H_2O(l) + CO_2(g)$$

② 반응의 빠르기 $= \dfrac{\text{발생한 기체의 부피 변화}}{\text{시간}}$

　　또는 $\dfrac{\text{반응 용기 전체의 질량 변화}}{\text{시간}}$

(5) 반응 속도

① 화학 반응 속도 : 화학 반응이 빠르게 또는 느리게 일어나는 정도

② 반응 속도를 나타내는 방법 : 일정한 시간 동안에 변화된 반응물이나 생성물의 농도를 측정하여 나타낸다.

㉠ 반응 속도(v) = $\dfrac{\text{감소한 반응물의 농도}}{\text{반응 시간}}$

또는 $\dfrac{\text{증가한 생성물의 농도}}{\text{반응 시간}} = \dfrac{\Delta(\text{농도})}{\Delta(\text{시간})}$

㉡ 반응 속도의 단위 : $mol/L \cdot s$, $mol/L \cdot min$, $mol/L \cdot h$, $1/s$ 등

(6) 평균 반응 속도($\dfrac{\Delta C}{t}$)

① 주어진 시간 동안의 농도 변화
② 화학 반응이 일어나는 동안 반응물의 양은 점점 감소하므로 시간이 지날수록 반응 속도는 점점 느려진다. → 반응이 일어나는 동안 반응 속도가 계속 변화하므로 평균 반응 속도로 나타낸다.

(7) 순간 반응 속도($\dfrac{dC}{dt}$)

① 반응이 일어나는 시간을 거의 0이 될 정도로 작게 했을 때의 평균 반응 속도
② 시간-농도 그래프에서 시간 t에서 접선의 기울기

(8) 초기 반응 속도 : t = 0일 때 접선의 기울기

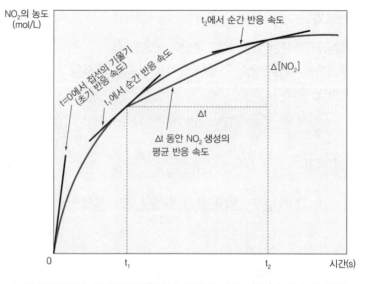

❖ 오산화이질소의 분해 반응에서 시간에 따른 $NO_2(g)$의 농도 변화

☺ 확인문제

01 실생활에서의 경험을 바탕으로, 다음 물음에 답하시오.

(1) 설탕을 물에 빨리 녹일 수 있는 방법을 쓰시오.
   (   )

(2) 철로 만든 구조물의 부식을 늦출 수 있는 방법을 쓰시오.
   (   )

(3) 된장찌개를 끓일 때 감자를 빨리 익게 하는 방법을 쓰시오.
   (   )

02 금속 아연과 묽은 염산이 반응할 때 발생하는 기체를 수상 치환으로 포집하는 데 적합한 실험 장치를 다음 〈보기〉에서 고르시오.

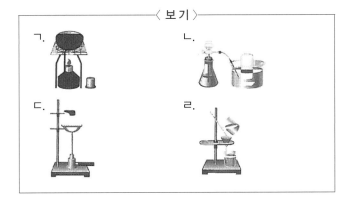

03 다음 물음에 대해 답하시오.

(1) 탄산칼슘과 묽은 염산의 반응을 화학 반응식으로 쓰시오.
   (   )

(2) 탄산칼슘과 묽은 염산이 반응하고 있는 삼각 플라스크의 입구를 열어 놓으면, 탄산칼슘과 묽은 염산이 반응하기 전후의 질량 차이가 발생하게 된다. 그 이유는 무엇 때문인가?
   (   )

해설

01 실생활에서 반응의 빠르기를 조절하는 일은 누구나 경험할 수 있다. 예를 들어 설탕을 물에 빨리 녹이려면 온도를 높이고, 철의 부식을 늦추기 위해서는 페인트칠을 하여 습기와 산소를 차단한다. 또한 된장찌개에 감자를 작게 썰어 표면적을 크게 하면 감자가 빨리 익는다.
▶ (1) 뜨거운 물에 녹인다.
   (2) 페인트칠을 한다.
(3) 감자를 작은 크기로 썰어 넣는다.

02 금속 아연은 삼각플라스크에 넣고, 꼭지 달린 깔때기에 묽은 염산을 넣은 다음, 꼭지 달린 깔때기의 콕을 열어 아연과 염산이 반응하도록 한다. 이때 발생하는 수소 기체는 집기병에 모을 수 있다.
▶ ㄴ

03 ▶(1) $CaCO_3(s) + 2HCl(aq) \rightarrow CaCl_2(aq) + H_2O(l) + CO_2(g)$
   (2) 탄산칼슘과 묽은 염산이 반응하여 발생한 이산화탄소 기체가 빠져나갔기 때문이다.

🔵 확인문제

04 다음 〈보기〉에 주어진 화학 반응의 빠르기를 비교하시오.

〈 보 기 〉

ㄱ. 아이오딘화 칼륨 수용액과 질산납 수용액을 섞으면 노란색의 아이오딘화 납 앙금이 생성된다.

ㄴ. 철로 만든 못이 녹슨다.

ㄷ. 묽은 염산과 수산화나트륨 수용액을 섞으면 염화나트륨 수용액이 된다.

04 앙금이 생성되는 반응이나 중화 반응은 빠르게 일어난다. 이에 비하면 못이 녹스는 반응은 느리게 일어난다.
▶ ㄱ과 ㄷ은 ㄴ보다 빠르게 일어난다.

※ 아래 그림과 같이 마그네슘 리본과 묽은 염산을 시험관에 넣고 반응시켰다. [5~6]

05 이 반응을 화학 반응식으로 나타내면?

05 ▶ $Mg(s) + 2HCl(aq) \rightarrow$
$MgCl_2 + H_2(g)$

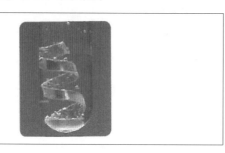

( )

06 발생하는 기포의 수는 시간이 지남에 따라 어떻게 되는가?

( )

06 반응 초기에는 기포가 활발하게 발생하지만 시간이 지날수록 반응물의 양이 감소하므로 발생하는 기포 수가 감소하게 된다.
▶ 발생하는 기포의 수는 시간이 지남에 따라 감소한다.

02 반응 속도에 영향을 주는 요인

(1) 유효 충돌

① 유효 충돌의 정의 : 반응물 간의 합당한 방향으로의 충돌

② 유효 충돌의 조건

    ㉠ 반응물 입자들의 충돌 방향이 반응이 일어나는 데 적합해야 한다.

    ㉡ 충분히 빠른 속도로 충돌해야 한다. → 입자들이 빠른 속도로 충돌할 때 전달되는 에너지는 반응물의 입자들 사이의 결합을 끊는 데 사용되어, 결합이 끊어진 입자들이 재배열되어 생성물이 된다.

(2) 활성화 에너지

① 반응물과 생성물 사이에 넘어야 할 에너지 장벽이 존재한다. → 반응물이 에너지 장벽을 넘을 수 있는 에너지를 가진 경우에만 반응이 활성화된다.

② 활성화 에너지 : 화학 반응이 일어나기 위해서 필요한 최소한의 에너지

    📗 아이오딘화 수소의 분해 반응에서 정반응의 활성화 에너지(E_a)는 184kJ이고, 역반응의 활성화 에너지($E_a{'}$)는 172kJ이다.

    ㉠ 활성화 상태 : 반응물의 결합이 반쯤 끊어지고 생성물의 결합이 반쯤 형성된 상태

    ㉡ 활성화물 : 활성화 상태에 있는 불안정한 화합물

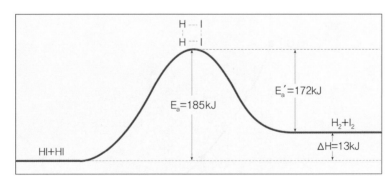

◉ 반응 경로에 따른 엔탈피 변화

    ㉢ 발열 반응의 활성화 에너지는 처음에만 외부에서 공급되어야 한다. 흡열 반응의 활성화 에너지는 지속적으로 공급되어야 한다.

    ㉣ 반응열은 정반응의 활성화 에너지의 크기와는 무관하다.

(3) 반응 속도식

① 반응 속도식 : 주어진 화학 반응이 반응물의 농도와 어떤 관련이 있는지를 보여 주는 식으로 반응 속도(v)가 반응물 A와 B의 농도에 의존하는 것을 비례 상수 k를 써서 나타낸다.

$$v = k[A]^m[B]^n$$

② 반응 속도 상수(k) : 반응에 따라 고유한 값을 갖는다. 농도와는 무관하며 온도에 따라 변한다.

③ 반응 차수(m, n) : 반응 속도식에서 농도의 지수. 실험으로 결정되며 m + n을 전체 반응 차수라고 한다.

(4) 반감기

① 반감기 : 초기 농도가 절반으로 되는 데까지 걸리는 시간

② 1차 반응의 반감기는 초기 농도와 무관하며 항상 일정하다.

    ㉠ 오산화이질소의 분해 반응

$$N_2O_5(g) \rightarrow 2NO_2(g) + \frac{1}{2}O_2(g), \; v = k[N_2O_5]$$

    ㉡ 그래프에서 오산화이질소의 분해 반응의 반감기는 $t_{1/2}$초이다.

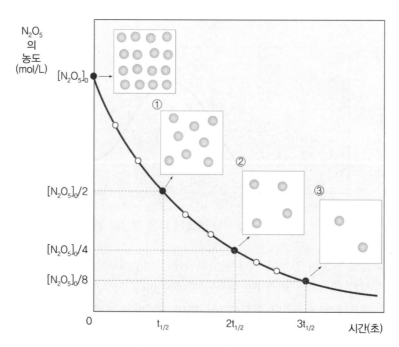

◎ 시간에 따른 오산화이질소의 농도 변화

(5) 반응물의 농도와 반응 속도

① 농도와 반응 속도의 관계 : 농도의 증가 → 단위 부피 속의 입자 수 증가 → 입자들의 충돌 수 증가 → 반응을 일으킬 수 있는 입자 수 증가 → 반응 속도의 증가

② 일상에서 볼 수 있는 농도에 따라 반응 속도가 달라지는 예

　　㉠ 숯은 공기 중에서보다 산소가 들어 있는 병 속에서 더 잘 탄다.

　　㉡ 백열전구 안에는 공기 대신 아르곤 기체로 채운다.

　　㉢ 고산 탐험가는 산소마스크를 착용한다.

　　㉣ 대장간에서 화덕에 풀무질을 한다.

　　㉤ 아세틸렌을 이용하여 금속을 용접할 때 지속적으로 산소를 공급한다.

(6) 표면적과 반응 속도

① 표면적과 반응 속도의 관계 : 표면적의 증가 → 반응물 사이의 접촉 면적 증가 → 입자들의 충돌 수 증가 → 반응을 일으킬 수 있는 입자 수 증가 → 반응 속도의 증가

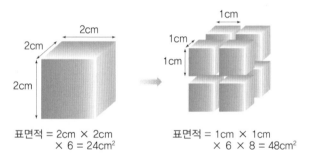

◆표면적과 반응 속도

② 일상에서 볼 수 있는 표면적에 따라 반응 속도가 달라지는 예

　　㉠ 숯은 덩어리보다는 작은 조각으로 태울 때 더 빠르게 연소한다.

　　㉡ 알약보다는 가루약이 물에 더 빨리 녹는다.

　　㉢ 음식 재료를 잘게 썰면 빨리 익힐 수 있다.

　　㉣ 밀가루 공장이나 석탄 채굴 광산에서는 담배를 피우면 위험하다.

(7) 압력과 반응 속도

기체 반응물의 압력 증가 → 단위 부피 속의 입자 수 증가 → 입자들의 충돌 수 증가 → 반응을 일으킬 수 있는 입자 수 증가 → 반응 속도의 증가

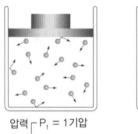 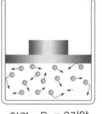

압력 ⌐ P_1 = 1기압   압력 ⌐ P_2 = 2기압
부피 ⌐ V_1 = 4L   부피 ⌐ V_2 = 2L

◐ 압력과 반응 속도

(8) 온도와 반응 속도

① 일반적으로 온도가 10℃ 높아지면 반응 속도는 두 배 정도 빨라진다.

② 온도가 높아지면 큰 운동 에너지를 가지는 분자 수가 많아지기 때문에 활성화 에너지보다 큰 운동 에너지를 가진 분자 수가 많아져서 반응 속도가 빨라진다.

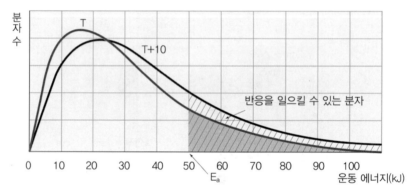

◐ 여러 온도에서 기체 분자의 운동 에너지 분포 곡선

③ 일상에서 볼 수 있는 온도에 따라 반응 속도가 달라지는 예

    ㉠ 추운 겨울에 비닐하우스나 온실에서 식물을 키우면 식물의 생장 속도가 빨라진다.

    ㉡ 껍질을 깎은 감자를 얼음물에 담가 두면 감자가 갈색으로 변하는 것을 늦출 수 있다.

    ㉢ 머리카락에 파마약을 바르고 따뜻하게 하면 파마가 더 빨리 된다.

    ㉣ 음식물을 냉장고에 넣어 두면 실온에서보다 더 오래 보관할 수 있다.

(9) 촉매

① 화학 반응에 참여하지만 자신은 변하지 않으면서 반응 속도를 변화시키는 물질

② 정촉매와 부촉매

    ㉠ 정촉매 : 반응 속도를 빠르게 변화시키는 물질

    ㉡ 부촉매 : 반응 속도를 느리게 변화시키는 물질

⑽ 촉매와 반응 속도

① 촉매는 반응 경로를 바꾸어 반응 속도를 변화시킨다.

② 촉매는 활성화 에너지의 크기를 변화시켜 반응 속도를 변화시킨다.

③ 촉매는 소량만으로도 반응 속도를 변화시킬 수 있으므로 일상생활에서뿐만 아니라 생명 활동이나 산업에서도 매우 중요하다.

⑾ 촉매 사용에 따른 활성화 에너지와 운동 에너지 분포

① 정촉매는 낮은 에너지 장벽을 갖는 새로운 경로를 만들어 반응 속도를 빠르게 한다.

② 부촉매는 높은 에너지 장벽을 갖는 새로운 경로를 만들어 반응 속도를 느리게 한다.

③ 촉매는 정반응과 역반응의 활성화 에너지를 똑같이 감소시키거나 증가시키므로, 촉매를 사용하면 정반응 속도와 역반응 속도가 모두 빨라지거나 느려진다.

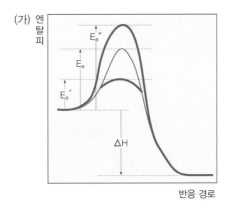 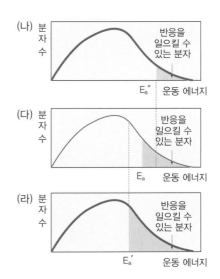

◐ 촉매 사용에 따른 활성화 에너지와 분자 수 분포(E_a : 촉매가 없을 때 활성화 에너지, E_a' : 정촉매를 사용할 때 활성화 에너지, E_a'' : 부촉매를 사용할 때 활성화 에너지)

⑿ 일상생활에서 볼 수 있는 촉매에 따라 반응 속도가 달라지는 예

① 자동차의 배기가스 배출구에 자동차 촉매 변환기를 설치하면 공기 오염을 일으키는 배기가스 성분의 배출을 줄일 수 있다.

② 상처에 과산화수소수를 바르면 혈액 속의 효소가 과산화수소의 분해를 빠르게 하여 거품이 발생한다.

③ 암모니아를 제조할 때 산화철을 촉매로 사용한다.

④ 젖산균이 내놓는 효소에 의해 우유로 요구르트를 만든다.

⒀ 수소 첨가 반응과 촉매

니켈, 팔라듐, 백금, 철, 코발트, 황화니켈, 황화몰리브데넘

⒁ 암모니아 합성과 촉매

오스뮴, 탄화우라늄, 산화철 등

⒂ 화학 합성 산업에서 촉매를 이용

낮은 온도에서도 빠르게 반응을 진행시킬 수 있으므로 생산 단가를 낮출 수 있다.

확인문제

01 다음 ( ) 안에 알맞은 말을 쓰시오.

(1) 반응의 빠르기를 나타내는 것을 (　　)라고 하며, 이것은 단위 시간 동안에 변화한 생성물 또는 반응물의 농도로 구할 수 있다.

(2) 주어진 시간 동안에 일어난 농도의 변화를 (　　)라고 하며, 시간 t에서 거의 0이 될 정도로 작은 시간 동안에 일어난 생성물의 농도 변화를 (　　)라고 한다.

※ 같은 화학 반응에 대하여 시간에 따른 생성물의 농도 변화를 측정한 그래프가 다음과 같았다. [2~3]

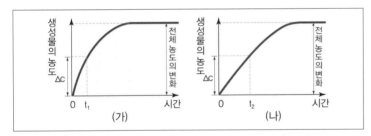

02 (가)의 t_1과 (나)의 t_2에서 평균 반응 속도를 구하는 식을 쓰시오.

(　　　　　　　　　　　　)

03 Δc가 같을 때, (가)와 (나)에서 반응 속도를 비교하시오.

(　　　　　　　　　　　　)

해설

01 화학 반응의 빠르기를 반응 속도로 나타내며, 반응 속도는 단위 시간 동안에 일어난 반응물 또는 생성물의 농도 변화로 나타낼 수 있으므로 반응 속도를 측정하고자 하는 시간 구간에 따라 평균 반응 속도와 순간 반응 속도 등을 측정할 수 있다.
▶ (1) 반응 속도
(2) 평균 반응 속도, 순간 반응 속도

02 평균 반응 속도는 주어진 시간 동안에 일어나는 농도의 변화로 나타낸다.
▶ (가)의 평균 반응 속도 = $\dfrac{\Delta c}{t_1}$
(나)의 평균 반응 속도 = $\dfrac{\Delta c}{t_2}$

03 ▶ Δc가 같을 때 반응 속도는 $\dfrac{1}{시간}$에 비례한다. 즉, 반응에 걸린 시간이 짧을수록 반응 속도가 빠르고 반응에 걸린 시간이 길수록 반응 속도가 느리다. 따라서 t_1과 t_2의 크기를 비교하면 (가)와 (나)의 반응 속도를 비교할 수 있다.

해설

04 다음은 A → B인 화학 반응에서 시간에 따른 A와 B의 농도 변화를 나타낸 것이다. 평균 반응 속도가 가장 빠른 구간을 찾고, 그 구간에서의 평균 반응 속도를 구하시오. (단, 시간은 0초에서 시작하여 10초 간격으로 측정하였고, 각 상자는 1L 안에 들어 있는 입자의 수를 나타낸다)

◉ : A ◉ : B

(   )

04 평균 반응 속도가 가장 빠른 구간은 0초에서 10초 사이이다. 이 구간에서는 A 입자의 수가 11개에서 7개로, 4개 감소하였으므로 평균 반응 속도 $= \dfrac{4개/L}{10초} = 0.4개/L \cdot$ 초임을 알 수 있다. 여기서 농도 단위가 제시되지 않았으므로 농도의 단위를 단위 부피당의 입자 수를 나타내는 개/L로 하였다.
▶ 0초에서 10초 사이, 0.4개/L · 초

05 음식물을 신선한 상태로 더 오래 보관할 수 있는 방법을 한 가지 쓰시오.

(   )

05 ▶ 음식물을 좀 더 오랫동안 신선하게 보관하려면 음식물의 부패의 원인인 세균의 활동을 억제할 수 있도록 냉장고나 아이스박스 등을 이용하여 온도를 낮추어 보관하면 된다.

06 다음 (가)~(라)에 들어갈 알맞은 말을 〈보기〉에서 찾아 쓰시오.

화학 반응이 일어나려면 반응물의 입자들의 (가)이 반응이 일어나는데 적합해야 하고, 충분히 (나)로 충돌해야 한다. 입자들이 (나)로 충돌할 때 전달되는 에너지는 반응물의 입자들 사이의 결합을 끊는 데 사용된다. 결합이 끊어지고 나면 입자들이 (다)되어 새로운 결합을 갖는 생성물이 된다. 이와 같이 결합 상태가 변하여 반응이 일어나는 충돌을 (라)(이)라고 한다.

─〈 보기 〉─

충돌 방향, 충돌 분열, 느린 속도, 빠른 속도, 재배열, 비유효 충돌, 유효 충돌

06 화학 반응이 일어나려면 충돌이 일어나야 하는데, 충돌 방향과 충돌 속도가 중요하다. 화학 반응은 반응물을 구성하는 원자들이 재배열하여 생성물이 되는 것이라고 할 수 있다. 충돌하는 방향이 적합하며 빠른 속도로 충돌하여 충돌의 결과 생성물이 생성되는 충돌을 유효 충돌이라고 한다.
▶ (가) 충돌 방향
(나) 빠른 속도
(다) 재배열
(라) 유효 충돌

확인문제

해설

※ 25℃, 1기압에서 수소 기체 1몰이 산소와 반응하여 물이 생성되는 반응의 열화학 반응식은 $H_2O(g) + \frac{1}{2}O_2(g) \rightarrow H_2O(l)$, $\Delta H = -285.8kJ$ 이다. [7~8]

07 위 반응에 대한 다음 설명으로 옳은 것은 ○표, 옳지 않은 것은 ×표 하시오.

(1) 이 반응은 흡열 반응이다.

(   )

(2) 이 반응에서 엔트로피의 변화(ΔS)는 0보다 작다.

(   )

08 25℃, 1기압에서 수소 기체와 산소 기체를 혼합하여 두기만 하면 물이 생성되지 않는다. 이 조건에서 이 반응이 일어나도록 하려면 어떻게 해야 하는가?

(   )

09 반응물과 생성물 사이에서 넘어야 할 에너지 값으로, 화학 반응이 일어나기 위해서 필요한 최소한의 에너지를 무엇이라고 하는가?

(   )

10 상처가 난 곳에 과산화수소를 바르면 거품이 생긴다. 그 이유는 무엇 때문인지 쓰시오.

(   )

07 반응 엔탈피(ΔH)가 음수이므로 발열 반응이다. 수소 기체와 산소 기체가 반응하여 액체 상태인 물이 생성되므로 엔트로피는 감소한다.
▶ (1) × (2) ○

08 25℃, 1기압에서 수소와 산소가 반응하여 물이 생성되도록 하려면 반응물과 생성물 사이의 에너지 장벽을 넘을 수 있도록 조건을 만들어 주어야 한다.
▶ 점화 장치로 점화한다. 또는 백금 촉매를 넣어 준다.

09 반응물이 에너지 장벽을 넘을 수 있는 에너지를 가진 경우에만 반응이 활성화된다.
▶ 활성화 에너지(또는 에너지 장벽)

10 ▶ 혈액 속에는 카탈레이스라고 하는 효소가 들어 있는데 카탈레이스는 과산화수소가 물과 산소로 분해되는 속도를 빠르게 도와주는 역할을 한다. 그 결과 산소가 빠르게 발생하여 거품이 생성되는 것이다.

실력다지기

적분속도식

1. 1차 반응

(1) 1차 속도식

$$2N_2O_5 \rightarrow 4NO_2 + O_2$$

$$속도 = \frac{-\Delta[N_2O_5]}{\Delta t} = k[N_2O_5]$$

(반응 속도가 N_2O_5 농도의 1승에 비례하므로 이것은 1차 반응이다)

이 속도식을 적분하면

$$\ln[N_2O_5] = -kt + \ln[N_2O_5]_o$$

(적분된 속도식, 반응물 농도를 시간에 대한 함수로써 표현한 식)

(2) 1차 속도식의 의미

① A의 초기 농도와 반응 속도 k값을 알면 시간이 경과한 후 A 농도를 계산하여 얻을 수 있다.

② 위의 식은 $y = mx + b$의 형태이므로 x에 대한 y의 도시는 직선이 되며 그 기울기는 m, 절편은 b가 된다.

위의 식에서 $y = \ln[A]$, $x = t$, $m = -k$, $b = \ln[A]_o$

③ 어떤 반응이 1차 반응인지를 확인하는 데 쓰인다. 즉, 만일 t에 대한 $\ln[A]$의 관계가 직선이면 이 반응은 A에 대한 1차이다.

(3) 1차 반응의 반감기

① 반응의 반감기 : 반응물이 초기의 농도의 절반에 도달하는 데 걸리는 시간($t_{1/2}$)

② 1차 반응의 반감기에 대한 일반적인 식은 다음의 반응에 대한 적분된 속도식으로 부터 구할 수 있다.

A → 생성물

$$\ln\left(\frac{[A]_o}{[A]}\right) = kt$$

정의에 의해 $t = t_{1/2}$일 때는 $[A] = \dfrac{[A]_o}{2}$

$$\ln\frac{[A]_o}{\dfrac{[A]_o}{2}} = kt_{1/2}$$

$$\ln 2 = kt_{1/2}$$

$$t_{1/2} = \frac{0.693}{k}$$

속도식 요약

	0차	1차	2차
속도식	$v = k$	$v = k[A]$	$v = k[A]^2$
적분된 속도식	$[A] = -kt + [A]_o$	$\ln[A] = -kt + \ln[A]_o$	$1/[A] = kt + 1/[A]_o$
직선관계	$[A]$ 대 t	$\ln[A]$ 대 t	$1/[A]$ 대 t
반감기	$t_{1/2} = [A]_o/2k$	$t_{1/2} = \ln 2/k = 0.693/k$	$t_{1/2} = 1/k[A]_o$

☯ 확인문제

01 2A → B + C 반응은 일차이다. 다음의 설명 중 틀린 것은?

① B와 C가 많이 생성되면 반응 속도가 감소한다.

② A의 절반이 반응하는 데 필요한 시간은 A의 농도, 즉 [A]에 비례한다.

③ 시간에 대한 ln[A]의 그래프는 직선이다.

④ C의 생성속도는 A의 소멸속도의 절반이다.

⑤ ln[A] 대 시간의 그래프로부터 속도상수를 결정할 수 있다.

01 1차 반응은 반감기가 일정하다.

▶ ②

02 사이클로 프로페인이 프로펜으로 되는 반응은 1차 반응이다. 사이클로 프로페인의 10%가 분해되었을 때 시간을 구하면? (단, 이 반응의 속도상수 $k = 6.17 \times 10^{-4} M min^{-1}$이고, $\ln 0.9 = -0.1$이다)

2019. 4. 27 출제

① 122min   ② 142min

③ 162min   ④ 182min

02 $\ln[A] = -kt + \ln[A]_0$
$-0.1 = -6.17 \times 10^{-4}t + 0$
$\therefore t = \dfrac{1 \times 10^{-1}}{6.17 \times 10^{-4}} = 162 min$

▶ ③

실력다지기

반응 메커니즘

1. 반응 메커니즘과 속도

(1) 전체 반응에 관련된 각 단계반응을 가능한 한 정확하게 규명

$$NO_2(g) + CO(g) \rightarrow NO(g) + CO_2(g)$$

(2) $v = k[NO_2]^2$

(3) 반응 메커니즘

$$NO_2(g) + NO_2(g) \rightarrow NO_3(g) + NO(g) \quad\cdots\cdots\cdots\cdots\cdots\cdots\cdots\text{(a)}$$
$$NO_3(g) + CO(g) \rightarrow NO_2(g) + CO_2(g) \quad\cdots\cdots\cdots\cdots\cdots\cdots\cdots\text{(b)}$$

(4) NO_3 : 중간 생성물(반응물도 생성물도 아닌 화학종, 생겼다가 없어짐)

(5) 위의 두 반응[(a), (b)]을 단일단계반응이라 한다.

(6) 분자도 : 그 단계의 반응을 일으키기 위하여 충돌해야 하는 화학종의 수(단일분자 단일단계반응은 항상 1차. 이분자 단계반응은 항상 2차)

(7) 단일단계반응의 속도식은 그 단계의 분자도로부터 직접 구함

(8) 반응 메커니즘은 다음 두 조건을 만족시켜야 함

① 단일 단계 반응의 총합은 균형 맞춘 전체 반응식이 되어야 함
② 반응 메커니즘은 실험적으로 결정된 속도식을 만족시켜야 함
③ 속도결정단계 : 가장 느린 단계의 반응을 진행하는 속도로 생성물이 됨

(9) 첫 단계의 정반응과 역반응이 빠른 반응의 메커니즘

$$2O_3(g) \rightarrow 3O_2(g)$$

$$속도 = k\frac{[O_3]^2}{[O_2]} \text{(실험적으로 결정된 속도식)}$$

$$O_3(g) \rightleftharpoons O_2(g) + O(g) \quad\cdots\cdots\cdots\cdots\cdots\cdots\cdots\text{매우 빠름}$$
$$O(g) + O_3(g) \rightleftharpoons 2O_2(g) \quad\cdots\cdots\cdots\cdots\cdots\cdots\cdots\text{매우 느림}$$

$$속도 = k_2[O][O_3] \text{ (실험적으로 결정된 속도식과 일치하지 않는다)} \cdots\cdots\cdots\text{(c)}$$

정반응 속도=역반응 속도, $k_1[O_3] = k_{-1}[O_2][O]$

$$[O] = \frac{k_1}{k_{-1}}\frac{[O_3]}{[O_2]} \quad\cdots\cdots\cdots\cdots\cdots\cdots\cdots\cdots\cdots\cdots\cdots\cdots\cdots\text{(d)}$$

따라서 (c)와 (d)를 첨가하면 속도는 다음과 같다.

$$속도 = \frac{k_1 k_2}{k_{-1}}\frac{[O_3]^2}{[O_2]} = k\frac{[O_3]^2}{[O_2]} \text{이다.}$$

확인문제

01 오존의 분해반응은 두 단계 메커니즘으로 진행된다.

> • 단계 1 : $O_3(g) \rightleftarrows O_2(g) + O(g)$ (빠름)
>
> • 단계 2 : $O(g) + O_3(g) \rightarrow 2O_2(g)$ (느림)

O_2의 농도를 증가시키면 반응 속도는 어떻게 되겠는가?

① 알 수 없다.

② 증가한다.

③ 감소한다.

④ 감소하다가 다시 증가한다.

⑤ 변화하지 않는다.

---

01 단계 2가 느리므로 반응 속도 결정단계이다.

$v = k[O][O_3]$ ··············· ㉠

그러나 $[O]$는 중간 생성물이므로 농도를 알 수 없다. 그래서 1단계 가역 반응을 이용한다.

$V_정 = k'[O_3]$, $V_역 = k''[O][O_2]$

정반응 속도와 역반응 속도가 같으므로 $k'[O_3] = k''[O][O_2]$,

$[O] = \dfrac{k'}{k''} \cdot \dfrac{[O_3]}{[O_2]}$ 를 ㉠에 대입

$\therefore V = k \left(= k \cdot \dfrac{k'}{k''}\right) \cdot \dfrac{[O_3]^2}{[O_2]}$

▶ ③

01 어떤 화학반응 $A(g) + B(g) \rightarrow C(g)$에 대한 반응 속도를 400K에서 측정한 결과가 아래 표와 같을 때 이 온도에서 전체 반응차수를 결정한 것으로 옳은 것은?

A	B	반응 속도(mol/L · 초)
0.01	0.01	0.03
0.01	0.02	0.06
0.02	0.01	0.12

① 1차 반응   ② 2차 반응
③ 3차 반응   ④ 4차 반응
⑤ 5차 반응

02 다음 중 화학반응 속도와 관련이 있는 것을 모두 고르면?

㉠ 반응시간	㉡ 반응온도
㉢ 반응물의 농도	㉣ 촉매

① ㉣   ② ㉢, ㉣
③ ㉡, ㉢, ㉣   ④ ㉠, ㉡, ㉢, ㉣

03 겨울철 귤 재배 시 밤에 귤나무에 물을 뿌리는 이유로 가장 타당한 것은?

① 귤을 덮은 물이 얼음으로 변한 다음 다시 얼음이 수증기로 되는 기화열을 이용하기 위함이다.
② 귤에 물 층을 덮어 귤이 어는 것을 방지하기 위해서이다.
③ 귤을 덮은 물이 얼음으로 변한 다음 다시 녹으면서 발생하는 열을 이용하기 위함이다.
④ 귤을 덮은 물이 얼음으로 변하면서 방출되는 열을 이용하기 위함이다.

04 다음 그래프에 대한 설명으로 옳은 것은?

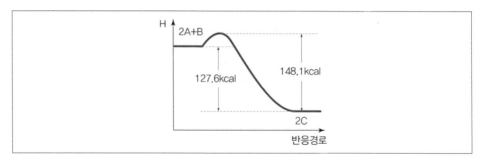

① 온도를 높이면 정반응이 진행된다.
② C의 생성열은 −63.8kcal이다.
③ 촉매를 사용하면 반응열이 변한다.
④ 압력이 증가하면 반응 속도가 느려진다.

05 다음 브롬화수소와 이산화질소의 반응 메커니즘에서 이 반응의 속도를 결정하는 단계로 옳은 것은?

$$2HBr(g) + NO_2 \rightarrow H_2O(g) + NO(g) + Br_2(g)$$

- 1단계 : $HBr + NO_2 \rightarrow HONO + Br$ (가장 느림)
- 2단계 : $2Br \rightarrow Br_2$ (빠름)
- 3단계 : $2HONO \rightarrow H_2O + NO + NO_2$ (느림)

① 1단계
② 2단계
③ 3단계
④ 1, 3단계
⑤ 1, 2단계

06 다음 촉매(catalyst)에 대한 설명으로 옳은 것은?

㉠ 촉매는 반응열을 변화시키는 역할을 한다.
㉡ 촉매는 반응경로를 바꾼다.
㉢ 촉매는 활성화 에너지에만 영향을 준다.
㉣ 촉매는 화학반응에 참여해 자신이 변화함으로써 반응 속도를 변화시킨다.
㉤ 정촉매는 정반응 속도만을 빠르게 한다.

① ㉠, ㉡
② ㉡, ㉢
③ ㉠, ㉣
④ ㉡, ㉣, ㉤
⑤ ㉠, ㉢, ㉣

07 A와 B가 반응해서 C가 생성되는 반응에서 반응 속도를 측정한 결과가 다음과 같을 경우 반응차수로 옳은 것은?

실험번호	A	B	속도(mol/L · 초)
1	0.02	0.1	0.024
2	0.01	0.2	0.012
3	0.02	0.2	0.048

① A : 1차, B : 2차   ② A : 2차, B : 1차

③ A : 1차, B : 3차   ④ A : 3차, B : 1차

⑤ A : 2차, B : 2차

08 다음 반응 중 실온에서 반응 속도가 가장 느릴 것으로 예상되는 것은?

① $Ag^+(aq) + Cl^-(aq) \rightarrow AgCl(s)$

② $CH_4 + 2O_2 \rightarrow CO_2 + 2H_2O$

③ $NH_3 + HCl \rightarrow NH_4Cl(s)$

④ $NH_4^+(aq) + OCN^-(aq) \rightarrow NH_2 + CONH_2(s)$

09 다음 중 촉매의 역할에 대한 설명으로 옳은 것은?

① 활성화 에너지를 증가시켜 반응 속도를 빠르게 한다.

② 반응열을 변화시키지 못한다.

③ 정반응의 속도를 감소시키는 촉매는 역반응의 속도를 증가시킨다.

④ 정반응의 속도를 증가시키는 촉매는 역반응의 속도를 감소시킨다.

10 다음 중 반응 속도에 영향을 미치지 않은 요인은?

① 농도   ② 부피

③ 촉매   ④ 압력

11 단일단계 반응인 $[A + 3B \leftrightarrows C + 4D]$의 반응식에서 A, B의 농도를 각각 2배로 하면 반응 속도는 몇 배가 되는가?

① 8배   ② 16배

③ 24배   ④ 48배

⑤ 60배

12 $CH_3CHO(g) \rightarrow CH_4(g) + CO(g)$의 반응 시 CH_3CHO의 농도변화에 대한 분해속도 변화가 다음과 같을 때 반응 속도식은?

실험번호	1	2	3	4
CH_3CHO의 농도(mol/L)	0.1	0.2	0.3	0.4
CH_3CHO의 분해속도(mol/L · s)	0.02	0.08	0.18	0.32

① $k[CH_4]$　　　　　　　　② $k[CHCO_3]$

③ $k[CH_3CHO]$　　　　　　④ $k[CH_3CHO]^2$

⑤ k

13 10℃의 반응계에 열을 가하여 50℃로 만들면 반응 속도가 몇 배로 빨라지는가?

① 약 2배　　　　　　　　　② 약 5배

③ 약 8배　　　　　　　　　④ 약 16배

⑤ 약 20배

14 다음 중 반응 $H_2(g) + I_2(g) \rightarrow 2HI(g)$에서 반응 속도 v를 표시하는 방법으로 옳지 않은 것은?

① $\dfrac{1}{2}\dfrac{\Delta[HI]}{\Delta t}$　　　　　　② $-\dfrac{\Delta[HI]}{\Delta t}$

③ $-\dfrac{\Delta[H_2]}{\Delta t}$　　　　　　④ $-\dfrac{\Delta[I_2]}{\Delta t}$

15 다음 중 정촉매의 역할에 대한 설명으로 옳은 것은?

① 활성화 에너지를 감소시켜 반응 속도를 빠르게 한다.
② 정반응 속도는 감소시키나 역반응 속도는 증가시킨다.
③ 활성화 에너지를 증가시켜 반응 속도를 빠르게 한다.
④ 정반응 속도는 증가시키나 역반응 속도는 감소시킨다.

16 다음 중 가장 느리게 진행되는 반응은?

① $Fe^{2+}(aq) + Zn(s) \rightarrow Fe(s) + Zn^{2+}(aq)$
② $HCl(aq) + NaOH(aq) \rightarrow NaCl(aq) + H_2O(l)$
③ $CH_4(g) + 2O_2(g) \rightarrow CO_2 + 2H_2O(l)$
④ $2H_2(g) + O_2(g) \rightarrow 2H_2O(g)$

17 아세트알데하이드 CH_3CHO 의 분해반응은 2차 반응이다. 어떤 온도에서 CH_3CHO 의 값이 0.10mol/L일 때, 속도는 0.18mol/L·s였다. 이 반응의 반응 속도 상수 k의 값은?

$$CH_3CHO(g) \rightarrow CH_4(g) + CO(g)$$

① 1.8L/mol·s

② 0.18L/mol·s

③ 180L/mol·s

④ 18L/mol·s

18 다음은 자동차의 배기가스 성분인 산화질소(NO)와 오존(O_3) 사이에 일어나는 화학 반응식이다.

실험	반응물의 초기 농도(M)		초기 반응 속도(M/초)
	NO	O_3	
1	1.0×10^{-6}	1.0×10^{-6}	0.2×10^{-4}
2	1.0×10^{-6}	2.0×10^{-6}	0.4×10^{-4}
3	2.0×10^{-6}	0.5×10^{-6}	0.2×10^{-4}
4	3.0×10^{-6}	3.0×10^{-6}	( )

이 반응에 대한 설명으로 옳은 것만을 〈보기〉에서 모두 고른 것은?

〈 보기 〉

ㄱ. 전체 반응차수는 2차이다.

ㄴ. 실험 4에서 초기 반응 속도는 3.6×10^{-4}(M/초)이다.

ㄷ. 반응 속도 상수(k)는 2×10^7(1/M·초)이다.

① ㄱ

② ㄱ, ㄴ

③ ㄱ, ㄷ

④ ㄴ, ㄷ

⑤ ㄱ, ㄴ, ㄷ

19 다음 중 가장 느리게 진행될 것으로 예상되는 반응은?

① $2H_2(g) + O_2(g) \rightarrow 2H_2O(g)$

② $Sn^{2+}(aq) + 2Hg^{2+}(aq) \rightarrow Sn^{4+}(aq) + Hg_2^{2+}(aq)$

③ $H^+(aq) + OH^-(aq) \rightarrow H_2O(l)$

④ $Fe^{2+}(aq) + Zn(s) \rightarrow Fe(s) + Zn^{2+}(aq)$

20 다음은 $NO_2(g)$와 $CO(g)$가 반응하여 $NO(g)$와 $CO_2(g)$가 되는 반응에 관한 자료이다.

- 열화학 반응식 : $NO_2(g) + CO(g) \rightarrow NO(g) + CO_2(g)$
  $$\Delta H = -226kJ$$
- 반응 속도식 : $v = k[NO_2]^2$

이 반응의 속도를 증가시킬 수 있는 방법으로 옳은 것만을 〈보기〉에서 모두 고른 것은? (단, 용기의 부피는 일정하다)

〈 보기 〉

ㄱ. $CO(g)$를 더 넣어 준다.
ㄴ. 온도를 높여 준다.
ㄷ. 생성된 $NO(g)$를 제거한다.

① ㄱ   ② ㄴ
③ ㄱ, ㄷ   ④ ㄴ, ㄷ
⑤ ㄱ, ㄴ, ㄷ

21 그림 (가)와 (나)는 $2A(g) \rightarrow B(g)$ 반응에 대하여 온도 T_1과 T_2에서 시간에 따른 A의 농도를 나타낸 것으로, (가)는 촉매가 없을 때, (나)는 촉매가 있을 때이다.

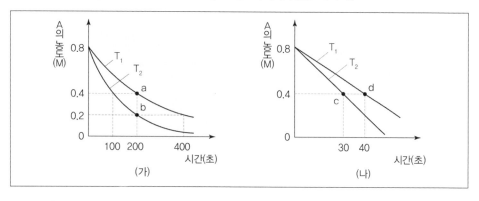

이에 대한 설명으로 옳지 않은 것은?

① 분자의 평균 운동 에너지는 T_2가 T_1에서보다 크다.
② a점과 b점에서의 반응 속도는 같다.
③ (나)에서 반응 속도 상수는 T_1가 T_2에서의 $\dfrac{3}{4}$ 배이다.
④ c점과 d점의 반응 속도 비는 3 : 4이다.
⑤ (가)에서 반응은 $[A]$에 대하여 1차 반응이다.

22 어떤 반응이 1차 반응일 경우, 속도상수 k의 단위는?

① L/s   ② L/mol · s

③ mol/L · s   ④ mol/s

⑤ 1/s

23 다음은 오산화이질소(N_2O_5)가 이산화질소(NO_2)와 산소(O_2)로 분해되는 반응의 화학 반응식이다.

$$2N_2O_5(g) \rightarrow 4NO_2(g) + O_2(g)$$

표는 온도 T(K)에서 P_0(기압)의 $N_2O_5(g)$를 1L의 강철 용기에 넣고 반응시켰을 때, 시간에 따른 $NO_2(g)$의 압력 변화를 나타낸 것이다.

시간(초)	0	t_1	$2t_1$	$3t_1$
$NO_2(g)$의 압력	0	P_0	$\dfrac{3}{2}P_0$	$\dfrac{7}{4}P_0$

이에 대한 설명으로 옳은 것만을 〈보기〉에서 모두 고른 것은?

〈 보기 〉

ㄱ. 반응 속도식은 $v = k[N_2O_5]^2$이다.

ㄴ. t_1에서 전체 압력은 $\dfrac{3}{2}P_0$이다.

ㄷ. $4t_1$일 때 $N_2O_5(g)$의 압력은 $\dfrac{1}{16}P_0$이다.

① ㄱ   ② ㄷ

③ ㄱ, ㄴ   ④ ㄴ, ㄷ

⑤ ㄱ, ㄴ, ㄷ

24 다음의 표는 2가지 반응 (가)와 (나)에 대하여 정반응의 활성화 에너지(E_a)와 반응 엔탈피 (ΔH)를 나타낸 것이다. (가)에서 역반응의 활성화 에너지는 30kJ이다.

반응	$E_a(kJ)$	$\Delta H(kJ)$
(가)	40	x
(나)	30	-20

이에 대한 설명으로 옳은 것만을 〈보기〉에서 모두 고른 것은? (단, 반응 온도는 같다)

〈 보기 〉

ㄱ. x는 -10이다.
ㄴ. (가)에서 정촉매를 사용하면 x는 작아진다.
ㄷ. (나)에서 온도를 높이면 반응 속도 상수가 커진다.

① ㄱ   ② ㄷ

③ ㄱ, ㄴ   ④ ㄴ, ㄷ

⑤ ㄱ, ㄴ, ㄷ

25 그림은 1차 반응 $aA(g) \rightarrow bB(g)$에 대하여 온도 T_1과 T_2에서 반응물의 초기 농도를 달리하여 반응시켰을 때 시간에 따른 용기 내 입자를 모형으로 나타낸 것이다. a, b는 반응 계수이다.

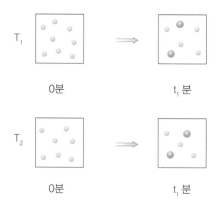

이에 대한 설명으로 옳지 않은 것은? (단, 모든 용기의 부피는 같다)

① $a : b = 2 : 1$이다.
② A의 반감기는 T_1가 T_2에서보다 길다.
③ 반응 속도 상수 k는 T_2가 T_1에서보다 크다.
④ $0 \sim t_1$분 동안 평균 반응 속도는 T_2가 T_1에서보다 느리다.
⑤ T_1에서 반응 속도는 t_1분일 때가 $2t_1$분일 때의 2배이다.

26 그림은 $A(g) \rightarrow 2B(g)$ 반응에서 촉매를 사용하지 않았을 때 ㈎와 촉매를 사용했을 때 ㈏ 반응 경로에 따른 에너지 변화를 나타낸 것이다. ㈎와 ㈏에서 반응 온도는 같다.

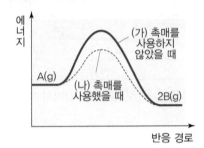

이에 대한 설명으로 옳은 것만을 〈보기〉에서 모두 고른 것은?

─〈 보 기 〉─

ㄱ. 사용한 촉매는 정촉매이다.

ㄴ. 온도와 관계없이 항상 자발적인 반응이다.

ㄷ. 반응 속도 상수(k)는 ㈎보다 ㈏에서 크다.

① ㄱ

② ㄷ

③ ㄱ, ㄴ

④ ㄴ, ㄷ

⑤ ㄱ, ㄴ, ㄷ

27 다음은 기체 A와 B를 반응시켜 기체 C가 생성되는 반응식이다.

$$A(g) + B(g) \rightarrow 2C(g)$$

그림은 B(g)가 충분할 때 반응 시간에 따른 A(g)의 농도를, 표는 반응물의 초기 농도에 따른 초기 반응 속도를 나타낸 것이다.

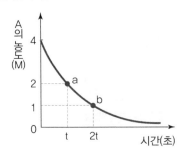

초기 농도(M)		초기 반응
[A]	[B]	속도(M/s)
1	1	1
2	0.5	0.5
3	2	㉠

이에 대한 설명으로 옳은 것만을 〈보기〉에서 모두 고른 것은? (단, 온도는 일정하다)

─〈 보기 〉─

ㄱ. 반응 속도는 a에서가 b에서의 2배이다.
ㄴ. 반응 속도식은 $v = k[A][B]$이다.
ㄷ. ㉠은 12이다.

① ㄱ   ② ㄴ

③ ㄱ, ㄷ   ④ ㄴ, ㄷ

⑤ ㄱ, ㄴ, ㄷ

제 10 장 | 적중예상문제 해설

01 |정답| ③

|해설| 첫 번째와 두 번째에서 A농도가 일정할 때 B의 농도를 2배 증가시킨 결과 속도가 2배 빨라졌고, 첫 번째와 세 번째에서 B농도가 일정할 때 A농도를 2배 증가시킨 결과 속도가 4배 빨라졌다.

$v = k[A]^m[B]^n = k[A]^2[B]^1$

$\therefore$ 반응차수$= m + n = 2 + 1 = 3$

02 |정답| ③

반응 속도에 영향을 주는 것은 농도, 온도, 촉매이다.

03 |정답| ④

물이 얼면서 열을 방출하게 되어 귤이 어는 것을 방지하게 된다.

04 |정답| ②

|해설| 생성열은 물질 1몰이 성분원소로부터 생성될 때의 $2A + B \rightarrow 2C$ 에서 생성물 C의 1몰의 생성열은 63.8kcal가 된다.

$2A + B \rightarrow 2C$ $\Delta H = -127.6kcal$, 생성열은 물질 1몰이 성분원소로부터 생성될 때 반응열이므로 $A + \frac{1}{2}B \rightarrow C$ $\Delta H = -63.8kcal$

05 |정답| ①

|해설| 전체 반응 속도는 반응물질의 여러 단계 중 가장 느린 단계의 속도식이 결정한다.

06 |정답| ②

|해설| 촉매 : 활성화 에너지를 변화시켜 반응 속도를 변화시키는 물질로 반응 전후에 자신의 양이 보존된다.

ⓒ 정촉매 : 활성화 에너지를 감소시켜 반응 속도를 증가시킨다.

ⓒ 부촉매 : 활성화 에너지를 증가시켜 반응 속도를 감소시킨다.

ⓒ 반응열과 촉매는 관련이 없다.

07 |정답| ②

|해설| B농도를 일정하게 유지하고 A농도를 2배로 했을 때 속도는 4배 증가하며, A농도가 일정할 때 B농도를 2배로 하면 속도는 2배 빨라진다.

08 |정답| ②

|해설| 공유 결합물질 사이의 반응은 원자 사이의 결합이 끊어지고 새로운 결합이 생성되어야 하기 때문에 비교적 느리다.

09 |정답| ②

|해설| 촉매를 사용해도 반응물질과 생성물질이 가지는 에너지는 일정하기 때문에 화학반응 시 방출되거나 흡수되는 반응열은 변함없다.

① 부촉매에 해당하는 설명 : 활성화 에너지를 증가시켜 반응 속도를 느리게 한다.

③, ④ 정반응의 속도를 증가시키는 촉매(정촉매)는 역반응의 속도도 증가시키고 정반응의 속도를 감소시키는 촉매(부촉매)는 역반응의 속도도 감소시킨다.

10 |정답| ②

|해설| 반응 속도에 영향을 미치는 요인 : 압력, 온도, 농도, 촉매 등

11 |정답| ②

|해설| 반응 속도 $v = k[A][B]^3$ (k : 비례상수)

A, B농도가 각각 2배 증가했으므로 속도는 16배 증가한다.

12 |정답| ④

|해설| $v = k[A][B]^m$, m은 위 실험에 의해 결정된다.

즉, CH_3CHO의 농도를 2배로 했을 때 반응 속도는 4배 증가했으므로 $m = 2$

$\therefore \ v = k[A][B]^2$

13 |정답| ④

|해설| 일반적으로 반응 속도는 10℃ 상승 시마다 반응 속도는 2배씩 증가하는데, 40℃ 증가했으므로

$\therefore \ v = k \cdot 2^4 = 16$배

14 |정답| ②

|해설| $v = -\dfrac{\Delta[H_2]}{\Delta t} = -\dfrac{\Delta[I_2]}{\Delta t} = \dfrac{1}{2}\dfrac{\Delta[HI]}{\Delta t}$

반응 속도 $= \dfrac{\text{감소한 반응 물질의 농도}}{\text{반응시간}} = \dfrac{\text{증가한 생성물질의 농도}}{\text{반응시간}}$

15 |정답| ①

|해설| ㉠ 정촉매 : 활성화 에너지를 감소시켜 반응 속도를 증가시킨다.

㉡ 부촉매 : 활성화 에너지를 증가시켜 반응 속도를 감소시킨다.

16 |정답| ③

|해설| 공유 결합물질 사이의 반응은 원자 사이의 결합이 끊어지고 새로운 결합이 생성되어야 하므로 비교적 느리다. 이때 끊어지는 결합의 세기가 크거나 그 수가 많을수록 반응은 느려진다.

17 |정답| ④

|해설| $v = k[CH_3CHO]^2$

$k = \dfrac{v}{[CH_3CHO]^2} = \dfrac{0.18}{(0.10)^2} = 18\text{L/mol} \cdot \text{s}$

18 |정답| ③

|해설| 실험 1과 2에 의해 반응 속도$(v) \propto [O_3]$이고, 이 자료와 실험 3에 의해 반응 속도$(v) \propto [NO]$이다. 따라서 $v = k[NO][O_3]$이고, 반응 속도식에 실험 1의 자료를 대입하여 k를 구하면 $k = 2 \times 10^7 (1/M \cdot 초)$이다.

19 |정답| ①

|해설| 원자 간의 결합이 끊어져서 재배열이 일어나는 반응은 느리게 일어난다.

20 |정답| ②

|해설| ㄱ, ㄷ. 반응 속도는 $NO_2(g)$의 농도 압력에만 영향을 받으므로 $CO(g)$를 더 넣어 주거나 생성된 $NO(g)$를 제거해도 반응 속도는 빨라지지 않는다.

ㄴ. 온도를 높여 주면 반응 속도가 빨라진다.

21 |정답| ④

|해설| ①, ⑤ (가)는 1차 반응이다. 반감기는 T_1에서 200초, T_2에서 100초이므로 농도가 같을 때 반응 속도는 T_2에서가 T_1에서의 2배이다. 온도는 $T_2 > T_1$이므로 분자의 평균 운동 에너지는 $T_2 > T_1$이다.

② 농도는 a점이 b점의 2배이므로 a점과 b점에서의 반응 속도는 같다.

③, ④ (나)는 0차 반응이므로 반응 속도식 $v = k$이다. T_1과 T_2에서의 반응 속도와 반응 속도 상수 비는 $\dfrac{4}{400} : \dfrac{4}{300} = 3 : 4$이다.

22 |정답| ⑤

|해설| $v = k[A]$, $v = mol/L \cdot s$

$$k = \frac{v}{[A]} = \frac{mol/L \cdot s}{mol/L} = \frac{1}{s}$$

23 |정답| ②

|해설|

시간(초)	0	t_1	$2t_2$	$3t_1$
$N_2O_5(g)$의 압력	P_0	$\frac{1}{2}P_0$	$\frac{1}{4}P_0$	$\frac{1}{8}P_0$
$NO_2(g)$의 압력	0	P_0	$\frac{3}{2}P_0$	$\frac{7}{4}P_0$
$O_2(g)$의 압력	0	$\frac{1}{4}P_0$	$\frac{3}{8}P_0$	$\frac{7}{16}P_0$

ㄱ. 온도와 부피가 일정할 때 기체의 농도는 압력에 비례하고, $N_2O_5(g)$의 압력이 절반이 되는 데 걸리는 시간(=반감기)이 t_1으로 일정하므로 이 반응은 1차 반응이고 반응 속도식은 $v = k[N_2O_5]$이다.

ㄴ. t_1에서 전체 압력 $= \frac{1}{2}P_0 + P_0 + \frac{1}{4}P_0 = \frac{7}{4}P_0$

ㄷ. $4t_1$은 반감기가 4번 지난 시간이므로 $N_2O_5(g)$의 압력은 $P_0 \times \left(\frac{1}{2}\right)^4 = \frac{1}{16}P_0$이다.

24 |정답| ②

|해설| ㄱ. (가)에서 활성화 에너지는 정반응일 때가 역반응일 때보다 +10kJ 크므로 $\Delta H = +10kJ$이다.

ㄴ. 정촉매를 사용해도 ΔH는 변하지 않는다.

ㄷ. (나)에서 온도를 높이면 반응 속도가 빨라지므로 반응 속도 상수는 커진다.

25 |정답| ④

|해설| ① 반응물 2개가 소모될 때 생성물 1개가 생성된다.

②, ③ T_1에서 A의 반감기는 t_1분, T_2에서 A의 반감기는 t_1분보다 짧으므로 반응 속도 상수 k는 T_2가 T_1에서보다 크다.

④ 평균 반응 속도는 $-\dfrac{\Delta[A]}{\Delta t}$이고, $0 \sim t_1$분 동안 반응물은 4개씩 감소하였으므로 평균 반응 속도는 T_2가 T_1에서보다 빠르다.

⑤ T_1에서 1차 반응이고, 반감기가 t_1분이므로 반응물의 농도는 t_1분일 때가 $2t_1$분일 때의 2배이고, 반응 속도도 2배이다.

26 |정답| ⑤

|해설| ㄱ. (가)보다 (나)에서 활성화 에너지가 감소하므로 사용한 촉매는 정촉매이다.

ㄴ. 발열 반응이므로 $\Delta H < 0$, $\Delta S > 0$이면 $\Delta G = \Delta H - T\Delta S < 0$이므로 온도와 관계없이 항상 자발적으로 일어난다.

ㄷ. 반응 속도 상수는 반응 속도가 더 빠른 (나)가 (가)에서보다 크다.

27 |정답| ③

|해설| ㄱ. 반응 속도는 [A]에 대해 1차 반응이므로 반응 속도는 a가 b에서의 2배이다.

ㄴ, ㄷ. [A]가 2배, [B]가 0.5배로 될 때, 반응 속도가 0.5배로 되므로 반응 속도는 [B]에 대해 2차 반응이다. 따라서 반응 속도식은 $v = k[A][B]^2$이고, $\bigcirc = 3 \times 2^2 = 12$이다.

제11장 인류복지와 화학

01 의약품 개발

(1) 전통 의학에서 활용했던 식물로부터 개발된 의약품

① 키나나무 : 말라리아 치료제(키니네)

② 버드나무 : 해열, 진통제(아스피린)

(2) 아스피린의 합성

① 합성 반응식

아세트산　　　　　살리실산　　　　　　　　　아스피린　　　물

② 아스피린은 물에 녹아 산성을 띠므로 복용할 때 신맛이 난다.

(3) 의약품 개발 연구 과정

① 민간 처방으로 사용된 약용 식물에 대해 정보를 수집한다.

② 화학적 방법으로 약용 식물의 성분을 분석한다.

③ 약효 성분에 대해 연구한다.

④ 의약품 개발을 위한 연구와 임상실험을 한다.

(4) 생약

천연 상태 그대로 약품으로 쓰이거나 간단한 가공만 거쳐 의약품으로 이용되는 것으로 식물이나 광물 등이 있다.

(5) 알칼로이드(또는 식물 염기)

① 식물에서 추출한 물질로 강한 쓴맛을 내며 매우 적은 양으로도 강력한 약리 작용을 나타내는 물질

② 대부분 질소를 포함한 고리구조로 염기성을 띰

③ 커피나무(카페인), 양귀비(모르핀), 담배(니코틴)

(6) 다양한 의약품의 자원

① 미생물 : 스트렙토마이세스(면역 억제제)

② 해양 생물 : 청자고둥(통증 치료제), 군소(암 치료제)

(7) 합성 의약품의 개발

① 천연 물질로부터 약효 성분 추출 → 약효 성분의 구조 알아내기 → 화학적 합성으로 대량 생산 **예** 퀴닌(말라리아 치료제)

② 기존 합성 의약품의 구조의 일부분을 변화시켜 더 효과적인 의약품 개발
　　예 페니실린 계열의 화합물

(8) 효소 반응 억제의 원리를 이용한 신약 개발

① 효소 반응 억제의 원리 : 병균이나 암세포의 증식에 관여하는 효소의 활성 자리에 결합하는 기질과 경쟁적으로 결합할 수 있는 억제제를 투여하는 원리

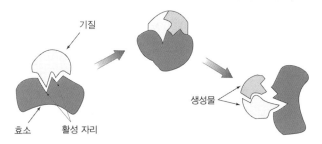

◆ 효소 반응 억제의 원리를 이용한 신약 개발(효소-기질 반응)

② 억제제 개발 과정

㉠ 질병에 관련된 효소 알아내기

㉡ 효소를 분리하여 정제하기

㉢ X선을 이용하여 효소의 활성 자리의 3차원 구조 조사하기

㉣ 활성 자리에 꼭 맞는 화합물의 구조를 컴퓨터로 설계하기

㉤ 설계한 화합물을 합성하여 약효가 있는지 조사하기

㉥ 동물 실험과 임상 실험을 거쳐 신약으로 승인 받기

③ 개발된 의약품의 종류 : 리토나이버(에이즈 치료제), 타미플루(조류 독감 치료제)

(9) 컴퓨터에 의한 의약품 설계 방법

① 효소의 3차원 구조를 파악한 후, 컴퓨터를 이용하여 효소의 활성 자리에 적합한 화합물을 설계하는 것을 말한다.

② 효소의 활성 자리에서 수소 결합을 할 수 있는 구조를 가지며, 분자 내 상호 작용 에너지를 계산하여 효소와 충돌하지 않고 안정된 배향을 갖는 분자가 새로운 의약품의 후보가 될 수 있다.

02 녹색 화학과 물의 광분해

(1) 녹색 화학

① 녹색화학 일반

㉠ 화학의 전 분야를 친환경적으로 다루는 화학

㉡ 국제순수·응용화학연맹의 녹색 화학에 대한 정의 : 유해 물질의 사용, 유해 물질의 발생을 줄이거나 제거하기 위해 화학 생성물이나 공정을 발명·설계하고 응용하는 것

㉢ 녹색 화학이 강조하는 점 : 무엇보다도 피해가 없어야 한다.

㉣ 녹색 화학의 12가지 원리 : 더욱 깨끗한 환경이 지속 가능한 미래를 추구하기 위하여 화학자들이 개발한 원리

㉤ 녹색 화학의 원리가 적용된 예 : 종이 공장에서 종이를 표백하는 과정에서 유해한 다이옥신이 부산물로 나오는 염소를 사용하는 대신에 이산화염소를 사용하여 다이옥신의 생성을 상당히 줄인다.

② 원자 경제성 : "사용한 원료가 최종 생산물에 모두 들어가도록 하는 합성 방법을 개발해야 한다." 라는 녹색 화학의 두 번째 원리를 만족시킨다.

③ 화학 합성 산업에서 촉매의 사용 : 녹색 화학의 원리에 따르는 것

(2) 물의 광분해

① 수소

㉠ 자원이 무한하고 어디서나 얻을 수 있다.

㉡ 수소를 연소시키면 물만 생성되므로 환경오염 문제가 없다.

② 수소 경제 : 수소 에너지로 대표되는 미래 에너지 경제 구도

③ 수소 제조 방법

㉠ 물의 전기 분해 : 외부에서 공급된 전기 에너지로 물을 분해

ⓐ 문제점 : 전기를 공급하는 데에 많은 에너지 자원이 소모된다.

ⓑ 해결책 : 태양 에너지처럼 무공해이며 저렴한 비용으로 사용할 수 있는 에너지를 이용한다.

㉡ 물의 광분해 : 반도체성 광전극 또는 광촉매, 물, 태양과 에너지만으로 수소를 제조하는 방법으로 식물의 광합성 과정에서 힌트를 얻었다.

확인문제

해설

01 소화제는 주로 소화 효소와 제산제로 구성되어 있다. 이들 성분은 각각 어떤 역할을 하는가?

( )

01 ▸ • 소화 효소 : 음식물이 빨리 소화되도록 돕는다.
• 제산제 : 위액을 중화시켜서 위액이 위벽을 자극하지 않도록 한다.

02 다음 글을 읽고 물음에 답하시오.

> 이순신 장군은 어렸을 때부터 동네 아이들을 지휘하여 전쟁놀이를 하면서 무(武)에 대한 꿈을 키웠다. 28세가 되어 훈련원 무과 별과 시험에서 이순신이 타고 달리는 말이 넘어지면서 말에서 떨어졌고 이로 인해 왼쪽 다리가 부러졌으나 태연히 버드나무로 부러진 다리에 부목을 대고 다시 말에 올라 시험을 치렀으나 낙방했다. 4년 후에야 비로소 무과에서 급제하였다.

부러진 다리에 버드나무로 부목을 댄 이유는 무엇일까?

( )

02 ▸ 버드나무 가지로 부러진 다리에 부목을 대면 버드나무 껍질에 들어 있는 성분이 부러진 다리의 통증을 완화시킨다. 민간에서 진통과 해열을 목적으로 버드나무 껍질을 사용해 왔는데 이 방법에 대해 이순신도 알고 있었던 것으로 생각된다.

03 레이철 카슨이 쓴 『침묵의 봄』에는 살충제로 사용되었던 DDT(Dichloro-Diphenyl-Trichloroethane)가 인간과 자연에 주는 영향이 설명되어 있다. 이후 DDT가 암을 유발할 수도 있다는 위험성이 제기되어 DDT의 사용이 금지되었다. 이로 볼 때 화학자들이 살충제를 개발할 때 고려해야 하는 점은 무엇일까?

( )

03 ▸ 살충제를 개발할 때는 인간과 자연에 주는 피해를 최소화할 수 있도록 합성 결과물인 살충제의 안전성에 대해서도 연구해야 한다.

확인문제

해설

04 다음 물음에 답하시오.

(1) 실험실에서 수소 기체를 발생시키는 방법 한 가지를 쓰시오.

( )

(2) 수소 기체의 장점을 쓰시오.

( )

(3) 수소 기체의 단점을 쓰시오.

( )

05 질산칼륨 수용액을 전기 분해할 때 (−)극과 (+)극에서 일어나는 반응을 각각 쓰고, 각 반응이 산화 반응인지 환원 반응인지 쓰시오.

( )

06 화석 연료를 대체하는 신·재생 에너지원으로는 무엇이 있는지 세 가지를 쓰시오.

( )

04 ▶(1) 금속 마그네슘을 묽은 염산과 반응시킨다.
$Mg(s) + 2HCl(aq) \rightarrow$
$MgCl_2(aq) + H_2(g)$
(2) 수소를 연소시키면 물만 생성되므로 환경오염을 일으키지 않는 청정한 연료이다.
(3) 수소는 끓는점이 매우 낮아서 저장과 운반이 어렵다.

05 질산칼륨 수용액을 전기 분해하면 (−)극에서는 수소 기체가, (+)극에서는 산소 기체가 생성된다.
▶(−)극 : $2H_2O(l) + 2e^- \rightarrow$
$H_2(g) + 2OH^-(aq)$
(환원 반응)
(+)극 : $4OH^- \rightarrow$
$+ 2H_2O(l) + 4e^-$
$O_2(g)$ (산화 반응)

06 신·재생 에너지로는 태양 에너지를 이용한 태양열, 태양광 발전, 풍력, 지력, 파력을 이용한 에너지, 바이오매스 에너지, 수소 에너지 등이 있다.
▶태양 에너지, 연료 전지, 풍력 에너지

제12장 핵화학

01 핵종과 핵반응식

(1) 핵종(Nuclei)

① 각 종류의 핵을 핵종이라 한다.

② 핵종은 보유하고 있는 양성자와 중성자의 수에 따라 그 특이성이 결정된다.

표시법 : $^{Z}_{A}U$ Z : 질량수, A : 원자번호

(2) 핵 반응식

반응물과 생성물의 핵만을 핵종의 기호로써 표시한다.

$$^{235}_{92}U + ^{1}_{0}n \longrightarrow ^{94}_{38}Sr + ^{139}_{54}Xe + 3^{1}_{0}n$$

02 방사성 붕괴의 종류

여러 가지 방식으로 분해할 수 있으며 크게 질량수 변화를 수반하는 것과 수반하지 않는 것으로 나눌 수 있다.

(1) 질량수 변화

① 헬륨핵인 α입자 : 무거운 방사성 핵종에서 대단히 흔한 형태의 붕괴

$$^{238}_{92}U \rightarrow ^{4}_{2}He + ^{234}_{90}Th$$

② 자발적 분해 : 무거운 핵종이 갈라져서 비슷한 질량수를 갖는 2개의 가벼운 화학종이 얻어진다.

(2) 질량수가 변하지 않는 붕괴과정

① β입자를 생성 ($_{-1}^{0}e$) : β입자의 알짜 효과는 중성자를 양성자로 바꾸는 것

$$_{90}^{234}\text{Th} \rightarrow {}_{91}^{234}\text{Pa} + {}_{-1}^{0}e$$

② 양전자 생성($_{1}^{0}e$)

   ㉠ 전자와 같은 질량을 갖지만 반대 전하를 가짐

   ㉡ 양전자 생성의 알짜 반응은 양성자가 중성자로 변하는 것

$$_{11}^{22}\text{Na} \rightarrow {}_{1}^{0}e + {}_{10}^{22}\text{Ne}$$

확인문제

해설

01 β-입자방사의 방정식을 나타낸 것은?

① $_{53}^{131}\text{I} \rightarrow {}_{-1}^{0}e + {}_{54}^{131}\text{Xe}$

② $_{92}^{238}\text{U} \rightarrow {}_{2}^{4}\text{He} + {}_{90}^{234}\text{Th}$

③ $_{92}^{238}\text{U} \rightarrow {}_{2}^{4}\text{He} + {}_{90}^{234}\text{Th} + {}_{0}^{0}\gamma$

④ $_{80}^{201}\text{Hg} + {}_{-1}^{0}e \rightarrow {}_{79}^{201}\text{Au} + {}_{0}^{0}\gamma$

02 다음 원자핵 반응에서 방출되는 것은 각각 무엇인가? 옳은 것을 고르시오.

$_{2}^{4}\text{He} + {}_{4}^{9}\text{Be} \rightarrow (\ a\ ) + {}_{6}^{12}\text{C}$

$_{92}^{238}\text{U} \rightarrow {}_{90}^{234}\text{Th} + (\ b\ )$

① a : β입자   b : α입자

② a : α입자   b : 중성자

③ a : 중성자   b : α입자

④ a : β입자   b : 중성자

03 어떤 원자가 α입자를 방출하였다. 이 원자의 질량수와 원자 번호에 어떤 변화가 있겠는가?

① $_{53}^{131}\text{I} \rightarrow {}_{-1}^{0}e + {}_{54}^{131}\text{Xe}$

② $_{92}^{238}\text{U} \rightarrow {}_{2}^{4}\text{He} + {}_{90}^{234}\text{Th}$

③ $_{92}^{238}\text{U} \rightarrow {}_{2}^{4}\text{He} + {}_{90}^{234}\text{Th} + {}_{0}^{0}\gamma$

④ $_{80}^{201}\text{Hg} + {}_{-1}^{0}e \rightarrow {}_{79}^{201}\text{Au} + {}_{0}^{0}\gamma$

03 γ선

① γ은 $^{238}_{92}U$의 α입자 붕괴와 같은 핵 붕괴 입자 반응에 수반되어 생성

$$^{238}_{92}U \rightarrow \, ^{4}_{2}He + \, ^{234}_{90}Th + 2\, ^{0}_{0}\gamma$$

② 큰 에너지 광자
③ 여분의 에너지를 갖고 있는 핵이 바닥상태로 떨어지는 한 가지 방법

04 핵분열과 핵융합

(1) 핵분열

① 하나의 원자가 비슷한 2개의 부분으로 분열되는 과정

$$^{236}_{92}U + \, ^{1}_{0}n \rightarrow \, ^{139}_{56}Ba + \, ^{94}_{36}Kr + 3\, ^{1}_{0}n$$

② 다시 3개의 중성자는 더 많은 핵분열 반응을 개시하여 결국은 핵연쇄반응이 일어난다.
③ 그 결과 많은 에너지가 방출된다.

(2) 핵융합

가벼운 2개의 핵들이 보다 무겁고 안정한 핵으로 결합하는 과정

$$^{2}_{1}H + \, ^{2}_{1}H \rightarrow \, ^{3}_{2}He + \, ^{1}_{0}n + E$$

확인문제

해설

01 핵융합(unclear fusion) 반응을 고르시오.

① $^{236}_{92}U + ^{1}_{0}n \rightarrow ^{94}_{38}Sr + ^{139}_{54}Xe + 3^{1}_{0}n$

② $^{71}_{30}Xe \rightarrow ^{71}_{31}Ga + 3_{-1}^{0}e$

③ $^{2}_{1}H + ^{3}_{1}H \rightarrow ^{4}_{2}He + ^{1}_{0}n$

④ $^{240}_{96}Xe \rightarrow ^{236}_{94}Pu + ^{4}_{2}He$

01 ▶ ③

02 몰리브덴-99의 반감기는 67.0시간이다. Mo 시료 1.000mg이 335시간 후에는 얼마나 남겠는가?

① 0.2

② 0.1

③ 0.063

④ 0.031

02 반감기를 5번 거쳤으므로

$1.000mg \times \left(\dfrac{1}{2}\right)^{5} ≒ 0.031$ ▶ ④

03 $^{131}_{53}I$ 4.0g이 0.25이 되는데 32일 걸렸다. $^{131}_{53}I$의 반감기는?

① 2일

② 4일

③ 8일

④ 16일

03 $4 \times \left(\dfrac{1}{2}\right)^{x} = \dfrac{1}{4}$

$\therefore x = 4$
반감기를 4번 거쳤으므로
$32 \div 4 = 8$일 ▶ ③

04 아이오딘-131은 갑상선 질병의 검진과 치료에 대단히 유용한 물질로서 약 8일의 반감기를 갖는다. 24일 후에 예약된 환자들의 검진에 40g의 NaI^{131}가 필요하다면 오늘 대략 몇 g의 NaI^{131}를 보유하고 있어야 하는가?

① 80g

② 160g

③ 240g

④ 320g

04 $x \times \left(\dfrac{1}{2}\right)^{3} = 40$

$\therefore x = 320$ ▶ ④

제 12 장 ㅣ 적중예상문제

01 그림은 핵분열 과정의 일부이다.

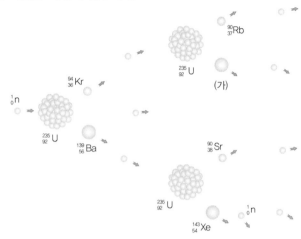

㈎에 들어갈 원소와 원자 번호, 질량수로 옳은 것은?

	원자 번호	원소	질량수
①	37	Rb	90
②	38	Sr	90
③	55	Cs	90
④	55	Cs	144
⑤	55	Rb	90

02 4개의 수소 원자핵이 융합하여 헬륨핵이 형성될 때 질량 결손은 0.0276u이다. 이때 방출되는 에너지는? (단, 1u는 1.66×10^{-27}kg이다)

① 4.12×10^{-13}J 　　② 4.12×10^{-12}J

③ 4.12×10^{-11}J 　　④ 4.12×10^{-10}J

⑤ 4.12×10^{-9}J

03 방사선에 해당하지 않는 것은?

① α선 　　② β선

③ γ선 　　④ X선

⑤ 마이크로파

04 다음은 철수가 읽은 신문 기사의 일부와 관련된 자료이다.

〈신문 기사〉

플루토늄 원자핵의 인공적인 핵분열 반응에서 크세논, 크립톤, 세슘 등의 방사성 물질이 방출된다.

〈자료〉

• 플루토늄($_{94}^{239}Pu$)은 우라늄($_{92}^{238}U$)의 핵반응으로부터 생성된다.

$$_{92}^{238}U + _{0}^{1}n \rightarrow _{92}^{239}U \rightarrow _{93}^{239}Np + \boxed{\text{(가)}}$$

$$_{93}^{239}Np \rightarrow _{94}^{239}Pu + \boxed{\text{(가)}}$$

• 세슘($_{55}^{137}Cs$)은 플루토늄($_{94}^{239}Pu$)의 핵반응으로부터 생성된다.

$$_{94}^{239}Pu + _{0}^{1}n \rightarrow _{55}^{137}Cs + \boxed{\text{(나)}} + 3_{0}^{1}n$$

(가)에 들어갈 입자와 (나)에 들어갈 원자핵의 질량수를 바르게 짝지은 것은?

	(가)	(나)
①	전자	39
②	전자	100
③	중성자	39
④	중성자	100
⑤	양성자	100

05 핵융합로에서는 1억℃가 넘는 고온의 플라즈마(이온화된 기체) 상태에서 중수소와 삼중 수소가 융합되면서 생기는 (가)으로 인하여 많은 에너지가 발생한다. 이 과정의 핵반응식은 다음과 같으며 (나)가 생성된다.

$$_{1}^{2}H + _{1}^{3}H \rightarrow \text{(나)} + _{0}^{1}n + 17.6MeV$$

(가)와 (나)에 들어갈 것을 옳게 짝지은 것은?

	(가)	(나)
①	전하량 보존	$_{2}^{3}He$
②	전하량 보존	$_{2}^{4}He$
③	질량 보존	$_{2}^{3}He$
④	질량 결손	$_{2}^{3}He$
⑤	질량 결손	$_{2}^{4}He$

06 고속 증식로에서는 고속 중성자를 사용하여 천연 우라늄을 플루토늄으로 만들어 사용하며, 분열 과정에서 발생하는 중성자가 계속하여 플루토늄을 생성하게 된다. 이때 물을 냉각재로 사용하면 중성자가 느려지게 되므로 이와 다르게 사용하는 냉각재는?

① 중수   ② 경수

③ 증류수   ④ 액체 소듐

⑤ 붕소

07 방사선을 내는 방사성 원소를 이용하는 방법이 아닌 것은?

① 품종 개량   ② 과일 숙성도 조절

③ 식품 보존   ④ 화합물 합성

⑤ 식품 세척

제12장 | 적중예상문제 해설

01 |정답| ④
|해설| 우라늄이 세슘(Cs)과 루비듐(Rb)으로 분열되는 경로이며 질량수가 보존된다.

02 |정답| ②
|해설| $E = \Delta mc^2 = 0.0276 \times 1.66 \times 10^{-27} kg \times (3 \times 10^8 m/s)^2 = 4.12 \times 10^{-12} J$

03 |정답| ⑤
|해설| 대표적 방사선으로 α선, β선, γ선, X선 등이 있다.

04 |정답| ②
|해설| β선인 전자가 방출되고 질량수가 보존되어야 한다.

05 |정답| ⑤
|해설| 수소의 핵융합에서도 질량 결손으로 에너지가 발생하며 헬륨이 생성된다.

06 |정답| ④
|해설| 고속 증식로에서 액체 소듐은 중성자의 감속이 적어 냉각재로 사용된다.

07 |정답| ⑤
|해설| 살균에 이용되며, 세척에는 초음파가 사용된다.

제2편

특별부록

화학용어정리

001 가수분해(hydrolysis)

화합물이 물과 반응해서 일으키는 분해, 대개 물 분자 H_2O가 H와 OH로 분해되어 반응에서 생기는 화합물과 결합. 강산과 강염기에서 생기는 염[예를 들면 탄산수소나트륨($NaHCO_3$)] 또는 강산과 약염기에서 생기는 염[예를 들면 염화암모늄(NH_4Cl)]을 물에 녹이면 가수분해가 일어난다. 용액은 염기성 또는 산성이 된다. 유기화합물에서는 단백질·녹말·지방·에스터 등이 물과 반응하여 분해하는 것을 가수분해라 한다. 예컨대, 에스터의 가수분해에서는 산과 알코올이 생성된다.

002 가역반응(reversible reaction)

반응물질 A와 B에서 생성물질 C와 D가 생기는 화학반응(A+B → C+D, 정반응)을 진행하고, 그 역반응(C+D → A+B)도 진행할 때, 이 화학반응을 가역반응이라 한다. 가역반응은 ↔의 기호로 써서, A+B ↔ C+D와 같이 나타낸다. 주어진 조건하에서 화학평형이 생성물질 쪽에 심하게 치우쳐 있을 때는 반응은 정반응만이 불가역적으로 진행하지만, 반대의 경우 정반응에 의한 생성물질의 축적과 함께, 화학평형의 치우침 정도에 따른 빠르기로 역반응이 진행하여 반응은 가역적이 되며, 화학평형에 달했을 때, 반응의 정·역이 모두 겉보기상 멈춘다.

003 강산(strong acid)

산은 수용액 중에서 수소이온이 생겨, 염기를 중화하여 염을 생기게 하는 물질로, 일반적으로 분자식 HA라는 산은 수용액에서는 일부분이 이온으로 해리한다. : HA ↔ H^++A^-. 오른쪽으로 향하는 반응과 왼쪽으로 향하는 반응은, 분자나 이온의 어느 농도에서 균형을 이루어 전리평형이 성립한다. 이때 H^+나 A^-로 해리해 있는 비율이 높은 것을 강산이라 한다. 강산에는 염산(HCl) 외에 과염소산($HClO_4$), 질산(HNO_3), 황산(H_2SO_4) 등이 있다. 강산은 피부를 손상시키므로, 다룰 때 주의가 필요하다.

004 강염기(strong base)

수용액 중에서 해리하여 수산화 이온을 만들어, 산을 중화해서 염과 물을 생성하는 물질을 염기라 한다. 예컨대 수산화나트륨이나 암모니아는, 그 수용액이 $NaOH → Na^+ + OH^-$, $NH_3 + H_2O → NH_4^+ + OH^-$의 반응으로 OH^-를 만들기 때문에 염기이다. 염기를 BOH라 하고, 그것이 수용액 속에서 B^+와 OH^-로 해리해 있는 비율이 큰 것을 강염기라 한다. 리튬을 제외한 알칼리 금속 및 바륨의 수산화물은 강염기로서 작용한다. 그리고 H^+와 결합하는 성질이 있는 것은 모두 염기라고 할 수도 있다. 예를 들면 약한 산인 아세트산은 $CH_3COOH ↔ H^+ + CH_3COO^-$와 같이 해리해 있다. 이 평형은 왼쪽으로 치우쳐 있어 CH_3COO^- 이온에 주목하면, 수소이온과 결합하는 경향이 커 강염기라 볼 수 있다. 이처럼 약한 산에서 수소이온을 제거한 나머지는 강염기이다.

005 건전지(dry cell, dry battery)

휴대와 운반에 편리하도록 전해액을 페이스트 모양으로 해서 금속 케이스에 가두어 넣은 전지. 일반적으로는 양극의 활성물질로 이산화망간을 쓰는 망간건전지를 가리킨다. 그 구성은 ZnINH₄CIIMnO₂, C로 나타낸다. 전압은 보통 1.4~1.5V인데, 단1, 단2, 단3 등으로 해서, 그 크기가 규격화되어 있다. 그밖에 알칼리전지(알칼리 망간건전지)라든가 수은전지도 있으며, 니켈카드뮴전지는 축전지로 밀폐형의 건전지로 만들어져 쓰인다.

006 건조제(desiccating agent)

흡습성이 강하여 물질에서 수분을 제거하는 데 쓰는 물질. 오산화이인이 가장 강력한 건조제인데 무수염화칼슘, 소다석회($CaO + NaOH$), 진한 황산, 실리카젤 등이 흔히 쓰인다. 코발트(II)를 배어들게 한 실리카젤은 건조능력이 있는 동안은 푸르고, 건조능력이 없어지면 담홍색으로 변하는데, 150℃ 정도로 가열하여 수분을 날려버리면 다시 파랗게 되어 계속 사용할 수 있다.

007 겔(gel)

콜로이드 입자는 서로 붙어서 3차원의 그물코를 이루는 수가 있다. 이와 같은 그물코의 틈에 용매가 들어가서 생긴 것이 겔이다. 겔은 일정한 형상을 유지하고 있는데, 용매를 포함하므로 무르고, 이른바 젤리 모양을 하고 있다. 겔은 졸(콜로이드 용액)을 냉각하거나 졸에 적당한 약품을 가하여 만들 수 있다. 우무·두부·곤약·요구르트는 대표적인 겔이다. 우리의 눈의 유리체와 각막, 혈관벽, 관절의 윤활제 등도 겔이다.

008 결정(crystal)

균질의 고체로서 규칙적인 원자배열에 의하여 이루어진 것. 일반적으로 규칙적인 결정형을 가지고 있으며, 그 형태는 간단한 대칭법칙을 따르고 있다. 결정형은 각 물질에 따라 특징적이며, 결정축의 위치, 대칭요소의 결합생태를 기준으로 하여 모든 결정형은 6의 결정계, 32의 결정족으로 분류된다. 결정의 내부구조는 원자의 격자와 같은 배열로 결합하여, 이온결합·원자가 결합·분자결합·수소결합·금속결합 등 그 결합법에 의해 결정의 분리성이 지배된다.

009 결정격자(crystal lattice)

이상적인 결정 속에서는 원자가 규칙적으로 늘어서 있다. 예를 들면 구리의 결정에서는 입방체의 각 꼭짓점과 면의 중심에 원자가 배치하고, 이 입방체가 3차원적으로 쌓여서 결정을 이루고 있다. 이때 원자의 위치는 공간 속에 격차를 이루는데, 이것을 결정격자라 한다. 격자를 구성하는 점을 격자점, 격자점이 촘촘히 올라가 있는 평면을 격자면이라 한다. 식염의 결정에서는, 염화이온과 나트륨이온이 똑같은 모양의 결정격자를 이루고 있다. 이처럼 원자단 속에, 결정의 되풀이 단위가 되는 특정의 점을 격자점으로서 선택하여, 결정격자를 생각할 수가 있다. 결정은 그 모양의 대칭성에서 7가지의 결정계로 분류되는데, 결정격자로서는 14종류의 것이 있다. 프랑스의 A. 브라베(1849년)가 이것을 제시했으므로, 이것을 브라베 격자라 한다.

010 결정계(crystal system)

식염(염화나트륨)의 결정은 입방체인데, 얼음의 결정은 육각기둥이다. 이처럼 자연계에는 갖가지 모양의 결정이 있다. 결정 속의 어떤 한 원자에 착안하여, 그 둘레의 원자배열의 대칭성에 의하여 결정을 분류한 것을 결정계라 한다. 예를 들면, 대칭성이 입방체와 똑같은 것을 입방정계라 한다. 같은 입방정계에 속해 있더라도, 다이아몬드와 식염처럼 원자배열이 서로 다른 결정이 있다. 얼음의 결정은 육방정계이다. 입방정계, 육방정계 외에 삼방정계, 정방정계, 사방정계, 단사정계, 삼사정계의 계 7종이 있다. 3차원 공간 속에 기하학적으로 존재할 수 있는 결정의 종류는 230종이며, 이들은 7가지의 결정계에 속해 있다.

011 결정수(water of crystallization)

결정 중에 일정한 화합비로 함유되어 있는 물. 결정 내에서 일정한 위치에 있어서, 결정구조를 이루고 있는 격자를 안정되게 유지하는 데에 도움이 되고 있다. 가열하면 일정한 온도에서 단계적으로 탈수되어서 결정구조가 변화한다. 결정수는, 결합의 방식과 존재의 방식에 따라서 몇 가지로 분류된다.

① **배위수** : 금속이온의 둘레에 배위하여 착이온을 이루고 있는 물. 예를 들면 청색의 황산구리(Ⅱ) 5수화물 $CuSO_4 \cdot 5H_2O$는 5분자의 물 중 4분자가 구리이온에 배위하여 착이온$[Cu(H_2O)_4]^{2+}$으로 되어 있는데, 이 결정수를 배위수라 한다. 나머지 1분자의 물은, 황산이온과 수소결합에 의하여 결합해 있다. 그밖에도 염화마그네슘 6수화물 $MgCl_2 \cdot 6H_2O$ 등 많은 중금속염, 전이금속염의 수화물이 이 종류의 결정수를 가진다.

② **음이온수** : ①의 예에서 황산과 수소결합해 있는 물을 음이온수라 한다. 배위수에 비하면 열에 의하여 잘 탈수되지 않는다.

③ **격자수** : 결정격자의 공간에 일정한 비율로 존재해 있는 물. 예컨대 황혈염(페로시안화칼륨) 3수화물 $K_4[Fe(CN)_6] \cdot 3H_2O$ 등이 있다.

012 결합에너지(bond energy, binding energy)

① **bond energy** : 분자 내의 원자나 기 사이에서 결합이 생길 때에 방출하는 에너지. 분자 내 결합에너지의 총합은 그 분자를 분해하여 따로따로 떨어진 원자로 만들기 위해서 필요한 에너지와 같다. 반대로, 따로따로 된 원자에서 분자가 만들어질 때에는 이것과 같은 양의 에너지가 남아 반응열로서 방출된다. 같은 조합의 2원자 간의 결합에너지는 단일 결합, 2중 결합, 3중 결합에 따라서 다른데, 동종의 결합에 대해서는 서로 다른 분자 속에서도 대략 같은 값을 지닌다.

② **binding energy** : 1개의 원자핵을 구성하고 있는 모든 핵자(양성자와 중성자)를 서로 따로따로 떼어놓은 상태의 에너지와 그것이 모여서 원자핵을 이루고 있는 상태의 에너지와의 차. 질량결손을 에너지로 나타낸 것에 해당한다. 그 크기는 핵자 1개당으로 쳐서 약 8MeV(1몰당 약 8×10^8 kJ)인데, 분자 내의 결합에너지보다 엄청나게 크다.

013 경금속(tight metal)

비중이 작은 금속. 실용적인 구조재료로서 사용되는 경합금의 모재가 되는 금속, 즉 알루미늄·티탄·마그네슘을 가리키는 것이 보통이다. 알칼리 금속(리튬·나트륨·칼륨은 비중이 1보다 작다), 알칼리토류 금속 등도 비중은 작지만, 보통 경금속이라고는 하지 않는다.

※ **경상이성(enantiomerism)** : 어떤 종류의 화합물에서는, 녹는점이나 끓는점 등의 물리적 성질이나 반응의 양상 등의 화학적 성질은 완전히 똑같은데, 선광성만이 오른쪽으로 도는 것과 왼쪽으로 도는 것의 정반대인 것이 있다. 이와 같은 선광성의 오른쪽 돌기, 왼쪽 돌기 1쌍의 화합물의 상호 관계를 경상이성이라 한다. 광학이성이라고도 한다. 이것은 원자의 공간적인 연결이 오른손과 왼손의 관계처럼 서로 뒤집는 관계여서, 평행으로 움직이는 것만으로는 서로 겹칠 수가 없기 때문에 일어나는 현상이다. 예를 들면, 사면체구조를 취하는 탄소화합물 $CR^1R^2R^3R^4$에서 4개의 기 $R^1R^2R^3R^4$가 서로 다르면 경상이성이 생기는데, 이때 탄소 원자를 비대칭탄소 원자라 부른다. 이론상 경상이성인 화합물은 자연계에 똑같은 비율로 존재할 것 같지만, 생물이 합성하는 아미노산이나 당 등과 같은 물질은 경상이성의 조합 중의 한쪽뿐이다. 그 이유는 아직 충분히 밝혀져 있지 않다.

014 계면활성제(surface-active agent, surfactant)

용매에 작은 양을 녹였을 때, 그 용액의 표면장력을 크게 저하시키는 작용을 하는 물질. 분자 중에 친수성 원자단과 소수성 원자단을 지니고 있는 두 원자단 사이에 적당한 밸런스가 취해져 있어야 한다. 수용액은 콜로이드성을 나타내지만, 콜로이드의 이온 하전에 의해 계면활성제·양이온 계면활성제·비이온 계면활성제 및 양성 계면활성제로 분류된다. 세척제·유화제·섬유처리제·부유선과제·윤활유첨가제·살균제·도료분산제 등 다방면으로 쓰인다.

015 고분자(macromolecule)

분자량이 큰 화합물. 일반적으로 분자량이 1만 이상인 것을 고분자화합물 또는 고분자라 하여 저분자화합물과 구별한다. 단지 분자량이 많다는 것을 의미할 뿐 뚜렷한 한계가 있는 것은 아니다. 고분자화합물은 일반적으로 저분자화합물만큼 종류는 많지 않으나, 우리 주변에 가까이 있기 때문에 의식주와 밀접한 관계가 있다. 돌이나 흙, 금속 또는 결정상 저분자화합물을 제외하고는, 형태를 갖추고 있는 것의 대부분을 고분자로 볼 수 있다. 근년에는 고분자화합물인 합성고무·합성섬유·합성수지 등이 개발되어 고분자의 중요성이 더욱 높아지고 있다.

016 공유 결합(covalent bond)

화학결합의 한 형식. 2개의 원자 사이에서 각각의 원자가 서로 하나씩의 전자를 내어, 그 2개의 전자를 양쪽의 원자가 공유하는 데 의하여 이루어지는 화학결합. 전자쌍결합이라고도 한다. 공유 결합의 전형적인 예로서는 수소 분자를 들 수 있다. 공유 결합에 있어서는 결합에 관여하고 있는 전자를 점으로 나타내며, $H:H$, $C:C$와 같은 기호로 표시한다. 두 개의 전자로 된 전자쌍이 안정된 공유 결합을 형성하는 기구는 일반적으로 양자역학으로 설명할 수 있다.

017 공중합(copolymerization)

부타디엔이나 스티렌은, 각각 중합하면 합성고무라든가 폴리스티렌과 같은 고분자가 되는데, 만약에 이 두 원료 물질을 서로 섞어서 중합시키면 두 원료가 서로 섞여 중합하여 새로운 고분자가 만들어진다. 이와 같은 반응을 공중합이라 부른다. 부나-S, 부나-N 고무 등은 공중합에 의해서 만들어지는데, 각각의 원료를 따로 중합시키고 나서 서로 섞은 고분자와는 달리 하나의 분자에 2종의 원료의 분자가 포함되어 있다.

018 광자(photon)

2개의 작은 구멍을 빠져나온 빛이 서로 간섭하는 것 등에서 빛이 파의 성질을 지닌다는 것은 의심의 여지가 없으며, 그것이 전자기파라는 것도 맥스웰에 의하여 밝혀졌는데, 금속의 표면에 빛을 대었을 때에 튀어나오는 전자의 성질을 알아보면 빛이 파라는 것만으로는 설명할 수 없다. 아인슈타인은 진동수 n인 빛은 에너지가 hn(h는 플랑크 상수)이고, 운동량이 $p = hn/c$(c는 진공 중의 광속도)인 입자의 성질을 지닌다는 것을 발견하였다(1905년). 이 입자를 광자라 한다. 광자는 포톤(photon) 광양자라고도 하는데, 파동과 입자의 성질을 모두 지닌 빛의 소립자이다. 그리고 양자론적인 장의 이론에서는 질량 0, 전하 0인 입자이다. 광자가 파동과 입자의 성질을 모두 지닌다는 것은 양자역학에 의하여 완전히 이해될 수 있게 되었다. 빛 이외의 전자기파(전파·X선·γ선 등)도 모두 광자와 그 모임이다.

019 광화학스모그(photochemical smog)

공장이나 자동차 등에서 대기 중으로 고농도로 방출된 탄화수소와 질소산화물의 혼합가스가 강한 햇빛을 받아 복잡한 광화학반응을 일으켜, 그 결과 생긴 오존이나 PAN 등 산화성이 강한 옥시던트 기타의 물질(가스상 오염물질과 에어로졸이 서로 섞인 상태로 되어 있다)의 혼합물이 공기 중을 감돌아 엷은 연기처럼 보이는 것. 로스앤젤레스형 스모그라고도 불리는데, 자동차가 많은 대도시에서 여름의 한낮에 발생하기 쉽다. 시정을 나쁘게 하는 동시에 눈이나 기관지 등의 점막에 자극을 주는 등 건강장애와 식물에 대한 나쁜 영향도 있는데, 대도시의 주요한 대기오염의 하나이다.

020 광학이성(optical isomerism)

⇒ 경상이성

021 구조식(constitutional formula)

단체 또는 화합물의 분자 내에서 구성하는 원자가 서로 화학결합을 하고 있는 관계를 원자 기호와 그것들을 연결하는 선으로 나타낸 것. 한 쌍의 공유 전자에 대하여 하나의 선을 쓰고, 2중·3중 결합에는 각각 2개·3개의 선을 쓴다. 구조식의 대부분 분자, 특히 유기화합물 분자의 구조를 나타내는 데에 유용해서 구조이성질의 관계 등도 표현할 수 있다. 그런데 그 표현은 동일 평면상에 그치고 있으며, 또 화학결합의 상태를 어느 정도까지밖에 나타내고 있지 않다. 보완적으로 결합의 입체적 관계라든가 전자 분포 등을 다룬 화학식도 쓰이는데, 그것들도 넓은 의미에서 구조식에 포함된다.

022 구조이성질체(structural isomerism)

분자 속의 원자 배열 순서가 다른 데에 기인하여 이성질체가 생기는 현상. 구조이성질은 다시 ① 부탄, 이소부탄과 같은 탄소사슬의 차이에 기인하는 탄소사슬이성질체, ② 2치환 벤젠의 오르토(o-), 메타(m-), 파라(ρ-) 이성질체와 같은 작용기의 위치의 차이에 기인하는 위치이성질체, ③ 에탄올과 디메틸에테르와 같은 작용기의 차이에 기인하는 작용기이성질체 등으로 분류된다.

023 금속(metal)

상온·상압에서 불투명한 고체로서, 금속광택과 전성·연성을 가지며 양이온이 되기 쉽고, 열 및 전기의 양도체가 되는 등의 금속 성질을 갖는 물질의 총칭. 단, 금속 중에서도 수은만은 상온·상압에서 액체이다.

024 금속원소(metallic element)

그 단체가 금속인 원소. 장주기의 주기율표에서, 붕소(B)에서 규소(Si), 게르마늄(Ge), 비소(As), 안티몬(Sb), 텔루르(Te), 아스타틴(At)의 원소를 대각선으로 이으면, 그 왼쪽에 위치하는 원소가 이에 해당된다. 이 경계 가까이 있는 원소는, 금속·비금속의 양쪽의 특성이 있다. 금속원소는 외각전자를 잃고 양이온이 되기 쉽다. 금속원소의 화합물 대부분은 비금속성을 보이며, 또 산화물 대부분은 염기성 산화물이 된다.

025 금속광택(metallic luster)

금속의 면이 반짝반짝 반사하는 것과 같은 강한 광택. 광물의 성질을 표현할 때에 쓰는 말의 하나로 황철광, 황동광, 방연광 등 금속을 주성분으로 하는 광물은 이 광택을 보인다.

026 기체(gas)

물질의 세 가지 상태 중 하나. 일정한 형상과 체적을 갖지 않으며 유동성이 많고, 용기 전체에 퍼져서 액체처럼 표면이 보이지 않는다. 상온에서의 공기·질소·산소·수소 등이 그 예이다. 기체를 구성하는 분자는 서로 또는 용기의 벽과 끊임없이 부딪치면서 운동하고 있다. 분자 사이에 작용하는 분자 간 힘은 적으므로, 각 분자는 거의 자유롭게 운동하고 있다. 또 분자 간의 거리는 분자의 지름보다 훨씬 크므로, 기체를 압축하여 체적을 작게 하기는 비교적 쉽다. 기체의 압력, 체적과 온도의 관계는, 보일–샤를의 법칙에 따른다. 다만, 엄밀하게 말하면, 이것은 이상기체의 경우이고, 실제로는 근소하게 분자 간 힘이 작용하므로, 그만큼 이 법칙은 수정이 필요하다. 0°C, 1기압의 기체 1몰은 기체의 종류와 관계없이 22.4l의 체적을 차지한다.

027 기체반응의 법칙(law of gaseous reaction)

질소와 수소에서 암모니아가 생기는 반응과 같이, 기체끼리의 반응에서는 반응하는 물질과 생성하는 물질의 체적은 동온·동압 하에서 간단한 정수비가 된다는 법칙. 위의 반응의 예에서는, 질소의 체적을 1이라 하면, 수소 3, 암모니아 2가 된다. 이 체적비는 반응하는 물질과 생성하는 물질의 몰의 비와 같으며, 게이뤼삭의 법칙이라고도 불린다.

028 기체상수(gas constant)

1몰의 이상기체가 차지하는 체적 V는, 압력 p에 반비례하고, 절대 온도 T에 비례한다. 이것을 식으로 쓰면 $V = R(T/p)$ 또는 $pV = RT$로, 이때 비례상수 R을 기체상수라 한다. 단위에 따라서 여러 가지의 값을 취하므로 주의가 필요하다. 예를 들면, 8.315(줄/몰·K)라든가 0.0821(l·기압/몰·K) 등이다. R은 정확하게 말하면 이상기체에 대한 상수인데, 실제의 기체를 다루는 경우에도 쓰인다.
n몰일 때 위의 식은 $V = nR(T/p)$가 된다.

029 기화(gasification)

액체가 증발하거나 끓음으로써 기체가 되는 현상. 고체에서 기체로 변하는 현상도 기화라 하지만, 정확하게는 승화라 한다. 액체에 열이 가해지면 분자의 열운동이 격렬해져, 큰 운동 에너지를 가진 분자는 액체의 표면에서 기상으로 튀어 나간다. 이것이 기화이다. 기화가 일어나면, 운동 에너지에 상당하는 에너지가 액체에서 나가므로, 나머지 액체의 에너지는 반드시 낮아진다.

030 기화열(heat of gasification)

액체가 같은 온도의 기체가 될 때에 필요한 열량. 증발열(heat of evaporation)이라고도 한다. 어떤 온도에서 액체인 물질 1몰을 기체로 만드는 데에 필요한 열량을 몰기화열이라 한다. 일반적으로 분자량이 큰 액체일수록 기화열도 크다. 예컨대, 1기압에서의 포화탄화수소의 몰 기화열은, 에테인(C_2H_6) 14.72, 프로테인(C_3H_8) 18.77, 부탄(C_4H_{10}) 21.29, 펜탄(C_5H_{12}) 25.8kJ/mol이다. 그런데 물은 예외로서 분자량은 적지만, 기화열이 크다. 액체의 물 분자가 수소결합에 의하여 결합해 있기 때문이다. 예컨대 1기압, 25℃에서 물의 몰기화열은 44.0kJ/mol이다.

031 납축전지(lead storage battery)

양극에 산화납(PbO_2), 음극에 납(Pb)을 쓰고, 전해액으로서 황산을 쓰는 축전지. 기전력은 약 2V. 1859년 프랑스의 프랑테에 의하여 발명되었다. 현재에도 가장 실용성이 있는 2차 전지(축전지)로서, 자동차의 배터리 등에 쓰이고 있다. 방전 시 음극에서 $Pb \rightarrow Pb^{2+} + 2e$, $Pb^{2+} + SO_4^{2-} \rightarrow PbSO_4 \downarrow$의 반응이, 양극에서 $PbO_2 \rightarrow Pb^{4+} + 2O^{2-}$, $4H^+ + 2O^{2-} \rightarrow 2H_2O$, $Pb^{4+} + 2e \rightarrow Pb^{2+}$, $Pb^{2+} + SO_4^{2-} \rightarrow PbSO_4 \downarrow$의 반응이 각각 일어나고 있다. 음극에서 만들어진 전자 e가 도선을 지나서 양극으로 이동하는 것이 전류가 된다. 또, 충전 시에는 전기에너지를 줌으로써, 양극에서 역반응을 일으킨다. 전지 반응을 정리하면 $PbO_2 + Pb + 2H_2SO_4$가 방전되어 $2PbSO_4 + 2H_2O$가 되며, $2PbSO_4 + 2H_2O$가 충전되어 $PbO_2 + Pb + 2H_2SO_4$가 된다.

032 냉각재(coolant)

원자로에서 핵반응으로 발생하는 열을 노심(盧心) 밖으로 운반하거나, 발전로에서 그 열로 터빈발전기를 움직이는 고압증기를 발생시키는 역할을 하는 물질. 노심부를 순환하는 1차 냉각재로는 물 또는 중수, 가스(탄산가스, 헬륨, 공기 등), 용융금속(나트륨과 칼륨, 비스무트, 수은 등), 용융염 및 유기액체 등이 쓰인다. 냉각재는 비열·밀도가 크고, 점도가 작으며, 화학적으로 방사선에 대해 안정된 물질이 바람직하다.

033 냉매(refrigerant)

냉동기로 저온을 만들기 위하여 순환시켜서 쓰는 물질. 가정용의 전기냉장고라든가 에어컨에서 보통 쓰이고 있는 것은 프레온가스인데, 이것은 탄화수소의 수소를 염소나 플루오린으로 치환한 물질(예컨대 $CHClF_2$)이다. 이 물질을 고외에서 압축하여 액화시키고, 고내를 지나는 관으로 보내 기화시킨다. 그때 흡수하는 잠열(潛熱)로 고내를 저온으로 만든다. -150℃ 이하의 저온을 얻기 위한 냉동장치에서는 기체 헬륨이 쓰인다.

034 농도(concentration)

용액이나 혼합기체 중에 존재하는 어떤 성분의 양을 나타내는 것. 용액의 경우 일정량의 용액에 함유되는 용질의 양. $1dm^3$ (1ℓ) 중에 함유되는 물질량(몰수)을 나타내는 몰 농도가 가장 흔히 쓰인다. 단위는 mol/dm^3나 mol/l. 이밖에 용매 kg 중의 용질의 몰수로 나타내는 몰랄 농도, 용액의 전 몰수로 용질의 몰수를 나눈 몰분율, 중량퍼센트, 체적퍼센트, 규정도 등도 쓰인다.

035 뉴세라믹스(new ceramics)

유리·도자기·시멘트·내화물·탄소제품 등의 세라믹스에 대하여, 보다 고도의 기계적·전자기적·열적·광학적·화학적·생화학적인 기능을 추구한 새로운 일군의 세라믹스. 이들 기능을 충족하기 위하여 천연연료에 의존하지 않고, 탄화규소·탄화붕소·탄화텅스텐·질화붕소·질화알루미늄·산화지르코늄·탄소섬유 등의 합성원료를 쓰며, 또 광통신용 글라스파이버처럼 완전히 새로운 제조 기술을 이용하는 등 많은 점에서 종래의 제조 기술과는 큰 차이가 있다. 이밖에 압전 세라믹스·초전도 세라믹스·세라믹 센서·세라믹 엔진·세라믹 파이버·바이오세라믹스 등이 있다.

036 니켈카드뮴전지(Nickel-cadmium battery)

알칼리 전해액을 쓰는 대표적인 축전지. 밀폐형이 많이 만들어지고 있는데, 충전할 수 있으므로 10년 이상 쓸 수 있다. 양극이 되어 있는 물질은 산화수산화니켈(NiOOH). 음극물질은 카드뮴(Cd)이다. 충전 시와 방전 시의 전지반응은 다음과 같이 나타낸다.
모두 오른쪽으로 향하는 반응이 방전 시, 왼쪽으로 향하는 반응이 충전 시.
양극반응은 $2\exists OOH + 2H_2O + 2e^- \leftrightarrow 2\exists (OH)_2 + 2OH^-$
음극반응은 $Cd + 2OH^- \leftrightarrow Cd(OH)_2 + 2e^-$
전극물질의 이용률이 크고, 내부저항도 작고, 방전전류를 크게 하더라도 방전전압의 저하는 적다. 밀폐형 전지는 주로 전기면도, VTR 카메라 등 가정기구에, 또 전등이나 컴퓨터 메모리의 정전 시 백업용 등으로 쓰이고 있다.

037 니트로화(nitration)

화합물의 수소 원자를 니트로기($-NO_2$)로 치환하여 니트로화합물을 합성하는 반응. 벤젠으로 니트로벤젠의 합성이 그 예이다. 톨루엔을 혼산(진한 질산과 진한 황산의 혼합물)과 가열하여 니트로화하면, 고성능 폭약 TNT(트리니트로톨루엔)가 생성된다. 또 알코올과 질산으로 질산에스테르(대표적인 예는 니트로글리세린, 니트로셀룰로오스)를 만드는 반응도 있다. 넓은 의미로는 니트로화반응. 니트로화반응의 생성물은 대개 폭발성을 가진다.

038 다니엘전지(Daniel cell)

영국의 화학자 다니엘이 1836년에 발명한 전지. 아연 전극을 황산아연 수용액에, 구리 전극을 황산구리 수용액에 담그고, 두 수용액이 서로 섞이지 않도록 도기로 된 격벽으로 갈라놓고 있다($Zn | ZnSO_4 | CuSO_4 | Cu$). 전지 속에서는 음극의 아연은 녹고, 양극에서는 구리가 석출하는 반응이 진행된다. $Zn + CuSO_4 \rightarrow Cu + ZnSo_4$, 두 전해액의 농도가 서로 같을 때의 기전력은 약 1.1V. 구리 이온이 아연 용액에 섞이는 결점이 있고, 다루기도 불편해 현재는 쓰지 않는다. ⇒ 전지

039 단원자 분자(monoatomic molecule)

기체 헬륨 등과 같이 한 개의 원자 그대로, 원자끼리 화학결합하지 않고 존재해 있는 것. 상온 1기압 하에서는 헬륨·네온·아르곤·크립톤·크세논 및 라돈 등의 불활성 기체만이 다원자 분자이다. 이들 원자의 경우, 원자의 2개·3개씩 모여서 분자를 이루는 것보다도 원자가 1개씩 따로 존재하는 편이 에너지적으로 안정이기 때문이다. 우주 공간에서 가장 많이 존재하는 단원자 분자는 수소이다.

040 단체(홑원소물질, simple substance)

다이아몬드(C), 철(Fe), 수소(H_2), 산소(O_2), 오존(O_3) 등은 단 1종의 원소로 이루어져 있는데, 이처럼 단 1종의 원소로 이루어지는 순수한 물질을 단체라 한다.

041 대기오염(air pollution)

공장·가정·교통기관 등에서 배출되는 여러 가지 오염물질에 의하여 대기 성분이 변화하여 그것이 건강상의 장애를 일으키거나 생활이나 생산 활동에 악영향을 미치는 현상. 전형적인 공해의 하나. 오염물질로서는 입자 성분과 이산화황·질소산화물·일산화탄소·탄화수소 그 밖의 가스 성분으로 나누어지는데, 직접 대기 중에 배출되는 것뿐만 아니라 그것들이 대기중에서 반응하여 2차적으로 만들어 내는 광화학 스모그라든가 산성비 또한 중요하다. 오염물질의 확산이나 변질에는 기상 조건이 중요한 인자가 된다.

042 데시케이터(desiccator)

고체 또는 액체 시료를 건조·저장하는 데에 쓰는 두꺼운 유리제 그릇. 하부에 건조제로서 실리카겔, 염화칼슘, 오산화인, 진한 황산 등을 넣고 뚜껑을 덮는다. 빛을 차단하기 위하여 갈색 유리로 만든 것이라든가 흡입구가 달린 감압형 등이 있다.

043 동소체(allotrope)

다이아몬드와 흑연은 모두 단 1종의 원소(탄소)만으로 이루어지지만, 다이아몬드는 정사면체 구조, 흑연은 층상구조를 취하고 있어 그 성질에는 큰 차이가 있다. 이처럼 단 1종의 원소로 이루어지는 물질(단체)로서 원자배열이 서로 다른 경우 이것들을 서로 동소체라고 한다.

예 산소(O_2)와 오존(O_3)도 동소체의 그 예이다.

044 동위원소(isotope)

원자의 중심에 있는 원자핵은 양성자와 중성자로 구성되어 있는데, 각각의 수는 원자핵의 종류에 따라서 다르다. 양성자 수는 원소의 원자 번호의 수와 같다. 중성자 수는 다르지만 양성자 수가 같은 1군의 원자는 주기율표에서 같은 위치를 차지하며, 대략 같은 화학적 성질을 나타낸다. 이와 같은 1군의 원자를 동위원소라 한다. 동위체, 아이소토프라고도 부른다.

045 동족체(homolog)

분자식이 CH_2의 수만이 다른 관계에 있는 유기화합물. 일반식 CnH_{2n+2}로 나타나는 포화탄화수소인 메테인(CH_4), 에테인(CH_3CH_3), 프로테인($CH_3CH_2CH_3$) 등은 서로 동족체이다. OH, NH_2 등 작용기를 가지는 경우는 그 종류와 수가 같은 경우만을 동족체로 한다. 따라서 $HOCH_2OH$는 $HOCH_2CH_2OH$와는 동족체이지만, $CH_3OCH_2CH_2OH$나 $CH_3OCH_2CH_2OCH_3$와는 동족체가 아니다. 동족체의 관계에 있는 화합물의 집단을 동족렬이라 한다. 동족체의 화학적 성질은 매우 비슷하며 끓는점·녹는점·밀도 등의 물리적 성질도 탄소의 수와 함께 규칙적으로 변하는 수가 많다.

046 동중원소(isobar)

질량수가 서로 같고, 원자 번호가 서로 다른 원자핵을 서로 동중체라 부른다. 예를 들면, $^{14}_{6}C$와 $^{14}_{7}N$은 동중체이다. 동중핵, 아이소바라고도 부른다. ⇒ 원자 번호

047 란타노이드(lanthanoids)

희토류 중 원자 번호가 57번인 란탄(La)에서 712번인 류테륨(Lu)까지의 15원소의 총칭. 성질은 모두 매우 비슷. 이것은 원자핵의 바깥쪽 전자의 배치에 공통점이 있기 때문인데, 주기율표에서는 한 무더기로 해서 다루어진다. 보통 원자는 원자 번호의 증가와 함께 원자핵의 가장 바깥쪽 전자가 증가하며, 따라서 원자·이온의 체적이 커진다. 그런 란타노이드에서는 원자 번호의 증가와 함께 증가하는 전자는 안쪽의 궤도(이 경우 4f라는 궤도)로 들어가, 원자핵의 전하가 불어나면 전자를 강하게 끌어당기므로 3가의 이온 반지름은 La의 1,061Å에서 Lu의 0.848Å까지 원자 번호가 증가할 때마다 차례로 조금씩 감소하고 있다. 이것이 란타노이드 수축이며, 악티노이드에서도 일어나고 있다.

048 르 샤틀리에의 법칙(Le Chatelier's law)

일반적으로 가역반응을 할 수 있는 계가 평형 상태에 있을 때, 온도·압력·농도 등 하나의 변수를 변화시키면 이 영향을 약화시키는 방향으로 화학 평형이 이동한다는 법칙. 프랑스의 화학자 르 샤틀리에가 제시하였다(1884). 예를 들면, 온도·압력이 일정한 조건에서 질소와 수소로 암모니아를 합성하는 반응($N_2 + 3H_2 \leftrightarrow 2NH_3 + 22.1kcal$)에서 화학평형에 달해 있을 때, 온도를 내리면 평형은 발열하는 방향으로 이동하여 암모니아의 비율이 증가한다. 또 압력을 크게 하면 평형은 압력을 줄이는 방향, 즉 암모니아의 비율을 증가시키는 방향으로 이동한다.

049 망강건전지(Manganese dry cell)

건전지의 대표로서 양극물질로 이산화망간을 쓴 것. 망간전지라고도 부른다. 음극물질로서는 아연(Zn), 전해액으로서 염화아연($ZnCl_2$)과 염화암모늄(NH_4Cl)의 수용액을 쓰고 있다. 심으로 탄소막대를 가진다. 기전력은 약 1.5V. 1차 전지로서 충전을 할 수 없다. 탄소 막대는 아무것도 반응하지 않고 단지 전류를 통하게 하는 역할을 한다. 단1·단2·단3·단4 등의 형이

있다. 양극에서의 반응은 다음과 같다.

음극 : $Zn \rightarrow Zn^{2+} + 2e^-$

양극 : $2MnO_2 + 2H_2O + 2e^- \rightarrow 2MnOOH + 2OH^-$

050 몰(mole)

물질량의 SI 단위. 1몰이란 탄소12(^{12}C) 0.012kg 속에 존재하는 탄소 원자의 수와 같은 수의 물질입자(원자·분자·이온·전자 등)의 집단의 물질량이라 정의. 기호는 mol. 수소 원자 1몰의 질량은 약 1.008g, 수소 분자 1몰의 질량은 약 2.016g, 전자 1몰의 전하는 약 −96,485쿨롱. 아보가드로 상수 6.022×10^{23}/mol은 물질 1몰에 함유되는 물질 입자 수를 나타내고 있다.

051 몰농도(molarity)

용액의 농도를 나타내는 법. 용액 $1dm^3$ 중에 녹아 있는 용질의 양을 물질량(단위는 몰)으로 나타낸 것. 기호는 mol/l, M이 쓰이고 있다. 예컨대 $0.20mol/dm^3$의 포도당 수용액은, 용액 $1dm^3$ 중에 포도당($C_6H_{12}O_6$, 분량 180)이 0.20몰, 즉 $180g \times 0.20 = 36g$을 물에 녹여 전량을 $1dm^3$로 만들면 된다. 또 이와는 별도로 용질의 몰 수를 용매의 질량(단위는 kg)으로 나눈 것을 중량 몰 농도라 부른다. 1mol/kg 중량몰 농도의 용액을 1몰랄(molal)의 용액이라 부르기도 한다.

052 무기화합물(inorganic compound)

유기화합물 이외의 화합물. 탄소를 함유하지 않은 화합물과 비교적 간단한 탄소화합물(예컨대 CO, CO_2 등)을 합쳐 부른다. 그런데 아세트산나트륨 CH_3COONa와 같이 조금 복잡한 탄소화합물을 무기화합물에 포함시키기도 한다. 또 금속과 유기화합물이 결합해 있는 착물 등과 같이 분류하기 어려운 화합물도 있다. 따라서 무기화합물과 유기화합물을 엄밀하게 구별할 수는 없다.

053 무수물(anhydride, absolute substance)

① 혼합물로서 함유되는 물을 제거한 물질
   예 무수 알코올, 무수 에테르
② 금속염의 수화물에서 부가해 있는 물을 모두 제거한 것
   예 황산구리(Ⅱ) 5수화물($CuSO_4 \cdot 5H_2O$)에 대하여 $CuSO_4$를 가리킨다.
③ 산에서 물을 제외한 구조를 가진 화합물의 총칭

054 물리변화(physical change)

물질의 온도·밀도·상태(고체·액체·기체) 등이 변하는 현상. 미시적으로 보면 화학변화에서는 원자의 결합방식이 달라져서 분자가 변화하지만, 물리변화에서는 분자는 변하지 않고 그 운동 상태나 분자 간의 결합상태만이 변화.

055 물의 삼태(three states of water)

수증기·물·얼음은 H_2O의 기체·액체·고체의 상태에 대한 호칭인데, 온도·압력의 변화에 따라서 3태 사이에서 변화가 일어난다. 외기압이 1기압일 때 얼음은 0℃에서 녹고 물은 100℃에서 끓는다. 그런데 374.15℃, 22.12MPa(메가파스칼) 이상에서는 수증기의 밀도가 아주 높아지므로 물과 수증기의 구별은 없어진다. 경계가 되는 위의 온도와 압력을 각각 임계온도·임계압이라 한다. 얼음의 녹는점은 압력이 증가함에 따라서 낮아지는데, 약 2기압보다도 높은 압력에서는 반대로 압력의 증가에 따라서 높아진다. 21,700기압에서는 얼음은 약 80℃에서도 존재할 수 있다. 수증기·물·얼음 중 두 가지 상이 공존할 수 있는 온도·압력의 범위는 넓은데, 3상이 공존할 수 있는 것은 0.01℃(273.16K), 압력 610.6Pa일 때 뿐으로, 이 점은 물의 3중점이라 하며 온도의 기준이 된다.

056 물의 순환(hydrological cycle)

물이 태양에너지와 중력의 작용으로 자연계를 끊임없이 움직이며 돌아다니는 것. 물은 육지와 해면에서 항상 증발하고 있는데, 증발 총량은 1년 동안에 약 400조 톤이다. 그중의 84퍼센트는 해상에서, 나머지 16퍼센트가 육상에서 증발한다. 전체의 75퍼센트는 해상에서 구름이 되고, 비나 눈이 되어 다시 바다로 되돌아온다. 나머지 25퍼센트도 비나 눈으로 형태를 바꾸어서 육상에 떨어진다. 그 일부는 고산이나 남극대륙에 떨어져 만년설이나 물이 되어 몇 백 년이나 머무르는데, 지하수나 강물이 되어서 다시 바다로 되돌아오는 것도 있다. 육지에서 바다로 흘러드는 물은 9퍼센트이다. 바다로 되돌아온 물은 해면에서 다시 증발하거나 해류가 되어서 멀리 운반된다. 또 심해로 들어가 4,000년 동안 해면으로 부상해 오지 않는 수도 있다. 물의 순환과정에서 물이 대기·바다·강 등을 통과하는 데 필요한 시간을 체류 시간이라 한다.

[참고] 지구상의 물의 평균 체류 시간은 대략 빙하 1만 년, 바닷물 3,000년, 지하수 1,000년, 호소수 수십 년, 토양수 1년, 하천수 10일, 대기 중의 수증기 10일. 그러나 모두 자연조건에 따른 지역 차가 크다.

057 물질(substance)

지구도 우주도, 소립자·원자·분자의 집합체로 이루어져 있다. 이것들을 물질이라 부른다. 우리가 보통 물질로서 다루고 있는 것은 단체나 화합물 등이다. 이들 물질을 이루고 있는 단위는 원자이고, 원자가 결합해 있는 분자이다. 동일 원자 번호를 가진 원자를 통틀어서 원소라 하는데, 원소 종류는 천연으로 없는 인공원소도 넣어서 현재 109종류까지 알려졌다. 이들 원소가 이루는 물질(단체나 화합물)의 종류의 총수는 1,000만 종 이상에 이르고 있다. 물질을 구성하는 것은 기본적으로는 입자(물질입자)이며, 입자는 장과 대립하는 개념인데, 장의 양자론에 의하여 이것들을 통일적으로 해석할 수 있게 되었다.

058 물질의 삼태(three states of matter)

물질은 그것을 구성하고 있는 원소의 종류나 결합의 방식에 따라 기체, 액체 및 고체의 세 가지 형태를 취한다. 이것을 물질의 3태라 부르는데, 물질이 나타내는 기본적인 상태를 의미하고 있다. 물을 예로 들면, 대기압 하에서 물은 0℃ 이하에서는 얼어서 고체인 얼음이 되고, 0~100℃ 사이에서는 액체인 물로서 존재하며, 100℃ 이상에서는 끓어서 기화하여 분자상의 기체, 즉 수증기가 된다.

059 바이오세라믹스(bioceramics)

생체 일부의 대체용 재료로서 쓰이는 세라믹스. 생체용 세라믹스라고도 부른다. 화학적인 안정성, 굳기, 강도, 요구, 장기간에 걸쳐 인체의 세포에 대하여 독성이 없을 것, 뼈 등과 화학 조성이 유사해서 거부반응이 없을 것이 필요. 알루미나 소결체, 바이오유리, 인산 3칼슘 소결체, 아파타이트 소결체 등이 쓰이는데, 이 중 알루미나 소결체는 생체의 화학 조성과 크게 다르지만, 나머지 세 가지는 모두 생체에 가까워 생활성 재료라 불린다. 생활성 재료는 생체 내에 흡수·분해되어서 새로운 세포를 생성하는 데 사용된다.

060 반감기(half life)

방사성 원자핵의 수명을 나타내는 양. 어떤 핵종의 원래 원자핵의 수(N_0)가 방성의 붕괴로 반이 되기까지의 시간을 말한다.

[참고] 핵종과 반감기(괄호 속은 붕괴의 종류) : 라돈(^{222}Rn) 3.82일(α 붕괴), 아이오딘(^{131}I) 8.04일(β붕괴), 코발트(^{60}Co) 5.27년(β), 스트론튬(^{90}Sr) 28.8년(β), 라듐(^{226}Ra) 2600년(α), 칼륨(^{40}K) 1.28×10^9년(β와 전자포획), 우라늄 235(^{235}U) 7.04×10^8년(α), 우라늄 238(^{238}U) 4.47×10^9년(α)

061 반금속

절대 0도에 가까운 온도에서도 전기의 도체이고 전기저항이 온도와 더불어 증가한다는 점에서는 금속으로 분류되지만, 전자 구조(전자가 지니는 에너지 상태)로는 반도체에 가까운 물질. 흑연, 5족 원소인 비스무트·안티몬·비소 등이 해당된다. 전기 전도율은 보통의 금속의 10분의 1로 작다.

062 반도체(semiconductor)

도체와 절연체와의 중간의 전기전도율을 가진 물질. 저온에서는 거의 전류가 흐르지 않지만, 고온이 됨에 따라 전기전도율이 증가. 규소(실리콘, Si)·게르마늄(Ge)·셀렌(Se), 중금속의 산화물 등이 속한다. 반도체는 다이오드·트랜지스터·발진소자·직접회로 등 전기 신호를 다루는 소자, 발광다이오드·광전관·반도체 레이저 등의 광·전기 변환소자, 태양전지, 초음파의 발진·증폭기·서미스터나 그 외의 갖가지 센서, 반도체 전극 등 그 응용 영역이 매우 넓다.

063 반응 속도(reaction rate)

화학반응이 진행하는 빠르기. 반응의 빠르기는 단위 체적 중에서 단위 시간에 생긴 반응물질의 감소량 또는 생성물질의 증가량으로 나타낸다. 반응 속도는 반응하는 물질의 종류에 따라 다르고, 같은 물질의 반응에서는 농도(기체에서는 압력)나 온도 등의 조건에 따라 다르다. 일반적으로 농도가 커지면 반응물질의 분자 충돌 횟수가 증가하고, 온도가 높아지면 분자의 열운동이 격렬해져 반응이 빨라진다.

064 반응열(heat of reaction)

어떤 물질이 화학반응에 의해 다른 물질로 변할 때 열을 발생하거나 반대로 흡수한다. 이 열을 반응열이라 한다. 반응열의 원인은 물질 자신이 어떤 에너지(내부에너지)를 가지고 있기 때문이다. 반응하는 물질과 생성하는 물질과의 내부에너지의 차가 반응열로서 나타난다.

065 반투막(semipermeable membrance)

작은 분자는 통과시키지만 큰 분자는 통과시키지 않는 막. 반투막을 써서 단백질 등 생체고분자에서 염 등 저분자 물질을 분리시키는 것을 투석이라 하는데, 투석막으로서 폴리에틸렌-비닐알코올 공중합체 등을 쓴다. 1~수십 nm의 콜로이드 입자를 액체에서 걸러내어 초순수나 무균수를 만드는 데 쓰는 한외여과막으로서 폴리에테르술폰, 폴리비닐알코올 등으로 만든 반투막을 쓴다. 또 바닷물의 담수화에 쓰는 역삼투막(압력을 주면 물 분자를 통과시키고, 식염분자는 통과시키지 않는다)으로서 폴리아미드계 고분자가 쓰이고 있다.

066 발열 반응(exothermic reaction)

화학반응 중 열을 발생하는 것. 상온에서 일어나는 많은 반응은 발열 반응이다. 예를 들면, 연소의 반응은 모두 발열 반응이다. 발열 반응은 온도가 올라가면 차츰 일어나기 어렵게 된다.

067 방사능(radioactivity)

어떤 종류의 물질의 원자핵에서 자발적으로 방사선이 방출되는 성질. α선·β선·γ선 등의 방사선을 자발적으로 내고 붕괴하는 원자핵을 방사성 핵종이라 한다. 현재 알려져 있는 약 2,000종의 핵종 중 방사성 핵종은 약 1,700종. 자연에 존재하는 방사성 물질의 방사능을 천연방사능, 인공적으로 만들어진 방사성 물질의 방사능을 인공방사능이라 한다. 방사능의 단위로 베크렐(Bq)을 쓰는데, 이것은 1초 동안 1개의 방사선을 방출하는 데에 상당한다. 그 밖에 퀴리라는 단위도 있다. 이것은 라듐 1g당의 방사능과 대략 같은데, 1퀴리(Ci)는 3.7×10^{10}베크렐이다.

068 방사성동위원소(radioactive isotope)

동위원소 중 원자핵이 불안정하고, α선·β선·γ선과 같은 방사선을 방출하여 다른 원자핵으로 바뀌는(괴변하는) 성질이 있는 것. 방사성 동위체, 라디오아이소토프 또는 약해서 RI라고도 부른다. 라듐이나 우라늄처럼 천연으로 존재하는 것과 $^{32}P \cdot {}^{60}Co \cdot {}^{137}Cs$처럼 인공적으로 만들어진 것이 있다. 방사성 동위원소는 반감기, 방출하는 방사선의 종류와 에너지를 방사선 검출기로 측정함으로써 그 종류와 양을 알 수가 있다.

069 방사성원소(radioactive element)

원소 중 라듐이나 토륨, 우라늄 등과 같이 천연으로 존재하는 동위원소가 모두 방사성 원소, 방사성 원소의 원자핵은 너무 무겁거나, 그것을 이루고 있는 양성자와 중성자 수의 비율의 균형이 잡혀 있지 않으므로 불안정하다. α선·β선·γ선을 방출하여 괴변해서 안정된 원자핵으로 변한다.

070 방전(electric discharge)

전류가 흘러 전기에너지가 소비되는 현상. 번개도 방전의 일종. 진공방전에서는 전기에너지 일부가 기체의 발광에 쓰인다(글로방전). 방전등(네온사인, 수은등 등)은 이것을 이용한 것. 그밖에 아크 방전, 불꽃 방전, 코로나 방전, 고주파 방전 등이 있다.

071 방향족탄화수소(aromatic hydrocarbon)

벤젠핵을 구조 일부에 포함하는 탄화수소. 좋은 향기가 나는 화합물 속에서 발견되어 이 이름이 붙었다. 벤젠핵에는 3쌍의 π(파이) 전자가 공동으로 고리 모양의 결합궤도를 형성하고 있어, 이 구조를 안정되게 만들고 있다.
① 벤젠의 측쇄에 붙은 수소 대신에 여러 가지 원자단이 붙은 화합물인 톨루엔, 크실렌, 아실린, 트리니트로톨루엔(TNT)
② 벤젠핵끼리 연결되어 있는 비페닐, 테르페닐 등의 벤젠 유도체
③ 벤젠핵이 축합한 나프탈렌, 안트라센, 벤투필렌 등의 다환화합물과 그 유도체의 셋으로 분류

072 배수비례의 법칙(law of multiple proportion)

2종의 원소가 화합해서 2종 이상의 화합물을 이룰 때, 한쪽 원소의 일정량과 화합하는 또 하나의 원소의 질량비는 간단한 정수비가 된다는 법칙. 예컨대 질소와 산소의 5종류의 화합물 N_2O, NO, N_2O_3, NO_2, N_2O_5에서, 질소 140g과 결합하는 산소의 질량은 각각 8, 16, 24, 32, 40(g)이며, 그 비는 1 : 2 : 3 : 4 : 5로 되어 있다. 이 법칙은 역사적으로는 돌턴에 의하여 1802년에 발표되어 원자설을 뒷받침한다.

073 배위(coordination)

어떤 원자 또는 이온의 둘레를 다른 원자, 이온 또는 원자단이 일정한 기하학적 배치로 둘러싸는 것. 이 둘러싸고 있는 것 중에서 가장 가까이 있는 원자·이온 등의 수를 배위수라 부르고, 둘러싸고 있는 원자·이온 등을 배위자라 부른다.

074 보일-샤를의 법칙(Boyle-Charles' law)

보일의 법칙과 샤를의 법칙을 합친 법칙, 일정량의 기체의 체적은 압력에 반비례하고 절대온도에 비례. 절대 온도 T_1, 압력이 p_1이고 체적 V_1인 기체가 각각 T_2, p_2, V_2로 변했다고 하면, 이 법칙에 의해 $\dfrac{p_1 V_1}{T_1} = \dfrac{p_2 V_2}{T_2}$가 된다. 보일-게이뤼삭의 법칙이라고도 한다. 이 법칙이 완전히 적용되는 기체는 이상기체로, 보일-샤를의 법칙은 일반적으로 이상기체의 상태방정식 $pV = znRT$(p는 압력, V : 체적, n은 몰 수, T : 절대 온도, R : 기체상수)로 나타난다.

075 보일의 법칙(Boyle's law)

일정 온도에서는 일정량의 기체 체적 V는 압력 p에 반비례한다는 법칙. 체적과 압력의 곱이 일정(pV=일정). 기체의 물질량(몰)이나 온도가 변하는 경우에는 쓸 수 없다. 보일이 1662년 실험적으로 발견. 이상기체에서는 성립하지만, 실제 기체에는 엄밀히 말해서 적용되지 않는다. ⇒ 보일-샤를의 법칙

076 보호 콜로이드(protective colloid)

물과 잘 어울리지 않는 소수 콜로이드는 물속에서는 불안정해서 침전이 생기기 쉽지만, 적당한 친수 콜로이드를 더해 주면 안정으로 유지된다. 이것은 소수 콜로이드 입자가 친수 콜로이드 입자에 둘러싸여 물과 잘 어우러지게 되기 때문이다. 이처럼 소수 콜로이드를 보호할 목적으로 더하는 친수 콜로이드를 보호 콜로이드라 한다. 먹에는 보호 콜로이드로서 아교가 들어 있어, 탄소의 콜로이드 입자(검댕)가 물에 어우러지는 것을 돕고 있다.

077 복분해(double decomposition)

두 종류의 물질이 반응하여 각각의 성분을 서로 교환한 두 종류의 생성물이 생기는 형식의 화학반응이다.

078 볼타전지(Volta cell)

1800년 이탈리아의 볼타가 발명한 전지. 구리를 양극, 아연을 음극, 황산 용액을 전해액으로 한다. 전압은 약 1.1V. 음극에서는 아연이 녹고, 양극에서는 수소이온이 환원되어서 수소가스가 발생된다.

079 부동태(passivity, passive state)

철을 진한 질산에 담가도 부식이 일어나지 않는 상태. 이것은 진한 질산 속에서 철의 표면에 수 mm 두께의 내식성이 뛰어난 산화피막(부동태 피막)이 생기기 때문. 니켈·코발트·크로뮴·티탄·알루미늄 등의 금속 및 이것들을 주체로 하는 합금에서도 부동태 현상이 일어난다. 이들 금속·합금을 전기분해의 양극으로 하면 부동태가 생긴다. 부동태의 현상은 내식합금 등에 이용된다.

080 부동태(passivity, passive state)

① 같은 양의 양·음의 전하나 자하가 완전하게 서로 상쇄되지 않고 조금 어긋나서 분포해 있는 것. 전하의 분극, 즉 유전분극은 원자나 이온의 전하에 의하여 생기는 미시적인 전기쌍극자가 평균으로서 어떤 방향으로 가지런해짐으로써 일어난다. 자기적 분극, 즉 자화는 전자의 자기 모멘트가 평균으로서 어떤 방향으로 가지런해짐으로써 일어난다. 전기적 분극을 단지 분극이라 부르기도 한다.
② 묽은 황산 속에 아연판과 구리판을 담근 단순한 전지에서는 전류가 흐르기 시작하면 곧 기전력이 저하된다. 이것은 구리판에서 발생하는 수소에 의하여 전지 자신의 내부저항이 증가하는 외에 반대방향의 기전력이 생기기 때문이다. 이 현상을 전지의 분극이라고 한다.

081 분별결정(fractional crystallization)

용액에 2종 이상의 용질이 녹아 있을 때, 그들 용질을 용해도의 차를 이용하여 분리하는 방법. 용액과 거기서 석출한 결정의 성분비에 근소한 차가 있으면, 결정은 다시 용매로 녹여서 재결정시키기도 하고, 용액도 다시 결정을 석출하여 재결정을 반복한다.

082 분자(分子, molecule)

물질의 화학적 성질을 가지는 최소단위. 원자의 전기적 결합으로 생성. 분자의 개념은 1811년 아보가드로가 기체에서 가설적으로 도입. 그 후 브라운 운동 등에 의해 실재성이 확인되었고, 분자의 개념은 기체에서 확립되었으며, 액체나 고체에서의 개념은 뒤에 밝혀졌다. 구상이라고 가정하면 지름은 10^{-8}cm 정도, 평균속도는 100m/s~1km/s이다.

083 분자 간 힘(intermolecular force)

분자 사이에 작용하는 인력. 여러 가지 힘이 종합된 것인데, 그 주된 것은 반데르발스 힘이다. 실제 기체에서 이상기체의 법칙이 엄밀하게 성립하지 않는 이유의 하나는 이 인력 때문이다. 또 분자 간 힘은 기체를 냉각하여 압력을 가하면 액화하는 원인. 분자 간 힘은 공유 결합이나 이온 결합 등 다른 화학결합에 비하여 훨씬 약하기 때문에, 이 힘에 의하여 분자가 모여서 이루어지는 결정(분자 결정)은 무르고 녹는점도 끓는점도 낮다.

084 분자 결정(molecular crystal)

분자가 구성단위로 되어 있는 결정. 분자끼리를 결합하고 있는 것은 대개의 경우 반데르발스 힘이라 불리는 약한 힘이다. 이 때문에 금속 결정이나 반도체 결정처럼 원자가 직접 결합해서 이루어진 결정보다도 무르고, 녹는점도 낮은 것이 많다. 유기화합물의 결정은 거의가 분자 결정이고, 무기화합물에서는 이산화탄소(드라이아이스)가 분자 결정이다.

085 분자량(molecular weight, molar weight)

^{12}C(탄소 12)의 원자 1개의 질량을 12로 했을 때 어떤 분자 1개의 질량과 ^{12}C 원자 1개의 질량의 비.분자량은 분자의 상대적인 질량을 나타내는 것. 분자량은 기체와 휘발성 물질에 대해서는 밀도를 측정해 계산하며, 불휘발성 물질에 대해서는 묽은 용액의 증기압 강하, 끓는점 상승 또는 녹는점 강하를 측정하여 구한다. 최근에는 질량분석법으로 결정을 구한다.

086 분자식(molecular formula)

분자의 조성을 나타내기 위하여, 그것을 이루고 있는 원자의 종류와 수(오른쪽 아래에 작은 글자로 쓴다)를 나타낸 식. 산소 분자는 O_2, 물은 H_2O, 에탄올 분자는 C_2H_6O라 나타낸다.

087 분해(decomposition)

일반적으로 일체가 된 것이나 사상을 개개의 요소로 나누는 것. 화학에서는 어떤 화합물이 둘 이상의 더욱 간단한 화합물이나 대체(원소)로 변하는 것. 분해에는 에너지를 줄 필요가 있는데, 그 에너지의 형태에 대응하여 열분해·광분해·전기분해라 부른다.

088 불가역반응(irreversible reaction)

어떤 물질이 반응하여 다른 물질이 생성될 때 한 방향으로의 반응은 진행하지만, 그 역반응은 진행하지 않는 반응이다.

089 불꽃반응(flame reaction)

알칼리 금속이나 알칼리토류 금속의 염류를 백금선의 끝에 묻히고 불꽃 속에 넣어 강하게 가열하면 불꽃이 그 원소 특유의 색을 나타낸다. 정성분석의 보조수단. 원소의 분석법으로서 염광분석이나 원자흡광 분석은 이 원리를 이용한다.

090 불꽃방전(spark discharge)

기체 속에 2개의 전극을 놓고 그 사이의 전압을 올려 가면, 큰 불연속음과 함께 강한 빛을 발하고, 기체 속을 전류가 흐른다. 이를 불꽃방전이라 부른다. 우레는 자연계에서 일어나는 최대 규모의 불꽃방전. 자동차의 점화 플러그나 전자 라이터도 이를 이용한다.

091 불포화탄화수소(spark discharge)

탄소 사이의 가장 근접한 전자궤도에서 결합하는 경우[σ(시그마) 결합]와 그보다 바깥쪽의 전자궤도에서 결합하는 경우[π(파이) 결합]가 있다. π 결합을 포함하는 탄화수소를 불포화탄화수소라 한다. 불포화 결합에는 수소·할로겐·물 등이 부가할 수 있다. 또 불포화탄화수소끼리는 중합하여 보다 큰 분자(폴리머, polymer)를 형성한다. 대표적인 불포화탄화수소로서 에틸렌·프로필렌·부타디엔 등이 있다.

092 불확정성원리(uncertainty principle)

양자역학의 대상이 되는 세계에서는 위치와 운동량(질량×속도)을 동시에 정확하게 결정할 수는 없다. 미소한 것의 위치를 결정하기 위해서는 파장이 작은 파를 대주어야만 하는데 이 파의 양자(광자나 전자) 운동량이 파장에 반비례하고 있으므로, 측정하고자 하는 것에 큰 운동량의 양자를 충돌시키게 되어 그 위치를 움직이게 해버리기 때문]이다. 위치와 운동량 각각의 오차를 Δx, Δp라 놓으면 $\Delta x \cdot \Delta p \geq h/(2\pi)$ (h : 플랑크 상수)임을 알 수 있다. 이것을 불확정성 원리라 하는데, 1927년 하이젠베르크에 의하여 도출되었다. 시간과 에너지 사이에도 성립한다.

093 뷰렛반응(biuret reaction)

단백질의 존재를 확인하는 정색반응. 단백질의 염기성 용액에 황산구리 수용액을 가하면 자색을 나타낸다.

094 브라운 운동(Brownian motion)

액체나 기체 속에 부유하는 미소립자의 불규칙한 움직임. 1827년 영국의 식물학자 브라운이 최초로 발견. 아인슈타인에 의하여 더욱 이론화되어 분자운동론의 식에서 입자의 운동이 수학적으로 산출됨으로써 비로소 일반의 승인을 얻게 되었다.

095 비금속(nonmetal)

전기적 성질이 금속과 다른 물질(단체나 화합물)의 총칭. 금속과 가장 대조적인 절연체는 전기저항이 크고, 온도가 올라감과 동시에 그 값은 작아지는 특성을 지닌다. 반도체도 절연체의 일종으로 간주되어 비금속으로 분류. 금속과 비금속의 본질적인 차이는 전자 구조에 있다. 물질 내부의 전하가 빛 등의 에너지를 받지 않는 한, 단지 그 물질에 전기장을 거는 것만으로는 움직이지 않는 물질이 비금속이다.

096 비누(soap)

지방산 금속염의 총칭. 유지를 수산화나트륨과 같은 강알칼리로 가수분해(비누화라 한다)하면, 글리세린과 지방산의 알칼리염이 생긴다. 농축하여 걸러내면, 고형의 알칼리비누가 얻어진다. 보통 쓰는 비누는 팔미틴산, 스테아린산 등의 나트륨염이다. 칼륨비누는 나트륨비누보다 수분이 많고 부드럽다. 세안이나 세탁에 알칼리비누를 쓰는 것은, 그 수용액에 계면활성작용이 있기 때문. 칼슘·알루미늄 등 다른 금속의 이온을 함유하는 수용액에 알칼리비누의 수용액을 가하면, 그 금속의 지방산염이 침전. 경수(칼슘이온을 함유하는 물)로는 보통의 비누를 쓸 수 없는 것은 여기에 연유한다. 알칼리금속 이외의 금속의 지방산염을 금속비누라 하며, 윤활제나 건조제로 쓰인다.

097 비누화(saponification)

유지를 알칼리로 처리하여 글리세린과 지방산 또는 글리세린과 비누로 만드는 반응. 유지의 대부분은 스테아린산 등의 지방산과 글리세린의 에스터이므로, 알칼리의 액으로 처리하면 가수분해가 일어난다. 가수분해의 결과 생긴 지방산이 알칼리로 중화어서 지방산의 알칼리염이 된 것이 비누이다. 지방산과 고급 알코올의 에스터인 밀랍을 비누화하면 고급 알코올과 비누가 된다.

098 비열(specific heat)

일정 질량(보통은 1g) 물질의 온도를 1K만큼 올리는 데 필요한 열량. 단위는 J/K·g 또는 cal/K·g. 물의 비열은 대략 1cal/K·g이다. 물질과 온도에 따라서 변화한다.
[참고] 상온(25℃)에서의 비열(단위 cal/K·g) : 알루미늄 0.21, 철 0.106, 유리 0.12~0.19, 바닷물 0.937

099 비점상승(elevation of boiling point)

불휘발성 물질을 용매에 녹이면 용매의 증기가 1기압을 나타내는 온도(비점)가 올라가는 것. 이것은 용매의 증기압 강하에 의한 것이다. 묽은 용액이 나타내는 비점 상승의 값은 용질의 종류와 관계없이 같은 몰 농도에 대해서는 똑같다. 이것을 이용하여 용질의 분자량을 결정한다.

100 비중(specific gravity)

물질의 질량과 그것과 같은 체적의 4℃인 물의 질량과의 비. 4℃인 물의 밀도는 $0.999973g/cm^3$으로 거의 $1g/cm^3$으로 간주, 비중은 g/cm^3의 단위로 나타낸 물질의 밀도와 대략 같은 수치이다.

101 사면체결합(tetrahedral bond)

탄소 원자 C와 수소 원자 H로 이루어지는 분자 메테인 CH_4에서 정사면체의 중심에 있는 C 원자는 그 꼭짓점에 있는 4개의 H 원자와 결합해 있다. 이와 같은 결합을 사면체결합이라 한다. 다이아몬드·실리콘·게르마늄 등의 결정 중에서는 각각 탄소 원자(C), 규소 원자(Si), 게르마늄 원자(Ge)가 서로 사면체결합으로 결합해 있다. C, Si, Ge는 모두 주기율표의 4족 원소로서, 최외각 전자가 S궤도에 2개, p궤도에 2개의 계 4개가 있으며, 이것이 등방향성의 Sp^3 혼성궤도를 이루기 때문에 사면체결합이 생긴다.

102 산성(acid, acidic)

보통 수소이온(H^+)을 방출하기 쉬운 성질. 수용액에서는 H^+이 OH^-(수산화 이온)보다 많은데 pH <7의 경우를 말한다. 그밖에 경우에 따라서 조금 다르게 쓰이기도 한다. 예컨대 그 물질이 물에 녹아서 산성을 보이는가에는 관계없이, 화학식상에서 해리하여 H^+을 생성할 수 있는 조성의 것을 가리키기도 한다(예 산성탄산나트륨 $NaHCO_3$, 정확하게는 탄산수소나트륨). 또 암석에 대해서는 이산화규소(SiO_2)의 함유량이 많은 것(66퍼센트 이상)을 산성암이라 한다. 산·염기에 대한 넓은 정의에 의거하여 전자를 받아들이기 쉬운 성질, 즉 전기적으로 음성인 성질도 산성이라 불리는 수가 있다.

103 산성비(acid rain)

비는 보통 pH 5.6 정도의 약한 산성인데 공기 중의 황산화물(이산화황)이나 질소산화물 등이 녹아들어, pH가 그 이하의 강한 산성을 나타내는 비. 근년 유럽이나 미국 등에서는 화석연료(석유나 석탄 등)를 다량으로 소비하기 때문에, 그 연기 속의 황산화물 등이 비에 녹아들어 강한 산성의 비가 내린다. 그 때문에 산림이 고사하고 강이나 호수의 물고기가 죽는 피해가 나고 있다.

104 산화(oxidation)

좁은 의미로는 물질이 산소와 결합하는 것이며 넓은 의미로는 어떤 물질이 전자를 잃는 변화. 물질이 수소 원자를 잃는 반응도 산화반응. 물질 속의 원소에 산화수를 할당하여, 그 산화수의 증가를 산화로 정의할 수 있다. 산화반응에는 상대 물질의 환원반응이 수반하고 있는데, 양자가 한 짝이 되어 있다.

105 산화물(oxide)

보통 산소와 다른 원소와의 화합물을 총칭. 정확하게는 −2가의 상태인 산소화의 화합물을 말한다. 염기와 작용하여 염을 이루는 것을 산성 산화물(CO_2, SO_2 등), 산과 작용하여 염을 이루는 것을 염기성 산화물(Na_2O, CaO 등)이라 한다. 또 산·염기의 어느 쪽과도 염을 이루는 것을 양성 산화물(Al_2O_3, SnO_2 등), 중성의 것을 중성 산화물(물뿐이다) 및 물과 작용하지 않는 산화물로서 부동산화물이 있다.

106 산화수(oxidation number)

산화·환원을 전자의 주고받음으로 설명하기 위하여 물질 속의 원자에 다음과 같은 약속에 의하여 주어지는 정수이다.
① 단체의 원자의 산화수는 0, H_2의 H, Cl_2의 Cl은 모두 0이다.
② 이온이 되어 있는 원자에서는 이온의 전하를 그 원자의 산화수로 한다. Na^+의 Na는 +1, Cl^-의 Cl은 -1이다.
③ 금속의 수소화물 이외의 화합물(예컨대, 유기화합물) 중에서는 수소 원자의 산화수를 +1, 플루오린산화물 이외의 화합물 중에서의 산소 원자의 산화수를 -2로 한다.
④ 전기적으로 중성인 화합물 중에서는 그것을 구성하는 원자의 산화수의 합으로 되어 있다. HCl의 H는 +1, Cl은 -1이며, SO_4^{2-}의 O는 -2, S는 +6이다. 예외인 LiH나 F_2O에서는 $Li^{+1}H^{-1}$, $F_2^{-1}O^{2+}$가 된다. 이것은 알칼리 금속 족이 수소보다도 전기 음성도가 낮고, 또 플루오린은 산소보다도 전기 음성도가 높기 때문. 반응의 결과 산화수가 증가한 원자는 산화되고 감소한 원자는 환원된 것이 된다. 그리고 산화수는 $FeCl_2$에서는 Fe(Ⅱ), $FeCl_3$에서는 Fe(Ⅲ) 등과 같이 로마숫자를 써서 나타낸다.

107 산화제(oxidizing agent, oxidant)

다른 물질을 산화하는 물질. 다른 물질에 산소 원자를 주기 쉽고 또 다른 물질로부터 수소 원자를 제거하기 쉬우며, 또한 일반적으로 전자를 빼앗기 쉬운 물질이 산화제이다. 산화와 환원은 짝이 되어서 일어나므로, 상대 물질이 환원되기 쉬우냐에 따라서 산화제가 되기도 하고 되지 않기도 한다. O_3, MnO_2, MnO_4^-, CrO_4^{2-} 등 산소를 방출하기 쉬운 물질이라든가 F_2나 Cl_2와 같이 전자를 빼앗아서 음이온이 되기 쉬운 물질 등 많은 예가 있다. 이 산화유황(SO_2)는 보통은 환원제로서 작용하는 수가 많은데, 황화수소(H_2S)가 상대가 되면 상화제로서 작용한다. 반대로 많은 경우 산화제로서 작용하는 과산화수소(H_2O_2)도 강한 산화제에 대해서는 환원제가 된다.

108 상(相, phase)

한 종류 또는 몇 가지 종류로 이루어지는 물질계에서 뚜렷한 경계를 가지며, 내부는 균일한 상태로 되어 있는 영역. 예를 들면 밀폐한 용기에 물을 넣어 두면, 상부에서는 공기와 수증기가 혼합된 기체의 상이, 하부에는 물에 질소·산소·이산화탄소 등이 근소하게 녹아든 액체의 상이 생긴다. 기체·액체 또는 고체로 이루어지는 상을 각각 기상·액상·고상이라 부른다.

109 상태량(quantity of state)

예를 들어서 용기에 들어 있는 기체가 열평형의 상태에 있을 때, 기체의 체적과 온도가 주어지면 기체의 압력이나 내부 에너지, 엔트로피 등의 크기는 결정된다. 이처럼 물체의 어떤 상태를 지정하면 일정한 값을 취하는 물리량을 상태량이라 부른다. 그러나 물체에 흘러든 열량이나 물체에 가해진 역학적인 일 등은 상태가 지정되더라도 일정한 값을 취하지 않아서 상태량이 아니다.

110 상태방정식(equation of state)

물체의 체적은 보통 온도가 올라가면 증가하고, 압력을 크게 하면 감소한다. 일반적으로 물체의 체적(밀도라도 무방하다), 온도, 압력 사이에 성립하는 관계식을 상태방정식 또는 상태식이라 한다. 희박한 기체(또는 이상 기체)의 상태방정식은 보일-샤를의 법칙이 된다. 즉, 압력을 P, 체적을 V, 절대 온도를 T라 하면, n몰의 기체에서는 $PV = nRT$. 다만 R은 기체상수, 기체의 밀도가 높아질수록 이 상태방정식에서의 어긋남이 커진다.

111 상태변화(change of state)

① 순수한 물질은 온도·압력의 변화에 따라서 기체·액체·고체의 세 가지 상태를 취한다. 이것들 사이에서 물질이 변하는 것을 상태변화라 하는데, 변화의 모습은 온도·압력·체적의 함수로서 상태방정식 또는 상태도로서 나타내진다. 예컨대 물 H_2O는 온도·압력의 변화에 따라서 수증기 ↔ 물, 물 ↔ 얼음, 얼음 ↔ 수증기의 상태변화를 한다.
② 물질계가 온도·압력의 변화에 의하여 분해·침전·분리 또는 반응 등을 일으켜서, 물질계의 모습이 달라져버리는 것.

112 생성열(heat of formation)

어떤 화합물 1몰이 그 성분의 단체(원소)에서 생성하는 반응의 반응열. 예를 들면, 수소와 질소에서의 암모니아의 생성열은 11.04kcal/mol(발열)이다. 생성열의 데이터로 모든 화학반응의 반응열을 계산할 수 있다. 생성열의 단위는 J/mol ⇒ 헤스의 법칙

메테인의 생성열+179kcal/mol(발열). 아세틸렌의 생성열 −54.2kcal/mol(흡열)

113 생약(crude drug)

천연물을 그대로 거의 가공하지 않고 건조시켜서 쓰는 약. 식물의 뿌리, 줄기, 수피, 종자, 과실 등이 대부분인데 동물이나 광물의 것도 있다. 화학구조가 밝혀져 있는 단일 물질인 화학약에도 원래는 생약으로 정제된 것이 적지 않다. 예를 들면 아편으로 진통제나 지설제인 모르핀, 황백으로 위장약인 베르베린, 마황으로 천식약인 에페드린 등이 만들어진다. 한방약은 한방의학에 의하여 오랜 세월에 걸쳐서 선별된 생약이다. 몇 가지 생약을 배합한(처방이라 불린다) 것이 약으로 제공된다. 갈근탕 등이 그것이다. 민간요법에서 사용되는 생약에는 삼백초·이질풀 등이 있다.

114 샤를의 법칙(Charles' law)

일정량의 기체가 차지하는 체적은 일정 압력 하에서는 온도가 1℃ 상승할 때마다 0℃일 때의 체적의 1/273씩 증가한다는 법칙. 일정 압력 하에서의 기체의 체적은 절대 온도에 비례한다고도 표현할 수 있다. 기체의 종류와 관계없이 상당히 제대로 적용된다. 1787년에 샤를이, 또 1801년에 게이뤼사크가 실험에 의하여 발견하였다. 게이뤼사크의 법칙이라고도 한다.

115 석유(petroleum)

천연으로 지하에 매장되어 탄화수소를 주성분으로 하는 액체. 원유라고도 한다. 석유라고 하는 경우는 그것을 가공한 액체를 가리키는 경우도 있다. 현재 지구상에서 채굴되고 있는 석유 대부분은 고대생물의 유체가 퇴적암 속에 매장되어 있는 동안에 변질한 것이다. 다만 지구 형성 때에 무기적으로 합성된 탄화수소가 남아 있는 것이라는 설도 있다. 원유의 성분은 대부분이 탄화수소인데, 황·질소·산소 등을 조금씩 함유. 탄화수소는 파라핀계의 사슬식 탄화수소와 나프텐계의 시클로파라핀과 방향족 화합물의 혼합물인데, 산지에 따라 서로 다르다. 매장량은 석탄의 약 5퍼센트로, 연료나 화학공업의 원료가 된다.

116 석유화학(petrochemistry)

석유 또는 천연가스를 원료로 하는 유기합성화학. 1920년경 미국에서 석유를 정제할 때에 나오는 폐가스에서 이소프로필알코올을 만들어 낸 것이 그 시초. 그 후에 합성섬유·합성계면활성제 등에서 눈부신 발전을 이루었다. 이들 제품의 중간원료로서의 각종 탄화수소는 천연가스나 석유 정제의 부산물인 나프타에서 얻는다. 나프타를 고온(약 700℃)에서 열분해시키면 에틸렌계 탄화수소가 풍부한 분해가스가 발생한다. 이 가스를 액화 분류함으로써 중간원료로서 가장 중요한 에틸렌·프로필렌·부타디엔·부티렌 등이 분리되고 그 찌꺼기에서는 벤젠·톨루엔·키시렌 등의 방향족계 탄화수소가 나온다. 이 중간원료를 여러 가지로 반응시켜서 각종 유기화학 제품을 만든다.

117 석탄(coal)

과거의 퇴적된 식물체가 오랜 세월에 걸친 자연의 탄화작용을 받아 생긴 가연성 암석. 물 밑이나 습지에 퇴적한 식물의 유체가 미생물의 작용으로 변질·분해되고 토탄화된 다음, 땅속에 매몰되어서 지압·지열의 작용으로 탄화하여 생성. 고생대~신생대의 지층 속에 층을 이루는데, 특히 고생대의 석탄기·이첩기, 중생대의 삼첩기·쥐라기, 신생대의 고제3기의 지층에 많다. 봉인목·인목·나자식물·피자식물이 그 근원식물이다. 탄화도가 낮은 것은 갈색, 탄화가 진행됨에 따라 흑색이 되고 광택을 더한다. 비중 1.3 내외, 경도 1.5~2.50. 탄소·산소·수소를 주성분으로 하고 소량의 질소·회분을 포함. 탄화도에 따라 토탄·아탄·갈탄·역청탄·무연탄으로 분류되며 고체 연료로서 널리 사용되며, 제철용·화학공업용 원료로서도 매우 중요하다.

118 선스펙트럼(line spectrum)

태양 빛이나 전등 빛을 분광기(프리즘)로 분해하면 띠 모양으로 빨강에서 보라까지 연속적으로 퍼진 빛으로 이루어져 있다는 것을 알 수 있다. 이에 반해 수은 램프·네온 램프·나트륨 램프 등의 빛을 마찬가지로 분해하면 띄엄띄엄 몇 줄의 선으로 갈라진다. 전자를 연속 스펙트럼, 후자를 선 스펙트럼이라 한다. 단독의 원자에서 나오는 빛의 스펙트럼은 선 스펙트럼이 된다. 이에 비해, 분자를 가열했을 때에 나오는 빛의 스펙트럼은 일반적으로 비교적 좁은 범위에 휘선이 밀집하여 띠 모양으로 퍼지므로 띠 스펙트럼이라 한다. 고체나 액체가 열복사에 의하여 내는 빛의 스펙트럼은 연속 스펙트럼이다.

119 섬유강화 플라스틱(fiber-reinforced plastic)

일반적으로는 유리섬유를 강화재로 하여, 불포화 폴리에스테르의 매트릭스(기제)를 강화시킨 복합재료. 강화 플라스틱 또는 FRP라고도 부른다. 가볍고 강도가 높다. 헬멧·욕조·보트 등에 널리 쓰인다. 탄소섬유·아라미드 섬유·보론 섬유 등의 신소재를 강화재로 하고, 보다 고급인 수지를 매트릭스로 쓴 것은 항공기 부품·우주 재료·골프 클럽·테니스 라켓 등에 폭넓게 이용된다.

120 섭씨(Celsius)

섭씨온도 눈금의 약자. 스웨덴의 천문학자이며 물리학자인 셀시우스(1701~1744)가 1기압의 물의 끓는점을 0°, 빙점을 100°로 하여 정한 온도의 눈금이다. 후에 눈금을 거꾸로 하여 끓는점을 100°, 빙점을 0°로 하였다. 보통 기호 ℃로 나타낸다. 이론적으로는 섭씨 t℃는 절대 온도 TK에서 $t = T - 273.15$로 정의되었다. 국제 실용 온도 눈금에서는 몇몇 온도 정점과 그 사이의 보간식에 의하여 체계화되었다.

121 성층권(stratosphere)

대류권과 중간권 사이에 있는 대기층. 고도는 약 10km에서 약 50km까지. 대류권과 달라서 성층권의 기온은 상공으로 갈수록 높아진다(-50℃에서 0℃까지). 그 원인은 성층권의 대기 속에 함유되는 오존과 태양방사에 포함되는 자외선과의 광화학반응에 의하여 열이 발생하기 때문. 오존의 농도는 고도 약 20km에서 최대가 된다. 그런데 자외선이 상공으로 갈수록 강하다는 것과 상공으로 갈수록 공기가 희박하여(열 용량이 작아) 온도가 높아지기 쉽기 때문에 최고 기온은 고도 50km쯤에 나타난다. ⇒ 대기권

122 설파제(sulfa drug)

세균 감염의 예방과 치료에 쓰이는 합성화학 요법제. 분자 속에 술파닐아미드기를 가진다. 1935년 독일의 도마크는 비교적 간단한 합성물질 속에서 연쇄구균에 효과가 있는 프론토질을 발견. 이어서 프론토질이 생체 속에서 환원되어 생기는 술파닐아미드가 실제로 효과를 지닌다는 것이 발견되었다. 다시 화학구조를 여러 가지로 바꿈으로써 각종 세균에 각각 특이적으로 작용하는 많은 유효한 약제가 발견됨. 현재는 항생물질의 등장으로 이전처럼은 쓰이지 않게 되었다.

123 세라믹스(ceramics)

주성분이 무기·비금속질인 것으로 고열로 가열된 고체 재료 또는 그것들에 관한 과학·기술. 이전에는 점토·규석 등의 천연 원료를 이용하는 경우가 많았으며, 요업(제품)이라는 말이 쓰이고 있었다. 제품으로는 대별하여 1종 또는 몇 종의 결정성의 분체의 혼합물을 ① 성형하고 나서 고온으로 소결한 것과, ② 고온으로 가열하여 녹이고 나서 냉각하면서 성형한 것이 있는데, 그밖에 ③ 기체나 액체 원료에서 출발하여 특별한 방법으로 만들어지는 것도 있다. ①에는 내화벽돌·도자기·탄소 제품·시멘트·연마제, 각종 센서나 전자재료 등, ②에는 각종 유리와 결정화 유리 제품, ③에는 광통신용 글라스파이버, 합성 다이아몬드 등이 있다. 합성 원료를 쓴 초전도 세라믹스나 뉴세라믹스의 일부도 ①에 들어간다.

124 세라믹 엔진(ceramic engine)

디젤 엔진이나 가솔린 엔진의 피스톤·실린더 등 연소실을 구성하는 재료에 내열성이 뛰어난 세라믹스를 써서, 냉각 없이 운전할 수 있도록 한 엔진이다. 연소실 속에서의 열 손실이 줄면 배기의 에너지가 증가. 이것을 가스 터빈으로 회수하여 수퍼차저를 움직일 뿐만 아니라, 출력으로도 꺼낼 수 있도록 한 것을 단열터본 콤파운드 엔진이라 부른다. 무냉각 운전을 하면 냉각용 팬이나 펌프를 움직이는 동력이 불필요해져 열효율이 높아지고, 엔진 각부, 특히 피스톤·실린더가 고온이 되어 윤활 방법이 큰 무제이다.

125 소수콜로이드(hydrophobic colloid)

물과 잘 융합하지 않는 콜로이드 입자가 물속에 고르게 흩어져서 이루어진 콜로이드 용액. 일반적으로 농도가 큰 것은 만들기 어렵다. 금속·금속황화물·금속수산화물 등의 콜로이드 입자를 포함하는 좋은 소수 콜로이드. 소수 콜로이드는 그다지 안정적이지 않아 전해질을 조금 가하면 콜로이드 입자가 모여서 침전한다.

126 솔베이법(Solvay process)

식염(NaCl)과 석회석($CaCO_3$)을 원료로 하여 탄산나트륨(Na_2CO_3)을 만드는 공업적 방법. 암모니아 소다법. E. 솔베이에 의하여 1862년에 고안. 식염의 포화 용액에 암모니아를 흡수시켜, 다시 이산화탄소를 불어넣어 침전되는 탄산수소나트륨($NaHCO_3$)을 분리해서 태우면, 분해되어 탄산나트륨이 얻어진다. 남은 액에 석회(CaO)를 가하고 가열하면 암모니아가 회수된다. 반응에서 쓰는 이산화탄소와 석회는 석회석을 분해하여 만드는데, 암모니아가 없어지지 않는다고 하면 전체적으로는 다음과 같은 반응이 일어난다.
$$2NaCl + CaCO_3 \rightarrow Na_2CO_3 + CaCl_2$$
또 이 방법을 개량하여, 탄산수소나트륨이 침전하는 단계에서 부산물로 생기는 염화암모늄(NH_4Cl)을 비료로 이용하는 염산 암모니아소다법이 있다
$$NaCl + NH_3 + CO_2 + H_2O \rightarrow NaHCO_3 + NH_4Cl$$

127 수상치환(water replacement)

물에 잘 녹지 않는 기체를 포집하는 데에 쓰는 방법. 시험관이나 병에 물을 채우고 수조 속에 거꾸로 넣은 다음, 기체를 유도하는 관을 이 시험관 또는 포집병 밑에 끼워 넣는다. 기체가 발생하면 용기 속의 물은 밀려 내려가고 관이나 병속에 기체가 포집된다. 이 방법은 산소나 수소 등의 포집에는 적합하지만, 물에 잘 녹는 기체에는 적합하지 않다.

128 수소결합(hydrogen bond)

산소·질소·플루오린 등의 전기음성도가 큰 원자 2개 사이에 수소 원자가 들어감으로써 이루어지는 화학결합. 전기 음성도가 큰 원자 X에 수소 원자가 결합하면 원자 X 쪽에 전자가 치우쳐, 수소 원자는 부분적으로 플러스(+)로 대전. 이 수소 원자와 다른 분자의 전기음성도가 큰 원자 사이에 작용하는 약한 전기적 인력이 수소결합이다. 수소결합은 단백질, DNA, 얼음의 결정이 특이한 입체구조를 보이는 원인이 되고 있다. 수소결합은 공유 결합보다도 훨씬 약하기(약 1/20~1/10) 때문에 물이나 알코올 등의 액체 속에서 결합은 고정되지 않고, 계속 끊어지거나 다른 분자와 결합을 되풀이하고 있다.

129 수소이온농도(hydrogen ion concentration)

용액 중의 수소이온(H^+)의 농도. 농도가 큰 용액일수록 산성이 강하므로, 용액의 산성·염기성의 정도를 나타낸다. $1l$ 속에 존재하는 수소이온의 몰 수로 나타내는 수도 있는데, 수소이온 지수(pH)의 값으로 나타내는 수가 많다. pH는 수소이온 농도의 역수의 상용 로그를 취한 것이다. 예를 들면. 순수한 물은 아주 근소하게 전리해 있는데, $[H^+]$, $[OH^-]$로 H^+, OH^-의 몰 농도를 나타내면, $[H^+] = [OH^-] = 10^{-7} mol/l$이다. 따라서 순수한 물의 pH $= -\log_{10}[H^+] = 7$. 여기에 산을 가하면 수소이온 농도는 증대하고, pH는 7보다 작아진다. pH가 7보다 작은 용액을 산성 용액이라 하고, 7보다 큰 용액을 염기성 용액이라 한다.

130 수소흡장합금(hydrogen storage alloy)

금속이 수소를 흡수해서 저장하는, 즉 흡장하는 성질이 있다는 것은 오래전부터 알려졌었는데, 근년에 이르러 특히 다량의 수소를 흡장하는 합금이 발견. 재료에 고유인 일정 온도 이하에서 수소를 흡수하고, 그 온도 이상에서는 수소를 방출. $LaNi_5$, $FeTi$ 등의 합금재료에서는 이 온도가 낮아, 상온 부근의 온도에서 수소를 흡수한다. 수소는 전기를 대신하는 저장성이 좋은 2차 에너지로서 주목되고 있는데, 그것을 이용하는 기술의 열쇠가 되는 신소재이다.

131 수증기(water vapor)

기체 상태의 물. 액상인 물이나 고상인 얼음과 함께 존재하여 평형 상태에 있을 때 일정한 온도에서는 일정한 압력을 유지한다. 물은 보통 1기압일 때에는 100℃보다 높은 온도에서 모두 수증기로 존재한다. 임계온도는 374℃. 이 이상의 온도에서는 기압과 관계없이 모두 수증기가 된다. 수증기 중에서 물은 따로따로 떨어진 분자로서 존재하며, 액상이나 고상에서와 같은 물 분자끼리가 수소결합을 하고 있는 상태는 취하지 않는다. 수증기는 금속이나 비금속과 직접 작용. 예컨대 코크스와는 500℃ 정도에서 $C + 2H_2O \leftrightarrow CO_2 + 2H_2$와 같이 반응하여, 1,000℃ 이상에서는 수성 가스($CO + H_2$)를 발생. 수증기는 무색투명한데, 김이 희게 보이는 것은 수증기가 공기에 닿아서 일부가 미세한 물방울이 되기 때문이다.

132 수질오염(water pollution)

주로 생활배수나 산업폐수에 의하여 일어나는 하천·호소·해양의 오염. 오염원으로는 물을 부패시키는 유기물, 적조를 발생시키는 질소와 인화합물, 오탁을 생기게 하는 고체입자, 산업폐수 중의 중금속이온에 의한 중금속 오염 등이 있다. 중성세제 등에 함유되는 표면활성제에서 생기는 거품도 원인이다. 이와 같은 오염이 농업·어업 혹은 가정의 음료수에 큰 영향을 끼치고 있다. 수질 오염의 정도를 수량화하기 위하여 화학적 산소요구량(COD), 생물화학적 산소요구량(BOD), 부유물질(SS), 용존산소량(DO) 등을 측정한다.

133 수화(hydration)

물 분자가 다른 분자나 이온과 여러 가지 계기로 결합하는 현상. 식염수에서 볼 수 있듯이 Na^+나 Cl 등의 이온에 물 분자(전기 쌍극자가 되어 있다)가 주로 전기적인 힘으로 끌리는 경우라든가 젤라틴·실리카와 같이 흡수성이 강하여 겔이 되기 쉬운 물질이 그 내부에 물을 끌어들이는 경우 등을 들 수 있다. 수화 때문에 각각의 물질의 성질은 변화. 또 황산구리($CSO_4 \cdot 5H_2O$)와 같은 결정 속의 물은 일정한 조성의 화합물이 되어 있어서 수화라고 하는 경우가 있는데, 이처럼 결정으로서 안정인 수화를 한 물 분자를 결정수라 부른다.

134 수화물(hydrate)

물 분자가 다른 분자에 결합하여 생긴 화합물. 수화물이라고도 부른다. 결정수를 가진 염을 가리키는 수가 많다. 예를 들면, $MgCl_2 \cdot 6H_2O$를 염화마그네슘 6수화물이라 부른다. 물을 잃은 것은 무수물이라 한다.

135 순물질(pure substance)

물질을 순수하게 만드는 데는 예컨대 액체인 경우에는 여지로 여과한다든지, 일단 기체로 만든다든지(증류) 한다. 또 고체인 경우에는 역시 일단 기체로 만드는 수도 있고(승화), 액체에 녹여서 용액으로 만든 다음 냉각하거나 다른 액체를 가해서 침전시키거나(재결정, 재침전) 한다. 여과는 기계적 방법에 의한 분리이며, 다른 방법은 상태 변화에 의한 분리법이다. 이와 같은 여러 가지 분리법에 의해서도 그 이상은 분리할 수 없게 된 물질을 흔히 순물질이라 부르나, 실제로 전혀 아무것도 섞여 있지 않은 것은 아니다. 진정한 순물질은 이상상태의 것이다

136 스펙트럼선(spectral lines)

나트륨램프나 네온램프의 빛을 분광기로 보면 여러 개의 빛나는 선으로 이루어진 모습을 볼 수 있다. 이 각각의 선을 스펙트럼선이라 부른다. 스펙트럼선은 원자에서 방출되는 빛인데, 그 위치는 빛의 파장에 따라서 결정. 이 파장은 원소의 특유한 것이다. 그래서 스펙트럼선의 관측에 의하여 원소를 특정할 수 있다.

137 승화(sublimation)

고체가 액체로 변하지 않고 직접 기체가 되는 현상. 또 기체에서 직접 고체로 변화하는 역의 현상을 포함하기도 한다. 드라이 아이스(고체 탄산)·요드·나프탈렌·장뇌 등과 같이 분자가 판데르발스 힘으로 약하게 결합해서 결정을 이루고 있는 물질에서는 상온, 1기압하에서 승화가 일어난다.

138 시성식(rational formula)

메탄올은 분자식 CH_4O, 시성식 CH_3OH. 메탄올은 메테인(CH_4) 1개의 수소 원자가 수산기(-OH)로 치환된 것. 메탄올의 성질은 수산기(-OH)로 결정. 메탄올에 염산을 작용시키면, -OH가 -Cl로 치환되고 염화메틸(CH_3Cl)이 되어 CH_3는 작용을 받지 않는다. 이 수산기(-OH)와 같이 화합물에 특유한 화학적 성질을 주는 원자단을 관능기라 부른다. 메탄올을 분자식 CH_4O로 나타내면 화합물의 성질이 밝혀지지 않으므로, OH를 구별하여 CH_3OH라 쓴다. 이처럼 관능기를 나타낸 화학식을 시성식이라 한다.

139 식량(formula weight)

분자의 실재가 확인되어 있지 않은 물질에 대하여, 조성식에 표시되어 있는 각 원자의 원자량 총합. 화학식량이라고도 한다. 합금·점토·유리 등에서는 분자로서 존재하지 않는 물질이 많은데, 이 경우에 분자량이라는 말은 의미가 없어 식량을 쓴다. 예를 들면, 염화나트륨 NaCl의 식량은 $23 + 35.5 = 58.5$이다

140 신소재(new materials)

어떤 용도에 쓰이고 있던 재료에 대신할 목적으로 새로 개발된 재료. 특히 기계적 성능을 높이는 것이 목적이다. 예를 들면 섬유강화 플라스틱(FRP)의 강화재인 유리섬유를 대신하는 고강도의 탄소섬유라든가 아라미드 섬유 등이다. 또 종래 존재하지 않았던 기능을 지닌 새로운 재료를 가리키기도 한다. 예 뉴세라믹스 초미립자, 초미세섬유, 형상기억합금 등

141 실험식(empirical formula)

① 어떤 화합물의 성분 원소의 양을 분석하여, 성분 원소의 원자 수 비율을 가장 간단한 정수비로 나타낸 것. 조성식. 예컨대, 실험식 CH_2O로 나타내지는 화합물의 분자식은 일반적으로 $(CH_2O)_n$이 된다. 포름알데히드(HCHO), 포도당($C_6H_{12}O_6$)은 똑같은 실험식으로서 나타내진다. 과산화수소(H_2O_2)의 실험식은 HO, H_2O와 같이 실험식과 분자식이 같을 수도 있다. 실험에서 분자식을 구하기 위해서는 분자량을 아는 것이 필요하다.
② 경험식이라고도 한다. 그 식이 성립하는 이론적인 근거는 아직 모르지만 실험에 의하여 발견한 여러 가지 양 사이의 관계를 나타내는 식을 말한다.

142 쌍극자(dipole)

크기가 같고 부호가 다른 한 쌍의 전하가 접근해서 존재해 있을 때, 그것을 전기쌍극자 또는 단지 쌍극자라 한다. 전하 대신에 역부호의 한 쌍의 자하가 존재해 있을 경우를 자기쌍극자라 부른다.

143 아미노기(amino group)

$-NH_2$의 화학식을 가진 기. 유기 화합물의 수소와 치환하는 성질을 가진 치환기의 하나. 암모니아의 수소 원자 1개를 제거한 것으로 생각되는데, 암모니아와 같은 정도의 약한 염기성을 나타낸다. 염산 등의 산을 만나면, 수소이온(H^+)이 아미노기의 질소에 붙어서 암모늄형의 이온(NH_3^+)이 된다.

144 아보가드로 상수(Avogadro constant)

원자나 분자, 이온 등의 입자의 물질량은 몰을 단위로 나타내는데, 1몰 중에 포함되는 입자의 수를 아보가드로 상수라 한다. $6.022045 \times 1023/mol$의 값을 가진다. 이전에는 이 수치(무명수)를 아보가드로수라 불렀다. 예컨대 철 55.85g과 물 18.02g은 모두 1몰인데, 각각 아보가드로 상수와 같은 수의 철 원자와 물 분자를 포함하고 있다. 아보가드로 상수는 예컨대 X선을 써서 염화나트륨 결정 중의 염소와 나트륨 간의 거리를 구하고, 밀도의 값과 결정 중의 원자의 배열을 알고 있으면, 계산으로도 구할 수 있다.

145 아보가드로의 법칙(Avogadro's law)

모든 기체는 같은 온도, 같은 압력하에서 같은 체적 중에 같은 수의 분자를 포함한다는 법칙. 1811년 이탈리아의 아보가드로에 의하여, 처음에는 가설로서 제시되었다. 0℃에서 1기압의 상태에 있는 모든 기체는 대략 22.4L의 체적을 차지하며, 아보가드로 상수와 같은 수의 분자를 포함한다.

146 아세틸렌계 탄화수소(hydrocarbons of acetylene series)

일반식 C_nH_{2n-2}로 나타내지며 2개의 탄소 원자 간에 3중 결합을 가진 불포화 사슬탄화수소. 알킨이라고도 한다. 탄소 원자 수 n이 2인 것은 아세틸렌, 3은 프로핀, 4는 부틴이다. 1, 3-부타디엔 $HC \equiv C - C \equiv CH$와 같이, 3중 결합을 2개 이상 가진 것은 폴리아세틸렌계 탄화수소라 한다.

147 악티늄계열(actimium series)

방사성 핵종의 붕괴계열의 하나로, 우라늄 235[^{235}U, 악티노우라늄(AcU)이라고도 부른다]에서 시작하여, 악티늄(^{227}Ac) 등을 거쳐, 납(^{207}Pb)으로 끝나는 것을 말한다. 악티노우라늄 계열이라고도 한다. 이 계열의 핵종의 질량수는 모두 $4n+3$ (n은 자연수)이 된다.

148 알데히드(aldehyde)

카르보닐기> CO의 탄소 원자에 수소 원자가 붙은, 알데히드기(-CHO)를 가진 화합물. 포름알데히드(HCHO), 아세트알데히드(CH_3CHO), 벤츠알데히드(C_3H_6CHO) 등이 있다. 포도당 등 당류의 대부분은 알데히드기를 가진다. 환원성이 있어, 질산은 암모늄 용액을 가하면 은이온이 환원되어서 은을 석출(은경반응). 또 중합하기 쉬워 산화되면 카르본산이 된다.

149 알루마이트(alumite)

알루미늄 합금의 부식을 막기 위하여 양극산화처리법에 의하여 표면에 두께 $10\mu m$ 이상의 산화알루미늄 피막을 피복한 것. 공기 중에서 저절로 생기는 산화알루미늄 피막의 두께 5mm 정도이므로 알루마이트는 인공적으로 산화물 피막을 약 2,000배 이상의 두께로 만든 것이다. 양극 산화처리(알루마이트 처리)는 1923년에 개발된 방법으로 창의 새시 등의 건축자재, 냄비 등의 일용품에 널리 응용되고 있다. 여러 가지 색을 낸 착색 알루마이트도 있다.

150 알루미늄합금(aluminum alloy)

알루미늄을 주성분으로 하는 합금. 밀도는 $2.7g/cm^3$로 강의 약 1/3. 합금원소로서는 요구되는 성질이나 용도에 따라서 구리·망거니즈·규소·마그네슘·아연 등이 쓰인다. 단면적 $1mm^2$의 선으로 60kg 이상의 무게를 달아 올릴 수 있는 높은 강도의 재료도 만들어지고 있어, 가볍고 강한 재료로서 항공기 등의 수송기기에 쓰인다.

151 알칸

⇒ 파라핀탄화수소

152 알칼로이드(alkaloid)

식물체 속에 있는 질소를 함유하는 염기류. 담배잎의 니코틴, 양귀비 열매의 모르핀, 코카인, 나르코틴, 기나나무 수피의 키닌, 싱코닌 등이 있다. 주로 쌍떡잎식물인 양귀비과·꼭두서니과·미나리아재비과·미나리과콩과의 식물에 볼 수 있다. 일반적으로 생리작용이 강하며, 신경계에 작용한다. 소량을 의료에 쓰는 수도 있다. 독성이 강한 것이 많은데 치사량은 체중 1kg당 스트리키닌이 0.75mg, 모르핀이 2mg이다.

153 알칼리(alkali)

보통 수산화나트륨이나 수산화칼륨 등의 알칼리 금속의 수산화물. 이들 화합물은 물에 녹아서 강한 염기성을 나타낸다. 또 알칼리 토류금속의 수산화물, 알칼리금속 탄산염, 암모니아, 아민 등 그 수용액이 염기성을 나타내는 것을 말하는 수도 있다. 염기라고도 부른다.

154 알칼리금속(alkali metals)

주기율표의 1A족에 속하는 리튬·나트륨·칼륨·루비듐·세슘의 총칭. 천연으로는 화합물로서밖에 산출하지 않는다. 은백색으로 녹는점은 낮고 가볍고 무르며, 전기·열을 잘 전한다. 전자 1개를 잃고 안정인 1가의 양이온이 되기 쉬우므로 많은 원소나 화합물과 반응. 물과는 발열을 수반하며 격렬하게 반응하여 수소를 발생하고, 알칼리성이 강한 수산화물의 용액이 된다. 염류 대부분은 물에 잘 녹아 무색의 용액이 된다. 나트륨은 황색, 칼륨은 담자색 등 특유의 불꽃 반응이 있다.

155 알칼리성(alkaline)

수용액에서 수산화물이온(OH^-)의 농도가 수소이온(H^+)의 농도보다 큰 상태. 염기성이라고도 부른다. 주기율표 1A족 원소의 수산화물이나 수산화암모늄 또는 2A족 원소의 수산화물을 물에 녹이면 강한 알칼리성 용액이 얻어지는데, 다른 금속수산화물도 약한 알칼리성을 나타내는 수가 많다.

156 알칼리전지(alkali cells)

① 알칼리 축전지·축전지의 일종으로, 수산화칼륨과 수산화 리튬의 혼합 수용액을 전해액으로 하고, 양극에는 산화니켈, 음극에는 철 또는 카드뮴이 쓰이고 있다 전압은 상온에서 1.2V. 납축전지보다 전압이 낮고 약간 값이 비싸서 불리하지만, 튼튼하고 보수도 간단하므로, 용도가 확대되어가고 있다
② 알칼리망간전지. 비교적 새로운 1차 전지인데, 중앙부에 음극으로서 아연아말감·알칼리 전해액·겔화제의 세 가지를 혼합해서 겔 모양으로 한 것이 섬유로 된 주머니(세퍼레이터)에 들어 있고, 주머니의 바깥쪽에 이산화망간과 그라파이트와의 혼합물로 된 양극이 있다. 전압은 1.5V로 망간전지와 같고 지속시간은 약 2배이다.

157 알칼리토류금속(alkaline earth metals)

칼슘·스트론튬·바륨·라듐의 4원소의 총칭. 모두 주기율표의 2A족에 속한다. 은백색으로 비교적 무르며, 알칼리금속보다 녹는점은 상당히 높다. 물속에서 안정인 무색의 2가의 양이온이 된다. 물·산소와 반응하는데, 그 반응은 알칼리금속처럼 격렬하지 않다. 질소와는 고온에서 질화물을 만든다. 수산화물은 물에 녹아서 강알칼리성을 나타내는데, 염기성은 알칼리 금속 다음으로 강하다. 탄산염이나 황산염은 물에 잘 녹지 않는데, '토류'라는 이름은 이들 원소의 염류가 흙과 비슷하여 불연성이고, 물에 잘 녹지 않는다는 데서 온 것이다. 특유의 불꽃반응이 있다.

158 알켄

⇒ 올레핀탄화수소

159 알코올(alcohol)

탄화수소의 수소를 수산기(-OH)로 치환한 화합물. 메탄올(CH_3OH), 에탄올(CH_3CH_2OH) 등이다. 물과 섞이기 쉬우며 유기용매에도 섞이기 쉽다. 벤젠핵에 OH가 붙은 방향족 화합물은 페놀이라 하여 알코올과는 구별. 보통 알코올이라고 하면 주로 에탄올을 의미한다.

160 알킨

⇒ 아세틸렌계 탄화수소

161 알킬기(alkyl group)

알칸의 분자에서 수소 원자 1개를 제거한 나머지. 처음에는 화합물의 이름을 붙이기 위한 약속이었는데, 지금은 기체반응 등에서 짧은 수명의 유리알킬기가 현실로 있다는 것이 알려져 있다. 이름은 원래의 알칸 어미의 ane(안)을 yl(일)로 바꾸어서 부른다. 메테인(CH_4)에서 메틸기 $-(CH_3)$, 에테인(CH_3CH_3)에서 에틸기($CH_3CH_2 -$), 프로페인($CH_3CH_2CH_3$)에서는 프로필기($CH_3CH_2CH_2 -$)와 이소프로필기($(CH_3)_2CH -$)가 생긴다. 기호 R로 나타내지는 수가 흔히 있는데, 예컨대 알킬벤젠의 일반식은 C_6H_5R이다. 알킬기의 조각인 전자는 1개이므로 쌍이 되지 않고 전자의 스핀에 의한 자성이 지워지지 않고 남아 있기 때문에 상자성을 나타낸다.

162 암모니아소다법

⇒ 솔베이법

163 압력(pressure)

물속에서 물체의 표면은 물로부터 그 표면에 수직인 방향으로 힘을 받는다. 우리의 몸의 표면은 대기로부터 그 표면에 수직 방향의 힘을 받고 있다. 이들 힘의 단위면적당 크기를 압력이라 하며, 각각을 수압, 대기압(기압)이라 한다. 일반적으로 물체의 표면 또는 물체의 내부의 임의의 면이 서로 이웃한 부분에서 받는 힘 가운데 그 면에 수직인 단위 면적당의 힘을 압력이라 한다. 특히 정지유체는 변형에 대한 저항이 없다는 데서 어떤 면에 정지유체가 미치는 힘은 그 면에 항상 수직이다. 압력을 나타낼 때 쓰는 단위는 SI 단위계에서는 파스칼(Pa)이며, 대기압의 경우에는 밀리바르(mb)이다.

164 압전세라믹스(piezoelectric ceramics)

기능성 세라믹스. 티탄산바륨이라든가 PZT(티탄산 납과 지르코늄산 납의 고용체) 등의 미결정을 성형한 다음, 소결시켜서 세라믹스로 만든 것. 일정 방향으로 힘을 가하면 변형하여 변형력에 비례한 유전분극이 생기고, 반대로 전압을 가하면 변형이 생기므로 압전소자로서 사용. 두들겨서 급격한 변형을 일으키면 높은 전압이 발생하기 때문에, 방전에 의한 불꽃을 이용하여 라이터의 착화에 쓰이고 있다. 또 연속적으로 전압을 가하여 압전 부저, 초음파발진자로 쓰기도 하고, 공진현상을 이용하여 라디오나 텔레비전의 주파수 필터 등에도 쓰이고 있다.

165 액정(liquid crystal)

결정과 액체의 중간적인 성질을 지닌 상태. 물질의 존재 상태의 하나. 길고 잘 굽지 않는 분자로 된 물질에서 일어나기 쉽다. 겉보기에는 탁하거나 끈기가 있는 액체와 같은데 보통의 액체의 분자는 방향이나 배열이 제멋대로인 데 대하여, 액정에서는 분자의 축의 방향이 가지런하거나, 축의 방향에 일정한 질서가 있거나 한다. 이와 같은 분자의 배열방식에 따라 네마틱(축의 방향만이 가지런하다), 스멕틱(방향이 일정한 분자가 나란히 층을 이룬다), 콜레스테릭(가지런한 축의 방향이 변해간다)의 3종류로 나누어진다. 고분자의 용액이라든가 생체중의 막 등을 포함하여, 수천 종의 화합물이 액정이 된다는 것이 알려져 있다. 전압을 걸면 분자의 배열이 변하는 유형의 액정을 시계·전자계산기·워드프로세서 등의 문자 표시에 쓰며, 또 온도 변화로 색이 변하는 유형의 액정을 온도 표시에 이용하고 있다.

166 액화(liquefaction)

① 기체가 냉각 또는 압축에 의하여 액체가 되는 것. 주로 상온(약 25℃)에서 기체인 물질을 액체로 만드는 것을 말하는데, 상온에서 액체인 물질이 기체에서 액체가 될 때에는 응축이라 부르는 수가 많다. 일반적으로 기계는 일정한 온도 T_c (임계온도라 하며, 물질에 따라 일정하다) 보다 낮은 온도에서 압력을 주면 분자끼리가 충돌해서 결합하여 액화한다. 그러나 T_c보다 높은 온도에서는 아무리 압력을 주더라도 액화하지 않는다. 예컨대 T_c가 상온보다 높은 기체는 염소 (T_c = 144.4℃), 암모니아(132.4℃), 프로테인(96.0℃), 프론(클로로디플루오로메테인 96.0℃) 등인데, 상온에서 가압하면 액화한다. 그러나 T_c가 상온보다 낮은 질소(T_c =− 147.0℃), 산소(−118.57℃), 헬륨(−267.96℃) 등은 상온에서 가압하는 것만으로는 액화하지 않는다.
② 석탄 등의 고체를 화학처리에 의하여 액체 상태로 바꾸는 것이다.

167 액화기체(liquefied gas)

상온·상압에서 기체인 물질을 냉각이나 압축에 의하여 액화한 것. 상온에서 압축하는 것만으로 간단히 액화하는 기체, 예를 들면 프로테인이나 암모니아 등과 상온에서 압축하더라도 그것만으로는 액화하지 않는 기체·질소·산소나 헬륨 등이 있다. 후자와 같은 기체를 액화하는 데에는 기체를 충분히 압축해 놓고 좁은 구멍으로 세차게 분출시킨다. 급격히 팽창한 기체는 온도가 크게 저하하므로 액화한다. 기체는 액화하면 체적이 약 1,000분의 1이 되기 때문에 프로판이나 암모니아 등은 액화하여 보존이나 운반을 한다. 액체질소(77.35K)와 액체헬륨(4.25K)은 극저온을 얻는 냉각재로서, 프레온가스와 함께 냉장고나 에어컨 등의 냉매로 쓰인다.

168 액화석유가스(liquefied petroleum gas)

원유 중에는 메테인·에테인·프로테인·부탄 등 상온에서 기체인 탄화수소가 녹아 있다. 원유를 증류하여 이것들을 추출, 그 중 주로 프로테인·부탄 등의 성분을 연료용으로 액화한 것. LPG라고도 부른다. 택시용의 연료와 가정용의 프로테인 가스도 대부분 이 액화석유가스가 사용된다.

169 액화천연가스(liquefied natural gas)

천연가스를 액화한 것, LNG라고도 부른다. 주성분은 메테인(CH_4). 메테인은 가장 분자량이 작은 탄화수소이므로, 액화하면 기체일 때에 비하여 체적이 아주 작아진다(약 1/4). 그 때문에 저장이나 수송에는 액화하면 편리. 액체인 메테인의 온도는 −164℃이고, 또한 액체를 기체로 바꿀 때에는 대량의 기화열을 필요로 하므로, 저온을 만들어내는 데에 편리하다. 이것을 냉열이라 하고 이것을 이용하여 냉동식품을 만들고 있다.

170 양극(anode)

아노드라고도 한다.
① 전자관에서 음극에 대하여 높은 전위로 유지되어 전자를 흡수하는 전극
② 용액이나 반도체에 전류를 흐르게 하기 위하여 전류의 출입구로 삼는 도체를 전극이라 하는데, 전류가 용액이나 반도체를 향해서 흘러나오는 극을 양극이라 부른다. 용액의 전기분해에서는 산소가 발생하고 있는 전극. 식염 전해에서는 염소가 발생하고 있는 전극. 다만, 전지에서는 밖의 도선을 향하여 전류가 흘러나가는 전극을 양극(극이라 하는 수가 많다)이라 한다. 그리고 영어로는 전지의 경우 이쪽을 카소드(cathode)라 부른다. 혼란을 피하기 위하여 전지예서는 +극을 쓰는 것이 좋다.

171 양성산화물(amphoteric oxide)

염기에 대해서는 산성, 산에 대해서는 염기성을 나타내는 산화물. Al, Si, Zn, Ga, Sn, Pb, As, Sb 등 금속과 비금속의 중간의 성질을 가진 원소의 산화물이라든가 천이원소의 중간 정도의 산화물이라든가 천이원소의 중간 정도의 산화수의 산화물이 이에 해당. 예를 들면, 알루미늄의 산화물인 산화알루미늄(Al_2O_3)은 염산과 $Al_2O_3 + 6HCl \rightarrow 2AlCl_3 + 3H_2O$, 수산화나트륨과 $Al_2O_3 + 2NaOH \rightarrow 2NaAlO_2 + H_2O$같이 반응한다.

172 양성수산화물(amphoteric hydroxide)

산에 대해서는 염기성, 염기에 대해서는 산성을 나타내는 수산화물. 수산화알루미늄 $Al(OH)_3$, 수산화아연 $Zn(OH)_2$ 등이 그것인데, 양성산화물이 수화한 물질이다. $ZnO + H_2O \rightarrow Zn(OH)_2$. 그것들은 H_3AlO_3, H_2ZnO_2라고도 쓸 수 있으며 산으로서도 작용한다.

173 양성자(proton)

플러스의 전기 소량을 가진 질량수 1의 소립자. 프로톤이라고도 부른다. 질량 1.6725×10^{-24} g(전자질량의 1,836배). 수소의 원자핵을 이루며, 일반 원자핵의 구성 입자. 자유 상태에서는 안정되어 있지만 핵반응을 일으키며, 양전자와 뉴트리노를 방출하여 중성자로 변한다.

174 양성원소(amphoteric element)

산화물이나 수산화물이 산성과 염기성의 양쪽 성질을 가지는 원소. 알루미늄(Al), 아연(Zn), 주석(Sn) 등 주기율표에서 금속과 비금속의 경계 가까이에 있는 원소이다.

175 양이온(cation, positive ion)

원자나 원자단이 전자를 하나 또는 그 이상 잃은 상태. 카티온이라고도 한다. 잃은 전자의 개수를 양이온의 가수라 한다. 중성 상태에서 양이온 상태로 되는데 요하는 에너지를 이온화에너지라 부른다. 알칼리 금속에 속하는 원소는, 선자를 쉽게 잃어 K^+, Na^+와 같은 양이온이 된다. 칼슘이나 마그네슘은 바깥쪽에 있는 2개의 전자가 떨어져서, Ca^{2+}, Mg^{2+}와 같은 2가의 양이온이 된다. Al^{3+}와 같이 3개의 전자가 떨어진 3가의 양이온도 있다.

176 양자 수(quantum number)

원자분자 등을 양자론으로 다루는 경우, 정상상태를 특징짓는 물리량의 값은 연속적인 값을 취할 수가 없고 불연속인 값만이 허용된다. 이때 상태가 양자화되어 있다고 말하고 허용되는 값을 양자 수라 한다. 예컨대, 원자의 정상상태는 에너지에 관계되는 주양자 수와 궤도각 운동량의 크기를 나타내는 방위양자 수, 그 성분을 나타내는 자기양자 수 및 스핀 양자 수로 그 성분에 따라서 지정된다. 두 상대 간의 천이는 양자 수끼리의 관계가 어떤 조건을 충족시키는 경우에만 일어날 수 있다.

177 에스터(ester)

알코올(ROH)와 카복시산($R'COOH$)이 반응할 때, H_2O가 떨어져서 이루어지는 $R-O-CO-R'$의 구조를 가진 화합물의 총칭(R, R′는 알킬기). 예컨대, 에탄올과 아세트산이 반응하면 아세트산 에틸이라는 에스터가 생성된다.
$C_2H_5OH + CH_3COOH \rightarrow C_2H_5OCOCH_3 + H_2O$
에스터는 좋은 향기를 가지는 것이 많은데. 아밀알코올과 아세트산으로 이루어지는 아세트산아밀은 바나나 향기가 난다. 에스터는 산이나 알칼리로 가수 분해된다.

178 에어로졸(aerosol)

기체 속에 떠 있는 매우 미소한 고체 또는 액체의 입자 또는 그것이 떠 있는 기체로 포함한 전체. 대기 중의 에어로졸은 보통 지름 $0.001 \sim 100 \mu m$(1mm)의 크기의 입자가 모인 것인데 지표에서 날아온 모래나 먼지, 바닷물의 비말, 화산의 분연, 화분이나 세균 등 자연물이 기원인 것과 공장·자동차 등의 배출물 등 인공물이 기원인 것이 있다. 또한 우리의 방전으로 생기는 것이라든가 우주진 등 그 종류는 매우 많다. 에어로졸은 수증기의 응결핵이나 빙정핵이 되는 수가 있고, 안개를 발생시켜 시정을 악화시켜 교통에 장해를 주는 수가 있다.

179 에테르(ether)

① 어원은 상공의 맑은 대기. 고대의 그리스에서는 태양·달·별 등을 이루고 있는 질량이 없는 물질인 것으로 되어 있었다. 아이테르라고도 한다.
② 근대에는 빛·전기·자기를 전하는 것으로 생각되었다. 빛은 진공 속에서도 전해지므로, 에테르는 진공과 물질 속에도 있다. 또 빛은 횡파이므로, 에테르는 굴기도 가져야만 한다. 이와 같은 에테르의 존재는 마이켈슨-몰리의 실험에 의하여 부정되었다.
③ 현대에는 $C-O-C$ 결합(에테르 결합)을 가진 유기분자. 보통은 디에틸에테르($C_2H_5OC_2H_5$, 끓는점 34.5℃, 녹는점 −116.3℃)를 가리킨다. 향기가 있는 휘발성의 액체로 물에 조금밖에 녹지 않으므로 수용액 속의 유기물을 추출하는 용제로 쓰인다. 약한 마취작용이 있다.

180 엔지니어링플라스틱(engineering plastics)

플라스틱은 가정용품, 건축용 재료 외에 기계부품·전자부품 등으로 쓰이고 있다. 기계부품·전자부품 등에 쓰는 플라스틱은 잘 마모하지 않고 강도가 크며, 열에 강하다는 점 등 가정용품보다 더욱 뛰어난 성능을 필요로 한다. 그와 같은 용도에 쓰이는 플라스틱을 엔지니어링 플라스틱이라 부른다. 6.6-나일론, 폴리부틸렌텔 페프탈레이트, 폴리카보네이트, 폴리술폰 등 수많은 엔지니어링 플라스틱이 개발되어 있다.

181 역반응(reverse reaction, backward reaction)

반응 물질 A와 B에서 생성 물질 C와 D가 생기는 화학반응($A+B \rightarrow C+D$)을 정반응이라 부를 때, 그 반대 방향인 원래의 상태로 되돌아가려는 반응($C+D \rightarrow A+B$)을 역반응이라 한다.

182 연료전지(fuel cell)

외부로부터 연료와 산화제를 연속적으로 공급하여 화학 에너지를 직접 전기에너지로 변환하는 장치. 음극 쪽에는 연료로서 수소·알코올·히드라딘 등이 쓰이고, 양극 쪽에는 산화제로서 산소나 공기가 쓰이고 있다. 화력발전에 비하여 보다 효율적으로 화학에너지를 전기에너지로 바꿀 수가 있으므로 장래의 에너지 변환계의 호프로 여겨져 변환효율의 향상, 장치의 대형화를 지향하여 연구되고 있다. 또 화력발전은 소규모가 되면 효율이 떨어지는데, 연료전지에서는 내려가지 않으므로 소규모 발전에 적합하다.

183 연성(extensibility)

물체의 변형이 원래의 상태로 되돌아가는 한계를 넘어서 잡아 늘여지는 성질. 플라스틱이나 유리 등은 강한 힘을 가해서 변형시켰을 때 변형이 어떤 한계를 넘으면 부서져 버린다. 이것은 연성이 작기 때문. 금속의 경우는 계속 잡아 늘여져 간다. 왜냐하면 금속은 큰 변형을 시켜도 그 형상 그대로 금속 원자 사이에 강한 결합이 새로 생긴다는 특유의 성질을 가지기 때문이다. 예컨대 구리와 아연의 합금인 황동은 가공이 쉬워, 수공예 제품을 만들며, 금은 특히 연성이 뛰어나 비쳐 보일 정도로 두들겨 늘려서 금박으로 만들 수가 있다.

184 연소열(heat of combustion)

석탄·석유·프로테인 등의 연료가 공기 속에서 연소하면 이들 물질의 성분이 공기 속의 산소와 반응하여 반응열을 발생한다. 어떤 물질 1몰이 상온에서 산소에 의하여 완전히 연소할 때의 반응열을 연소열이라 한다. 연소열은 반드시 발열인데, 이 값이 큰 것일수록 연료로서 효과적이다.
[참고] 연소열(kcal/mol) : 수소 68.3, 흑연 94.1, 메테인 212.8, 프로테인 53.06, 아세틸렌 310.6

185 연쇄반응(chain reaction)

몇 가지 반응이 연속적으로 일어나 하나의 반응으로 생긴 물질이 다음 반응에 쓰이고 이렇게 해서 생성한 물질이 다시 원래의 반응을 일으키는 사이클을 그리면서 전체적으로 진행하는 반응. 예컨대, 염소와 수소에서 염화수소가 생기는 반응

$(Cl_2 + H_2 \rightarrow 2HCl)$이 그것이다. 먼저 염소 분자가 열이나 빛으로 해리하여 염소 원자가 생기고$(Cl_2 \rightarrow 2Cl)$, 그것이 수소 분자와 반응하여 염화수소와 수소 원자를 생성한다$(Cl + H_2 \rightarrow HCl + H)$. 이렇게 해서 생긴 수소 원자가 염소 분자와 반응하여 염화수소와 염소 원자가 생기고$(H + Cl_2 \rightarrow HCl + Cl)$, 염소 원자가 다시 수소 분자와 반응하려는 식으로, 염소와 수소의 원자를 연결로 삼은 반응이 되풀이되어 사이클을 그리면서 전체적인 반응이 진행되어 염화수소가 생성된다. 폭발·연소·중합 등의 대부분 화학반응은 이와 같은 연쇄 반응이다.

우라늄 235나 플루토늄 239의 핵분열은 1개의 원자핵의 분열로 튀어나온 중성자가 다른 핵의 분열을 일으켜 잇따라 핵분열이 진행한다. 하나의 핵분열로 튀어나오는 중성자의 수는 평균적으로 1개 이상이므로 이것들이 모두 다음 핵분열에 쓰인다면 핵분열은 기하급수적으로 확대한다. 이때 다음 핵분열까지의 시간이 극히 짧은 경우의 반응이 핵폭발이며 튀어 나가는 중성자의 움직임을 제어하여 반응이 일정한 비율로 진행하도록 한 것이 원자력발전에 쓰이고 있다.

186 열가소성(thermoplasticity)

상온에서는 고체이고 모양이 허물어지지 않지만 가열하면 물러져서 모양이 바뀌기 쉬워지고 식히면 굳어지는 성질. 이 성질을 가진 물질로는 유리, 엿 외에, 폴리에틸렌, 폴리프로필렌, 폴리스틸렌, 폴리염화비닐 등의 열가소성 수지가 포함된다. 이것들은 온도를 올려 연화된 상태에서 눌러내어 성형기 등으로 틀에 넣고, 냉각시킨 후 꺼내면 성형이 용이하다. 단점은 고온에서 장시간 사용하면 강도가 떨어지고 모양이 허물어지는 것이다.

187 열경화성(thermosetting)

고분자 화합물인 페놀수지, 불포화 폴리에스테르수지, 에폭시수지, 요소수지, 메라민수지 등은 가열하면 사슬과 사슬 사이에 다리가 놓이는 분자구조로 바뀌므로, 힘을 가하더라도 변형하지 않고, 또 온도를 올리더라도 녹지 않으며, 용매에도 녹지 않게 된다. 이와 같은 성질을 열경화성이라 한다. 열경화성 수지를 점성을 지닌 액상일 때 형에 넣고, 후에 열을 가해서 굳히면 튼튼한 그릇이 된다.

188 열량(quantity of heat)

물질의 내부에너지가 물질과 외부와의 온도 차에 의하여 물질에서 나가거나 들어가거나 할 때에 그것을 열이라 하고, 그 양을 열량이라 한다. 보통 칼로리로 나타내는 수가 많은데. 국제단위계(SI)에서는 에너지나 일의 일반적 단위인 줄(J)로 나타내게 되었다(1kcal=4.1855J). 석탄·석유 등 연료가 연소하면 다량의 열량이 얻어진다. 생체가 운동하거나 체온을 유지하기 위해서는 식품의 체내 연소에 의한 열량이 이용된다. 식품의 열량을 대문자(머리글자 말)의 칼로리(cal)로 나타낼 때에는 흔히 킬로칼로리(kcal)를 가리킨다.
[참고] 양소 1g당의 열량 : 탄수화물 3.8~4.2kcal, 지방 8.4~9.4kcal, 단백질 3.4~4.3kcal

189 열량계(calorimeter)

열량 특히 물질의 비열이나 잠열, 연소열 등의 측정에 쓰이는 장치. 칼로리미터라고도 부른다. 측정의 방법으로 여러 가지가 있는데, 열용량을 알고 있는 물체를 쓰는 방법도 그 하나이다. 열용량이 C인 물체를 열량계로써. 그 온도가 t_1에서 t_2까지 상승했다면, 열량계에 흘러든 열량 $Q = (t_1 - t_2)$의 관계로 구해진다. 열용량을 알고 있는 물질로서 물을 쓰는 물열량계나 금속(보통은 구리)을 쓰는 금속열량계 등이 있다. 얼음의 융해나 물의 기화를 이용하는 열량계도 있다.

190 열분해(thermal decomposition)

가열에 의하여 어떤 화합물이 더욱 간단한 화합물이나 단체(원소)로 분해하는 것. 예를 들어, 가열에 의하여 탄산칼슘이 산화칼슘(생석회)과 이산화탄소로, 메테인이 수소와 탄소로 분해되는 예 등이 있다. 이것들은 각각 생석회와 수소의 공업적 제법에 이용되고 있다. 석유공업에서 중유를 열분해하여 가솔린을 얻는 반응, 나프타를 열분해하여 에틸렌 프로필렌 등을 얻는 반응도 중요하다. 이것들을 특히 크래킹이라 부른다. 열분해는 흡열 반응이므로, 고온이 될수록 활발해진다.

191 열용량(heat capacity)

물체를 가열하여 따뜻하게 할 때 물체의 온도를 1K 올리는 데 필요한 열량. 물체는 열용량이 클수록 쉽게 따뜻해지지 않고, 쉽게 식지 않는다. 한결같은 물질로 이루어지는 물체의 열용량은 물체의 질량에 비례한다. 비례 상수는 물질에 따라서 서로 다른 값을 취하는데, 이것을 비열이라 한다. 즉, 비열을 c(cal/g·K), 질량을 M(g)라 하면, 열용량은 M_c(cal/K)로 얻어진다.

192 열평형(thermal equilibrium)

가열한 돌을 물에 넣으면 차츰 돌이 식고 물이 따뜻해져서 얼마 지나면 양쪽의 온도가 같아지고 그 이상 변화하지 않게 된다. 이처럼 접촉시킨 두 물체의 상태가 시간이 지나도 변화하지 않게 되었을 때 두 물체는 열적인 균형의 상태, 즉 열평형에 있다고 말한다. 열평형에 있는 두 물체의 온도는 서로 같다. 물체를 접촉시켜 두고, 충분히 시간이 지나면 반드시 열평형에 달한다.

193 열화학방정식(thermochemical equation)

화학반응에 따르는 반응열은 반응하는 물질과 생성하는 물질의 에너지의 차가 열이 되어서 나타나는 것이므로 화학반응식과 반응열을 하나의 식으로 나타낼 수가 있다. 이 식을 열화학방정식이라 한다. 예컨대, 수소와 산소에서 액체인 물이 생성하는 반응의 반응열은 발열로 286kJ/mol이므로, $H_2(g) + 1/2O_2(g) = H_2O(l) + 286kJ$라 쓴다. 이 열화학방정식에서 H_2, O_2, H_2O는 각각 물질 1몰의 내부 에너지까지도 나타내고 있다. 기체(g), 액체(l), 고체(s)의 상태로 적어 놓는다. 반응열의 단위로서는 cal/mol도 쓰인다.

194 염(salt)

산과 염기의 중화반응에 의하여 물과 함께 생기는 물질로 산의 수소가 금속 또는 암모늄기($-NH_4$)와 같은 염기성의 기로 치환된 것 또는 염기의 수산기(-OH)가 산기(산에서 수소를 뗀 나머지)로 치환된 것으로 생각할 수 있다. 산 또는 염기의 가수가 1보다 클 때는 중화가 완전한 정염과 불완전한 산성염 또는 염기성염이 있다.
$2KOH + H_2SO_4 \rightarrow K_2SO_4 + 2H_2O$ (정염)
$NaOH + H_2SO_4 \rightarrow NaHSO_4 + H_2O$ (산성염)
$Mg(OH)_2 + HCl \rightarrow MgCl(OH) + H_2O$ (염기성염)
그리고 정염이라도 수용액의 성질은 산성 또는 염기성인 수가 흔히 있으며, 또 이름은 산성염이라도 수용액에서는 염기성인 수도 있다[예 탄산수소나트륨($NaHCO_3$)]. 2종 이상의 염으로 이루어졌다고 생각되는 염도 있는데, 명반 $[AIK(SO_4)_2 \cdot 12H_2O]$과 같은 복염과 페르시안화칼륨$\{K_4[Fe(CN)_6]\}$과 같은 착염으로 분류된다. ⇒ 산·염기

195 염기(base)

① 물에 녹이면 수산화물 이온(OH)을 해리하는 물질. 예컨대, 수산화나트륨(NaOH)은 물에 녹으면 $NaOH \leftrightarrow Na^+ + OH^-$ 되어 OH-가 나오므로 염기. 염기 BOH의 세기는 $BOH \leftrightarrow B^+ + OH^-$로 나타내지는 해리가 평형에 달했을 때 농도 사이의 비$[B^+][OH^-]/[BOH]$($[B^+]$는 B^+의 농도를 나타낸다)의 크기로 결정. 이 비를 해리평형상수라 한다. 알칼리원소의 수산화물이나 수산화바륨의 해리평형상수는 매우 커서 강염기이다. 전이원소의 수산화물이나 수산화암모늄은 약염기 ⇒ 산·염기
② 핵산이나 누클레오티드에서는 그 구성요소인 피리미딘핵 또는 프린핵을 가진 부분이 보통 염기성인데서 당 부분이나 인산 부분과 구별하여 염기라 부른다. 그 염기는 프린염기와 피리미딘 염기로 대별되는데, 전자에는 아데닌·구아닌, 후자에는 시토닌·티민·우라실 등이 있다. 이들 염기의 배열은 DNA나 RNA에서의 유전정보를 형성한다.

196 염기성(basic)

원래는 산의 작용을 없애는(중화하는) 성질을 나타내는 형용사였는데, 과학의 진전에 따라서 그 정의가 바뀌었다. 1884년 아레니우스는, 물에 녹아서 OH^-(수산화물 이온)를 내는 물질을 염기, H^+(수소이온)를 내는 물질을 산이라 정의하였다. 1923년 브렌스 테즈는 H^+를 받는 성질을 염기성으로 보았다. 동년 루이스는 상대방에게 전자쌍을 주어서 화학결합을 하는 성질을 염기성으로 하였다. 알칼리성이라는 말은 염기성과 대략 같은 뜻을 나타내지만, 수용액의 경우에 쓰이는 수가 많다. 염기성이라는 말은 최근에는 수용액뿐만 아니라 물 이외의 물질을 용매로 하는 액이라든가 융해염의 경우에도 쓰인다. 융해염에서는 금속원소의 산화물에 염기성 산화물이 많으며, 산화수가 작은 산화물, 예컨대 Na_2O, MgO, CaO, FeO, Fe_2O_3 등에서는 염기성이 현저하다.

197 염석(salting out)

어떤 물질의 수용액에 전해질(염)을 첨가함으로써 물속에 녹아 있는 물질을 석출시키는 것. 비누의 수용액에 다량의 식염을 가해서 비누를 석출 고화시키는 것은 염석의 대표적인 예이다.

198 염화코발트지(cobalt chloride paper)

염화코발트(Ⅱ) $CoCl_2$ 수용액을 여지에 스며들게 해서 건조시킨 것. 건조해 있으면 청색($CoCl_2 \cdot H_2O$의 색)이지만 습기를 흡수하면 무색에 가까운 담홍색($CoCl_2 \cdot 6H_2O$의 색)이 된다. 건습도를 간단히 확인하는 데 쓰인다.

199 오존층(ozonosphere)

성층권의 높이 약 25km를 중심으로 하여 대기에 오존(O_3)이 많이 포함되어 있는 영역. 대기의 산소 분자(O_2)의 일부가 태양의 자외선에 의하여 2개의 산소 원자(O)로 갈라져, 그 O와 O_2가 결합하여 O_3가 되기 때문에 만들어진다. 성층권의 온도나 권계면의 높이는 오존층이 태양 방사를 흡수하는 양에 따라서 결정된다. 또 인체에 유해한 자외선이 지상에 닿지 않는 것은 오존층에 의한 흡수 덕이다. 오존의 양은 태양의 자외선이 강한 저위도보다도 고위도 쪽이 많은데, 이것은 성층권의 대개가 운동하고 있기 때문이다. 최근 초음속제트기에서 나오는 질소산화물이나 프레온가스 속의 염소 원자가 오존층을 파괴하고 있다는 경고가 있다.

200 옥시단트(oxidant)

대기오염의 원인 중 하나인 물질. 햇살이 강할 때 나타나며 광화학옥시단트라고도 부른다. 공장이나 자동차의 배기가스 등에서 나오는 탄화수소, 질소화합물 NO가 함유되어 있는 대기에 햇빛의 자외선이 쬐어, 광화학반응으로 생긴 과산화물인 것으로 알려져 있다. 주된 성분은 오존인데, 그밖에 페르옥시아세틸니트라트(PAN), 이산화질소 등을 함유하고 있다. 0.1ppm 정도부터 인체의 눈이나 호흡기에 영향을 주고, 0.13ppm일 때 천식의 발작이 최고가 되는 것으로 알려져 있다. 옥시단트 발생을 막기 위하여 공장이나 자등차 등에 대한 배기가스 규제가 필요하다.

200 옥시단트(oxidant) 옥탄가(octane number)

가솔린의 품질을 결정하는 기준의 하나. 가솔린을 내연기관에서 쓰면, 불안정한 폭발을 일으키는 수가 있다. 이것을 노킹이라고 하는데, 이소옥탄을 쓰면 노킹이 적고, n-헵탄을 쓰면 가장 많다. 그래서 이소옥탄을 옥탄가 100으로 하고, n-헵탄을 옥탄가 0으로 하여, 중간의 옥탄가는 양자의 혼합비를 바꾸어서 만들어낸다. 이것을 가솔린의 품질기준으로 삼고 있다.

202 온실효과(greenhouse effect)

대기 하층의 기온은 상층에 있는 대기가 방사하는 적외선 때문에, 상층대기가 없다고 가정했을 때보다도 고온이 된다. 이것은 온실의 유리가 태양의 빛은 잘 투과시키지만, 밖으로 나가는 열복사를 흡수하여 그 일부를 온실 안으로 되돌려보내고 있는 것과 매우 흡사하므로 온실효과라 부른다. 특히 대기 속의 수증기나 이산화탄소(CO_2)는 태양의 빛은 잘 통과시키지만 지표에서 방사하는 적외선을 흡수하고 그 대신 적외선을 방사한다. 그 때문에 수증기나 이산화탄소의 양이 증가하면 대기의 하층의 기온은 올라가고 상층의 기온은 내려가게 된다. 금성의 표면 온도는 480℃라는 고온인데, 이것은 이산화탄소를 주성분으로 하는 진한 금성 대기의 온실효과에 의한 것으로 생각된다. 인간이 다량으로 석탄이나 석유 등 화석연료를 쓰기 때문에 대기 속의 이산화탄소의 농도가 증가하고 있어, 그 온실효과로 21세기 중엽 무렵에는 지구의 기온이 2~3℃ 상승할 것이라는 우려가 나왔다. 대기 속의 메테인·질소산화물·프레온가스 등도 증가하고 있는데, 이것들은 수증기나 이산화탄소가 흡수하지 않는 7~13μm의 적외선을 흡수하므로 온실효과를 더욱 높이는 것으로 생각되고 있다.

203 올레핀탄화수소(olefin hydrocarbons)

2중 결합을 하나 가진 탄화수소. 일반식 C_nH_{2n}. 에틸렌계 탄화수소, 알겐, 알킬렌 등이라고도 부른다. 탄소 원자수가 가장 적은 올레핀탄화수소는 $n = 2$인 에틸렌 $H_2C = CH_2$, 다음은 프로필렌 $H_2C = CH - CH_3$이다. 2중 결합을 가지기 때문에 부가반응을 받기 쉬워, 에틸렌에 수소가 부가하여 에테인(H_2H_6)으로, 브로민이 부가하여 브로민화 에틸렌($C_2H_4Br_2$)이 되는 등의 예가 있다.

204 아이오딘녹말반응(iodostarch reaction)

녹말 용액과 아이오딘에 의하여 생기는 청색의 반응. 녹말의 종류에 따라서 자색에 갈색가지의 색을 나타낸다. 이 색은 가열하면 사라지고, 냉각하면 색이 난다. 이것은 아이오딘의 분자가 녹말의 나선구조에 의하여 둘러싸여 포접화합물(클라스레이트)을 이루기 때문이다. 가열하여 나선 구조가 느슨해지면 색이 사라진다. 이 반응은 극히 미량의 아이오딘에 대해서도 예민하므로 아이오딘 적정이나 아이오딘의 검출에 이용된다.

205 용매(solvent)

여러 가지의 물질을 녹여 용액을 만드는 데 쓰는 액체. 이때 녹여지는 물질이 용질. 용매에는 식염과 같은 무기전해질이라든가 설탕과 같은 유기 물질을 잘 녹이는 물, 파라핀이나 지방과 같은 탄화수소와 물에 불용성인 유기물을 잘 녹이는 벤젠, 석유에테르와 같은 유기용매, 그리고 그것들의 중간적 성질인 에탄올 등이 있다.

206 용액(solution)

2종류 이상의 물질이 서로 균일하게 섞인 액체. 용액은 보통, 고체, 액체 또는 기체를 액체에 녹여서 만들어지는데, 티오황산나트륨($Na_2S_2O_3 \cdot 5H_2O$)의 결정과 같이 고체를 가열(48℃)하는 것만으로 자기 자신의 결정수($5H_2O$) 속에 녹아서 용액이 되는 것도 있다. 고체나 기체가 액체에 녹는 경우에는 고체나 기체 쪽을 용질, 액체 쪽을 용매라 부르는데, 알코올이 물에 녹는 경우와 같이 액체끼리가 서로 녹는 경우에는 양이 적은 쪽을 용질, 양이 많은 쪽을 용매라 부른다. 용매가 물이나 알코올인 경우에는 각각 수용액, 알코올용액이라 부르는데, 용질의 종류에 따라서 식염수용액, 수크로오소(설탕)용액 등이라 부르는 수도 있다. 용액은 좁은 의미로는, 용질이 분자상 또는 이온상으로 녹은 것을 말한다. 파라핀이나 황처럼 물에 녹지 않는 것이 미립자(지름 대략 1~100nm) 모양으로 물에 섞인 것을 콜로이드용액(졸)이라 부르고 있는데, 이것도 넓은 의미로는 용액 속에 포함된다.

207 용해도(solubility)

포화용액 중 용질의 농도. 용매·용질에 따라서 서로 다른 값을 가진다. 또 용질이 고체나 액체의 용해도는 온도에 따라서 일정한 값을 취하는, 즉 온도만의 함수인데, 기체의 용해도는 온도와 압력의 함수이다. 고체나 액체의 물에 대한 용해도는 온도가 올라가면 증가하는 것이 많은데, 기체의 용해도는 일반적으로 온도가 올라가면 감소한다. 단위로서는 용매가 올라가면 감소한다. 단위로서는 용매 100g에 대한 용질의 양(용매가 물이라면 g/100g H_2O라 쓴다)라든 용액의 무게에 대한 용질의 무게의 백분율(%) 등을 쓴다.

208 우라늄계열(uranium series)

방사성핵종의 붕괴 계열의 하나로, 우라늄 238(^{238}U)에서 시작하여 라듐 226(^{226}Ra) 등을 거쳐 납 206(^{206}Pb)으로 끝나는 것. 우라늄–라듐 계열이라고도 부른다. 이 계열의 핵종의 질량수는 모두 $4n+2$(n은 자연수)가 된다.

209 원소(element)

물질을 구성하고 있는 기본적인 입자로서의 원자에는 몇백 개의 종류가 있는데, 그것 중에서 화학적으로 동종의 원자를 통틀어서 원소 또는 화학원소라 부른다. 원자 번호가 같은 것은 원자핵에 포함되는 양성자의 수가 같은 원자를 통틀어 가리키는 것이다. 현재까지 109종친 원소의 존재가 확인. 이 중 자연계에서 안정적으로 존재하는 것은 83종이고, 그 밖의 것은 천연방사성원소 또는 인공적인 핵반응에 의하여 만들어지는 원소로, 모두 불안정하다. 원소의 성질은 각각의 원자의 구조에 기인하는데. 특히 화학적 성질은 그 전자 배치에 의하여 결정되고 있다. 똑같은 원자 번호를 가진 원자로 이루어지는 단체를 가리켜서 원소라 부르기도 한다.

210 원소기호(symbol of elements)

원소에는 각각의 성질, 발견의 역사, 지명, 신이나 사람의 이름 등을 따서, 국제적으로 공통인 명칭이 붙여져 있다. 이에 대하여, 대개 그 머리글자로 시작되는 1 또는 2 문자로 된 알파벳을 대응시켜 원소기호(또는 원자기호)로 쓴다. 첫 글자는 대문자, 두 번째는 소문자로 쓴다. 예를 들면, 수소는 hydrogen의 H, 철은 라틴어의 ferrum에서 Fe 등이다 104번 이상의 원소명은 단지 원자 번호를 말로 한 것으로, 이것을 약한 3문자를 원소기호로 하고 있다(**예** 104번이 Unq). 원소기호의 둘레에 붙이는 작은 문자의 숫자는 왼쪽 위에 질량수, 왼쪽 아래에 원자 번호, 오른쪽 위에 이온가, 오른쪽 아래에 원자의 집합수를 나타낸다. 예를 들면 $^{32}_{16}S^{2+}_{2}$는, 원자 번호 16, 질량수 32인 황원자 2개로 이루어져 있는 2가의 양이온을 나타낸다.

211 원자(atom)

물질의 기본적인 구성 요소. 이는 원자핵과 전자 등의 미세한 입자로 구성되어 있고, 또 원자핵은 양자·중성자 등의 미립자로 되어 있다. 19세기 초 돌턴(J. Dalton)에 의해 원자 개념의 기초가 세워졌고, 아보가드로(C.A. Avogadro)는 "모든 기체는 막대한 수의 분자로 되어 있고, 같은 조건하에서의 분자 수는 종류와 관계없이 일정하다."는 가설을 세웠다. 이를 통해 여러 가지 화학반응에 의해 분자는 더 작은 원자로 되어 있다는 것을 입증했다.

212 원자가(valence)

분자 내에서 1개의 원자가 다른 몇 개의 원자와 결합하느냐를 나타내는 것. 수소 원자의 원자가를 1로 하고, 수소 원자와 1 : 1로 결합하는 원자의 원자가는 1이라고 정한다. 물 H − O − H로, H에서 나오는 결합의 손은 하나, O에서 나오는 손은 2개여서, 산소의 원자의 원자가는 2이다. n개의 수소 원자와 결합하는 원소의 원자가는 n가, m개의 산소 원자와 결합하는 원소는 2m가이다 4B족은 4가, 5B족은 3가, 6B족은 2가, 7B족은 1가이다. 복수의 원자가를 취하는 원소도 있는데. 예컨대 H_2S의 황(S)은 2가지만, SO_2의 S는 4가이다.

213 원자가 전자(valence electron)

각각의 원자의 가장 바깥쪽에 있는 궤도의 전자로서 보통은 s궤도, p궤도의 전자를 말한다. 원자끼리의 화학결합에서 중요한 역할을 하며, 원자가의 원인이 된다. 공유 결합의 경우는 공유 결합에 관계되는 전자가 원자가 전자인데. 금속의 착이온 등의 경우는 s궤도, p궤도뿐만 아니라 결합에 관계되는 d궤도의 전자도 포함된다. 금속 결합은 일종의 공유 결합으로 볼 수도 있으므로 이온과 자유전자로 나누었을 때의 자유전자를 원자가 전자라 부른다.

214 원자단(atomic group)

황산(H_2SO_4), 황산나트륨(Na_2SO_4) 등은 SO_4^{2-}라는 원자의 모임을 포함하고 또 메탄올(CH_3OH), 아세톤[$(CH_3)_2CO$] 등은 CH_{3-}라는 원자의 모임을 포함하고 있다. 이처럼 분자에 포함되는 특정 원자의 모임을 원자단이라 한다. 황산이온(SO_4^{2-}) 은 황과 산소의 원자로 이루어지는 원자단이고, 메틸기(CH_{3-})는 탄소와 수소의 원자로 이루어지는 원자단이다. 원자 1개만으로 이루어진 이온이나 기를 제외하고 이온과 기는 모두 원자단이다.

215 원자량(atomic weight)

각 원소의 상대적인 질량. 처음에 수소 원자를 1로 하고 다른 원소의 원자의 질량을 정하려고 했는데, 산소 쪽이 다른 원소 와 화합하기 쉬우므로 산소 원자를 16으로 하고 원자량이 정해졌다. 그 후 동위원소가 발견되어, 원자량은 각각의 원소 속 에서 몇몇 동위체의 평균값이라는 것이 밝혀졌다. 1962년 이후부터는, 원자량의 기준으로서 질량수 12인 탄소 원자 ^{12}C를 채택하여, 그 원자량을 12.0으로 하기로 되어 있다. 일반적인 원소의 원자량은 천연의 동위체비를 가진 원소의 평균 원자질 량과 (^{12}C의 원자질량의 1/12)의 비로써 정의된다. 국제원자량은 국제 순수 및 응용화학연합(IUPAC)의 하부 조직인 국제 원자량위원회가 결정하여 발표하였다.

216 원자 번호(atomic number)

원자는 양성자·중성자가 결합해서 이루어진 원자핵과 그 둘레를 도는 핵외전자로 이루어진다. 전기를 띠고 있지 않은 중성 의 원자에서는 양전하의 양성자와 음전하의 전자는 수가 같은데, 이 수를 원자 번호라 부른다. 각 원자의 화학적 성질은 전자의 배치에 따라서 결정되므로 전자의 수를 나타내는 원자 번호는 매우 중요한 양으로서, 주기율표에서의 원소의 배열 은 이 번호에 따르고 있다. 현재 원자 번호 1인 수소에서부터 107까지의 원소가 발견되어 있는데, 앞으로 늘어날 가능성이 있다.

217 원자핵(atomic nucleus)

원자 중심부에 있는 입자. 직경은 원자 직경의 약 10만분의 1인 10^{-13}cm이지만, 원자질량 대부분이 집결하여 있다. 원자 핵은 핵자 간에 작용하는 핵력에 의하여 형성되고 그 핵 간의 결합에너지는 질량 결손에 의해서 나타난다. 원자핵은 전하· 질량을 가지며 그 밖의 원자핵 고유의 양으로 스핀·자기모멘트·전기적 4극모멘트 등을 갖고 있다.

218 유기화합물(organic compound)

원래는 생물 작용에 의하여 생긴 화합물을 유기화합물이라 부르고, 그 이외의 화합물을 무기화합물이라 불렀다. 1828년에 독일의 화학자 뵐러가 생물작용에 의하지 않고 순화학적 수법으로 요소를 합성하고 나서 이 어원의 근거가 상실되었다. 오 늘날에는 탄소화합물 중 소수의 산화물(CO, CO_2 등), 탄산염(Na_2CO_3 등) 등을 제외한 것을 총칭한다. 유기물이라고도 한다.

219 융해(melting, fusion)

고체가 가열되어 액체가 되는 변화를 말한다. 용융이라고도 한다. 결정의 온도를 올려 가면, 원자·분자 또는 이온의 열 운동 이 차츰 격렬해져, 마침내는 일정한 온도에서 규칙적 배열이 허물어져서 액체가 된다. 이 변화가 융해인데, 1기압 이하에서 의 1온도를 융해점(또는 유점)이라 한다. 유리와 같은 결정을 이루지 않은 고체에서도 융해는 일어나지만, 액화하는 온도는 일정하지는 않다.

220 융해열(heat of fusion)

어떤 물질이 일정한 온도에서 고체로부터 액체로 융해할 때에 필요한 열량. 액체가 고체가 될 때에 방출하는 응고열의 값 과 같다. 보통 물질 1g, 1kg 또는 1몰당의 열량으로 나타낸다. 1몰당의 융해열을 몰 융해열(또는 분자 융해설)이라 부른다.

1기압하에서, 1℃의 얼음(물의 결정) 1몰에 6.01kJ의 열을 가하면, 얼음이 완전히 융해하여 액체인 물이 되기까지 그 온도는 변하지 않는다.
[참고] 물질의 융해열(단위 : kJ/kg) : 산소 13.8, 에탄올 109.1, 물 333.6, 알루미늄 396.6, 철 270.4

221 음극(cathode)

캐소드라고도 부른다.
① 전자관에서 전자를 방출하는 전극. 음극선관 등에서 볼 수 있듯이 가열에 의하여 열전자를 방출하는 열음극이 보통인데 빛이 닿으면 광전자를 방출하는 것도 있다.
② 용액이나 반도체에 전류를 흐르게 하기 위하여 전류의 출입구로 삼는 도체를 전극이라 하는데, 그중 전류가 외부의 도선으로 흘러나가는 쪽을 음극이라 한다. 용액의 전기분해 때의 음극도 그것이다. 다만 전지에서는, 밖의 도선에서 전류가 흘러드는 쪽의 전극을 음극[-(마이너스)극이라 부르는 수가 많다]이라 한다. 그리고 전지의 경우, 영어로는 이것을 아노드(anode)라 부른다. 혼란을 피하기 위하여, 전지에서는 -극이라는 용어를 쓴다.

222 음극선(cathode ray)

전극을 봉입한 유리관에서 공기를 뽑아내고, 내부의 압력을 10Pa(파스칼) 정도로 하여 수천에서 수만 V의 전압을 걸면, 양극 부근의 유리관이 황록색으로 빛나기 시작한다. 이 실험은 플류커에 의하여 1858~1859년에 걸쳐서 이루어졌는데, 이 빛이 생기는 흐름을 골트슈타인이 음극선이라 이름 붙였다(1876년). 1897년 톰슨은 음극선의 전기장이나 자기장에 의한 굽는 모습에서 비전하(전하 e와 질량 m의 비)를 측정하여 음극선이 음의 전하를 가진 입자의 흐름임을 확인하였다. 이에 의하여 전자의 존재가 처음으로 알려졌다.

223 음이온(anion, negative ion)

원자나 원자단에 전자가 하나나 그 이상 여분으로 더해진 상태. 아니온(anion)이라고도 부른다. 더해진 전자의 개수를 음이온의 개수라 한다. 중성 상태의 원자나 분자에서 음이온 상태가 될 때 방출되는 에너지를, 전자친화력이라 부른다. 할로겐 원소라 불리는 염소나 브로민 등의 원자는 전자친화력이 커 Cl^-, Br^- 등의 음이온이 되기 쉽다. 원자단의 음이온도 수많은 종류가 알려져 있는데, 탄산이온(CO_3^{2-}이라든가 인산이온(PO_3^-) 등이 대표적인 예. 탄산이온이나 황산이온(SO_4^{2-})은 2개의 전자가 더해진 2가의 음이온이다.

224 음전기(negative electricity)

음의 부호를 가진 전기. 마이너스 전기라고도 하고, 음전하라고도 한다. 에보나이트를 모피로 문질렀을 때, 에보나이트에 남는 전기가 음전기이다. 전자의 전하 부호는 마이너스이다. 중성의 원자에 여분으로 전자가 부가되면, 음의 전하를 가진 음이온이 된다. 물체에 여분으로 전자가 옮아오면, 그 물체는 음전하를 가진다. 이때 전자가 제거된 쪽의 물체(위의 예에서는 모피)는 양의 전하를 가진다.

225 응결(coagulation, aggregation)

① coagulation, aggregation : 콜로이드 입자가 집합하여 큰 덩어리를 이루는 것. 금콜로이드 용액이라든가 산화철콜로이드 용액은 소량의 전해질을 가하면 입자가 가지고 있는 전하가 중화되어서 덩어리를 이룬다. 가열이나 냉각에 의하여 응결하는 콜로이드 용액도 있다. ⇒ 응집
② condensation : 응축을 가리켜서 응결이라고 하는 수도 있다. 예컨대 대기 속의 수증기가 식염 기타의 잔 입자가 핵이 되어서 안개나 비가 되는 경우가 그것이다.

226 응고(solidification)

① solidification : 액체나 기체가 고체로 변화하는 것
② coagulation, aggregation : 액체나 기체 속에 분산해 있던 미립자가 모여서 덩어리가 되는 것. 또 물에 녹아 있는 단백질 등이 약품 등의 작용으로 물에 용해하지 않는 고체의 상태로 변하는 것 **예** 혈액의 응고 등

227 응집(aggregation, cohesion)

① aggregation, cohesion : 분자나 이온, 원자 등이 분자 사이의 힘이나 쿨롱인력의 작용으로 모이는 것
② flocculation : 콜로이드 용액 속에 전해질을 가함으로써, 콜로이드 입자가 약한 결합력으로 서로 느슨하게 집합하는 것을 응집 또는 플로큘레이션이라 한다. 또 pH(수소이온농도)의 변화에 의하여 금속염이나 규산나트륨의 수용액에서, 금속수산화물이나 규산의 불용성의 미립자의 느슨한 집합체가 생기는 것도 응집이라 한다.

228 이상기체(ideal gas)

보일-샤를의 법칙에 의한 이상적인 기체. 현실로는 존재하지 않는다. 보일-샤를의 법칙에 아보가드로의 법칙을 조합시키면 절대 온도 T, 압력 p로 체적 V를 차지하는 n몰의 이상기체에 대하여 $pV = nRT$라는 관계식이 얻어진다. 이것을 이상기체의 식이라 한다. R은 기체상수. 현실의 기체는 엄밀하게 말하면 이 식에 따르지 않지만, 이상기체로 간주함으로써 모든 기체를 동일한 식으로 다룰 수가 있어 매우 간단해진다. 이상기체의 분자는 질량은 있지만 체적이 제로이고, 분자 간에는 전혀 인력이 작용하지 않는 것으로 하고 있다.

229 이온(ion)

양 또는 음의 전기를 띠는 원자 또는 원자단. 기체분자는 여러 가지 복사선·방사선에 의하여 이온화하며 전해질은 물에 녹아 전리작용을 함으로써 이온화한다. 이때 음극으로 향하는 이온을 양이온, 양극으로 향하는 이온을 음이온이라 한다. 양이온은 그 원자의 위쪽에 「+」 또는 「·」을, 음이온은 「−」 또는 「'」를 붙여서 표시한다.

230 이온결정(ionic crystal)

양이온과 음이온이 결합하여 규칙적으로 집합해서 이루어져 있는 결정. 이 결합을 이온결합이라 부르는데, 양전하와 음전하 사이에 작용하는 정전인력에 의하여 결합하는 화합결합의 일종이다. 이온이 지니는 전기적 인력은 공간의 어느 방향으로도 똑같으며, 고르게 작용하므로 양이온과 음이온은 서로 가급적 많이 모여서 결정이라는 집합체를 이룬다. Na^+와 Cl^-로 이루어지는 염화나트륨(식염)은 대표적인 이온결정. 일반적으로 금속의 염류는 이온결정을 이루는 것이 많다.

231 이온결합(ionic bond)

음이온과 양이온이 정전기적으로 서로 끌어당겨서 이루어지는 결합. 전자가 하나의 원자에서 다른 원자로 옮기는 데 필요한 에너지가 작기 때문에 생긴다. 예컨대, 염소 원자가 전자 1개를 여분으로 얻어서 생기는 염화물이온(Cl^-)과 나트륨 원자가 전자 1개를 잃어서 생기는 나트륨이온(Na^+)에서 이온 결합에 의한 화합물로서 염화나트륨($NaCl$)이 생긴다. 이런 종류의 화합물에는 분자도 존재하지 않는다고 생각해도 된다. 일반적으로는 규칙적인 이온의 배열을 가지며, 단단하고 비교적 녹는점이 높은 결정(이온 결정이라고 한다)으로 되어 있다.

232 이온교환수지(ion-exchange resin)

합성 고분자의 그물코 모양의 구조를 가진 수지에 양이온과 교환하는 H^+를 가진 술폰산기($-SO_3H$), 카복시기($-COOH$), 페놀기($-OH$)를 붙인 것이라든가 음이온 교환을 위한 아미노기($-NH_2$), 치환아미노기($-NR_2$) 등을 붙인 것. 입상의 수지가 든 관에 수용액을 통하게 하면 수용액 속에 있는 양이온이나 음이온이 수지가 지니는 H^+나 OH^-와 대체된다. 물의 정제, 이온의 추출 등에 쓰이며, 또 수지 자체가 고체인 산·염기이므로 중화작용, 촉매작용, 항균성작용 등을 보인다.

233 이온반응(ionic reaction)

물질이 이온의 형태로 하는 화학반응. 수용액 속에서의 전해질의 반응은 이온반응인데, 예컨대 염화나트륨($NaCl$)과 질산은($AgNO_3$)을 수용액 속에서 반응시키면, 먼저 두 물질이 전리하고, $Ag^+ + Cl^- \rightarrow AgCl$의 이온반응을 하여 염화은의 침전이 생긴다. 이온반응이 진행되는 정도는 각 물질의 전리도(용액 속에서 전리해 있는 비율)나 용해도에 따라 결정된다. 유기화학반응

에서도, 예컨대 벤젠이 니트로화할 때, $C_6H_6 + NO_2^+ \rightarrow C_6H_5NO_2 + H^+$와 같이, 반응의 도중에서 이온이 관계하는 것으로 알려져 있다. 이온 사이의 반응으로서 나타낸 반응식을 이온식 또는 이온반응식이라 부른다.

234 이온화경향(ionization tendency)

금속이 용액 속에서 양이온이 되는 경향의 크고 작음에 따라서 금속 원소를 배열한 것. 전기회학열, 이온화열이라 부르기도 한다. 주요한 금속을 이온화경향이 큰 차례로 배열하면, Li, K, Ba, Ca, Na, Mg, Al, Zn, Fe, Cd, Co, Ni, Sn, Pb, (H), Cu, Hg, Ag, Pt, Au가 된다. 2종의 금속을 극으로 하여 전지를 만들 때에는, 이온화경향이 작은 쪽이 양극, 큰 쪽이 음극이 된다. 금속 M_1을 전해질 용액에 넣었을 때, 용액 속의 다른 금속 이온 M_2^+로 치환하는 반응 $M_1 + M_2^+ \leftrightarrow M_1^+ + M_2$가 오른 쪽 방향으로 나아가는 것은, 이온화경향이 $M_1 > M_2$인 경우이다.

예 황산구리가 용액 속에 철로 된 못을 넣으면, 구리가 석출하고 철이 녹는다. 이것은 M_1이 철, M_2가 구리인 경우이다. 금속이 엷은 산에 녹아서 수소를 발생 여부 등은 이온화경향에 의하여 좌우되는데, 수소(H)보다 이온화경향이 클수록 수소를 발생하기 쉽다. 이 이온화경향이 큰 금속은 산화되기 쉽다. 표준전극전위의 값을 쓰면 이 경향을 정량적으로 나타낼 수가 있다.

235 이중 결합(double bond)

분자 속 2개의 원자가 2개의 결합의 방법으로 결합해 있을 때, 그 결합을 이중 결합이라 부르고, 2개의 선(=)으로 나타낸다. 하나의 σ(시그마)결합과 하나의 π(파이) 결합으로 이루어진다. 예컨대, 산소 원자(O)와 탄소 원자(C)의 결합 방법의 수는 각각 2와 4인데, 그들 원자로 이루어지는 산소 분자(O_2)와 이산화탄소 분자(CO_2)의 구조는 각각 $O = O$, $O = C = O$와 같이 나타내진다. 이들 분자의 원자 사이 결합이 2중 결합이다. 또 탄소 원자(C)와 수소 원자(H, 결합의 손의 수는 1)로 이루어지는 에틸렌분자(C_2H_4)는 C와 C 사이에 이중 결합이 존재한다.

236 이차 전지(secondary battery)

방전한 전지에 외부로부터 전기에너지를 주어서 충전한 뒤 기전력을 낳는 반응에 관련된 물질을 재생하여 되풀이함으로써 사용할 수 있는 전지. 축전지와 같다.

237 인화점(flash point)

공기 속에서 가연성의 증기를 내고 있는 액체나 고체 가까이에 작은 불씨를 접근시켰을 때 불이 붙는 현상을 인화라 하는데, 인화점은 물질마다 일정하다. 인화는 공기와 섞인 가연성 증기가 타는 것인데, 인화점 온도에 있는 액체나 고체에서는 그 표면 가까이 증기의 농도는 탈 수 있는 한계(폭발 하한계라 한다)의 상태에 달해 있다. 그런데 인화점에서는 증기의 양이 적어서 보통은 한 번 붙은 불이 꺼져버린다. 불이 계속 타기 위해서는 인화점보다 조금 높은 온도로까지 올라가야만 한다. 그 최저 온도를 가리켜 연소온도라 부르는 수가 있다. 그리고 온도가 올라가서 증기 농도가 너무 높아지면 공기가 부족하여 인화하지 않게 된다. 인화는 상한(폭발 상한계)의 온도를 상부 인화점이라 부른다. 또한 불씨 없이 자연적으로 불이 붙는 온도는 발화점이라고 한다.
[참고] 인화점 : 가솔린 약 −45℃(혼합비율에 따라 달라진다), 이황화탄소 −25℃, 아세톤 −18.7℃, 벤젠 −11.1℃, 플루엔 4.4℃, 등유 50℃, 나프탈렌 80℃

238 임계점(critical point)

물을 밀폐한 용기에 넣고 가열하면 물은 증발하여 용기 속의 상부에 포화한 수증기가 모인다. 온도를 올렸을 때, 물과 포화 수증기의 밀도가 어떻게 변하는가를 보면 물은 팽창하여 밀도가 줄고, 수증기는 압력이 증가하여 밀도가 커지므로, 그 차는 감소한다. 374.2℃에서 마침내 밀도의 차는 없어져, 물과 수증기의 구별이 되지 않게 된다. 같은 형상은 물에 한정되지 않고, 모든 물질에서 일어난다. 임계점에서의 물질의 상태를 임계상태의 온도·압력을 각각 임계온도, 임계압이라 부른다. 임계점보다 고온에서는, 기체를 아무리 압축하더라도 액화하지 않는다.
[참고] 여러 가지 물질의 임계점 : 암모니아 132.4℃, 염소 144.0℃, 산소 −118.8℃, 질소 −147.2℃, 수소 −239.9℃, 헬륨 −267.9℃

239 자기부상(magnetic levitation)

자기적인 인력과 반발력을 써서 물체나 차체를 지표에서 뜨게 하는 것. 코일을 단락하여 지상에 늘어놓은 위를 강력한 초전도자석을 실은 차체를 달리게 하면 코일 속에 유도전류가 흐르는데, 이 전류에 의한 자기장과 초전도 자석 사이에 작용하는 반발력을 이용하는 것과 철 레일 밑에 놓은 전자석의 인력을 이용하는 방식이 있다.

240 자외선(ultraviolet radiation)

파장이 보라색 빛보다 짧고, X선보다 긴 전자기파(1~400nm). 보통 근자외선(300~400nm), 원자외선(200~300nm), 진공자외선 또는 극단자외선(1~200nm)의 셋으로 나누어진다. 태양은 강력한 자외선 방사원인데, 대기 속의 오존이 290nm 이하의 자외선을 거의 흡수하므로 근자외선만이 지표에 도달한다. 또 진공자외선은 공기 속의 산소나 질소 분자에 의하여 강하게 흡수되어, 진공용기 속에서 연구되므로 이 이름이 붙었다. 자외선은 강한 광선효과를 나타내며 화학반응을 일으키는 힘도 강하다.

241 자유전자(free electron)

원자로부터 해방되어서 자유롭게 돌아다닐 수가 있는 전자·원자 1개 속에는 원자 번호와 같은 개수의 전자가 있는데, 그 대부분은 원자핵과의 사이의 전기적 작용에 의하여 원자 속에 묶여 있다. 원자가 모여서 금속이 되면 원자 사이의 상호작용에 의하여 각 원자의 가장 바깥쪽에 있는 원자가 전자가 해방되어서 금속 속을 돌아다니는 자유전자가 된다. 따라서 $1m^3$ 금속의 자유전자의 수는 (원자가)×(원자의 수/m^3)가 된다. 예컨대, 구리에서는 $8 \times 10^{28}/m^3$의 자유전자가 있다. 금속이 전기나 열을 전하기 쉬운 것은, 자유전자가 전하나 열운동의 에너지를 운반하기 때문이다. 반도체에서는 불순물 원자의 둘레에 느슨하게 묶여 있는 전자가 열운동에 의하여 해방되어서 자유전자가 된다.

242 장열(latent heat)

물질의 상태가 기계와 액체 또는 액체와 고체 사이에서 변화할 때, 흡수 또는 방출하는 열. 예컨대, 얼음이 녹아서 물이 될 때 둘레에서 열을 흡수하고 거꾸로 물이 얼어서 얼음이 될 때에는 같은 양의 열을 방출한다. 이와 같은 경우, 열의 출입이 있더라도 온도는 변하지 않으므로 이 열을 잠열이라 부른다. 온도를 올렸을 때에 생기는 변화에서는 잠열의 흡수가, 반대의 변화에서는 잠열의 방출이 일어난다. 알코올을 피부에 대었을 때 차게 느껴지는 것은 알코올이 기화할 때 피부로부터 잠열을 빼앗기 때문이다.

243 적외선(infrared radiation)

W. 허셜이 태양 스펙트럼 속에서 발견한 가시광보다 장파장 쪽의 전자기파. 현재는 파장이 적색광보다 칠고 극초단파보다 짧은 전자기파($0.75\mu m \sim 0.1mm$)를 적외선이라 부른다. 파장 구분은 그다지 명확하지 않은데, 보통 근적외선($0.75 \sim 2.5 \mu m$), 중간적외선($2.5 \sim 25 \mu m$), 원적외선($25\mu m \sim 0.1mm$) 세 가지로 나뉜다. 적외선은 물질에 흡수되기 쉬워 그 온도를 상승시키므로, 열선이라 부르는 수도 있다. 적외용 사진 필름, 암시관을 쓰면, 야간 또는 안개를 통하여 육안으로는 보이지 않는 물체의 영상, 물체의 표면 온도 분포 등을 얻을 수 있다.

244 적정(titration)

용액 속의 어떤 성분의 양(농도)을 알기 위한 측정법. 측정하고자 하는 용액을 피펫으로 비커에 일정량을 받아서, 이것과 반응시키는 표준 용액(농도를 정확히 알고 있는 용액)을 뷰렛에 넣고 소량씩 적가해 간다. 반응이 완결한 점은 용액에 첨가한 지시약이 색의 변화라든가 형광의 발생 등으로 알 수가 있다. 뷰렛의 눈금을 읽음으로써 사용한 표준 용액의 양을 알 수 있어, 이 값으로 측정 용액 중의 성분의 양(농도)을 계산한다. 측정 때에 일어나는 반응의 종류에 따라서, 중화적정, 침전적정, 산화환원적정 등으로 나누어진다. 적정에는 각각 적당한 지시약을 선정해서 쓴다.

245 전기분해(electrolysis)

전해질 수용액 또는 용융 전해질에 음·양 두 전극을 넣으면 전해질이 분해하여 양극상에 분해 생성물을 발생하는 현상. 전해분석·염소 및 가성소다의 제조 및 전광 전주·전기야금 등에 사용된다.

246 전성(malleability)

해머로 두들기거나, 롤로 압연하는 압축력에 의하여 물체가 소성변형을 하는 성질. 소성변형을 하기 쉬운 물체는 전성이 있다고 말한다. 전성이 있는 재료는 연성도 있는 것이 보통인데, 전연성이라는 표현도 있다. 금속 조직이 균일하고 미세한 결정립으로 이루어지는 재료는 불균일하고 조대한 결정립으로 된 재료보다 전연성이 많다. 금·주석 등의 금속은 전성이 많아, 얇은 박으로 만들 수 있다. 많은 금속은 가스(산소·수소·질소 등)를 흡수하면 전연성을 잃는다.

247 전이원소(transition elements)

하나의 원자가 가지는 전자는 그 원자 번호와 같은 수만큼 있는데, 몇 개의 전자궤도를 안쪽부터 차례로 차지하고 제각기 돌고 있다. 그런데 어떤 원소의 원자에서는 주기율표에서 하나 앞의 원소보다 전자의 수가 하나 늘어날 때, 이미 채워져 있는 전자궤도의 안쪽 궤도에 전자가 들어가 있다. 이와 같은 원소를 전이원소라 한다. 전이원소는 주기율표의 3A~1B족의 전부인데, 안쪽 전자궤도가 완전히 채워진 2B족(아연족)을 포함하는 수도 있다. 3A에는 란타노이드, 악티노이드라 불리는 그룹이 있는데, 이것들은 특히 내부 전이원소라 불린다. 우리에게 친근한 철·코발트·니켈·크로뮴 등의 금속은 전이원소인데, 화합물은 색이 있는 수가 많고 또 몇몇 안정된 산화 상태를 취하는 수가 있다. 예컨대, 철이나 코발트는 +2가와 +3가가 안정. 전이원소는 모두 금속원소이므로, 전이원소가 이루는 단체는 전이금속이라고도 한다.

248 전자(electron)

음의 전하를 가진 소립자의 일종. 전하의 크기는 -1.602×10^{-19}, 정지해 있을 때의 질량은 9.109×10^{-31} kg이다. 이 전하의 절댓값은 이른바 소전하(e)라 불리는 것으로 양성자의 전하와 같다. 전자와 양성자·중성자와 함께 물질을 구성하는 기본 요소인데, 양성자·중성자가 약 10^{-15} m라는 크기를 가진 데 대하여, 전자는 크기가 없는 점상의 입자라 생각되고 있다. 물질 중 보통으로 존재하는 전자는 음의 전하를 가지는데, 1932년 앤더슨에 의하여 우주선 속에 양의 전하를 가진 전자가 발견되어 양전자라 이름 붙여졌다. 양전자는 물질 속에는 존재하지 않는데, 고에너지의 γ(감마)선이 물질에 닿으면 전자와 쌍이 되어 생기는 수가 있다. 또, 보통 인공방사성 원소는 일정한 수명 후 다른 원소로 괴변하는데 그때 양전자가 방출되기도 한다. 전자는 원자핵과 함께 원자를 이룬다. 원자 번호 Z인 중성 원자는 소전하의 Z배의 양전하를 가진 원자핵과 Z개의 전자로 이루어져 있는데, 양·음전하는 서로 상쇄하므로 전하는 밖으로 나타나지 않는다. 전자의 수가 Z와 서로 다른 원자는 이온이라 불리는데, 양 또는 음으로 대전해 있다.

249 전지(cell, battery)

일정한 회로에 전류가 통하도록 극 사이에 지속적으로 전위차를 일으키는 장치. 화학전지·열전지·광전지·원자력전지로 대별된다. 보통 화학전지를 의미하며, 화학변화로 인한 두 종류의 금속과 용액 사이의 전위차를 이용한다. 두 극 사이의 전위차를 전지의 기전력이라 하며, 사용 물질에 따라 일정하다. 충전이 불가능한 1차 전지(건전지·다니엘전지·루클란세전지·중크롬산전지 등)와 충전이 가능한 2차 전지(축전지)로 구별된다.

250 전하(electric charge)

소립자·이온·물체 등이 지니는 전기. 전하의 양, 즉 전기량도 전하라고도 불린다. 전하는 플러스·마이너스의 부호와 크기를 지니는데, 단위는 쿨롱(C)이다. 전자의 전하는 마이너스이므로 이것을 $-e$라고 하면, 양성자의 전하는 e이고, 중성자의 전하는 0이라는 식으로, 모든 소립자의 전하는 e, 0, $-e$의 어느 하나이다. 따라서 이것들의 모임인 원자핵·이온·물체가 지니는 전하는 e의 정수배이다. e를 소전하라 부른다.

251 전형원소(typical element)

주기율표에 의하여 원소를 분류하는 방법의 하나로서, 전형원소와 전이원소로 나누는 수가 있다 1A, 2A, 3B~7B, 0족에 속하는 원소가 전형 원소로서, 전형금속 원소에서는 원자핵을 둘러싸는 전자의 궤도 중 안쪽의 궤도가 완전히 전자로 채워지고 가장 바깥쪽의 궤도에 들어 있는 전자의 수는 그 원소의 족의 숫자와 같다. 예컨대 2A족에서는 2개, 3B족에서는 3개이다.

252 절대영도(absolute zero point)

이론상 그 이하의 온도는 생각할 수 없는 최저온도. 절대 온도의 0K, 섭씨온도로는 −273.15℃에 해당한다. 물체는 모두 많은 원자나 분자가 모여서 이루어져 있는데, 이들 미시적인 입자는 난잡한 열운동을 하고 있다. 열운동은 저온일수록 조용해진다. 이 운동이 완전히 정지하고, 물체 전체가 가장 에너지가 낮은 상태로 안정되는 것이 절대 0도이다. 그리고 절대 0도에서는 엔트로피가 0이 된다. 이것을 열역학의 제3법칙이라 한다.

253 절대 온도(absolute temperature)

열역학의 법칙에 따라서 정의되는 온도. 열역학적 온도라고도 부른다. 절대 온도의 단위를 켈빈(K)이라 하는데, 물의 3중점의 절대 온도를 273.16K라 정의한다. 열역학에 의하면 물체를 가열하면 그 엔트로피는 증대한다. 열량 Q를 천천히 더했을 때의 엔트로피 중대량을 ΔS라 하면, 절대 온도 T와의 사이에 $\Delta S = Q/T$의 관계가 성립한다. 이 관계를 써서, 임의의 온도는 개개의 물질의 성질, 예컨대 수은의 열팽창 등을 이용하지 않고, 가역기관(카르노사이클)의 이론으로 구할 수 있다. 켈빈은 국제단위계(SI)의 기본단위의 하나로, 한 눈금의 크기는 섭씨온도와 같고 t℃와 TK의 관계는 $T = t + 273.15$가 된다. 통계역학에 의하면, 절대 온도는 물질을 구성하는 원자나 분자의 열운동의 격렬한 정도를 나타낸다. 절대 온도의 0K는 열운동이 완전히 정지했을 때를 말하며, 그보다 낮은 온도는 존재하지 않는다.

254 절연체(insulator)

전기 또는 열의 부도체. 전기 또는 열의 유통을 막는 데에 쓰인다. 전기에는 도기·자기·베틀라이트·운모·파이버·고무·비닐·기름 따위를 사용한다. 보통의 온도 또는 저온용에는 코르크·파이버 따위가 사용되며 고온용으로는 아프베스트·찰흙·벽돌 따위를 사용한다.

255 정비례의 법칙(law of definite proportions)

하나의 화합물을 이루고 있는 성분 원소의 질량비는 일정하다는 법칙. 성분비 일정의 법칙이라고도 한다. 1799년에 프랑스의 프루스트가 인공적으로 합성한 탄산구리와 천연의 탄산구리는 조성이 같다는 것을 발견해 이 법칙을 제창하였다. 이 법칙이 들어맞지 않는 화합물도 많다.

256 정색반응(color reaction)

화학변화의 결과 여러 가지 색을 띠는 반응. 전분액에 요오드를 가하면 자색이 나타나는 것이 그 예이다. 분석하려는 물질의 양과 특정의 시야에 의한 발색의 농도에는 일정한 관계가 있기 때문에 색이 비교적 안정하여 변화하지 않는 경우에는 정색반응을 이용해 물질의 정량분석을 할 수도 있다.

257 졸(sol)

물이나 유기용매 등의 액체에 콜로이드 입자가 균일하게 흩어져서 이루어진 콜로이드. 콜로이드 용액이라고도 부른다. 졸은 냉각시키거나 약품을 가하거나 하면, 유동성을 잃고 겔이 되는 수가 있다. 한천의 수용액이 식어서 '우무'가 되는 것은 그 예이다. 또 연기나 안개처럼, 콜로이드 입자가 기체 속에 떠서 이루어진 콜로이드를 에어로졸이라 부른다.

258 주양자 수(principal quantum number)

원자의 중심에는 원자핵이 있고, 그 둘레를 원자 번호에 상당하는 수의 전자가 돌고 있고, 모형적으로 생각할 수 있다. 전자는 원자핵을 여러 겹으로 둘러싸고 전자궤도를 이루며, 각각의 궤도 상을 도는 전자의 상태는 양자 수라 부르는 몇 종류의 불연속인 양으로 결정된다. 그중 전자의 에너지를 결정하는 것이 주양자 수 n인데, n = 1, 2, 3, …인 정수이다. n이 정수이므로 그것으로 결정되는 전자의 에너지도 n이 클수록 불연속으로 증가한다. 또 n이 큰 전자일수록 원자핵에서 먼 궤도를 돌고 있다.

259 중성(neutral)

① 산성도 염기성도 아닌 상태. 예를 들면 물(H_2O)은 해리해 있는 수소이온(OH^-)의 농도가 균형을 이루고 있으므로 중성이다. 물질을 수용액으로 만들 경우에 물과 같은 정도의 H^+의 농도(따라서 OH^-의 농도)를 가진 상태, 즉 실온에서 pH = 7의 상태를 말한다. 또 물질의 화학조성상 해리의 가능성이 있는 H^+나 OH^-을 여분으로 갖지 않은 경우에 쓰이기도 한다.
② 전기적으로 음·양의 전하가 서로 상쇄하여 전하를 갖고 있지 않은 경우에도 중성이라 한다.

260 중성자(neutron)

소립자의 하나. 원자는 90종류(원소라 부른다) 이상이 있는데, 모두 원소마다 일정한 크기의 양의 전하를 가진 원자핵과 일정한 수의 전자로 이루어져 있다. 그리고 원자핵을 이루고 있는 것이 양성자와 중성자이다. 예를 들면, 수소 원자의 99.985퍼센트는 경수소라 불리어 양성자 1개만으로 중성자가 없는 원자핵을 가지는데, 나머지 0.015퍼센트는 중수소라 불리어 양성자 1개와 중성자 1개로 이루어진 원자핵(중양성자라 부른다)을 가진다. 일반적으로 말하면, 원자핵이 무거워질수록 중성자의 수는 증가한다. 예컨대, 우라늄 238의 원자핵에는 92개의 양성자와 146개의 중성자가 들어 있다.
1932년에 영국의 채드윅에 의하여 발견되었으며 중성자의 질량은 양성자와 거의 같은데, 정밀하게 말하면 아주 근소하게 (0.14퍼센트) 무거우며, 전기를 가지고 있지 않으나, 자기모멘트라 불리는 작은 자석의 성질을 가지고 있다. 중성자를 원자핵 밖으로 꺼내면 약 15분이면 붕괴하며, 양성자와 전자와 유트리노라 불리는 입자로 변해버린다.
무거운 원자핵은 많은 중성자를 포함하고 있기 때문에, 우라늄이나 플루토늄 등의 원자핵이 2개의 가벼운 원자핵으로 분열할 때, 상당한 중성자가 남는다. 이 때문에 대량의 우라늄이 계속 핵분열하고 있는 원자로 속에는 대량의 중성자가 있다. 원자로를 덮고 있는 두꺼운 콘크리트 벽에 작은 구멍을 냄으로써, 실험에 쓰는 중성자를 꺼낼 수가 있다.

261 중합(polymerization)

어떤 화합물 분자가 두 분자 이상 결합하여 보다 큰 분자가 되는 반응. 이중 결합, 삼중 결합을 가진 화합물이 분자 속의 π(파이) 결합을 분자 간의 σ(시그마) 결합으로 바꿈으로써 분자 간에 화학결합을 이룬다. 아세트알데히드 CH_3CHO가 3분자 중합하여 파라알데히드가 되거나 에틸렌이 폴리에틸렌이 되는 반응도 중합이다. 고분자화학에서 중합하는 분자의 수가 몇 천이라는 경우를 가리키는 수가 많다. 이때 한 종류의 분자 A가 AAA와 같이 배열하는 수도 있고 A, B 두 종류의 분자가 ABAB 또는 AAABBB와 같이 중합하는 수도 있다. 후자를 공중합이라 한다.

262 중합체(polymer)

중합반응에 의하여 만들어진 큰 분자. 폴리머라고도 부른다. 원료인 분자를 단량체(모노머), 두 분자의 중합체는 이량체(다이머), 삼분자는 삼량체(트리머)라 한다. 수 개~수십 개의 중합체를 올리고머라 부른다. 단량체를 수백, 수천 중합시킨 중합체도 있다. 또 탈수축합하여 분자가 결합의 사슬을 뻗는 중축합한 고분자를 종합체라 부르는 수도 있다.

263 중화(neutralization)

① 산과 염기가 과부족 없이 반응하여, 염과 물이 생기는 것. 예컨대, 염산과 수산화나트륨이 반응하여 중화하면 식염과 물이 생기는데, 그 반응식은 $HCl + NaOH \rightarrow NaCl + H_2O$가 된다. 또 염화수소가스와 암모니아의 반응으로 염화암모

늪이 생성하는 경우 등과 같이, 염이 생기고 물이 생성하지 않는 수도 있다. 이와 같은 중화반응은 반응 속도가 크고, 다량의 열을 발생한다는 특징이 있다.
② 전자나 이온을 주고받음으로써 물체 속의 전하의 총합이 제로가 되는 것

264 중화적정(neutralization titration)

중화반응이 이용하는 적정. 알아보고자 하는 시료가 산성일 때는 염기성 물질을, 염기성인 때는 산성 물질을 표준액으로 사용하며 적정한다. 반응의 종점(꼭 중화한 점)은 중화지시약을 써서 결정하고, 이때까지 필요로 했던 표준액의 체적으로 시료용액 중의 산 또는 염기의 양을 계산한다.

265 증기압(vapor pressure)

① 고체나 액체에서 발생하는 증기가 보이는 압력
② 일정 온도에서 액상 또는 고상과 평형에 달했을 때의 증기압, 즉 포화 증기압을 말한다.

266 증류(distillation)

액체를 가열하여 증기를 발생시키고, 그 증기를 식혀 다시 액체로 만들어 정제 또는 분리하는 일. 목적에 따라 여러 가지 장치가 쓰이나 보통 실험실에서는 증류플라스크·리비히 냉각기 및 받침 그릇을 사용한다. 끓는점이 비슷한 2종 이상의 혼합 액체를 분리할 때는 분류를 하고, 높은 온도에서 분해하기 쉬운 것은 진공증류 또는 수증기증류를 한다.

267 증류수(distilled water)

증류기로 증류하여 정제한 물. 보통의 증류로 얻은 물의 비저항은 0.2MΩ·cm 정도이다. 순도가 높은 증류수를 얻는 데에는 석영 유리제의 증류기를 써서 저온으로 여러 번 증류를 되풀이하거나 이온교환수지로 처리한 물에 과망간산칼륨을 가하여, 석영 유리제 증류기로 증류하여 만든다. 끓는점 이하의 온도에서 증발시켜, 냉각시킨 다음에 얻는 방법도 있다(서브보일링법). 증류수는 각종 시험액, 제제 등에 쓰인다.

268 증발(evaporation, vaporization)

액체 또는 고체의 표면에서의 기화현상. 고체의 경우에는 특히 승화라고 하며, 액체가 내부로부터 기화할 경우를 비등이라고 한다. 증발은 온도가 일정하면 그 증기압이 포화증기압에 달할 때까지 진행되어 평형상태를 이룬다. 화학 공업에서 용액을 가열함으로써 농축하거나 정질을 정출시키는 조작을 증발이라고 부르고 있다.

269 지방산(fatty acid)

쇄상으로 연결된 1가 카르복시의 총칭. 글리세린과 결합하여 유지의 주성분을 이룬다. 유리산·염·에스터로서 동식물계에 널리 분포, 일반적으로 무색의 액체 또는 고체이며 알코올이나 에스터에 잘 녹는다. 고위의 것은 에스터로서 지방 또는 납을 구성. 비누의 원료로 쓰인다.

270 진공방전(vacuum discharge)

전극을 봉입한 유리관에 기체를 넣고, 기체의 압력을 1,000Pa(파스칼) 정도까지 내려, 전극에 수천~수만 V의 전압을 걸면 기체에 전류가 흘러 관 속이 빛나기 시작한다. 이와 같은 저압기체를 통해서 일어나는 방전을 진공방전이라 한다. 기체의 발광은 양이온이나 전자가 높은 전압에 의하여 이동할 때 기체분자나 원자와 충돌하여 빛을 발하게 하기 때문이다.

271 질량(mass)

물체가 힘을 받았을 때에 속도변화가 잘 되지 않는 정도. 즉, 그 물체의 관성의 크기를 나타내는 양은 작용한 힘을 가속도(속도 변화의 비율)로 나눈 값을 말하며, 물체에 고유한 양이다. 만유인력의 법칙에 의하면, 물체에 작용하는 중력은 그 물체의 질량에 비례하므로, 표준물체(킬로그램 원기)에 작용하는 중력을 비교하여 질량을 구할 수가 있다. 그런데 관성의 크기를 나타내는 질량과 중력을 비교해서 구하는 질량과는 원리적으로 구별되므로, 그 점을 강조하는 경우에는 전자를 관성질량, 후자를 중력 질량이라 부르고 있다. 천칭에 의한 질량 측정에서는 중력질량이 측정된다. 관성 질량과 중력 질량이 일치한다는 것은 정밀한 실험에 의하여 확인되어 있다. 질량의 단위는 킬로그램(kg), 그램(g) 등으로 주어진다.

272 질량보존의 법칙(law of conservation of mass)

화학반응 등에서 물질이 변화하더라도, 그 전후에서 물질의 전 질량에는 변화가 없다는 법칙. 물질불멸의 법칙이라고도 한다. 예컨대, 염산에 석회석을 넣으면 이산화탄소가 발생한다. 이 이산화탄소가 공기 속으로 달아나 버리면, 그 질량만큼 나머지 물질의 질량은 줄지만, 이산화탄소의 질량까지 포함시켜서 생각하면 질량은 반응 전후가 같다. 아인슈타인의 상대성원리에서 물질과 에너지 사이에는 상호변환이 가능하다는 것이 밝혀진 후 이 법칙을 엄밀하게는 성립하지 않지만, 보통의 화학반응에서는 기초적인 법칙이다. 물질의 질량과 에너지를 같은 것으로 생각한다면, 이 보존법칙은 지금도 성립한다.

273 질량수(mass number)

원자의 중심에 있는 원자핵은 양성자와 중성자로 이루어져 있다. 양성자의 수(원자 번호)를 Z라 하고, 중성자의 수를 N이라 했을 때, 양자의 합($A = Z + N$)을 그 원자의 질량수라 한다. 질량수가 같고, 원자 번호가 다른 원자를 동중원소(同重元素)라 부른다. 예건대, 칼슘(Ca, $Z = 20$, $Z = 40$)과 아르곤(Ar, $Z = 18$, $A = 40$)이 동중원소이다. 또 원자 번호가 같고, 질량수가 다른 원소는 동위원소(同位元素)이다.

274 질소순환(nitrogen cycle)

지구상에는 여러 종류의 유기 또는 무기의 질소 화합물이 존재하는데, 이것들이 상호 연관을 가지고 변천해가는 현상. 질소 고정 생물에 의해 분자 상태의 질소로부터 암모니아태로 변한 질소는 유기태로 동화되어 생물체를 구성한다. 이것은 다시 동물의 먹이로 되어 별개의 단백질로 되거나 무기화되어 생물권 내에서 순환, 탈질 작용으로 분자상 질소로 돌아간다.

275 착염(complex salt)

이온이 되어 있는 착체, 즉 착이온을 함유하고 있는 염. 예컨대, $|Co(NH_3)_6|Cl_3$는 양이온의 $|Co(NH_3)_6|^{3+}$와 3개의 음이온 Cl로 이루어져 있는 착염인데, 이 중 $|Co(NH_3)_6|^{3+}$는 코발트이온의 둘레에 NH_3가 6개, 정8면체형으로 배위해 있는 착이온이다. 또, $K_4[Fe(CN)_6] \cdot 3H_2O$는 4개의 양이온 K^+와 음이온인 $[Fe(CN)_6]^{4-}$로 이루어져 있는 착염으로, $[Fe(CN)_6]^{4-}$는 철이온의 둘레에 CN^-가 6개, 정8면체형으로 배위해 있는 착이온이다.

276 착이온(complex ion.)

코발트나 철은, Co^{3+}라든가 Fe^{3+}와 같이 3가의 양이온으로서 수용액 중에 존재할 수 있는데, 암모니아 NH_3나 시안음이온 CN^-와 만나면 즉각 화학반응하여 $[Co(NH_3)_6]^{3+}$나 $[Fe(CN)_6]^{3-}$와 같은 이온형의 화합물을 형성한다. 이와 같은 이온은 착이온이라 불리고 있다. 착이온은 또한 전하수만큼의 다른 이온 염화물이온(Cl^-)이나 나트륨이온(Na^+)과 간단히 반응하며, 전체적으로 중성인 화합물 $[Co(NH_3)_6]Cl_3$나 $Na_3[Fe(CN)_6]$를 형성한다. 이와 같은 화합물은 NaCl 등의 염과 유사하여 착염(錯艶)이라 불리고 있다

277 천연가스(natural gas)

지하에서 산출하는 가스(기체). 좁은 의미로는 가연성의 기체를 말하며, 불연성인 화산가스나 수증기 등은 포함시키지 않는다. 유전지대의 지하에서 나오는 천연가스는 메테인이 주성분이며, 에테인, 프로테인 등 파라핀계 탄화수소를 함유하는 것도 있다. 주로 메테인으로 이루어진, 탄전지대의 지하에서 나오는 가스도 있다. 또 유전도 탄전도 없는 곳에서 지하수와 동시에 메테인가스가 분출하는 수도 있는데, 이것은 지하수 중의 유기물에서 세균 등의 작용으로 생성된 것으로 생각된다. 이것도 주성분은 메테인으로, 화학공법 원료나 연료로 이용된다.

278 천연섬유(natural fiber)

동식물(경우에 따라 광물)에서 얻어지는 가늘고 기다란 실 모양의 물질, 동물성 섬유의 대표적인 것으로는 양모·명주, 식물성 섬유로는 면·마·목재섬유 등이 있다. 동물성 섬유는 주로 단백질, 식물성 섬유는 셀룰로오스로 이루어져 있다.

279 초경합금(cemented carbide)

탄화텅스텐의 분말을 금속 코발트의 분말과 함께 잘 혼합한 다음 소결해서 얻어지는 소결합금. 높은 경도와 강한 인성(질김)을 아울러 갖추고 있다. 절삭공구, 내마모 공구, 초고압 발생용의 부품 등에 이용된다.

280 초우라늄원소(transuranic elements)

원자 번호가 우라늄(U, 원자 번호 92)보다 큰 원소. 모두 인공의 방사성원소인데, 현재에는 넵투늄(Np, 원자 번호 93)에서부터 109번 원소까지 만들어져 있다. 104번 원소부터 앞의 IUPAC(국제 순정 및 응용화학연합)에 의하여 라틴어의 수치표시에 따른 명명이 제안되었다. 예를 들면 104번은 운닐쿠아듐(기호 Unq), 105번은 운닐펜튬(Unp) 등이다.

281 초전도(superconductivity)

어떤 종류 금속의 전기저항은 저온에서 완전히 제로가 되는 현상. 이 현상을 전기가 비정상적으로 잘 흐른다는 뜻으로 초전도라 부른다. 1911년에 카멜링 오네스는 수은에서 이 사실을 발견하였다. 수은뿐만 아니라. 많은 금속과 합금에서 초전도가 발견되었다.

보통의 금속에는 전기저항이 있으므로, 전류를 흐르게 하는 데에는 전압을 걸어야만 한다. 도선을 흐르는 전류 I와 가하는 전압 V 사이에는 옴의 법칙 $V = IR$의 관계가 있다. R은 전기저항인데, 전류가 잘 흐르지 않는 정도를 나타내고 있다. 전기저항의 온도에 의한 변화를 알아보면, 온도가 내려감에 따라 차츰 작아진다. 그리고 예컨대 수은에서는, 절대 온도 4.1K에서 갑자기 0이 되며, 그 이하의 저온에서는 전혀 저항이 없는 초전도상태가 실현한다. 도선으로 코일을 만들어, 단시간만 기전력을 주어서 전류를 흐르게 하면 보통의 금속이라면 전기저항에 의하여 전류는 곧 감소한다. 초전도상태의 금속(초전도체)인 경우에는, 일단 흐르기 시작한 전류는 언제까지나 계속 흐른다. 이것을 영구전류라 부르고 있다. 초전도가 되는 온도(이와 같은 온도를 전이점이라 부른다)는 물질에 따라서 다르다. 많은 금속에서는 절대 온도로 수 K 정도인데, 20K 전후의 전이점을 가진 합금도 있으며 또 전이점이 100K 전후로 두드러지게 높은 금속산화물이 1987년에 발견되었다.

초전도에는 여러 가지 이용법이 있다. 초전도체를 도선으로 하여 코일을 감고 전류를 흐르게 하면, 저항이 없어 전력을 소비하지 않는 강한 전자석(초전도자석)이 된다. 초전도전류가 자기장의 영향을 민감하게 받는 것을 이용한, 자기장의 정밀한 측정장치[초전도양자간섭계, SQULD(스퀴드)]도 실용화되어 있다. 이 밖에 전자공학의 소자, 에너지 저장 등에의 이용도 연구되고 있다. 초전도가 되는 전이점이 높은 물질의 연구에 의하여, 헬륨이 아닌 값싼 액체질소를 써서 초전도를 실현할 수 있게 되었다. 장차 상온에서 초전도가 되는 물질이 발견되면 이용가치는 더욱 높아질 것이다.

282 초전도세라믹스(superconductive ceramics)

초전도의 성질을 보이는 세라믹스. 1911년에 네덜란드의 카멜링 오네스가 절대 온도 4도(4K) 가까이 냉각한 수은에 초전도현상을 발견한 후에, 금속의 분야에서 초전도체의 탐색연구가 이루어졌으나 현저한 발전은 없었다. 그런데 1986년 스위스에서 뮐러와 베드노르츠가 란탄-바륨-구리산화물을 소결해서 만든 세라믹스에, 30K 이상에서 초전도의 가능성을 발견한 이래로 초전도 세라믹스, 특히 상온에서 초전도현상을 보이는 재료의 개발 전쟁이 활발해져 있다. 그러나 아직 현상·이론의 양면에서 불명인 점이 많다. 반면, 실용화를 위한 연구는 각 방면에서 급속히 진행되어, 초전도 세라믹스로 대전류를 통하게 하는 박막이라든가 세선 등의 제조법이 잇따라 발표되고 있다.

283 초전도재료(superconducting material)

저온이 되면 전기저항이 제로가 되어버리는 초전도현상을 생기게 하는 재료. 최근까지 초전도가 일어나는 최고온도는 주석화3니오브(Nb$_3$Sn) 등의 약 −250℃였기 때문에, 값이 비싸고 번거로운 액체 헬륨에 의한 냉각이 필요하였다. 그런데 1986년 후반부터, 이트륨−바륨−구리산화물(YHa$_2$Cu$_3$O$_{7-x}$ 등)과 같이 액체질소(−196℃)로 냉각하는 것만으로 초전도가 되는 고온 초전도물질이 잇따라 발견되어 앞으로 실온에서 초전도를 일으킬 수 있게 될 것이 기대되고 있다.

284 초합금(super alloy)

가스 터빈용으로 개발된 가혹한 조건에 견딜 수 있는 내열합금에 붙여진 말. 초내열합금을 뜻하며, 철·니켈·코발트를 각각 주성분으로 한다. 항공기 제트엔진의 터빈 날개 등 700~1,000℃의 고온에서 강도를 유지하는 것이 요구되는 데에서 쓰인다. 현재에는 니켈을 주성분으로 하는 합금이 주력인데, Cr 19퍼센트, Co 18퍼센트, Mo 4퍼센트 등을 함유하는 것이 그 대표이다.

285 촉매(catalyst)

화학반응에 있어서 반응물질 이외의 것으로 스스로는 반응의 전후에 있어서 화학적인 하등의 변화를 일으키지 않고, 그 반응 속도를 변화시키는 물질. 예를 들면 수소와 산소는 아무리 혼합하여도 상온에서는 반응하지 않는다. 이때 백금흑을 존재시키면 강한 반응을 일으키게 된다. 그러나 백금흑 자체에는 아무런 변화도 없다. 이 경우 백금흑은 촉매로서 작용한 것이다. 촉매는 일반적으로 반응을 촉진시키지만 지연시키는 것도 있다. 전자를 양촉매, 후자를 음촉매라고도 한다. 또한 불균일계 촉매 외에 용액으로서 작용하는 균일계의 촉매도 있다. 촉매작용의 기구에 대해서는 대부분이 불명확하다.

286 추출(extraction)

① extraction : 혼합물 중에서 목적의 물질을 용매에 녹여서 꺼내는 방법. 용매추출이라고도 부르는데, 물질의 분리법 중 하나. 목적의 물질이 물속에 녹아 있거나 분산해 있을 경우는 적당한 용매를 가하고 흔들어 용액으로서 꺼낸다. 또 고체의 혼합물인 경우는 속슬리 추출기를 써서 혼합물을 용매에 담그고는 여과하는 조작을 되풀이하여 목적하는 물질을 용액으로서 꺼낸다. 대두유와 같은 유지는 핵산 등을 용매로 하여, 대두(콩)에서 공업적으로 추출하여 정제한다.
② sampling : 통계에서 모집단에서 표본을 뽑아내는 것

287 축전지(storage battery)

외부의 전원에서 받은 전기를 화학에너지의 형태로 변화시켜 축적하였다가 필요한 때에 재생시키는 장치. 보통 과산화연인 양극과 연인 음극을 묽은 황산의 전해액 속에 세워서 만드는 연축전지와 양극으로서 수산화 제1니켈, 음극으로서 철을 가성칼리 수용액 속에 대립시려 만드는 알칼리축전지의 두 종류가 있다.

288 축합(condensation)

2개 이상의 분자가 결합하거나 하나의 분자 내 2개소 이상이 결합하여 고리가 생기거나 하는 반응인데, 그때 보통 수소·물 등의 간단한 분자가 떨어져 나가는 것. 아세트산과 에탄올에서 물이 떨어져서 아세트산에틸이 생성되는 반응. 아세톤 3분자에서 1, 3, 5−트리메틸벤젠이 생성된다든가 벤젠2분자에서 비페닐이 생성되는 반응은 모두 축합이다. 아서트알데히드 2분자에서 알코올이 생성되는 반응도 축합인데, 이때는 알코올 이외에 생성되는 분자는 없다. 나일론이나 베크라이트와 요소수지를 만들 때의 중축합 등 고분자 공업에는 많이 볼 수 있는 반응이다.

289 충전(charging)

축전지나 콘덴서에다 방전할 때와는 반대의 전류를 외부 전원으로부터 흐르게 하여 에너지를 축적시키는 일. 정류기 또는 전동발전기 등에 의하여 교류를 직류로 바꿔서 충전한다.

290 측쇄(side chain)

고리식유기화합물에서 가장 탄소수가 많은 탄소사슬이나 주요 작용기 $-COOH$, $-OH$, $-NH_2$, $-SO_3H$를 가진 사슬을 주쇄라 하고, 거기에서 분지하는 사슬을 측쇄라 한다. 또 방향족 탄화수소의 벤젠 고리에서 나와 있는 탄소사슬도 측쇄라 부른다.

291 침전(precipitation)

일반적으로 액체 중에 있는 미소한 고체가 밑으로 가라앉는 것. 화학적으로는 용액 중의 화학변화에 의하여 생기는 반응생성물 또는 용액 중의 용질이 포화되어 세립상, 때로는 솜덩이 같은 고체가 되어서 용액 중에 나타나는 것을 말한다. 이때 생기는 물질을 침전물 또는 단지 침전이라고 한다.

292 치환(substitution)

화합물 속에 함유되는 원자 또는 원자단이, 다른 원자 또는 원자단과 바뀌어 놓이는 반응을 치환 또는 치환반응이라 한다.

293 친수콜로이드(hydrophilic colloid)

물과 잘 어울리는 콜로이드 입자가 물속에서 균일하게 흩어져서 이루어진 콜로이드 용액(졸), 녹말과 같은 고분자화합물의 수용액이라든가 비누와 같은 계면활성제가 미셀을 이루고 녹아 있는 수용액은 대표적인 친수 콜로이드이다. 친수 콜로이드는 안정해 전해질을 조금 가해도 파괴되지 않지만, 다량의 전해질이나 알코올을 가하면, 콜로이드 입자가 모여서 침전해버린다.

294 케톤(ketone)

카르보닐기$>C=O$에 알킬기 등 탄소 원자를 포함하는 치환기가 붙은 화합물. 예컨대 2개의 메틸기가 붙은 아세톤이나 2개의 페닐기가 붙은 벤조페논 등 케톤은 유기물과 잘 섞이며 아세톤 등은 물과 잘 섞이므로 용제로서 쓰인다.

295 콜로이드(colloid)

보통의 분자보다는 크고 광학현미경으로 분간할 수 있을 정도로는 크지 않은 액체나 고체의 입자가 다른 액체·고체, 또는 기체에 균일하게 흩어져 있는 상태. 교질이라고도 한다. 콜로이드 중에 흩어져 있는 입자는 콜로이드 입자라 하며 크기(지름)는 대략 1~500nm이다. 콜로이드 입자는 보통 원자나 작은 분자가 많이 집합한 것인데. 단백질이나 녹말과 같이 큰 분자(고분자)는 하나하나의 분자가 콜로이드 입자가 된다. 콜로이드의 대부분은 탁해 보인다. 이것은 콜로이드 입자가 가시광을 산란하기 때문이다.

296 쿼크(quark)

양성자·중성자나 중간자 등 하드론이라 총칭하는 소립자를 이루고 있는 기본입자. 모두 +2/3e(e는 전기 소량)라는 어중간한 전기량을 가지고 있다. 스핀은 1/2이다. 양성자와 중성자는 쿼크 3개로 이루어지는데, 중간자는 쿼크와 반 쿼크의 2개로 이루어져 있다. 예컨대 업, 다운이라는 이름의 쿼크를 u, d로 나타내면, 양성자는 und, 중성자는 udd, π＋중간자는 ud, π중간자는 du라는 구성을 가진다. 다만 u, d는 각각 u, d의 반 쿼크이다. u d 외에 c(참), s(스트레인지), 그리고 b(보텀) 등 이제까지 5종류의 쿼크의 존재가 확인되어 있는데, 모두 6종류가 있을 것으로 생각되고 있다. 미발견인 제6의 쿼크를

톱(t)이라 한다. 전하 +2/3e의 쿼크(u, c, t)와 −1/3e의 쿼크(d, s b)가 각각 쌍을 이루고, 3쌍이 모두 비슷한 성질을 가지고 있다. 렙톤(전자나 뉴트리노 등)은 3쌍 6종류가 있는데, 쿼크와 렙톤은 같은 레벨의 기본 입자로 생각되고 있다. 1개의 쿼크가 단독으로 관측된 실험은 없다. 쿼크와 쿼크 사이에 작용하는 강한 상호작용을 다루는 양자색역학이라는 이론에 의하면, 쿼크 사이의 상호작용은 가까운 곳에서는 약하지만 먼 곳에서는 강해져 그 때문에 쿼크 1개를 떼어놓을 수는 없는 것으로 알려져 있다.

297 크로마토그래피(chromatography)

입상의 고체나 고체에 함유시킨 액체 일부에 시료를 놓고, 거기에 액체 또는 기체(전개제라 부른다)를 흐르게 하여 시료의 각 성분을 이동시킴으로써 각 성분의 이동속도의 차를 이용하여 혼합물을 분리하는 방법. 유리관(카람)에 탄산칼슘을 넣고 에테르를 전개제로 식물 색소를 분리하여 클로로필이나 루테인 등의 유색흡착대(크로마토그램)를 얻는 방법을 카람크로마토그래피라 한다. 카람 대신에 여지를 쓰는 페이퍼 크로마토그래피, 실리카겔의 박층을 붙인 유리판을 쓰는 박층 크로마토그래피, 전개제로 기체를 쓰는 가스 크로마토그래피 등이 있다. 물질 성분의 분리·정제·검출·정량 등에 이용된다.

298 탄화수소(hydrocarbon)

탄소와 수소로 이루어져 있는 유기화합물의 총칭. 크게 사슬화탄화수소와 고리탄화수소, 포화탄화수소와 불포화탄화수소로 분류된다.

299 탈수(dehydration)

① 화합물의 분자에서 물이 분리되는 반응을 말한다. 1개의 분자 속에서 물이 제거되는 경우는 분자 내 탈수반응이다. 에탄올에 진한 황산을 작용시켜서 에틸렌으로 만드는 반응은 그 대표적인 예이다. 또, 카복시산과 알코올로 에스터가 생성할 때와 같이, 2개의 분자 사이에서 탈수반응이 일어나는 경우도 있다. 탈수제로서는 황산·인산·5산화인 등이 있다.
② 물질 중에 혼합해 있는 수분을 제거하여 건조시키는 것을 말한다. 예컨대, 에탄올에 함유된 물을 제거하여 순수한 무수 에탄올로 만드는 것도 탈수이다.

300 태양전지(solar cell)

태양의 빛을 받아서 전기에너지로 변환하는 장치. 일반적으로 실리콘 반도체의 pn접합부분이 쓰인다. 반도체가 빛을 흡수하면 전자와 정공이 생긴다. 이 전하가 pn접합부분에서 분리되어 기전력이 생긴다. 쓰이는 반도체는 이전에는 값비싼 단결정 실리콘이 주였는데, 현재에는 다결정 실리콘이나 아모르퍼스 실리콘을 사용한 값싼 태양전지가 실용화되어 있다. 실리콘 이외의 반도체를 쓰는 태양전지도 연구되고 있다.

301 투석(dialysis)

콜로이드 용액에서, 공존하는 이온이나 저분자물질을 분리 제거하는 조작. 전해질, 저분자물질 등의 용질과 콜로이드 입자를 포함하는 수용액 중 용질은 투과하나 콜로이드 입자는 투과하지 않는 동물의 방광막이나 셀로판 등의 반투막주머니에 넣어서 흐르는 물속에 두면 이온이나 저분자물질이 주머니 속에서 흘러나와 콜로이드 입자만을 포함하는 수용액이 얻어진다. 전기장을 밖에서 걸어 투석 속도를 크게 하는 방법을 전기투석이라 하는데, 혈청·효소 등의 정제에 쓰인다. 또 이 원리를 이용하여, 신부전 환자의 혈액 중에 고이는 유해한 저분자물질을 제거하는 치료를 투석요법이라 한다. 반투막으로 만든 회로 속에 혈액을 순환시켜 막 외의 용매 중에 유해물질을 확산시키는 치료를 인공투석이라고 한다.

302 틴달효과(Tyndall effect)

먼지를 포함하는 공기나 콜로이드 용액 등의 속을 빛이 나아갈 때 빛의 통로가 빛나 보이는 현상. 틴달현상이라고도 한다. 이것은 투명한 매질 내에 있는 작은 입자가 빛을 산란하기 때문에 일어나며 담배 연기가 푸르게 보이는 것도 이 현상의 한 예이다. 영국의 틴달이 연구했으므로 이 이름이 붙었다.

303 파라볼라안테나(parabola antenna)

포물선 모양의 반사기에 의해 전파를 반사하여, 그 요점의 위치에 놓인 원에서의 전파를 효율적으로 1방향으로 방사시키는 안테나. 이 안테나를 전파의 수신에 사용하면 1방향에서 오는 전파반을 효율적으로 수신할 수가 있다. 빌딩의 옥상 등에서 지름 수십 cm에서 수 m의 공기 모양인 파라볼라 안테나를 볼 수 있는데, 이 안테나로 전파를 송수신하여 무선통신을 한다. 또 천체에서 발해지는 매우 약한 전파를 수신하여 천제를 관측하는 전파망원경에도 쓰인다.

304 파라핀탄화수소(paraffin hydrocarbon)

C_nH_{2n+2}의 일반식을 가진 포화쇄식 탄화수소. 메테인계 탄화수소 또는 알칸이라고도 부른다. 탄소 원자 사이에 단결합 밖에 존재하지 않는다. 탄소수 n이 1인 것을 메테인, 2를 에테인, 3을 프로테인, 4를 부탄, 5를 펜탄, 6을 헥산, 7을 헵탄, 8을 옥탄 등이라 부른다. 직쇄상의 것(노르말 부탄 등으로 부르고 n−부탄이라 쓴다) 외에 측쇄를 가진 이성질체가 있다. 직쇄상합물에서는 n이 커질수록 녹는점·끓는점·비중이 크다. 또, 같은 탄소수를 가진 이성질체에서는 직쇄 족이 측쇄를 가진 것보다 끓는점이 높다. 물에는 거의 녹지 않는다.

305 파울리의 원리(Pauli's principle)

스핀이 반정수(1/2, 3/2, …)인 입자를 페르미 입자(페르미온)라 하는데, 동일한 페르미 입자는 같은 에너지 상태로 2개 이상 들어갈 수 없다는 원리. 또는 파울리의 배타율이라 한다. 이것은 파울리(1900~1958)가 1924년에 제창하였다. 양성자, 중성자나 전자는 페르미입자로서, 파울리의 원리에 따른다. 각 운동량이 $L(h/2\pi)$(h는 π플랑크 상수)인 원자의 경우, 각 운동량의 성분은 $2L+1$개의 값을 취하며, 각각에 스핀의 성분이 서로 다른 2개의 상태가 가능하므로, $2(2L+1)$개의 전자가 동일 에너지의 상태에 들어갈 수 있게 된다. 이 원리에 의하여, 원소의 주기율을 세대로 설명할 수가 있었다. 또 중간자나 광자와 같이 스핀이 정수인 입자는 보스 입자(보슨)라 하며 파울리의 원리를 따르지 않는다.

306 파인세라믹스(fine ceramics)

도자기 등 보통의 세라믹스는 천연으로 산출되는 규산염을, 뉴세라믹스는 규산염 이외의 합성원료인 알루미나 등을 원료로 한 반면에 매우 순도가 높은 산화물이나 천연으로 산출하지 않는 화합물(알루미나, 질화규소 등)을 합성하여 이것을 정밀한 방법으로 서브미크론(1μm 이하)의 분말로 만든 후 형상을 만들어 소결한 세라믹스. 뉴 세라믹스가 성형에 점토나 장석을 사용하여 알루미나 등이 본래 지니는 내열성·내식성·절연성 등이 상실된 데 대하여, 파인세라믹스는 성형에 유기물을 쓰기 때문에 소결 후에 남지 않아 원료가 지니는 특성이 손상되지 않는다. 특수한 성질을 지녀, 정밀·내열기계용, 정보·기능용, 생체용 재료로써 널리 쓰이고 있다. 예컨대, 합성 다이아몬드는 절삭공구에, 절연성인 Al_2O_3는 IC 기판에, SiO_2는 광파이버에 쓰인다. 또 인공의 뼈나 이도 Al_2O_3 등을 포함하는 세라믹스이다.

307 반데르발스힘(van der Waals force)

분자 사이에 작용하는 인력의 일종. 2개의 중성인 분자가 비교적 떨어져 있을 때에도 작용하는 인력이다. 2개의 분자가 접근했을 때, 각각이 지니는 전자가 전기적인 반발을 함으로써 서로 피하면서 운동하기 때문에, 어떤 순간에는 하나의 분자의 (+) 전하를 띤 부분과 또 하나의 분자의 (−) 전하를 띤 부분이 서로 마주 보아 약한 전기적 인력이 생긴다. 또, 원래 분자가 부분적으로 전기의 치우침(전기쌍극자라 부른다)을 갖는 데에 연유하는 인력도 있다. 판데르발스힘은 수소결합보다 조금 작은 에너지를 갖는 약한 힘이지만, 분자나 원자단의 접촉 면적이 커지면 강해져, 액체의 응집이나 접착 등에 중요한 작용을 한다. 헬륨이 −269℃까지 냉각되면 액화하는 것은 이 힘이 있기 때문이다.

308 패러데이의 법칙(Faraday's law)

① 용액의 전기분해를 할 때에 성립하는 중요한 법칙으로, 1833년 패러데이가 발견하였다. 다음의 두 가지로 이루어진다.
  • 같은 물질은 전기분해할 때, 전해 생성물의 양은 전기량(전류×시간)에 비례한다.
  • 서로 다른 물질을 전기분해할 때, 같은 전기량에 의한 전해 생성물의 양의 비는, 화학당량의 비와 같다. 바꾸어 말하면, 1그램 당량의 물질이 석출하는 데에 필요한 전기량은 물질의 종류에 따르지 않고, 언제나 일정(96485쿨롱)하다.
② 패러데이가 발견한 전자기유도의 법칙을 말한다.

309 펩티드결합(peptide bond)

카르복실기(-COOH)와 아미노기($-NH_2$)가 탈수축합하여 생기는 결합 -CO-NH-. 이 C, O, N, H의 4원자는 하나의 평면상에 있는데, 트랜스형이 안정하며, 단백질 속의 펩티드 결합은 보통 이 형이다. 펩티드 결합을 하는 데는 에너지가 필요한데, 생체 내에서는 ATP 등 고에너지 인산결합을 포함하는 화합물을 소비하여 이 결합을 한다.

310 평형(equilibrium)

하나의 계 전체가 균형을 이루어, 겉보기상 변화가 일어나지 않는 안정인 상태. 예컨대, 온도가 서로 다른 물체를 접촉시키면, 열이 고온부에서 저온부로 흘러 양쪽의 온도가 서로 같아진 것을 열평형이라고 한다. 천칭으로 물체의 질량을 잴 때 팔이 수평이 되도록 분동을 조절하면 역학적 평형이 얻어진다. 화학변화가 겉보기상 멎어 있을 때는 화학평형이 되었다고 한다.

311 포화(saturation)

① 용액의 경우 : 일정 온도에서 용질을 용매에 녹이면, 용액의 농도는 용질을 가함에 따라서 커진다. 그런데 용질이 어떤 일정량을 넘으면, 용매가 멎고, 농도는 일정값이 되어, 그 이상 증가하지 않는다. 이 상태에서 용매는 용질로 포화되었다고 한다. 또, 그와 같은 용액을 포화용액, 그 농도를 용해도라 한다.
② 액체나 고체의 증기의 경우 : 진공의 상자에 일정 온도의 액체나 고체를 조금씩 넣어 가면, 거기서 발생하는 증기의 압력에 대하여, ①과 마찬가지의 현상을 볼 수 있다. 즉, 액체나 고체를 어떤 일정량 이상 넣었을 때 증기압은 일정값이 된다. 이 상태에서 증기가 포화했다고 하는데, 이 상태의 증기를 포화증기, 증기압을 포화증기압이라 한다. ①, ②의 어느 경우도, 포화용액이나 포화증기는 고체나 액체와 평형상태(공존상태)에 있다고 생각된다.

312 포화용액(saturated solution)

어떤 온도에서 용매에 녹는 최대량의 용질을 녹인 상태의 용액. 포화용액에서는 용질과 용매가 평형상태에 있으므로, 용질이 녹지 않고 남는 것으로서, 포화용액임을 확인할 수가 있다. 고온에서 만든 용액을 냉각시켜서 포화용액을 만드는 경우에는 흔히 용해도 이상의 농도의 용액이 얻어진다. 이 용액의 상태를 과포화라 부른다.

313 포화탄화수소(saturated hydrocarbon)

탄소와 탄소 사이의 결합이 모두 최근 법의 전자궤도에 의한 결합[σ(시그마)결합]으로 이루어진 탄화수소. 즉, 이중 결합, 이중 결합을 포함하지 않는 탄화수소 메테인·에테인·부탄 등과 같이 탄소골격이 사슬 모양으로 연결된 것(파라핀), 시클로헥산, 데카린과 같이 탄소골격이 고리 모양으로 된 것(시클로파라핀)이 있다.

314 표면장력(surface tension)

그림과 같은 테두리 사이에 비눗물로 막을 만들어, 막을 펴 놓기 위해서는, 밖에서 힘을 가하여 당기고 있어야만 한다. 막에는 잡아 늘인 고무와 마찬가지로, 오므라들려고 하는 힘(장력)이 작용하고 있는 듯이 보인다. 이와 같은 힘은, 비눗물뿐만 아니라 액체의 표면에는 항상 작용하고 있다. 이것을 표면장력이라 한다. 액체의 분자는 서로 끌어당기고 있으므로, 되도록 모여서 표면적을 작게 하려는 경향이 있다. 이것이 표면장력의 원인이다. 물방울이나 거품이 둥글게 되는 것은 표면장력에 의한다. 마찬가지의 힘은 액체의 표면(액체와 공기의 경계면)뿐만 아니라, 액체와 고체, 서로 다른 액체 사이 등의 경계면에도 나타난다. 이처럼 일반적으로는 계면장력이라 부른다. 세제로 쓰이는 계면활성제는 물질의 계면에 흡착하여 그 계면장력(표면장력)을 줄여 준다.

315 표준상태(normal state)

주로 기체에서 온도 0℃, 압력 1기압 하에서의 물질의 상태. 이 온도와 압력을 각각 표준온도, 표준압이라고 한다. 표준상태에서의 이상기체 1그램 분자의 체적은 기체의 종류와 관계있이 약 22.4L이다.

316 플라스틱(plastic)

가소성 재료. 주로 유기물 고분자로 이루어지고 열이나 압력을 가하여 고체의 성형품으로 만드는 재료. 온도를 올리면 물러지는 열가소성의 것과 열을 가하면 탈수중합 등으로 구조가 단단해지는 열경화성의 것이 있다. 예부터 천연물인 수지·별갑 등이 있는데, 공업적으로는 고무에 90퍼센트 이상 황을 가한 에보나이트 등도 있다. 화학공업에서는 니트로셀룰로오스의 알코올 용액과 장뇌를 섞어서 성형한 셀룰로이드가 그 시초로 알려져 있다. 이어서 베이클라이트·요소수지·폴리스틸렌·폴리염화비닐·폴리에틸렌 등의 합성수지 재료가 만들어져 각각 성형재료가 되었으므로, 합성수지와 플라스틱은 같은 의미로 쓰이고 있다.

317 할로겐(halogen)

플루오린(F), 염소(Cl), 브로민(Br), 아이오딘(I), 아스타틴(At)의 다섯 비금속원소. 모두 주기율표의 7B족에 속한다. 아스타틴 이외의 네 가지는 바닷물이나 암염에 함유되어 있는데, 특히 염소의 존재량은 많지만 플루오르·아이오딘·브로민의 차례로 적어진다. 할로겐의 단체는 모두 2원자분자를 이루고, 독성이 있다. 상온에서는 플루오린과 염소는 기체, 브로민은 액체, 아이오딘은 고체, 색은 담황록색 → 녹황색 → 적갈색 → 흑자색으로 점차 진해진다. 또 전기음성도는 플루오린에서 아이오딘까지 차츰 작아진다. 모두 −1가의 할로젠화물 이온이 된다.

318 합금(alloy)

2종류 이상의 원소를 함유하는 금속재료. 금속재료의 최대의 이점은 사용 목적에 맞추어서 갖가지 성질을 부여할 수 있다는 점. 그를 위해서는 여러 가지 원소를 짝지은 재료, 즉 합금이 쓰인다. 실용되는 금속재료는 모두가 합금이라 할 수 있다. 또 용어상 합금에 대응하는 것은 순금속인데, 아무리 순수한 금속일지라도 반드시 불순물을 포함하고 있으며, 높은 순도의 금속, 즉 순금속은 일반적으로 물러서 강도 면에서는 실용이 어려운 것이 많아, 합금으로 만듦으로써 기계적 강도가 높은 실용재료가 만들어져 왔다. 합금이라는 용어는 금속재료와 동의어이다.

319 합성(synthetic)

단체 또는 간단한 화합물로부터 복잡한 화합물을 만드는 일. 유기화합물의 경우에 한하며, 단체로 화합물을 만드는 예로는 산소와 수소로 물을 만드는 일이 있다. 화합물로 합성하는 예로는 부타디엔으로 합성고무를 만드는 일 따위가 있다.

320 합성섬유(synthetic fiber)

순수하게 화학적으로 합성된 섬유. 캐러더스가 나일론을 발명한 이래로 잇따라 합성되게 되었다. 나일론·폴리에스테르·아크릴·비닐론 등의 섬유가 대표적. 폴리프로필렌 섬유, 폴리우레탄 탄성사라든가 최근에는 케블러(방향족 플리아미드의 일종), 탄소섬유 등 특수한 용도에 쓰는 합성섬유도 만들어지고 있다. 천연 섬유에는 없는 강도가 크다. 마모하지 않는다. 물이나 약품에 강하 등의 새로운 성질을 살려 의료용 이외에도 어망, 섬유강화 플라스틱의 강화재, 건축용재 등 많은 용도에 보이고 있다.

321 항생물질(antibiotic)

세균, 기타 미생물을 파괴하거나 발육을 억제하는 물질. 본래 미생물에 의하여 만들어지며, 그들 간의 생존경쟁 현상으로서 나타나는 것을 사람의 감염성 질환 제거에 이용하는 것. 1928년 영국의 플레밍이 처음으로 페니실린을 발견한 후, 스트렙토마이신·오레오마이신·테라마이신·클로로마이세틴·에리드로신·네오마이신·바이오마이신 등 현재에 이르기까지 약 200종의 항생물질이 발견되었는데, 이제는 상당수를 화학적으로 합성하고 있다. 항생물질의 출현으로 세균성 질환 대부분이 쉽게 치료되었으나, 현재는 그 남용으로 인하여 많은 세균이 내성을 얻어 약제에 저항하여 이전보다 효과가 줄어들었다.

322 항온조(constant-temperature bath, thermostat)

유리, 염화비닐 또는 단열재로 둘러싼 용기로 속에 넣은 물 온도가 일정하게 유지되도록 열원·온도조절기·교반기 및 온도계를 갖추고 있는 장치. 반응물질을 넣은 용기를 이 속에 담그고 일정 온도로 반응시키거나 온도를 바꿔, 온도에 의한 물질의 성질 변화를 알아보는데 쓰기도 한다.

323 해리(解離 dissociation)

가역반응이 쉬운 화학변화. 한 분자가 보다 작은 분자·원자·이온·전자 등으로 분해하는데, 그 분해 상황에 따라 역행할 수 있는 경우, 그 현상을 해리라 한다. 열, 강력한 전기장, 빛에너지 등 여러 가지 상황에서 일어난다. 열에 의하여 일어나는 것을 열해리, 전해질의 수용액과 같이 이온으로 분해하는 경우를 전기해리라 한다. 이것은 하나의 가역반응이므로 물질과 생성 물질 사이에는 평형 관계가 성립된다.

324 핵융합(nuclear fusion)

질량수가 작은 각종 원자핵이 충돌하여 질량수가 큰 원자핵을 이루는 반응. 핵융합반응 후에 생성된 원자핵 질량의 합은 충돌하기 전의 2개의 원자핵 질량의 합에 비하여 근소하게 적어져 있다. 상대성이론에 의하면 이 질량결손(Δm)에 상당하는 $(\Delta m)c^2$(c : 광속도)의 에너지가 방출된다. 태양의 중심부에서는 핵융합 반응이 진행되어 지구에 내리쬐는 에너지의 원천이 되고 있다.

325 헤스의 법칙(Hess' law)

어떤 반응을 1단계에서 시키거나 2단계 이상으로 나누어서 시키거나, 처음의 물질과 최종의 물질이 같으면 전체적인 반응열은 달라지지 않는다는 법칙. 내용으로 보아 총열량 불변의 법칙이라고도 부른다. 1840년 G.H. 헤스에 의하여 실험적으로 발견되어 후에 열역학의 제1법칙에 의하여 증명. 이 법칙에 의하여 열화학 방정식을 몇 개 가감해서, 직접 측정하기 어려운 반응열도 산출할 수 있다. 예컨대, 메탄올(CH_3OH)의 생성열은 직접 얻을 수 없지만, 탄소. 수소(H_2), 메탄올 연소의 열화학 방정식의 가감에 의하여 산출할 수 있다.

(1) $C(s) + O_2(g) = CO_2 + 94kcal$

(2) $2H_2(g) + O_2(g) = 2H_2O(l) + 136kcal$

(3) $CH_3OH(l) + \dfrac{3}{2}O_2(g)$

$= CO_2(g) + 2H_2O(l) + 182kcal$

단, s는 고체, l은 액체, g는 기체

(1)+(2)+(3)에서,

$C(s) + 2H_2(g) + \dfrac{1}{2}O_2(g)$

$= CH_3OH(l) + 48kcal$

326 헨리의 법칙(Henry's law)

온도가 일정한 경우 일정량의 액체에 녹는 기체의 질량은 기체의 압력에 비례한다는 법칙. 영국의 화학자 W. 헨리에 의하여 1802년에 실험적으로 발견. 예컨대 0℃의 물 1L에 녹는 1기압 질소의 체적은 23.1ml인데, 그 질량은 0.029g이다. 10기압으로 하면 녹는 질소의 질량은 10배가 된다. 이 법칙은 기체의 압력이나 용해도가 그다지 크지 않은 경우에 대략 성립한다. 염화수소와 같이 0℃에서 물 체적의 500배나 녹는 기체에서는 헨리의 법칙이 성립하지 않는다.

327 형상기억합금(shape memory alloy)

보통의 금속은 일단 힘을 가하여 변형시키고 나면 가열하거나 냉각하거나 하는 것만으로는 원래의 모양으로 되돌아가지 않는다. 그런데 어떤 종류의 합금은 실온에서 변형을 하고 일정한 온도를 넘어서 가열하면 원래의 형상으로 되돌아가는 성질을 나타낸다. 이 가열에 의한 변형은 일정한 온도에서 결정 속의 원자배열이 갑자기 변하기 때문인데, 형상기억합금은 이 성질을 지닌 합금이다. 티탄과 니켈을 1 : 1의 비율로 섞은 티탄-니켈 합금과 구리-아연-알루미늄합금(아연 20~25%, 알루미늄 4~6%)이 실용화되어 있다. 유압배관의 조인트, 에어컨의 풍향 자동 조정, 로봇의 팔, 의료용 기구 등에 용도가 생겨나고 있다.

328 혼합물(mixture)

2종류 이상의 물질이 화학결합을 이루지 않고 서로 섞여 있어서 기계적인 방법(여과·원심분리 등)이나 상태변화(증류·재결정 등)에 의하여 성분물질로 분리할 수 있는 것. 서로 섞인 상태가 원자나 분자의 크기 정도로 균일하게 섞인 것과 미립자의 미결정적 상태로 섞인 것이 있다. 예컨대. 전자에는 공기·용액·고용체 등이 있고, 또 후자에는 스모그(기체 속의 고체), 에어로졸(기체 속의 액체), 휘핑크림(액체 속의 기체), 우유, 마요네즈(액체 속의 액체), 페인트(액체 속의 고체), 색유리(고체 속의 고체) 등이 있다.

329 화석연료(fossil fuel)

석탄·석유·천연가스를 가리킨다. 이것들은 고생물의 유체가 땅속에 묻혀서 변화한 것인데서 이름 붙여졌다. 화석연료는 에너지원이 될 뿐만 아니라 의복이나 주거, 생활용품 등의 소재를 만드는 원료물질이기도 하다.

330 화씨눈금(fahrenheit)

온도를 표시하는 눈금의 한 방법. 기호는 °F. 0℃를 32°F, 100℃를 212°F로 하여, 그 사이를 180등분한다. 1724년 독일의 파렌하이트가 고안. 0°F는 소금물이 결빙하는 온도이다. 섭씨와의 관계는 $F = 9/5C + 32°$

331 화학결합(chemical bond)

물질 중의 원자끼리가 분자나 결정을 이루고 있을 때의 결합. 결합 방식에 따라 공유 결합,이온결합, 금속결합, 수소결합 등의 구별이 있다.

332 화학물질(chemical substance)

물질이라 불리는 것 중에서 화학의 대상이 되는 것을 본래는 이처럼 불렀다. 그러나 현재와 같이 일반 용어로서 쓰이는 경우는 화학 산업이 만들어 내는 물질 또는 천연으로는 없는 물질, 다시 말해서 인공의 물질이라는 뜻으로 쓰이는 수가 많다.

333 화학반응(chemical reaction)

한 가지의 물질 혹은 여러 종류의 물질 사이에서 화학변화가 일어나는 일. 반응하는 물질을 반응물질(reactant)이라 하고, 반응에 의해서 생긴 물질을 생성물질(reaction product)이라 한다. 쇠가 공기 중에서 녹스는 것, 쌀로 술을 담그는 것, 술로 식초를 만드는 것 등은 모두 화학반응에 의해 이루어진다.

334 화학반응식(reaction formula)

수소와 산소에서 물이 생기는 반응은 화학식을 써서 다음과 같이 표시된다.
$2H_2 + O_2 \rightarrow 2H_2O$
이처럼 화학식을 써서 화학반응을 나타낸 식을 화학반응식 또는 화학방정식이라 한다. 화학반응식에서는 반응하는 물질을 좌변에, 생성하는 물질을 우변에 쓴다. 화학반응에 의하여 분자는 변화하지만, 원자가 없어지는 법은 없으므로, 수소 원자(H)와 산소 원자(O)의 수는 반응의 전후에서 같아진다. 이 때문에 화학식의 앞에 계수를 붙여, 좌변과 우변의 각 원자수가 같아지도록 한다. 위의 예에서는 H_2와 H_2O에 계수 2를 붙여서, 수소 원자 및 산소원자의 수를 좌우가 같게 하고 있다. 처음으로 화학반응식을 쓴 사람은 라부아지에이다.

335 화학변화(chemical change)

원소도는 화합물이 어떤 조건에서 스스로 또는 상호 간에 원자의 결합을 바꾸어 새로운 원소 또는 화합물을 만드는 변화이다.

336 화학분석(chemical analysis)

물질에 포함되는 성분인 원자나 분자, 이온 등의 종류와 양을 알기 위하여 하는 조작이다.

337 화학비료(chemical fertilizer)

화학적으로 제조한 무기질 비료의 총칭. 인조비료라고도 한다. 자급비료의 대. 질산암모늄·황산암모늄·염산암모늄·염산칼륨·과인산석회·석회질소·요소·토마스인비 등이 그것이다. 일반적으로 성분이 진하므로 물과 섞어 쓰거나, 흙퇴비 등에 혼합하여 사용한다.

338 화학섬유(chemically manufactured fiber)

이전에는 비스코스레이온, 아세테이트레이온, 구리암모니아레이온 등 식물세포벽의 주성분이 셀룰로오스(섬유소)를 화학적으로 처리해서 얻어지는 인조섬유를 가리켜서 화학섬유라 불렀다. 현재에는 나일론, 폴리에스테르, 아크릴, 비닐론 등의 합성섬유도 이에 포함하여 화학섬유라 부른다.

339 화학식(chemical formula)

어떤 순물질을 원소 기호로 써서 나타낸 식의 총칭. 수소 원자 2개와 산소 원자 1개로 이루어져 있는 물의 분자는 화학식 H_2O로 나타내진다. 화학식에는 분자식, 조성식, 실험식, 시성식, 구조식 등이 있다.

340 화학에너지(chemical energy)

화학결합에 의하여 물질 속에 저장되어 있는 에너지. 물질에 화학변화가 일어나면 에너지의 방출 또는 그 역인 흡수가 일어난다. 석유나 석탄 등의 연소에 의하여 열이나 역학적 에너지가 발생하는 것은 화학에너지가 변화한 것이다. 화학에너지를 직접 전기에너지로 변환한 것이 전지이다.

341 화학평형(chemical equilibrium)

화학반응 중 원계에서 생성계를 향하여 반응(정반응)이 진행하여 생성계가 생김에 따라 생성계에서 원계로 향하는 역반응이 빨라져 마침내 정반응 속도와 역반응 속도가 균형을 이루어 외견상 반응이 정지한 것처럼 되었을 때, 이 상태를 화학평형이라 한다. 산과 알코올로 에스터를 생성하는 반응은 실험적으로 화학반응의 존재를 명시하는 좋은 예이다. 화학평형에 있는 계에서는 화학친화력은 0이 되고, 질량작용의 법칙이 성립한다.

342 화학합성(chemical synthesis)

① chemical synthesis : 화학반응에 의하여 물질을 만드는 것. 보통은 원료물질보다 분자량이 크거나 원자수가 많은 것을 만드는 경우 또는 보다 복잡한 구조의 것을 만드는 경우에 쓰는 말. 주로 인공적 합성을 말하는데, 자연계에서 일어나고 있는 합성반응을 가리키기도 한다.
② chemosynthesis : 생물이 탄산동화를 하는 에너지로서, 무기물을 산화할 때에 유리하는 에너지를 이용하는 경우를 말한다. 광합성에 대한 용어로서 화학합성을 하는 생물은 황세균·철세균 등 일부의 세균에 한정된다.

343 화합(combination)

2종 이상의 원소 또는 순물질에서 화학반응에 의하여 다른 순물질이 생기는 과정이다.

344 화합물(compound)

2종 이상인 원소의 원자가 일정한 질량비로 화학결합해 있는 순물질. 동일 원소의 원자로 이루어지는 단체[예 수소(H_2), 산소(O_2) 등]나 혼합물과 구별해서 쓰인다. 물은 수소와 산소가 질량비 1 : 8로 화학결합해 있는 하나의 화합물이다.

345 확산(diffusion)

기체 속의 분자 또는 용액 속의 이온, 분자 또는 콜로이드 입자가 농도가 높은 곳에서 농도가 낮은 방향으로 이동하는 현상. 이동의 원인은 분자 등이 열 운동하고 있기 때문. 따라서 입자나 분자, 이온의 크기가 작을수록, 용매의 점성이 작을수록, 농도 차가 클수록 확산되기 쉽다.

346 환경오염(environmental pollution)

대기나 하천, 해양, 토양 또는 동식물 등 인간을 둘러싸고 있는 환경이 배기가스·배수·폐기 고형물 등 여러 가지 물질이나 폐열로 오염되어 인간의 건강·생활·생산 등의 활동에 지장이 일어나는 것. 공해의 큰 원인이다. 최근에는 국지적 오염뿐만 아니라, 산성비·프레온가스 등 지구적 규모에서의 환경오염도 문제가 되고 있다. 대응으로서는 모니터링(감시측정), 영향의 수복, 원인의 제거 등을 들 수 있는데, 이제까지 많은 노력이 이루어져 왔으나, 일단 일어난 오염을 제거하는 데는 곤란이 커서, 사전의 예측과 방제대책이 중요하다.

347 환원(reduction)

물질이 그 조성분에서 산소를 잃거나 외부에서 수소를 얻는 것. 산화의 대. 금속의 제련은 대부분이 환원의 응용이며, 환원에 쓰이는 물질은 수소·탄소·아연·아황산가스·마그네슘 등으로, 이를 환원제라 한다.

348 환원제(reducing agent, reductant)

다른 물질을 환원하는 물질. 넓은 의미에서 스스로는 전자를 잃고 그 전자를 다른 물질에 주는 물질. 산화환원반응에서는 반응에 관계되는 물질 중 한쪽이 산화제이고 다른 쪽이 환원제인데, 상대에 따라서 환원제가 되기도 하고 되지 않기도 하지만, 보통 많은 물질에 대하여 환원작용을 나타내는 것을 가리켜서 환원제라 부르고 있다. 발생기(화합물에서 유리되는 순간의 높은 반응성을 가지는) 수소를 발생하기 쉬운 금속(Zn, Mg, Al 등)을 산과 함께 쓰는 것, 분자 속에 해리 또는 반응하기 쉬운 수소 원자를 가진 물질[히드라딘(NH_2NH_2) 등], 산화수가 낮은 원소의 화합물[Fe(Ⅱ), Sn(Ⅱ) 등의 염] 또한 산소 원자를 부가할 수가 있는 물질(CO, SO_2 등), 분해하여 전자를 방출하기 쉬운 물질[옥살산 이온($C_2O_4^{2-}$) 등] 등 많은 예가 있다.

349 활성화에너지(energy of activation)

화학반응 중 반응을 일으키기 위해서 주어지는 에너지. 반응이 이루어지기 위해서는 대개 에너지가 높은 상태를 거쳐야 하는데 이에 필요한 최소한의 에너지를 말하며, 일반적으로는 이 에너지가 클수록 반응 속도가 빠르다.

350 효소(enzyme)

생활세포에 의해 생성되는 일종의 교질성 유기물질. 세포 내외에서 특수한 촉매작용을 하되, 자체에는 변화함이 없이 영양·발효·부패 등 생체가 영위하는 화학반응을 촉진시킨다. 가수분해효소·산화환원요소·발효소 등 그 종류가 많은데, 주류·간장·치즈 및 의약품 등의 제조에 널리 이용된다.

351 흡열 반응(endothermic reaction)

주위의 열을 흡수하여 진행하는 화학반응. 탄소 동화작용이 태양열 에너지를 받아서 행해지는 것과 같이 외부에서 에너지의 공급을 받아서 이루어지는 화학반응이다.

352 흡착(adsorption)

① 달라붙는 것
② 계면현상의 하나. 기체 혹은 액체 속에 섞여 있는 어떤 물질이 이것과 접하고 있는 다른 물체의 표면에서 특히 큰 농도를 갖는 현상. 목탄을 사용한 음료수의 여과, 수탄에 의한 탈색 등은 이 현상을 이용한 것

지방직 9급(2020.7.11. 시행)

01 25℃에서 측정한 용액 A의 $[OH^-]$가 1.0×10^{-6} M일 때, pH값은? (단, $[OH^-]$는 용액 내의 OH^- 몰농도를 나타낸다)

① 6.0

② 7.0

③ 8.0

④ 9.0

|해설| 25℃ $Kw = 1.0 \times 10^{-14} = [H^+][OH^-]$

$\therefore [H^+] = 1.0 \times 10^{-8}$, $pH = 8$

02 N_2O 분해에 제안된 메커니즘은 다음과 같다.

$$N_2O(g) \xrightarrow{k_1} N_2(g) + O(g) \text{ (느린 반응)}$$

$$N_2O(g) + O(g) \xrightarrow{k_2} N_2(g) + O_2(g) \text{ (빠른 반응)}$$

위의 메커니즘으로부터 얻어지는 전체반응식과 반응속도 법칙은?

① $2N_2O(g) \rightarrow 2N_2(g) + O_2(g)$, 속도 $= k_1[N_2O]$

② $N_2O(g) \rightarrow N_2(g) + O(g)$, 속도 $= k_1[N_2O]$

③ $N_2O(g) + O(g) \rightarrow N_2(g) + O_2(g)$, 속도 $= k_2[N_2O]$

④ $2N_2O(g) \rightarrow N_2(g) + 2O_2(g)$, 속도 $= k_2[N_2O]^2$

|해설| 두 반응식을 더해

$2N_2O \rightarrow 2N_2 + O_2$, $k_1[N_2O]$

03 32g의 메테인(CH_4)이 연소될 때 생성되는 물(H_2O)의 질량[g]은? (단, H의 원자량은 1, C의 원자량은 12, O의 원자량은 16이며 반응은 완전연소로 100 % 진행된다)

① 18   ② 36

③ 72   ④ 144

|해설| $CH_4 + 2O_2 \rightarrow CO_2 + 2H_2O$

32g의 CH_4는 2몰, H_2O는 4몰 생성, 72g 생성

04 원자 간 결합이 다중 공유결합으로 이루어진 물질은?

① KBr   ② Cl_2

③ NH_3 ④ O_2

|해설| ① · ② · ③ 단일결합, ④ 이중결합

05 일정 압력에서 2몰의 공기를 40 ℃에서 80℃로 가열할 때, 엔탈피 변화(ΔH)[J]는? (단, 공기의 정압열용량은 $20 Jmol^{-1}℃^{-1}$이다)

① 640   ② 800

③ 1,600   ④ 2,400

|해설| $\Delta H = C \cdot \Delta t$

$= 20 \times 40 \times 2 (몰)$

$= 1600 J$

06 다음은 원자 A~D에 대한 양성자 수와 중성자 수를 나타낸다. 이에 대한 설명으로 옳은 것은? (단, A ~ D는 임의의 원소기호이다)

원자	A	B	C	D
양성자 수	17	17	18	19
중성자 수	18	20	22	20

① 이온 A^-와 중성원자 C의 전자수는 같다.

② 이온 A^-와 이온 B^+의 질량수는 같다.

③ 이온 B^-와 중성원자 D의 전자수는 같다.

④ 원자 A~D 중 질량수가 가장 큰 원자는 D이다.

|해설| $A : {}^{35}_{17}Cl$, $B : {}^{37}_{17}Cl$, $C : {}^{40}_{18}Ar$, $D : {}^{39}_{19}K$

answer 03 ③ 04 ④ 05 ③ 06 ①

07 단열된 용기 안에 있는 25℃의 물 150g에 60℃의 금속 100g을 넣어 열평형에 도달하였다. 평형 온도가 30℃일 때, 금속의 비열[$Jg^{-1}℃^{-1}$]은? (단, 물의 비열은 $4Jg^{-1}℃^{-1}$이다)

① 0.5   ② 1

③ 1.5   ④ 2

|해설| $c \cdot m \cdot \Delta t = c' \cdot m' \cdot \Delta t'$
$4 \times 150 \times 5 = c' \times 100 \times 30$
$c' = 1$

08 주기율표에 대한 설명으로 옳지 않은 것은?

① O^{2-}, F^-, Na^+ 중에서 이온반지름이 가장 큰 것은 O^{2-}이다.

② F, O, N, S 중에서 전기음성도는 F가 가장 크다.

③ Li과 Ne 중에서 1차 이온화 에너지는 Li이 더 크다.

④ Na, Mg, Al 중에서 원자반지름이 가장 작은 것은 Al이다.

|해설| 1차 이온화 에너지는 Ne이 크다.

09 화합물 A_2B의 질량 조성이 원소 A 60 %와 원소 B 40 %로 구성될 때, AB_3를 구성하는 A와 B의 질량비는?

① 10%의 A, 90%의 B   ② 20%의 A, 80%의 B

③ 30%의 A, 70%의 B   ④ 40%의 A, 60%의 B

|해설| A_2B $A : B = 3 : 4$
AB_3 $3 : 12 = 1 : 4$

10 25℃ 표준상태에서 다음의 두 반쪽 반응으로 구성된 갈바니 전지의 표준 전위[V]는? (단, E°는 표준 환원 전위 값이다)

$$Cu^{2+}(aq) + 2e^- \rightarrow Cu(s) : E° = 0.34V$$
$$Zn^{2+}(aq) + 2e^- \rightarrow Zn(s) : E° = -0.76V$$

① −0.76   ② 0.34

③ 0.42   ④ 1.1

|해설| $0.34 - (-0.76) = 1.1$

answer   07 ②   08 ③   09 ②   10 ④

11 반응식 $P_4(s) + 10Cl_2(g) \rightarrow 4PCl_5(s)$에서 환원제와 이를 구성하는 원자의 산화수 변화를 옳게 짝지은 것은?

환원제	반응 전 산화수	반응 후 산화수
① $P_4(s)$	0	+5
② $P_4(s)$	0	+4
③ $Cl_2(g)$	0	+5
④ $Cl_2(g)$	0	−1

|해설| 산화수 증가 산화, 환원제

12 프로페인(C_3H_8)이 완전연소할 때, 균형 화학 반응식으로 옳은 것은?

① $C_3H_8(g) + 3O_2(g) \rightarrow 4CO_2(g) + 2H_2O(g)$

② $C_3H_8(g) + 5O_2(g) \rightarrow 4CO_2(g) + 3H_2O(g)$

③ $C_3H_8(g) + 5O_2(g) \rightarrow 3CO_2(g) + 4H_2O(g)$

④ $C_3H_8(g) + 4O_2(g) \rightarrow 2CO_2(g) + H_2O(g)$

|해설| $C_3H_8 + 5O_2 \rightarrow 3CO_2 + 4H_2O$

13 중성원자를 고려할 때, 원자가전자 수가 같은 원자들의 원자번호끼리 옳게 짝지은 것은?

① 1, 2, 9   ② 5, 6, 9

③ 4, 12, 17   ④ 9, 17, 35

|해설| F, Cl, Br

14 아세트알데하이드(acetaldehyde)에 있는 두 탄소(ⓐ와 ⓑ)의 혼성 오비탈을 옳게 짝지은 것은?

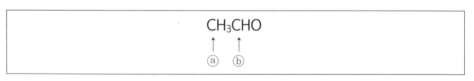

	ⓐ	ⓑ			ⓐ	ⓑ
①	sp^3	sp^2		②	sp^2	sp^2
③	sp^3	sp		④	sp^3	sp^3

|해설| ⓐ sp^3 ⓑ sp^2

answer 11 ① 12 ③ 13 ④ 14 ①

15 물 분자의 결합 모형을 그림처럼 나타낼 때, 결합 A와 결합 B에 대한 설명으로 옳은 것은?

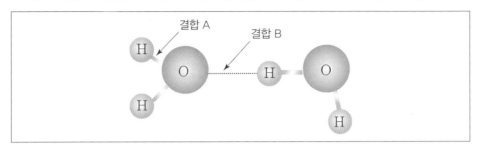

① 결합 A는 결합 B보다 강하다.
② 액체에서 기체로 상태변화를 할 때 결합 A가 끊어진다.
③ 결합 B로 인하여 산소 원자는 팔전자 규칙(octet rule)을 만족한다.
④ 결합 B는 공유결합으로 이루어진 모든 분자에서 관찰된다.

|해설| A : 공유결합
    B : 수소결합

16 용액에 대한 설명으로 옳지 않은 것은?

① 용액의 밀도는 용액의 질량을 용액의 부피로 나눈 값이다.
② 용질 A의 몰농도는 A의 몰수를 용매의 부피(L)로 나눈 값이다.
③ 용질 A의 몰랄농도는 A의 몰수를 용매의 질량(kg)으로 나눈 값이다.
④ 1ppm은 용액 백만 g에 용질 1g이 포함되어 있는 값이다.

|해설| 용액의 부피로 나눈 값

17 25℃ 표준상태에서 아세틸렌($C_2H_2(g)$)의 연소열이 $-1,300kJ mol^{-1}$ 일 때, C_2H_2의 연소에 대한 설명으로 옳은 것은?

① 생성물의 엔탈피 총합은 반응물의 엔탈피 총합보다 크다.
② C_2H_2 1몰의 연소를 위해서는 $1,300\ kJ$이 필요하다.
③ C_2H_2 1몰의 연소를 위해서는 O_2 5몰이 필요하다.
④ 25℃의 일정 압력에서 C_2H_2이 연소될 때 기체의 전체 부피는 감소한다.

|해설| 계수가 감소하며, 물이 생김
$$2C_2H_2 + 5O_2 \rightarrow 4CO_2 + 2H_2O$$

answer 15 ① 16 ② 17 ④

18 물질 A, B, C에 대한 다음 그래프의 설명으로 옳은 것만을 모두 고르면?

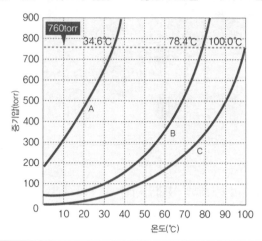

ㄱ 30℃에서 증기압 크기는 C< B < A이다.

ㄴ B의 정상 끓는점은 78.4℃이다.

ㄷ 25℃ 열린 접시에서 가장 빠르게 증발하는 것은 C이다.

---

① ㄱ, ㄴ

② ㄱ, ㄷ

③ ㄴ, ㄷ

④ ㄱ, ㄴ, ㄷ

|해설| ㄷ 빠르게 증발하는 것은 A이다.

---

19 바닷물의 염도를 1kg의 바닷물에 존재하는 건조 소금의 질량(g)으로 정의하자. 질량 백분율로 소금 3.5%가 용해된 바닷물의 염도[$\frac{g}{kg}$]는?

① 0.35

② 3.5

③ 35

④ 350

|해설| $\frac{35}{1,000} = 35‰$ (퍼밀)

---

20 다음 중 산화-환원 반응은?

① $HCl(g) + NH_3(aq) \rightarrow NH_4Cl(s)$

② $HCl(aq) + NaOH(aq) \rightarrow H_2O(l) + NaCl(aq)$

③ $Pb(NO_3)_2(aq) + 2KI(aq) \rightarrow PbI_2(s) + 2KNO_3(aq)$

④ $Cu(s) + 2Ag^+(aq) \rightarrow 2Ag(s) + Cu^{2+}(aq)$

---

answer 18 ① 19 ③ 20 ④

02 지방직 9급(2019.6.15. 시행)

01 유효 숫자를 고려한 $(13.59 \times 6.3) \div 12$의 값은?

① 7.1

② 7.13

③ 7.14

④ 7.135

|해설| 가장 작은 유효숫자로 결정

02 다음 바닥상태의 전자 배치 중 17족 할로젠 원소는?

① $1s^2 2s^2 2p^6 3s^2 3p^5$

② $1s^2 2s^2 2p^6 3s^2 3p^6 3d^7 4s^2$

③ $1s^2 2s^2 2p^6 3s^2 3p^6 4s^1$

④ $1s^2 2s^2 2p^6 3s^2 3p^6$

|해설| 17족은 $ns^2 np^5$로 표현

03 결합의 극성 크기 비교로 옳은 것은? (단, 전기 음성도 값은 H=2.1, C=2.5, O=3.5, F=4.0, Si=1.8, Cl=3.0이다)

① $C-F > Si-F$

② $C-H > Si-H$

③ $O-F > O-Cl$

④ $C-O > Si-O$

|해설| 전기음성도 차가 클수록 극성이 크다.
　　② $C-H(0.4) > Si-H(0.3)$

04 샤를의 법칙을 옳게 표현한 식은? (단, V, P, T, n은 각각 이상 기체의 부피, 압력, 절대온도, 몰수이다)

① $V = $ 상수$/P$

② $V = $ 상수 $\times n$

③ $V = $ 상수 $\times T$

④ $V = $ 상수 $\times P$

|해설| 기체의 부피는 절대온도에 비례한다.

answer 01 ① 02 ① 03 ② 04 ③

05 4몰의 원소 X와 10몰의 원소 Y를 반응시켜 X와 Y가 일정비로 결합된 화합물 4몰을 얻었고 2몰의 원소 Y가 남았다. 이때, 균형 맞춘 화학 반응식은?

① $4X + 10Y \rightarrow X_4Y_{10}$　　　　② $2X + 8Y \rightarrow X_2Y_8$

③ $X + 2Y \rightarrow XY_2$　　　　　　④ $4X + 10Y \rightarrow 4XY_2$

|해설|

$$
\begin{array}{cccc}
X & + & Y & \rightarrow (\quad) \\
4 & & 10 & 0 \\
-4 & & -8 & 4 \quad \text{(계수비)} \\
\hline
0 & & 2 & 4 \\
\end{array}
$$

$X + 2Y \rightarrow XY_2$

06 온실 가스가 아닌 것은?

① $CO_2(g)$　　　　　　　② $H_2O(g)$

③ $N_2(g)$　　　　　　　④ $CH_4(g)$

|해설| 온실 가스 CO_2, H_2O, CH_4, CFC 등

07 용액의 총괄성에 대한 설명으로 옳은 것만을 모두 고르면?

> ㉠ 용질의 종류와 무관하고, 용질의 입자 수에 의존하는 물리적 성질이다.
> ㉡ 증기 압력은 0.1 M NaCl 수용액이 0.1 M 설탕 수용액보다 크다.
> ㉢ 끓는점 오름의 크기는 0.1 M NaCl 수용액이 0.1 M 설탕 수용액보다 크다.
> ㉣ 어는점 내림의 크기는 0.1 M NaCl 수용액이 0.1 M 설탕 수용액보다 작다.

① ㉠, ㉡　　　　　　　② ㉠, ㉢

③ ㉡, ㉣　　　　　　　④ ㉢, ㉣

|해설| 용질의 입자 수와 용매의 종류에 의해 결정되는 성질
　　　㉡ 증기 압력내림은 NaCl이 크지만 증기 압력은 작다.

08 팔전자 규칙(octet rule)을 만족시키지 않는 분자는?

① N_2　　　　　　　　② CO_2

③ F_2　　　　　　　　④ NO

09 고분자(중합체)에 대한 설명으로 옳은 것만을 모두 고르면?

> ㉠ 폴리에틸렌은 에틸렌 단위체의 첨가 중합 고분자이다.
> ㉡ 나일론 − 66은 두 가지 다른 종류의 단위체가 축합 중합된 고분자이다.
> ㉢ 표면 처리제로 사용되는 테플론은 C−F 결합 특성 때문에 화학약품에 약하다.

① ㉠   ② ㉠, ㉡

③ ㉡, ㉢   ④ ㉠, ㉡, ㉢

|해설| ㉢ 테플론은 화학약품에 강하다.

10 수용액에서 $HAuCl_4(s)$를 구연산(citric acid)과 반응시켜 금 나노입자 Au(s)를 만들었다. 이에 대한 설명으로 옳은 것만을 모두 고르면?

> ㉠ 반응 전후 Au의 산화수는 +5에서 0으로 감소하였다.
> ㉡ 산화−환원 반응이다.
> ㉢ 구연산은 환원제이다.
> ㉣ 산−염기 중화 반응이다.

① ㉠, ㉡   ② ㉠, ㉢

③ ㉡, ㉢   ④ ㉡, ㉣

|해설| $HAuCl_4 \rightarrow Au$

     H : +1   Au : +3   Cl : −1   Au : 0

     ㉠ +3 → 0

     ㉡ 산화−환원 반응

     ㉢ 금이 환원, 구연산 산화, 구연산 환원제

     ㉣ 중화 반응이 아니다.

11 전해질(electrolyte)에 대한 설명으로 옳은 것은?

① 물에 용해되어 이온 전도성 용액을 만드는 물질을 전해질이라 한다.

② 설탕($C_{12}H_{22}O_{11}$)을 증류수에 녹이면 전도성 용액이 된다.

③ 아세트산(CH_3COOH)은 KCl보다 강한 전해질이다.

④ NaCl 수용액은 전기가 통하지 않는다.

|해설| ② 설탕은 비전해질

     ③ 아세트산은 약전해질

     ④ NaCl 수용액은 전해질

answer   09 ②   10 ③   11 ①

12 $CH_2O(g) + O_2(g) \rightarrow CO_2(g) + H_2O(g)$ 반응에 대한 $\Delta H°$ 값 [kJ]은?

> $CH_2O(g) + H_2O(g) \rightarrow CH_4(g) + O_2(g)$: $\Delta H° = +275.6 \, kJ$ ⋯ ①
>
> $CH_4(g) + 2O_2(g) \rightarrow CO_2(g) + 2H_2O(l)$: $\Delta H° = -890.3 \, kJ$ ⋯ ②
>
> $H_2O(g) \rightarrow H_2O(l)$: $\Delta H° = -44.0 \, kJ$ ⋯ ③

① -658.7 ② -614.7

③ -570.7 ④ -526.7

|해설| ① + ② $- 2 \times$ ③ $= -526.7$

13 다음 열화학 반응식에 대한 설명으로 옳지 않은 것은?

> $2Mg(s) + O_2(g) \rightarrow 2MgO(s)$ $\Delta H° = -1204 \, kJ$

① 발열 반응   ② 산화–환원 반응

③ 결합 반응   ④ 산–염기 중화 반응

|해설| 산화–환원 반응은 중화 반응이 아니다.

14 화학 반응 속도에 영향을 주는 인자가 아닌 것은?

① 반응 엔탈피의 크기

② 반응 온도

③ 활성화 에너지의 크기

④ 반응물들의 충돌 횟수

|해설| 엔탈피의 크기는 반응 속도에 영향을 주지 않는다.

15 다음 설명 중 옳지 않은 것은?

① CO_2는 선형 분자이며 C의 혼성오비탈은 sp이다.

② XeF_2는 선형 분자이며 Xe의 혼성오비탈은 sp이다.

③ NH_3는 삼각뿔형 분자이며 N의 혼성오비탈은 sp^3이다.

④ CH_4는 사면체 분자이며 C의 혼성오비탈은 sp^3이다.

|해설| XeF_2는 sp^3d^2이다.

16 다음 그림은 $NOCl_2(g) + NO(g) \rightarrow 2NOCl(g)$ 반응에 대하여 시간에 따른 농도 $[NOCl_2]$와 $[NOCl]$를 측정한 것이다. 이에 대한 설명으로 옳은 것만을 모두 고르면?

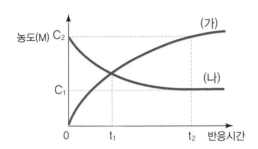

ㄱ (가)는 $[NOCl_2]$이고 (나)는 $[NOCl]$이다.
ㄴ (나)의 반응 순간 속도는 t_1과 t_2에서 다르다.
ㄷ $\Delta t = t_2 - t_1$동안 반응 평균 속도 크기는 (가)가 (나)보다 크다.

① ㄱ ② ㄴ
③ ㄷ ④ ㄴ, ㄷ

|해설| ㄱ (가)는 생성물 (나)는 반응물이다.
ㄴ 접선의 기울기 비교
ㄷ 두 점을 잇는 직선의 기울기 비교

17 아세트산(CH_3COOH)과 사이안화수소산(HCN)의 혼합 수용액에 존재하는 염기의 세기를 작은 것부터 순서대로 바르게 나열한 것은? (단, 아세트산이 사이안화수소산보다 강산이다)

① $H_2O < CH_3COO^- < CN^-$ ② $H_2O < CN^- < CH_3COO^-$
③ $CN^- < CH_3COO^- < H_2O$ ④ $CH_3COO^- < H_2O < CN^-$

|해설| $H_3O^+ > CH_3COOH > HCN$
$H_2O < CH_3COO^- < CN^-$

18 $KMnO_4$에서 Mn의 산화수는?

① $+1$ ② $+3$
③ $+5$ ④ $+7$

|해설| Mn의 산화수 $+7$

19 구조 (가) ~ (다)는 결정성 고체의 단위 세포를 나타낸 것이다. 이에 대한 설명으로 옳은 것만을 모두 고르면?

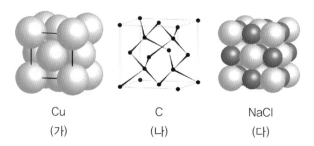

Cu	C	NaCl
(가)	(나)	(다)

> ⊙ 전기 전도성은 (가)가 (나)보다 크다.
> ⊙ (나)의 탄소 원자 사이의 결합각은 CH_4의 $H-C-H$ 결합각과 같다.
> ⊙ (나)와 (다)의 단위세포에 포함된 C와 Na^+의 개수 비는 $1:2$이다.

① ㉠   ② ㉢

③ ㉠, ㉡   ④ ㉠, ㉡, ㉢

|해설| (가) Cu (나) C(다이아몬드) (다) NaCl

⊙ $6:4 = 3:2$

20 팔면체 철 착이온 $[Fe(CN)_6]^{3-}$, $[Fe(en)_3]^{3+}$, $[Fe(en)_2Cl_2]^+$에 대한 설명으로 옳은 것만을 모두 고르면? (단, en은 에틸렌다이아민이고 Fe는 8족 원소이다)

> ㉠ $[Fe(CN)_6]^{3-}$는 상자기성이다.
> ㉡ $[Fe(en)_3]^{3+}$는 거울상 이성질체를 갖는다.
> ㉢ $[Fe(en)_2Cl_2]^+$는 3개의 입체이성질체를 갖는다.

① ㉠   ② ㉡

③ ㉢   ④ ㉠, ㉡, ㉢

|해설| Fe^{3+} : $[Ar]3d^3$

03 **9급 일반직(서기보)**

01 다음 그림은 같은 질량의 기체 A_3와 BA_2가 실린더에 각각 들어 있는 것을 나타낸다.

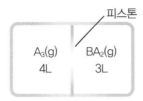

피스톤

A와 B의 원자량 비(A:B)는? (단, A, B는 임의의 원소 기호이고, 온도는 일정하며 피스톤의 마찰은 무시한다)

① 1:1 ② 1:2

③ 1:3 ④ 3:1

|해설| • A의 원자량 a B의 원자량 b

• 부피비는 몰수비 4L : 3L = A_3 4몰 : BA_2 3몰

• $12a = 3b + 6a$

$6a = 3b$이므로 질량비 $1 : 2$

02 다음 반응에서 28g의 NaOH이 들어있는 1L 용액을 중화하기 위해 필요한 2mol/L HCl의 부피는? (단, NaOH의 분자량은 40이다)

$$NaOH(aq) + HCl(aq) \rightarrow NaCl(aq) + H_2O(l)$$

① 150mL ② 250mL

③ 350mL ④ 450mL

|해설| $\dfrac{28}{40}M \times 1L = \dfrac{28}{40}$ 몰(NaOH)

$\dfrac{28}{40} = 2M \times xL$

$x = \dfrac{28}{40} \times \dfrac{1}{2} = \dfrac{14}{40} = 0.35L$

$\therefore 350mL$

answer ◀ 01② 02③

03　칼슘 40 g을 공기 중에서 연소시켜 백색의 산화칼슘이 56 g 생성되었다. 반응한 산소의 양과 산화칼슘의 화학식으로 가장 옳은 것은? (단, Ca 원자량은 40이다)

① 16 g, CaO_2 　　　　　　　　　② 8 g, CaO

③ 16 g, CaO 　　　　　　　　　④ 8 g, CaO_2

|해설| 질량보존의 법칙에 의해

　　56g의 산화칼슘에는 Ca : 40g

　　0 : 16g이 있으므로 화학식은 CaO

　　∴ 16g, CaO

04　조성이 N_2 80% 및 O_2 20%인 공기가 있다. 27℃, 760 mmHg에서 이 공기의 밀도는 약 얼마인가? (단, 기체상수 $R = 0.1(\frac{atm \times L}{K \times mol})$이다)

① 3.21 g/L 　　　　　　　　　② 2.34 g/L

③ 1.17 g/L 　　　　　　　　　④ 0.96 g/L

|해설| $pV = nRT$, $pV = \frac{w}{M}RT$

　　$M = \frac{dRT}{P}$, $d = \frac{PM}{RT}$

　　∴ $d = \dfrac{760/760 \times (28 \times 0.8 + 32 \times 0.2)}{0.1 \times (273 + 27)}$

　　　　$= 0.96g/L$

05　질산은($AgNO_3$) 수용액을 전기분해하여 (−)극에서 은(Ag) 10.8 g을 얻었을 때, (+)극에서 발생하는 기체의 종류와 0℃, 1기압에서의 부피로 가장 옳은 것은? (단, Ag의 원자량은 108 이다)

① O_2, 560mL 　　　　　　　　　② NO_2, 560mL

③ O_2, 2,140mL 　　　　　　　　④ NO_2, 2,140mL

|해설| (−)극 : $Aq^+ + e^- \rightarrow Ag \downarrow$

　　원자량이 108인데 10.8g이 생성 전자 0.1몰 이동

　　(+)극 : $2H_2O \rightarrow 4H^+ + O_2 + 4e^-$

　　O_2 : 0.025몰 생성

　　∴ O_2 0.56L(560mL) 발생

answer　03 ③　04 ④　05 ①

06 원자 반지름과 이온 반지름에 대한 설명 중 가장 옳지 않은 것은?

① 이온결합 물질의 전자 친화도 차이가 클수록 결합력이 강하다.
② 원자 반지름은 전자껍질 수가 많을수록 커지고, 유효 핵전하가 증가할수록 작아진다.
③ 이온 반지름의 크기는 $F^- < Cl^- < Br^- < I^-$ 이다.
④ 이온 반지름의 크기는 Al^{3+}가 Mg^{2+} 보다 크다.

|해설| $Al^{3+} < Mg^{2+}$ (유효핵전하)

07 다음 그림은 25℃, 1기압에서 물과 관련된 반응의 엔탈피 변화($\triangle$H)를 나타낸 것이다.

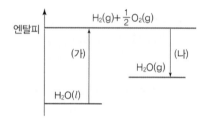

이에 대한 설명으로 옳은 것을 모두 고른 것은?

ㄱ (가)에서 $\triangle$H>0이다.
ㄴ (나)가 일어나면 주위의 온도가 올라간다.
ㄷ 분해 엔탈피($\triangle$H)는 $H_2O(l)$이 $H_2O(g)$보다 크다.

① ㄱ   ② ㄱ, ㄴ
③ ㄴ, ㄷ   ④ ㄱ, ㄴ, ㄷ

|해설| ㄱ 흡열과정이다.
      ㄴ 발열과정이다.
      ㄷ (가)의 크기>(나)의 크기

08 다음 표는 $2A_3(g) \rightarrow 3A_2(g)$의 메커니즘과 각 단계의 활성화 에너지를 나타낸 것이다.

반응 메커니즘		활성화 에너지(kJ/mol)
단계(1)	$A_3 \rightarrow A + A_2$	20
단계(1)의 역과정	$A + A_2 \rightarrow A_3$	10
단계(2)	$A + A_3 \rightarrow 2A_2$	50

이에 대한 설명으로 옳은 것을 모두 고른 것은?

> ㉠ A는 반응 중간체이다.
> ㉡ 반응 속도 결정 단계는 단계(2)이다.
> ㉢ 전체 반응의 활성화 에너지는 50 kJ/mol이다.

① ㉠

② ㉠, ㉡

③ ㉡, ㉢

④ ㉠, ㉡, ㉢

|해설| ㉠ 전체 반응이 없으므로 중간체이다.

㉡ 활성화 에너지가 크므로 속도 결정 단계

㉢ 60kJ/몰이다.

09 다음은 C, H, O로 구성된 물질 X에 대한 자료이다. 물질 X에 대한 설명으로 가장 옳은 것은? (단, C, H, O의 원자량은 각각 12, 1, 16이다)

> • 질량 백분율은 O가 H의 4배이다.
> • 완전 연소시 생성되는 CO_2와 H_2O의 몰 수는 같다.
> • 분자량은 실험식량의 2배이다.

① 물질 X에서 질량 비는 C : O = 3 : 4이다.

② 실험식은 $C_2H_4O_2$이다.

③ 1몰을 완전 연소하면 H_2O 4몰이 생성된다.

④ 완전 연소시 반응하는 O_2와 생성되는 CO_2의 몰수는 같다.

|해설| CO_2와 H_2O의 몰수가 같다면 1몰 생성으로

가정 C : 12, H : 2이다.

산소는 수소의 4배이므로 O : 8

이 질량을 원자량으로 나누면 C : H : O = 1 : 2 : 0.5 가장 간단한 정수비는

2 : 4 : 1이므로 C_2H_4O의 실험식 분자식은 $C_4H_8O_2$이다.

10 다음은 HCl과 관련된 실험이다.

> (가) 염화수소(HCl) 기체를 물에 녹여 A(aq)를 만들었다.
> (나) A(aq)에 Mg(s)을 넣었더니 B(g)가 발생하였다.

이에 대한 설명으로 옳은 것을 모두 고른 것은?

> ㉠ A(aq)는 전기전도성이 있다.
> ㉡ B는 Cl_2이다.
> ㉢ (나)에서 혼합 용액에 들어있는 전체 이온의 수는 반응 전과 후가 같다.

① ㉠

② ㉠, ㉢

③ ㉡, ㉢

④ ㉠, ㉡, ㉢

|해설| ㉠ HCl(aq)는 전해질이다.
　　　 ㉡ B는 H_2이다.
　　　 ㉢ 감소한다.

11

다음은 4가지 물질의 양을 나타낸 것이다.

> ㉠ 32g의 CH_4　　　　　　　　㉡ 0℃, 1기압에서 33.6L의 NH_3
> ㉢ 2.0×10^{23}개의 NO　　　㉣ 14g의 N_2

㉠ ~ ㉣의 몰 수를 가장 옳게 비교한 것은? (단, H, C, N의 원자량은 각각 1, 12, 14이고, 아보가드로수는 6.0×10^{23}이다)

① ㉠ > ㉡ > ㉣ > ㉢

② ㉠ > ㉢ > ㉡ > ㉣

③ ㉡ > ㉠ > ㉣ > ㉢

④ ㉡ > ㉠ > ㉢ > ㉣

|해설| ㉠ 2몰　㉡ 1.5몰　㉢ $\frac{1}{3}$몰　㉣ 0.5몰

12

다음은 $M_2CO_3(s)$을 묽은 염산에 넣었을 때 일어나는 화학반응식이다.

$$M_2CO_3(s) + aHCl(aq) \rightarrow bMCl(aq) + cH_2O(l) + dCO_2(g)$$
$$(a \sim d는 \ 반응 \ 계수)$$

$M_2CO_3(s)$ wg이 반응하였을 때 $CO_2(g)$ 17.6 g이 생성되었다면 M의 원자량은? (단, M은 임의의 원소기호이고, C, O의 원자량은 각각 12, 16이다)

① $\dfrac{5w}{4} - 30$

② $\dfrac{5w}{4} - 60$

③ $\dfrac{5w}{2} - 30$

④ $5w - 30$

|해설| 계수를 맞추면

$$M_2CO_3 + 2HCl \rightarrow 2HCl + H_2O + CO_2$$

계수비가 $1:1$이므로

$$\frac{w}{2x+60} = \frac{17.6}{44}\left(\frac{4}{10}\right)$$ 이다.

$$x = \frac{5w}{4} - 30$$

13 다음은 2주기 원자 A~D에 대한 자료이다. A~D는 각각 Be, N, O, F 중 하나이다.

- 원자 반지름은 B가 D보다 크다.
- 전기 음성도는 C가 D보다 크다.
- 유효 핵전하는 A가 C보다 크다.

A~D에 대한 설명으로 옳은 것을 보기에서 모두 고른 것은?

㉠ 제1 이온화 에너지는 A가 D보다 크다.
㉡ A와 B의 원자 반지름 차이는 C와 D의 원자 반지름 차이보다 크다.
㉢ B는 Be, D는 N이다.

① ㉠
② ㉠, ㉡
③ ㉡, ㉢
④ ㉠, ㉡, ㉢

|해설| 원자 반지름 Be>N>O>F
전기 음성도 F>O>N>Be
유효 핵전하 F>O>N>Be
이므로 B : Be, D : N, C : O, A : F이다.

14 다음은 3가지 분자의 분자식이다.

$$NH_3, \quad BF_3, \quad H_2O$$

3가지 분자에 대한 설명으로 옳은 것을 모두 고른 것은?

㉠ 결합각이 가장 큰 분자는 BF_3이다.
㉡ 구성 원자가 모두 동일 평면에 존재하는 분자는 1가지이다.
㉢ 무극성 분자는 1가지이다.

① ㉠   ② ㉡
③ ㉠, ㉢   ④ ㉠, ㉡, ㉢

|해설| ㉠ 120° ㉡ 2개(BF_3, H_2O) ㉢ 1가지(BF_3)

15 다음 반응은 300K의 밀폐된 용기에서 평형상태를 이루고 있다. 평형의 위치가 정반응 방향으로 이동하기 위한 설명으로 옳은 것을 모두 고른 것은? (단, 모든 기체는 이상기체이다)

$$A(g) + 2B(g) \rightarrow C(g) + D(g) \qquad \Delta H < 0$$

㉠ 온도를 낮춘다.
㉡ 용기의 부피를 줄인다.
㉢ 기체 B를 제거한다.
㉣ 정반응을 촉진시키는 촉매를 용기 안에 넣는다.

① ㉠, ㉡   ② ㉡, ㉢
③ ㉠, ㉡, ㉣   ④ ㉡, ㉢, ㉣

|해설| ㉠ 발열반응이므로 온도를 낮추면 정반응으로 이동
        ㉡ 계수의 합이 작아지는 쪽으로 이동
        ㉢ 역반응
        ㉣ 평형이동 안됨

16 다음은 공기 중의 질소(N_2)의 순환과 관련된 반응의 화학 반응식이다.

(가) $N_2 + O_2 \rightarrow 2NO$
(나) $2NO + O_2 \rightarrow 2NO_2$
(다) $aNO_2 + H_2O \rightarrow bHNO_3 + cNO$ ($a \sim c$는 반응계수)

이에 대한 설명으로 옳은 것을 모두 고른 것은?

㉠ $a = b + c$이다.
㉡ (나)에서 NO는 산화제이다.
㉢ (가)~(다)는 모두 산화·환원 반응이다.

① ㉠   ② ㉠, ㉢
③ ㉡, ㉢   ④ ㉠, ㉡, ㉢

|해설| (다) $3NO_2 + H_2O \rightarrow 2HNO_3 + NO$

ㄱ $3 = 2 + 1$

ㄴ 환원제(자기자신이 산화)

ㄷ 모두 산화·환원 반응

17 다음 표는 원소와 이온의 구성 입자 수를 나타낸 것이다.

	A	B	C	D
양성자수	7	8	6	6
중성자수	7	8	8	6
전자수	7	6	6	6

이에 대한 설명으로 옳은 것을 모두 고르면? (단, A~D는 임의의 원소 기호이다)

ㄱ C의 원자번호는 8이다.   ㄴ B는 양이온이다.
ㄷ A와 C는 질량수가 같다.   ㄹ B와 D는 동위원소다.

① ㄴ, ㄷ

② ㄱ, ㄴ, ㄷ

③ ㄴ, ㄷ, ㄹ

④ ㄱ, ㄴ, ㄷ, ㄹ

|해설| $A : {}^{14}_{7}N$ $B : {}^{16}_{8}O^{2+}$ $C : {}^{14}_{6}C$ $D : {}^{12}_{6}C$

18 다음은 2주기 원소 A~C의 루이스 전자점식이다.

$$ \cdot \overset{\displaystyle \cdot}{\underset{\displaystyle \cdot}{A}} \qquad \cdot \overset{\displaystyle \cdot \cdot}{\underset{\displaystyle \cdot \cdot}{B}} \cdot \qquad : \overset{\displaystyle \cdot \cdot}{\underset{\displaystyle \cdot \cdot}{C}} \cdot $$

이에 대한 설명으로 옳은 것을 모두 고른 것은? (단, A~C는 임의의 원소 기호이다)

ㄱ B_2 분자의 공유 전자쌍 수는 2개이다.

ㄴ AC_3 분자에서 A는 옥텟 규칙을 만족한다.

ㄷ BC_2 분자의 구조는 직선형이다.

① ㄱ

② ㄱ, ㄷ

③ ㄴ, ㄷ

④ ㄱ, ㄴ, ㄷ

|해설| $A : B$ $B : O$ $C : F$

ㄱ $B_2 : O_2$이므로 2중 결합

ㄴ $AC_3 : BF_3$

ㄷ $BC_2 : OF_2$

answer 17 ① 18 ①

19 어떤 온도에서 1L 용기에 0.8 mol의 H_2와 0.4 mol의 N_2를 넣고 반응시켜 0.4 mol의 NH_3이 생성되면서 평형에 도달되었을 경우 이 온도에서 평형상수 K값은?

① 1 ② 50
③ 100 ④ 200

|해설| $K = \dfrac{[NH_3]^2}{[N_2][H_2]^3} = \dfrac{(0.4)^2}{(0.2) \times (0.2)^3} = 100$

$$N_2 \quad + \quad 3H_2 \quad \rightarrow \quad 2NH_3$$

0.4	0.8	0
-0.2	-0.6	$+0.4$
0.2	0.2	0.4

20 25℃에서 $[OH^-] = 3.0 \times 10^{-5}M$일 때, 이 용액의 pH값은? (단, log3=0.47이다)

① 3.53 ② 4.53
③ 9.47 ④ 10.47

|해설| $pH + pOH = 14(25℃)$

$pOH = -\log(3.0 \times 10^{-5}) = 5 - 0.47$

$pH = 14 - 5 + 0.47 = 9 + 0.47$

$= 9.47$

04 지방직 9급(2018.5.19 시행)

01 산소와 헬륨으로 이루어진 가스통을 가진 잠수부가 바다 속 60m에서 잠수중이다. 이 깊이에서 가스통에 들어 있는 산소의 부분 압력이 1140mmHg일 때, 헬륨의 부분 압력[atm]은? (단, 이 깊이에서 가스통의 내부 압력은 7.0atm이다)

① 5.0 ② 5.5
③ 6.0 ④ 6.5

|해설| $P_{전체} = P_{O_2} + P_{He}$

$P_{O_2} = \dfrac{1140}{760} = 1.5atm$

$7.0atm = 1.5atm + P_{He}$

$\therefore P_{He} = 5.5atm$

02 다음 각 원소들이 아래와 같은 원자 구성을 가지고 있을 때, 동위 원소는?

$^{410}_{186}A$	$^{410}_{183}X$	$^{412}_{185}Y$	$^{412}_{185}Z$

① A, Y
② A, Z
③ X, Y
④ X, Z

|해설| 동위원소는 원자번호는 같으나 질량수가 다른 원소

03 방사성 실내 오염 물질은?

① 라돈(Rn)
② 이산화 질소(NO_2)
③ 일산화 탄소(CO)
④ 폼알데하이드(CH_2O)

|해설| 방사성 물질로는 Rn(라돈)이 있다.

04 다음 평형 반응식의 평형 상수 K값의 크기를 순서대로 바르게 나열한 것은?

ㄱ. $H_3PO_4(aq) + H_2O(l) \rightleftharpoons H_2PO_4^-(aq) + H_3O^+(aq)$

ㄴ. $H_2PO_4^-(aq) + H_2O(l) \rightleftharpoons HPO_4^{2-}(aq) + H_3O^+(aq)$

ㄷ. $HPO_4^{2-}(aq) + H_2O(l) \rightleftharpoons PO_4^{3-}(aq) + H_3O^+(aq)$

① ㄱ > ㄴ > ㄷ
② ㄱ = ㄴ = ㄷ
③ ㄴ > ㄷ > ㄱ
④ ㄷ > ㄴ > ㄱ

|해설| 다양성자산의 순차적 이온화 상수는 $Ka_1 > Ka_2 > Ka_3$ 순서이다.

05 볼타 전지에서 두 반쪽 반응이 다음과 같을 때, 이에 대한 설명으로 옳지 않은 것은?

$$Ag^+(aq) + e^- \rightarrow Ag(s) \quad E^0 = 0.799V$$
$$Cu^{2+}(aq) + 2e^- \rightarrow Cu(s) \quad E^0 = 0.337V$$

① Ag는 환원 전극이고 Cu는 산화 전극이다.
② 알짜 반응은 자발적으로 일어난다.
③ 셀 전압(E^0_{cell})은 1.261V이다.
④ 두 반응의 알짜 반응식은 $2Ag^+(aq) + Cu(s) \rightarrow 2Ag(s) + Cu^{2+}(aq)$ 이다.

|해설| 셀 전압은 $0.799V - 0.337V = 0.462V$ 이다.

answer 02 ① 03 ① 04 ① 05 ③

06 끓는점이 가장 낮은 분자는?

① 물(H_2O)
② 일염화 아이오딘(ICl)
③ 삼플루오린화 붕소(BF_3)
④ 암모니아(NH_3)

|해설| 무극성 분자가 끓는점이 낮다.

07 산화수 변화가 가장 큰 원소는?

$$PbS(s) + 4H_2O_2(aq) \rightarrow PbSO_4(s) + 4H_2O(l)$$

① Pb
② S
③ H
④ O

|해설| S : $+2 \rightarrow +6$으로 산화수가 변한다.

08 다음 중 분자 간 힘에 대한 설명으로 옳은 것만을 모두 고르면?

ㄱ. NH_3의 끓는점이 PH_3의 끓는점보다 높은 이유는 분산력으로 설명할 수 있다.
ㄴ. H_2S의 끓는점이 H_2의 끓는점보다 높은 이유는 쌍극자 – 쌍극자 힘으로 설명할 수 있다.
ㄷ. HF의 끓는점이 HCl의 끓는점보다 높은 이유는 수소 결합으로 설명할 수 있다.

① ㄱ
② ㄴ
③ ㄱ, ㄷ
④ ㄴ, ㄷ

|해설| ㄱ. 수소 결합으로 설명

09 다음에서 실험식이 같은 쌍만을 모두 고르면?

ㄱ. 아세틸렌(C_2H_2),   벤젠(C_6H_6)
ㄴ. 에틸렌(C_2H_4),   에테인(C_2H_6)
ㄷ. 아세트산($C_2H_4O_2$),   글루코스($C_6H_{12}O_6$)
ㄹ. 에탄올(C_2H_6O),   아세트알데하이드(C_2H_4O)

① ㄱ, ㄷ
② ㄱ, ㄹ
③ ㄴ, ㄷ
④ ㄷ, ㄹ

|해설| ㄱ, ㄷ의 실험식은 CH로 같다.

answer   06 ③   07 ②   08 ④   09 ①

10 체심 입방(bcc) 구조인 타이타늄(Ti)의 단위 세포에 있는 원자의 알짜 개수는?

① 1   ② 2

③ 4   ④ 6

|해설| 체심 입방구조

$$1+\frac{1}{8}\times8=2$$

11 0.50M NaOH 수용액 500mL를 만드는 데 필요한 2.0M NaOH 수용액의 부피[mL]는?

① 125   ② 200

③ 250   ④ 500

|해설| $0.5\times0.5=2.0\times x$

$\therefore\ x=0.125(L),\ 125ml$

12 원자들의 바닥 상태 전자 배치로 옳지 않은 것은?

① Co : $[Ar]4s^13d^8$ ② Cr : $[Ar]4s^13d^5$

③ Cu : $[Ar]4s^13d^{10}$ ④ Zn : $[Ar]4s^23d^{10}$

|해설| Co : $[Ar]4s^23d^7$

13 0.30M Na_3PO_4 10mL와 0.20M $Pb(NO_3)_2$ 20mL를 반응시켜 $Pb_3(PO_4)_2$를 만드는 반응이 종결되었을 때, 한계 시약은?

$$2Na_3PO_4(aq)+3Pb(NO_3)_2(aq)\rightarrow6NaNO_3(aq)+Pb_3(PO_4)_2(s)$$

① Na_3PO_4 ② $NaNO_3$

③ $Pb(NO_3)_2$ ④ $Pb_3(PO_4)_2$

|해설| 계수비 2 : 3

$Na_3PO_4 : 0.3\times0.01=0.003$

$Pb(NO_3)_2 : 0.2\times0.02=0.004$

$2 : 3=0.003 : x$

$\therefore\ x=0.0045$이므로

$Pb(NO_3)_2$가 한계 시약

14 분자 수가 가장 많은 것은? (단, C, H, O의 원자량은 각각 12.0, 1.00, 16.0이다)

① 0.5mol 이산화 탄소 분자 수

② 84g 일산화 탄소 분자 수

③ 아보가드로 수만큼의 일산화 탄소 분자 수

④ 산소 1.0mol과 일산화 탄소 2.0mol이 정량적으로 반응한 후 생성된 이산화 탄소 분자 수

|해설| ① 0.5몰 ② 3몰 ③ 1몰 ④ $\frac{1}{2}O_2 + CO \rightarrow CO_2$

∴ 2몰

15 분자식이 C_5H_{12}인 화합물에서 가능한 이성질체의 총 개수는?

① 1

② 2

③ 3

④ 4

|해설| 펜테인의 이성질체는 노멀, 아이소, 네오 세가지가 존재한다.

16 다음 중 산화-환원 반응은?

① $Na_2SO_4(aq) + Pb(NO_3)_2(aq) \rightarrow PbSO_4(s) + 2NaNO_3(aq)$

② $3KOH(aq) + Fe(NO_3)_3(aq) \rightarrow Fe(OH)_3(s) + 3KNO_3(aq)$

③ $AgNO_3(aq) + NaCl(aq) \rightarrow AgCl(s) + NaNO_3(aq)$

④ $2CuCl(aq) \rightarrow CuCl_2(aq) + Cu(s)$

|해설| 홑원소 금속이 석출되는 반응은 산화, 환원 반응이다.

17 분자 내 원자들 간의 결합 차수가 가장 높은 것을 포함하는 화합물은?

① CO_2

② N_2

③ H_2O

④ C_2H_4

|해설| ① 2차 ② 3차 ③ 1차 ④ 2차

18 물과 반응하였을 때, 산성이 아닌 것은?

① 에테인(C_2H_6)

② 이산화 황(SO_2)

③ 일산화 질소(NO)

④ 이산화 탄소(CO_2)

|해설| 비금속산화물과 물이 반응하면 산성을 띤다.

answer 14② 15③ 16④ 17② 18①

19 용액에 대한 설명으로 옳은 것은?

① 순수한 물의 어는점보다 소금물의 어는점이 더 높다.

② 용액의 증기압은 순수한 용매의 증기압보다 높다.

③ 순수한 물의 끓는점보다 설탕물의 끓는점이 더 낮다.

④ 역삼투 현상을 이용하여 바닷물을 담수화할 수 있다.

|해설| ④ 역삼투 현상을 이용 바닷물을 담수화할 수 있다.

20 물리량들의 크기에 대한 설명으로 옳은 것은?

① 산소(O_2) 내 산소 원자 간의 결합 거리>오존(O_3) 내 산소 원자 간의 평균 결합 거리

② 산소(O_2) 내 산소 원자 간의 결합 거리>산소 양이온(O_2^+) 내 산소 원자 간의 결합 거리

③ 산소(O_2) 내 산소 원자 간의 결합 거리>산소 음이온(O_2^-) 내 산소 원자 간의 결합 거리

④ 산소(O_2)의 첫 번째 이온화 에너지>산소 원자(O)의 첫 번째 이온화 에너지

|해설| ② 결합 차수가 2차인 O_2와 결합차수 2.5인 O_2^+ 결합차수가 클수록 결합길이가 짧다.

---

05 **지방직 9급(2017.12.16 시행)**

01 계의 엔트로피가 증가하는 과정은?

① $Ag^+(aq) + Cl^-(aq) \rightarrow AgCl(s)$ ② $4Fe(s) + 3O_2(g) \rightarrow 2Fe_2O_3(s)$

③ $HCl(g) + NH_3(g) \rightarrow NH_4Cl(s)$ ④ $2SO_3(g) \rightarrow 2SO_2(g) + O_2(g)$

|해설| ④ 기체 분자수가 반응 전보다 반응 후에 증가하므로 엔트로피가 증가한다.

02 CN^- 이온의 루이스 구조에서 N의 형식 전하는?

① 0   ② +1

③ +2   ④ +3

|해설| 형식전하＝족수－비공유전자수－$\dfrac{1}{2}$ 공유전자수

　　　$:C = \overset{..}{N}^-$　　$5 - 2 - \dfrac{1}{2} \cdot 6 = 0$

---

answer 19 ④ 20 ②／ 01 ④ 02 ①

03 다음 중 화학 결합의 종류가 다른 것은?

① 염화 소듐(NaCl)   ② 물(H_2O)

③ 일염화 아이오딘(ICl)   ④ 암모니아(NH_3)

|해설| ① NaCl은 이온 결합이고, 나머지는 공유 결합이다.

04 그림에서 설명하는 분자 간 힘은?

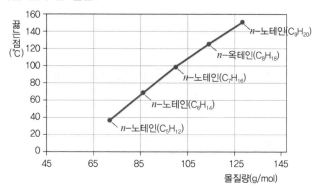

① 쌍극자–쌍극자 힘   ② 이온–쌍극자 힘

③ 수소 결합   ④ 분산력

|해설| ④ 무극성 분자 사이의 힘이므로 분산력이 증가하고 끓는점이 증가된다.

05 다음 화합물의 수용액이 산성인 것만을 모두 고른 것은?

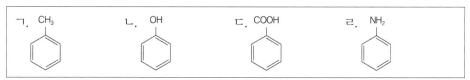

① ㄱ, ㄷ   ② ㄴ, ㄷ

③ ㄴ, ㄹ   ④ ㄷ, ㄹ

|해설| ㄱ. 톨루엔 : 중성   ㄴ. 페놀 : 산성   ㄷ. 벤조산 : 산성   ㄹ. 아닐린 : 염기성

06 원자가 껍질 전자쌍 반발(VSEPR) 이론에 의한 ClO_3^+ 이온의 기하학적 구조는?

① 굽은형   ② 정사면체

③ 삼각 평면   ④ 평면 사각형

|해설| ③ 평면삼각형

07 일양성자 산 1.0M HA용액의 H^+ 농도[M]는? (단, 약산 HA의 산 해리 상수 $Ka = 4.0 \times 10^{-10}$ 이다)

① 2.0×10^{-5} ② 4.0×10^{-5}

③ 2.0×10^{-10} ④ 4.0×10^{-10}

|해설| $Ka = C\alpha^2 = 1.0 \times \alpha^2 = 4.0 \times 10^{-10}$

$\therefore \alpha = 2.0 \times 10^{-5}$

$[H^+] = C\alpha = 1.0 \times 2.0 \times 10^{-5} = 2.0 \times 10^{-5}$

08 다음 전자 배치에 해당하는 원자들에 대한 설명으로 옳은 것만을 모두 고른 것은?

$X : 1s^2 2s^2 2p^6$

$Y : 1s^2 2s^2 2p^6 3s^1$

$Z : 1s^2 2s^2 2p^6 3s^2$

ㄱ. 1차 이온화 에너지 값은 X가 Z보다 크다.

ㄴ. 원자 반지름은 Y가 Z보다 크다.

ㄷ. 이온의 크기가 Y^+ 가 Z^{2+} 보다 크다.

① ㄱ, ㄴ   ② ㄱ, ㄷ

③ ㄴ, ㄷ   ④ ㄱ, ㄴ, ㄷ

|해설| $X : Ne$, $Y : Na$, $Z : Mg$

09 이산화탄소(CO_2)가 127℃에서 300m/s의 평균 속력으로 움직인다면 1,327℃에서의 CO_2의 평균 속력[m/s]은? (단, CO_2는 두 온도에서 이상 기체의 거동을 보인다고 가정한다)

① 1,200   ② 900

③ 600   ④ 300

|해설| $E_k = \frac{1}{2}mV^2 = \frac{3}{2}kT$, $V \propto \sqrt{T}$

127℃ → 400K

2,327℃ = 1,600K

V는 2배 증가, V=600m/s

10 다음 반응식에서 각 반응물의 농도를 달리하며 초기 반응 속도를 측정하여 아래 표와 같은 결과를 얻었다. (단, 반응 온도는 일정하다)

$$2ClO_2(aq) + 2OH^-(aq) \rightarrow ClO_2^-(aq) + ClO_3^-(aq) + H_2O(l)$$

실험	$[ClO_2]$(M)	$[OH^-]$(M)	초기 반응 속도(M/s)
1	0.10	0.10	1.5×10^{-2}
2	0.10	0.20	3.0×10^{-2}
3	0.20	0.10	6.0×10^{-2}

위 반응의 속도 법칙은?

① $k[ClO_2][OH^-]$

② $k[ClO_2]^2[OH^-]$

③ $k[ClO_2][OH^-]_2$

④ $k[ClO_2]^2[OH^-]^2$

|해설| 실험 1, 2를 비교하면, $[ClO_2]$의 농도를 일정하게 유지하며 $[OH^-]$를 2배로 증가시켰더니, 반응 속도가 2배로 증가하였으므로 $[OH^-]$에 대해 1차 반응이다.

실험 1, 3을 비교하면 $[ClO_2]$에 대해 2차 반응임을 알 수 있다.

11 다음 산-염기 반응에 대한 설명으로 옳은 것은?

(가) $AlCl_3 + Cl^- \rightarrow AlCl_4^-$

(나) $NH_3 + H_2O \rightarrow NH_4^+OH^-$

① (가)에서 $AlCl_3$는 아레니우스 산이다.

② (가)에서 Cl^-는 루이스 산이다.

③ (나)에서 NH_3는 루이스 산이다.

④ (나)에서 H_2O는 브뢴스테드-로우리 산이다.

|해설| ① 루이스 산 ② 루이스 염기 ③ 브뢴스테드 로우리 염기

12 일정한 온도에서 1atm의 H_2 2L, 2atm의 O_2 3L, 3atm의 N_2 4L을 10L의 밀폐된 용기에 넣었을 때의 전체 압력[atm]은? (단, 세 기체는 서로 반응하지 않는 이상 기체라고 가정한다)

① 1

② 2

③ 3

④ 4

answer 10② 11④ 12②

|해설| $P_{H_2} \cdot V_{H_2} + P_{O_2} \cdot V_{O_2} + P_{N_2} \cdot V_{N_2} = P_t \cdot V_t$

$1 \times 2 + 2 \times 3 + 3 \times 4 = P_t \cdot 10$

$\therefore P_t = 2atm$

13 수산화소듐($NaOH$) 4g을 물에 녹여 200mL의 수산화소듐 수용액을 만들었다. 이 수용액 20mL를 0.25M HCl로 중화하는 데 필요한 HCl의 부피[mL]는? (단, NaOH의 물질량은 40g/mol이다)

① 20

② 40

③ 60

④ 80

|해설| ② $nMV = n'M'V'$

NaOH의 몰농도는 $\dfrac{0.1몰}{2.2L} = 0.5M$

$1 \times 0.5M \times 0.02L = 1 \times 0.25M \times xL$

$\therefore x = 0.04L (40ml)$

14 그림과 같이 아연(Zn)판을 황산구리($CuSO_4$) 수용액에 넣었을 때 일어나는 반응에 대한 설명으로 옳은 것만을 모두 고른 것은?

ㄱ. 알짜 이온 반응식은 $Zn(s) + Cu^{2+}(aq) \rightarrow Zn^{2+}(aq) + Cu(s)$이다.
ㄴ. 아연의 산화수는 감소하고 구리의 산화수는 증가한다.
ㄷ. 자유 에너지 변화는 $\triangle G > 0$이다.

① ㄱ

② ㄷ

③ ㄱ, ㄴ

④ ㄴ, ㄷ

|해설| ㄴ. 아연의 산화수 증가, 구리이온의 산화수 감소
     ㄷ. 자발적이므로 $\triangle G < 0$

15 커피에서 카페인을 초임계 추출할 때 용매로 사용되는 이산화탄소의 상을 다음 상도표에서 고르면?

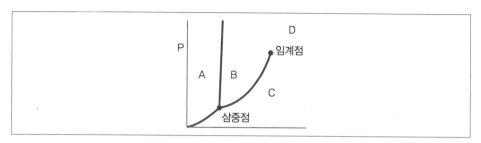

① A

② B

③ C

④ D

|해설| 초임계 상태의 상을 고르는 문제로 정답은 D

16 산화-환원 반응이 아닌 것은?

① $2Mg(s) + O_2(g) \rightarrow 2MgO(s)$

② $4KNO_3(s) \rightarrow 2K_2O(s) + 2N_2(g) + 5O_2(g)$

③ $NaHSO_4(ap) + NaOH(ap) \rightarrow Na_2SO_4(ap) + H_2O(l)$

④ $Fe(s) + Ni(NO_3)_2(ap) \rightarrow Fe(NO_3)_2(ap) + Ni(s)$

|해설| ③ 중화반응, 중화반응과 앙금생성반응은 산화환원반응이 아님

17 질소 산화물에 대한 설명으로 옳은 것만을 모두 고른 것은?

ㄱ. 런던형 스모그의 주원인 물질이다.
ㄴ. 광화학 스모그의 주원인 물질이다.
ㄷ. 자동차의 운행을 줄이면 감소시킬 수 있다.
ㄹ. 석유나 석탄의 연소로 생성되는 주된 생성물이다.

① ㄱ, ㄷ

② ㄱ, ㄹ

③ ㄴ, ㄷ

④ ㄴ, ㄹ

|해설| ㄱ, ㄹ 황산화물에 대한 설명
ㄴ, ㄷ 질소 산화물에 대한 설명

18 아래 그림은 반응 경로에 따른 에너지 변화를 나타낸 것이다. 이때 옳은 것만을 모두 고른 것은?

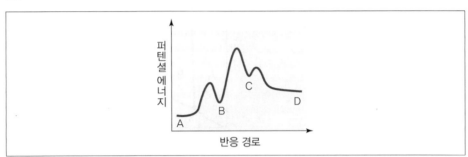

ㄱ. [A → D] 전체 반응 과정에는 두 개의 중간체(intermediate)가 있다.
ㄴ. 속도 결정 단계는 [C → D]이다.
ㄷ. 전체 반응은 발열 반응이다.

① ㄱ   ② ㄷ
③ ㄱ, ㄴ   ④ ㄴ, ㄷ

|해설| ① ㄱ. B, C의 두 개의 중간체가 있다.
         ㄴ. [B → C]
         ㄷ. 흡열과정

19 바닥 상태인 2주기 원소 X, Y의 홀전자(unpaired electron) 수는 같고,

$\left(\dfrac{\text{전자가 들어 있는 } s\text{오비탈수}}{\text{전자가 들어있는 } p\text{오비탈수}} \right)$ 값이 X $= 1$, Y $= \dfrac{2}{3}$ 이다. 이에 대한 설명으로 옳은 것은?

① 원자가 전자(valence electron)수는 X가 Y보다 많다.
② 유효 핵전하는 X가 Y보다 크다.
③ 원소 Y가 수소(H)와 결합한 화합물은 YH_3이다.
④ 화합물 XY_2는 직선형이다.

|해설| ④ X $= \dfrac{2개}{2개}$ ∴ X $=$ C (탄소)

$Y = \dfrac{2개}{3개}$ ∴ Y $=$ N, O, F

X와 Y는 홀전자수가 같으므로 Y $=$ O (산소)
$XY_2 = CO_2$는 직선형

20 다음 반응식의 균형을 맞추었을 때, H_2O의 계수는?

$$MnO_4^{-}(aq) + Fe^{2+}(aq) + H^{+}(aq) \rightarrow Fe^{3+}(aq) + Mn^{2+}(aq) + H_2O(l)$$

① 2
③ 4
② 3
④ 6

|해설| ③ $MnO_4^{-} + 5Fe^{2+} + 8H^{+}$
$\rightarrow 5Fe^{3+} + Mn^{2+} + 4H_2O$

---

06 **지방직 9급(2017.6.17 시행)**

01 다음 중 산화-환원 반응이 아닌 것은?

① $2Al + 6HCl \rightarrow 3H_2 + 2AlCl_3$

② $2H_2O \rightarrow 2H_2 + O_2$

③ $2NaCl + Pb(NO_3)_2 \rightarrow PbCl_2 + 2NaNO_3$

④ $2NaI + Br_2 \rightarrow 2NaBr + I_2$

|해설| ③ 앙금생성 반응은 산화환원 반응이 아니다.

02 다음 반응은 500℃에서 평형 상수 K=48이다.

$$H_2(g) + I_2(g) \rightleftharpoons 2HI(g)$$

같은 온도에서 10L 용기에 H_2 0.01mol, I_2 0.03mol, HI 0.02mol로 반응을 시작하였다. 이때, 반응 지수 Q의 값과 평형을 이루기 위한 반응의 진행 방향으로 옳은 것은?

① $Q = 1.3$, 왼쪽에서 오른쪽
② $Q = 13$, 왼쪽에서 오른쪽
③ $Q = 1.3$, 오른쪽에서 왼쪽
④ $Q = 13$, 오른쪽에서 왼쪽

|해설| ① $Q = \dfrac{[HI]^2}{[H_2][I_2]} = \dfrac{(0.02)^2}{0.01 \times 0.03} = 1.3$

$Q < K$이므로 정반응(오른쪽으로 진행)

03 주기율표에서 원소들의 주기적 경향성을 설명한 내용으로 옳지 않은 것은?

① Al의 1차 이온화 에너지가 Na의 1차 이온화 에너지보다 크다.
② F의 전자 친화도가 O의 전자 친화도보다 더 큰 음의 값을 갖는다.
③ K의 원자 반지름이 Na의 원자 반지름보다 작다.
④ Cl의 전기음성도가 Br의 전기음성도보다 크다.

|해설| ③ K > Na(원자 반지름) 같은 족에서 원자번호가 증가할수록 껍질수가 증가하므로

04 온도와 부피가 일정한 상태의 밀폐된 용기에 15.0mol의 O_2와 25.0mol의 He가 들어 있다. 이때, 전체 압력은 8.0atm이었다. O_2 기체의 부분 압력[atm]은? (단, 용기에는 두 기체만 들어 있고, 서로 반응하지 않는 이상 기체라고 가정한다)

① 3.0 ② 4.0
③ 5.0 ④ 8.0

|해설| ① 부분압력은 몰분율에 비례한다.

$$P_{O_2} = P_t \times X_{O_2}$$
$$= 8.0atm \times \frac{15}{15+25}$$
$$= 3atm$$

05 다음은 어떤 갈바니 전지(또는 볼타 전지)를 표준 전지 표시법으로 나타낸 것이다. 이에 대한 설명으로 옳은 것은?

$$Zn(s) \mid Zn^{2+}(aq) \parallel Cu^{2+}(aq) \mid Cu(s)$$

① 단일 수직선(|)은 염다리를 나타낸다.
② 이중 수직선(∥) 왼쪽이 환원 전극 반쪽 전지이다.
③ 전지에서 Cu^{2+}는 전극에서 Cu로 환원된다.
④ 전자는 외부 회로를 통해 환원 전극에서 산화 전극으로 흐른다.

|해설| ③ 이중수직선은 염다리를 의미한다.
④ 전자는 산화전극에서 환원전극으로 이동한다.

answer 03 ③ 04 ① 05 ③

06 Al과 Br로부터 Al_2Br_6가 생성되는 반응에서, 4mol의 Al과 8mol의 Br_2로부터 얻어지는 Al_2Br_6의 최대 몰수는? (단, Al_2Br_6가 유일한 생성물이다)

① 1   ② 2

③ 3   ④ 4

|해설| $2Al + 3Br_2 \rightarrow Al_2Br_6$

	4	8	0
	−4	−6	+2
	0	2	② 몰생성

07 이온 결합과 공유 결합에 대한 설명으로 옳지 않은 것은?

① 격자 에너지는 이온 화합물이 생성되는 여러 단계의 에너지를 서로 곱하여 계산한다.

② 이온의 공간 배열이 같을 때, 격자 에너지는 이온 반지름이 감소할수록 증가한다.

③ 공유 결합의 세기는 결합 엔탈피로부터 측정할 수 있다.

④ 공유 결합에서 두 원자 간 결합수가 증가함에 따라 두 원자 간 평균 결합 길이는 감소한다.

|해설| ① 서로 합하여 계산한다.

08 $0.100M$의 NaOH 수용액 24.4mL를 중화하는 데 H_2SO_4 수용액 200mL를 사용하였다. 이때, 사용한 H_2SO_4 수용액의 몰 농도$[M]$는?

$$2NaOH(aq) + H_2SO_4(aq) \rightarrow Na_2SO_4(aq) + 2H_2O(l)$$

① 0.0410   ② 0.0610

③ 0.122   ④ 0.244

|해설| ② $nMV = n'M'V$

$1 \times 0.1 \times 24.4 = 2 \times x \times 20.0$

$x = 0.0610$

09 다음 알코올 중 산화 반응이 일어날 수 없는 것은?

① $H-\underset{\underset{H}{|}}{\overset{\overset{OH}{|}}{C}}-CH_3$

② $H_3C-\underset{\underset{H}{|}}{\overset{\overset{OH}{|}}{C}}-CH_3$

③ $H_3C-\underset{\underset{H}{|}}{\overset{\overset{OH}{|}}{C}}-OH$

④ $H_3C-\underset{\underset{CH_3}{|}}{\overset{\overset{OH}{|}}{C}}-CH_3$

|해설| ④ 3차 알코올은 산화가 일어나지 않는다.

10 다음은 25℃ 수용액 상태에서 산의 세기를 비교한 것이다. 옳은 것만을 모두 고른 것은?

> ㄱ. $H_2O < H_2S$
>
> ㄴ. $HI < HCl$
>
> ㄷ. $CH_3COOH < CCL_3OOH$
>
> ㄹ. $HBrO < HClO$

① ㄱ, ㄴ

② ㄷ, ㄹ

③ ㄱ, ㄷ, ㄹ

④ ㄴ, ㄷ, ㄹ

|해설| ③ ㄴ, $HCl < HI$

11 화석 연료는 주로 탄화수소(C_nH_{2n+2})로 이루어지며, 소량의 황, 질소 화합물을 포함하고 있다. 화석 연료를 연소하여 에너지를 얻을 때, 연소 반응의 생성물 중에서 산성비 또는 스모그의 주된 원인이 되는 물질이 아닌 것은?

① CO_2

② SO_2

③ NO

④ NO_2

|해설| ① 산성비와 스모그의 원인물질은 NOx와 SOx이다.

12 다음 원자들에 대한 설명으로 옳은 것은?

	원자번호	양성자 수	전자 수	중성자 수	질량수
① $^{3}_{1}H$	1	1	2	2	3
② $^{13}_{6}C$	6	6	6	7	13
③ $^{17}_{8}O$	8	8	8	8	16
④ $^{15}_{7}H$	7	7	8	8	15

|해설| ① 전자수 1개   ③ 중성자수 9개   ④ 전자수 7개

answer 09 ④ 10 ③ 11 ① 12 ②

13 다음 화학 반응식을 균형 맞춘 화학 반응식으로 만들었을 때, 얻어지는 계수 a, b, c, d의 합은? (단, a, b, c, d는 최소 정수비를 가진다)

$$a\mathrm{C_8H_{18}}(l) + b\mathrm{O_2}(g) \rightarrow c\mathrm{CO_2}(g) + d\mathrm{H_2O}(g)$$

① 60
② 61
③ 62
④ 63

|해설| ② $2\mathrm{C_8H_{18}} + 25\mathrm{O_2} \rightarrow 16\mathrm{CO_2} + 18\mathrm{H_2O}$
$2 + 25 + 16 + 18 = 61$

14 다음은 중성 원자 A~D의 전자 배치를 나타낸 것이다. A~D에 대한 설명으로 옳은 것은? (단, A~D는 임의의 원소 기호이다)

A : $1s^2 3s^1$
B : $1s^2 2s^2 2p^3$
C : $1s^2 2s^2 2p^6 3s^1$
D : $1s^2 2s^2 2p^6 3s^4$

① A는 바닥 상태의 전자 배치를 가지고 있다.
② B의 원자가 전자 수는 4개이다.
③ C의 홀전자 수는 D의 홀전자 수보다 많다.
④ C의 가장 안정한 형태의 이론은 C^+이다.

|해설| ① A : Li(들뜬), B : N, C : Na, D : S
② B : 5개
③ C : 1개, D : 2개
④ C : Na, C^+ : Na^+

15 메테인($\mathrm{CH_4}$)과 에텐($\mathrm{C_2H_4}$)에 대한 설명으로 옳은 것은?

① $\angle \mathrm{H-C-H}$의 결합각은 메테인이 에텐보다 크다.
② 메테인의 탄소를 sp^2 혼성을 한다.
③ 메테인 분자는 극성 분자이다.
④ 에텐은 $\mathrm{Br_2}$와 첨가 반응을 할 수 있다.

|해설| ① 메테인 $109.5°$, 에텐 $120°$
② 메테인 sp^3 혼성
③ 무극성 분자

answer 13 ② 14 ④ 15 ④

16 $0.100M$ $CH_3COOH(K_a = 1.80 \times 10^{-5})$ 수용액 20.0mL에 $0.100M$ NaOH 수용액 10.0mL를 첨가한 후, 용액의 pH를 구하면? (단, $\log 1.80 = 0.255$이다)

① 2.875

② 4.745

③ 5.295

④ 7.875

|해설| ② 완충용액의 pH계산은

$$pH = pKa + \left(\log\frac{[A]}{[HA]} = 0\right)$$

$$\therefore pH = pKa$$

$$pKa = 5 - \log 1.80$$

$$= 5 - 0.255 = 4.745$$

17 다음은 오존(O_3)층 파괴의 주범으로 의심되는 프레온-12(CCl_2F_2)과 관련된 화학 반응의 일부이다. 이에 대한 설명으로 옳지 않은 것은?

> (가) $CCl_2F_2(g) + hv \rightarrow CClF_2(g) + Cl(g)$
> (나) $Cl(g) + O_3(g) \rightarrow ClO(g) + O_2(g)$
> (다) $O(g) + ClO(g) \rightarrow Cl(g) + O_2(g)$

① (가) 반응을 통해 탄소(C)는 환원되었다.

② (나) 반응에서 생성되는 ClO에는 홀전자가 있다.

③ 오존(O_3) 분자 구조 내의 π 결합은 비편재화되어 있다.

④ 오존(O_3) 분자 구조 내의 결합각 $\angle O - O - O$는 $180°$이다.

|해설| ④ 약 $120°$이다.

18 몰 질량이 56g/mol인 금속 M 112g을 산화시켜 실험식이 M_xO_y인 산화물 160g을 얻었을 때, 미지수 x, y를 구하면? (단, O의 몰 질량은 16g/mol이다)

① $x = 2$, $y = 3$

② $x = 3$, $y = 2$

③ $x = 1$, $y = 5$

④ $x = 1$, $y = 2$

|해설| ① M은 2몰이 사용되었고, 전체 산화물 질량에서 금속(M)의 질량을 빼면 산소의 질량이 나오므로 48g 산소원자 3몰이 사용됨

M : 2몰과 O : 3몰의 산화물 화학식은 M_2O_3

$\therefore x = 2$, $y = 3$

19 H_2와 ICl이 기체상에서 반응하여 I_2와 HCl을 만든다.

$$H_2(g) + 2ICl(g) \rightarrow I_2(g) + 2HCl(g)$$

이 반응은 다음과 같이 두 단계 메커니즘으로 일어난다.

단계 1 : $H_2(g) + ICl(g) \rightarrow HI(g) + HCl(g)$ (속도 결정 단계)
단계 2 : $HI(g) + ICl(g) \rightarrow I_2(g) + HCl(g)$ (빠름)

전체 반응에 대한 속도 법칙으로 옳은 것은?

① 속도$= k[H_2][ICl]^2$
② 속도$= k[HI][ICl]^2$
③ 속도$= k[H_2][ICl]$
④ 속도$= k[HI][ICl]$

|해설| ③ 반응 메커니즘에서 속도결정 단계의 반응물의 계수는 반응속도식의 차수로 이용된다.
$v = k[H_2][ICl]$

20 다음 화학물들에 대한 설명으로 옳은 것은?

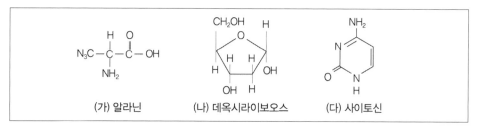

(가) 알라닌 　　(나) 데옥시라이보오스 　　(다) 사이토신

① (가)는 뉴클레오타이드를 구성하는 기본 단위이다.
② (가)는 브뢴스테드-로우리 산과 염기로 모두 작용할 수 있다.
③ (나)는 단백질을 구성하는 기본 단위이다.
④ 데옥시라이브헥산(DNA)에서 (다)는 인산과 직접 연결되어 있다.

|해설| (가) 아미노산, (나) 당(DNA), (다) 염기
② 양쪽성 물질이다.

01 다음 중 개수가 가장 많은 것은?

① 순수한 다이아몬드 12g 중의 탄소 원자
② 산소 기체 32g 중의 산소 분자
③ 염화암모늄 1몰을 상온에서 물에 완전히 녹였을 때 생성되는 암모늄이온
④ 순수한 물 12g 안에 포함된 모든 원자

|해설| ① 1몰, 6×10^{23}개
　　　② 1몰, 6×10^{23}개
　　　③ 1몰, 6×10^{23}개
　　　④ 3몰, 1.8×10^{24}개

02 원소들의 전기음성도 크기의 비교가 올바른 것은?

① $C < H$
② $S < P$
③ $S < O$
④ $Cl < Br$

|해설| $F > O > N > Cl > Br > C > S > I > H > P$

03 1M $Fe(NO_3)_2$ 수용액에서 음이온의 농도는? (단, $Fe(NO_3)_2$는 수용액에서 100% 해리된다)

① 1M
② 2M
③ 3M
④ 4M

|해설| $Fe(NO_3)_2 \rightarrow Fe^{2+} + 2NO_3^-$

04 밑줄 친 원자(C, Cr, N, S)의 산화수가 옳지 않은 것은?

① $H\underline{C}O_3^-$, $+4$
② $\underline{Cr}_2O_7^{2-}$, $+6$
③ $\underline{N}H_4^+$, $+5$
④ $\underline{S}O_4^{2-}$, $+6$

|해설| ① $+4$, ② $+6$, ③ -5, ④ $+6$

05 90g의 글루코오스($C_6H_{12}O_6$)와 과량의 산소(O_2)를 반응시켜 이산화탄소(CO_2)와 물(H_2O)이 생성되는 반응에 대한 설명으로 옳지 않은 것은? (단, H, C, O의 몰 질량[g/mol]은 각각 1, 12, 16이다)

$$C_6H_{12}O_6(s) + 6O_2(g) \rightarrow xCO_2(g) + yH_2O(l)$$

① x와 y에 해당하는 계수는 모두 6이다.

② 90g 글루코오스가 완전히 반응하는 데 필요한 O_2의 질량은 96g이다.

③ 90g 글루코오스가 완전히 반응해서 생성되는 CO_2의 질량은 88g이다.

④ 90g 글루코오스가 완전히 반응해서 생성되는 H_2O의 질량은 54g이다.

|해설| $C_6H_{12}O_6 + 6O_2 \rightarrow 6CO_2 + 2H_2O$

① $x = y = 6$

② 90g은 0.5몰이므로 필요한 O_2는 3몰 생성, 3몰×32=96g이다.

③ 90g은 0.5몰이므로 CO_2는 3몰 생성, 3몰×44=132g이다.

④ 90g은 0.5몰이므로 H_2O는 3몰 생성, 3몰×18=54g이다.

06 묽은 설탕 수용액에 설탕을 더 녹일 때 일어나는 변화를 설명한 것으로 옳은 것은?

① 용액의 증기압이 높아진다.　　② 용액의 끓는점이 낮아진다.

③ 용액의 어는점이 높아진다.　　④ 용액의 삼투압이 높아진다.

|해설| 용질의 입자수가 증가하여 증기압이 감소하고 끓는점이 올라가며, 어는점은 낮아진다. 농도가 증가하므로 삼투압도 증가한다.

07 다음의 화합물 중에서 원소 X가 산소(O)일 가능성이 가장 낮은 것은? (단, O의 몰 질량[g/mol]은 16이다)

화합물	ㄱ	ㄴ	ㄷ	ㄹ
분자량	160	80	70	64
원소 X의 질량 백분율(%)	30	20	30	50

① ㄱ　　　　　　　　　　② ㄴ

③ ㄷ　　　　　　　　　　④ ㄹ

|해설| ㄱ : 160×0.3 = 48　　ㄴ : 80×0.2 = 16

　　　ㄷ : 70×0.3 = 21　　ㄹ : 64×0.5 = 32

정수배로 결합되어 있어야 하므로 ㄷ은 산소가 아니다.

answer　05 ③　06 ④　07 ③

08 대기 오염 물질인 기체 A, B, C가 <보기 1>과 같을 때 <보기 2>의 설명 중 옳은 것만을 모두 고른 것은?

〈 보기 1 〉

A : 연료가 불완전 연소할 때 생성되며, 무색이고 냄새가 없는 기체이다.
B : 무색의 강한 자극성 기체로, 화석 연료에 포함된 황 성분이 연소 과정에서 산소와 결합하여 생성된다.
C : 자극성 냄새를 가진 기체로 물의 살균 처리에도 사용된다.

〈 보기 2 〉

ㄱ. A는 헤모글로빈과 결합하면 쉽게 해리되지 않는다.
ㄴ. B의 수용액은 산성을 띤다.
ㄷ. C의 성분 원소는 세 가지이다.

① ㄱ, ㄴ
② ㄱ, ㄷ
③ ㄴ, ㄷ
④ ㄱ, ㄴ, ㄷ

|해설| A : CO, B : SO_2, C : O_3

09 다음 중 분자 구조가 나머지와 다른 것은?

① $BeCl_2$
② CO_2
③ XeF_2
④ SO_2

|해설| ① 직선형, ② 직선형, ③ 직선형, ④ 굽은형

10 van der Waals 상태방정식 $P = \dfrac{nRT}{V-nb} - \dfrac{an^2}{V^2}$에 대한 설명으로 옳은 것만을 모두 고른 것은? (단, P, V, n, R, T는 각각 압력, 부피, 몰수, 기체상수, 온도이다)

ㄱ. a는 분자 간 인력의 크기를 나타낸다.
ㄴ. b는 분자 간 반발력의 크기를 나타낸다.
ㄷ. a는 $H_2O(g)$가 $H_2S(g)$보다 크다.
ㄹ. b는 $Cl_2(g)$가 $H_2(g)$보다 크다.

① ㄱ, ㄷ
② ㄴ, ㄹ
③ ㄱ, ㄷ, ㄹ
④ ㄱ, ㄴ, ㄷ, ㄹ

|해설| a : 부피보정인자로 인력이 클수록 크다.
　　　b : 압력보정인자로 반발력이 클수록 크다.

answer　08 ①　09 ④　10 ④

11 다음 반응에 대한 평형상수는?

$$2CO(g) \rightleftharpoons CO_2(g) + C(s)$$

① $K = [CO_2]/[CO]^2$ ② $K = [CO]^2/[CO_2]$

③ $K = [CO_2][C]/[CO]^2$ ④ $K = [CO]^2/[CO_2][C]$

|해설| 고체는 제외하므로 $k = \dfrac{CO_2}{[CO]^2}$

12 질량 백분율이 N 64%, O 36%인 화합물의 실험식은? (단, N, O의 몰 질량[g/mol]은 각각 14, 16이다)

① N_2O ② NO

③ NO_2 ④ N_2O_5

|해설| $N : \dfrac{64}{14} = 4.57, \ O : \dfrac{36}{16} = 2.25$

약 $2 : 1$이므로 N_2O

13 25℃에서 $[OH^-] = 2.0 \times 10^{-5} M$일 때, 이 용액의 pH값은? (단, $\log 2 = 0.30$이다)

① 2.70   ② 4.70

③ 9.30   ④ 11.30

|해설| $pOH = -\log[OH^-] = 5 - \log 2 = 4.7$

$pH = pOH = 14$이므로 (25℃)

$pH = 9.3$

14 온도가 400K이고 질량이 6.00kg인 기름을 담은 단열 용기에 온도가 300K이고 질량이 1.00kg인 금속공을 넣은 후 열평형에 도달했을 때, 금속공의 최종 온도[K]는? (단, 용기나 주위에 열 손실은 없으며, 금속공과 기름의 비열[J/(kg·K)]은 각각 1.00과 0.50으로 가정한다)

① 350   ② 375

③ 400   ④ 450

|해설| 기름이 잃은 열량 = 금속공이 얻은 열량

$0.5 \times 6 \times (400 - T) = 1 \times 1 \times (T - 300)$

$T = 375$

answer ◀ 11 ① 12 ① 13 ③ 14 ②

15 아래 반응에서 산화되는 원소는?

$$14HNO_3 + 3Cu_2O \rightarrow 6Cu(NO_3)_2 + 2NO + 7H_2O$$

① H   ② N

③ O   ④ Cu

|해설| N : +5 → +2(환원)　Cu : +1 → +2(산화)

16 다음 그림은 어떤 반응의 자유에너지 변화($\triangle G$)를 온도(T)에 따라 나타낸 것이다. 이에 대한 설명으로 옳은 것만을 모두 고른 것은? (단, $\triangle H$는 일정하다)

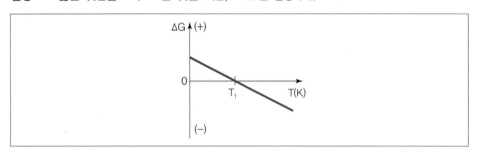

ㄱ. 이 반응은 흡열반응이다.

ㄴ. T_1보다 낮은 온도에서 반응은 비자발적이다.

ㄷ. T_1보다 높은 온도에서 반응의 엔트로피 변화($\triangle S$)는 0보다 크다.

① ㄱ, ㄴ   ② ㄱ, ㄷ

③ ㄴ, ㄷ   ④ ㄱ, ㄴ, ㄷ

|해설| ㄱ. 온도가 올라갈수록 $\triangle G$가 감소하므로 정반응이 자발적 반응이며 흡열반응이다.

ㄷ. $\triangle G - \triangle H - T\triangle S < 0$이므로 $\triangle S > 0$이 된다.

17 이온성 고체에 대한 설명으로 옳은 것은?

① 격자에너지는 NaCl이 NaI보다 크다.

② 격자에너지는 NaF가 LiF보다 크다.

③ 격자에너지는 KCl이 $CaCl_2$보다 크다.

④ 이온성 고체는 표준생성엔탈피($\triangle H_f^0$)가 0보다 크다.

|해설| 격자에너지는 $F = k, \dfrac{g_1 g_2}{r^2}$에 비례한다.

18 철(Fe)로 된 수도관의 부식을 방지하기 위하여 마그네슘(Mg)을 수도관에 부착하였다. 산화되기 쉬운 정도만을 고려할 때, 마그네슘 대신에 사용할 수 없는 금속은?

① 아연(Zn)　　　　　　　　　　　② 니켈(Ni)

③ 칼슘(Ca)　　　　　　　　　　　④ 알루미늄(Al)

|**해설**| Fe보다 반응성이 큰 금속을 부착시킨다.

　　　$Ca > Mg > Al > Fe > Ni$

19 다음 반응은 300K의 밀폐된 용기에서 평형상태를 이루고 있다. 이에 대한 설명으로 옳은 것만을 모두 고른 것은? (단, 모든 기체는 이상기체이다)

$$A_2(g) + B_2(g) \rightleftarrows 2AB(g) \qquad \triangle H = 150 kJ/mol$$

ㄱ. 온도가 낮아지면, 평형의 위치는 역반응 방향으로 이동한다.
ㄴ. 용기에 B_2 기체를 넣으면, 평형의 위치는 정반응 방향으로 이동한다.
ㄷ. 용기의 부피를 줄이면, 평형의 위치는 역반응 방향으로 이동한다.
ㄹ. 정반응을 촉진시키는 촉매를 용기 안에 넣으면, 평형의 위치는 정반응 방향으로 이동한다.

① ㄱ, ㄴ　　　　　　　　　　　　② ㄱ, ㄷ

③ ㄴ, ㄹ　　　　　　　　　　　　④ ㄷ, ㄹ

|**해설**| 흡열반응이므로 온도를 증가시키면 정반응이 우세하다. 계수의 합이 같으므로 압력변화로는 평형을 이동시키지 못한다.

20 다음은 화합물 AB의 전자 배치를 모형으로 나타낸 것이다. 이에 대한 설명으로 옳은 것은? (단, A, B는 각각 임의의 금속, 비금속 원소이다)

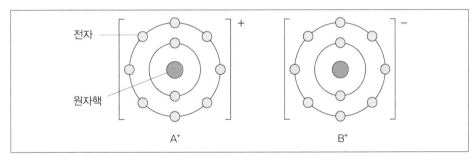

① 화합물 AB의 몰 질량은 20g/mol이다.

② 원자 A의 원자가 전자는 1개이다.

③ B_2는 이중 결합을 갖는다.

④ 원자 반지름은 B가 A보다 더 크다.

|해설| $A^+ : Na^+$, $B^- : F^-$, A : Na, B : F

08 지방직 9급(2015.6.27 시행)

01 끓는점이 가장 높은 화합물은?

① 아세톤   ② 물

③ 벤젠   ④ 에탄올

|해설| 수소결합을 가지며 결합수가 많아야 한다.

02 25℃에서 1.0M의 수용액을 만들었을 때 pH가 가장 낮은 것은? (단, 25℃에서 산해리상수(Ka)는 아래와 같다)

$C_6H_5OH : 1.3 \times 10^{-10}$	$HCN : 4.9 \times 10^{-10}$
$C_9H_8O_4 : 3.0 \times 10^{-4}$	$HF : 6.8 \times 10^{-4}$

① C_6H_5OH ② HCN

③ $C_9H_8O_4$ ④ HF

|해설| 해리상수가 클수록 강산이다. 강산이 pH가 낮다.

03 0.1M 황산(H_2SO_4) 용액 1.5L를 만드는 데 필요한 15M 황산의 부피는?

① 0.01L   ② 0.1L

③ 22.5L   ④ 225L

|해설| $0.1M \times 1.5L = 1.5M \times xL$

$x = 0.01L$

04 약염기를 강산으로 적정하는 곡선으로 옳은 것은?

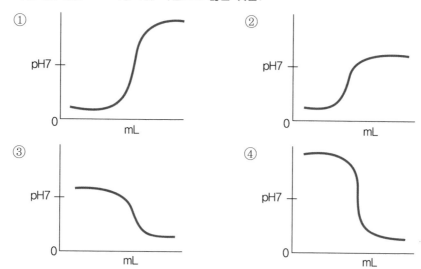

|해설| 약염기에 강산을 중화적정하면 종말점의 pH가 7보다 작다.

05 수소 원자의 선 스펙트럼을 설명할 수 있는 것만을 모두 고른 것은?

ㄱ. 보어의 원자 모형	ㄴ. 러더퍼드의 원자 모형
ㄷ. 톰슨의 원자	

① ㄱ   ② ㄴ

③ ㄷ   ④ ㄱ, ㄴ, ㄷ

|해설| 톰슨 → 러더퍼드 → 보어

상위개념은 하위개념을 모두 설명할 수 있다.

06 1A족 원소(Li, Na, K)의 성질에 대한 설명으로 옳은 것만을 모두 고른 것은?

ㄱ. 원자번호가 커질수록 일차 이온화 에너지 값이 감소한다.

ㄴ. 25℃에서 원자번호가 커질수록 밀도가 감소한다.

ㄷ. Cl_2와 반응할 때 환원력은 K < Na < Li이다.

ㄹ. 물과 반응할 때 환원력은 K < Li이다.

① ㄱ, ㄴ   ② ㄱ, ㄹ

③ ㄴ, ㄷ   ④ ㄷ, ㄹ

|해설| ㄴ. 밀도 변화 : Li < Na < K

ㄷ. 반응성 : Li < Na < K

ㄹ. 수화현상은 크기가 작을수록 잘 일어난다.

07 산화수에 대한 설명으로 옳은 것만을 모두 고른 것은?

> ㄱ. 화학 반응에서 산화수가 감소하는 물질은 환원제이다.
>
> ㄴ. 화합물에서 수소의 산화수는 항상 +1이다.
>
> ㄷ. 홑원소 물질을 구성하는 원자의 산화수는 0이다.
>
> ㄹ. 단원자 이온의 산화수는 그 이온의 전하수와 같다.

① ㄱ, ㄴ　　　　　　　　　　　② ㄱ, ㄷ

③ ㄴ, ㄹ　　　　　　　　　　　④ ㄷ, ㄹ

|해설| ㄱ. 산화수가 증가하는 것이 환원제이다.

ㄴ. 수소는 금속과 화합물을 형성할 때 −1이다.

08 모든 온도에서 자발적 과정이기 위한 조건은?

① $\Delta H > 0, \ \Delta S > 0$　　　　　② $\Delta H = 0, \ \Delta S < 0$

③ $\Delta H > 0, \ \Delta S = 0$　　　　　④ $\Delta H < 0, \ \Delta S > 0$

|해설| $\Delta G = \Delta H - T\Delta S < 0$(자발적)

$\Delta H < 0, \ \Delta S > 0$

09 다음 반응에서 28.0g의 NaOH(분자량 : 40.0)이 들어 있는 1.0L 용액을 중화하기 위해 필요한 2.0M HCl의 부피는?

$$NaOH(aq) + HCl(aq) \rightarrow NaCl(aq) + H_2O(l)$$

① 150.0mL　　　　　　　　　② 250.0mL

③ 350.0mL　　　　　　　　　④ 450.0mL

|해설| $\frac{28}{40} = 0.7$몰/L(M)를 중화시켜야 하므로

$nMV = n'M'V'$

$1 \times 0.7M \times 1L = 1 \times 2.0M \times x L$

$x = 0.35L(350ml)$

10 다음은 질소(N_2) 기체와 수소(H_2) 기체가 반응하여 암모니아(NH_3) 기체가 생성되는 화학 반응식이다.

$$N_2(g) + 3H_2(g) \rightleftharpoons 2NH_3(g)$$

그림은 부피가 1L인 강철용기에 $N_2(g)$ 4몰, $H_2(g)$ 8몰을 넣고 반응시킬 때 반응 시간에 따른 $N_2(g)$의 몰수를 나타낸 것이다.

이 반응의 평형상수(K)의 값은? (단, 온도는 일정하다)

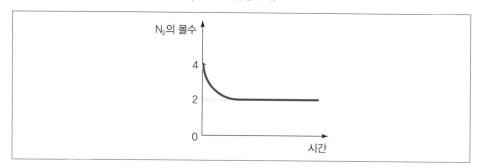

① 1
② 2
③ 4
④ 8

|해설| $N_2 + 3H_2 \rightleftharpoons 2NH_3$

4M	8M	0
-2M	-6M	4M
2M	2M	4M

$$K = \frac{(4)^2}{(2) \times (2)^3} = 1$$

11 Cr^{3+}의 바닥 상태 전자 배치는? (단, Cr의 원자 번호는 24이다)

① $[Ar]4s^1 3d^2$
② $[Ar]4s^1 3d^5$
③ $[Ar]4s^2 3d^1$
④ $[Ar]3d^3$

|해설| Cr^{3+} : $[Ar]3d^3$

12 다음 표는 원소와 이온의 구성 입자 수를 나타낸 것이다.

구분	A	B	C	D
양성자 수	6	6	7	8
중성자 수	6	8	7	8
전자 수	6	6	7	6

이에 대한 설명으로 옳은 것은? (단, A~D는 임의의 원소 기호이다)

① A와 D는 동위원소이다.　　② B와 C는 질량수가 동일하다.

③ B의 원자번호는 8이다.　　④ D는 음이온이다.

|해설| A : $_6^{12}C$, B : $_6^{14}C$, C : $_7^{14}N$, D : $_8^{16}O^{2+}$

13 다음 각 화합물의 1M 수용액에서 이온 입자수가 가장 많은 것은?

① $NaCl$　　　　　　　② KNO_3

③ NH_4NO_3　　　　　④ $CaCl_2$

|해설| ① $NaCl \rightarrow Na^+ + Cl^-$

　　② $KNO_3 \rightarrow K^+ + NO_3^-$

　　③ $NH_4NO_3 \rightarrow NH_4^+ + NO_3^-$

　　④ $CaCl_2 \rightarrow C^{2+} + 2Cl^-$

14 다음 중 결합 차수가 가장 낮은 것은?

① O_2　　　　　　　　② F_2

③ CN^-　　　　　　　④ NO^+

|해설| ① 2차, ② 1차, ③ 3차, ④ 3차

15 다음 중 무극성 분자는?

① 암모니아　　　　　　② 이산화탄소

③ 염화수소　　　　　　④ 이산화황

|해설| ② 직선형($\sum \mu = 0$)

answer　12② 13④ 14② 15②

16 다음 원자 또는 이온 중 반지름이 가장 큰 것은?

① $_{11}Na^+$

② $_{12}Mg^{2+}$

③ $_{17}Cl^-$

④ $_{18}Ar$

|해설| $Mg^{2+} < Na^+ < Ar < Cl^-$

17 대기 중에서 일어날 수 있는 다음 반응 중 산성비 형성과 관계가 없는 것은?

① $O_3(g) \rightarrow O_2(g) + O(g)$

② $S(s) + O_2(g) \rightarrow SO_2(g)$

③ $N_2(g) + O_2(g) \rightarrow 2NO(g)$

④ $SO_3(g) + H_2O(l) \rightarrow H_2SO_4(aq)$

|해설| ① 오존층에서의 반응

18 다음 표는 반응 $2A_3(g) \rightarrow 3A_2(g)$의 메커니즘과 각 단계의 활성화 에너지를 나타낸 것이다.

반응 메커니즘		활성화 에너지(kJ/mol)
단계 (1)	$A_3 \rightarrow A + A_2$	20
단계 (1)의 역과정	$A + A_2 \rightarrow A_3$	10
단계 (2)	$A + A_3 \rightarrow 2A_2$	50

이에 대한 설명으로 옳은 것만을 모두 고른 것은?

> ㄱ. A는 반응 중간체이다.
> ㄴ. 반응 속도 결정 단계는 단계 (2)이다.
> ㄷ. 전체 반응의 활성화 에너지는 50kJ/mol이다.

① ㄱ

② ㄷ

③ ㄱ, ㄴ

④ ㄴ, ㄷ

|해설| ㄱ. 전체 반응식에 표현되지 않는 물질이다.

　　ㄴ. 활성화 에너지가 크면 반응속도가 느리므로 속도 결정 단계이다.

　　ㄷ. 60kJ/mol이다.

19 중심원자의 혼성 궤도에서 s-성질 백분율(percent s-character)이 가장 큰 것은?

① BeF_2

② BF_3

③ CH_4

④ C_2H_6

|해설| ① sp혼성 50%

② sp^2혼성 33.3%

③ sp^3혼성 25%

④ sp^3혼성 25%

20 광화학 스모그를 일으키는 주된 물질은?

① 이산화탄소

② 이산화황

③ 질소 산화물

④ 프레온 가스

|해설| 광화학 스모그(LA형 스모그) : 자동차 배기가스인 NO_2, NO(질소 산화물)이다.

09 지방직 9급(2014.6.21 시행)

01 약 5천 년 전 서식했던 식물의 방사성 연대 측정에 이용될 수 있는 가장 적합한 동위원소는?

① 탄소 – 14

② 질소 – 14

③ 산소 – 17

④ 포타슘 – 40

|해설| ① 식물을 구성하는 유기물 속에는 탄소-14와 탄소-12의 비율이 대기 중과 동일한데, 식물체가 죽으면 탄소가 유입되지 않아 안정적인 탄소-12는 그대로 유지되고, 방사성 동위원소인 탄소-14는 붕괴되어 질소-14로 변한다. 따라서 5천 년 전 서식했던 식물의 탄소-12와 탄소-14의 비율로 탄소-14가 얼마나 줄었는지 조사하면 식물의 사망 연대를 측정할 수 있다.

02 다음 화합물 중 물에 녹았을 때 산성 용액을 형성하는 것의 개수는?

SO_2, NH_3, BaO, $Ba(OH)_2$

① 1

② 2

③ 3

④ 4

|해설| NH_3, BaO, $Ba(OH)_2$는 모두 물에 녹아 수산화이온(OH^-)을 내는 염기성 물질이다.

• $NH_3 + H_2O \rightarrow NH_4^+ + OH^-$

• $BaO + H_2O \rightarrow Ba^{2+} + 2OH^-$

• $Ba(OH)_2 \rightarrow Ba^{2+} + 2OH^-$

answer ◀ 20 ③ / 01 ① 02 ①

03 산화-환원 반응이 아닌 것은?

① $N_2 + 3H_2 \rightarrow 2NH_3$

② $2H_2O_2 \rightarrow 2H_2O + O_2$

③ $HClO_4 + NH_3 \rightarrow NH_4ClO_4$

④ $2AgNO_3 + Cu \rightarrow 2Ag + Cu(NO_3)_2$

|해설| ①

$$N_2+3H_2 \xrightarrow{\text{산화}} 2NH_3$$
환원

②

$$2H_2O_2 \xrightarrow{\text{산화}} 2H_2O+O_2$$
환원

④

$$2AgNO_3+Cu \xrightarrow{\text{산화}} 2Ag+Cu(NO_3)_2$$
환원

※ 산화-환원 반응(oxidation-reduction reaction) : 물질 간의 전자 이동으로 전자를 잃은 쪽은 산화수가 증가하고 산화되며, 전자를 얻은 쪽은 산화수가 줄어들고 환원되는 반응

04 다음 중 결합의 극성이 가장 작은 것은?

① HF에서 $F-H$
② H_2O에서 $O-H$

③ NH_3에서 $N-H$
④ SiH_4에서 $Si-H$

|해설| 전기음성도 값의 비교 : $F(4.0) > O(3.5) > N(3.0) > Si(1.8)$

※ 극성 공유 결합 : 전기 음성도가 다른 두 원자 사이에 형성된 공유 결합으로 공유하는 전자쌍이 전기 음성도가 큰 쪽으로 쏠려 부분 전하를 나타낸다.

※ 전기 음성도 : 공유 결합을 이루고 있는 전자쌍을 끌어당기는 상대적인 인력의 세기이다. 대체로 같은 주기에서는 원자 번호가 증가할수록 커지고, 같은 족에서는 원자 번호가 증가할수록 작아진다.

05 다음 중 끓는점의 비교가 옳은 것만을 모두 고른 것은?

㉠ $HBr < HI$
㉡ $O_2 < NO$
㉢ $HCOOH < CH_3CHO$

answer **03** ③ **04** ④ **05** ③

① ㉠   ② ㉢

③ ㉠, ㉡   ④ ㉡, ㉢

|해설| ㉢ CHOOH는 분자 간에 수소결합이 형성되어 높은 끓는점을 가진다.

06 다음 반응의 평형 위치를 역반응 방향으로 이동시키는 인자는?

$$UO_2(s) + 4HF(g) \rightleftharpoons UF_4(g) + 2H_2O(g) + 150kJ$$

① 반응계에 $UO_2(s)$를 첨가하였다.

② $HF(g)$가 반응 용기와 반응하여 소모되었다.

③ 반응계에 $Ar(g)$을 첨가하였다.

④ 반응계의 온도를 낮추었다.

|해설| ② 평형 상태에 있는 한 물질의 농도를 작게 하면 반응은 그 농도가 증가하려는 방향으로 진행된다. 따라서 $HF(g)$가 소모되면 $HF(g)$의 농도가 증가하려는 방향, 즉 역반응 방향으로 이동된다.

07 $[a]C_4H_{10} + [b]O_2 \rightarrow [c]CO_2 + [d]H_2O$ 반응에 대한 균형 반응식에서 계수 a~d의 값으로 옳게 짝지어진 것은?

	a	b	c	d
①	1	5	4	10
②	2	10	8	10
③	2	13	8	5
④	2	13	8	10

|해설| $aC_4H_{10} + bO_2 \rightarrow cCO_2 + dH_2O$에서 반응 전후에 원자가 새로 생성되거나 소멸되지 않았다는 것을 이용하여 각 원자의 개수를 식으로 표현하면

$C : 4a = c$

$H : 10a = 2d$

$O : 2b = 2c + d$

$a = 1$이라고 하면, $c = 4$, $d = 5$, $b = \dfrac{13}{2}$이 된다.

이를 가장 간단한 정수비로 바꾸어 정리하면

$2C_4H_{10} + 13O_2 \rightarrow 8CO_2 + 10H_2O$

answer ◀ 06 ② 07 ④

08 볼타(Volta) 전지에 대한 설명으로 옳지 않은 것은?

① 자발적 산화-환원 반응에 의해 화학 에너지를 전기 에너지로 변환시킨다.

② 전기 도금을 할 때 볼타 전지가 이용된다.

③ 다니엘(Daniell) 전지는 볼타 전지의 한 예이다.

④ $Zn(s)\,|\,Zn^{2+}(aq)\,\|\,Cu^{2+}(aq)\,|\,Cu(s)$로 표기되는 전지가 작동할 때 산화전극의 질량이 감소한다.

|해설| ② 전기 도금이란 전기 분해의 원리를 이용하여 금속의 표면에 다른 금속을 얇게 입히는 것으로 볼타 전지와는 무관하다.

④ (−)극인 아연판에서의 반응은 $Zn \rightarrow Zn^{2+} + 2e^-$으로 질량이 감소하는 산화 반응이다.

09 다음의 반응 메커니즘에 부합되는 전체 반응식과 속도 법칙으로 옳은 것은?

$$NO + Cl_2 \rightleftharpoons NOCl_2(빠름, 평형)$$
$$NOCl_2 + NO \rightarrow 2NOCl(느림)$$

① $2NO + Cl_2 \rightleftharpoons 2NOCl$, 속도$= k[NO][Cl_2]$

② $2NO + Cl_2 \rightleftharpoons 2NOCl$, 속도$= k[NO]^2[Cl_2]$

③ $NOCl_2 + NO \rightarrow 2NOCl$, 속도$= k[NO][Cl_2]$

④ $NOCl_2 + NO \rightarrow 2NOCl$, 속도$= k[NO][Cl_2]^2$

|해설| ② 두 식을 더하여 정리한 전체 반응식은
$2NO + Cl_2 \rightarrow 2NOCl$이고,
$aA + bB \rightarrow cC + dD$에서의 반응 속도식은
$v = k[A]^a[B]^b$이므로
전체 반응 속도는 $v = k[NO]^2[Cl_2]$이다.

10 그림 (가), (나)의 루이스 전자점 구조를 갖는 분자 XY_2, ZY_3에 대해 설명한 것으로 옳은 것은? (단, X, Y, Z는 임의의 2주기 원소이다)

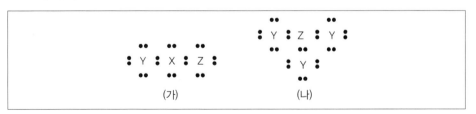

(가)   (나)

① (가)는 극성 공유 결합을 갖는다.

② (나)의 분자 기하는 정사면체형이다.

③ (나)의 중심 원자는 옥텟 규칙을 만족한다.

④ 중심 원자의 결합각은 (가)가 (나)보다 크다.

|해설| ② (가)는 비공유 전자쌍 2개를 가지고 있어 굽은 V형이고, (나)는 평면 삼각형이다.

③ (나)의 중심 원자의 공유 원자는 3이고 비공유 전자쌍이 없어 옥텟 규칙을 만족하지 않는다.

④ 중심 원자의 결합각은 (가) 104.5°, (나) 120°로 (나)가 더 크다.

11 다음 중 분자의 몰(mol) 수가 가장 적은 것은? (단, N, O, F의 원자량은 각각 14, 16, 19이다)

① 14g의 N_2

② 23g의 NO_2

③ 54g의 OF_2

④ 2.0×10^{23}개의 NO

|해설| 몰수 $= \dfrac{총\ 질량}{1몰의\ 질량}$

※ 1몰의 질량은 원자량, 분자량, 이온식량 등에 g을 붙인 값으로 아보가드로수 (6.02×10^{23}개)만큼의 질량이 된다.

① $\dfrac{14g}{28g/mol} = \dfrac{1}{2}mol$

② $\dfrac{23g}{(14+32)g/mol} = \dfrac{1}{2}mol$

③ $\dfrac{54g}{(16+38)g/mol} = 1mol$

④ $1mol \fallingdotseq 6.0 \times 10^{23}$개이므로 2.0×10^{23}개의 몰수는 약 $\dfrac{1}{3}mol$

12 양성자 개수는 8이고, 질량수가 17인 중성 원자에 대한 설명으로 옳은 것은?

① 중성자 개수는 8이다.

② 전자 개수는 9이다.

③ 주기율표 2주기의 원소이다.

④ 주기율표 8족의 원소이다.

|해설| ① 질량수는 양성자 개수와 중성자 개수의 합이므로 중성자 개수는 9이다.

② 중성 원자의 전자 개수는 양성자 개수와 같으므로 전자 개수는 8이다.

③, ④ 중성원자의 전자 개수가 8개인 2주기, 18족의 원소이다.

13 다음 중 화학적 변화는?

① 설탕이 물에 녹았다.

② 물이 끓어 수증기가 되었다.

③ 옷장에서 나프탈렌이 승화하였다.

④ 상온에 방치된 우유가 부패하였다.

|해설| ①, ②, ③ 물리적 변화, ④ 화학적 변화

answer 11 ④ 12 ③ 13 ④

14 다음 중 엔트로피가 증가하는 과정만을 모두 고른 것은?

> ㉠ 소금이 물에 용해된다.
> ㉡ 공기로부터 질소(N_2)가 분리된다.
> ㉢ 기체의 온도가 낮아져 부피가 감소한다.
> ㉣ 상온에서 얼음이 녹아 물이 된다.

① ㉠, ㉡   ② ㉠, ㉣

③ ㉡, ㉢   ④ ㉢, ㉣

|해설| ㉠, ㉣ 물질이 고체 → 액체 → 기체로 갈수록 엔트로피가 증가한다.
　　　㉡ 엔트로피의 변화가 없다.
　　　㉢ 엔트로피가 감소하는 과정이다.

15 다음 반응에서 구경꾼 이온만을 모두 고른 것은?

$$Pb(NO_3)_2(aq) + 2NaCl(aq) \rightarrow PbCl_2(s) + 2NaNO_3(aq)$$

① $Pb^{2+}(aq)$, $Cl^-(aq)$ ② $Pb^{2+}(aq)$, $NO_3^-(aq)$

③ $Na^+(aq)$, $Cl^-(aq)$ ④ $Na^+(aq)$, $NO_3^-(aq)$

|해설| ④ 주어진 반응식의 알짜이온반응식은 $Pb^{2+}(aq) + 2Cl^-(aq) \rightarrow PbCl_2(s)$이고, 구경꾼
　　　이온은 $Na^+(aq)$, $NO_3^-(aq)$이다.
　　　※ 구경꾼 이온 : 실제로 반응에 참여하지 않고 반응 전후에 처음 이온상태 그대로 존재
　　　하는 이온

16 다음 중 옳지 않은 것은?

① 용액(solution)은 균일한 혼합물이다.
② 분자 형태로 존재하는 원소가 있다.
③ 원자 형태로 존재하는 화합물이 있다.
④ 수소(^1H)와 중수소(^2H)는 서로 다른 원자이다.

|해설| 화합물 : 2종류 이상의 원자들이 일정 비율로 결합된 순물질

17 이상기체로 거동하는 1몰(mol)의 헬륨(He)이 다음 ㈎~㈐ 상태로 존재할 때, 옳게 설명한 것만을 <보기>에서 모두 고른 것은?

구분	㈎	㈏	㈐
압력(기압)	1	2	2
온도(K)	100	200	400

―〈 보기 〉―
㉠ 부피는 ㈎와 ㈏가 서로 같다.
㉡ 단위 부피당 입자 개수는 ㈎와 ㈐가 서로 같다.
㉢ 원자의 평균 운동 속력은 ㈐가 ㈏의 2배이다.

① ㉠   ② ㉡
③ ㉠, ㉢   ④ ㉡, ㉢

|해설| ㉠ ㈏는 ㈎에 비해 압력이 2배, 절대 온도가 2배이다. 기체의 부피는 압력에 반비례하고,

절대 온도에 비례하므로 ($V = \dfrac{nRT}{P}$) ㈎와 ㈏의 부피는 서로 같다.

㉡ ㈐는 ㈎에 비해 압력이 2배, 절대 온도가 2배이므로 ㈐의 부피는 ㈎의 2배가 된다. 따라서 단위 부피당 입자 개수는 ㈎가 ㈐보다 많다.

㉢ 기체 속력의 제곱은 절대 온도에 비례하므로 원자의 평균 운동 속력은 ㈐가 ㈏의 $\sqrt{2}$ 배이다.

18 어떤 용액이 라울(Raoult)의 법칙으로부터 음의 편차를 보일 때, 이 용액에 대한 설명으로 옳은 것만을 모두 고른 것은?

㉠ 용액의 증기압이 라울의 법칙에서 예측한 값보다 작다.
㉡ 용액의 증기압은 용액 내의 용질 입자 개수와 무관하다.
㉢ 용질-용매 분자 간 인력이 용매-용매 분자 간 인력보다 강하다.

① ㉠   ② ㉡
③ ㉠, ㉢   ④ ㉡, ㉢

|해설| ㉠, ㉢ 음의 편차란 용질-용매 분자 간의 인력이 강해서 증기압이 작아진다(증발이 덜 일어난다)는 의미이다.

㉡ 용액의 증기압은 용액 내의 용질 입자 개수에 비례한다.

19 물질 X의 상 그림이 다음과 같을 때, 주어진 온도의 압력 범위에서 X에 대해 설명한 것으로 옳은 것은?

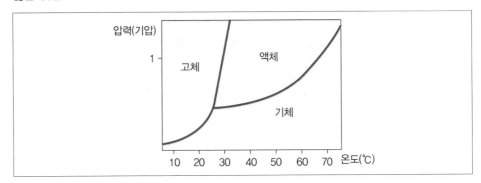

① 정상 끓는점은 60℃보다 높다.

② 정상 녹는점에서 고체의 밀도가 액체의 밀도보다 낮다.

③ 고체, 액체, 기체가 모두 공존하는 온도는 30℃보다 높다.

④ 20℃의 기체에 온도 변화 없이 압력을 가하면 기체가 액체로 응축될 수 있다.

|해설| ② 고체와 액체의 경계선의 기울기가 (+)이면 고체보다 액체의 밀도가 작고, 기울기가 (−)이면 액체보다 고체의 밀도가 작다. 따라서 물질 X의 정상 녹는점에서 고체의 밀도는 액체의 밀도보다 크다.

③ 고체, 액체, 기체가 모두 공존하는 온도는 약 25℃이다.

④ 20℃의 기체에 온도 변화 없이 압력을 가하면 고체로 승화된다.

20 다음의 3가지 화학종이 섞여 있을 때, 염기의 세기 순서대로 바르게 나열한 것은?

$$H_2O(l),\ F^-(aq),\ Cl^-(aq)$$

① $Cl^-(aq) < H_2O(l) < F^-(aq)$　　② $F^-(aq) < H_2O(l) < Cl^-(aq)$

③ $H_2O(l) < Cl^-(aq) < F^-(aq)$　　④ $H_2O(l) < F^-(aq) < Cl^-(aq)$

|해설| 강한 산의 짝염기는 약한 염기가 되고, 약한 산의 짝염기는 강한 염기가 된다. HCl은 물에서 100% 이온화되는 강산으로, 짝염기인 Cl^-는 염기의 세기가 거의 무시된다.

10 서울시 9급(2014.6.28 시행)

01 산소 분자(O_2), 물(H_2O), 소금물에 대한 설명으로 옳은 것을 모두 고른 것은?

> ㉠ 산소 분자는 원소이다.
> ㉡ 물은 순물질이다.
> ㉢ 소금물은 불균일 혼합물이다.

① ㉠   ② ㉠, ㉡
③ ㉠, ㉢   ④ ㉡, ㉢
⑤ ㉠, ㉡, ㉢

|해설| ㉠ 원소란 원자 번호에 의해서 구별되는 한 종류만의 원자로 만들어진 물질 및 그 홑원소 물질의 구성요소이다. 따라서 산소 원자로만 이루어진 산소 분자는 원소이다.
　　　㉡ 순물질이란 한 종류의 물질로 이루어져 고유한 성질을 지닌 물질이며, 물, 에탄올, 소금, 구리, 산소 등이 있다.
　　　㉢ 소금물은 균일 혼합물이다.

02 다음 작용기에 대한 설명 중 옳지 않은 것은?

① 에스터($RCOOR'$)는 향료 제조에 이용되며 제과와 청량음료 산업에서 풍미제로 사용된다.
② 포도주의 효소에 의해 아세트산(CH_3COOH)이 에탄올(CH_3CH_2OH)로 산화되는 반응이 일어난다.
③ 알코올(ROH)의 한 종류인 에탄올은 생물학적으로 설탕이나 전분을 발효해서 얻는다.
④ 케톤의 한 종류인 아세톤은 손톱 매니큐어 제거제로 이용한다.
⑤ 단백질 분자를 구성하는 아미노산은 아미노기와 카복실기를 가지고 있다.

|해설| ② 포도주의 효소에 의해 에탄올(CH_3CH_2OH)이 아세트산(CH_3COOH)으로 산화되는 반응이 일어난다.
　　　($CH_3CH_2OH + O_2 \rightarrow CH_3COOH + H_2O$)

03 다이아몬드와 흑연을 연소시키는 반응과 그 반응 엔탈피는 각각 다음과 같다. 흑연으로부터 다이아몬드를 얻는 반응에 대해 올바르게 설명한 것은?

> ㉠ C(다이아몬드) + O_2(g) → CO_2(g) $\Delta H°_{반응} = -94.50kcal$
>
> ㉡ C(흑연) + O_2(g) → CO_2(g) $\Delta H°_{반응} = -94.05kcal$

① 흡열 반응, $\Delta H°$ 반응 = 188.55kcal

② 발열 반응, $\Delta H°$ 반응 = -0.45kcal

③ 흡열 반응, $\Delta H°$ 반응 = 0.45kcal

④ 발열 반응, $\Delta H°$ 반응 = 0.45kcal

⑤ 흡열 반응, $\Delta H°$ 반응 = -188.55kcal

|해설| 주어진 식을 ㉡-㉠하면 C(흑연) + O_2(g) → C(다이아몬드) + O_2(g)의 반응식이 나오고 $\Delta H°_{반응} = \Delta H°_{㉡반응} - \Delta H°_{㉠반응}$이므로 $\Delta H°_{반응} = -94.05 + 94.50 = 0.45kcal$이며, 생성 물질의 에너지보다 반응 물질의 에너지가 낮은 흡열 반응이다.

04 아래의 두 가지 반응의 평형상수를 K_1, K_2로 표시할 때, 이들 평형상수 간의 관계가 맞는 것은?

> SO_2(g) + $1/2O_2$(g) ⇌ SO_3(g) ·········· K_1
>
> $2SO_3$(g) ⇌ $2SO_2$(g) + O_2(g) ·········· K_2

① $K_2 = K_1$

② $2ZK_2 = \dfrac{1}{K_1}$

③ $K_2^2 = K_1$

④ $K_2 = \dfrac{1}{K_1^2}$

⑤ $2ZK_2 = \dfrac{2}{K_1}$

|해설| $aA + bB \leftrightarrow cC + dD$의 평형상수는

$K = \dfrac{[A]^a[B]^b}{[C]^c[D]^d}$ 이다.

$K_1 = \dfrac{[SO_3]}{[SO_2][O_2]^{\frac{1}{2}}}$, $K_2 = \dfrac{[SO_2]^2[O_2]}{[SO_3]^2}$ 이므로 이들 간의 관계는 $K_2 = \dfrac{1}{K_1^2}$ 이다.

answer ◄ 03 ③ 04 ④

05 여러 가지 염이 물에 용해될 때 일어나는 용액의 pH 변화에 대한 설명 중 옳은 것은?

① NaCl을 물에 녹이면 용액의 pH는 7보다 높아진다.

② NH_4Cl을 물에 녹이면 용액의 pH는 7보다 낮아진다.

③ CH_3COONa를 물에 녹이면 용액의 pH는 7보다 낮아진다.

④ $NaNO_3$를 물에 녹이면 용액의 pH는 7보다 높아진다.

⑤ KI를 물에 녹이면 용액의 pH는 7보다 높아진다.

|해설| pH : 용액의 산성이나 염기성의 정도를 나타내는 수치이며, 중성용액의 pH는 7이고 7보다
높으면 염기성, 7보다 낮으면 산성이다.

　① Cl^-는 매우 강한 산인 HCl의 짝염기로 염기의 세기가 거의 무시된다.

　② $NH_4^+ + H_2O \rightarrow NH_4OH^- + H^+$로 산성 수용액이 된다.

　③ CH_3COO^-는 약산 CH_3COOH의 짝염기로 강한 염기성이고, pH는 7보다 높아진다.

　④ NO_3^-는 매우 강한 산인 HNO_3의 짝염기로 염기의 세기가 거의 무시된다.

　⑤ 중성 수용액이다.

06 다음 4가지 종류의 수용액을 제조하여 어는점을 측정하였다. 이때 어는점 내림이 가장 큰 순
서대로 바르게 표기한 것은? (단, 염은 완전히 해리되었다)

> ㉠ 0.1m NaCl수용액
> ㉡ 18g $C_6H_{12}O_6$을 물 1000g에 용해한 수용액(단, $C_6H_{12}O_6$의 분자량 180)
> ㉢ 0.15m K_2SO_4수용액
> ㉣ 6.5g $CaCl_2$를 물 500g에 용해한 수용액(단, $CaCl_2$의 분자량 130)

① ㉡ > ㉢ > ㉠ > ㉣　　　　　　② ㉡ > ㉣ > ㉢ > ㉠

③ ㉢ > ㉣ > ㉠ > ㉡　　　　　　④ ㉣ > ㉢ > ㉡ > ㉠

⑤ ㉣ > ㉠ > ㉢ > ㉡

|해설| 어는점 내림 : 용액의 증기압이 순수한 용매보다 낮아져서 어는점이 낮아지는 현상으로 계
산식은 $\Delta T_f = K_f \times m$($K_f$: 몰랄 내림 상수, m : 몰랄 농도)이다. 몰랄 내림 상수는 용질
의 종류와 관계없는 용매의 고유값이다. 수용액의 몰랄 농도(용매 1kg에 녹아있는 용질의
몰수)와 용액 중의 이온수와 이온화되지 못한 입자의 총수에 비례한다.

　㉠ m = 0.1mol/kg이고, Na^+와 Cl^- 2개의 이온으로 해리된다.

　㉡ $m = \dfrac{\dfrac{18g}{180g/mol}}{1kg} = 0.1mol/kg$

　㉢ m = 0.15mol/kg이고, $2Ka^+$와 SO_4^{2-} 3개의 이온으로 해리된다.

answer　05 ②　06 ③

ㄹ $m = \dfrac{6.5g}{130g/mol} \cdot 0.5kg = 0.1mol/kg$ 이고, Ca^{2+}과 $2Cl^-$ 3개의 이온으로 해리된다.

∴ 어는점 내림의 순서는 ㄷ〉ㄹ〉ㄱ〉ㄴ이다.

07 다음은 Bohr의 에너지 준위에 따른 수소 원자의 방출 스펙트럼을 나타낸 것이다. 이에 대한 설명으로 옳은 것은?

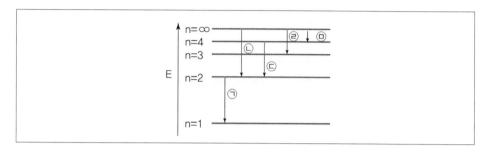

① 방출 파장이 가장 짧은 것은 ㄴ이다.
② 가시광선을 방출하는 스펙트럼은 3개이다.
③ 적외선을 방출하는 스펙트럼은 2개이다.
④ 방출 에너지가 가장 큰 것은 ㅁ이다.
⑤ 진동수가 가장 작은 것은 ㄱ이다.

|해설| 방출되는 빛에너지 $= h\nu = \dfrac{hc}{\lambda}$ (h : 플랑크 상수, ν : 진동수, λ : 파장, c : 빛의 속도)

　① 방출 파장이 가장 짧은 것은 ㄱ이다.
　② 가시광선을 방출하는 스펙트럼은 ㄴ과 ㄷ 2개이다.
　④ 방출 에너지가 가장 큰 것은 ㄱ이다.
　⑤ 진동수가 가장 작은 것은 ㅁ이다.

08 다음 각 반응 중 계의 예상되는 엔트로피 변화가 $\Delta S° > 0$인 것은?

① $2H_2(g) + O_2(g) \rightarrow 2H_2O(l)$　　② $H_2O(g) \rightarrow H_2O(l)$
③ $N_2(g) + 3H_2(g) \rightarrow 2NH_3(g)$　　④ $I_2(s) \rightarrow 2I(g)$
⑤ $U(g) + 3F_2(g) \rightarrow UF_6(s)$

|해설| ①, ② 기체가 액체가 되는 반응으로 엔트로피가 감소한다.
　③ 단위면적당 분자수가 감소하여 엔트로피가 감소한다.
　④ 고체가 기체가 되는 반응으로 엔트로피가 증가한다.
　⑤ 기체가 고체가 되는 반응으로 엔트로피가 감소한다.

answer◀ 07 ③ 08 ④

09 수소 기체와 산소 기체는 다음과 같이 반응하여 물을 생성한다. 10g의 수소 기체가 산소와 완전히 반응하는 데 필요한 산소의 양은 얼마인가?

$$2H_2(g) + O_2(g) \rightarrow 2H_2O(g)$$

① 10g　　　　　　　　　　② 20g

③ 40g　　　　　　　　　　④ 60g

⑤ 80g

|해설| 화학반응식에서 각각의 계수의 비는 몰수의 비를 나타낸다. H_2의 분자량은 2g/mol, O_2의 분자량은 16g/mol이므로 10g의 수소 기체는 5mol이다.

5mol의 수소 기체를 완전히 반응하는 데 필요한 산소 기체의 몰수를 x라 하면,

$2 : 1 = 5 : x$

$x = 2.5$

∴ $32g/mol \times 2.5mol = 80g$

10 일정 온도에서 2기압의 산소 기체가 들어있는 부피 2리터 용기와 4기압의 질소 기체가 들어있는 부피 4리터 용기를 연결하였다. 용기 연결 후 전체 압력은 얼마인가?

① 2.4기압　　　　　　　　② 2.7기압

③ 3.0기압　　　　　　　　④ 3.3기압

⑤ 3.7기압

|해설| $P_1V_1 + P_2V_2 = PV$

$(2 \times 2) + (4 \times 4) = 6P$

$P ≒ 3.3$기압

11 납축전지는 Pb(s) 전극과 $PbO_2(s)$ 전극으로 구성되어 있으며 전해질은 H_2SO_4수용액이다. 납축전지의 방전 과정에서 일어나는 반응은 다음과 같다. 이에 관한 다음 서술 중 옳은 것을 모두 고르시오.

$$Pb(s) + PbO_2(s) + 2H_2SO_4(aq) \rightarrow 2PbSO_4(s) + 2H_2O(l)$$

㉠ 자동차의 배터리에 이용된다.
㉡ 1차 전지에 속하며 충전할 수 없다.
㉢ 방전될수록 두 전극의 질량은 증가한다.
㉣ 방전될수록 전해질의 황산 농도가 증가한다.

① ㉠, ㉢   ② ㉡, ㉣

③ ㉠, ㉡   ④ ㉠, ㉣

⑤ ㉡, ㉢

|해설| ㉡ 납축전지는 충전이 가능한 2차 전지이다.

      ㉣ 방전될수록 두 전극이 모두 황산납이 되어 두 극 모두 질량이 증가하며, 전해질인 황산의 농도는 묽어진다.

12 아래 그림은 생명체에 존재하는 분자 중 세 가지를 그려 놓은 것이다. 이에 대한 설명 중 옳지 않은 것은?

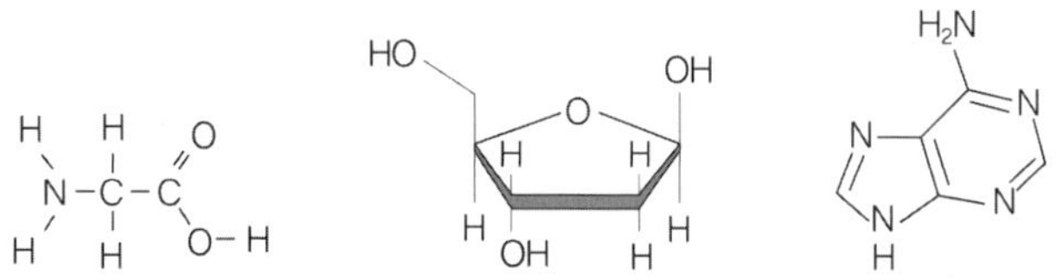

글라이신   데옥시라이보오스   아데닌

① 글라이신은 단백질의 구성 성분인 아미노산의 일종이다.

② 아데닌은 DNA를 구성하는 주요 성분 중의 하나이다.

③ 아데닌은 RNA를 구성하는 주요 성분 중의 하나이다.

④ 데옥시라이보오스는 DNA를 구성하는 주요 성분 중의 하나이다.

⑤ 데옥시라이보오스는 RNA를 구성하는 주요 성분 중의 하나이다.

|해설| ⑤ DNA의 5탄당은 데옥시라이보오스, RNA의 5탄당은 라이보오스이다.

13 아래는 NH_3에 대한 설명이다. 맞는 것을 모두 고른 것은?

㉠ 고립 전자쌍을 가지고 있다.   ㉡ ∠HNH 결합각은 109.5°이다.

㉢ 비극성 분자이다.

① ㉠   ② ㉡

③ ㉠, ㉡   ④ ㉡, ㉢

⑤ ㉠, ㉡, ㉢

|해설| ㉡ 고립 전자쌍은 공유 전자쌍보다 강한 힘을 가져 공유 전자쌍을 밀어낸다. 따라서 고립 전자쌍을 1개 가진 NH_3의 결합각은 정사면체형 분자의 결합각인 109.5°보다 작은 107°이다.

      ㉢ 고립 전자쌍으로 인해 분자 구조가 대칭을 이루지 못해 쌍극자 모멘트 값이 0이 아니게 되므로 극성 분자이다.

answer   12 ⑤   13 ①

14 원자가 껍질 전자쌍 반발(VSEPR)이론을 이용하여 다음 화합물의 결합각 크기를 예측했을 때 바르게 나타낸 것은?

$$CH_4 \quad NH_3 \quad H_2O \quad CO_2 \quad HCHO$$

① $CH_4 > NH_3 > H_2O > CO_2 > HCHO$

② $HCHO > CO_2 > CH_4 > NH_3 > H_2O$

③ $CO_2 > HCHO > CH_4 > NH_3 > H_2O$

④ $CO_2 > CH_4 > NH_3 > H_2O > HCHO$

⑤ $HCHO > CO_2 > H_2O > NH_3 > CH_4$

|해설| • CH_4 : 공유 전자쌍 4개를 가진 정사면체형으로 결합각은 $109.5°$가 된다.

• NH_3 : 공유 전자쌍 3개와 비공유 전자쌍 1개를 가져 결합각이 $109.5°$보다 작은 $107°$가 된다.

• H_2O : 공유 전자쌍 2개와 비공유 전자쌍 2개를 가져 결합각이 $104.5°$가 된다.

• CO_2 : 중심 원자인 탄소에 산소 원자 2개가 이중 결합을 가진 직선형구조로 결합각은 $180°$이다.

• HCHO : $C-H$결합 2개와 $C=O$결합으로 이루어져 $120°$에서 약간 벗어난 결합각을 갖는다.

∴ $CO_2 > HCHO > CH_4 > NH_3 > H_2O$

15 알켄(alkene)에 대한 다음 설명 중 옳은 것은?

① 삼중 결합을 적어도 한 개 이상 가지고 있으며 일반식은 C_nH_{2n-2}이다.

② 상온에서 탄소-탄소 이중 결합의 회전은 쉽게 일어난다.

③ 알켄 분자들은 서로 강한 수소 결합을 한다.

④ 알켄은 불포화 탄화수소로 첨가 반응을 잘한다.

⑤ 알켄의 시스 이성질체는 두 개의 기가 서로 반대쪽에 있고, 트랜스는 두 개의 기가 서로 같은 쪽에 있다.

|해설| ① 이중 결합을 1개 가지고 있으며, 일반식은 C_nH_{2n}이다.

② 탄소-탄소 이중 결합 구조에서는 회전이 불가능하다.

③ 수소결합은 O, N, F 같은 전기 음성도가 강한 원자 사이에 수소가 들어감으로써 생기는 결합으로 알켄과는 무관하다.

④ 알켄은 불포화 탄화수소로 첨가 반응을 잘한다. 대표적으로 브롬을 반응시키면 브롬의 적갈색이 사라지게 된다.

⑤ 알켄의 시스 이성질체는 두 개의 기가 서로 같은 쪽에 있고, 트랜스는 두 개의 기가 서로 반대쪽에 있다.

answer 14③ 15④

16 어떤 반응기에서 다음 반응이 평형을 이루고 있다. 여기서 $\Delta H°_{반응}$는 반응엔탈피를 의미한다. 아래 조작 중 역반응 쪽으로 평형의 이동이 예상되는 경우는?

$$2NOBr(g) \rightleftharpoons 2NO(g) + Br_2(g) \quad \Delta H°_{반응} = 30kJ/mol$$

① Br_2 기체의 제거 ② 온도의 증가
③ NOBr 기체의 첨가 ④ NO 기체의 제거
⑤ 반응기 부피의 감소

|해설| ①, ③, ④ 평형상태에서 어떠한 물질의 농도를 크게 하면 반응은 그 물질의 농도를 감소시키는 방향으로 이동하며, 농도를 작게 하면 그 물질의 농도를 증가시키는 방향으로 이동하므로 Br_2 또는 NO 기체를 제거하거나, NOBr 기체를 첨가하게 되면 정반응 쪽으로 평형이 이동된다.
② $\Delta H°_{반응} > 0$이므로 주어진 반응은 흡열 반응이며, 반응계의 온도를 높이면 반응이 온도를 낮추는 쪽, 즉 흡열 반응 쪽으로 진행되므로 정반응 쪽으로 평형이 이동된다.

17 다음 중 불가능한 양자 수 n(주양자 수), l(각 운동량 양자 수), m_l(자기양자 수), m_s(스핀양자 수), r의 조합은?

① $n=5$, $l=3$, $m_l=-1$, $m_s=-\frac{1}{2}$

② $n=3$, $l=1$, $m_l=-1$, $m_s=+\frac{1}{2}$

③ $n=2$, $l=0$, $m_l=0$, $m_s=+\frac{1}{2}$

④ $n=1$, $l=0$, $m_l=-1$, $m_s=-\frac{1}{2}$

⑤ $n=4$, $l=2$, $m_l=0$, $m_s=-\frac{1}{2}$

|해설| ④ $m_l=-l, -l+1, \cdots, 0, \cdots, l-1, l$값을 가지므로 $l=0$일 때, $m_l=-1$은 불가능하다.
※ 양자 수
㉠ 주양자 수(n) : 전자의 에너지준위를 나타낸 것이다. n=1, 2, 3, …이고, 전자껍질을 나타낸다.
㉡ 각 운동량 양자 수(l) : 전자의 각 운동량을 결정하는 것으로 부양자 수 또는 방위양자 수라고도 하며, 오비탈의 모양을 결정한다. $l=0, 1, 2, \cdots, (n-1)$의 값을 갖는다.

ⓒ 자기양자수(m_l) : 전자구름의 방향과 궤도면의 위치를 결정하는 것으로 $m_l = -1$, $-1+1$, $\cdots$, 0, $\cdots\cdots$, $1-1$, 1의 값을 갖는다.

ⓔ 스핀양자 수(m_s) : 자전하고 있는 전자의 자전에너지를 결정하는 것으로 $m_s = \pm\dfrac{1}{2}$ 의 값을 갖는다.

18 다음은 암모니아(NH_3)를 이용하여 질산(HNO_3)을 제조하는 과정을 나타낸 것이다. 밑줄 친 질소(N)의 산화수를 차례대로 바르게 나타낸 것은?

$$\underline{N}H_3(g) \xrightarrow[\text{촉매}]{O_2} \underline{N}O(g) \xrightarrow{O_2} \underline{N}O_2(g) \xrightarrow{H_2O} H\underline{N}O_3(aq) + NO(g)$$

① -3, $+2$, $+4$, $+5$ ② -3, -2, $+4$, $+5$

③ -3, $+2$, -4, -5 ④ $+3$, $+2$, $+4$, $+5$

⑤ $+3$, $+2$, -4, $+5$

|해설| 산화수 구하는 규칙

ⓐ 홑원소물질 원자의 산화수는 0이다.

ⓑ 중성 화합물의 산화수의 총합은 0이다.

ⓒ 라디칼 이온의 산화수의 총합=이온의 전하수

ⓓ 이온의 산화수=이온의 전자 수

ⓔ 수소 원자의 산화수는 비금속 화합물에서 +1, 금속 화합물에서 −1이다.

ⓕ 산소 원자의 산화수는 −2이고, 과산화물에서는 −1이다.

ⓖ 금속 원자의 산화수에서 1족 원자는 +1, 2족 원자는 +2, 13족 원자는 +3이다.

ⓗ 할로젠 원소의 원자가 가지는 산화수는 −1이다.

19 다음 분자를 루이스 점자점식으로 그렸을 때, 옥텟 규칙을 만족시키지 않는 것은?

① H_2O ② NO_2

③ CH_4 ④ HCl

⑤ NH_3

|해설| ① H:Ö:H   ② :Ö:N::Ö:

③   H
    H:C̈:H
      H

④ H:C̈:

⑤ H:N̈:H
     H

20 N, O, F에 대하여 맞는 것을 모두 고른 것은?

> ㉠ 전기 음성도 크기의 순서는 $F > O > N$이다.
> ㉡ 원자 반지름의 순서는 $F > O > N$이다.
> ㉢ 결합 길이의 순서는 $F_2 > O_2 > N_2$이다.

① ㉡
② ㉠, ㉡
③ ㉠, ㉢
④ ㉡, ㉢
⑤ ㉠, ㉡, ㉢

|해설| ㉠ N, O, F는 같은 주기(2주기)의 원자이다. 전기 음성도는 공유 결합을 이루고 있는 전자 쌍을 끌어당기는 상대적인 인력의 세기이며 대체로 같은 주기에서는 원자 번호가 증가할수록 증가한다.

㉡ 같은 주기에서 족이 증가할수록 최외각 전자 수가 증가하므로 원자 반지름은 감소한다.

㉢ F_2는 단일 결합, O_2는 이중 결합, N_2는 삼중 결합이다. 결합수가 증가할수록 결합 길이는 감소한다.

강두수 공무원 화학 - 이론 -

초판발행 2019년 10월 17일
개정발행 2020년 10월 30일
편저자 강두수
펴낸이 노소영
펴낸곳 도서출판 마지원
등록번호 제559-2016-000004
전화 031)855-7995
팩스 02)2602-7995
주소 서울 강서구 마곡중앙5로1길 20

http://www.majiwon.co.kr
http://blog.naver.com/wolsongbook
ISBN | 979-11-88127-73-3 (14430)

정가 25,000원